珍 藏 版

Philosopher's Stone Series

哲人石丛书

立足当代科学前沿

彰显当代科技名家

绍介当代科学思潮

激扬科技创新精神

珍藏版策划

王世平　姚建国　匡志强

出版统筹

殷晓岚　王怡昀

人生舞台

阿西莫夫自传

I. Asimov

A
Memoir

Isaac Asimov

[美] 艾萨克·阿西莫夫 —— 著

黄群　许关强 —— 译

 上海科技教育出版社

俄罗斯的彼得罗维奇。1920年，艾萨克·阿西莫夫诞生于此。

阿西莫夫家庭照片。后排左四是艾萨克。

艾萨克的双亲，安娜·阿西莫夫和朱达·阿西莫夫。

儿童时代的罗宾·阿西莫夫。

1940年20岁时的艾萨克，照片叠压在马西娅的一页日记上。

在一次科幻大会上，阿西莫夫和罗伯特·西尔弗伯格与一位年青科幻迷在一起。
（杰伊·凯·克莱因摄）

1971年，朱迪-林恩·德尔·雷伊（左二），莱斯特·德尔·雷伊（左三），约翰·W·坎贝尔（左四），珍妮特·杰普森（右二）和艾萨克·阿西莫夫（右一）在一起。（杰伊·凯·克莱因摄）

珍妮特和艾萨克·阿西莫夫。
（杰伊·凯·克莱因摄）

艾萨克和老朋友、作家莱斯特·德尔·雷伊。（珍妮特·阿西莫夫摄）

艾萨克和安迪·鲁尼在伦塞勒维尔研究所。(珍妮特·阿西莫夫摄)

三个同胞:马西娅、艾萨克和斯坦利·阿西莫夫。(珍妮特·阿西莫夫摄)

艾萨克穿着吉尔伯特和
文学会成员的全套服饰。
(珍妮特·阿西莫夫摄)

艾萨克在哥伦比亚大学接受荣誉学位。(珍妮特·阿西莫夫摄)

在纽约市中央公园。(珍妮特·阿西莫夫摄)

1989年,艾萨克和女儿罗宾。(珍妮特·阿西莫夫摄)

左起：珍妮特，马丁·H·格林伯格和艾萨克·阿西莫夫。（罗莎琳德·格林伯格摄）

艾萨克在家中，戴着他喜欢的波洛领带。（布鲁斯·贝内茨摄）

好好博士。（亚力克斯·戈特弗里德摄）

出版前言

“哲人石”,架设科学与人文之间的桥梁

“哲人石丛书”对于同时钟情于科学与人文的读者必不陌生。从1998年到2018年,这套丛书已经执着地出版了20年,坚持不懈地履行着“立足当代科学前沿,彰显当代科技名家,绍介当代科学思潮,激扬科技创新精神”的出版宗旨,勉力在科学与人文之间架设着桥梁。《辞海》对“哲人之石”的解释是:“中世纪欧洲炼金术士幻想通过炼制得到的一种奇石。据说能医病延年,提精养神,并用以制作长生不老之药。还可用来触发各种物质变化,点石成金,故又译‘点金石’。”炼金术、炼丹术无论在中国还是西方,都有悠久传统,现代化学正是从这一传统中发展起来的。以“哲人石”冠名,既隐喻了科学是人类的一种终极追求,又赋予了这套丛书更多的人文内涵。

1997年对于“哲人石丛书”而言是关键性的一年。那一年,时任上海科技教育出版社社长兼总编辑的翁经义先生频频往返于京沪之间,同中国科学院北京天文台(今国家天文台)热衷于科普事业的天体物理学家卞毓麟先生和即将获得北京大学科学哲学博士学位的潘涛先生,一起紧锣密鼓地筹划“哲人石丛书”的大局,乃至共商“哲人石”的具体选题,前后不下十余次。1998年年底,《确定性的终结——时间、混沌与新自然法则》等“哲人石丛书”首批5种图书问世。因其选题新颖、译笔谨严、印制精美,迅即受到科普界和广大读者的关注。随后,丛书又推出诸多时代感

强、感染力深的科普精品，逐渐成为国内颇有影响的科普品牌。

“哲人石丛书”包含4个系列，分别为“当代科普名著系列”、“当代科技名家传记系列”、“当代科学思潮系列”和“科学史与科学文化系列”，连续被列为国家“九五”、“十五”、“十一五”、“十二五”、“十三五”重点图书，目前已达128个品种。丛书出版20年来，在业界和社会上产生了巨大影响，受到读者和媒体的广泛关注，并频频获奖，如全国优秀科普作品奖、中国科普作协优秀科普作品奖金奖、全国十大科普好书、科学家推介的20世纪科普佳作、文津图书奖、吴大猷科学普及著作奖佳作奖、《Newton-科学世界》杯优秀科普作品奖、上海图书奖等。

对于不少读者而言，这20年是在“哲人石丛书”的陪伴下度过的。2000年，人类基因组工作草图亮相，人们通过《人之书——人类基因组计划透视》、《生物技术世纪——用基因重塑世界》来了解基因技术的来龙去脉和伟大前景；2002年，诺贝尔奖得主纳什的传记电影《美丽心灵》获奥斯卡最佳影片奖，人们通过《美丽心灵——纳什传》来全面了解这位数学奇才的传奇人生，而2015年纳什夫妇不幸遭遇车祸去世，这本传记再次吸引了公众的目光；2005年是狭义相对论发表100周年和世界物理年，人们通过《爱因斯坦奇迹年——改变物理学面貌的五篇论文》、《恋爱中的爱因斯坦——科学罗曼史》等来重温科学史上的革命性时刻和爱因斯坦的传奇故事；2009年，当甲型H1N1流感在世界各地传播着恐慌之际，《大流感——最致命瘟疫的史诗》成为人们获得流感的科学和历史知识的首选读物；2013年，《希格斯——“上帝粒子”的发明与发现》在8月刚刚揭秘希格斯粒子为何被称为“上帝粒子”，两个月之后这一科学发现就勇夺诺贝尔物理学奖；2017年关于引力波的探测工作获得诺贝尔物理学奖，《传播，以思想的速度——爱因斯坦与引力波》为读者展示了物理学家为揭示相对论所预言的引力波而进行的历时70年的探索……“哲人石丛书”还精选了诸多顶级科学大师的传记，《迷人的科学风采——费恩曼传》、《星云世界的水手——哈勃传》、《美丽心灵——纳什传》、《人生舞台——阿西莫夫自传》、《知无涯者——拉马努金传》、《逻辑人生——哥德尔传》、《展演科学的艺术家——萨根传》、《为世界而生——霍奇金传》、《天才的拓荒者——冯·诺伊曼传》、《量子、猫与罗曼史——薛定谔传》……细细追踪大师们的岁月足迹，科学的力量便会润物细无声地拂过每个读者的心田。

“哲人石丛书”经过20年的磨砺，如今已经成为科学文化图书领域的一个品牌，也成为上海科技教育出版社的一面旗帜。20年来，图书市场和出版社在不断变化，于是经常会有人问：“那么，‘哲人石丛书’还出下去吗？”而出版社的回答总是：“不但要继续出下去，而且要出得更好，使精品变得更精！”

“哲人石丛书”的成长，离不开与之相关的每个人的努力，尤其是各位专家学者的支持与扶助，各位读者的厚爱与鼓励。在“哲人石丛书”出版20周年之际，我们特意推出这套“哲人石丛书珍藏版”，对已出版的品种优中选优，精心打磨，以全新的形式与读者见面。

阿西莫夫曾说过：“对宏伟的科学世界有初步的了解会带来巨大的满足感，使年轻人受到鼓舞，实现求知的欲望，并对人类心智的惊人潜力和成就有更深的理解与欣赏。”但愿我们的丛书能助推各位读者朝向这个目标前行。我们衷心希望，喜欢“哲人石丛书”的朋友能一如既往地偏爱它，而原本不了解“哲人石丛书”的朋友能多多了解它从而爱上它。

上海科技教育出版社

2018年5月10日

学者对谈

“哲人石丛书”:20年科学文化的不懈追求

◇ 江晓原(上海交通大学科学史与科学文化研究院教授)
◆ 刘兵(清华大学社会科学学院教授)

◇ 著名的“哲人石丛书”发端于1998年,迄今已经持续整整20年,先后出版的品种已达128种。丛书的策划人是潘涛、卞毓麟、翁经义。虽然他们都已经转任或退休,但“哲人石丛书”在他们的后任手中持续出版至今,这也是一幅相当感人的图景。

说起我和“哲人石丛书”的渊源,应该也算非常之早了。从一开始,我就打算将这套丛书收集全,迄今为止还是做到了的——这必须感谢出版社的慷慨。我还曾向丛书策划人潘涛提出,一次不要推出太多品种,因为想收全这套丛书的,应该大有人在。将心比心,如果出版社一次推出太多品种,读书人万一兴趣减弱或不愿一次掏钱太多,放弃了收全的打算,以后就不会再每种都购买了。这一点其实是所有开放式丛书都应该注意的。

“哲人石丛书”被一些人士称为“高级科普”,但我觉得这个称呼实在是太贬低这套丛书了。基于半个世纪前中国公众受教育程度普遍低下的现实而形成的传统“科普”概念,是这样一幅图景:广大公众对科学技术极其景仰却又懂得很少,他们就像一群嗷嗷待哺的孩子,仰望着高踞云端的科学家们,而科学家则将科学知识“普及”(即“深入浅出地”单向灌输)给他们。到了今天,中国公众的受教育程度普遍提高,最基础的科学教育都已经在学校课程中完成，上面这幅图景早就时过境迁。传统“科普”概念既已过时，鄙意以为就不宜再将优秀的“哲人石丛书”放进“高级科普”的框架中了。

◆ 其实，这些年来，图书市场上科学文化类，或者说大致可以归为此类的丛书，还有若干套，但在这些丛书中，从规模上讲，“哲人石丛书”应该是做得最大了。这是非常不容易的。因为从经济效益上讲，在这些年的图书市场上，科学文化类的图书一般很少有可观的盈利。出版社出版这类图书，更多地是在尽一种社会责任。

但从另一方面看，这些图书的长久影响力又是非常之大的。你刚刚提到“高级科普”的概念，其实这个概念也还是相对模糊的。后期，“哲人石丛书”又分出了若干子系列。其中一些子系列，如“科学史与科学文化系列”，里面的许多书实际上现在已经成为像科学史、科学哲学、科学传播等领域中经典的学术著作和必读书了。也就是说，不仅在普及的意义上，即使在学术的意义上，这套丛书的价值也是令人刮目相看的。

与你一样，很荣幸地，我也拥有了这套书中已出版的全部。虽然一百多部书所占空间非常之大，在帝都和魔都这样房价冲天之地，存放图书的空间成本早已远高于图书自身的定价成本，但我还是会把这套书放在书房随手可取的位置，因为经常会需要查阅其中一些书。这也恰恰说明了此套书的使用价值。

◇ “哲人石丛书”的特点是：一、多出自科学界名家、大家手笔；二、书中所谈，除了科学技术本身，更多的是与此有关的思想、哲学、历史、艺术，乃至对科学技术的反思。这种内涵更广、层次更高的作品，以“科学文化”称之，无疑是最合适的。在公众受教育程度普遍较高的西方发达社会，这样的作品正好与传统“科普”概念已被超越的现实相适应。所以“哲人石丛书”在中国又是相当超前的。

这让我想起一则八卦：前几年探索频道(Discovery Channel)的负责人访华，被中国媒体记者问道“你们如何制作这样优秀的科普节目”时，立即纠正道：“我们制作的是娱乐节目。”仿此，如果“哲人石丛书”的出版人被问道“你们如何出版这样优秀的科普书籍”时，我想他们也应该立即纠正道：“我们出版的是科学文化书籍。”

这些年来，虽然我经常鼓吹“传统科普已经过时”、“科普需要新理念”等等，这当然是因为我对科普做过一些反思，有自己的一些想法。但考察这些年持续出版的“哲人石丛书”的各个品种，却也和我的理念并无冲突。事实上，在我们两人已经持续了17年的对谈专栏“南腔北调”中，曾多次对谈过“哲人石丛书”中的品种。我想这一方面是因为丛书当初策划时的立意就足够高远、足够先进，另一方面应该也是继任者们在思想上不懈追求与时俱进的结果吧！

◆ 其实，究竟是叫“高级科普”，还是叫“科学文化”，在某种程度上也还是个形式问题。更重要的是，这套丛书在内容上体现出了对科学文化的传播。

随着国内出版业的发展，图书的装帧也越来越精美，“哲人石丛书”在某种程度上虽然也体现出了这种变化，但总体上讲，过去装帧得似乎还是过于朴素了一些，当然这也在同时具有了定价的优势。这次，在原来的丛书品种中再精选出版，我倒是希望能够印制装帧得更加精美一些，让读者除了阅读的收获之外，也增加一些收藏的吸引力。

由于篇幅的关系，我们在这里并没有打算系统地总结“哲人石丛书”更具体的内容上的价值，但读者的口碑是对此最好的评价，以往这套丛书也确实赢得了广泛的赞誉。一套丛书能够连续出到像“哲人石丛书”这样的时间跨度和规模，是一件非常不容易的事，但唯有这种坚持，也才是品牌确立的过程。

最后，我希望的是，“哲人石丛书”能够继续坚持以往的坚持，继续高质量地出下去,在选题上也更加突出对与科学相关的“文化”的注重,真正使它成为科学文化的经典丛书!

2018年6月1日

内容提要

饮誉全球的科普巨匠和科幻大师艾萨克·阿西莫夫一生写过三卷自传:《记忆犹新》、《欢乐依旧》和本书《人生舞台》。前两卷分别于1979年和1980年出版,讲述了作者从出生直至1978年的经历。书中所述严格以时间先后为序,侧重对事情的准确记叙,纯议论性的文字很少。第三卷《人生舞台》自1990年初阿西莫夫病重住院期间开始动笔,历时125天,于同年5月30日完成。再过不到两年,作者便与世长辞了。《人生舞台》并非前两卷的续集,写法也与前两卷迥异,它不再拘泥于时间顺序,而是沿着作者的思绪,一个话题接着一个话题,将其家庭、童年、学校、成长、恋爱、婚姻、疾病、挫折、成就、至爱亲朋、竞争对手,乃至他对写作、信仰、道德、友谊、战争、生死等诸多重大问题的见解一一娓娓道来。全书写得坦诚率真且语言平易,字里行间充盈着睿智和哲理,使人读后不仅能了解阿西莫夫这位奇才辉煌的一生,而且还能更深刻地领悟人生的真谛。

作者简介

艾萨克·阿西莫夫(Isaac Asimov,1920—1992),享誉全球的美国科普巨匠和科幻小说大师。1948年获得哥伦比亚大学生物化学博士学位,1949年起任教于波士顿大学医学院,1958年起成为专业作家。

阿西莫夫知识极其渊博,一生出版了近500部著作,内容涉及自然科学、社会科学和文学艺术等许多领域,曾获代表科幻界最高荣誉的雨果奖和星云终身成就大师奖,在世界各国拥有广泛的读者。卡尔·萨根(Carl Sagan)称其为"一位文艺复兴时代的巨人,但是他生活在今天"。阿西莫夫还被誉为"百科全书式的科普作家"、"这个时代的伟大阐释者"和"有史以来最杰出的科学教育家"。

据阿西莫夫这部自传所载书目分类统计,在他的470本书中计有科幻小说38部,探案小说2部,科幻短篇故事与短篇故事33集,短篇奇幻故事1集,短篇探案故事9集,由他主编的科幻故事118集,科学总论24种,数学7种,天文学68种,地球科学11种,化学和生物化学16种,物理学22种,生物学17种,科学随笔40集,科幻随笔2集,历史19种,文学10种,谈《圣经》的7种,幽默与讽刺9种,自传3卷,以及其他14种。

阿西莫夫的作品也深受中国读者欢迎。他的不少著作已经出版中译本，除本书外，还有《阿西莫夫最新科学指南》、《亚原子世界探秘——物质微观结构巡礼》、《新疆域》、《新疆域（续）》、《终极抉择——威胁人类的灾难》、《阿西莫夫少年宇宙丛书》、《宇宙秘密——阿西莫夫谈科学》、《不羁的思绪——阿西莫夫谈世事》等。

献给我亲爱的妻子

珍妮特，

我生活和思想的伴侣

目录

CONTENTS

目 录

目录 CONTENTS

序　言

我在1977年写了一本自传。因为谈的都是我喜欢的话题，所以写得很长，一共写了64万个词；又因为道布尔戴出版公司对我一向非常迁就，他们没有作任何删节，就分成两册出版了。第一册名为《记忆犹新》(*In Memory Yet Green*, 1979年)，第二册名为《欢乐依旧》(*In Joy Still Felt*, 1980年)。这两本书合在一起非常详细地描述了我前57年的生活。

这一段生活很平静，没有什么激动人心的事情，因此即使我用了自认为很迷人的文学风格来叙述(你很快就会发现，我决不会故作谦虚)，书的出版并没有引起世界性的轰动。不过，有成千上万的人觉得从阅读这本书中得到了乐趣。不断有人问我是否会再写下去。

我的回答一直是："我首先得有生活积累。"

我的想法是应该等到有象征意义的2000年再写。2000年对科幻小说作家和未来学家来说，始终是非常重要的一年。可是到2000年，我已经80岁了，何况，我可能根本活不到那个时候。

就在我70岁生日之前，我病倒了，病得很重。我的爱妻珍妮特(Janet)很严肃地对我说："你现在该动手写第三本自传了。"

我软弱无力地辩驳说，我后面12年的生活比前面几十年更加平静，我能写些什么呢？她指出，我的前两本自传都是严格按照时间顺序来写的，按照事件发生的先后加以叙述(这得归功于我的日记。我从18岁就开始记日记。当然我的记忆力也是十分惊人的)。在前两本自传中，我几乎没有谈及我的内心感受。珍妮特说她希望我在第三本自传中能写一点新的东西。她想让我写一本回忆录。在这本回忆录中，着重叙述我对于所发生过的事件的想法、反应和我的生活哲学等等，而不在于对事件本身的描写。

我心里更加没有底了："谁会对这些感兴趣呢？"

珍妮特在谈到我的问题时，比我自己更加不会故作谦虚。她坚定地说："所有的人。"

我不完全赞同她，不过她也有可能是对的，所以我打算尝试一下。我不想接着前两本自传的结尾开始往下写，事实上，那么做是有风险的。因为前两本自传已经脱销了，很可能有许多人看了第三本自传，觉得它写得很有趣（更加奇怪的事情也曾发生过），却找不到前两本（无论是精装本还是平装本），因此而迁怒于我。

所以，我准备描写我整个一生的生活，把它当作阐述我思想的途径，写成一本独立的、自成一体的自传。我将不再像前两本自传中那样着重细述一些事件。我只想把这本书分成许多章节来写，每一节谈我生活中不同的方面，或者对我有影响的不同人物，根据需要如此道来——必要的话，可以一直写到现在。

我深信并且希望通过这种写法，你会真正了解我，说不定，你还会喜欢上我。但愿**如此**。

1

小神童?

我1920年1月1日*出生在俄罗斯。我的父母于1923年2月23日移民到美国。这就是说,从3岁起,我就一直生活在美国(1928年9月,在我们移居美国5年后,我获得美国国籍)。

对于小时候在俄罗斯的生活,我已经完全没有记忆了。我不会说俄语,不了解俄罗斯的文化(除了一般有知识的美国人知道的那些)。我从感情上和教养上来说都是个彻头彻尾的美国人。

倘若我现在要谈论我3岁和3岁以后的事(这些事情我**的确**还记得),我想我得作一个说明。这种说明经常会使有些人指责我"狂妄自大",或者说"自负",或者说"做作"。如果他们比较夸张的话,还会说我"自我膨胀得像纽约帝国大厦"。

我该怎么办呢?我所作的声明肯定像是我对自己的评价很高,不过也只限于我认为值得赞扬的品质。我也有许多缺点和错误,我也会很坦然地承认它们,却好像并没有人注意到这一点。

无论如何,我说的有些事虽然听上去"很自负",但我可以肯定地告诉你,我说的全是**真话**。除非有人能证明我说的仿佛很自负的事情**不**属实,

* 原文如此,但作者历来都自称生于1920年1月2日。阿西莫夫去世后的讣告中也说他生于1920年1月2日。——译者

否则我就拒绝接受所谓自负的指责。

因此,我会底气十足地说我是一个小神童。

对于小神童似乎没有确切的定义。牛津英语词典的描述是“具有早熟天赋的孩子”。可是什么是早熟?要有多少天赋?

听说有的孩子2岁就会看书,4岁学拉丁文,12岁进哈佛。我设想那些孩子肯定称得上是小神童。按照这个标准,我**不**是小神童。

假如我父亲是个美国知识分子,很有钱,沉湎于古典文学或是科学研究的话,假如他发现我有可能是神童的话,没准他会逼我向前,也要我那样。我只能感谢命运没有这样安排我的一生。

一个填鸭式教育培养出来的孩子,不断地被逼着往最高点赶,很有可能因为这种压力而垮掉。幸好我父亲只是一个小店主。他对美国文化没有任何了解,没有时间来引导我往什么方向发展。即使有时间,他也没有能力这么做。他所能做的就是督促我在学校里学习成绩要好。不管怎么说,这也正是我想努力做到的。

换句话说,环境使我能够去寻找自己的快乐,能保持适度的压力使我迅速地吸收知识却又一点不感觉到有压力。事实证明这种方法非常奇妙,这就意味着,我一生都用某种方式保持了我的这份“天才”。

事实上,有人问我是不是小神童的时候(我已无数次地被人问起),我总是回答说:“是的,的确是,而且现在仍然是的。”

我还没有上学就已经学会识字。我知道我的父母不会读英文,就请年纪大一点的孩子在砖块上教我字母的写法和每个字母的发音。我开始看到什么就读什么。这样一来,我借助最小的外力学会了识字。

我父亲发现他还没有上学的孩子会认字,再一问是我自己主动要学的时候,他大吃一惊。那也许是他第一次开始怀疑我不同寻常。(他一生都有这种感觉。尽管如此,他批评我的许多失误时,却毫不犹豫。)他认为我不同寻常,而且明确表示出他的想法,使我有了一种自己的确非比寻常的感觉。

我想象肯定有许多孩子在上学之前就识字了。比方说,我妹妹还没有上学,我就教她识字了。可没人教我。

最后在1925年9月,当我进学校上一年级的时候,我很惊讶地发现其他孩子识字有困难。我更惊讶的是有些事情对他们解释以后,他们竟然会忘记,因此要**一遍又一遍**地向他们解释。

我想那就是我最早在游戏中发现的。就我而言,凡事只需告诉我一遍就可以了。我并没有意识到我的记忆力很惊人,直到我发现我的同学们没有这样的记忆力。我必须立即否认我有一种"摄影般的记忆"。那些仰慕我的人常常莫须有地这么认为,可我总是说"我只有一种近乎摄影般的记忆"。

实际上,我对于自己的记忆力并没有特殊的兴趣。我的记性也并不比一般正常人好到哪儿去,即使真好一点,当我自我感觉(我很会自我感觉)良好的时候,也会有令人震惊的失误。我曾经有一次盯着我美丽的女儿罗宾(Robyn)看,却没有认出她来。因为我没有想到会在那个时候看见她,而只是隐隐约约地感到那张脸很熟悉。罗宾一点也不觉得生气,甚至不觉得惊讶。她对站在一边的朋友说:"瞧,我告诉过你,我要是站在这里不说话,他不会认出我来的。"

对我感兴趣的东西(这种事也真不少),我完全可以立即辨认出来。有一次我外出,我的第一个妻子格特鲁德(Gertrude)和她的兄弟约翰(John)发生了一点小争论,他们让小罗宾(当时大约只有10岁)到我办公室里去取相应的一卷《不列颠百科全书》(*Encyclopaedia Britannica*)来解决争论。

罗宾很不情愿地去了。她说:"要是爸爸在家就好了。那样的话,你们只要去问他就行了。"

尽管如此,凡事都有利弊。我也许在小时候有很好的记忆力,对于事物有很好的理解能力。但是我没有经验,对人的本性了解不够。我没有意识到其他孩子不喜欢我知道得比他们多,学得比他们快。

(我觉得很奇怪,为什么一个人体力上显得优越会引起他的同学们的敬佩,而智力上表现优越反而会成为他们憎恨的对象?是否有一种潜意识以大脑而不是肌肉来划分人群:体力不好的孩子只是不好,而那些不聪明的孩子却觉得自己低人一等?我不知道。)

问题是我没有设法掩盖我智力上的优越。我每天都在班上显露出这一点。我永远永远永远没有想到在这件事情上要"谦虚"。我一直很美滋滋地露出我很聪明的样子,结果可想而知。

特别是就我的年龄而言,我又矮小又瘦弱,是班上年纪最小的(因为我不断地往前赶,最终我比班上的同学小两岁半,而且仍然是最"聪明的孩子")。

我成了代人受过的替罪羊。我真的是替罪羊。

最终,我明白了为什么我是替罪羊。但是我花了许多年才接受这一点:因为我无法把自己光彩夺目的才华掩饰起来。事实上,我作为替罪羊的局面直到我20多岁才彻底得到改变。(我不想夸大其词。我从未受到身体伤害。我只是受到嘲笑戏弄,被排斥在我的同龄人的圈子外面——这些我都能够忍受,处之泰然。)

最后,我终于明白了。尽管考虑到我撰写和出版了大量的书,以及在这些书中涵盖了大量学科,使我无法掩盖自己不同凡响这个事实,可我终于明白在日常生活中应当尽量藏而不露。我学会了如何"收敛",按照人们的习惯行事。

结果是我有了许多朋友。他们对我有很深的感情,我对他们也抱有很深的感情。

如果一个小神童能够在掌握人类的天性方面,而不仅仅是在记忆力方面和智力上有奇才的话那就好了。话虽如此,并非一切都是天生的。人生许多事理只有随着经验的积累才能领悟。谁能比我更快更轻松地学会这些,那他就是幸运的。

2

我的父亲

我父亲,朱达·阿西莫夫(Judah Asimov),1896年12月21日出生在俄罗斯境内的彼得罗维奇。他是个聪明的年轻人,受过正统派犹太教范围内的完整教育。他刻苦地学习"圣书"(holy books),能够用他特有的浓重立陶宛口音讲流利的希伯来语。在他的后半生,我们谈话的时候,他会很高兴地用希伯来语引用《圣经》或者犹太教法典里的话,然后把它翻译成意第绪语或者英语讲给我听,再对事情加以评论。

父亲还学习了非宗教的知识,能流利地用俄语说话、阅读和写作。他阅读了大量的俄罗斯文学作品。实际上他把肖勒姆·阿莱赫姆(Sholem Aleichem)的意第绪语小说都背下来了。我记得他有一次用意第绪语背诵了一段给我听(我懂意第绪语)。

他的数学知识足以使他在家族的生意中为他父亲记账。他经历了第一次世界大战的黑暗年代。因为某种原因,他没有到俄罗斯军队里去服兵役。这最终是件好事情。如果他去当兵打仗,很可能会战死沙场,那样我就永远不会出生了。他还经历了战后的混乱,在1918年间娶了我母亲。

1922年之前,尽管有战争的混乱和内部动乱,他在俄罗斯干得还相当好。但他要是真的一直留在那儿,在斯大林执政的日子里,在第二次世界大战和纳粹占领我们故乡的那些更加黑暗的年代,谁知道他会怎么样,我会怎么样?

幸好我们不需要去做这种猜测。我母亲有个同父异母兄弟约瑟夫·伯曼(Joseph Berman),早几年去了美国。1922年,他邀请我们到美国去。我的父母经过极度痛苦的思量以后,决定接受。这可不是一个轻而易举的决定。它意味着离开他们生活了一辈子的小镇,离别他们全部的亲戚朋友,前往一个陌生的国度。

我的父母决定冒险。他们正好赶上了好时机。因为到了1924年,移民法更加严格,我们就不可能获准进入美国了。

父亲希望他的孩子能够过上比较好的生活。他怀着这种希望来到美国,这个愿望最终实现了。他生前看到他的一个儿子成为成功的作家,另一个儿子成了一名出色的记者,女儿的婚姻幸福美满。为了这一切,他自己付出了沉重的代价。

在俄国,父亲是一个很成功的商人家庭的一分子。而在美国,他却一文不名。在俄国,他是一个受过教育的人,周围的人都因为他学识渊博而尊敬他。但在美国,他发觉自己实际上是个文盲。他不会阅读英文甚至不会讲英语。更有甚者,他没有接受过美国人认可的教育。他感到自己被当作一个无知的移民而被人瞧不起。

所有这一切他都默默地忍受了。他把全部精力都集中在我身上了。我将补偿所有这一切,我也做到了。我长大以后,明白了父亲所做的一切,一直非常感激父亲所作出的牺牲。

父亲抵达美国以后,找到什么工作就做什么工作。他曾经挨家挨户地推销海绵,演示真空清洁器,为一家墙纸商行打工,后来又在一个羊毛衫厂工作。3年以后,他攒够了钱,分期付款盘下一家小的夫妻老婆糖果店。我们未来的生活就有了一定的保障,生活模式也基本成形了。

我早就说过,父亲从不逼我成为什么神童。他从不对我施行体罚,他把这交给我母亲了,母亲可是长于此道。每当我表现不好的时候,父亲常喜欢对我进行长时间的说教。我想我情愿挨母亲打。我知道父亲爱我,即使他很难用语言表达出来。

 3

我的母亲

我的母亲叫安娜·雷切尔·伯曼(Anna Rachel Berman)。她的父亲名叫艾萨克·伯曼(Isaac Berman)。母亲小时候,我的外公就过世了。我的名字就是为了纪念他而起的。

我的母亲看起来像个典型的俄罗斯农妇,身高只有4英尺10英寸(1.47米)。母亲有点文化,能够用俄语和意第绪语阅读和写作——说到这儿,我对父母亲有一点怨言。每当他们想要私底下商量什么事,就讲俄语。我一点也听不懂。要是他们肯牺牲私密的要求,用俄语对**我**讲话,我就会像海绵那样吸收它,学会这第二门世界性的语言了。

这当然是不可能的。我设想父亲的辩护词是他想让我学英语,使之成为我的第一语言而不受另外一种复杂语言的干扰。那样我就可以成为一个彻底的美国人。这一点我做到了。我认为英语是世界上最辉煌的语言,或许从各个方面来说都是最好的语言。

除了识字和足以在她母亲的商店里当一名收银员的数学知识外,母亲并没有受过教育。在正统犹太教中,妇女是不受教育的。她不懂希伯来语,也没有宗教知识。

尽管如此,我听到过她嘲笑父亲的俄语书法,她大概是对的。根据我的经验,女人的字不知为什么都写得比较漂亮,比男人的字迹清楚。例如，我妹妹的字写得比我好，相比之下，我的字像蟹爬，好像是半文盲写的。因此，如果我母亲的俄文字写得比父亲的漂亮，那我是一点也不会感到吃惊的。

母亲的生活可以用一个词来概括——“工作”。在俄国的时候，她是家里众多的兄弟姐妹中年纪最大的，她除了在我外婆的店里干活外，还得照顾他们。在美国，她得抚养三个孩子，在糖果店里工作很长很长时间。

她也很清楚自己生活的局限性：她缺少其他人所享有的那种自由。她常常失落在自我怜悯之中。我是她自我怜悯时最经常的发泄对象，我却无法因此责怪她。因为母亲说得很清楚，我是她背负的十字架的一部分，而且是最沉重的一部分，我感到有一种负罪感。

生活的艰辛使母亲的脾气变得很急躁，我是她发脾气时的主要出气筒。我不否认我惹事，但是她经常打我，出手很重。这倒不是说我母亲不爱我，厌烦我。相反，她很爱我。我真希望她能用别的方式来表达她的爱。

母亲从未有机会做一个好厨师。她得到糖果店干活，只好奔忙着快速准备好一日三餐的饭菜。因此，在我年轻的时候（事实上，一直到我结婚），吃的是各种油炸的食物，有时候是煮牛肉，或水煮的鸡和煮土豆。我们蔬菜吃得不多，面包吃得很多。——我这倒不是抱怨，我喜欢吃这些。

母亲的厨艺养成了我的饮食习惯，以至于后来我到中年就得了冠心病。以比较积极的眼光来看，她的厨艺使我的消化道习惯于艰苦的工作。我的消化能力因此很强。

母亲也有一些拿手菜——切碎的小萝卜加洋葱和煮得很硬的鸡蛋，味道简直像是天上的食品。但是，那味道会在嘴里留上一个星期，迫使别人离你远远的。

她还会用洋葱和鸡蛋（谁知道还有什么东西）与牛蹄煮成冻。那叫*pchah*。我宁愿吃它也不愿意上天堂。甚至于在我结婚以后，我有时候还会得到一大罐*pchah*带回家。当然它是一种习惯口味。当我的妻子格特鲁德习惯这种味道时，对我来说实在是很悲惨，它立即被削去一半。我伤心地记得母亲为我做的最后一点*pchah*。

我现在的妻子珍妮特（这世界上我最爱的女人），曾经仔细地研究过食谱，有时候也为我做*pchah*。她做得很好吃，直到现在也还做。只是我觉得她做的与母亲做的不太一样。

4

马西娅

我小时候总是与我妹妹马西娅(Marcia)为伴。她1922年6月17日出生在俄罗斯,8个月的时候与我们一起来到美国。她不断地抱怨我在作品里很少提到她。这倒也是事实。然而,在1974年,我出版了一本书,在书里我**的确**提到了她,说她生在俄国。

我打电话给她,把那一段读给她听,以此证明我有时候**确实**还是说到她的。谁知她立即歇斯底里地嚎啕大哭。我惊讶地问:“怎么回事?”

她抽泣着说:“这下所有的人都知道我几岁了。”(那时她52岁。)

“那又怎么样?”我说,“这会妨碍你参加美国小姐的竞选吗?”

我设法安慰她,可无济于事。这下你们该知道我和妹妹的关系经常是怎样的了吧。

马西娅不是她原来的名字。她有一个非常美好的俄罗斯名字,她不许我说出这个名字。她自己后来选了马西娅这个名字,我必须这么称呼她。

我们在孩提时代相处得并不融洽。这没有什么可惊奇的。为什么我们一定要处得好呢?我们俩的性格截然不同。假如我们是两个互不相干的人,我们俩都决不会选择对方做朋友。可我们是一家人,互相牵在一起,经常不断地惹对方生气。

不论我们之中哪个人做什么事,几乎都会激起对方的不满,总会有一场争论，然后迅速升级成大声喊叫，再往后就是凶恶的号叫和打斗。如果这时候父母亲来把我们拉开，耐心地听我们数落对方犯的过错和不端的行为，然后公平地判断是非，事情或许会好一点。不幸的是，我们的双亲没有时间这么做。

我母亲会从店里跑上楼来，朝我们大声地喊："别打了。"然后她愤怒地发表一通演说。意思是说这社区，不，这世界上就只有我们这两个孩子这么不体面地打架，所有其他孩子都很乖巧可爱，很少让人操心。她还会说顾客和邻居们隔着两条街都会听到我们的吵闹声，跑到店里来看看究竟发生了什么事，弄得她狼狈不堪。这些话我们已经听了不下几百次，对我们已经不起作用，特别是在我**知道**其他人家的兄弟姐妹之间也比我们好不到哪里去以后。

这儿有一件很有趣的事。马西娅记得我教会她喜欢吉尔伯特和沙利文（Gilbert and Sullivan）的轻歌剧，记得我在科幻小说界有一些诙谐有趣的朋友。她竟然不记得我们曾经打过架。她把我们之间的关系描绘成一种田园牧歌式的关系。我发现其他人，那些和我共享这一段回忆的人都认为这是真实的情况。他们把事实的真相彻底抹去，然后构造出某种根本不存在的事实，坚持说事情就是这样。也许创造自己的过去会使人比较舒服。我不会这么做，我对于往事的记忆实在太清楚了—— 我不是说我回忆的往事完全不受重新勾画的影响。写自传和查阅日记的时候，我很惊讶地发现有些事情我已经忘记了，有些事情与我记忆中的不一样。然而那全是一些不太重要的琐事。

马西娅是一个聪明的孩子。在她上学之前，我就教她识字了（她多少有一点勉强）。跟我一样，她在班上一直成绩领先。她15岁高中毕业（这也跟我一样）。这时犹太民族的大男子主义对马西娅很不利地抬起了头。我父亲很穷，但他想方设法把两个儿子送进了大学。然而他却没有想过要送可怜的马西娅进大学：女孩子归根结底是要嫁人的。

马西娅只好在15岁的时候就去找工作了。她年龄太小,还不能结婚。实际上,她年纪这么小,也不能合法地工作。我认为她肯定在找工作的时候谎报了年龄。不管怎么说,她找到一份秘书工作,干得十分出色。

马西娅直到33岁才结婚。当兄弟的总是对自己姐妹的优点熟视无睹。我记得在此前13年,当我准备结婚的时候,有个女人(显然是以前学校里的同学)听了以后很吃惊。

她说:"当兄弟的应该在他的姐妹嫁出去以后再结婚。"

这大概是那时候在东欧流行的习惯:只要合适就可以嫁出去。可在这儿,在美国?

我说:"如果我等我妹妹结婚以后再结婚,那我到死都只能是个单身汉了。"

我错了。一位37岁的男人,尼古拉斯·里佩内斯(Nicholas Repanes)被马西娅弄得神魂颠倒。他是个内向、文静、和蔼的人。他们结婚了,生了两个英俊的儿子。他们在一起幸福地度过了34年。1989年2月16日,尼古拉斯去世,享年71岁。我和珍妮特开车到昆斯区郊外去送别他。他躺在无盖的棺材中(戴着眼镜)。我很感激他,使马西娅很幸运地有这么好的丈夫。

顺便说一句,马西娅身高只有5英尺(约1.52米),始终面带微笑。她实际上是一个很有雅量的人。我很遗憾我们没有相处得更好一点。

 5

宗教信仰

我父亲虽然受的是正统派犹太教徒的教育,内心却不是正统派犹太教的信徒。因为某种理由,我们从来没有讨论过这个——也许因为我感到这对于他乃是一个非常私人的问题,我不想贸然跟他谈这个问题。我想他在俄国时所做的一切都只是为了取悦他的父亲——这种事情我相信是很正常的。

也许是因为我父亲是在沙皇专制统治下长大的,在那种制度下,犹太人不断地受到虐待,他内心变得十分革命。据我所知,他并没有参加什么实际的革命活动。父亲生性谨慎,他决不会去参加的。

一个犹太人成为革命者,为了社会平等、人民自由和民主的新世界而努力的方法之一,就是挣脱正统派犹太教的牢牢控制。正统派犹太教无时不在控制教徒一天中的每一个行动。它大大强化了犹太人和非犹太人之间的差异,这实际上造成了对弱势群体的迫害。

我父亲来到美国,摆脱了他父亲的管束,可以过一种非宗教的生活了。当然不可能彻底摆脱。假如你从小受到的教育就说猪肉是地狱之汤,那么这种饮食的规定是很难破除的。你不可能完全忽视当地犹太教徒的集会。你仍然会对《圣经》里的传说感兴趣。

然而,他不背诵那许多为一举一动所规定的祈祷文。他从不把它们教授给我。他甚至不屑于在我13岁的时候让我参加犹太男孩的成人仪式——为犹太男孩长大成人,服从犹太教法律承担宗教义务举行的仪式。我没有什么宗教信仰,就是因为没有人培养过我的宗教——任何宗教——信仰。

我记得1928年有一个时期,父亲感到需要一点额外的钱,于是他就去做当地犹太教徒聚会的书记员。工作要求他必须参加当地的犹太人集会。有时候,他带我一起去(我并不喜欢去)。作为一种姿态,他还让我进了犹太人的小学。在学校里我学了一点希伯来语,就是说学习希伯来语的字母和发音。意第绪语采用希伯来语的字母,所以我发现我能够看懂意第绪语。

我吞吞吐吐地把这告诉父亲。父亲听了大吃一惊,他问我是怎么学会的。至此,我想他对于我做的任何事情都不会再吃惊了。

父亲当书记员的时间并不长。书记员和糖果店,他不可能两头兼顾。因此几个月以后,我就离开了犹太人学校。我感到很欣慰。我一点也不喜欢这所学校。我不喜欢死记硬背地学习。我看不出学习希伯来语有什么价值。

在这一点上我恐怕是错误的。学习**任何**东西都是有用的。可我当时只有8岁,脑子里根本不会想到这一点。这一段早期的生活以及父亲在这一点上的教导或多或少留下了一点影响。他会用《圣经》里的语录来说明问题。我稍为长大一点以后,看了好几遍《圣经》——《圣经·旧约》。最终,我又怀着某种踌躇慎重地读了《圣经·新约》。

不过,我读《圣经》时,科幻小说和科学书籍已使我对宇宙有了比较科学的看法。我并不接受《创世记》里的创世神话或者书中描述的其他种种神话。阅读希腊神话(后来,我还看过稍差一些的古代斯堪的纳维亚神话)的经验,使我很清楚自己是在读希伯来神话。

父亲上了年纪,退休后住在佛罗里达州。他发现自己无所事事,觉得自己无可选择,只有加入其他上了年纪的犹太人,他们的生活内容就是参加犹太人的集会,讨论犹太教的微小细节。这对我父亲而言,真是得其所哉。他喜欢为小事争论,始终深信自己是正确的。(他的这种倾向多少有点遗传给我。)事实上,我有时候嘲讽地说,父亲从不放弃他的观点,除了那个观点恰好是正确的。

不管怎么说,父亲在他最后的几个月里,重又开始相信犹太教,不是在他思想上,而是从表面现象上来看。

我有时候被怀疑为一个无宗教信仰的反叛正统派犹太教的叛逆。这种说法对我父亲而言是对的,对我而言却不尽然。我什么也没反叛,我一直无拘无束,我喜欢这种自由,我的弟弟和妹妹以及我们的孩子也一样。

还得补充一点,也不是因为我觉得犹太教空洞,而必须寻找其他教义来填补我的精神世界。我一生从未——哪怕是片刻——想要信仰任何一种宗教。事实上,我从未感觉精神空虚,我有我的生活哲学,它不包括任何超自然的东西,我生活得非常充实,令人满意。简而言之,我是个理性主义者,只相信理智告诉我是对的东西。

必须承认,这也并非易事。我们身处超自然的神话包围之中,很容易接受存在超自然力的说法。许多赫赫有名的人物企图运用他们的影响力说服人们相信超自然力的存在,我们中最坚定的人也会产生动摇。

最近我也遇到类似的事。1990年1月,我躺在医院病床上,一天下午(且不管为什么——我们在适当的时候再讨论),我的爱妻珍妮特回家去几个小时处理一些必须处理的杂事,不在我身边。我正在睡觉,一个手指捅了我一下,我当然醒了。我茫然地环顾四周,想发现究竟是谁搅了我的清梦,为什么要弄醒我。

我房间的门上有一把锁,锁牢牢地锁着,而且锁上还有一根链条。只见我的病房里洒满了阳光,房内空无一人,衣橱和卫生间里也没人。我尽管很理智,但还是情不自禁地想:会不会有什么超自然力的影响想要告诉我珍妮特出了什么事情(不用说,我非常害怕)。我犹豫了片刻,试图赶走这个念头。我心里只想着珍妮特。最后,我打电话到家里找她。她立即接了电话,说她一切都很好。

我宽慰地松了一口气。挂上电话以后,我坐下来琢磨究竟是谁或者是什么事吵醒了我。究竟是一个梦,还是感官上的幻觉?也许是的,可我分明很真切地感觉到。我一直在苦苦思索。

我一个人睡觉的时候,经常用手抱着自己。我知道我睡得不是很熟的时候,肌肉会微微抽搐。我猜测我睡觉的姿势,设想我的肌肉抽搐。显然是我自己的手指碰到了我的肩膀,就这么回事。

现在不妨假设正巧我醒的时候,珍妮特因为某种巧合绊倒,擦伤了膝盖。假如我打电话去,她呻吟说:“我摔伤了。”

我还会抵挡得住超自然力影响的想法吗?希望如此。然而,我不敢肯定。这就是我们生活的世界。它会让最坚定的人动摇,我不认为自己是最坚定的人。

6

我的名字

在所有的名字中，大概除了摩西以外，我的名字艾萨克（Isaac）是最明显的犹太人的名字。我十分清楚在上了年纪的新英格兰人和摩门教徒中有许多叫艾萨克的，其他地方也时不时地有叫艾萨克的，可我相信他们之中十有八九是犹太人。

我小时候对此一无所知。我只是很喜欢这个名字。我是艾萨克·阿西莫夫。我绝对不想要叫别的名字。甚至在我很小的时候就是这样，这可能与我的自我感觉有关，我觉得自己很了不起。既然我的名字是我的一部分，所以它也必定与众不同。

问题是并非所有的人都倾心于我的名字。我们移民到美国的最初几年，邻居们觉得有责任提醒我母亲，她无形之中给我加上了不必要的精神包袱。艾萨克这个名字等于告诉别人说，我是犹太人，就好像是一个烙印。我将来势必处于很不利的地位，何必再去加剧这种情况，干吗要起这么引人反感的名字呢？——反对我起这个名字的人如是说。

母亲很为难。她问："那叫他什么呢？"

答案很简单。保留前面的字母，以表示对外公的尊敬（我的名字是为了纪念他而起的），取某个古老而又显赫的盎格鲁-撒克逊家族的名字。这样，就应该是欧文（Irving），在布鲁克林读作"奥伊文"（Oiving）。

[实际上,这样改换名字没有什么好处。如果叫艾萨克和伊斯雷尔(Israel)的都改成了伊西多尔(Isidore)和欧文,那些古老的贵族的名字全都染上了犹太气息,不就等于又回到起点了?]

好在事情决不会是那样。我当时应该有5岁了,听说要给我改名字,要让我叫欧文,我立即发出一种尖叫。我母亲从未听到我这么叫过。*我很明确地表示,无论在什么情况下,我都不同意叫我欧文,他们叫欧文这个名字我决不会应答的。只要听见欧文这个名字,我就又吼又叫。我的名字叫**艾萨克**,我将一直叫这个名字。

结果也确实如此。时至今日,我从未觉得后悔。不管好还是坏,艾萨克·阿西莫夫就是我,我就是艾萨克·阿西莫夫。

当然,我必须忍受被人奚落地称作犹太佬,伊克(Ikey)或者伊奇(Izzy)。这些我都默默地忍受了。因为我别无选择。当我终于可以比较好地控制我的周围环境时,我坚持要人们称呼我的全名。我叫艾萨克,不许喊绰号。[除非是老朋友,他们叫我艾克(Ike)叫惯了,我想他们是改不过来了。]

我记得有一次遇见一个人称赞我保留艾萨克这个名字,他告诉我,这是一种很难得的勇敢行为。然后他把我称作"扎克"(Zack),我只好很生气地纠正他。

在我十几岁的时候,我开始尝试写作,我的名字问题重又提出来了。我注意到通俗小说作家似乎全都拥有简单的西北欧人血统——特别是盎格鲁撒克逊人——的名字。它们可能是作家的真名,也可能是他们的笔名。

使用笔名在通俗小说家中是很普通的事。有些作家以各种不同类型的风格创作,每一种用一个不同的笔名。有些人不愿意让人知道他们在写通俗小说。有些人感到一个简单的美国名字更容易让读者接受。

---

* 我在以前的自传里谈过这件事。请原谅,为了使对于往事的追溯比较完整,有时候我必须重复一些故事。请记住,本书的许多读者并没有看过前面一本自传。

谁知道呢？不管什么情况，笔名大多是盎格鲁-撒克逊人名。

这并不是说没有犹太人作家，他们有些甚至用自己的名字。20世纪30年代，两位最有名的科幻小说作家是斯坦利·G·温鲍姆(Stanley G. Weinbaum)和纳特·沙赫纳(Nat Schachner)。他们都是犹太人。(温鲍姆的作品出版后仅仅一年半，他即成为全美国最受欢迎的科幻小说作家。他不久就因患癌症而悲惨地死去，当时才三十几岁。)

不过请注意，他们的姓是日耳曼人的姓，那就可以有一半被接受。尽管发生了第一次世界大战，德国人仍然是西北欧人。他们的教名当然是可以接受的。斯坦利(Stanley)是又一个古老的英国家族的名字。[尽管我和父亲反对，我弟弟因为母亲的一再坚持而改名叫斯坦利。父亲想叫他所罗门(Solomon)]。至于内森(Nathan)，如果缩成纳特(Nat)，听上去倒挺好的。

我的名字再明显不过是犹太人的名加上斯拉夫人的姓。(真是天知道!)有人提醒我说编辑可能想叫我约翰·琼斯(John Jones)。对于这个提议，我拒绝了。我绝对不允许我的作品不以艾萨克·阿西莫夫这个名字发表。

我宁愿牺牲作家生涯也要使用我奇特而古怪的名字，这可能显得不可思议。但就是这么一回事。我很强烈地感到不用我的真名发表作品对我来说缺少满足感，而不是与此相反。

不过，这事从来也没有发生过。我的名字最终被采用，而没有遭到任何反对。在长达半个多世纪的时间里，它出现在图书、杂志和报纸上，凡是我的作品用的都是我的真姓实名。而且这种情况还将一直保持下去。艾萨克·阿西莫夫的字体也印得越来越大。

我不想过分夸大我的作用。可我认为自己在破除给作者取些“无盐低脂”的名字这种习惯做法方面是起了作用的。特别是，在科幻小说界，我的做法使作家公开自己犹太人身份这件事的可能性增加了。

但是，但是——

不管怎么说似乎还是很不够的。1989年11月10日,一位在亚特兰大的朋友寄给我一篇发表在《亚特兰大犹太时报》(*Atlanta Jewish Times*)上的文章。它引述了某个名叫查尔斯·贾雷特(Charles Jaret)的人的想法。据称他是一位"佐治亚州立大学的社会学家,曾经对科幻作品中的犹太人和犹太人题材作过一番研究"。

文章中还有一段:"最著名的犹太人科幻作家大概要算是艾萨克·阿西莫夫了。但是阿西莫夫与犹太教的联系少得不能再少了。贾雷特教授说,'在他的作品中源自基督教的主题要比犹太教的更多。'"

这不公平。我曾经解释说我从小没有接受过犹太人的传统教育。我对于犹太教的细节知之甚少。当然不能用这事来指责我。我是一个自由的美国人,并不一定因为我的祖父是犹太教徒,我就一定只能写犹太人题材的作品。

根据一般的定义我是犹太人,这一事实并不能捆住我的手脚。艾萨克·巴谢维斯·辛格(Isaac Bashevis Singer)写关于犹太人的题材是因为他想要写这类题材。我不写这种题材是因为我不想写。我和他享有同样的权利。

一些犹太人老是说我不够犹太化,我已经听烦了。

我给你们举个例子来说明。我有一次答应在某一天作报告。那天正好是犹太人的新年,但我事先并不知道。即使知道了也一样,我不庆祝任何节日,什么犹太新年,圣诞节,独立日,一概不庆祝。对于我来说每一天都是工作日。节假日效率特别高,没有邮件、没有电话使我分心。

不料过了没多久,我接到一位犹太先生打来的电话。他在报纸上看到我在那个神圣的节日作演讲,为此他严厉地呵斥我。我耐着性子解释说我不过节,即使那天我不作报告的话,我也不会去参加犹太教堂的活动。

"那无关紧要,"他说,"你应该给犹太青年树立一个好榜样。而你却一直想方设法掩盖你是犹太人的事实。"

这话说得太过分了。我说:“对不起,先生。你有一点比我有利。你知道我的名字,而我却不知道你的。”

我当然是试试看的,但是我成功了。我在这里不用他的真实姓名。不过我们的谈话内容基本如下。他说:“我叫杰斐逊·斯坎伦(Jefferson Scanlon)。”

我说:“我明白了。好,如果我真的想要隐瞒我的犹太人身份的话,我要做的**第一件**事情就是把我的名字由艾萨克·阿西莫夫改成杰斐逊·斯坎伦。”他砰地挂断了电话。我再也没有听到他的音信。

还有一次,有一个名叫莱斯利·艾伦(Leslie Aaron)的人攻击我,说我不够犹太化。他自己却只用他名字的莱斯利这部分。

为什么这些人要盯着我?他们坐在那儿用的都是那种伪装纯真的名字,什么查尔斯,杰斐逊,莱斯利的,却指责我想要隐瞒犹太人的身份。我在我所有的作品上全都印着艾萨克这个名字。只要一有合适的机会,我就会以书面形式无拘无束地公开谈论我的犹太血统。

7

反犹太主义

我想要比较广泛地讨论一下反犹太主义。

父亲曾经骄傲地告诉我，在他住的小镇上从来没有发生过杀戮犹太人的事。犹太人和非犹太人相处得很好。事实上，他告诉我他曾经和一个非犹太人的小男孩是好朋友，他曾帮助那个小男孩做功课。十月革命以后，那个男孩成了当地共产党组织的官员，他帮助父亲办妥了移居美国所需要的文件。

这一点很重要。我经常会头脑发热，浪漫地假设我们家人离开俄国是为了躲避迫害。似乎我们逃离的唯一途径是在第聂伯河中，从一块漂浮的冰块跳到另一块浮冰上，后面是凶猛的警犬和紧追不舍的红军队伍。

根本不是这么回事，我们并没有受到迫害。我们非常合法地离开俄国。除了一般的官僚主义(包括我们这儿也会有的)，我们没有遇到任何麻烦。如果这件事让人失望，那也只好如此了。

我在美国这儿的生活也没有什么恐怖的故事可以叙说。我没有挨过打，身体上没有受到过伤害。在这个意义上来说，我从来没有因为我是犹太人而受苦。我经常遭到嘲笑，有时候是公开地被粗鲁的年轻人嘲笑，但更经常的是遭到一些受过教育的人的阴冷奚落。我把这种事看作是我无法改变的世事的一部分而接受了。

我还知道因为我是犹太人，美国社会有很多地方的门对我是关闭的。但是两千年来，在世界上所有的基督教社会里都是这样的。你我只有把这也看作生活中的现实而加以接受。

真正觉得难以忍受的是由于世界上当时正在发生的事件带来的不安全感，甚至是恐怖的感觉。我现在谈的是20世纪30年代的事。那个时候，希特勒的权力越来越大，他反犹太主义的疯狂也变得更加狠毒，充满了血腥味。

所有在美国的犹太人都很清楚：先是在德国，然后在奥地利，犹太人正在遭遇无止境的屈辱、虐待，他们被关押、折磨和残杀，就因为他们是犹太人。我们不可能不知道像纳粹那样的党派正在欧洲的其他地方兴起，他们的宗旨也是反犹太主义。甚至像法国和英国这样的国家也都不可避免地受到影响。在这两个国家里都有法西斯那样的党派，而且都有悠久的反犹太主义的历史。

我们犹太人甚至在美国也不安全。上流社会反对犹太人的暗流始终存在，比较愚昧无知的街头盲流的暴力行为时有发生。这种情况始终存在。而且还有纳粹主义的影响。我们可以不考虑德美同盟会（German-American Bund），那是一支公开的纳粹分子队伍。然而，像天主教神甫查尔斯·库格林（Charles Coughlin）和飞行英雄查尔斯·林白（Charles Lindbergh）这样的人竟然也公开表达了反犹太主义的观点。还有一些聚集在反犹太主义旗帜下的土生土长的法西斯运动。

美国犹太人在这种压力下怎么能够生存？他们为什么没有崩溃？我猜想大多数人只是在实践“自我克制”。他们极力不去想它，尽可能地过正常的生活。在很大程度上，我也这么做。也只能如此。（当年德国的犹太人在暴风雨来临之前也是这么做的。）

我的态度比较积极乐观。我对美利坚合众国有足够的信心，深信它绝对不会追随德国人的榜样。

事实上,希特勒的极端暴戾,不仅体现在他的种族主义上,而且还在于他的国家主义的战争恫吓。他日益明显的妄想狂在美国人的重要阶层中激起了憎恨和愤怒。总的来说,美国对于欧洲犹太人的境况态度相当冷淡,但是它正变得越来越反对希特勒。可能这只是我这么认为,我对此感到很欣慰。

我还试图不要很不自在地死盯着反犹太主义,把它视为世界上的主要问题。我认识的许多犹太人把世界上的人分成犹太人和反犹太主义的人,仅此而已。我认识的许多犹太人,除了反犹太主义,对于任何地方、任何时候发生的问题一概不闻不问。

我感到震惊的是偏见广泛存在,所有不处于主导地位的群体(那些社会地位实际上不在顶端的人们)都是潜在的受害者。20世纪30年代,在欧洲公开受到迫害的是犹太人。在美国,并不是只有犹太人才受到最差的待遇。在美国,只要不是故意视而不见,谁都明白境遇最糟糕的是美籍非洲人。

在长达两个世纪的时间里,他们一直被奴役。自从奴隶制正式宣告结束以来,在大多数情况下,美籍非洲人在美国社会生活中的地位仍然与奴隶相差无几。他们被剥夺了一般的权利,受到歧视,没有任何机会参与所谓的美国梦。

我虽然是犹太人,也很贫穷,最终却在美国一所顶级的大学里受到了一流的美国教育。我不禁要想,究竟有多少美籍非洲人会有这样的机会。我谴责反犹太主义,我也谴责所有的人与人之间的残忍行为,否则我就以为失之于偏颇。

我认识的一些犹太人就这么盲目。他们谴责反犹太主义时慷慨激昂,可谈到美籍非洲人的话题时,几乎连气都不喘就立即改变口气,听上去就像是一群小希特勒。当我指出这一点,表示强烈反对时,他们愤怒地转向我,根本不明白他们自己在干什么。

有一次,我听见有一位女士义正词严地指责基督教徒对于救助欧洲的犹太人无所作为。她说:“不能相信基督教徒。”我故意隔了一些时间,然后突然问她:“你做了什么帮助黑人争取他们的权利?”她回答说:“听着,我有我自己的问题。”我说:“那基督教徒也一样。”她茫然地看着我,根本没有听明白我的话。

有什么办法呢?整个世界似乎都生活在这一面旗帜下:“自由是美好的——但它只属于我。”

有一次,大约在1977年5月,在很不利的情况下,我忍不住发作了。当时,我与其他人一起呆在讲台上。那些人里有伊利·威塞尔(Elie Wiesel)。他是600万名欧洲犹太人被杀害的那场大屠杀的幸存者,现在他除此之外别的什么都不谈。威塞尔说他不相信科学家和工程师,因为科学家和工程师卷入了那场大屠杀。

这是什么观念!这跟反犹太主义的人说“我不相信犹太人,因为犹太人曾将我主耶稣钉在十字架上”有什么两样?

我在讲台上面思索着,最后我实在按捺不住了。我说:“威塞尔先生,因为一个群体的人曾经遭遇过极度的磨难迫害,就认为他们是公正无辜的想法是错误的。他们完全可能是公正和无辜的,可迫害本身并不一定是他们公正无辜的证据。迫害仅仅证明受迫害的群体是弱势群体。如果他们是强势群体的话,就我们所知他们也可能是迫害别的群体的人。”

威塞尔听我这么说,非常激动。他说:“你举例说明犹太人什么时候迫害过什么人。”

我早有准备。我说:“公元前2世纪,在马加比统治的王国里,朱迪亚的约翰征服了以东。他要以东人选择:归顺朱迪亚人或者是宝剑。以东人是很明智的,选择了皈依。但是从此以后,他们被视作一个劣等群体。因为他们虽然是犹太人,却是以东犹太人。”

威塞尔愈加激动地说:“那也只有那一次。”

我说："那是犹太人唯一一次掌权。一次中就有一次不算少。"

讨论就此结束。但是我要补充一句，听众内心是赞同威塞尔的。

我也许可以更进一步。我可以提及在大卫和所罗门统治时期，古以色列人是如何对待迦南人的。如果我能够预见未来，我也会提到今天在以色列发生的情况。美国犹太人最好是想象那儿的角色倒换，巴勒斯坦人统治那儿，犹太人绝望地扔石块，那么他们也许会比较清楚地认识那里的情况。

阿夫拉姆·戴维森(Avram Davidson)是一位出色的科幻小说作家。我与他曾经有过一次类似的争论。不用说，他也是犹太人。他是一位引人注目的正统犹太教徒(至少有一个时期)。我曾经写过一篇评论《路得记》的文章，把它当作呼吁宽容的请求。路得反对犹太教的法律学家以斯拉(Ezra)的残忍，后者强迫犹太人"抛弃"他们的外国妻子。路得是摩押人(一个犹太人憎恨的民族)，但她还是被描绘成一位模范女人，而且她是大卫的祖先。

阿夫拉姆·戴维森对我的说法很生气，他很不宽容地写了一封信给我。信中他也责问我犹太人什么时候迫害过什么人。

我在回信中说："阿夫拉姆，你和我都是生活在一个95%的人都是非犹太人的国度里的犹太人。我们都生活得很好。我很想知道如果我们是非犹太人，生活在一个95%的人都是正统犹太教徒的国家里，我们会怎样。"

他从此没有回音。

现在有许多苏联的犹太人到以色列去。他们逃跑的原因是受到宗教迫害。然而，他们一踏上以色列的土地，就变成极端的以色列国家主义者，对于巴勒斯坦人没有一丝同情。一眨眼间，他们从被迫害者转变成迫害者。

犹太人并不是以此著称的。这只是因为我是犹太人，我对这种情况特别敏感——但是这是一种普遍现象。当异教徒的罗马人迫害早期基督教徒的时候,基督教徒呼吁宽容。等基督教徒掌权之后,可曾有过宽容?绝对没有。他们立即开始反过来迫害对方。

保加利亚人要求挣脱统治集团的残暴压迫争取自由,可他们却利用自由来攻击身边的异教的土耳其人。阿塞拜疆人要求脱离苏联的中央控制,但是他们似乎想要利用这种自由杀死他们当中的亚美尼亚人。

《圣经》中说那些遭受过迫害的人不应该迫害他人:“不可亏负寄居的,也不可欺压他,因为你们在埃及地也作过寄居的。”(《出埃及记》第22章第21节)。谁按照《圣经》所说的做了?我试图宣传这一点。当我这么做的时候,只是使我自己显得很怪异,变得不受欢迎而已。

8

图书馆

我识字以后，阅读能力进步很快，因此出现了一个很严重的问题：我没有什么东西可读。学校发的课本只够我看几天。学期开始后第一周我就看完了所有的课本，然而要学半年。老师教给我的东西很少。

我6岁那年，父亲买下了一家糖果店。店里有许多阅读材料。可是父亲不让我碰它们，他认为那些东西都很无聊。我指出其他孩子都在看。父亲说："所以他们的脑袋里全是无聊的东西。他们的父亲不在乎，可我在乎。"

我感到很沮丧。

怎么办？父亲给我办了一张图书馆的借书卡。母亲定期带我去图书馆。后来我母亲厌倦了带我去，我就自己去。我第一次获准独自外出，就是去图书馆。

在这一点上，我所处的环境帮了我。幸运又一次眷顾我。

假如父亲有时间，假如他了解美国文化，他肯定会不只是保护我不受他糖果店里那些暂存的杂志影响，而是会在更多方面具体引导我。他也许会指导我阅读他认为好的文学作品，因此，无意之中使我的知识面变窄。

幸好父亲没有这样。我自管自。父亲还以为在公共图书馆里的东西都适合阅读，所以他没有想到要查看我借回来的书，而我因为无人引导，什么书都看。

纯粹是在这种环境下，我找到了与希腊神话有关的书。我把所有的希腊名字都读错了，其中许多对我是个谜，但我真是着了迷。说实话，当我长大一些以后，我一遍又一遍阅读《伊利亚特》(*Iliad*)，只要有机会我就把书带出图书馆。只要读完了最后一篇就又从头开始。我看的书是威廉·卡伦·布赖恩特(William Cullen Bryant)翻译的。现在回想起来，我觉得这本书翻译得很差。尽管如此，我还是一字一句地记住了《伊利亚特》这本书的全部。你可以任意背诵一节，我可以告诉你在哪里可以找到。我还读了《奥德赛》(*Odyssey*)，当时觉得这本书不太好看，不够刺激。

这里有一件事使我感到困惑:我不记得我什么时候读的希腊神话，肯定是很小的时候。我究竟清楚还是不清楚它们是编造的故事，不是真的呢? 还有其他的神话故事(我把图书馆里所有的神话故事全看完了)。我怎么会知道这些故事只是“神话故事”呢?

我猜想在一般家庭中，儿童图书是由家长读给孩子听的。大人们会让孩子知道，小白兔其实是不会讲话的。我弄不明白。奇怪的是，我不记得我自己的孩子是怎么明白的。我给他们读的不多(我太自我专注了)，我不记得我曾经特别说明过“这个故事是编出来的”。

当然，有些孩子害怕巫婆、怪兽、躲在床底下的老虎，还有所有他们在书里看到的吓人的东西，他们肯定是从一开始就信以为真了(在不够成熟的成人生活中也一样)。我从来没有害怕过这些东西，我必定从一开始就知道它们只不过是编出来的故事——我不知道我是**怎么**知道的。

当然，我可能就此事问过什么人，可具体问谁呢? 父亲整天在糖果店里忙得不亦乐乎，我不可能去打扰他;母亲(虽然她能够读写算)根本没受过教育。我总觉得不可能去问他们的。我肯定不会问我的小伙伴，我从来没有想到过要去请教他们学识上的问题。结果是我只有靠自己解决——不过，我记不清我究竟怎么弄明白的。

事实上，尽管我记忆力极好，但是在我的童年有太多的事情对我而言都非常重要，这些我已经不记得了；同时又没有什么事情在我的童年时时萦绕，从而使我能够记住它。

举例说，我很小的时候有过一本书，里面含有莎士比亚的全部作品——它不可能是从图书馆借来的，因为我记得我保存了很长时间，也许是什么人送给我的。

我记得很清楚：我如何阅读《暴风雨》(The Tempest)的。它是那本书里的第一个剧本，尽管它是莎士比亚最后写的剧本(是他唯一在剧中讲述自己的故事的剧本)。我还记得，例如，“yare”(易于驾驶的)那个词使我感到多么困惑不解。莎士比亚用它来给人一种水手行话的印象，可在此之前或(我认为)之后我都没遇见过这个词。

我记得我很欣赏《错误的喜剧》(*A Comedy Errors*)和《无事生非》(*Much Ado About Nothing*)。我甚至好像还记得我很欣赏《亨利四世》(*Henry IV*)第一幕里的法尔斯塔夫的场景。总之，就像人们预料的那样，我喜欢喜剧。我还记得我不喜欢《罗密欧与朱丽叶》(*Romeo and Juliet*)，它太伤感了。

可现在要谈那让我发疯的事。我是否曾经读过《哈姆雷特》(*Hamlet*)和《李尔王》(*King Lear*)呢？我肯定没有印象了。事实上，我不记得第一次读《哈姆雷特》是在什么时候了。肯定在什么时候读过，至少是想要读或最初什么时候想要读，我肯定应该会有某种反应的。——可是，不行，我什么也不记得，脑子里一片空白。

一旦停下来考虑这件事，就会提出整个一系列问题。我是什么时候知道地球绕着太阳旋转的？我最早是什么时候知道恐龙的？姑且假设，我是通过阅读从图书馆借来的青少年科普读物来了解这些的，那我怎么不记得自己惊叹地说：“啊，我的天哪，整个地球环绕太阳转动，这真太奇妙了。”

是否别人都记得他们最早是在什么时候听到这些的？难道就我是个白痴，连这也记不住？

另外一方面，是否可能一旦你在少年时期彻底接受某件事，就会抹去早期的"无知"状态，或者说"错误的认知"状态？大脑的记忆功能就会把前面的记忆清除掉？这一点非常有用，倘若人始终生活在诸如小白兔会说话之类的儿时印象之中，而结果却发现它们并不会，这种情况肯定是有害的。我接受这点，断定自己不是白痴。

因此我认为我读过《哈姆雷特》。正因为我非常喜欢，所以我的大脑记忆功能就把它认作是我从来就知晓的。我设想我是从书本中获知这些的，不仅当时知道了，而且仿佛是早就知道了。

一件事会导致另一件事情发生，有时纯粹是出于偶然。有一次，我生病不能去图书馆，我说动了可怜的母亲替我去图书馆借书，我答应她借什么书我就看什么。她带回来的是一本杜撰的关于托马斯·爱迪生（Thomas Edison）生平的书。我很失望，可我已经许诺，所以我读完了它。这**也许**是我进入科技世界的入门书。

接着，当我长大以后，小说把我引向非小说类书籍。凡是读了大仲马（Alexandre Dumas）《三剑客》（*The Three Musketeers*）的人，必然会对法国的历史感兴趣。

我的古希腊史（与神话相对）的启蒙读物，我以为是格特鲁德·艾瑟顿（Gertrude Atherton）著的《爱妒忌的神》（*The Jealous Gods*）（我想我把它当作是神话了）。我发现我在读雅典和斯巴达的故事，特别是在读亚西比德（Alcibiades）的故事。艾瑟顿所描绘的亚西比德迄今深深地印在我的脑海中。

威廉·斯特恩斯·戴维斯（William Stearns Davis）写的《紫色的辉煌》（*The Glory of the Purple*）把我引向拜占庭帝国和伊索里亚王朝的利奥三世（Leo Ⅲ, the Isaurian），毋庸说，还有希腊火。* 戴维斯还有一本书（名字我现在记不清了），把我引向了波斯战争和阿里斯提得斯（Aristides）。

---

* 希腊火指拜占庭希腊人在海战中使用的一种触水即燃的武器以及古代和中世纪在战争中使用的燃烧剂。——译者

所有这些使我开始对历史感兴趣。我读了亨德里克·房龙(Hendrik van Loon)谈论历史的书,我感到需要更加充实的内容,所以(我记得)我读了一部世界史。那本书是19世纪的一位名叫维克托·迪吕伊(Victor Duruy)的法国历史学家撰写的。我读了好几遍。

这全是综合类的阅读,我甚至无法告诉你它涵盖多少内容。在其他人看来,我这样很傻。我去过一个图书馆(只要找得到我就去),在那儿我发现一大堆合订本的《圣尼古拉》(*St. Nicholas*)——一份在一个世纪前很畅销的儿童杂志。我抽出一本又一本——很大的合订本,每本都包括一年的月刊,字体很小,我拼命地读。

在这些杂志里,我读到了《戴维与小精灵的故事》(*Dary and the Goblin*)连载。我不太喜欢它,我觉得它是《艾丽斯漫游奇境记》(*Alice's Adventures in Wonderland*)的翻版,而且很拙劣。(对了,我什么时候读《艾丽斯漫游奇境记》的呢?我不记得了,不过,我绝对相信不管什么时候读的,我都喜欢它。)

每一期杂志中还有打油诗,讲述一群天真无邪的小精灵困难重重的冒险。每个小精灵的画像都特别可爱,特别是其中有一个总是穿得像舞台上的英国人(头戴高礼帽,身穿燕尾服和拿着一个单片眼镜),它遇到的麻烦比它所有的伙伴加在一起的还要多。

我肯定遗漏了许多,但我也确实大量地阅读。

年纪再稍大一点时,我发现了查尔斯·狄更斯(Charles Dickens),他写的《匹克威克外传》(*Pickwick Papers*)我看了整整26遍,《尼古拉·尼克勒贝》(*Nicholas Nickleby*)看了十多遍。我甚至还看了让人感到心情沉重的书,像尤金·苏(Eugène Sue)的作品《流浪的犹太人》(*The Wandering Jew*)(我为"犹太人"所吸引)和《巴黎之神秘》(*Mysteries of Paris*)(我被"神秘"所吸引)。这些书使我惊骇万分。我无法停止阅读,我自始至终一直为尤金·苏所描绘的穷人和罪犯感到恐惧,即便是现在,一想起来,我仍然感到不寒而栗。狄更斯对于贫困和悲惨的描述始终具有幽默的笔触,使人还比较容易接受,而苏则是重拳出击。

我还读过一本几乎被人遗忘了的书,塞缪尔·沃伦(Samuel Warren)写的《一年等于一万年》(*Ten Thousand a Year*)。它里面有一个名叫奥伊利·甘蒙(Oily Gammon)的反面人物,写得很出色。我第一次意识到不仅是"英雄",反面人物也可以是一本书的主人公。

有一类书几乎完全不在我的阅读范围内,那就是20世纪的小说(不是20世纪的非小说类图书,后者我读之甚多)。我不知道为什么不曾涉猎现代小说,或许是我被那些积尘较厚的图书吸引了,或许是我去的图书馆本身馆藏的现代小说很少。

孩提时代养成的癖好我迄今保留,我现在仍然很少阅读现代小说(除了探案小说之外)。

这种令人难以置信的大量综合阅读,这种缺少引导的结果,使得我的兴趣被引向20个不同的方向,并且所有这些兴趣全都保留下来了。我曾经著书论述神话故事、《圣经》、莎士比亚、历史、科学等等。

现代小说我读得很少,这一点也留下了难以磨灭的痕迹。我很清楚,我写的东西具有某种老式的风格。我喜欢它,有许多读者似乎也喜欢它,我不想改弦易辙。

我在学校接受了基础教育,但它远远不够。我**真正的**教育,上层建筑,具体的、实际的知识结构,是从公共图书馆里获得的。对于一个穷学生来说,家里买不起书,图书馆是一扇敞开着的通往奇迹和成就的大门。我很欣慰我聪明地敲开了那扇门,充分地利用了它。

现在,我不断地在报上看到图书馆基金被一再削减。我只能认为这扇大门正在关闭,美国社会又找到了一条毁灭自己的途径。

9

书　虫

环境似乎迫使我的生活方式与其他孩子不一般——当然，这种“不一般”只是与我周围大多数孩子的生活方式相比较而言。对我来说，并没有什么不一般，很合我意：捧着书独自坐在那儿。我为其他孩子感到惋惜。

说起来，我并不完全孤独。我不是一个遁世者或特别害羞的“孤独者”。事实正相反，我是一个很外向的人(这是旁人告诉我的)。我说话声音很大，很吵闹，喜欢与人交谈，经常大笑(我使用了现在时，因为我现在还是这个样子)。这就是说我会跟同学及邻居的孩子谈天，甚至有时跟他们一起玩。当然，只是偶尔，其原因很多。

1. 我必须到家里开的糖果店里去干活，几乎没有什么空余时间，没时间玩。

2. 即使难得有时间，可以玩的时候，我也拒绝参加任何可能有暴力的游戏，哪怕是友好的打闹。我个子矮小，身体瘦弱，每次打闹，我都是被殴打的对象。

3. 许多游戏，无论是下跳棋，玩陀螺，打弹子或者其他游戏，都是玩“赌输赢”的游戏。赢的人收进输的人的东西。我很早就知道我不适合玩赌输赢的游戏。我要是输掉了我珍藏的宝贝，就再也不可能有了。父亲不会支持我无休止地收藏那些华而不实的东西，这点我很清楚。我只玩

"好玩"的游戏——就是说,在游戏中,只有胜利的荣耀,没有什么东西归赢家所有,所有的人都仍然保留他自己的东西。对大多数人来说,为了"好玩"而玩根本就没有乐趣,我很少有机会玩我想玩的游戏。

回过头来看,我似乎很吝啬,不愿用那些不值几个钱的收藏品来赌我的游戏本领。但它自有它的作用。这使我在这一生中,始终没有任何赌博的欲望。只有一次,唯一的**一次**,我背弃了这一决不赌博的坚定立场。在我20岁出头的时候,我抵挡不住要成为"一个男孩"的诱惑,听说赌注很低,就跟他们在一起打扑克牌。

事后,我惶恐地向父亲坦白,告诉他我玩了输赢钱的扑克。

父亲平静地问:"你玩得怎么样?"

我说:"输了1角5分。"

他说:"感谢上帝。你想想看,要是你**赢**了1角5分,会怎么样?"父亲非常清楚那种罪恶是如何引人上瘾的。

这种反对赌博的倾向还远不止于此。我不仅不玩扑克,也不赌马。在我生命的每一阶段,我都尽量估计我可能成功的机会。如果我认为成功的机会小于所要承担的风险,我决不冒险。如果你能正确地判断,这一点非常有效。我显然能够正确判断。至少,我要做的事几乎总是很成功,有时候甚至在**别人**看来似乎不可能的事,只要**我**认为**不**是轻率的冒险,我就会全心全意地投入,结果几乎总能获得成功。

因此,我写了些也许除了傻瓜没有人会认为有销路的书,可它们竟然销得很好。另一方面,我始终认为与好莱坞的联系越少越好,与好莱坞有牵连的作品,不管它眼下**看来是**多么赚钱,都会以彻底失败告终。我一直远离那个地方,对此我从不感到遗憾。

由此可见,我是邻居圈里的局外人。当我长大的时候,我更加不合群了。无论是否外向,是否起劲地与人闲谈,我本质上都是个外来者。我原本可能会为此伤心,对我的一生都产生不良的影响。(我有一些朋友,他们因为年少时不合群,或多或少影响了成年后的生活。)

局外人的感觉并没有困扰我。我不记得曾经因为被冷落而伤悲,我不记得曾经因为看到其他孩子在四周狂奔,而渴望加入他们。相反,我认为那样未必有趣。

你瞧,我有书为伴,我情愿阅读书籍。

我记得在炎热的夏日午后,糖果店生意清淡,父亲和母亲一起,或者他单独一人就可以照看糖果店,不需要我帮忙。每逢此时,我就会坐在糖果店的外面(随时准备应急),椅子向后斜靠墙壁,静静地看书。

我记得我弟弟斯坦利出生后,交给我照看他。我推着他坐的婴儿车绕着街区转上二三十圈,把书放在婴儿车的把手上,一边走一边看。

我记得我从图书馆借回三本书,回来的时候,我一个胳膊夹一本书,一面在读第3本书。(有人告诉我母亲,说我"行为古怪"。母亲呵斥我,她和父亲生怕我这副样子会得罪光顾我们小店的顾客。你们可以料想我对此毫不在意。)

换言之,我是一个典型的"书虫",那些不是书虫的人,肯定觉得很好奇:居然有人不停地读书,毫不注意生命的光辉在不经意间逝去,浪费了青春时光,错失了体力和精力交融嬉戏的大好时光。这里似乎肯定有某种悲伤,甚至是悲剧。人们很奇怪究竟是什么缘故迫使一个年轻人这么做。

其实,人生只要快乐,生命便是辉煌的;只要快乐,日子就是无忧无虑的;思考和想象的相互影响远胜过肌肉和神经之间的作用。假如你没有亲身体验,我可以告诉你们,对于某些人(比方说我),阅读一本好书,迷失在它趣味盎然的语言和引人入胜的思想之中,是一种难以形容的极大的快乐。

每当我想要平和,宁静,欢悦,我就会想起那些慵懒的夏日下午,我坐在那儿,椅子倚靠在墙壁上,腿上搁着一本书,轻轻地翻动书页。在我一生中或许有某些时候,感情激越,有大量充满胜利和感到欣慰的时刻,但是,就安静平和的快乐而言,再没有什么可以与之媲美。

 10

学　校

我喜欢学校。学校里教的东西,至少在小学和初中时代,对我来说一点不难。我学得很轻松,成绩突出——我喜欢表现出色,引人注目。

我当然有问题,问题始终存在。且不说我在班上不受同学欢迎,大多数的任课老师也都不喜欢我。我是班上最聪明的(也是年纪最小的)学生,但也是表现最差的。我这么说的时候,你想必清楚"表现最差"的标准在60年前与今天是截然不同的。

在我们今天的社会里,中小学生会染上毒品,携带武器到学校,殴打甚至还有强奸老师的。

这类行为在我们小时候是无法想象的。说我表现不好是因为我老是不停地讲话,议论正在发生的事情。哪怕是脱缰的野马也无法阻止我对邻座的同学发表评论。

很可能是我的"受害者"的窃笑吸引了老师的注意。既然窃笑的学生总是我的同桌,那么结论就很明确了。结果可想而知,老师的眼睛紧盯着我,我始终无法逃避。

我为什么要这么做呢?为什么我不学乖点呢?我不知道。也许是不假思索的反应。我一辈子都这样,虽然这种事情发生的次数正在渐渐减少。即使现在,有时候我想起某件有趣但很不合时宜的事情,我仍会不假思索地脱口而出,收都收不住。

有一天,剧院上演吉尔伯特和沙利文的一出歌剧(我酷爱吉尔伯特和沙利文的歌剧)。幕间休息的时候,一位女士走上前来,要我签名,我当即就签了(我从不拒绝签名)。她说:"您是我邀请签名的第二个人。"

我不经意地问:"另一位是谁?"

她说:"劳伦斯·奥利维尔(Laurence Olivier)。"

我很震惊,信口说:"奥利维尔听见了不知会感到有多么荣耀。"

当然,这只是个笑话——幽默的反诘,可她却愤然离去。她肯定会告诉她认识的人,我是个多么傲慢自大的怪物。

不光是说话,我做事也一样。就在那个场合,一位上了年纪的妇女对我说(记住,这时候,我是个上了年纪的先生):"我是您小学里的同学。"

我一点没有印象了。我问她:"您?"

"在PS 202。"

我开始感兴趣起来。1928—1930年,我确实在PS 202念书。

她说:"我之所以记得你,是因为有一次老师说了一件什么事——具体什么事情我忘了,你告诉她说她错了,她坚持说她是对的。吃午饭的时候,你跑回家,拿来一本书,证明她错了。那件事你还记得吗?"

"不记得了,"我说,"可那就是艾萨克·阿西莫夫做的事,没错。其他学生不会为了证明自己对某件小事的看法正确而去惹麻烦,使老师难堪,使自己遭人恨。"

不错,我在学校与老师相处得不好,一直到我读博士。不仅如此,凡是级别比我高的人,我跟他们关系都不融洽。直到我彻底成为自由职业者以后,我与他人的关系才真正平和。我生来就不适合给人打工。

说起来,我也很怀疑我压根儿也不是当老板的料,至少我从未有过雇用秘书和助手的愿望。我的本能告诉我那样肯定会互相影响,减慢我的工作速度。最好是一个人干,我后来就是这样,直到如今依然如此。

有时候，有人问我学校里哪位老师对我鼓舞最大，要我具体谈谈。说实话，我对教过我的老师一个也不记得了。这倒不是因为他们特别不值得记忆，而是因为我特别以自我为中心。不过，有三位老师我还依稀有些印象。

有一位老师在一年级时教了我一个月。她个子不高，和蔼而有爱心（是位黑人老师，是教过我的唯一一位黑人教师）。她要我跳一级。当我被迫离开那个班级的时候，我哭了，我说要**留在她班上**。她拍拍我的肩膀，告诉我必须得走。第二天我又悄悄回到她那个班，她拉着我的手又把我带出去了。

五年级时有一位老师叫马丁小姐（Miss Martin），她（与其他大多数老师不同）很喜欢我，尽管我有许多缺点，她对我很好。我感到很欣慰。

六年级还有一位格罗尼小姐（Miss Growney）以“严厉”著称，她的学生因此很惶恐。她大声呵斥学生，有时也对我嚷嚷。这些我早已经习惯了，所以不很在乎。我显然一点也不怕她，也许正因为如此，她似乎也很喜欢我。（我很早就发现，“班上最聪明的学生”有时会逃过惩罚。）

11

成　长

我设想每个孩子都希望快快长大，成为一个大人，享有成年人所有的权利和特权。这无非是因为孩子觉得生活中处处受到限制，父母老是告诉他做什么，不要做什么，根本没机会自己作出决定，如此等等。他觉得成年人的生活无拘无束，自由自在。(以后，他可能会发现那只是一张通往更加沉重的奴役生活的通行证……且不说这些吧。)

我年轻时，伴随着成长的，还有物质上的负担。孩子们都穿"短裤"——就是说，裤脚束紧长及膝盖的裤子，很像18世纪的贵族穿的那种裤子。当然，必须要穿直到膝盖的长袜。孩子们稍微长大些时，会因为它是小孩的标志而极度厌恶这种短裤装束。孩子们期盼着第一次穿上"长裤"——普通的裤子，长及脚踝，不需要系带扣——的时候。

我还记得我第一次穿长裤的时候，那种自豪感难以言表。我跑到大街上，四处走动，希望所有的人都看见我，注意到世界上又多了一个成年人。实际上，我当时只有13岁。我很快发现，长裤并未使我变为成年人。

尽管如此，在不久之后，当短裤不见了的时候，我还是深感受到沉重打击。孩子们再也不穿短裤了，他们不再裹着那种小孩子的标记。我愤愤不平，为什么我要被迫穿戴那耻辱的标记，而现在却没人穿了？

我这一生还看见其他许多衣着上的变化。我年轻的时候，所有的青少年都戴帽子:那种有帽舌的布帽子。你可以迅速戴上,也可以一把抓下来,揉成一团,想怎么样就怎么样,帽子照样可以戴。那是我戴过的最方便的帽子,有的还有御寒用的帽耳朵。

现在没了,全不见了。我听到的说法是因为在早期的土匪影片中,那种帽子是歹徒戴的。美国公众从未经过自己思考,便接受了这种说法,抵制这种帽子。

这无关紧要。我不久戴上了浅顶软呢男帽,那是“成年人”戴的。最终我恨透了它,虽然周围的人都戴这种帽子。在电影里,所有的人在室外都戴着浅顶软呢男帽。在一些低成本的电影里,里面的角色不论什么场合,甚至在打架的时候,也常常戴着这种帽子。

当浅顶软呢男帽也消失了,人们不再戴帽子的时候,我松了口气。当然,等年纪稍大些的时候,我发现戴顶帽子可以保暖。我现在戴的是俄罗斯风格的皮帽。它有点像我小时候的帽子,可以塞在口袋里,不过是圆的。

我还看见人们衣着上的其他变化。一套西装配两条裤子,西装背心基本上没什么人穿了。裤脚不再做翻边(它们有利于藏布絮和碎石子),表袋不见了。

裤子上的纽扣换成了拉链。这是天意,因为当我还是个孩子时,有一种恶作剧,就是走到某个没有准备的受害者的面前,翻开他裤子的纽扣盖,然后哈哈大笑。我不知道是否有什么值得注意的东西暴露出来,但受害者会极度困窘,特别是旁边有女孩子在场的时候。显而易见,如果那个恶作剧的孩子扯掉对方一颗或者两颗纽扣,那就更加洋洋得意了,而那个被作弄的孩子的可怜的母亲则不得不再把纽扣缝上。

12

长时间工作

在我6岁到22岁之间，父亲的糖果店在我的生活中举足轻重。

它有许多好处。父亲为自己干，不会遭到解雇。1929年股市崩盘大萧条开始时，这一点尤为重要。几百万人失业，没有失业保险，没有福利，没有人感到社会必须要为这些不幸的人做点什么，而只是偶尔扔上一角钱给他们买一杯咖啡(就像招贴画上写的："朋友，你能省一角钱吗？")，人们只能衣衫褴褛地站在角落处卖苹果，在垃圾堆里寻找罐头，或者挨饿。

凡是经历过大萧条的人无不对它感到恐惧。至少在美国，大萧条的杀伤力超过了第二次世界大战(如果不算军队的伤员，那不用说难以计算)。没有一个"大萧条婴儿"会成为雅皮士。大萧条以来，没有人能够说服经历过大萧条的人相信世界经济安全可靠。人们总是生怕银行关门，工厂倒闭，怕接到粉红色的解雇通知单。

阿西莫夫一家却躲过了这一劫(勉强逃脱)。我们虽然很**穷困**，餐桌上却始终有足够的食品，有钱付房租，尽管我们也受到饥饿和被驱逐的威胁。为什么？多亏了糖果店。它的收入维持了我们的生计，尽管是最低限度的生活水平。在大萧条时期，最低限度就是天堂了。

这当然是有代价的，任何事情都有代价。打理糖果店耗费了我父亲和母亲的全部时间(母亲勉强挤出时间来马马虎虎地收拾房间，准备一日三餐)。

这就是说,从6岁起,我就没有了传统意义上的父母亲——母亲在家里,呆在厨房里,需要的时候,随时可以找到,父亲工作完毕下班回家,周末和你一起嬉戏。

另一方面,我始终知道他们在哪儿——他们在糖果店里,我肯定可以在那儿找到他们,我想,这也算是一种安全措施。

我9岁那年,母亲又怀孕了。我只好去干活。父亲实在无可奈何。一旦进了糖果店,我就再也没有出来,一直到我离开家,我弟弟接替我。毕竟,他是我必须干这种差事的原因。(我倒并不认为这是奴役,我将简单地说明这一点。)

糖果店真正值得记忆的是工作时间长。父亲每天早上6点打开店门,刮风下雨出太阳都一样。凌晨1点关门。父亲每天晚上睡4—5个小时,下午打2个小时瞌睡。天天如此,星期六,星期日,甚至节假日,无一例外。

每当我们的糖果店正好开在犹太人社区时(我们先后大约开过5家糖果店),为了照顾左邻右舍的感情,每逢重要的犹太人节日,糖果店照例关门。不过大多数时间,糖果店都开设在非犹太人社区,小店不关门。事实上,在我记忆之中,难得小店关闭的时候,我都明显地感到很不舒服,仿佛这是一种不自然的古怪现象。直到糖果店重新开张,我们的生活重又恢复稳定,我才会感到安心。

这种长时间工作对我有什么影响?

从消极的一面说,它实际上剥夺了我的自由时间,使我在青少年时期,根本没有可能参加任何社交活动。甚至在我有可能了解女人时,我也只能远远地看着她们。

在学校里,我没法参加"课外活动",不能参加任何课余俱乐部或球队,我得回家到店里干活。这影响了我的记录。由于没有参加过课外活动,我在中学里始终没能加入荣誉团体。不过,我从未想到要用家里的情况作借口，那样听上去会像我在抱怨父母，我不想那么做。

我没有丝毫怨恨。

假如我不明白糖果店使我们免于毁灭，那我真是太愚笨了。假如我忍心看着父母辛苦地拼命干活，而不去帮忙的话，那我也就不成其为我向往的有品行的人了。

其实不仅是这样。这件事也有正面的影响。我想必喜欢那样长时间地工作，在后来的生活中，我从未采取以下态度："我童年时代和青少年时期已经很努力地工作过了，现在我要轻松一点，睡到中午再起床。"

正相反，我一生都保持在糖果店工作的作息时间：每天清晨5点起床，总是尽早地开始工作，工作时间尽可能长。一星期中天天如此，包括节假日。我不情愿休假，甚至休假时也尽量工作(甚至生病住院也工作)。

换言之，我仍然，而且永远像在糖果店里那样工作。当然，我不再等候顾客。我不收钱，不找零钱；我不必对来人都彬彬有礼。(事实上，我从未擅长于此。)相反，我做自己渴望做的事——但是时间表总是在那儿，这份时间表把我压得紧紧的。你们会认为，我只要一有机会就会反抗它的。

我只能说，糖果店还提供了某些与维持生计无关的好处，它给了我许多快乐。这些都与长时间的工作紧密联系在一起，它们对我来说很甜蜜，使我终生受益匪浅。现在我来解释我这话的意思。

 13

低俗杂志小说

20世纪20年代和30年代，还没有电视。实际上也没有连环漫画书籍。[诚然，当时有无线电广播，有像阿莫森·安迪(Amos 'n' Andy)那种在一段时间里为全国瞩目的节目。]总的说来，当时的环境下所能提供的精神食粮就只有那种“低俗杂志”。

其所以这么说，是因为它们是用很便宜的纸浆制成的纸印刷的，过不了多久就会变黄，变脆。杂志的边很毛糙，表面也很粗糙，与“豪华杂志”截然不同。那种豪华杂志纸张比较好，表面光滑，在我看来，是比较高级的精神食粮。

这种低俗杂志每月出一期，有些是一月两期，还有一些每周出一期。开始的时候，他们采取折衷的办法，提供各种类型的情节剧式的动作小说[典型的例子是《大商船》(Argosy)和《蓝皮书》(Blue Book)]，但是最终证明各种故事专刊最合大众需求。

人们想要读侦探故事、爱情故事、西部故事、战争故事、体育故事、恐怖故事、丛林战争，或者任何其他类别的故事，他们经常排斥别的读物，宁愿买适合他们特殊口味的杂志。

也许最成功的低俗杂志是那些超级英雄的故事。所有的英雄中最伟大的是“影子”(Shadow)，他能够像幽灵一样行动，笑起来很怪诞，他一个月出现两次，专门整治干坏事情的人。还有那个“铜人”(Man of Bronze)萨维奇博士(Doc Savage)，和他那5个有时很逗人发笑的助手。还有“蜘蛛”(Spider)、“秘密侦探X”(Secret Agent X)和“5号接线员”(Operator 5)。还有G-8和他的战斗精英。他挫败了邪恶的德国科学家克鲁格博士先生(Herr Doktor Krueger)的阴谋诡计，孤身一人打败了皇帝(Kaiser)统率的德国人。每个月的刊物都讲述他的故事。

父亲竭力要把我从这种杂志的故事中拉出来。他给了我一张图书馆的借书卡。总的来说，他做得很对，他无论如何也不会知道我用它借这种(不，我不会再称之为垃圾了，我实在从中获益匪浅)低级的东西。

然而，一旦我开始在店里工作，不让我接触这些低俗杂志故事就越来越难了。我要求允许读它们的欲望变得越来越迫切了。我指出父亲自己一直在读鬼怪类的杂志。父亲回答说他正在学英语，而我已经学会了，最好去做别的事。他没说错，可我继续要求。父亲最终让步了，于是我的阅读书籍中增加了这类杂志。

正是糖果店里的这些杂志，给我的收益远远超过别的。它使我安心于糖果店里的工作，甘愿忍受超长的工作时间和看来很累人的其他活儿；它使我养成一种生活方式，甚至在糖果店消失之后我仍然保持不变。如果我不在糖果店干活，我不可能买得起这些杂志。我小心翼翼地翻看那些杂志，看完了以后原封不动(就像没有翻动过)地还到书架上出售。

等到我十几岁，准备自己动手写作时，我已经如饥似渴地阅读了从图书馆借来的大量“好书”和在低俗杂志小说中的“蹩脚货”。那么，究竟是什么对我的写作有影响呢？

说来惭愧，是低俗杂志小说。

首先，我想把稿子投到这种低俗杂志，或某一特殊类别的低俗杂志上去(我下面会谈到这一点的)，因此我想按照这类杂志上的故事的写法来写作。我天真地认为那就是正确的写作方式。

结果当然是我早期的作品极其无聊，里面堆砌了许多形容词和副词。人们“吼叫”而不是“说”。动作很多，对话很夸张做作，根本没有什么人物刻画。(我认为我当时也根本不懂什么人物刻画。)

令人惊奇的是我早期写的故事居然发表了——至少是其中的一部分。我想原因可以归结为以下两点。首先，这些低俗杂志刊用材料的量如此之大，其标准必然很低，否则就来不及出了。正因为标准低，所以才可能接受我的稿子。

其次，作为**作者**，我感兴趣的低俗杂志的小说部门是最小的、最需要稿件的部门，因此我最有可能闯入。可以说，时势的变迁已大大提高了这类文学作品的标准。我很清楚(正如我常说的那样)，如果我**现在**是个刚开始写作的少年，仅仅具备我当年的水平，我是不可能闯入这一领域的。

在合适的时间处在合适的地点相当重要。

当然，我并没有停留在低俗杂志的水平上。我的写作随着时间的推移迅速进步，低俗杂志的写法消退了，不过也许没有完全改变。我怀疑时至今日，目光敏锐的读者在阅读我的作品时，仍然会觉察出低俗杂志的影响，我对此感到很遗憾——可我已经尽力而为了。

既然说到低俗杂志小说，我就再说几点。在第二次世界大战之前，它很流行。当时种族主义和种族偏见在美国人生活中根深蒂固。直到第二次世界大战，人们与阿道夫·希特勒的种族主义作斗争时，美国人才不再时兴发表种族主义的观点。

我并不是说二战后种族主义消失了，而是希特勒的恶行使得种族主义遭人(除了我们今天仍然还会见到的一些死硬分子)唾弃。人们仍然会在许多方面感到种族主义者的存在，他们现在出言有所收敛。如果他们本身还有品行的话(大多数人都有)，他们会在内心尽量克制。

第二次世界大战之前，低俗杂志小说公然宣扬种族主义，所有的人都接受这一事实。甚至种族主义的受害者也接受这一点。少数民族中极少有人辩驳,极少有人坚持自己的意见。

因此低俗杂志小说的英雄一成不变地全是具有西北欧血统的美国人。

至于说其他人,唔——如果提到的话,意大利人是肥胖纵欲型的,俄罗斯人梦幻神秘,希腊人橄榄色皮肤且不可信赖,犹太人是爱钱的喜剧人物,非洲裔的美国人根据情节安排,不是胆小鬼就是谋杀犯或凶手。中国人狡诈残忍[有一阵,傅满洲博士(Dr. Fu Manchu)* 被公认为是个彻头彻尾的恶棍]。除了西北欧的人,所有的人说话都有浓重的口音,在真实生活中根本听不到这么重的口音。(在这点上当时的动画片也好不到哪里,现在看来,其中许多东西对于没有种族偏见的人来说,令人十分尴尬。)

我居然也全接受了。

但是,当我动手写作的时候,不管我写的东西多么无聊,我都回避种族偏见。这完全是出于良知。我笔下所有人物的名字都是像格里戈里·鲍威尔(Gregory Powell)和迈克·多诺万(Mike Donovan)之类的名字。后来我开始采用少数民族的名字。

低俗杂志小说还有另一特征很滑稽。妇女虽然经常受到恶棍的威胁,具体内容却从未详细描述。那是性压抑很厉害的时期,性行为和威胁只能在"家庭杂志"上以最模糊的方式表达。当然,没人会在意持续描述暴力和施虐——那对家庭无大碍,但是性描写却不行。

这使妇女成了附庸,对情节没有任何积极贡献。她们(没名没姓)在故事里的作用只是遭受威胁,被抓俘,被捆绑,被关押——最后是没有伤害地被解救出来。

女人的唯一作用就是衬托歹徒的凶残暴戾,主人公的机智勇敢。在整个被解救的过程中,女性角色完全被动,表现大多是尖叫。我不记得(虽然我相信必定有很少的例子)有什么女性试图加入战斗,帮助英雄,不

* 傅满洲系英国侦探小说里的中国恶棍。——译者

记得有哪个女人捡起棍棒或石头殴打恶棍。没有,她们就像局外人一样,懒懒地呆在草地上等待男性结束战斗,从而知道自己究竟归哪一方。

在这种情况下,阅读低俗杂志小说的热血男性(就好像我)就很不耐烦女人的出现。由于事先知道她们只是绊脚石,我想让她们出局。记得我曾经写信给杂志社抱怨女性角色——抱怨她们的存在。

这也是我早期的作品中没有女性的原因之一(不是唯一的原因)。在大多数情况下,我让她们完全消失。这当然是一个缺陷,是我受低俗杂志小说影响的又一痕迹。

14

科幻小说

低俗杂志小说中有一支为“科学幻想小说”——最小最不为人注目的分支。它最早是以《惊奇故事》(*Amazing Stories*)的形式进入低俗杂志世界的。1926年4月出版第一期。它的编辑、科幻小说杂志的创始人,雨果·根斯巴克(Hugo Gernsback)称它为科学小说(scientifiction),一个很难看的组合词。

1929年他被挤出编辑部,那年夏天他又创立了两份竞争的杂志《科学奇迹故事》(*Science Wonder Stories*)和《空中奇迹故事》(*Air Wonder Stories*)。两份杂志不久又合并成《奇迹故事》(*Wonder Stories*)。在这两份杂志中,他首先使用了“科幻小说”(science fiction)这个术语。

“科学”这个词出现在这两份新杂志中是上天给我的礼物。我诓骗天真的父亲,使他相信这份名为《科学奇迹故事》的杂志专门介绍科学知识。因此,这份科幻小说杂志是最早允许我阅读的低俗杂志。或许部分因为这个缘故,我开始写作的时候,选择了科幻小说创作。

另外一个理由是科幻小说比较广泛地抓住了年轻人的想象力。正是科幻小说把我引向了宇宙,特别是太阳系和各大行星。即使我在阅读科学著作时早已看见过它们,但是真正使它们植根于我脑海之中的是科幻小说,它们在我脑海中印象深刻鲜明、不可磨灭。

比方说，有一个3部的系列故事名为《宇宙破坏者》(The Universe Wreckers)，作者是埃德蒙·汉密尔顿(Edmond Hamilton)。它登在1930年5月、6月和7月的《惊奇故事》杂志上。在故事中，闯入太阳系的异类威胁要毁灭地球，但他们的阴谋被主人公勇敢地挫败了。故事的主人公为了拯救地球，前往海王星。(这远比抓住一个罪犯更加令人激动，更加充满悬念。)

正是在那个故事里我第一次听说海王星最大的两颗卫星之一——海卫一，还有半人马座α星，我好像是第一次听说它，认识到它是离太阳系最近的恒星。

我第一次听说不确定性原理——现代物理学的基本原理之一，是通过阅读一个分两次连载的故事。那个故事名为《不确定性原理》(Uncertainty)，是小约翰·W·坎贝尔(John W. Campbell, Jr.)写的，刊登在1936年10月和11月的《惊奇故事》上。

请注意，我并不是说科幻小说必定是很好的真正的科学知识来源。事实上，在我少年时情况正好相反。早些年，许多科幻小说作者都是低俗杂志作家。他们尝试涉足这个领域和许多其他领域时，几乎只有最最肤浅的科学知识。而热情的青少年读者的科学知识几乎也一样贫乏。

不过在这堆无聊的读物中必定有珍珠。它们有待于有洞察力的读者去发现。例如，1932年9月《惊奇故事》杂志开始登载一位名叫斯基德莫尔(J. W. Skidmore)的作家写的连载故事，讲述2个实体的故事。他管它们一个叫“正方”(Posi)，另一个叫“负方”(Nega)。当然它们代表“正的”和“负的”。我猜测我是1932年看了这个故事以后，脑子里才第一次有了质子和电子的概念。

我多么幸运啊，父亲开的是糖果店而不是别的店。人不应该埋怨命运，这是不可避免的。父亲是个移民，除了会记账以外，没有任何技能，他别无选择，他没有卖肉的屠夫或面包师所需的特殊技能。他甚至不会管理杂货店。糖果店的糖果全都是包装好的(他只需要伺候好饮料搅拌机，这学起来很容易)，那是最不专业化的商店，需要的知识最少，本钱也最少。

顺便说一下，阅读书架上的杂志有一个困难，那就是我必须尽量看得快一点，以防顾客要买我看的那本杂志。如果有一位顾客进来，要买一本《萨维奇博士》(*Doc Savage*)，而我正在阅读那本唯一的杂志，那杂志就会很快从我手中夺去。速度比眼镜蛇的攻击速度还要快。幸好，要买科幻小说的人不多。我不记得发生过我还没读完就被人拿走的情况。当然，如果某一本杂志我们拿到好几份的话(这种情况很经常)，我就安然无恙了。

我想要看的那些杂志中常常有一本或几本到出版周期结束还没有卖出去。你或许会想象我会留下一本作为永久收藏。其实不然，当新的刊物来了以后，老的杂志卖不出去，可以按批发价退回。父亲把它们悉数退回，没有一次允许我保留一份。我知道我们度日维艰，所以也从来没有抱怨过。

毕竟，我也免费得到些别的东西。我隔一阵可以得到一份巧克力苏打，虽然总得我去要。无知的人称之为"蛋奶"，其实它里面既没有鸡蛋，也没有奶油，只有很稠的巧克力糖浆和充了二氧化碳的水。今天找不到与之相当的东西。我不知道现今的糖浆是用什么东西制成的，但它完全没有当年我父亲糖果店里的那样甜而黏稠，那样富含巧克力。母亲常常会给我一份巧克力牛奶，她认为正在长身体的孩子吃了有好处。这**正合我这个**成长中的孩子的口味。牛奶和麦乳精以及很大一团巧克力搅打成满是泡沫的浆倒在大玻璃杯里，可以盛一杯半。喝完以后嘴上像是长了胡子，迟迟不舍得抹去。

我扯远了——

你或许会很奇怪，看这种低俗杂志小说对我和我的智力发展有什么好处。父亲认为这种低俗杂志传播无聊的消息，故称其为"垃圾"。虽然我痛恨承认这一点,老人家的话却大约有99%是正确的。这就是我的看法。

不论低俗杂志小说多么无聊,还是该**读一读**。年轻人渴望阅读粗野的,快速粗制滥造的,文体臃肿题材陈腐的故事,只有通过阅读这些故事的单词和句子才能满足他们这种渴望。凡是读过的人都必然会受到阅读能力的训练,其中一小部分人会转而去阅读比较好的作品。

现在不妨考虑一下从那个时候以来发生的情况。20世纪30年代后期,连环画开始在市场上泛滥,低俗杂志在竞争中衰落。第二次世界大战期间因纸张匮乏,它又进一步衰微。随着电视的出现,低俗杂志剩余的市场也消亡了(除了科幻小说,这真是奇迹)。

总的说来,在过去半个世纪左右的时间里的趋势,是从文字到画面。连环画杂志增加了可看性,降低了阅读水平。电视把这一点推到了极致。即使是用上等光纸印刷的通俗杂志,也在与20世纪40年代的画报以及其后的刊载全裸或者半裸女性的杂志的竞争中走向衰亡。

简而言之,低俗杂志时代是年轻人要获取原始的资料就必须有文化的最后一个时代。现在情况不一样了,青少年的眼睛紧盯着电视。结果显而易见,真正的文学变成深奥难解的艺术,整个民族渐渐地变得“沉寂”。

这使我心碎。回顾低俗杂志流行的年代,我不由得一声叹息,不仅为我自己,也为我们这社会。

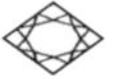 15

开始写作

1931年，我开始写作时才11岁。我不想写科幻小说，而只是写些比较简单的东西。

在低俗杂志小说时期之前，曾经有过一个“一角钱小说”的时代。我目睹了那个时代的终结。父亲第一次买下一家糖果店的时候，曾经卖过一些积满灰尘的、泛黄的旧平装书。书里写的是关于尼克·卡特(Nick Carter)、弗兰克·梅里韦尔(Frank Merriwell)和迪克·梅里韦尔(Dick Merriwell)的故事。

这些人物中每个人的故事都有好几十本书，我猜想其他人也一样。尼克·卡特是一个侦探，是个化装大师；弗兰克和迪克·梅里韦尔是典型的美国男孩，他们为了所挚爱的历史悠久的耶鲁大学，总是在极其困难的情况下赢了棒球比赛。我从来没有看过这些书，父亲坚决反对我看这类书。等到他允许我读拙劣的文学作品时，这些一角钱小说已经不复存在。

“丛书”是专门讲述某个中心人物故事的硬封面图书，关于这个人物不断有新的小说炮制出来。有些是给很小的孩子看的，诸如那些很有特色的邦尼·布朗(Bunny Brown)和他的姐姐休(Sue)。我很小的时候，也曾读过那么几本。再稍微大一点，我看过鲍勃西孪生兄弟(Bobbsey Twins)、达雷韦尔好友(Darewell Chums)、罗伊·布莱克利(Roy Blakely)、波皮·奥特

(Poppy Ott)等等。这类书此后存在了几十年,较有名的是男孩哈迪兄弟(Hardy Boys)和南希·德鲁(Nancy Drew)。

我年轻的时候,这种丛书中最流行的当数"流浪儿"(Rover Boys)。其中有一本《流浪儿闯荡五大湖》(*The Rover Boys on the Great Lakes*),里面有一个年轻女子名叫多拉(Dora),她是早期的"爱趣"例子,但我从来没有注意过。她母亲和蔼可亲,身体虚弱,不断地被一个名叫克雷布特里(Mr. Crabtree)的油滑的坏男人伤害。还有一对更加歹毒的恶棍父子(虽然父亲最终改邪归正)。

我刚开始写作时,完全——很盲目地——模仿这本书写。我称之为《格林维尔来的大学生》(*The Greenville Chums in College*)。

问题是:我怎么会开始写作的?

我经常提起我怎么开始写作的。我一般总是说,因为我感到很沮丧:除了要还给图书馆的书,要放回书架上的杂志,我没有自己可以**永久保存**的阅读材料。我曾经想自己抄写一本书,把它保存起来,为此我选了一本希腊神话。可是,五分钟以后,我就意识到这是不可能的。于是我想到了自己写书,把它们作为我永久的藏书。

毫无疑问,这是个因素,但不可能是我的全部动机。我必定有一种迫切想要写故事的冲动。

为什么不呢?许多人肯定都有编织故事的欲望。这大概是人类具有的共同愿望——不安分的头脑,神秘的世界,听到别人讲故事时有一种好胜心。当大家围坐在篝火旁,不是常常会讲故事吗?许多社会活动之所以留存在记忆之中,难道不就是因为人人都喜欢讲述某件真实发生过的事情吗?这种故事难免会被人不断地修饰,添枝加叶地转述,到后来与真实情况相去甚远。这种情况不是比比皆是吗?

可以想象古时候人们围坐在篝火边讲述高强猎技的故事,很可笑地夸大了事实,却没有人质疑,因为在场的其他人也会讲类似的谎言。一个特别好的故事会一遍遍地被人重复，最终变成某个先人或是神话传奇中的猎手的故事。

其中必定有些人变得特别擅长讲故事，人们在闲暇时，会需要他们讲故事的天分。假如故事讲得好听，他们甚至会得到一大块肉做奖赏。这自然而然会促使他们花力气去创造更长、更好听、更刺激的故事。

我想这一点不会有人怀疑。讲故事的冲动对于绝大多数人来说是与生俱来的。如果正好有足够的天分和动机加在一起，那么这种欲望几乎就是不可抑制的。我就是这种情况。

我就是**要**写作。

当然，我从未完成《格林维尔来的大学生》。我写了8章就搁下了，然后就尝试写别的东西。当那些也搁浅之后，我又尝试再写别的什么，如此这般，整整有7年的时间。

我写东西从来也没有事先计划好，所以写作本身很刺激。我的故事写到哪儿就是哪儿，就好像我阅读一本**不是**我写的书。人物会遇到什么事情？他们如何摆脱所陷入的尴尬境地？在最初几年，我纯粹是为了这种刺激而写作的。即使在我最狂野的梦想中，也从未想过我写的东西会出版，我写作不是因为我有什么雄心大志。

事实上，我至今仍然抱着这种态度写小说——随心所欲地写——不过有一个非常重要的改进。我现在知道如果没有明确的解决冲突的方法，那故事编造得再好也白搭。我早期的故事之所以失败，就是因为没有明确的化解冲突之道。

我现在的做法是想好一个问题**和解决那个问题**的方法。然后我就随心所欲地往下写，享受发现人物的遭遇以及他们如何挣脱困境的激动，但是整个故事慢慢地朝着已经知道的解决方法发展，这样我就不会迷失方向。

每当初学者问我有什么忠告时，我始终强调这点。先想好故事的结局，否则你的故事之河，最终会被沙漠的沙子淹没，永远也到不了海洋。

 16

蒙受羞辱

我说过我一直认为自己出类拔萃，自孩提时代起便是如此。我这种想法从未动摇过，不必说，那种感觉本身就不寻常。

我不谈论那些认识到我缺点的人。我爱说话，独断专行，自我陶醉，不善社交。我也认识到这些缺点，并且努力改正（结果不明显）。我说的是那些认为我智力上并不出色，或我不具有（或根本没有）超常天赋的人。

我在学校的最初6年极其轻松，我很欣然地知道班上没有一个同学及得上我。然而，1932年，我进入中学读10年级时，这一切都结束了。

一个麻烦是我没有进入社区高中——托马斯·杰斐逊高级中学（Thomas Jefferson High School）。我希望进男子高级中学（Boys High School），虽然它仍然在布鲁克林（我整个青少年时代都是在这个地区度过的），但是距离我们家远得多了。在那个年代，男子高级中学是一所知名的好学校，父亲和我认为如果我从男子高中毕业，会比较容易考进一所好的大学。

男子高中集中了整个地区"最聪明的男孩"，有些比我还聪明，至少就能够得高分而言。我立即就明白了这一点。我想要加入数学俱乐部（每次数学竞赛，男子高中稳赢），满以为自己是一名数学高手，可我很快发现其他学生掌握的一些数学知识我从未听到过。我顿时感到迷茫失落。

过了没多久，我还发现有很多学生某门课上得分比我高。这我倒不在意。记得在初中时一个男孩生物得了奖，数学不好，另外一个学生数学得奖，可他的生物很差，而我两门课**都是**优胜者。

不幸的是，我还发现有的学生期末平均成绩全比我好。他们平均分数不仅很高，而且一直保持很高。这些平均分数公布出来以后，我很生气地看见自己的名字落在第10名或第12名。（这没什么丢脸，可是我不再是"最聪明的孩子"了。）

我对此印象如此深刻，以至于我半个多世纪以后，依然记得那3个比我成绩好的学生的名字。对于像我这样以自我为中心，认为根本不必记住他人姓名的人而言，这是很不寻常的。显然，**这些**学生给了我沉重的打击。

这丝毫没动摇我认为自己出类拔萃的信念，但我脑子里一直寻找答案。我经常在自己的头脑里找到问题的答案，这件事我也别无选择，我不可能去问别人，当然更不能去问老师："为什么这些学生的成绩比我好？"

明摆着的答案是："因为他们比你聪明，阿西莫夫，你这坏小子，我很高兴他们比你强。"这可不是我想听到的答案，或者说是我不愿意相信的事实。

我推断这些超常的孩子来自本地家境富裕的家庭，他们从小在知识氛围浓郁的环境中长大，他们的学习时间充足，人**还算**比较聪明。

至于说到我，我得在糖果店工作，学习时间有限。此外，我没有真正努力花时间学习，我很固执地认为自己根本不必花力气学习。看看学校的书，听听老师讲课，就足够了。

好了，只说不做于事无补。我真要竞争，真想要得好分数，就该刻苦学习才是。我却不肯下功夫，我认定我不必如此，因为我无须用好成绩证明自己出类拔萃，它丝毫不影响我自我欣赏。毕竟，我不只是一个学生，我是一位**作家**。

即使如此，我在高中的时候还是注定要蒙受羞辱。1934年，一位英语老师，学校半年期文学刊物的常务顾问，马克斯·纽菲尔德（Max Newfield）决定开设一个特殊的写作班，希望能够借此为校刊征集到更多的稿件。我很快就加入这个班。当时我只有14岁，其他人都是16—17岁，可只有我是**作家**。

这是个极大的错误。他要求我们每人写一篇评论文章，我写了一篇绝对臭的文章。当纽菲尔德问谁自告奋勇地朗读自己写的文章时，我立刻举手。我只读了大约四分之一，纽菲尔德就让我打住。他用了一个表示轻蔑的粗俗的词形容我的作文。（在此之前，我从未听到一位老师使用一个"脏字"，我惊呆了。）班上同学并不感到惊奇，他们哄堂大笑，轻蔑地嘲笑我。我羞愧难当地坐下，感到很丢脸。

但是我仍然留在班上，我知道自己犯了错误。我不知道怎么写时，就竭力想"文学化"。我再也不会犯**那个**错误了（我也真的没再犯。我也许犯了其他错误，但不是那样的错误）。我下定决心一定要写好。

最终，他要求我们为文学半年刊写点什么，我又不屈不挠地试着写了一篇文章，题目是《小兄弟》（Little Brothers），讲的是5年前我们家新添婴儿的故事。我竭力写得风趣，纽菲尔德接受了它，最后打印出来，这是我第一份被打印出来的有意义的作品。

我想谢谢纽菲尔德，希望他说我的写作有了很大的进步。可他没有说。显而易见，当时正值大萧条，班上所有的学生都很恐惧，写的都是陀思妥耶夫斯基风格的悲惨作品，只有我，因为有糖果店的支援，写了一篇心情愉快的作品。纽菲尔德需要轻松的作品，而唯有我的那篇东西是轻松的。纽菲尔德告诉我，这就是他选中我的作品的唯一理由。他十分可恶，完全不必要这么残酷。他甚至在半年刊中加了一条编者的话，为选择了这篇文章表示歉意。

那我怎么忍受得了呢？

我必须说我气得心里直哆嗦。我记不清我是怎么说服自己，我实际上是个好作者,我必定会成功的。我猜想我只是固执地坚持对自己保持良好评价,把憎恨纽菲尔德作为逃避的方法。(我很少恨过什么人,可我恨**他**。)

所有"成功"人士,必定会有一种感觉:"如果某某某知道这个,他会很遗憾他说过这种话",或者"她会后悔她拒绝我"。整个世界或许都知道你,为你喝彩,可是过去某个人,永远找不到,永远不知道,会毁了这种感觉。那始终是个污痕,一个斑点,一种永远不会抚平的创痛。

就我的情况而言,这人就是纽菲尔德。我猜想他早在我成为真正著名的作家之前就死了,因此他永远无法知道他干了些什么。每隔一阵,我都会希望我有一架时间机器,能够带着一些我写的书和关于我的文章回到1934年,对他说:"你觉得怎么样? 你这混账的家伙。你不知道谁在你班上。如果你对我稍微公正一点,我会把你写成发现我的人,而不是一个混账的家伙。"

事实上,半个多世纪来我的伤口一直隐隐作痛。最近,我写了个故事叫《时间旅行者》(Time Traveler)。故事中人物的遭遇就像我当年的遭遇。他**真的**逆着时间前进。不幸的是,作为一个作家,我不得不恰如其分地把故事的结局写得很戏剧性,而不能按真正使我满意的方式写。(不,我说不清究竟要怎样。)

有一点我很满意:收录了《小兄弟》的那期文学半年刊必定还有几本。比方说,我就有一本。可以肯定地说,除了我,目录里面没有一个著名人士。那一期里收录了艾尔弗雷德·A·达克特(Alfred A. Duckett)的一些诗。他是一位有天分的美籍非裔青年,后来继续写了许多东西,但是我的知名度占据绝对优势。如果发现那本期刊,收藏者会很乐意出很高的价钱买下它,就只因为它收录了我发表的第一篇作品——纽菲尔德表示歉意的那篇文章。

毕业年鉴印出来以后,有一张名单,上面有各科学习平均成绩最好的,写作最好的,这方面或者那方面最好的学生的名单。不用说,我没有一样最好的，最好的这个那个里没有我的名字(就我所知没有)。事实上，整个年鉴里，唯一提到我的地方是在我的照片底下，写着一句话，“他抬头看钟，钟不仅停了，而且在倒走。”纯属学生的诙谐。

虽然我毕业时总的平均成绩很好，但就世人的观念来说我的高中阶段不算成功。更不必说，我非常惶恐地发现，有些课我根本无法掌握。

我习惯于吸收各个学科的知识，从语法到高等代数，从德语到历史都学得很轻松。然而在男子高级中学，有一学期学经济学。我十分惊讶地发现，自己竟然不懂。听老师讲课对我没有用，看书也不行。这是我生平第一次遇到智力障碍——这门课我就是装不到脑子里去。

我只有咬紧牙关挺过去。我忍受了种种羞辱：写作班上的挫折，学习成绩跌到平均分数的前六名以外，在年鉴里被彻底忽略，居然有些课的内容我无法理解。

我终于成功了。至少我没有一蹶不振。我仍然是个卓越超群的人，我要向全世界证明这一点。1935年我高中毕业，年仅15岁。

17

挫 折

我准备上哥伦比亚学院，一流的哥伦比亚大学的大学本科。父亲实际上无力承受这笔学费，可他认为先不必担忧。首要的事情是被准许入学。1935年4月10日，我到哥伦比亚大学参加面试，这是我第一次踏进哥伦比亚大学的校园。

负责面试的考官没有录取我。我知道这是为什么。哥伦比亚学院下一年度留给犹太人的名额早已满了。我第一次真正体验到反犹太主义的束缚。那个考官很和蔼，他拒绝我的理由是我年龄太小。我得到16岁才能成为哥伦比亚学院的新生。他建议我上塞思洛大专学院（Seth Low Junior College），哥伦比亚大学下面的另外一所大专学院。（我注意到，它也有16岁的最低年龄限制。不过在一所不是名牌的学院里这似乎无所谓。）学院位于布鲁克林，学习时间是两年，然后我可以在哥伦比亚大学读最后2年。

我同意了，实际上我也别无他法。

然而我父亲不同意。他宁肯麻烦些，甚至借钱也要送我进哥伦比亚学院而不愿意我进塞思洛学院。我咬咬牙，走进了城市学院（City College）。这所学院我也申请了，它同意我入学。学院不收学费。这是一所犹太区的学校，带有很强的犹太人色彩，毕业生很少能找到舒适的工作。

在那儿我度过了很悲惨的3天。我现在唯一记得的是体育测验。其他人的卡上全都是WD而我却是PD。我去询问,他们告诉我说WD代表“发育良好”(well developed),而PD则表示“发育不良”(poor developed)。实际情况是我比其他学生小3岁。他们根本不考虑这一点。我觉得受到了极大的侮辱。

正在这时,塞思洛学院寄来一封信。当时我不知在哪儿。父亲拆开看了以后,打电话去解释说我付不起学费。他们给了100美元的奖学金,父亲再也无法推辞。这样我转到了塞思洛学院。后来城市学院给我写了封信,他们看了学生智力测试的结果,十分迫切地想要我回去,想与我讨论在他们学校就读的事宜。我写了一封很冷淡的信,告诉他们太迟了。我要到哥伦比亚去了。(真是“发育不良”。)

(顺便说一句,这件事导致我跟父亲的剧烈争论。在俄国,人们很少收到信,所以但凡有信,家里随便谁拿到都会拆开看。我言辞激烈地说,在美国不是这样行事的。写给我的信只能由我拆开。父亲对这种奇怪的排他性感到很困惑,不过从此以后,我的邮件就是我私人的了。)

塞思洛其实是一所少数民族学校。大约有一半犹太人,一半美籍意大利裔人。显然,挤不进哥伦比亚学院的名额的聪明学生,就分流到这所学校里来。

塞思洛不是一所很成功的学校。我进去才读了一年,它就关闭了。我们集体转到位于莫宁赛德海茨(Morningside Heights)的校园。大学的后期,我与哥伦比亚学院的学生一起,听他们的课,参加他们的考试,按照他们的标准评卷。

这是否说我是他们班上的人了呢?没这么回事。我被归入大学肄业生。毕业时,哥伦比亚大学的学生都拿到了B.A.,即文学学士,有身份的人得的学位。而我得到了一张B.S.,即理学学士,受欢迎程度差一点的学位。我以为得这个学位是因为我学的是科学。不!我最终发现,它是二等公民的标志。这又是一件使我烦恼的事情。

更有甚者，大学最终创建了综合学校(School of General Studies)接替大学的分部(University Extension)。它主要招收那些白天得工作，晚间上课的学生。在创建学校的时候，他们把各种类型的许多学生，包括大学肄业生都扫了进去。这样我就给划到综合学校的学生中去了。那些粗心大意的传记作家由此会得出结论说我是夜校生。**其实我不是的**。

当然，最终，哥伦比亚大学为我感到无比的骄傲，授予我荣誉博士，充分利用我，让我回去在这个或者那个集会上讲演。当哥伦比亚大学邀请我去给**他们**作报告时，我已经有充分的影响，坚持我去的条件是必须把我算作1939届的一员。我的确是这一届的。1979年，我出席了该届毕业生的第40次校友会。倒不是因为我想去(我一般不参加校友会，我不是很喜欢沉湎于怀旧)，可以说我去是为了确认我的资格。参加校友会的人我一个也不认识，可他们全知道我。我想他们谁也不记得我是他们的同班同学。

在很多方面，我在大学里很失败，也许比高中更加糟糕。在大学里，我的学业进一步滑坡。在小学和初中里，我是**最**聪明的孩子；在高中里，我是比较聪明的孩子之一；到了大学里，我只是一个没有特长的聪明孩子。

最大的失败发生在我大学快毕业的时候。

你瞧，大学毕业时会有一种危险。在上小学、初中、高中和大学时，我都是一个学生，满足于住在家里，跟家里人一起干活，过惯了平静的生活。

随着时间一年一年地过去，大学毕业的日子日益临近，学士学位即将到手。我得找工作了。我将在1939年毕业，届时我将19岁了。工作仍然很难找。

更何况，有些工作无论如何都不会要我这样的人。我绝对不可能获得一份犹太人禁入的工作——那种置人于通往最具权势、收入丰厚的职位上的工作。我不把它归咎于反犹太主义。即使我**不是**犹太人，我也仍然是我，我不合要求。我其貌不扬，瘦瘦的，动作笨拙，脸上长满粉刺，动辄咧开嘴笑,脸上露出傻乎乎的表情。最要命的是,我特别不善交际。我想象不出谁会聘用我。

唯一的办法就是呆在学校里。如果可能的话,接受职业培训,自己干。在一种很奇特的情况下,我其实早已达到了那个目标,却浑然不知。在大学低年级和高年级时,我已经卖掉了最早写的两三个故事,成了专业作家。

除了偶尔挣几个小钱以外,我实在想象不出我的故事还有什么用途。把写作当成一种**职业**,当作收入丰厚的职业来发财致富,只有妄自尊大的人才会这么想。尽管我很自信,我也没有那么大胆。

犹太人希望获得一定的社会地位,过上比较好的生活,只有选择像外科医生、牙医、律师、会计师等等对犹太人开放的自由职业。当然,最好是当一名医生。纽约有许多医生是犹太人。在一个反犹太人的情绪比较温和的社会里,对一个犹太人来说,这是一条比较稳妥的成功之路。

实际上,这件事父亲已经考虑了很长时间。他认为,我大学一毕业就会自然而然地进入医学院,成为一名医生。在这种事情上,我从来没有想到要违背父亲的意愿,所以我也一直这么认为。

然而,随着时间的推移,我心里开始有些疑惑。首先,钱从哪儿来?我根本付不起学费、书费和学习用品的钱。我靠着暑期打工、卖出几个我写的故事、几笔微薄的奖学金和家里所有能够拼凑起来的钱,好不容易才读完大学,再也没有什么剩下的了。医学院的学费实在太昂贵了,我实在付不起。

更加糟糕的是,父亲在1938年得了心绞痛。他能否继续在糖果店里工作都是很大的问题。我可能得全盘接手,放弃一切希望,什么也不当,就做一个糖果店主。

幸好,父亲当时体重由220磅(100千克)很快减至160磅(73千克),而且此后一直保持这个体重。他一边吃药,一边在店里干活。即便如此,上医学院的事还是问题多多。

有一个比较私人的问题，就是我得离家了。如果我被俄亥俄州或者内华达州的医学院录取了，怎么办？

我出生以后一直住在家里，极少离开家，离开纽约市。离开的时间也极其短暂。还是老问题，就像长时间工作的情况一样，人们以为我会极力反抗，当机会来临，无需被迫留在家里的时候，我会欣喜若狂地去周游世界。我弟弟斯坦利就是这样的，他和他的妻子游遍了整个世界，他们喜欢旅游。

不幸的是（也许，或者说幸好——这种事情谁知道呢？），我心里全然没有去旅游的冲动。我根本不想离开家。事实上，我非常害怕离开家。一想到我可能要到另外一个州去，完全独立生活，我就睡不着觉。我不知道该**如何**是好。

诚然，随着生命流逝，我最终不得不离开家，独自生活，承担起赡养妻儿的责任，然而，一旦我置身于一个我认为是家的地方，我立即把自己牢牢地粘在那儿，不想离开。

我一生都这样，讨厌旅行，喜欢留在家里，呆在自己熟悉的舒适环境里。这种想法十分强烈。现在，我住在曼哈顿，在这里已经住了20年。只要能够做到，我就尽量不离开曼哈顿。非常坦率地说，我不愿意离开我住的公寓。我很羡慕小说里的尼罗·沃尔夫（Nero Wolfe）侦探。他实际上从来不曾离开过他那幢坐落在西35大街上的房子。

第三个理由最简单。我越想越觉得我其实不想当医生，不管什么医生我都不想当。我害怕看到血，只要提到伤口，我就感到恶心，对于疾病的描述使我感到难受。我明白人的心肠会渐渐变硬的。我在大学上动物学的时候，就很坚强地做过解剖实验，但是我不想再经历那种痛苦。

幸好，上医学院的事由医学院方面替我解决了，那个决定很合我意。我只向纽约地区的5所医学院提出申请（因为我不想离开家）。其中两所学院,包括哥伦比亚大学下面的内外科医学院(College of Physicians and Surgeons)一口回绝了我,大概是因为他们留给犹太人的名额已经全满了。另外3所学院约我去面试。跟往常一样,我给面试的人留下的印象不好。不过,这倒不是我故意的。我竭尽全力地想要表现得可爱迷人,可我根本不具备这种潜质,至少在那个时候我不具备。

我还在大学三年级的时候就被5所医学院拒绝了。第二年,我再申请,这次拒绝得更加干脆。

这使我父亲很失望。他出类拔萃的儿子第一次处理某件关系重大的事情,却遭遇了挫折。我深信他认为在某种程度上责任在于我(确实如此),我们之间的关系曾有一阵比较冷淡。至于说到我,我觉得自尊心受到了伤害。如果说我没有这种感觉的话,那我真不算是人了。我大学里最要好的朋友,成绩比我差,社会地位比我高得多,竟然被医学院录取了。一种我几乎从未体验过的感情——妒忌,当时差一点把我击倒。

好在我很快就恢复过来。过去这么多年证实了我的想法:我在医学院里绝对没有前途。即使我有钱上了医学院,也会有很强烈的失落感,蒙受更大失败的屈辱。我缺少这方面的能力,更重要的是我的脾气不合适。

我要是真进了医学院,那将是多么沉重的打击啊,说不定我至今都无法摆脱它的影响。一想到我一生中这段危险时期,就会对那些掌握入学条件、负责招生的人的洞察力和智慧感激不尽:幸好他们慎重行事,没有让我进入医学院。

18

未来人

20世纪30年代中期，我成为一名科幻小说“迷”（fan，这个词是英语中狂热爱好者Fanatic的缩写——我不是在开玩笑）。我这么说的意思是，我不满足于阅读科幻小说。我还试图要参与其中。最简单的方法是写信给编辑。

科幻小说杂志全都有读者来信专栏，鼓励读者写信去。那个时候最吸引我的是《惊人故事》（*Astounding Stories*）。这份杂志于1930年问世，由克莱顿出版社（Clayton Publications）经营。在1933年3月号出版以后，这份杂志和克莱顿出版社就因为大萧条而被迫停刊停业。但是这个名字被斯特里特与史密斯出版社（Street & Smith Publications）捡了去，此社是一家最大的低俗杂志小说出版社。

《惊人故事》停刊半年以后，重又复刊。1933年出版了10月号。在富有想象力的编辑F·奥林·特里梅因（F. Orlin Tremaine）的指导下，这份杂志很快成为最成功、也最出色的科幻小说杂志。直到今天它仍然存在，不过名字改成了《模拟科学事实——科幻小说》（*Analog Science Fact—Science Fiction*）。1990年1月该杂志庆祝它问世60周年（我因病没能前往，为此感到非常沮丧）。

1935年，我第一次写信给《惊人故事》杂志。信刊登出来了。按照一般科幻小说迷的做法，我列出了自己喜欢的和不喜欢的科幻小说，并说明了理由，提出希望杂志装订整齐，边缘光滑，而不是像一般低俗杂志那样毛边凌乱，弄得到处都是纸屑。（他们并没有冷漠地不予理睬，杂志最终边缘齐整光滑。光边杂志要多花费很多钱。）

到了1938年，我每个月都给《惊人故事》写信。我的信一般都会刊登出来。这一点比我想象的更加意义重大。

要想成为科幻小说迷还有其他途径。科幻小说迷自会互相认识（也许是通过读者来信专栏，刊登的读者来信上会注明写信人的名字和地址）。如果他们互相联系上了，就会聚集在一起，讨论故事，交换杂志等等。这样就渐渐形成了“科幻爱好者俱乐部”。1934年，有一份杂志发起成立了美国科幻小说联合会（Science Fiction League of America）。科幻小说迷加入以后，可以更加广泛地结交朋友。

我整天呆在糖果店里，对科幻爱好者俱乐部一无所知。我也没有想到过要加入那个联合会。然而，一个与我一起在男子高中上学的年轻人在《惊人故事》上看到了我的名字。1938年，他给我寄了一张明信片，邀请我参加“昆斯科幻小说俱乐部”的会议。

这个机会使我万分激动。我立即与父母商量。首先我得明确会议期间我可以从糖果店里脱身。然后我得说服父母给我必需的车费，再加上几个一角的硬币，以防万一要在俱乐部吃点什么。我得花钱。

可以说我从来就没有什么零用钱。我在糖果店里干活，家里供我吃、住、穿，供我上学受教育。我的父母觉得这样就足够了，我也这么觉得。我在电影、连环漫画什么的里面看到给孩子零花钱，始终有一种模糊的想法，认为这是脱离生活的、不切实际的、虚构出来的。

当然，我真有什么合理的用途需要钱的时候（到学校去的车费，午餐，甚至像看电影这些爱好，都要用钱），从未遭到拒绝。可这得我开口要。直到我拿到故事稿费的支票以后，我才在银行开户。然后，在完全可以理解的情况下,我得用这些钱交付学费,支付学校里其他必须要付的费用,这样所剩无几。

我后来回想起来觉得很奇怪,尽管家里不给我钱,父亲却毫无顾忌地让我接触现金出纳机。不用说,现金出纳机会记录下所有的销售金额,如果我偶尔拿掉一枚25美分的镍币,它会显示出来,不过,我完全可以在卖了少量的糖果或者香烟以后"忘记"把钱放进现金出纳机,让钱落进我的口袋。可我从小家教很严,我从来也没有想到过要做这种事。父亲也显然没有想到我会做这种事。

不管怎么说,家里同意我去参加俱乐部的会议,给了我必要的费用。1938年9月18日,我第一次遇见了其他的科幻小说爱好者。然而在第一次邀请和第二次寄请帖告诉我怎么去聚会地点之间,昆斯俱乐部发生了分裂。一小群分裂出来的人又成立了一个组织。(我后来才发现科幻小说爱好者是喜欢争吵的群体。俱乐部永远不断地分裂成对立的小派别。)

我高中的朋友属于那个分裂出来的小团体。我不知就里,便和他们一起,不再到昆斯俱乐部去了。这一派之所以要分裂出来是因为他们是行动主义分子。他们认为科幻小说迷应该采取比较强硬的反法西斯主义的立场。而主流的一派人则认为科幻小说应该超脱于政治之外。如果当时我知道这次分裂的缘由,我肯定会坚定地站在分裂出来的一派这一边。所以说,我结果正好站在正确的立场上。

新的这一派给自己取了一个很长很夸张的名字。但是人们一般称他们为未来人(Futurian)。他们肯定是所有科幻小说爱好者俱乐部中最令人惊讶的。他们由一群杰出的十几岁的青少年组成。就我所知,他们全都来自破裂的家庭,有着悲惨的,或者说没有丝毫保障的童年。

我又一次是个例外。我的家庭结合得很紧密,童年也很幸福。但是在其他方面,我对他们全体有一种好感,觉得自己找到了一个精神上的家园。

要说明我的生活发生了什么样的变化，就必须谈谈我对友谊的看法。

在书本和电影中，人们经常看到终生不渝的童年友谊：小时候的同学在以后的岁月里一直保持联系；在军队里的战友一起饮酒，回忆军营生活的情景；大学的同窗好友出于昔日的友情互相帮助。

这些事情有可能是真的，可我对此却始终表示怀疑。在我看来，一起上学，在军队不得已的亲密都不是出于自己的选择。一种因习惯和互相接近而产生的友谊只有在那些正好意气相投的人之间，或者在学校或军队这种人为的环境以外，曾经患难与共的人之间才可能存在。除此以外，不会有什么友谊存在。

就我而言，我在学校读书时没有什么朋友，在军队服役时也没有什么朋友。这部分是因为没有机会在学校或军队以外有什么社会交往，部分是因为我过于自我专注。

然而，我一接触到未来人，一切都变了。虽然在大多数时间里很少有机会互相交往，虽然我有时候与这个或者那个人很长时间没有联系，但是我结交了许多亲密的朋友。我与其中有些朋友的友谊持续了半个世纪，一直延续到今天。

这是什么缘故呢？

我终于遇见了与我志同道合的人：他们像我一样热爱科幻小说，像我一样想要创作科幻小说，像我一样难以捉摸、才华横溢。我不必有意识地去辨认精神上的同伴，我可以不假思索地感觉出来。事实上，在有些情况下，无论是在未来人之中或者在他们之外，我甚至与那些我并不真正喜欢的人都有一种心心相印的感觉，一种永恒的友谊。

不管怎么说，我要将本书中的一些小文章奉献给那些曾经对我的事业有过很大影响的人，或者在某些方面与我的生活纠缠在一起的人。我最好还是从一些比较突出的“未来人”开始写起。

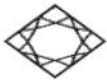 19

弗雷德里克·波尔

弗雷德里克·波尔(Frederick Pohl)生于1919年,比我大几个星期。我们第一次见面是在1938年9月的未来人聚会上。当时我们两人都19岁不到一点。尽管我们同龄,但他始终都比我善于处世,比我更有常识。我很清楚这一点,我会毫不犹豫地向他请教。

弗雷德(Fred)*比我高,说话很温和。他的牙齿很明显地覆咬合,脸上经常有一种探询的表情,这使他看上去有一点害羞,可在我眼里却很可爱,我非常喜欢他。他头发稀疏,我遇到他的时候,他早已开始谢顶了。

弗雷德是个很不寻常的人。他不像我和其他未来人那样只是时不时地闪光,而是以一种明亮、稳定的光燃烧。他是我所遇到过的最聪颖的人之一。他不断地为科幻小说爱好者杂志或者专业杂志写信或者撰写专栏文章,谈论他对科学或者社会问题的看法。他的文章我看得津津有味,他的文笔清晰而有魅力。在50年间我从未有机会对他写的东西稍持异议。难得有时候,他表达的观点与我的不一样的时候,我会立即发现是我错了,他是正确的。他是唯一一个我从来没有不同意他的观点的人。

虽然我们的性格和情况迥然不同,可我一直觉得与他的关系比其他的未来人更亲近。他的童年动荡不安,他从来没有具体谈过。大萧条迫

* 弗雷德里克的昵称。——译者

使他在高中就辍学。他尽量弥补这一点。他用幽默的方式对待此事,称自己为“高中辍学生”。千万不要上他的当,他拟订了一个计划,坚持自学。最后他掌握的知识比许多像我这样受过高等教育的人还要多。

他的社会生活远比我繁忙。首先,他曾5次结婚。他现在与贝特(Bette)的(第5次)婚姻,似乎很稳定、幸福。

我们俩相遇的时候,他和其他的未来人正在以疯狂的速度写科幻小说。他们或者单独写,或者合写,用各种各样的笔名。在这一点上我没有参加他们。我坚持写我自己的故事,用我自己的名字。事实上,我是第一个开始不断地卖小说的未来人,他们紧跟在我的后面闯入这个领域。

1952年,弗雷德开始用他的真实名字发表故事,当时他与另一位未来人西里尔·科恩布卢思(Cyril Kornbluth)合作,在《银河》(*Galaxy*)杂志上发表了一个3部的系列小说,名为《丰美的行星》(Gravy Planet)。1953年,它以小说的形式出版,名为《太空商人》(*The Space Merchants*)。这本书使得弗雷德和西里尔名声大噪。从此以后,他们两个人就都成了重要的科幻小说作家。

弗雷德与我的关系呢?

1939年,他看了我被退回来的短篇故事,称它们是“我所看见过的最好的退稿”(这话十分令人振奋),并给了我如何修改的具体提示。1940年,他还只有20岁的时候,就成了两家新办的科幻小说杂志的编辑(一位非常好的编辑)。那两家杂志是《惊异故事》(*Astonishing Stories*)和《超级科学故事》(*Super Science Stories*)。他替那两家杂志买下了我早期的几个故事。这促使我继续写下去,直到我在一家最好的杂志《惊人故事》上发表我的作品。弗雷德甚至还与我合作写过两个故事。不过,我以为那两个故事写得不算很好。

1942年,我正在写一个中篇小说,按要求**必须**在一个星期左右交出,可我陷入了困境,写不下去了。他告诉我如何摆脱写作上的阴影。我记得我们当时站在布鲁克林大桥上，但是我遇到什么具体困难和他的解决方法我都记不清了。[我们站在布鲁克林桥上，许多年以后我才知道这是因为弗雷德的第一个妻子多丽丝(Doris)觉得我是个“很讨厌的人”，不让我进他们家。我在弗雷德的自传中发现这一点的时候，真是惊呆了。我一直很喜欢她，做梦也没有想到她竟然会讨厌我。因为多丽丝年纪很轻就去世了，我也不可能弥补这一缺憾了。]

1950年，弗雷德里克·波尔在我第一本小说的出版上起了决定性的作用。总而言之，我当作家的梦想成真，弗雷德的功劳仅次于小约翰·坎贝尔(关于他我很快就会有许多介绍)。

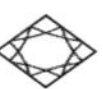 20

西里尔·科恩布卢思

西里尔·科恩布卢思是未来人中年纪最轻的。在某种方面也是最难以捉摸、最才华横溢的人。他生于1923年,我遇见他的时候,他只有15岁。他个儿不高,矮胖,棕色的鬈头发。他言辞犀利,所以他其实不是一个让人觉得很舒服的人。

他比我聪明。我认为,他似乎远比我更有希望。可惜,他像弗雷德里克·波尔一样,因为某种我不知道的理由中断了学业。我或许有点羡慕他的聪明,可他却很明显是一个不快活的人。他究竟为什么不快活我不知道。我猜想是因为他发现这个世界上有那么多人远不如他聪明,他们远远不能赏识他。

另一方面,他虽然不能把我和其他“智商比较低”的人混为一谈,可我的印象是他好像不喜欢我,不过他表现得比较温和。对此我没有直接的证据。他从来没有说他不喜欢我,可他总是回避我,从不主动跟我讲话。有时候,他会朝我冷笑。不过,他似乎生性阴郁孤僻,脸上始终挂着冷笑。也许我过于敏感,认为他一直在找我的碴儿。也许他认为我不断地高声说笑,他的神经受不了。我没法不兴高采烈,就像他没法不阴郁孤僻一样。

有一次当我在唱《皮纳福号》(*H. M. S. Pinafore*)的男高音歌曲《美貌少

女》(A Maiden Fair to See),我很轻松地就唱出最后一句的高音。西里尔咕哝了一句:“哼,他竟然唱出来了。”好像他一直在等我的声音破裂,看我的笑话。

有一次,我在一次科幻小说会议上作报告,西里尔以一种很不友好的方式不停地打断我,以致我故意沉默了片刻,以便制造悬念,吸引听众的注意力。然后高声清晰地说:“西里尔·科恩布卢思——这个可怜的人就是乔治·O·史密斯(George O. Smith)。”

乔治·O·史密斯是另一位科幻小说作家,一个冷酷无情、令人生厌的人。在任何集会上,他总是分散大家的注意力,用他那空洞无物的没有结论的评论,分散演讲人和听众的注意力。我不太友好地把西里尔·科恩布卢思与乔治相提并论,似乎使他蔫了。他再也没有打断我的讲话。

话说回来,西里尔·科恩布卢思是一个才华横溢、文笔流畅的作家,在他的作品中显示了一种他在真实生活中**从未**流露过的机智、幽默。他最擅长的是短篇小说,其中最出名的是《愚者的进军》(The Marching Morons,刊于《银河》1951年4月号)。在这篇故事里,他描绘了一个主要由弱智的痴愚者组成的世界。他们培育了几个聪明人,后者使那个世界得以维系。我确信西里尔·科恩布卢思在这里是有寓意的。

他与弗雷德·波尔合写了《丰美的行星》,自己单独写了几本小说。我深信他正在退出科幻小说领域,不久将写主流小说,为自己赢得巨大的声誉,不料就在这时,一切都结束了。

他心脏不好。1958年3月21日,在春分时一场突然袭击的暴风雪之后,他去铲雪,然后去赶火车。在车站因心脏病发作而去世,时年仅35岁。

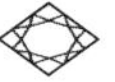 21

唐纳德·艾伦·沃尔海姆

唐纳德·艾伦·沃尔海姆(Donald Allen Wollheim)生于1914年,是当时未来人中年纪最大的。他是最活跃的成员,主持协会工作。他大概是全美国最积极的科幻小说迷,也许仅次于洛杉矶的福雷斯特·J·阿克曼(Forrest J. Ackerman)。

他长得不算英俊,有一个球状的鼻子。我第一次遇见他的时候,他脸上正长满了粉刺(跟我一样)。尽管他也像西里尔·科恩布卢思一样性格忧郁,却有着无可否认的影响力。1941年,他成了两份科幻小说杂志——《动人科幻小说》(*Stirring Science Fiction*)和《宇宙故事》(*Cosmic Stories*)的编辑。这两种杂志都是小本经营,规模很小。他实际上没有钱支付故事的报酬。只得依靠未来人的同伴把他们在别的地方卖不了的材料提供给他。他甚至问我要过一个故事。我给了他一篇,名为《神秘的感觉》(The Secret Sense),登在1941年3月号的《宇宙故事》上。这个故事质量低劣(甚至在我自己眼里也是如此),我没能把它卖出去。因此我很愿意看在朋友的分上奉送给他,不要稿费。

可在1938年之前一直负责编辑《惊人故事》的F·奥林·特里梅因也新办了一份杂志,名叫《彗星故事》(*Comet Stories*)。他按最高每个词1分钱的稿酬付费。他对我说,作家把故事送给不付稿酬的杂志等于帮助这些杂志夺走支付稿酬的杂志社的读者。这样的作家不仅伤害了他们的作家同仁,而且也伤害了科幻小说,应该被列入黑名单。

这使我感到害怕。我立即打电话给沃尔海姆,向他要了10美元(每5个词1分钱)。这样我可以说我收过稿酬。沃尔海姆支付了钱,但是寄支票时他附了一封令人十分难堪的信。

他继续做了许多伟大的事情。他写了许多短篇故事。第一个故事是《白羊座人》(The Man from Ariel,《奇迹故事》1934年1月号),比我的第一个故事早问世5年。最使我感到震动的是《模仿》[Mimic,《神奇小说》(*Fantastic Novels*)1950年9月号]。他还写了许多长篇科幻小说,主要是给年轻人看的。

然而,很明显他像《惊人故事》的传奇人物约翰·坎贝尔一样喜欢当编辑甚于写作。1943年,他首次编辑了一本科幻小说集,取名为《袖珍科幻小说集》(*The Pocket Book of Science Fiction*),里面专门收集发表在杂志上的科幻小说。他在爱斯图书公司(Ace Books)当了很长时间的编辑,做了大量创新的工作。然后他成立了寒鸦图书公司(DAW Books)——第一家专门出版平装本科幻小说的出版社。在此过程中,他发现了在这方面的许多当代杰出人物。

他有一本书名为《宇宙创造者》(*The Universe Makers*),于1971年出版。那是一本科幻小说史。在书中,他试图批驳坎贝尔传奇故事中某些荒诞的方面。他对我那套《基地》(*Foundation*)系列故事(对此我将在适当的时候介绍)倍加赞扬。他认为它们奠定了现代科幻小说的基础。这两点我不能完全苟同,但我还是很感激地接受了,并且原谅了那次《神秘的感觉》一事。(对了,我这人喜欢听表扬。所有的人很快都发现了这一点,特别是我的编辑们。)

1989年,唐纳德不幸中风,身体基本瘫痪,但头脑很清晰。寒鸦图书公司在他妻子埃尔西(Elsie)和女儿贝特西(Betsy)的掌管下一直很顺利。(唐纳德**只**娶过一个妻子，我有时候想，这种情况在科幻小说作家中很少见。)

 22

早期的销售

我直到17岁才想到应该构思一个有明确结局而不是随心所欲地编织的故事。于是,1937年5月我开始写一个这样的故事,故事的名字是《宇宙瓶塞钻》(Cosmic Corkscrew)。我时作时辍地写这个故事,有时它在抽屉里一呆就是几个月,我都不碰一碰。

1938年初,《惊人故事》杂志事先没有通知,便改动了出版时间。杂志没有在预定的日期收到。我生怕它停刊,赶紧打电话给斯特里特与史密斯出版社,发现它将改在另外一天出版。我原以为那份杂志永远不再出版了,这种短暂的惊恐促使我完成了那篇《宇宙瓶塞钻》。我想趁还有机会的时候把那个故事送出去,故事于1938年6月完成。

为什么突然会这么着急送出去？在我看来,到1938年,似乎除了科幻小说以外,我已经厌倦了所有的低俗杂志小说。我只看科幻小说杂志,我渐渐觉得科幻小说的作者像是半神半人,受人崇拜。我也想要做一个被人崇拜的人。

当然,如果我把自己写的故事卖了,或许能挣一点钱。我拼命想自己能付掉一部分大学学费,而不必向父亲开口要钱。1935年夏天,我找到一份工作,可我一点也不喜欢它。我宁愿靠打字机挣钱。

现在我的故事写好了,怎么送出去呢？父亲不比我高明多少。他建议我亲自去找编辑把稿件交给他。我说我不敢去。(我生怕被人大声地呵斥,用侮辱性的话从办公室里赶出来。)父亲说:“有什么好害怕的?”(当然啦,又不是**他**去。)

我从小就养成了服从父亲的习惯,所以我就乘地铁到斯特里特与史密斯出版社去求见坎贝尔先生了。当接待人员去找他,然后告诉我编辑想要见我的时候,我简直不敢相信这是真的。他之所以答应见我,是因为我对他来说并不完全陌生。他经常收到我写的信,那些信他都刊登出来了。他知道我是一个非常认真的科幻小说爱好者。此外我发现,他说起话来口若悬河,他需要有人听他讲话,他认为我正合适。

约翰·坎贝尔对我极其尊重。他接过我的手稿,答应很快就看。他说到做到。我收到的实际上是他的退稿,可他的退稿信写得很客气。我立即动笔写另外一个故事《卡利斯坦的警告》(The Callistan Menace),只花一个月就完成了。

此后,我一个月写一个故事送到坎贝尔那儿。他看完以后,写上一些对我有所裨益的评语,退回给我。

1938年10月21日,在我第一次去找坎贝尔以后过了4个月,我才卖出了我的第三个故事《逐出灶神星》(Marooned off Vesta)。它不是卖给坎贝尔,稿件是从他那儿退回来的。我把它卖给《惊奇故事》。这份杂志刚由一位新的出版商齐夫-戴维斯(Ziff-Davis)接手,他决定出版低俗动作故事,以降低质量求得增加发行量。

《惊奇故事》当时由雷蒙德·A·帕尔默(Raymond A. Palmer)负责编辑。他是一位4英尺(1.22米)高的驼背,思想非常活跃,极其不正统。在后来的岁月里,他转向出版伪科学的杂志,实际上一手制造了飞碟热。他于1977年去世,享年67岁。我从来没有与他见过面,但他是第一个买我故事的人,有资格在日后骄傲地提起这件事情。

这个故事使我收到64美元。它刊登在1939年3月号的《惊奇故事》

上。这一期《惊奇故事》于1939年1月9日在我19岁生日后一个星期送到报亭。*父亲给他所有的朋友寄了一封虚荣的、词藻华美的信(我不知道他有朋友),似乎他准备我以后每卖出一个故事都要这么做。我费了很大劲才制止他这么做。

后来,我又卖出了我的第二个故事《卡利斯坦的警告》。这次卖给了弗雷德·波尔。故事刊登在1940年4月号的《惊异故事》上。我写的第一个故事《宇宙瓶塞钻》,还有早期写的其他7篇故事都从未出手。这些故事全都不复存在了。想必是我1942年离开纽约(原因我后面再谈)时,我母亲不知道它们的价值,把它们扔了。从文学的角度来说,算不上是损失,它们的失踪使世界受益。然而,从历史的角度而言,是个缺憾。人们对于少年时代的作品总有一种兴趣。

我卖给约翰·坎贝尔的第一篇故事是《趋势》(Trends),刊登在1939年7月号的《惊人故事》上。那时候,《惊奇故事》发表了我写得很差的另一个故事,名为《致命的武器》(The Weapon Too Dreadful to Use,《惊奇故事》1939年5月号)。所以我在《惊人故事》上发表的第一篇故事是我正式出版的第三个故事。

这种情况非我所愿。我始终避而不谈那两个故事。因为我不认可齐夫-戴维斯主办的《惊奇故事》。我感到很尴尬:我的故事竟然登载在这么低级的杂志上。我想要登载在《惊人故事》上面。从我的内心来说,我极力想认为《趋势》是我发表的第一个故事。

其实,我这么做有失公允。在《惊奇故事》上面发表的两个故事也许挽救了我,使我不至于生不如死。约翰·坎贝尔笃信作者的名字必须简单美好。我敢肯定他会要我用笔名,像什么约翰·史密斯之类的名字,而我绝对会拒绝这么做,也许就此毁了我的事业。

现在这两篇在《惊奇故事》上发表的故事用的是我的真姓实名——艾

---

* 时间先后似有矛盾,但原文如此。——译者

萨克·阿西莫夫。帕尔默并不在乎，我感谢他。也许正因为这件事，坎贝尔看到我的名字为科幻小说杂志目录增色不少，才痛痛快快地让我的名字出现在《惊人故事》威严的版面上了。

总之，我在哥伦比亚大学四年级时挣了197美元。钱不算多(虽然在1939年这一笔钱要比现在值钱得多)，却标志着一个开端。它不仅是我有能力自己支付学费的开端，而且也是我不再受约束获得自由的开端，是我有能力养活自己的开端。

它的意义还不仅在于此，因为我还有比金钱更想得到的东西。我想要的——梦寐以求的——渴望得到的——是我的名字出现在目录上，并以更大的字体印在故事的首页。

我终于得到了我想要的，我的心因此而感到温暖满足。

23

小约翰·伍德·坎贝尔

小约翰·伍德·坎贝尔(John Wood Campbell, Jr.)生于1910年,只比我大9岁半。我第一次遇见他的时候,我以为他年纪已大,只是显得年轻而已。他高高的个儿,身材魁梧,一头浅色的头发,鹰钩鼻子,宽阔的脸庞,薄薄的嘴唇,嘴里永远叼着一支烟斗。

他十分健谈,固执己见,是一个才思敏捷、支配型的人物。跟他谈话就意味着听他一个人滔滔不绝地讲。有的作家受不了他这一点,就刻意回避他。他使我想起父亲,所以我很愿意听他不停地讲下去。

就像许多才华横溢的科幻小说人物一样,他的童年很不幸。我从未听他具体谈过,他从不主动谈起这个。如果别人不主动提起,那我也不问。首先,我生来就不爱管闲事。再则,归根结底,我更加喜欢谈论自己而不是谈论他人。

他在麻省理工学院读大学,可没有毕业。我的理解是他的德语不行。他转到北卡罗来纳州的杜克大学(Duke University)。这所大学在我年轻的时候以约瑟夫·B·莱因(Joseph B. Rhine)在超感官知觉方面的研究而著称。这也许影响了坎贝尔后来在这方面的观点。

他发表的第一篇故事是《原子消失之时》(When the Atoms Failed),刊登在1930年1月号的《惊奇故事》上面。那时候,科幻小说方面的最有名的作家是爱德华·埃尔默·史密斯“博士”[Edward Elmer(“Doc”)Smith],他写作“超科学故事”(superscience stories)。史密斯是第一位以星际旅行为题材的作家,写了《太空云雀》(Skylark of Space,刊登在1928年8月、9月和10月号的《惊奇故事》上)。坎贝尔希望模仿史密斯写超人英雄在恒星和行星间叱咤风云的故事。他从写《甘愿被劫》(Piracy Preferred,《惊奇故事》1930年6月号)开始,创作了他著名的《韦德,阿柯特和莫里》(Wade, Arcot and Morey)系列故事。这个故事使他几乎与史密斯齐名。

史密斯继续写他的超科学作品,直到1965年去世,享年75岁。他是最受爱戴的科幻小说作家之一,但是他始终在原地踏步。他最早期的故事领先于时代10年,最后的作品又落后于时代10年。坎贝尔始终忠实地在《惊人故事》上发表史密斯的作品。

另一方面,坎贝尔渐渐地厌倦了超科学,往其他方向发展。他在1936年和1937年,替《惊人故事》杂志写了一部18期的连载,介绍太阳系科学研究的最新发展。这是一位科幻小说作家首次大胆尝试涉足前沿科学的领地。

更加重要的是他故事风格的改变。他不再写超科学,而是开始写带有感情色彩的东西。这些新的故事与他以前的老作品截然不同。为了避免这些故事的读者误以为它们是超科学故事,他只好用笔名发表。他用的笔名是唐·A·斯图尔特(Don A. Stuart,是他第一个妻子未嫁时的名字的简单变体)。坎贝尔首次用这个笔名发表的故事是《曙暮光》(Twilight,《惊人故事》1934年11月号),是传世的经典之作。

他放弃了他的坎贝尔故事,继续写他的斯图尔特系列,最后发表了《谁去那儿?》(Who Goes There?《惊人故事》1938年8月号)。这可能是科幻小说中前所未有的最伟大的故事。

然而,那时候,他发现了真正适合自己的工作。1938年,他接任《惊人故事》杂志的编辑工作。此后在他有生之年,一直负责这项工作。他一接手，立即把《惊人故事》改名为《惊人科幻小说》(*Astounding Science Fiction*，常简称作*ASF*)。

他是科幻小说方面最有实力的人物。在他担任编辑的前10年，他完全主宰了整个科幻小说领域。1939年，他开始创办《未知》(*Unknown*)，一份给成年科幻爱好者阅读的杂志。它是一本独特而绝妙的杂志。可惜因为第二次世界大战，纸张匮乏而不得不停刊。

在那美好的10年间，他发现并培养了十几个顶级的科幻小说作家，包括我在内。

这样一位巨人的星光似乎不可能衰落，但是终究黯淡了。他的成功使得科幻小说赢得了一种新的社会地位，即它讲述的是科学家和工程师的故事，而不是冒险家和超级英雄的故事。正是他的巨大成功引起了竞争。1949年，安东尼·鲍彻(Anthony Boucher)和J·弗朗西斯·麦科马斯(J. Francis McComas)主持编辑的《奇幻和科幻杂志》(*The Magazine of Fantasy and Science Fiction*，即*F&SF*)正式出版了，杂志很成功。1950年，霍勒斯·L·戈尔德(Horace L. Gold)编辑的《银河科幻小说》(*Galaxy Science Fiction*)面世了，这份杂志也办得很成功。坎贝尔在这两份杂志的阴影中开始衰落。

坎贝尔的衰落由于他自己的性格缺陷而加快了速度。他喜欢涉猎科学的边缘，但从边缘滑出跌入了伪科学。他似乎把诸如飞碟，诸如超感官知觉之类的特异功能(受了莱因的影响)，甚至更加愚蠢的所谓"迪安驱动器"(Dean drive)和"哈伊罗尼穆斯机器"(Hieronymus machine)之类的东西，都当真了。更有甚者，他支持"戴尼提"(dianetics)，一种由科幻小说作家L·罗恩·哈伯德(L. Ron Hubbard)创造的古怪的精神治疗方法。它的信条在一篇名为《戴尼提》(Dianetics, *ASF* 1950年5月号)的文章中首次发表。

所有这些事情都影响了坎贝尔购买的故事品种。在我看来，很大程度上削弱了杂志的分量。许多作家竞相写伪科学的东西兜售给坎贝尔，可最好的作家却退出了，我亦在其中。我并没有停止为他写作，也没有中断与他的友谊，只是有一丝冷淡。我不愿意接受他的这种古怪观点，而且这么说了。

我写了一个故事《信仰》(Belief，*ASF* 1953年10月号)，以**我自己**的方式谈论了特异功能。经过很长时间的争论之后，我同意为他改动结尾，对此我一直耿耿于怀。

坎贝尔继续编辑《惊人科幻小说》，20世纪60年代初，这份杂志改名为《模拟》(*Analog*)。坎贝尔一直担任该杂志的编辑，直至1971年7月11日去世，享年61岁。在后来的20年间，坎贝尔只是他昔日风光时的一个日渐缩小的影子。

24

罗伯特·安森·海因莱因

我在与约翰·坎贝尔交往的最初几年里遇到许多人,他们最终成为一流的科幻小说明星。这种方式形成的友谊终生不渝,科幻小说界中的友谊总是这样。

究其理由,我认为是因为我们都觉得自己同属一个小群体,被那些完全不理解我们的大多数人取笑和诽谤。为了温暖和安全的缘故,我们紧紧地靠在一起,形成一种不能割断的兄弟情义。即使是销售的竞争也无法使我们互相为敌。在那些日子里,科幻小说涉及的钱很少,也没有什么好竞争的。我们实际上都是出于爱好才写作的。

(如今,情况想必大不相同了。科幻小说作家的人数是1939年的10倍,所涉及的钱,什么预付稿酬、电影版权的销售等等不一而足,有时候数额巨大。在我看来,在这种情况下,以前那种兄弟情义的观念似乎已经不可能存在。)

在某种意义上来说,我最重要的友谊是与罗伯特·安森·海因莱因(Robert Anson Heinlein)的。他长得非常英俊,留着修饰得很干净整齐的胡子,面带温和的微笑,为人彬彬有礼,这使我与他在一起时,总感到自己特别不善社交。与他的贵族气概相比,我只是一个农夫而已。

他曾在美国海军里呆过,1934年因患肺结核退役。1939年,32岁的时候(对于科幻小说作家来说稍微晚了一点),他转向科幻小说的创作。他的第一篇故事是《生命线》(Lifeline, *ASF* 1939年8月号),在我的故事《趋势》之后一个月发表。从他的第一个故事发表时起,惊叹不已的科幻小说界便把他奉为当代最优秀的科幻小说作家。他终生保持这一荣耀。不用说,我对他印象很深刻。我属于那些最早写信给多家杂志褒扬他的人。

他立即成为《惊人科幻小说》的支柱。他和坎贝尔成为亲密朋友。不过,海因莱因显然把坎贝尔决不拒绝他的稿件作为保持友谊的条件。

海因莱因从未忘怀从海军复员的事。听到珍珠港事件的消息后,他曾想应募参加海军,但是被拒绝了。因此他到东部来寻找以文职身份服务的方法。

他在海军航空兵实验站(Naval Air Experimental Station,简称NAES)找到一个职位。他四处寻找其他可能和他一起干的聪明的科学家或者工程师,他招募了莱昂·斯普拉格·德·坎普(Lyon Sprague de Camp,关于他我很快就会详细介绍),并且也给了我一份工作。最后,在经历了许多思想斗争之后,我接受了(我将在后面描述)。

顺便说一句,我与海因莱因的友谊并非风平浪静。不像我与其他科幻小说作家的友谊。我们在海军航空兵实验站刚开始一起工作时,这一点就很明显了。我从未公开与他吵架(我尽量不与任何人公开争吵),也从来没有不理睬他。就在海因莱因去世之前,我们还见过面,互相热情地打招呼。

然而这种友谊有一点谨慎小心。海因莱因与我了解和喜欢的科幻小说作家不一样,他不太好相处。他不相信"自己做自己的事,让别人做他自己的事"。他有一种明确的感觉,他觉得自己知道得比你多,并且不停地教训你,要你同意他的观点。坎贝尔也这样。不过,如果你最终还是不同意他,坎贝尔也始终很平静,并不在乎,可海因莱因遇到这种情况会很不友好。

我对那些自认为比我知道得多，老是这么缠着我的人没有好感，所以我开始回避他。

此外，虽然海因莱因在战争时期是热情似火的自由派人士，可战后他立即变成了坚定不移的极右的保守派。这事正好发生在他的妻子从自由派的女子莱斯林(Leslyn)换成坚定不移的极右的保守派女子弗吉尼亚(Virginia)之时。

罗纳德·里根(Ronald Reagan)在他妻子从自由派的简·怀曼(Jane Wyman)变成极端保守的南希(Nancy)时也这样。我一直认为罗纳德·里根是个没有头脑的人，谁跟他接近他就接受谁的观点。

我根本不能用这个理由来解释海因莱因的情况。我无法相信他会盲目地听从他妻子的意见。我百思不得其解(当然我也从未想到过要去问海因莱因——我断定他会拒绝回答，而且会大发雷霆)。我得出一个结论：我决不跟一个与我在政治、社会和人生哲学上观念不同的人结婚。

与一个在这些基本观念上和我完全相左的人结婚，就意味着要过一种充满争吵的生活，或者(在某种意义上更加糟糕)过这样一种生活：两人心照不宣，达成默契，决不讨论这些事情。况且，我认为也不可能达成协议。我肯定不会为了居家安宁而改变我自己的观点，我也不想娶一个信念很不坚定因而能这么做的女子为妻。不，我一开始就要找一个与我观念基本一致的，我得说我的两任妻子都是这样。

另外，海因莱因不属于那种一旦形成一种风格之后，在他们有生之年，不管时尚如何变化都始终保持这种风格的作家。我已经提到过E·E·史密斯(E. E. Smith)就是这样的人，我自己也是这样。我最近写的小说就跟我在20世纪50年代写作的风格一样。(我为此受到一些评论家的批评。不过，我在意批评家批评的那天，也就是天塌下来的那一天。)

海因莱因则不同，他试图与时代保持同步。因此就60年代后期的文学时尚而言，他后期的小说是很“赶时髦的”。我说“试图”，是因为我认为他失败了。我不擅长评判别人的(或者我自己的)作品,我也不想对他们作主观的评论。但是我不得不承认,我一直希望他保持他在《不满意的解答》(Solution Unsatisfactory, *ASF* 1941年10月号)这类故事以及像《双星》(*Double Star*, 1956年出版)这种小说中的写作风格。他发表《不满意的解答》用的笔名是安森·麦克唐纳(Anson MacDonald)。我认为《双星》是他写得最好的小说。

他在有限的科幻小说杂志世界以外也有不俗的成绩。他是我们这群人中第一个闯入"华而不实"文体的,出版了《绿色的土山》(The Green Hills of Earth),刊登在《星期六晚邮报》(*The Saturday Evening Post*)上面。曾经有一段时间我很羡慕他这么做,后来我推论出他这么做是为了把科幻小说事业往前推,使我们后来的人能够比较容易朝那个方向前进。海因莱因也曾涉足一部早期的电影,那部电影努力做到既有真实感又具科幻小说特色——《目的地月球》(*Destination Moon*)。1975年,"美国科幻作家协会"(Science Fiction Writers of America)开始颁发大师奖(Grand Master Awards)。海因莱因受到一致推举而成为第一个获此殊荣的人。

海因莱因于1988年5月8日去世,时年80岁。甚至非科幻小说界也为他的去世深感惋惜。海因莱因始终保持最伟大的科幻小说作家的地位,直到他逝世,也没有丝毫动摇。

1989年,他创作的《坟墓里的怨声》(*Grumbles from the Grave*)在他死后出版。里面有两封他写给编辑的信,主要是给他的代理人的。我看了以后直摇头,宁愿它们没有发表。(在我看来)海因莱因在这两封信里透露出一种吝啬的态度,这一点我早在海军航空兵实验站时期就已经看出来了。我认为这不应该让世人都知道。

25

莱昂·斯普拉格·德·坎普

莱昂·斯普拉格·德·坎普生于1907年，与海因莱因同一年出生。他长得高高的，很英俊，身体始终保持挺拔，说话声音非常悦耳，标准的男中音(虽然他一个音符都不会唱)。我最初遇到他的时候，他留着修饰得很整齐的小胡子，后来他蓄起了长须，也修得很干净整齐。他的外貌富有英国人的气质。

在我认识的人当中，他的外貌变化最小。我遇见他的时候，他才32岁。如今，50年过去了，人们依然可以迅速肯定地一眼就认出他来——只是头发稍微稀疏一点，胡子有一点灰白，可仍然是那个L·S·德·坎普。其他人的变化都很大，如果把他们年轻时的照片放在一起，简直就是另外一个人了，可是坎普没有变。

他的外貌使人望而生畏，似乎超尘脱俗。其实(十分令人难以相信)他很**害羞**，我想这就是为什么他和我相处得很好的缘故。因为只要我在场，没有人会害羞。我不会允许他这样的，和我在一起他尽可以放松，无论什么时候我对他的感情都是最深的。1939年，我们在坎贝尔的办公室里相遇的时候，我只有19岁，是个乳臭未干的青年。他已经是一个成熟的作家了。从一开始，他就对我非常尊重，赢得了我的心。此后这么多年里，凡是我们不在一个城市的时候，我们都一直通电话或者写信保持联系。

我因为太崇敬坎贝尔了，不肯直呼其名，所以觉得很别扭。我与海因莱因的友情还没有深厚到可以直呼其名的程度。可德·坎普就不一样，对我来说，他就是“斯普拉格”。过去是，将来也永远是“斯普拉格”。

现在他与他的妻子凯瑟琳(Catherine)已经结婚50年了(我遇见他时，他们刚结婚)。她与斯普拉格同一年出生。她的外貌跟斯普拉格一样一点也没变。他们俩一点也不显老。他们旅游和写作，过着一种忙碌的生活。

斯普拉格在经济大萧条时期生活很困难(我们不都经历过吗?)。1937年，他转向科幻小说创作。他的第一个故事《相同的语言》(The Isolinguals)刊登在*ASF* 1937年9月号上。这是前坎贝尔时期。坎贝尔当编辑以后，使科幻小说创作领域发生了许多改变，在坎贝尔时代之前的不少著名作家无法适应变革而被淘汰了(这就像默片电影明星在有声电影时代湮没了一样)。可是斯普拉格很轻松地适应了这场变革。

他是那些撰写小说和非小说类书都挥洒自如的科幻作家之一。他写过许多谈论科学花絮的书。他在写作的时候，始终保持着最严格的合理性。他也写过神奇的幻想作品和精彩的历史小说。

海因莱因、斯普拉格和我在第二次世界大战中都在海军航空兵实验站里工作。一开始我们全都不是军人。海因莱因不能够提升成军官，我是强烈地不想当军官，而斯普拉格则千方百计地想要当军官。他不久就成了海军上尉。战争结束之前，他已经升为海军少校指挥官。不过他在海军航空兵实验站的工作始终是坐在写字桌后面。

现在我要重复一个我在以前的自传中已经讲述过的故事——

当时为了安全起见，所有的人员在进入海军航空兵实验站基地的时候，都得佩戴身份识别徽章。如果谁忘记佩戴徽章，就会有片刻感到屈辱：他得去领一个临时徽章，扣除一个小时的薪金。

刚去的时候，斯普拉格和我经常一起去上班。有一次，斯普拉格和我到达大门口的时候，他的手在夹克衫上拍了一下，说：“我忘戴徽章了!”这件事情对他来说很严重。他担心这件事会记录在案,没准会妨碍他晋升军官的。

于是我取下我的徽章说:"给,斯普拉格,你拿去戴上。没有人会看的。你可以进去,下班后再还给我好了。"

他说:"那你怎么办?"

"我会挨一顿训,我已经习惯了。"

斯普拉格的声音有点嘶哑地低声说:"好心肠比国王强。"

从此以后,斯普拉格一直没有停止过对我的表扬,不是口头上说就是书面上写。不过,他声称他不记得这件事。我认为我的行动是出于对斯普拉格真挚的爱,而如果我怀疑人之真诚却又能预见未来的话,那么这可以被认为是一项很有收益的投资。

第二次世界大战以后,斯普拉格留在费城,我则回到了纽约。1987年11月27日,我出席了他80岁的庆祝活动。1989年,斯普拉格和凯瑟琳搬到得克萨斯州去住了。那儿的气候比较温暖,离他的儿子莱曼(Lyman)和杰勒德(Gerard)近一点。这没什么,我们昨天晚上还在电话里聊天呢。

 26

克利福德·唐纳德·西马克

克利福德·唐纳德·西马克(Clifford Donald Simak)生于1904年。他是一名职业记者,在明尼阿波利斯任职。我第一次与他接触,是看他刊登在1931年12月号《奇迹故事》上的一篇故事《红太阳的世界》(The World of the Red Sun)。我非常喜欢这个故事。在中学时,我利用吃中饭的时间,坐在街道的路边上详细地讲给一群孩子们听。他们都听得津津有味。

我没有注意到故事的作者是克利夫·西马克,* 甚至在40年之后,当我选编一本我所喜欢的30年代的故事时,也没有意识到这一点。这本选集出版时定名为《黄金时代之前》(*Before the Golden Age*,道布尔戴出版公司,1974年)。那时候,克利夫已经是我很尊重的老朋友了。我发现自己钟爱的这个故事竟然是他写的时,惊得呆若木鸡。

实际上,《红太阳的世界》是克利夫写的第一个故事。他写了几个故事以后就搁笔了,因为他不喜欢发表科幻小说。然而,当坎贝尔接手*ASF*的时候,克利夫为之振奋,重又行动起来。他迅即成为坎贝尔的台柱子。

在这儿我得描述我们是怎样成为朋友的。这个故事我以前也经常讲述。

克利夫·西马克写了《第18条戒律》(Rule 18, *ASF* 1938年7月号)。在

* 克利夫(Cliff)是克利福德的昵称。——译者

每个月写给杂志社的信件里,我说不喜欢那个故事,对它的评价极低。

克利夫立即给我写了一封很客气的信,问我究竟有什么地方不好,以便他可以改进。他的信彬彬有礼,和蔼可亲,使我万分吃惊。坦率地说,倘若哪个妄自尊大的年轻人鲁莽轻率地对**我的**故事妄加评论,我肯定不可能表现出如此的雅量。

这就是克利夫的风格。他无疑是科幻界中最少争议的人物之一。我从来没有听到过一句关于他的坏话,相反是一片赞扬称许。

不管怎么说,我立即重新又看了一遍《第18条戒律》(我那时已经开始**保存**我的科幻小说杂志)。我很狼狈地发现,它其实是一篇非常好的故事,我很喜欢它。

当年使我困惑的是克利夫写的时候从一个场景跳到另一个场景,中间没有任何过渡。我第一次看的时候,因为不习惯这种技巧,所以感到摸不着头脑。现在重新看的时候,我理解了他怎么写以及为什么要这样写,这样可以大大地加快故事的进程。

我写了一封很谦恭的信承认自己的错误。他写了一封回信,我们的友谊就此开始。这份友谊在我卖出第一篇故事之前开始,一直持续到西马克去世。

这个事件促使我仔细阅读他的故事,模仿他那种轻松而又简练的风格。我想我在一定程度上获得了成功,它大大地提高了我的写作水平。他是成就我的写作生涯的三个人中的第三个人。约翰·坎贝尔和弗雷德·波尔从理念上,而克利夫则通过自身的榜样。

我经常讲述这个故事。西马克是个最不会矫情的人,他很不好意思地问我是否可以停止表扬他。

我的回答只有一个:"决不!"

克利夫获得了"美国科幻作家协会"颁发的大师奖。他受之无愧。

他死于1988年4月25日,享年84岁。海因莱因在他之后不到两个星期去世。这样,西马克的死在绝大多数的科幻小说读者心目中降至第二位。我对此感到愤愤不平。虽然海因莱因是一位更加成功的作家,我却不由自主地感到克利夫是个更加完美的好人。

27

杰克·威廉森

杰克·威廉森(Jack Williamson)这个名字是那种盎格鲁-撒克逊人的名字,正好适合低俗杂志的口味。他用这个名字倒并不矫作。他的真实姓名是约翰·斯图尔特·威廉森(John Stewart Williamson),杰克是个很自然的诨名。

威廉森生于1908年。他毫无疑问是这个时代的科幻小说作家泰斗。他的第一篇故事《金属人》(The Metal Man),刊登在1928年12月号的《惊奇故事》上。就我所知,直到现在他仍然在积极地从事写作。这一纪录在科幻小说领域中没有一个主要的作家能与之相比。威廉森是又一个受人爱戴的人物,仅次于克利夫,没有任何人指责或者批评他。他在20世纪30年代的作品属于我最喜欢的故事之列。

他是少数几个从坎贝尔之前的时代很顺利地过渡到坎贝尔时代的作家。他是(继海因莱因之后)第二位获得美国科幻作家协会颁发的大师奖的人。

我第一次了解杰克的善良是在1939年。我的第一个故事《逐出灶神星》发表以后,我收到他寄来的一张明信片,上面写着:"欢迎加入我们的行列"。这使我第一次**感到**自己像是一个科幻小说作家了。我一直对他这一体贴周到而又大度的姿态感激不已。

威廉森来自西南部，从小家境贫困。他开始写作时只受过很有限的教育，然而当他成为专业作家之后，重又回到学校学习，最终获得教授的地位。他是一个最令人惊讶的人。

就像我与克利夫·西马克交往的情况差不多，我们很少见面。偶尔我们俩都出席同一个科幻小说会议的时候，我才能见到杰克。

28

莱斯特·德尔·雷伊

莱斯特·德尔·雷伊(Lester del Rey,一个响亮的西班牙名字的简单形式)生于1915年。他身材矮小,纤瘦,大嗓门,好胜心很强。他的脸呈三角形,尖下巴。自从他做完白内障手术后,一直戴着一副镜片很厚的眼镜。我在1939年遇到他的时候,他脸刮得很干净,后来他蓄起了稀疏的胡子。我始终有一种挥之不去的感觉,认为他长得就像托尔金(Tolkien)写的《指环王》(*Lord of the Rings*)中的甘道夫(Gandalf)。

霍勒斯·戈尔德(Horace Gold,一位科幻作家和编辑,后面我还会谈到他)爱说莱斯特"具有诗人的身体,卡车司机的灵魂",我觉得很对。不幸的是,霍勒斯为了使他的嘲讽更完整,说:"艾萨克具有卡车司机的身体,诗人的灵魂。"我想他这两条都说错了。

结识莱斯特是我的好运。他非常诚实守信,是一个绝对值得信赖的人。毕竟,一个人在这世界上遇到那么多的骗子,那么多卑劣的人,那么多歪曲事实、说谎的人,他们的话不可信。有时候人们会厌倦,感到生活是一个垃圾坑,里面的人们就像腐烂的香蕉皮。不过,一个诚实的人会使被一千个流氓恶棍弄混浊的空气得到净化。正因为这个缘故,我十分看重莱斯特和我在科幻小说界内外遇到的其他诚实的人士。

在犹太人的说教文学中有一个故事,说上帝之所以没有毁灭这个邪恶的、充满罪恶的世界，是因为在这个世界上每一代人中总能找到几个正人君子。假如我信教，就会虔诚地相信这是真的。我这一生遇到了这么多的正人君子，极少落在坏人的手中，我对此永远感激不尽。

莱斯特前后共有4个妻子。不知作家是否有什么容易引起离婚的地方。可能作家过于专注于自己的创作（这是他们职业的一部分要求），为自己的创作耗尽了心血，很少或者根本无暇顾及自己的家人。我想象，能够长时期地忍受这一点的配偶是十分稀罕的。特别是作家很少有变得很富裕的，他的配偶甚至都不能对自己说："至少他还挺能挣的。"

我跟莱斯特的第三个妻子伊夫林（Evelyn）很熟悉。她脸庞瘦削，妩媚动人，十分聪颖。我相信她一开始并不喜欢我。（不知道为什么，我从来也不知道为什么。）她慢慢了解我以后，就比较喜欢我了。我一直很喜欢她。我曾经一度不再创作科幻小说（这件事情我在适当的时候再谈），是伊夫林帮助我重新回到科幻小说写作上来的。1967年3月，她对我说："艾萨克，你为什么不写科幻小说了？"

我很伤感地说："你很清楚那个领域超越了我，我落伍了。"

她说："你疯了，艾萨克。但凡你写作，**你**就代表科幻小说领域。"

我把这话牢记在心。它**的确**帮助我及时地回到了科幻小说创作上来。

1970年1月28日，伊夫林在一场交通事故中罹难，死得很惨。当时她只有44岁。

莱斯特早年生活中有一阵，在我看来喝酒喝得很厉害。我强烈反对饮酒，所以我也可能说得夸张了一点。不管怎么说，即使他真的有过这方面的问题，十几年前他就已经克服了。

这里有一个问题，即酗酒是不是作家的职业病。我曾经听到过这种说法，也能够理解为什么有这种可能。写作其实是一种非常孤独的工作。即使一位作家社会交际很正常，当他坐下来从事他一生中真正的事业时,就只有他和他的打字机或文字处理器了。再没有其他人能够掺和在其中。

更何况,众所周知,作家缺乏安全感。常常疑惑自己的创作是否在白费力气?即使他是一个受欢迎的作家,无论他写什么都可以出版,他仍然会担心质量好坏。在我看来孤独和不安全(另外再加上,在有些情况下,毫不宽容的交稿截止期限)似乎很容易使人到杯中寻找安慰。我当然知道许多科幻小说作家喝酒喝得很厉害。

我怎么成功逃避的呢?首先,我父亲很严厉,从小就不许我们沾酒。此外,驱使作家酗酒的原因对我而言并不存在。虽然我也很爱交际,当我置身在人群之中的时候,只要让我讲话,我就会口若悬河不停地讲,可是我**喜欢**独处。我从来也没有想过我的作品会成为没有出路的废纸一堆。我完全没有批判能力,我喜欢我写的所有的东西。

哈伦·埃利森(Harlan Ellison,我后面会谈到他的)是一个远比我有天分的作家,可他的文学生涯却比我要艰难得多。我感到吃惊的是他竟然也滴酒不沾。我们俩加上哈尔·克莱门特(Hal Clement,我后面也会谈到他的)是科幻小说界最突出的绝对忌酒的三个人。

我扯远了,言归正传——

莱斯特与第四个妻子朱迪-林恩(Judy-Lynn)结婚以后,他的生活彻底改变了。他们俩的结合是个非常浪漫的故事,我留到后面再谈。

莱斯特写的第一个故事《忠诚》(The Faithful,《惊人故事》1938年4月号)是在小说中经常遇到,而在现实生活中不可求的情况下写成的。他看完一篇他不喜欢的科幻故事,把杂志朝墙上扔过去说:“我可以写一篇比它更精彩的故事。”

他的女朋友听了他的话说:“你肯定能行。”于是他立即坐下来动手写故事,剩下的事就不用我说了。

德尔·雷伊的故事中,我最喜欢的是《工作完毕》(The Day Is Done,

ASF 1939年5月号)。这故事我是在地铁里看的,我看得伤心落泪。有一次我不小心告诉了他,从此他就一直拿它来压我。

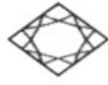 29

西奥多·斯特金

西奥多·斯特金(Theodore Sturgeon)于1918年出生。他原先的名字是爱德华·汉密尔顿·沃尔多(Edward Hamilton Waldo),后来跟他继父的姓了。就像弗雷德·波尔、杰克·威廉森、莱斯特·德尔·雷伊和其他人一样,特德(Ted) * 童年饱尝艰辛,受的教育也很有限。(难道说因为没有比较明确的专业,所以有限的教育容易使人转向写作?)

特德不断地转换工作,直到转到科幻小说创作上为止。他的第一篇故事是《太空小憩》(Ether Breathers),发表在1939年9月号的*ASF*上面,就在海因莱因的第一篇故事刊登后一个月,在我的第一篇故事发表后两个月。在那些快乐的日子里,坎贝尔几乎每个月发现一个重要的作家。

特德像雷·布雷德伯里(Ray Bradbury)一样,是位特别具有诗人气质的作家。(布雷德伯里是20世纪40年代的重要作家,他不是坎贝尔发现的。事实上,他从来没有给过坎贝尔一篇故事。他们两个人互不相容。这于布雷德伯里无碍,他照样赢得了名声和财富。)

用诗一般的语言来写作的麻烦是,如果你击中了目标,结果是美丽的;如果你没有击中,那它就是蹩脚的。诗人作家通常都很不稳定。像我这样的散文体作家,不断错过了高峰,但也避开了低谷。话虽如此,特德

* 特德是西奥多的昵称。——译者

的故事一般都命中目标。

斯特金是一个有魔力的(我不能肯定这个形容词的意思。反正不管什么意思,它正适合特德)人,他说话声音柔和、甜美,似乎很害羞,他是那种年轻女人想要呵护的人,甚至在他年纪渐长的时候也一样,结果他的性生活异彩纷呈,婚姻复杂到我都无意去搞清楚。这也反映在他的小说中,他小说中关于各种各样的爱情和性方面的描写不断增多。

他在40年代和50年代创作很多产。此后,他得了作家障碍症,问题日益严重,他的后半生渐渐潦倒,最后沦落到一种很没有保障的境地。他时不时地写信给我要我寄一点钱给他,以便应付一些不凑巧的窘况。我接到信会立即寄钱给他。

曾经先后有几十个作家向我借过小额的钱。在这个意义上,我是一个"软靶子"。平时我的奢求很少,也没有机会大肆挥霍。即使在军队里,其他士兵会排队向我借小额的钱,然后在发军饷的那一天还给我。只要你不吸烟不喝酒,钱就会留在你的口袋里。我的感觉是每次我借出一笔钱都是一种表达我深深的感激的方式,我是借钱给别人而不是向别人借钱。

我也不指望那钱回来。正因为每次借钱给别人是送出一件礼物,所以我首先是很现实地看待这件事情。凡是被迫向朋友开口借钱的人经常都是无力偿还的,我从不向他们催讨。其次,因为不指望这钱会还回来,就不会有失望。然而我必须说,在许多情况下(尽管不是全部),我借出去的钱确实还回来了。

有一次,一位基督教朋友来找我借一小笔钱。我一句话没说,拿出支票本开了一张支票给他。他答应在6个星期后还给我。结果,他真的按时归还。他对我说:"我先去问我的基督教朋友借,他们全都回绝了我。最后我才来找你,因为你是犹太人。没想到最后还是你借给我。"

我带着一点很温和的讽刺的口吻(我希望只是很温和的)说:"哎呀,

我没有收利息。我肯定忘记了自己是犹太人。”

还是回到斯特金上来。特德是那种**永远都**有借有还的人。有一次隔的时间很长,我都忘记了。

当然事情总是双向的。有一次特德安排几位科幻小说作家参加一个广播节目。不幸的是,负责这个项目的主持人无法安排,放弃了那个节目,欠了作家们的钱——数目不多,但它毕竟还是钱。特德花了好几个月的时间,敦促那个主持人把钱拿出来,最终他成功了。他把支票送到了各位作家的手里,其中也有我。

几个星期以后,我收到特德寄来的一封信,写得很伤感。他在信里详细地讲述了他费了多大的劲去要这笔钱。然后他说:“在所有我寄去支票的作家中,只有你一个人写信来谢谢我。”

我始终认为在一些小地方对别人好一点并不困难,这么做必定使别人更加愿意在小地方予以回报。

30

研究生院

尽管1939年我一直忙于创作科幻小说和与科幻小说界的人士会面，可仍然存在一个重要的问题：我不可能靠一年197美元生活。因此我只能把写作当作一种业余爱好，仅此而已。

我没有进入医学院，在大学快毕业的时候不得不考虑下一步怎么办。我仍然认为仅仅拿个学士学位没有什么用处。我找不到工作，所以只好留在学校里。

如果医学博士(M.D.)的文凭拿不到，那我只好去攻读哲学博士(Ph.D.)学位。博士文凭是否能够帮我找到一份工作，我不敢肯定。关键是我因此可以留在学校里2年到4年，在此期间我或许可以找到工作。

如果读博士学位，选什么专业呢？在大学里，一如早年在图书馆里阅读时那样，我仍然对历史很迷恋。自从中学毕业，我一直渴望阅读希罗多德(Herodotus)和爱德华·吉本(Edward Gibbon)的作品。

我记得非常清楚，我曾经想过，也许我该成为一名专业历史学家。我心向往之，但仔细一想，作为一名专业的历史学家，我至多只能在大学里当教师，而且是在一所小的大学里面。我也许得离家很远，也许我永远也挣不到很多钱。

于是我决定要当一名科学家，那样我就有机会在工业企业或者在某个重要的研究机构里工作。我有可能挣很多很多的钱，赢得很高的荣誉，获得（谁知道呢？）诺贝尔奖，等等。

有时候许多事情不妨仔细推论一下。假如我**真的**成了一名科学家，结果又会怎么样呢？我在一所大学里找到一份工作，当了老师。在一所很小的大学里，离开家又很远。我决不会挣到很多钱。（幸好，后来发生的事件改变了这一切。我在后文中会讲述的。）

众所周知，我从来都没有彻底放弃想当一名历史学家的愿望。我弟弟斯坦利的儿子，埃里克（Eric），在完成了他的大学学业以后，到得克萨斯去攻读历史方面的博士学位。我因为羡慕，心里感到明显的刺痛，忍不住想我要是学了历史的话，生活会变成什么样。（不曾想到，埃里克心思多变。他又回到纽约，像他父亲一样成了一名记者。）

如果决定继续攻读科学方面的博士，选哪一门学科呢？幸好，这个问题我自己解决了。我进大学的时候，挑选了一个专业。因为我一直有个印象要进医学院，所以我选了医科大学预科的课程，专业是动物学。这是我犯的比较大的错误之一，我无法忍受动物学。噢，如果只是书本上学学而已，那我肯定能够学得很好，可惜不是这么回事。学校有实验室，我们解剖蚯蚓、青蛙、弓鳍鱼和小猫。我极其讨厌这么做，可我渐渐地习惯了。

问题是我们得找一只流浪的猫，把它塞进一只灌满氯仿的垃圾箱里弄死它。我像傻瓜一样，竟然真这么做了。尽管我只是按照上面的命令做的，可就像死亡集中营里的纳粹分子。我始终没有恢复过来，直到今天，半个多世纪过去了，宰杀猫这件事，我只要想起来就会悲哀地蜷缩起身子。

那年我一学完动物学就把它给丢下了。

顺便说一句，这就是一个理智与感情分裂的例子。从理智上来说，我理解医学要向前发展，必须要做动物实验（假如实验是绝对必要的，实验本身痛苦又最小）。我可以很雄辩地论证这一点。

尽管如此，任何情况下我都绝对不会再参与这种实验，甚至不会观看这种实验。当动物被带进来的时候，我总是马上就离开。

既然不学动物学，那我就不得不在化学或者物理中选一门。物理很快就被排除了，它太数学化了。我有很多年一直觉得数学很简单，可最后学到积分学时遇到了障碍。我意识到我只能到此为止，直至今日，除了最表面肤浅的泛泛而谈，我从来没有成功地逾越过它。

这样我就只有选择化学了，它不太数学化。这就是说我选择化学纯粹出于无奈，这样选择专业基础不牢靠，可也别无他法。

不幸的是，因为我原来准备去攻读医学博士，而不是去攻读理工科博士，我发现向研究生院提出申请时有点问题。我在大学里上的化学课课时不够。申请医学院够格了，可申请研究生院还不行。此外，化学系的系主任不喜欢我。事实上，据我所知，他非常不喜欢我。

这件事本身并没有使我不安。我不讨老师和教授们喜欢，这事也算是历史悠久了。毫无疑问，他们有很好、很充分的理由不喜欢我，但是系主任可能因此不让我进研究生院，而且他似乎有这种打算。

我们之间展开了一场斗争。他不断地命令我离开办公室，而我不断地带着规则手册回来，证明只要让我试读，直到通过大学里缺掉的那门课——物理化学，我就有资格进研究生院。

我凭着顽强执著的坚持终于胜利了。我赢得了系里其他人的同情，系主任终于让步了。他没有让我很轻易地得手：他说我可以上物理化学课，前提是我必须选修一整套课程（物理化学是它们的必修预备课程）。此外，我的平均分至少要达到B级，否则这些课就都没有学分，那就意味着我一年的学费全都白扔了。尽管条件很苛刻，我还是同意了。我还能有什么选择呢？

我终于成功了。在路易斯·P·哈米特（Louis P. Hammett）教授的物理化学课上，我是那个大班里仅有的三个得A的学生之一。这样我过了半年就从试读生转成了正式的研究生。

我那时20岁。那是我取得的最后一个学业上的胜利。

事实上，我在研究生院一开始很辉煌，此后一直走下坡路。在大学里，我仍然算是聪明的学生。进研究生院的时候，我充其量也就中等水平。总的说来，其他学生似乎对于资料的理解都比我强，学得也比我轻松，我在实验室里简直就毫无希望。我根本就不适合做实验。做实验的时候，我比班上所有的人都笨拙，不够专业。

从某种意义上来说，这一点也不奇怪。其他学生把化学当作他们终生的事业，他们认真地朝着学术界或企业界的位置而努力。而我学化学只是为了暂缓前进，因为我觉得学其他的东西更糟。我只是原地踏步，为的是避开那倒霉的一天——躲避我必须去找工作却又找不到工作（我对此忧心忡忡）的那一天。

那么我认为自己出类拔萃（我在童年时代就坚信不疑）的看法又如何了呢？既然我不再是闪烁着智慧之光的标记，而只是一个十分平常的B级的学生（我的教授仍然不喜欢我），我是否稍微收敛一点，不再那么自信，坐在后排准备消遁，为今生虎头蛇尾而感到遗憾呢？

奇怪的是，没这么回事。我丝毫不动摇，对自己能力的看法坚定不移。你瞧，我变得更加聪明了。我开始认识到学术上的成就比分数和考试成绩更加重要，分数只不过是用来评价年轻人学业进步的，有一定的随意性，价值不大。我在学校（和图书馆）里所做的真正有价值的事情，是在许多领域打下了知识和理解的基础。

我周围的那些化学研究生在化学上全都比我好。可他们中大多数人实际上在很多方面的知识几乎是文盲，而我在这些方面十分谙熟。

我开始明白我其实不是专业人才，**每个**领域都会有许多专业知识比我丰富的人。他们可以在那个领域工作，以此为生，赢得荣誉，而我却不能。我是一个**通才**，几乎对什么事情都有一定的了解。我对自己说，这世上有成百上千种不同的专才,但是,只会有一个艾萨克·阿西莫夫。这种感觉开始时还很模糊,随着时间的推移很快变得越来越强烈明晰。

狂妄自大?不!我对自己的能力和天赋有很深刻的了解,我要向世人证明这一点。

就在化学方面的成就日渐衰微的时候,我在写作方面的成绩却日益增大。我觉得自己卓尔不群的感觉比以往任何时候都更加坚定(也许更加合乎逻辑)。

31

女　人

我很幸运，我对性不曾有过任何困惑或者疑虑。早在幼儿园里，我就发现小女孩比小男孩漂亮。我那时候从来没有问自己为什么会这样。我认为这是理所当然的。

随着时间的推移，我渐渐明白了性的本质。可以料想，我不是从父母那儿了解的。我的父母绝对不会想到要与我讨论性（或者，我猜想，他们俩之间也不会讨论这事。当然，我可能误解了他们）。就我而言，也从来没有梦想过请教他们这方面的问题。

我也不是从什么正常渠道了解的，而是从其他男孩所说的歪曲、片面的知识中了解的。这是我们这个社会里的年轻人的普遍遭遇。这个社会过于一本正经、太虚伪，不可能让性教育像其他知识一样传授。

考虑到性的重要性，它是无穷欢乐的源泉，是巨大的悲伤和疾病的根源，它对恋爱和婚姻的重大影响，我们现在花很多力气去教孩子们踢足球，却一点不教给他们性知识，难道不奇怪吗？

凡是想要把性教育引入学校教学中的努力始终都会遭遇强烈的反对。那些反对的人（排除那些道貌岸然的伪君子）的感觉是学习性知识会鼓励年轻人去尝试，从而会引起怀孕和疾病。

我认为，这种观点十分荒谬可笑。地球上没有任何东西能够阻止年轻人体验性。除非残忍地不让他们了解，束缚他们，使他们的生活被扭曲，被毁坏。通过揭开性的神秘面纱，公开地对待它，消除它作为“禁果”的吸引力，会减少非法行为。我的意见是，良好、全面的性知识，包括正确的避孕和卫生方法，实际上都会减少怀孕和疾病。

当然我本可以知道得比那些男孩告诉我的更多，把我朦胧而又不全面的知识付诸实践。与心甘情愿的年轻女子实践肯定是比较容易的。最好是遇到一个年轻女子，她既有性经验，又愿意教我如何行事。

我没有真这么做。这倒不是因为我缺少这种欲望。我怀着渴望看着那些年轻女人，笨拙地学着怎么与她们调情，却始终没有什么结果。

最主要的理由是我没有时间。我得在大学里用功读书，得在糖果店里干活。最主要的原因是，父亲决定在店里摆放隔夜的《每日新闻》(*Daily News*)，这张报纸不直接送到报亭。因此，在青少年时期，每天晚上，无论天气如何，我都得毫无例外地走上大约半里地到报刊发行中心去，等候卡车开来，拿报纸，付钱，然后返回店里。我的整个傍晚就全被占用了。我根本不可能有时间，哪怕是与一个年轻女子建立一种单纯的社交关系。

实际上，我一直到20岁都没有与女孩子约会。

这种情况由于我在12岁到19岁期间就读于男子高级中学、塞思洛学院和哥伦比亚学院而变得更为严重。这些学校的班级里全都没有女生。这就是说，在学校里，我始终保持着修道士般的与世隔绝的生活。

这也许并不全是坏事。没有异性在旁边就意味着，我可以不受干扰地专注于我的学业。有异性在身边难免会分散注意力。其次，由于我跳过级，所以班里的年轻姑娘都至少比我大2岁。如果我胆敢有什么举动，她们都会把我当作孩子，会很轻蔑地拒绝我的。

这也不尽是好事。没有女性使我在社交发展方面有点扭曲。它也意味着我在新婚之夜(在22岁的时候)还是一个童男子，我新婚的妻子也是一个处女。对于道德主义者来说，这听上去像是一件很美妙的事情，可是我想，事实证明它是灾难性的。

32

失　恋

我19岁进入研究生院后，终于发现班级里有女生。正好在有机合成化学课上，我的邻桌是一位金发碧眼的漂亮姑娘。她只比我大1岁，在化学上比我强得多。

（我们班级里有3个人在物理化学上得A，我是其中之一，她是另外一个得A的人。不过，她学得比我轻松得多。）

在这种情况下，我立即爱上她就不足为奇了。这么快就爱上一个人是很愚蠢的，可我认为这是很自然的事。

她化学比我好得多这件事一点都没有使我感到不安。现在回过头来看，我认为这是我当时重新明确了自己优势的明证。在我早期的生活中，分数对我来说至关重要。我从未真正喜欢过成绩比我好的，或者扬言说要超过我的同学（我也从未把我的时间浪费在强烈的憎恨和妒忌上）。如果我对"聪明"的认识仍然那样，那她化学比我好这一点早就让我气馁了。

那个姑娘年轻甜美而又善良。虽然她对我一点也没有爱意，却用她的方法尽量不伤害我的感情。我们一起出去了几次（我最初的约会），她忍受了我难以置信的不善交际。比方说，她教给我自助食堂不是唯一吃饭的地方，带我到小餐馆去。事前她非常温和地提醒我必须留下小费。

事实上，到那时候为止，我一生中最幸福的日子是1940年5月26日。

那一天,我带她到世界博览会去,与她一起度过了整整一天的时间。甚至匆匆地在她脸上贴了几下,我当时认为那就是"接吻"。

事情到此为止。她得到了硕士学位,这个学位对她而言绰绰有余了。她在特拉华州威尔明顿市一家企业找到一份工作。5月30日,她与我告别后就离去了。我独自一人,感到万分惆怅。

后来我见过她两次。一次其实是我专程到威尔明顿去看她的,我们一起去看了一场电影。事隔25年以后,我在大西洋城给美国化学会作报告的时候,一个女人静静地等在那儿,等演讲结束以后,她对我说:"艾萨克,还记得我吗?"

是她,我当然认出她来了,却不再有昔日的感情。我和她以及她丈夫一起在海滨的木板路上吃了一顿饭。那时候,她已经是5个孩子的母亲了。

我们分手以后的情形,**现在**(过了半个世纪以后)看来似乎是整个事情中最有趣的部分。我失恋了,那是我一生中第一次也是唯一的一次。

失恋,根据我有限的经验来判断,是一个人失去了他心爱的对象,他的所爱没有回报他的爱,中断交往了(无论是很温和地还是残忍地),然后消失了,为此你所感到的痛苦。你所爱的人走了,可她仍然存在,只是不再与你一起而已。这与你所热爱的某人无可挽回地被死亡夺走相比实在算不了什么。尽管如此,还是很痛苦的。

有很长一段时间,我愁眉苦脸,忧伤地四处徘徊。对我来说,头顶上阴云密布,阳光也毫无意义。我脑子里什么也不想,心里只有那个年轻姑娘。我想她的时候就只觉得胸口一阵揪心的痛,感到呼吸困难。我得出结论,生命没有意义,我非常,非常,**非常**肯定我过不去了。事实上,我似乎觉得就这么躺下来因失恋而死去,说不定真是件好事。

奇怪的是我居然挺过来了。我也不记得是怎么过来的了。是分阶段恢复的?那心里的重负是一天一天地减轻的?还是哪一天早晨,我一觉醒过来就轻松地吹口哨?我甚至记不清我到底过了多久才恢复过来的。

当一切都过去的时候,它并没有留下伤痕。这就是为什么我说它算不了什么。我猜想失恋时年纪越轻,打击就越轻,恢复得也就越彻底(我很想知道是否有人曾经做过这方面的调查)。假如我的这种猜测是正确的,那我很高兴我没过20岁就经历了这种事。

我进一步猜想如果不是特别感情用事的人,失恋可能也有一定的免疫力。至少,在我经历了失恋之后,变得很谨慎,不轻易让我的感情失控。我对年轻女人的感情始终保持节制,除非我感到有回应,才让它发展。结果我再也没有失恋。

我一共结婚两次。每一次都是因为爱才结婚的。我始终认为我这么做是很理智的。第二次婚姻比第一次更加理智。

33

《黄昏》

到1941年春天，我已经出版了15个故事。其中4个是在*ASF*上发表的。我还写了10来个故事，不曾发表。我发表的大多数故事实际上都很糟糕。虽然到那时候，我已经开始写一个《正电子机器人》(Positronic Robots)故事系列，它们将会赢得一定的声誉。我已经出版了其中的3个。它们是：《陌生的玩伴》(Strange Playfellow)，这个故事后来用了《罗比》(Robbie)的名字(《超级科学》1940年9月号)，《推理》(Reason, *ASF* 1941年4月号)和《说谎者》(Liar, *ASF* 1941年5月号)。这几个故事都非常好。

尽管如此，有将近3年的时间，我出手的故事中没有什么优秀的作品。

1941年3月17日，我去坎贝尔的办公室，他读给我听一段拉尔夫·沃尔多·爱默生(Ralph Waldo Emerson)早期的文章，题目是《自然》(Nature)：

> “若千年之间群星仅现于一夜，人们将会何等虔信与仰慕，对那上帝之城的追忆又将延续多少世代啊。”

坎贝尔说：“我认为爱默生错了。我想如果星星在一千年里只出现一个晚上，人们会发疯的。我想请你把这写成一个故事，名字就叫《黄昏》(Nightfall)。”

阿列克谢·潘申(Alexei Panshin)是一位重要的科幻小说史家。他深信坎贝尔认定我就是他想找的写这个故事的人选。我不相信这一点。我认为坎贝尔正好在等哪个他认为可靠的人进来，我正巧撞上了。如果是那样，我真的运气很好。那人完全可能是莱斯特·德尔·雷伊或者特德·斯特金，那样我就会终生失去这个机会了。

我像写其他故事一样写完了《黄昏》，在4月交给了坎贝尔。故事刊登在1941年9月号的*ASF*上。

对我来说，它只不过是我写的又一个故事。坎贝尔对这种东西的判断力远比我强得多。他认为它非同寻常。他第一次付给我一笔额外酬金，寄给我一张支票。每个词1.25美分，而不是平常的1分钱。（他事先没有告诉我，所以我细想了一会儿，然后按照父亲反复灌输给我的严格的道德准则，我打电话给坎贝尔，告诉他钱太多了。坎贝尔非常高兴。他已经习惯于听到稿酬太低的抱怨，这是他第一次听到说他付得太多的回音。当然他向我作了解释。）

他还给了我一张封面。这是我第一次拥有一张《惊人科幻小说》封面。我的故事是那期杂志的主要故事。

《黄昏》这个故事从此被视为经典之作，许多人认为是我写得最好的小说。有些人甚至认为是刊登在杂志上的最优秀科幻小说。坦率地说，我认为这种说法很可笑，我一直是这么想的。

首先，故事在写作手法上有低俗读物的痕迹。根据我的判断，我在1946年之前始终没有摆脱低俗杂志写作手法的影响。

我认为主要是故事的情节有趣，引人深思（讲述一个永远是白昼的世界，在很长很长的时间里只经历过一次黑暗的故事）。我后来写了许多故事，与《黄昏》相比，我更加喜欢它们。

后来几年，坎贝尔建立了一种他称之为“分析实验室”的东西。它根据读者的投票报道某一期杂志中故事的受欢迎程度。如果这种分析在1941年就有的话，我坚信艾尔弗雷德·贝斯特尔（Alfred Bester）写的故事《没有夏娃的亚当》（Adam and No Eve）会被评为最佳故事，这个故事与《黄昏》刊登在同一期杂志上。我相信一定会是这个结果，贝斯特尔是个比我好的作家(那时候是这样，以后也是如此)。他的故事写得极好。

在后来的年代里，科幻小说组织根据故事长短不同颁发给当年最佳故事的有声望的大奖越来越多，其中最重要的两项大奖是：世界科幻大会(World Science Fiction Convention)颁发的雨果奖和美国科幻作家协会颁发的星云奖。如果这两个奖在1941年颁发的话，我相信《黄昏》是不会在小说的范畴里得奖的。那一年，罗伯特·A·海因莱因(Robert A. Heinlein)和A·E·范沃格特(A. E. van Vogt)都是远比我更受欢迎的科幻小说作家。他们绝对是*ASF*的台柱。他们肯定可以把所有的大奖全都夺走。

《黄昏》仍有值得一提之处。在很多不分年代的最受读者喜爱的故事的调查中，它始终名列前茅。即使到现在，我还经常听说在科幻小说研究课上，只要《黄昏》与其他故事一起讲授，它始终历久不衰地是最受喜爱的故事。

我真的永远无法理解。

不管怎么说，即使我找不出它受读者喜爱的理由，它却实实在在是一个转折点。《黄昏》发表以后，我再也没有遭到过退稿。我只要写，就有人要。在1—2年里，我已经赶上了海因莱因和范沃格特的水平，或者说几乎达到了他们的水平。

那个故事发表40年以后，我要成立一个公司，我别无选择。我给它取名叫黄昏公司。

34

第二次世界大战爆发

几乎就在我开始攻读研究生的时候,第二次世界大战在欧洲爆发了。

我不知该不该为学习成绩下降找外部的理由,可战争的确把我的注意力从学业上转移了。这是不容置疑的。凡是多年来痛苦地关注欧洲局势的聪明的犹太青年都不可能对这场战争熟视无睹,不可能因为自己的国家没有参战,保持中立,就认为战争与己无关。希特勒统治的德国如果赢了这场战争,世界上所有的犹太人都将处于危难之中。

我不顾一切地希望希特勒战败。绝对希望如此!

我经历了没有结果的恋爱的那个学年,始于波兰沦陷之时,结束于法国战败。我每天花很长时间(**好几个小时**)收听广播,阅读报纸,徒劳地搜寻好消息,寻找能够使我振奋精神的消息。1940年夏天,我的失恋时光因为遭受由欧洲的困境造成的压抑感而变得愈加沉重。

我学业肯定受到了影响,我很难集中精力学习,或者认为学习很重要。令我惊讶的是我当时居然在继续写作。我只能根据我后来的生活经验加以解释:当我感到压抑和不高兴的时候,写作是我唯一的安慰剂(我不抽烟,不喝酒,不吸毒)。只有写作才能抚慰我的焦虑。有一次,罗宾的脚踝摔坏了,我以为会影响她腿的生长,她将终生跛脚,我感到绝望透顶。我唯一的逃避方法就是坐下来写作。我一篇接着一篇写,一共写了3

篇很长的文章。

在那万恶的年代，就连写作也不能舒缓我的痛苦。我的《黄昏》售出后只有几个月，德国军队大规模地入侵苏联，攻势凌厉。等到《黄昏》发表的时候，苏联似乎已经濒临灭亡。

美国仍然保持中立。不容置疑，希特勒的每一个胜利都削弱了美国国内孤立主义分子的力量。希特勒的每一个胜利都使越来越多的美国人感到惊骇，他们希望美国采取积极行动帮助那些正在与希特勒作战的国家和人民。特别是1940年秋天，英国反对希特勒的鲜明立场，它在不列颠战役中取得的胜利，激发了美国人民的同情，举国上下一致要求对德国宣战。那些（为数不少）害怕苏联更甚于德国的人，也被广大人民对希特勒日益强烈的憎恨所淹没。

35

硕士学位

学习结束,研究生必须要进行考试,以便确定该生:(1)是否有资格获得硕士学位;(2)是否有资格进一步继续学业,攻读博士学位。

我爱恋的那个年轻姑娘在一年学习结束后,没有任何麻烦就通过考试,获得了硕士学位。只要她愿意就可以继续读博士。我考试的成绩不理想,没有达到继续学业、攻读博士学位的要求,这足以说明我的学习成绩下降到何等程度。我虽然拿到了硕士学位,可我自己觉得严格来说它只是一个安慰奖。

我因此陷入了很尴尬的境地——这种尴尬已经有好几年了。如果我接受硕士学位就此罢休,那我就得离开学校,去找工作。另一方面,我可以继续选修课程,因为学校会同意让我再考第二次。

当时就业情况有了相当大的变化。美国正准备在必要的时候参战,或者如果不行的话,至少要像富兰克林·罗斯福(Franklin Roosevelt)所说的那样,做“民主的武器库”。

因此,探子们四处寻找能够服务战争的聪明的理工科学生。我倒很愿意选择这样的工作,那样会觉得自己是在为反希特勒的斗争作贡献。

不幸的是,有两件事对我不利。其一,我不再是一个聪明的学生,至少在化学方面不是。其二,还是那个老问题——教授们不会想到我的,而选拔学生是要靠他们推荐的。

我又遇到了一个喜欢折腾学生的教授，我拒绝逆来顺受。他可能觉得我不尊敬他，不管什么事他都不会推荐我的，而偏偏他说话很有分量。这就是我的处境，在研究生院，我仍然无法与我的老师建立融洽的工作关系。

我那时与阿瑟·W·托马斯（Arthur W. Thomas）教授关系不好。托马斯是那种脾气最坏的人。我在极度的绝望中，提出要见他，那样我至少可以提出我对问题的看法。（他接到投诉说我在化学实验室里唱歌，分散其他学生的注意力——很像我以前在上课的时候悄悄说话的问题。）我竭力表现自己，想要赢得他的好感。奇迹出现了，我居然成功了。

我很吃惊地发现，他竟然变成支持阿西莫夫的了。他不久成了化学系的代理系主任。促使他态度转变的理由可能是因为他曾经指使实验室里的助手（他们一年以后告诉我的），给我一些难度颇大的分析问题，假如我失败了，就趁机把我撵走。我百折不挠地设法完成了任务，而且毫无怨言。我实在很傻，没有怀疑这是一个阴谋。

我经常想起我与托马斯的谈话，好奇地设想，如果我一直采取某种比较讨人喜欢的态度，而不是那种“我是对的——你错了——我不准备妥协”的姿态，我的人生道路会怎么样。可我没有这么做。在我彻底成为自由职业者之前，我与上级的关系一直很僵。

我又参加了一次考试。1942年2月13日，我终于获得继续研修博士的许可。这大概是由于那位现在对我很友好的托马斯教授的说情。我的麻烦并没有就此结束。我还得找一位愿意带我，给我研究课题，有资质，态度友好的博士生导师。不幸的是，系里我认识的那些教授无论如何也不肯收我。托马斯教授本人忙于行政工作，不做具体研究。

一位同学告诉我说他的指导教授查尔斯·雷金纳德·道森（Charles Reginald Dawson）心地善良，他会收留所有其他人不要的“瘸腿狗”。我对这种称呼没有感到生气,因为它很贴切。

我立即冲到道森教授那儿,他收下了我。道森教授中等身材,说话声音柔和,性情温和,从不发怒,也不生气。(这么做也许是有代价的。他患有严重的十二指肠溃疡。)道森教授的耐心极好,他觉得我很有趣。我对此感到很高兴。我不在乎被看作只古怪的鸭子,这总比被看成问题学生好。

道森教授给了我很大的鼓舞。他是一个善良得无可挑剔的正人君子。尽管我做实验的能力很差,道森教授还是很耐心地、不厌其烦地指导我,直到我完成为止。我相信这是因为他多少认为我不断有新想法,是一个很出色的人。(至少,我有一两次听到他对别的教授谈论我,我简直不敢相信他说的就是我。)

结果呢?他活着看到了我成为什么样的人物,拥有我呈献给他的书,我在许多地方用文字表达我对他的颂扬。(我也许有许多罪过,但是我从未忘恩负义。)

实际上,他告诉我说——带一点颇有感情色彩的夸张,最后事实证明,他最大的荣耀是我曾经是他的学生。我无法相信这一点,可我多么希望这是真的啊,我实在想不出有什么更好的方式来报答他为我所做的一切。

 36

珍珠港事件

在我获得继续攻读博士学位的资格之前两个月，日本人轰炸了珍珠港。1941年12月7日，美国参战了。

我想要是我能够说我立即放下了一切，自愿报名去参军打仗，在战争中受了伤，赢得了奖章，那该多美。

假如世界是理想主义的，我是十全十美的话，我会这么做的。可惜世界并不是十全十美的，我也并不完美，我没有去当兵打仗。我一直承认我在身体上不是一个英雄。

如果征兵征到我，我当然会去的。虽然我每走一步都会怕得要死，我无法想象我当兵会是什么样子。我每每想到在敌人的炮火下自己可能会胆怯，吓得尖叫、逃跑，或者做出什么同样可怕的事情来。我想到这些简直就要瘫痪。我只好安慰自己说，人遇到那种情况，哪怕是胆小鬼，万不得已的时候也会拿出勇气来的。

好吧，也许是这样——但是我认为用我的智慧为国家服务，效果肯定要比用我畏缩的身躯好得多。

话虽如此，我很惭愧我没有自愿报名参军。但是，如果我假装是个勇敢的人，而实际上根本不是，我会觉得更加羞愧。不管怎么说，我没有被征召入伍。至少在一段时间里是这样。我继续写作，并且开始攻读博士学位。

37

婚姻与问题

1941年,我参加了布鲁克林作家俱乐部。我们聚在一起,阅读稿子,点评它们,饶有情趣。俱乐部里有一位名叫约瑟夫·戈德伯格(Joseph Goldberger)的年轻人。他很喜欢我写的一个故事,建议我和他一起跟女朋友出去玩。我忙解释说我还没有女朋友。他说他替我物色一个女友。我惴惴不安地同意了。

我最终发现是怎么回事。原来戈德伯格的女朋友李(Lee),拿不定主意是否嫁给他。她想让她最要好的朋友看看戈德伯格究竟如何。她的朋友名叫格特鲁德·布鲁格曼(Gertrude Blugerman)。格特鲁德十分不情愿地答应了参加这次见面。他们向她描述我是一个留着蓬松大胡子的俄国人,天知道她把我想象成什么样的怪人了。那次约会定在1942年2月14日。那天实际上是情人节,可我断定我们谁也没有想到这一点,当然我也没有意识到这一点。

我的胡子已经留了一年了,其实很难看。我们班上一位同学与我打赌说我可以研修博士,他用一元钱赌我的胡子,他赢了。结果我在2月13日那一天通过了考试,于是剃掉了胡子。与格特鲁德初次见面的那一天,我脸刮得很干净。

她惊恐地看着我。(我认为)她极力想要退出这次约会,李不让她走。

她说一共就只有几个小时，我想请你帮我判断乔(Joe)* 究竟如何。

我的态度与格特鲁德大不相同。我曾经看过《铁血上尉》(*Captain Blood*)，主角是埃罗尔·弗林(Errol Flynn)和奥利维亚·德·哈维兰(Olivia de Havilland)。虽然我不是那种爱慕电影明星的人，但是我的确很赞赏他们中的一些人。那时候，我对奥利维亚惊叹不已，认为她是女性美的完美体现。在我眩惑的眼里看来，格特鲁德跟奥利维亚长得一模一样。她真的是一个美丽非凡的姑娘。

我的反应是不可避免的。我现在比在化学实验室坠入爱河时大了3岁。我不想再次品尝失恋的痛苦。因此我的反应十分谨慎，一步步分阶段进行。

我打定了主意。我的求爱坚定不移，坚持不懈地进一步与她约会。我很镇静却又很有把握：我们一定会结婚的。她终于答应了。她自然不觉得我会是一段浪漫故事的对象(谁会想到呢?)，我成功地打动了她。她答应给我一次机会。(当然，她敬佩我的才智。这一点帮了我不少忙。)1942年7月26日，在我们相遇不到半年之时，我们结婚了。

这场婚姻并不轻松。她其实并不爱我，对此我十分肯定。结婚时，我们都还保持着童贞(尽管她比我大2岁)。我们俩都没有经验，婚后的性生活也不太融洽。还有其他一些格格不入的地方，很难细细描述。我甚至都不想谈。

其中有一条，我求婚的时候忽略了(理由很简单，我根本没想到它很重要)，它最后给我们的婚姻造成了巨大的困难。

格特鲁德竟然抽烟!

我们暂且回过去谈谈香烟。我们家糖果店的销售中很大一部分来自香烟。我们卖一包包的香烟，整条的香烟，单支的或者整盒的雪茄，各种各样的烟斗用的烟丝。我不记得我们是否曾经卖过烟斗，但是我记得很

* 约瑟夫的昵称。——译者

清楚，店里有一个立式自动售货机，专卖圆盒的哥本哈根鼻烟。我认为我们没有卖过嚼烟。

烟斗和雪茄都是外国货，香烟是各种牌子的都有。20支装的牌子最好的香烟每包13美分，稍微差点的每包10美分。此外，我们每种好牌子的香烟全都拆开一包零售，只要花1分钱就可以买一支。许多经常光顾小店的青少年（全是我的同龄人）会买这种拆零卖的香烟，当场点燃了，一口口地抽起来。

香烟我唾手可得。我只要从拆开的一包香烟中拿就可以了。但是父亲立下了严格的规矩，店铺里的货物是拿来**卖**的而不是给我们**消费**用的。

考虑到店里有那么多的糖果，这规矩对我来说是很难忍受的。我们有整盒整盒的糖果，全都打开放在货柜上。孩子们捏着几个硬币到店里来，挑选他们想要的糖果，我拿给他们。我**绝对不**可以自己拿一颗糖吃。

其实，我也不是特别想要拿。我可以去找父亲或者母亲（比较容易些）："妈妈，我可以拿一块贺氏（Hershey）巧克力吗？"有时候（绝不是每次），回答是："可以。"我会很高兴。店里那些好吃的糖果是这样，香烟也一样。我得去找父亲，对他说："爸爸，我可以抽支烟吗？"

我从来没有去要过，一次也没有。我知道答案是"不"，结果是我从不抽烟。所以，我是一个环境造就的不抽烟的人。父亲当时的态度只要稍微有一点两样，我也许就会成为一个抽烟很厉害的人。

我的弟弟妹妹也都不抽烟。母亲也从不抽烟。斯坦利说有一个时期（只是有一个时期）父亲烟抽得很厉害。我听了无比惊讶，我弟弟发誓说是真的。我不怀疑他说的话，他是一个很正直的人，不会撒谎。只是我怎么也回忆不起父亲手里拿着香烟的模样。

也许是我厌恶抽烟的潜意识，把父亲抽烟的所有的记忆都封锁了。

不过在1942年，虽然我自己不抽烟，我也不反对抽烟。人们在糖果店里抽烟，对我们有好处。香烟销售在我们菲薄的收入中占了相当大的一部分。因此我习惯了那种难闻的气味，不觉得有什么。正因为如此，在我考虑与格特鲁德结婚的时候，我根本没有想到格特鲁德抽烟这事是个问题。这是一大失误。

我当时要是像现在这么想，或者像我与她结婚几年后那么想，我说什么也不会与抽烟的人结婚的。约会，可以。性猎奇，可以。可要我把自己永久地与一个抽烟的人一起关在一套封闭的公寓里？不，不行，绝对不行。长得再漂亮也不行，为人再甜蜜也不考虑，其他方面都合适，也不成。

可惜我那时不知道。实际上，我从来也没有住在始终充满烟味、到处是香烟灰的房子或者公寓里。当我发现与格特鲁德一起生活就意味着这种生活，而且无处可逃的时候，我们的关系破裂了。

应该说格特鲁德在许多方面都是一个非常好的妻子。她不仅美貌，而且是一个细心的管家，一个出色的厨师，对我**绝对**忠诚，而且持家有方。

这些都是大的方面，可是一些小事情可以毁了它。有一个故事说，有一个人准备和他的妻子离婚。他所有的朋友都认为他的妻子是个无可挑剔的妻子。他们与他争论，赞扬她的优点，说她素质好。那人听了很久，直到他忍无可忍。他脱下鞋子，把它交给那些人说："你们谁能告诉我这鞋哪儿挤我的脚？"

请记住，还不仅仅是香烟的气味。我开始了解香烟对于健康的危害。那时候，人们已经开始了解与吸烟有关的健康问题，已经开始谈论吸烟与呼吸系统的疾病和肺癌的关系。我看不出主动往肺里吸烟和被动地呼吸从别人肺里吐出来的烟究竟有什么区别。

我想方设法让格特鲁德戒烟，或者戒烟不成，至少也要少抽一点，再不成的话，至少不要在卧室里、汽车里或者吃饭的时候抽烟。不幸的是，没有一样成功。随着时间一年年过去，这个问题就像溃烂的伤口越来越痛。

我因为三个理由忍受了很长时间。首先，我娶她的时候，就知道她抽烟,现在用我从一开始接受的事来指责她似乎有失公允。

其次,我心里始终清楚,当年她很不情愿嫁给我,是我竭力说服她嫁给我的。因此我似乎只能忍受这种状况。

第三,当我私底下考虑离婚的时候,两个孩子还小。只要理由充分,我可以与格特鲁德离婚,但无法放弃我的孩子。我要等他们长大再说。

似乎很奇怪,一件像抽烟这样的小事竟然会毁掉一段长久的婚姻,况且这段婚姻在那么多的方面都很合适。当然,这事情其实并不简单。此外,还有其他不可调和的事不太好说。其一,我认为格特鲁德从来没有真正喜欢过我,这伤害了我的自尊。一起生活了12年之后,我已经厌倦了这种单恋,不再有爱意。虽然婚姻由于惯性又维持了许多年。

我得公正地说,尽管格特鲁德可能不是非常喜欢我,却从来也没有贬低过我的智慧。(那才**真**叫人受不了呢。)

比方说,在军队里,我参加了一种称作AGCT(AGCT究竟代表什么我已经忘记了)的智力测试,我得了160分,军队里主持这项测试的人从来没有见过这分数。它肯定非常接近最高分。我打电话给格特鲁德,告诉她这事。

我下一次休假的时候,她气愤地对我说,她告诉她的朋友我得了160分,那朋友却问:"你是说116分吧?"格特鲁德说:"不,是160分。"

她朋友不以为然:"你怎么知道的?"

格特鲁德说:"艾萨克告诉我的。"

她朋友大笑说:"他撒谎。"为此,格特鲁德生气了。

我好奇地问格特鲁德:"你怎么知道我没有撒谎?"

我希望她告诉我说事情很简单,即我从不撒谎。她却没有这么说,而是说:"160分对你来说是很正常的。你何必要撒谎呢?"

大约20年以后,当年安排那次4人约会的那位李姑娘,到我们家来访。(我想那时候,她与乔·戈德伯格已经结婚又离婚了。)她对格特鲁德说:“你第一次遇见艾萨克的时候,是否想到过他会成为今天这样?”

“那当然了,”格特鲁德说,“我预料他会的。”

“你怎么会料想到呢?”

“他一开始就**告诉**我会是这样的。”

我还要讲一个类似的关于弗雷德·波尔的故事。当我们俩离开军队的时候,他对我说:“我的AGCT测试成绩是156分。你呢?”

我踌躇半天,吞吞吐吐地说:“我的AGCT分数是160分。”

他说:“哦——。”

他一点也不怀疑我的话,他知道我不会为了把他比下去而撒谎的。我因此更加喜欢他。

38

姻　亲

结婚就意味着我又有了另一拨家人，布鲁格曼家的人。在我婚姻期间，我与他们见面的时间比与我自己家里的人见面的次数多。我们搬出纽约以后，隔一段时间回纽约去一次。我们一般都住在布鲁格曼一家人那儿，格特鲁德喜欢呆在那儿。这无可非议。我们家以及糖果店根本没地方给我们住。

格特鲁德的父亲，亨利·布鲁格曼(Henry Blugerman)，是一位非常安详、非常和蔼可亲的人。所有的人，包括他的女婿都喜欢他。在我看来，他长得有点像爱德华·G·鲁宾逊(Edward G. Robinson)。格特鲁德的父母相貌长得都很平常，我很奇怪他们怎么会生出像格特鲁德这么美丽的女儿，或者像他们儿子那样英俊的小伙子。

亨利是那种话很少的传统的犹太人父亲。我讲笑话说(从没让格特鲁德听见)，她14岁的时候问她母亲："那个总是和我们一起吃饭的人是谁呀?"

后来几年，我听到一个故事说，一个想当演员的人激动地跑回家，说他终于有了一个角色。朋友问他"什么样的角色?"那人回答说："我扮演一个犹太人的父亲。"他的朋友回答说："怎么一回事？你就不能找一个说话的角色?"

那就是亨利。

家里掌权的是格特鲁德的母亲玛丽(Mary)。她身高约5英尺(约1.52米)。在我看来,她身体的宽度大约也是5英尺,肥胖过度。她是整个家庭的中心,家里人都围着她转。她声音很响地统管一切,纠正每一件事情,坚持一切都得按照她的方式行事。在我看来,她这种做法对她子女有负面影响,使他们一切都依赖她,无法与家庭以外的人形成真正的联系。

我认为正是格特鲁德对她母亲的依赖(在我看来,是不正常的),使她不能把自己完全交付给我。这点十分重要。我们结婚后去度蜜月的时候,她母亲大声地当街叫喊:“记住,宝贝,有什么事,你可以回来找我。”你可以想象这样会使我有多少自信。

我遇见玛丽的时候,她47岁,身体很不好,至少她自己说她身体很差。这使家里其他人都让着她。在关键时刻,她马上就会生病,病得很厉害,把全家人吓得要命。

格特鲁德深信她母亲年事已高(我重复一遍,她那时才47岁),认为她母亲不能自己照顾自己了。事实上,在我们结婚的第一年里,她一直想回纽约去照顾她那可怜的年迈的双亲。我只要提出希望她和我呆在一起,她就会生气地说:“她是一个老太太了。”话虽如此,格特鲁德从未真的像她威胁的那样,回纽约去,一天24小时地护理她母亲。

许多年以后,格特鲁德已经过了她50岁的生日时,我问她是否还记得她要回到她那老而又老的母亲身边去照顾她。我说:“瞧,她那时比你现在还要年轻4岁呢。”(我很惭愧,当初说这话的时候带有一点刻毒。)

格特鲁德有一个弟弟,名叫约翰。我们结婚的时候,他19岁。我实在没法理解他。他比我略高一点,身体很结实,长得非常英俊。在我的眼里,他看上去很像卡里·格兰特(Cary Grant),而他的姐姐就像奥利维亚·德·哈维兰。

约翰相当聪明,显然他觉得打搅格特鲁德偶尔带回家去的男朋友很好玩。在格特鲁德的眼里,我的诸多优点里有一条就是约翰无法打断我的话。(我甚至都没有觉察到他在打断我。)

奇怪的是约翰极度忧郁。我觉得他没有什么理由这么忧郁。很明显,尽管他看上去很英俊很聪明,却缺乏自我价值感。事实上,格特鲁德也一样。

关于这一点我自有一套理论。我深信约翰是被他母亲疯狂的爱逼成这样的——她给他的压力太大,超出了他力所能及的限度。他觉得自己根本无法实现母亲对他的期望,或者说无法调整到另一个期望值较小的目标。他没有考进医学院,而是进了牙科学院。用他母亲的话来说,最终成为一名"牙科手术医生"。但是,他从来没有自己开过诊所。

他对瑞士心理学家荣格(Jung)的精神病学感兴趣,于是去了瑞士,想成为一名非专业的分析员。过了一段时间,他没有完成学业就回来了。他一直没有结婚。

格特鲁德比约翰大6岁(她1917年5月16日出生)。在约翰出生以前,她一直由她母亲细心照顾。约翰是个**男孩**,他出生后,格特鲁德立即沦为二等公民。这种变动的负面影响对于一个小女孩来说是很厉害的。此外,格特鲁德告诉我,她母亲为了不让她头脑发昏,一直告诉她说,她长得**不**漂亮。因此,毫不奇怪,可怜的格特鲁德缺乏自信心。

我记得有一次,我和格特鲁德之间发生争论。我埋怨她没有必要对于生活抱有压抑的态度。她说:"谁跟你结婚,都会觉得压抑的。"

我反驳她说:"你弟弟约翰没有跟我结婚,他比你还要压抑。难道你们俩没有共同之处?"

格特鲁德明白了我的观点。她非常恼火,她肯定听明白了。

我岳母与我相处得不好。她无法支配我,我一刻也不让她得逞。我猜想我这么明目张胆地与她抗衡,被她认为是我的污点。

甚至我不断取得的成就也使她很烦恼。她似乎觉得我的成功在她儿子的身上留下了阴影。她总是把他称为“我的太阳”(sonny),好像我故意想使她挚爱的儿子显得很幼稚。有一次她十分傲慢地对我说,“我的太阳是一位**艺术家**,不像你那样是个商人。”

我立即反驳她说:“我是大学教授,小说家。你认为是不是够艺术了?”(这不,又是一个污点。)

玛丽给亨利的生意上的忠告是毁灭性的。亨利总是被动地按照她的建议去做。他在第二次世界大战之后,经玛丽坚决要求就辞职了,开始经营他那财运不济的生意,很快就失败了。尽管如此,玛丽始终坚持避免承担责任,加倍地把责怪堆在可怜无辜的亨利的头上。

家庭成员中,只有我一个人反对把失败归咎于亨利,竭力主张失败的责任该谁承担就谁承担。这是我又一大缺点。

不过,平心而论,玛丽·布鲁格曼的厨艺是我认识的人当中最好的。每当我吃她烹饪的肚里填满东西的烤鸡,有碎肝的面条布丁,或者果馅卷时,我就准备原谅她的一切。不言而喻,格特鲁德师从她的母亲,也做得一手好菜,当然没有她母亲**那样**好。

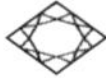 39

海军航空兵实验站

1942年春天,罗伯特·海因莱因极力要招募我到费城的海军航空兵实验站同他和斯普拉格·德·坎普一起工作。这可真使我陷入了两难的境地。究竟要不要接受这个建议,我心里一直在激烈地斗争着。

反对到费城去的理由是,我其实哪儿也不愿意去。我只想呆在家里。虽然我已经22岁了,我仍然害怕独立生活。

其次,我想继续攻读博士学位。我不想无限期地、甚至永久地中断学业。

同意去费城的理由则要强烈得多。不管怎么说,我都不能肯定我究竟是否能够完成博士学业。珍珠港事件发生后的最初几个月,战争局势对美国很不利。虽然在欧洲,苏联集结重兵,抵挡德国军队,可苏联也许是在作最后的抵抗了。

征兵深深激发了美国年轻人的男子气概。我很难开口说,我的博士学位比战事更加重要。如果我替海军航空兵实验站工作,我可以直接为战争服务。我知道自己作为一名能干的化学家,要比当一名惊慌失措的步兵作用更大些。也许政府也会这么想的。

去费城的另外一个理由很简单:那是一份蛮不错的工作。我想要娶格特鲁德为妻,可怎么养活妻子呢?我积攒了400美元存在银行里。那笔钱只是一笔起始资金。我需要一份工作,为我提供安全、持续不断的收入。海因莱因提供的工作将为我带来2600美元的年薪,那应该足够了。

我想结婚的愿望占了上风。1942年5月13日,我动身去费城,独自在那儿住了大约10个星期(周末到纽约去看望格特鲁德)。我结婚以后,在卡茨基尔山的阿拉本地区(Allaben Acres)度过了一个星期的蜜月。

在那儿,我设法向格特鲁德展示了我的聪明才智。我自告奋勇地参加一个小测试。我向她保证说我肯定能赢。她独自坐在阳台上,这样万一我输了以后,别人看不见她的狼狈相。但是,**当然**我最后赢了。在场有许多人对我的表现不满,因为我站起来回答问题的时候,十分担心,生怕给格特鲁德丢脸。我脸上流露出来的焦虑被他们理解成笨拙,所有的人全都笑了起来。(他们并没有笑其他人。)等我赢了的时候,他们似乎都采取了一致的态度,认为我不该看上去那么愚笨,误导了他们。

度完蜜月,我带着新娘回到费城。我们找了一套公寓(后来又换了一套稍好一点的),租金每月40多美元。我发现我其实不在乎离开父母的家,与格特鲁德一起我就**感觉**是在家里。不幸的是,格特鲁德的感觉不是这样。公寓很小,没有空调(在那个年代几乎没有什么人有空调),甚至没有排风扇。偏偏那个夏天,费城的天气又闷又热。我在有空调的实验室里上班的时候,那么热的天,格特鲁德只好独自一人坐在家里。她怨恨透了,而且因为想念母亲和娘家而愈加忿忿不满。

每个星期五傍晚我们都要回纽约去。我星期天晚间返回。格特鲁德要呆到星期三才回家。她母亲想方设法让格特鲁德在娘家过得舒服,这样她在费城就更加觉得凄苦。每个星期,我都以为格特鲁德不会回来了。不过,她始终都会回来。反正都一样,我根本无法使她高兴。有时候我简直感到绝望透了。

从1942年到1945年,我在海军航空兵实验站呆了3年4个月。我希望自己研究的东西对战争有用。他们告诉我的确有用。

在海军航空兵实验站的这份工作使我在战争期间没有被征召入伍。

我无意中发现有许多跟我一样年龄的年轻人(身体条件比我好),也在海军航空兵实验站工作,他们似乎一点也不在乎自己没有被征召入伍。而我,始终知道自己缺乏勇气,始终在两种想法之间徘徊:想要逃避参军,却又因为没有参军而感到羞愧难当。最终不用说,不参军的想法战胜了羞耻感。特别是我不顾一切地爱着格特鲁德,我甚至无法忍受与她分离的想法。

在海军航空兵实验站那段时间对我来说并不快乐。总的说来,我极端失败。我深信如果不是战争时期,如果不是因为我是文职人员,因此各方面办事都有一种难以置信的惰性,我早就被解雇了。实际上,我很早就在这场游戏中受到一次提拔。年薪从2600美元提高到3200美元。虽然没有人明说,我心里很清楚,我不该再有什么奢望。

为什么?就这么回事,我相信你们都懒得听。(奇怪的是我居然会经常想起它。)我与我的上级处不好。当然后来几年,那些留下来的上级都对我很有感情。反过来,我对他们也很友好(为什么不呢?)。不用说,我们都玩世不恭,知道这算不了什么。在战争时期,他们与我打交道的时候,我是实验室里的"问题"。

回首往事,我真的觉得很迷惑不解,我怎么不尽量与有权势的人搞好关系。毕竟,这是第一次,除了自己以外,我还要使别人快乐。真是那样,我也许会摆脱失败,获得进一步提薪。我当时做的是一份临时的工作,那样,或许会有比较远大的事业在前面等着我。实际情况是我必须面对格特鲁德,承认失败。格特鲁德感到不能理解,怎么其他人挣的钱都比我多。我就说:"行了,跟着我,10年里,你准会戴上钻戒的。"她后来说,她对我的话深信不疑,但我觉得她当时其实并不真的完全相信。

那我的写作又如何呢?

一周工作6天的压力,加上我想要与格特鲁德一起度过业余时间的愿望,大大地减少了我的写作。事实上,我在海军航空兵实验站的第一年,根本没有写过什么东西。不过，哪怕是工作和婚姻也都不能够永远抵挡我写作的欲望。1943年，我又开始写作了。

我写了一篇名为《基地》的故事，发表在1942年5月号的*ASF*上。我还写了一个续篇《马勒与马鞍》(Bridle and Saddle)，发表在下一期的*ASF*上面。正是在写《马勒与马鞍》的时候，我发现自己卡住了。弗雷德·波尔在布鲁克林桥上帮我解的困。《马勒与马鞍》出现在书摊上的时候，正好是我开始在海军航空兵实验站工作的那个月。

这两个故事是我《基地》系列的最早的两篇。当我在海军航空兵实验站重新开始写作的时候，我又写了并发表了另外4篇续篇。它们全都在战争年代发表在*ASF*上。这4个故事是：《大个子与小个子》(The Big and the Little)、《楔子》(The Wedge)、《死亡之手》(The Dead Hand)和《骡子》(The Mule)。

现在让我来解释这件事的意义。

我曾经叙述过我早年对于历史的兴趣，我想要学历史专业甚至去读历史学博士的冲动。我之所以把它放下了，是因为我觉得不一定行得通。尽管我学了化学，可对历史的兴趣依然不减。

我喜欢历史小说(只要里面没有过多的暴力和性)。时至今日，只要一有机会，我就看历史小说。就像热爱科幻小说唤起了我创作科幻小说的欲望一样，对于历史小说的热爱自然而然使我怀有创作历史小说的愿望。

写历史小说对我来说是不切实际的，它需要大量的阅读和研究。我不可能把时间全花在那上面。我要**写作**。

我很早就想到自己编一段历史，然后据此写一本历史小说。换句话说，我可以写一本未来的历史小说——一本**读起来**就像历史小说的科幻小说。

我不用假装是我构想了写未来历史的这个主意。英国作家奥拉夫·斯特普尔顿(Olaf Stapledon)已经令人惊奇而十分有效地运用这种方法写了大量的作品。他写了《最早和最后的人》(*First and Last Men*)和《恒星制造者》(*The Star Makers*)。这些书看上去都像是历史书,而我想要写一本历史**小说**,一个有对话,有事件发生的故事,就像其他科幻小说一样,不过,它不仅讲述技术,而且还谈论政治和社会问题。

最早在1939年我曾经尝试这么写。我写了一个故事名为《朝圣》(Pilgrimage)。故事写得很糟糕,坎贝尔不愿意要。最后我把它卖给了《行星故事》(*Planet Stories*),以《热情的黑衣修道士》(Black Friar of the Flame)为题发表(这名字是编辑取的),它登在该杂志1942年春季号上。它很有可能是我发表过的作品中最差的,名字也是最差的。(在卖出去之前,我修改了7次,每次修改都使它更加糟糕。从此以后,除非在很特殊的情况下,我一般不再修改写好的稿子。)

这次失败使我灰心丧气。不过,我想写未来历史小说的冲动却始终萦绕于怀。我当时刚看完那本爱德华·吉本的《罗马帝国衰亡史》(*History of the Decline and Fall of the Roman Empire*)。我已经看第二遍了。突然,我想到可以写一个讲述银河帝国衰亡的故事。

1941年8月1日,我去找坎贝尔,把这个想法告诉了他。他听了激动不已。他不要单个故事,而要长篇的英雄传奇故事,没有结尾的故事,要关于那个银河帝国的衰亡,衰亡后随之而来的黑暗时代,第二个银河帝国的最终兴起,所有的故事都借助于一门杜撰的科学"心理历史学"(psychohistory),这门学科使故事中那些本领高超的心理历史学家能预测未来历史的重大事件。

后来的事实证明,《基地》系列故事是我所有作品中最成功的,也是最受欢迎的。20世纪80年代,我又写了这些故事的续篇。在相隔那么长时间之后,这些故事甚至更加成功、更受欢迎。与其他故事相比,它们给我带来的财富和荣耀更多,远远超出了我的想象。《基地》系列中的大多数故事是我在海军航空兵实验站中混得彻底失败的时候写的。

当然，在第二次世界大战期间，我只是一名化学家，无法预料将来会发生什么事。但是回想起来，我发现在化学——在我所学的专业上继续失败，随着时间的推移失败得更加厉害。我不仅与上级相处不好，业务上也不特别好，而且也不会好了。

但是**历史**，我抛弃的历史，却以一种几乎是最不可能的形式出现了——系列描写未来的科幻小说，把我推到了高峰。

我坚信自己最终一定会成功，可我无法预料成功的具体方式。

 40

战争结束时的生活

1945年9月2日，战争结束了，美利坚合众国举国欢腾，欣喜若狂地热烈庆祝对日本的胜利日。1945年9月7日，我收到了入伍通知书。

这是个多么好的自我怜悯的机会啊。所有的人都在欢庆，我却在看一封信，上面写道："祝贺你。"再过6个星期 * 就是我26岁生日了。在欧洲胜利日之后，26岁就是规定的最大入伍年龄。只要再过几个星期我就安全了。

自我怜悯是一种非常恐怖的感情，我尽最大努力说服自己摆脱这种情感。毕竟，入伍通知书在漫长的血腥杀戮的年代迟迟没有发来，当手指最终正好点在我的肩膀上的时候，和平降临了，枪声已经平息。我应该庆幸，生性胆小的我再也不必强充英雄了。

更何况，我知道为什么在我准备回到研究上去的时候，我必须去当兵。我到军队里去，就有一个经历了激战的士兵可以回家。我现在接替他的位置很安全，应该把它当作奇特有趣的经历来对待。

所有那些都是逻辑和理性在说话。这根本没有用，我还是觉得很难过。

1945年11月1日，我参军了。11月2日黄昏，在军队度过的第一天快结束时，我看着空荡的基地想："两年!整整两年!"我看到的是无穷尽的深渊。

* 此处似有误，实际上应该是约16个星期。——译者

实际上，我在军队里并没有受到不公正的待遇。当然，我必须接受严格而又单调乏味的基本训练。我和大多数士兵相处不好(奇怪吗?)，可我从未因为任何事情受过什么处罚。尽管我在AGCT测试中获得了160分的高分，在军官们的眼里我这人蠢得不能当兵，他们故意冷落我——这正合我意。

到1946年2月，我已经多少有点适应军队生活了。我在弗吉尼亚州的李营地(Camp Lee)接受基础训练。营地对我来说离家很近，有时候休假可以去看格特鲁德。我热切地希望能离纽约更近一点。

但这种可能不存在。原子弹要在南太平洋的比基尼岛上进行试验。许多士兵被派遣去参加那次任务，我也在其中。我将不定期地离家万里，当时我想我宁愿去死。

一位好心的图书管理员问我为什么看上去脸色这么难看，我用令人同情的声音把我悲伤的故事全都向她倾吐了出来。她听了以后，冷冷地说："听着，这儿没有一个人没有烦恼。这世界上所有的人都有困难。你凭什么觉得你特殊?"

她这番话使我明白了自己的愚蠢。我决定听天由命。

我不想再细说我在军队里的生活。它很沉闷，令人生厌。就在我完成了AGCT测试，获得该死的第一名成绩的同时，我在体能测试中得到该死的最后一名。在两项测试中，健康状况都勉强及格。我不得不经常去厨房帮厨(KP)。不过，在大多数时候我都可以逃避，因为我打字很快，而打字员(1)行政办公室迫切需要，(2)可以不必去帮厨。

不用说，我对军队生活产生一种绝对的厌恶，厌恶它规矩重重，厌恶它必须盲目服从、作风生硬和单调无聊。然而回想起来，这对于我的伤害远甚于对军队的伤害。

我理性地拒绝接受那种状况，也因此看不到军队里特有的亚文化，否则我完全可以运用在文章和小说中。我不能欣赏本可以享受的快乐。比方说，在到比基尼岛的途中，我在夏威夷停留了10个星期。我本可以在那段时间里尽情地欣赏那里美丽的风景。我却自己禁锢了自己，固执地认为我是被可恨地流放了。（我在夏威夷遇到的一位运动员真是这种情况，对此我深信不疑。）

顺便说一句，我在夏威夷的时候，发生了一件事，它本身看上去似乎不是很重要，但是回过头去看，那件事，我始终认为是我社会生活中的转折点——可能是最大的转折点。

在派往比基尼岛途经夏威夷的一大批高中毕业或者没毕业的士兵中，有6名"紧急需要的专业人员"。（即经过某些科学培训的士兵，我是其中一员。我很不友好地认为他们是"农场的男孩"——可他们比我还要不友好，有时候叫我"大伯"，这伤害了我的感情。我在内心深处仍然认为自己是小神童。）

我们这批"紧急需要的专业人员"一直一起行动。其实，从李营地到夏威夷，跟他们一起呆在火车上和船上的这段时间几乎是我在军队中最好的时光。我们玩了无数局桥牌。我牌打得很糟，这没关系，我们只是为了好玩。

不管怎么说，有一次在火奴鲁鲁营房里，那5位专业人士到别的什么地方去了，就只剩下我一个人。我与那帮农场男孩谈不拢，就独自躺在床铺上看书。

营地里又来了3个农场男孩。他们老是在考虑原子弹（考虑到我们任务的性质，我们全都一样）。

3个人中有一个主动向另外两个解释原子弹的工作原理。不用说，他全都说错了。

我很不耐烦地放下书本，站起来准备插进去，承担"聪明人的重任"，去教育他们。不料，我才起来了一半，突然想："谁请你去做他们的老师？他们对原子弹的错误认识真会伤害他们吗？"我重又躺下去看书。

这是我记忆中第一次故意克制自己，不显露自己卓越出众。

这并不意味着我的性格突然彻底地改变了。这只是在我称之为塑造新我的过程中的一步，很小的第一步。我在许多人的眼里，仍然很讨厌，我仍然和我的上司相处不好，但是我开始变了。我开始懂得“收敛”了，不再一天到晚露出一副自以为聪明的面孔。

有人问到我，我就回答，别人要我解释，我才解释，我写教育文章给那些**希望**阅读的人看，但是我学会了不自告奋勇，主动提供自己的学问。

变化是很令人惊奇的，我似乎慢慢地成熟了。在此过程中，我似乎改变了性格中的最要紧的东西——那种“我全知道”的综合征，它使我不受其他人的欢迎。事实上，假如这些年来其他人告诉我的越来越热情的话是真的，那么我似乎成了一个很受人爱戴的老人。想起将近一生的2/3以前是什么情况，我总是感到很吃惊。特别是当年轻的女性对待我就好像我是她们喜欢搂搂抱抱的玩具熊时，这种感触就更深。我很幸运，生活在被人奉承的环境中，感觉很舒服。

我发誓，这一切追根溯源就始于火奴鲁鲁的军营里的那一次。

为什么会在那时发生呢？也许我不习惯在那儿的角色，年龄最大，被人称作“大伯”，在我内心形成了年龄产生的庄重。也许是我的学业上的杰出才能日渐衰微（不用说，这并没有逃过我的注意），使我不再那么张扬地表露自己的“聪颖”，从而避免了招致周围人的反感。

显而易见，我们的所作所为，全都是周围环境各种变化的结果。而环境的变化不是我们所能左右的。我的变化不是因为我有意识地作了一个决定要这么做，然后就从那种惹人讨厌的孩子变成了受人尊敬的教父；而是因为生活，以很多方式把我改造得多少有点“木讷”了。

我很高兴它往那个方向塑造我——但是我个人并没有什么功劳。

何况，我什么也没有失去。解释和教育他人的快乐并没有失去。终有一天，我将要写数千篇的文章，全都旨在教育和启迪我的读者的智慧；

我将作几百场报告，所有的报告都旨在教育和启迪听众的智慧；甚至我的科幻小说也含有教育的意义。

但是，至关重要的是，没有人是被迫看我的作品的；其实，地球上的绝大多数人**不**看我写的东西。我只为那些自觉自愿地想看的人努力施教。

这与我把施教的冲动强加于那些不愿意接受的受难者截然不同。我就是因为这个缘故才选择放弃的——我这一选择得到了意想不到的效果。

我在军队期间，另外一件不寻常的事件是写了一篇故事。在基本训练期间，我说服图书管理员在中午关门的时候，把我锁在图书馆里面，好让我使用打字机。连续几次以后，我完成了一篇机器人的故事，我把它寄给了坎贝尔。故事名为《证据》(Evidence)，刊登在1946年9月号的*ASF*上面。

有趣的是，这个故事最近将被收入一个集子，我必须校对它的印刷错误。在我重新看一遍时，我发现它虽然是我写的第一个机器人故事，可看上去就像我在40年后写的一样。

写得很糟糕的问题突然消失了。从《证据》开始，我写的东西更加理性得多(至少在我看来是这样)。为什么我的写作会在部队期间突然成熟起来，我不知道。我曾为之苦思冥想，但毫无答案。

我在部队里实际上没有呆满两年。由于文书的错误，格特鲁德收到一份通知书，说因为我已退伍，她不再享受军人妻子的津贴。我立即拿着信去找队长。他考虑了一下，说他不管此事，让我回李营地去把这件事情弄清楚。(他可能很高兴能摆脱我。)

结果，我在船离开夏威夷开往比基尼岛的前一天动身到李营地去了。这就意味着我从来没有近距离地观看过原子弹爆炸。它也许还意味着我不至于在比较年轻的时候就死于白血病。

一旦回到了李营地，我就想方设法利用“研究免征”这一条。我现在在军队里无事可做，如果退伍了，我可以回去从事科学研究。最后他们同意让我退伍。(他们可能也很高兴能摆脱我。)1946年7月26日,我离开了军队。那一天正好是我结婚4周年纪念日。我在部队服役的时间是8个月零26天。

 41

竞技运动

我在前面一节提到过我和那些“紧急需要的专业人员”一起玩过无数次的桥牌。我的牌打得很蹩脚。我在竞技比赛方面都不行。

我不是谈论街上的打斗,体操班的健身操,或者需要眼明手快的综合运动,诸如网球和高尔夫球。

我对所有这些事情的无知实在很可悲。

1989年,我在一个高层人士的俱乐部演讲,发现自己置身于一群名流之中。他们来开会只是为了有机会打网球和高尔夫球。那儿放着奖给成绩好的球员的什么东西。我对它们彻底陌生。我仔细研究了一番,然后很有礼貌地对一个看上去可能会回答我问题的年轻人说:“请问,这是什么?”

他盯着我看了一会,说道:“高尔夫球袋。”

“哦,是吗?”我说这话时,天真得就像我只有7岁,而不是老得足可以当那个年轻人的祖父。“我以前从未看见过这个。”

我敢肯定那个故事流传出去了,大家一定很奇怪,很惊慌,他们竟然请这么一个人去演讲。然而,我向他们证明了我也许不知道什么是高尔夫球袋,却仍然能作很好的演讲。

我从来没有为体育运动上的失败感到烦恼。在我比较年轻更加愚蠢的时期,我甚至安慰自己,认为那是“聪明”的副产品。年纪渐长以后,我发现自己也不擅长需要动脑筋的竞技活动。我不仅不会打桥牌,玩什么牌都不行。这也有它的好处,它使我远离荒唐的赌博。

我烦恼的是我在下棋上的失败。我很小的时候,有一个棋盘,可是没有棋子。我看了许多关于下棋的书,然后学着各种走法。我把硬板纸剪成一个个小方块,在上面画上各种棋子的符号,试图自己一个人下棋。最后,我好不容易说动父亲教我怎么下。然后我教妹妹怎么走,跟她一起下棋。我们俩都下得很糟糕。

我弟弟斯坦利看着我们玩,学会了怎么走,最后他问是否可以下。我一向是个很宽容的哥哥。我说:“可以。”一面准备杀他个落花流水。谁想到他虽然从来没有下过棋,可第一盘**他**就赢了**我**。

在后来几年,我发现**随便谁**都能赢我,不管什么种族,什么肤色,什么宗教信仰的人。我简直就是世界上最蹩脚的棋手。后来渐渐地,我就再也不下棋了。

我在棋类上的失败令人沮丧。我这么聪明,这简直不可思议。我后来才明白个中缘由(或者至少是别人告诉我的)。有的人之所以成为高明的棋手,是因为他们年复一年地研究怎么下棋,他们记忆了大量复杂的“组合”。他们不把下棋看成一种连续的移动,而是看成一种模式。我明白这话的意思,因为我就把一篇文章或一个故事看成一种模式。

不过,这两种天才是不一样的。卡斯帕罗夫(Kasparov)把一局棋看成一种模式,一篇文章在他看来只是文字的组合。而我把文章看成是一种模式,我看下棋就是棋子移动的组合。所以他擅长下棋,我适合写文章,我们俩不能颠倒过来。

这么说还不够。我从来也没有想过要与象棋大师相比较,使我烦恼的是我谁也下不过。我最后得出的结论(无论正确与否)是我不愿意研究棋盘,权衡我下的每一步棋后果如何。甚至那些不懂复杂组合模式的人都至少会先想好一两着棋,而我却不是这样。下棋的时候,我不是随意移动棋子,就是完全凭一时冲动下棋,再也不会别的下法。那就意味着我几乎是必输无疑。

还是要问:为什么这样?对我来说答案是显而易见的。我由于理解能力很强和反应迅速而备受推崇,是一个被宠坏了的人。我希望能够一眼就看清事情,拒绝接受一种不能立即看透的情况。(就像我在高中和大学里不肯刻苦学习一样。)

我的运气很好,能够在写作和演讲中不费吹灰之力立即看清各种模式。假如我必须要把什么事情都考虑透彻,那么我想我是必定要失败的。(假如说我不愿意像科学家那样花费时间来全面思考分析自己的失误,那么我一点也不觉得这有什么奇怪。)

42

恐高症

我患有恐高症，所以不能乘飞机，我很快就会说明这是合乎逻辑的理由。尽管如此，我在海军航空兵实验站曾经乘过一次飞机，在军队里就乘过一次。我必须说明具体的情况。

在海军航空兵实验站里，我研究“染色标识”，飞行员跌落到海里以后，可以把周围的水染上颜色，从而使上面搜寻的飞机比较容易发现他们。(我喜欢这项研究，它可以帮助救援战士，减轻我因为没有和他们一起投入战斗而感到的内疚——多少可以弥补一点。)

一般测试各种颜料的方法是搭乘一架飞机，研究它们的相对可视度。我研究出一种测试方法，可以不必使用昂贵的飞机飞行。然而为了证明我的测试切实可行，我必须把它们与空中监视的测试结果相比较。如果两种方法得出的结果相同的话，那么——

我热衷于此项研究(这是我对具体的科学研究所怀有的真挚热情的最后火花)，要求到飞机上去观察染色标识。我登上海军航空兵实验站的一架双引擎小飞机，飞机由海军航空兵实验站的一位军官驾驶。我饶有兴趣地观察那些细小的绿色涂抹物在水面上的情况，完全忘记了我的恐高症，丝毫**没有**感到惊恐。我甚至打算再次上飞机。我的上级领导想要知道我是否能够**保证**结果。

我说："当然不能保证。如果能够的话，我就不用再次上飞机了。"

于是，他们极其愚蠢地取消了我的飞行计划。

我第二次乘飞机是我从夏威夷回家的那次。我要一张最早到达旧金山的海上交通工具的票子，这就意味着我要在海洋上呆6天。我宁愿那样也不愿意乘飞机。

没想到在军队里，"海上交通工具"就是指飞机。我强烈地反对，可是那位负责的中士简单地命令我上飞机。我别无他法只好登上飞机。飞机立即起飞，载着我在黑夜里飞行了12个小时抵达旧金山。一切都发生得如此之快，把我扔在一种不确定和混乱的状态之中，我根本没有时间去惊慌。

两次旅行我都不觉得有趣。当时的情况也难让人喜欢。第一次是一架小飞机，压根儿就不能作为民用交通工具。第二次，是一架里面空荡荡的DC-3飞机。所有的乘客都只能在弯曲的木地板上睡觉或试图入睡。

如果我乘坐一架现代的飞机，上面有舒适的座位，空中小姐送食品，有电影看等等，真的，那会怎样呢？我永远也无法知道，因为我不可能再说服我自己试着乘飞机（除非珍妮特和罗宾在很远的地方，而且非常强烈和紧急地需要我）。更何况，每次飞机坠毁以后，都会大肆宣传报道，详尽的细节描绘令人恐怖。每发生一次这种令人毛骨悚然的飞机失事，都更加坚定了我绝不乘坐飞机的决心。

我真有恐高症，还是它仅仅是一个不想乘坐飞机的人的借口呢？就像莱斯特·德尔·雷伊暗示的那样，我是胆小而不是真的有恐高症？

请相信我，我真的患有恐高症。我第一次真正意识到这一点时就去做了实际检测。1939年，我和我化学实验室里的情人一起去纽约参加"纽约世界博览会"。我忽然想起到游乐场去乘环滑车。根据我从电影里看见的，我想象我的女友会吓得尖叫，紧紧地抓住我。我想这倒挺快活的。

环滑车开始向高处攀升，到了第一个高点，开始快速下落，我的反应就像一个恐高症患者，吓得尖声叫喊，绝望地紧紧抓住我的女友，她则稳稳地坐在那儿，纹丝不动。我吓得半死地从环滑车中下来。如果我当时年纪再大一点，心脏不那么好的话，我肯定就死了。

我不认为是那次经历**引发了**恐高症。我认为自己一直是个恐高症患者，只不过在此之前我没有机会登到一个担心下跌的高度。我很想知道我是否生来就患有恐高症，我的基因中是否有这种成分。这种事情不知道是否有人研究过。

知道自己是恐高症患者以后，我就有意识地避免任何会引起那种感觉的事情。只有一次，我受到了诱惑，违反了这条明智的预防措施。

1982年12月，犹太人的光明节期间在哥伦布环道搭建了一个30英尺（约9.1米）高的大烛台。我住的公寓离那儿不远，走过去就行了。一位拉比打电话给我，要求我在某一天用喷灯点燃一些灯，发表一个简短的演讲，跟在他后面重复一段简短的祈祷。我不想做这些事，可我也不愿意表现得看上去一点没有犹太人的感情。

“我怎么上去呢?”我问道。

“用移动升降机，”拉比回答说，他是指那些吊桶，工人在里面被提升到树上工作。

“那样我不行。”我说，“我有恐高症。我对高的地方有一种病态的恐惧。”

“胡说，”他说，“我也乘升降机上去。记住，你升得越高，就离上帝越近。”

说起来，**那**才是胡说。即使上帝真的存在，也不会就在某个地方的“上面”。上帝在宇宙中无所不在。我居然答应了那个拉比的要求。现在回想起来我简直不敢相信，我居然这么愚蠢——我真的就这么蠢。

在约定的那天晚上，我与珍妮特和她的侄女帕蒂（Patti）一起来到哥伦布环道。珍妮特对于我竟然答应去十分恼火，这部分是因为我要去参加宗教仪式，部分是因为担心我的恐高症。至于我自己，我想：“这是心理作用。我不去想我往天上升就是了。”

不料我一上了移动升降机,感到自己正在往上升的时候,顿时明白恐高症单靠意志是克服不了的。我瘫倒在升降机里面。所有的人都看见,我的手牢牢地抓住升降机边缘,手指紧紧地并在一起,因为压力过大变得惨白。与此同时,我的心绞痛又在作祟了。通常,它只是在我走路的时候才显露。这是第一次在我没有走路的情况下袭击我,我的胸口痛得揪紧。

我心想这可能是致命的心脏病发作了,我想:“如果我现在倒下,珍妮特会杀了我的。”

但是我竟然登上了烛台,并且还活着,非常艰难地用喷灯点燃了让我点的几盏灯。(我以前从来没有用过喷灯。在我忍受恐高症折磨的时候,学习如何使用喷灯,控制它的火焰,实在是万分艰难。)

我作了几分钟的演讲,究竟讲了些什么,我一点印象也没有了。接着又很痛苦地重复拉比吟诵的希伯来语的祈祷文。(这位拉比没有恐高症。)

最后,我终于往下降了。我想真是谢天谢地,升降机每下降一英尺,我就离开上帝远一点,距离令人感到舒服的地面近一点。

我的麻烦并非到此结束。当我们回到地面上,我发现自己神经性瘫痪了。我的腿动弹不得,只好让人把我从升降机里抬出来。我僵直地站立在那儿,珍妮特和帕蒂两个人一人一边扶着我。直到扶我走回家的时候,我腿上的肌肉才慢慢地恢复正常。

我胆怯地看着珍妮特,不知道她会说什么。在回家的路上,她一直默不作声,我觉得不太妙(就像我母亲思忖着到家就狠狠揍我一顿那样)。为了防止这一着,我可怜巴巴地说:“我担心我要是心脏病发作不行了的话,你要杀了我的。”

她说:“不,我要杀了那个拉比。”

有一次,我看见一个没有恐高症的人在工作,我简直不敢相信。我们公寓的墙上有一块地方有点剥落,遇到狂风暴雨,风会把雨水从那儿吹进房子里来。1986年12月17日，一个工人在房顶上的脚手架上用凿子把砖头挖开，查找那个漏雨的地方。那个脚手架看上去很不结实，距离地面有33层楼高。

我看着他无所谓的样子，胃里直翻腾。我问他是否在意在那么高的地方作业。他往下看看，然后抬起头来看着我说："不。"

他发现墙上有一块金属片明显地说明那是个薄弱的地方。他想把它拧掉，没想到它突然弯曲，当那个工人往后摇晃的时候，我的反应就像一个恐高症患者，发出一阵可怕的叫声。他听见了停下来，背靠着脚手架，看上去有一点心烦。过了一会儿，把一块新的砖块安放到他凿空的那块墙里。

这就是**没有**恐高症的人的行为举止。

43

幽闭欲

在谈论恐惧症的时候,我最好提一下我还有一种非常轻微的病症。那就是幽闭欲,或者说一种喜欢呆在封闭空间里的癖好。

我来告诉你们,我是怎么意识到这一点的。每隔一段时间,我就会与格特鲁德一起到大商场去。(我讨厌买东西。格特鲁德不相信我自己能买到合适的衣服,所以一定要陪我去买,一旦到了商店,她当然自己也要买东西。)

在商店里逛的时候,看着周围陈列的商品,我发现自己对陈列在那儿的家具特别感兴趣。那些商场都设有卧室或者起居室的样板,展示里面的家具,布置得非常舒适。我觉得这些房间异乎寻常地吸引人,温馨舒适。比起我住的普通公寓房间或者我朋友的房间,我似乎更加喜欢它们。

为什么呢?我住的房间里面家具也很齐全,与商场里面那些样板房间里的家具没有太大的差异。我对此十分困惑。一天,我照例怀着强烈的想住在里面的愿望,在研究样板房。这时候,我终于明白区别在哪儿了。

样板房**没有窗户**。完全是温暖的人造灯光,强烈的太阳光照射不进来。

我忽然明白了以前一直认为理所当然的与我自己有关的几件事情。我们在糖果店上面有一套公寓,在店的背后还有一间小房间,里面有一个炉子和其他厨房设备。当初我们买下那家店铺时,这间小房间曾用作简陋的便餐馆。后来我父母把它关掉了,但我经常在那间小房间里吃午饭。

我喜欢呆在这间小房间里,而不愿意到楼上的厨房去。一旦我明白自己有幽闭欲,我立即想起那间小房间没有窗户,在里面吃午饭的时候,哪怕是阳光灿烂的中午,也得靠电灯照明。

那个年代,地铁里面有报亭出售报纸、杂志和糖果。夜晚,木头的门关拢锁起来,在第二天早上开门卖报之前,整个报亭就像一个封闭的大箱子。

我那时一直想要拥有一个这样的报亭。我着迷地想报亭关门后,我可以开着灯呆在里面,与外界完全隔绝,关在里面翻阅那些我喜欢的杂志,偶尔耳边隐隐约约地听到地铁轰隆声。(那种半夜里怎么上洗手间的问题,我从来没有考虑过。)

我的幽闭欲并不厉害。我虽然喜欢封闭的地方,可在阳光充足的房间里面感觉也很好,在空旷的地方也不会觉得不舒服。我没有任何恐旷症(在开阔的地方感到病态的恐惧)的迹象。不过,我情愿在曼哈顿鳞次栉比的高楼大厦的包围之中行走,也不愿在空旷的中央公园里散步。

我的幽闭欲在办公室里确有表现。我办公室的窗帘一直拉着。不管外面天气多么晴朗,阳光多么灿烂,我都开着灯工作。此外,我的打字机始终安放在这样的位置上:当我工作时,我的脸永远面对一堵空白的没有窗的墙壁。

现在我的文字处理器放在我们的起居室里。房间采光很好,这里的窗帘永远不拉起来。尽管如此,无论房间里光线多么充足,我始终都把顶灯开着。

有一次,我的幽闭欲使我获益匪浅。

人年纪大了,走路蹒跚的时候,随着医疗技术的进步,医生就会不太认真,你会因此成为受害者。有一次,他们给我做磁共振检查。这是一种在体外无损伤地检查体内疾患的方法。(可以说,当时他们没有发现我有什么不妥。)

做这种检查时,他们把我整个身体放在一个圆筒里,让我就这样在里面呆了一个半小时。周围不断有奇怪的轰隆声。至关重要的是那圆筒紧紧裹着你的身体,很像棺材。你得静静地躺在那儿像一具死尸。

躺在那儿很无聊。我生怕医生忘记我,回家去了。好在静静包裹着我的圆筒一点也不让我觉得难受。我不知道他们是如何检查患幽闭恐惧症的人的(那些人害怕呆在封闭的地方)。我猜想他们肯定受不了。

也许可以说,我的整个生活方式就是幽闭欲的一种表现。我完全沉湎于写作,在我周围制造了一个人为的封闭式的(没有窗户的)温暖的小世界。它把外部世界的风风雨雨和明媚的阳光一起挡在外面。在我的那本《钢穴》(*The Caves of Steel*,道布尔戴出版公司,1954年)里,我描绘了地球上没有窗户的彻底封闭的地下城市,这也许不是偶然的。

海因莱因联系到我的故事《做梦是私事》(Dreaming Is a Private Thing, *F&SF* 1955年12月号),好心地指出我实际上是在利用我的恐惧症挣钱。其实,《钢穴》是个更加好的例子——我一点也不感到羞耻。我深信,所有的作家在作品中都会最大限度地利用自己的恐惧症。

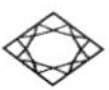 44

博士学位和公开演讲

一般人都认为,一个人的博士学业中断了几年以后,就不会再回来继续了。我必须承认,我本人就有那种愁苦的感觉。这也是我不愿意接受在费城的工作的另一个小原因。事实上,我的同学们曾经认为我再也不会回来了。这不完全是因为我有了工作,而且还因为我准备结婚了。他们认为家庭负担将迫使我转到其他比较世俗的方向上去。

等到战争和海军航空兵实验站的工作结束,我在军队的工作期限结束时,已经4年半过去了。幸好那时我们还没有孩子拖累,我决定不放弃攻读博士学位。1946年9月,我到哥伦比亚大学去,准备回去攻读学位。道森教授还在学校,他还记得我,见到我很高兴。

然而,人没法再回到从前去了。一切都不一样了。我又大了4岁。这4年里我对科学有些生疏了,这4年使我更加坚信我生来不是搞科研的料。更加糟糕的是,在我离校的这段时间里,量子力学在化学上的应用导致化学领域发生了一场革命,这主要是伟大的莱纳斯·鲍林(Linus Pauling)的研究成果引发的。

我没有跟上这一变化,惊恐万分地发现化学对我来说简直变成了希腊文。幸好,我在到费城去之前就学完了全部课程,不需要再修什么课程,只要做研究工作就行了。这真是万幸。如果真要我选修的话,我现在几乎没有一门课程有希望通过。

这是我又一次退步。我不仅是个平庸的学生，而且简直就是一个失败的学生。

尽管如此，在博士研究生期间，发生了一件好事情，一件将对我的未来发生影响的事情。

作为一个博士生，我的一部分责任是要就研究工作举行专题讨论会。(研究某种鲜为人知的酶的动理学——它的工作速度。)

我以前也曾出席过这类专业研讨会，它们一般都很失败。作专题报告的人(不管他可能是一位多么出色的化学家)，通常在口头阐述方面不是特别有天分。何况，他研究的课题很深奥，不经过相当详尽的解说，除了他自己，别人要理解还真不容易。至于听众，他们根据经验知道，在听完前5句话后就什么也听不懂了，然而却早就有了既来之则安之的准备。

我倒是很热情地接受了这项工作。首先是这件事可以不用我动手。我不必担心弄坏设备或者把实验搞得一团糟。

不仅如此，我希望演讲。它一般被认为是对自信心的一种最好的测试，一种可以摧毁最勇敢的人的测试方法。有些人一旦发现自己面对的是一群精神抖擞爱挑剔的，而不是一群昏昏欲睡的平庸的听众，便担心自己在讲台上处在众目睽睽之下，很可能会当众出丑。我不明白为什么我丝毫没有这种非常普遍的感觉。

我在研讨会即将开始之际走进房间，在那块大黑板上写满数学公式和化学方程式，这样演讲时，我就可以不因停下来写它们而打乱思路了。(我怎么会想到这种正确的做法？我只能假设这是某种本能，就像我生来就抓住了写作的要领，所以我能够在11岁就开始写东西。我似乎有一种与生俱来的本领能够抓住演讲的要领。)

当然，听众来了以后，看见那些写在黑板上的东西，会感到一种震惊和焦虑不安，有种不确定的感觉。我断定没有人觉得他会从头到尾地听演讲。我举起手来，充满自信地说："请听清楚我讲的每一句话，它们将像山涧的清泉一样清晰。"

我怎么知道呢？这显然是一种近乎狂妄的自信。它更加适合中学时代的我，而不是大学和大学毕业后多年，对自己的能力不再抱有幻想的我。

可这次是我以前从来没有做过的事。我对自己演讲能力的幻想还没有机会破灭。我急切地想要找机会一试身手。

我成功了！我毫不胆怯，没有紧张得恶心。我轻松而又流畅地侃侃而谈，从最最开始的地方谈起（专业讲座的演讲者罕有这么做的，往往在一开始就紧张地切入其研究课题中的纷繁难解之处——也许是为了显示他们学识渊博）。我沿着那些方程式往下讲，清楚地解释所谈到的每一个式子，然后再继续往下讲。

我的论述结束的时候，听众似乎反应很热烈。道森教授对别人说（那人立即传给我听），这是他听到过的最出色的陈述。

这是我第一次正式对听众作长达一个小时的演讲。在以后的几年里，我一直没有机会再作另一次演讲。我也没有要演讲的打算和想法。尽管如此，从那时起，我心里很清楚我在大庭广众之下发表演讲绝对没有问题。

整个这件事提出了一个非常有趣的问题。我显然具有公开演讲的天赋。我具备这种才能必定已经有很长一段时间，只不过一直没有机会表现而已。在我27岁那年，当第一个机会来临的时候，我以驾轻就熟的技巧出色地作了演讲。

假如那个机会再早一点到来。我究竟在什么年纪可以没有任何问题地作一次报告呢？显而易见，我无法知道。或者，假如机会推迟很多年才降临，甚至永远也不出现，那我岂不是一辈子到死也不知道自己是个出色的公众演说家？

也许会是这样。

我不由得感到好奇。我是否还有其他永远没有机会显露的天赋？那些天赋和才干或许很有趣，对我十分有用。

其实这种情况适用于所有的人。谁知道在人口众多的人类之中蕴藏着什么样的天才，谁又知道有多少天才只因没有机会展示而白白流失了呢？

在我做博士研究的时候，另外还有一个出人意料的进展。

一天，我正坐在写字桌旁，准备当天的实验资料，暗自思忖着时间日益紧迫，必须写博士论文了。博士论文是一种高度程式化的文件，必须以一种铁定的生硬（甚至是愚蠢的）方式写作。我不愿意用那种不自然甚至愚蠢的方式写我的论文。

我突然想到一个恶作剧的念头，写一篇关于博士论文的幽默的讽刺诗，借此释放一下我的灵魂，以便振作精神去应付即将要动手写的论文。

当时我正好在研究一种称作邻苯二酚的化合物的微小晶体，它在水中的可溶性极强，一接触水面就溶解了。我对自己说："假如它在碰到水面**之前**的一刹那溶解了，那会怎么样？"

结果我写了一篇虚拟的论文，文章尽量写得枯燥乏味，文章中谈及一种化合物。它在注入水溶液之前1.12秒钟溶解。文章名为《再升华之塞地莫林的体内长期特性》（The Endochronic Properties of Resublimated Thiotimoline）。

我把它寄给坎贝尔，他很欣赏。他对偶尔发表一篇幽默的讽刺文章毫无异议。我认识到，它在杂志上发表的时候，大约正是我要参加攸关成败的博士论文答辩的时候，所以我非常谨慎地请坎贝尔在发表时用一个笔名。

文章刊登在*ASF* 1948年3月号上。坎贝尔居然忘了用笔名。这下可好了，艾萨克·阿西莫夫赫然印在上面。不用说，文章被不断地传阅，整个哥伦比亚大学的化学教师全都获悉了这个消息。

我简直要昏过去了。我料到会出什么事情，不管我的博士论文答辩如何，他们都会以我的人格有缺陷而予以否决。所有这些年来的努力，所有这些年的付出，都将因为那古老的罪恶，那个我屡犯不改的错误——对上级不敬而付诸东流。

幸好事情并没有我想象的那样糟。教授们在听完了我的口头答辩之后，拉尔夫·哈尔福德(Ralph Halford)问了我最后一个问题："阿西莫夫先生，请你谈谈再升华之塞地莫林的热力学性质。"

我忍不住笑了起来。我知道他们如果不让我通过，是不会跟我开玩笑的，不会的。我通过了!他们一个一个从答辩室出来与我握手，说："祝贺你，阿西莫夫博士。"

那一天是1948年5月20日，我28岁。我为那由于第二次世界大战而失去的4年感到痛惜。不然的话，我可以在24岁就获得博士学位，那样我可以更加年轻一点。——考虑到成百上千万的人在战争中失去的何止是4年的光阴，我这种想法真是十分荒谬愚蠢。

毕业典礼在6月2日举行。我不喜欢那种陈腐的哗众取宠的空话，拒绝正式出席典礼。我和父亲一起坐在听众中间。父亲对于我不穿博士袍，不去站在讲台上极其不高兴，但他至少在场亲眼目睹我终于成为一名博士——尽管选错了专业。

45

博士后

1938年,还在大学三年级,我开始申请读医学院的时候,就在为找工作发愁了。从那时起,我的生活一直是一种长期滞后的行动。研究生院,海军航空兵实验站,军队,再到研究生院,光阴荏苒,转眼间已是1948年了。我行将得到博士文凭了,面前却仍然是那个老问题。我的工作怎么办?

我必须承认道森教授是一位出色的研究生导师,可要为他的学生找工作,却不属于学院里那些最有权势的教授。我的研究也不足以吸引很多注意。结果我一直没有找到工作。

最后救了我的是我可以作为一名博士后学生工作一年。这意味着我可以继续做研究,而且一年可以得到5000美元。我将研究抗疟疾药物,设法发现一种比当时所用的那些替代奎宁的药品更加好的合成药物。

我并不热衷于研究这个问题,心里十分清楚自己作为一名研究人员的不足之处。事实上,我对于那一年究竟干了些什么一点印象都没有,只记得对此工作完全没有兴趣。

随着1949年的流逝,我渐渐地发现,找一份真正的工作的希望越来越渺茫。没有工作!甚至连一丝微弱的希望都没有。我简直绝望透顶,只好下决心全身心地投入抗疟疾的项目中去,希冀能够一年一年地做下去。

那也许是我化学生涯中的一个低谷。我责怪自己为了挣钱选择了一个自己并不喜欢的专业。我已经29岁,却彻底失败了。尽管我一直吹嘘,深信自己会取得令世人瞩目的成就。

接着我又了解到战后学校生活中一件令人感到不舒服的事情。学校里由政府拨款资助的研究项目越来越多。这些拨款一般都只持续一年时间。如果想继续得到资助,主持研究的教授就必须每年重新提出申请,证明其理由充分。

我始终认为,这种做法的结果十分有害。首先,希望政府拨款的教授不得不选择那些听来似乎值得政府花钱支持的课题。科学家们因此,套句老话说,都往钱道上赶。而那些不太引人注目的科学领域就无人问津。这就意味着有钱资助的研究领域筹措到的钱过多,许多钱浪费了。而被忽视的那部分科学领域如果不被忽视的话,原本没准可以产生重大的突破。

进一步说,对于政府拨款的激烈竞争加剧了欺诈行为的产生。因为科学家们(他们也是人)都试图要利用或甚至虚构会给他们搞到钱的实验项目。

这种拨款制度还使研究人员每年有一半时间都花在准备重新申请的材料上面,而不是用在进行研究上面。

最后一点,职位较低的研究人员群体(他们的薪金是从政府资助中提取而不是从学校的基金中支付的)一直处于没有安全保障的状态。他们不知道什么时候重新申请会失败,届时他们就会被一脚踢出门外。那一年结束时,我重新申请经费没有获得批准。我正是在那个时候发现这一问题的。

在博士后期间,只发生了一件好事情。我们的一位邻居好奇地问我的工作性质大概是什么。我告诉他我是研究抗疟疾药的,他绝对天真地问:“那是什么?”

我很费劲地向他解释,还用了化学方程式。我讲完之后,他很真挚地对我说:"你讲得非常简单明了。谢谢。"

结果,我有生以来第一次想到,我也许可以写一本谈论科学的**非小说类**书。我并没有马上动笔,不过,这个想法一直留在我的脑海里,最终它将结出丰硕的果实。

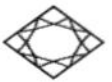 46

找工作

我寻找工作中的难堪遭遇大致如下。我有一位熟人受雇于设在布鲁克林的一家药品公司——查尔斯·菲泽(Charles Pfizer)公司。他说他为我争取到一次接受该公司高级行政人员面试的机会,时间约在1949年2月4日上午10点。可想而知,那天我准时前往。我要见的那位行政人员却迟迟没有来,直到下午2点才露面。我坐在那儿足足等了4个小时,都过了午饭时间,别提有多傻了。我就这么干等着,倒不是出于理智,而纯粹是因为我脾气固执,不想就这么被人漫不经心地打发走。

最后,那人终于来了。可能是他听说,种种迹象表明他若不来,我始终拒绝离去。他对待我的态度显然很冷漠,似乎不想在我身上浪费太多时间。

我已经看够了查尔斯·菲泽公司。我很清楚自己决不愿意在这家公司工作,即使有人提出要录用我,我也不会去的。不过,这没有什么区别。我对于我所受到的待遇非常气愤。这种愤怒始终没有平息。对我来说,它始终历历在目,就像是昨天发生的事情。我也并不因为心中藏着这种积怨而感到骄傲,我本来可能不会这么做的,但是发生了一件雪上加霜的意外事件。

其他事情姑且不说,我曾经给过那位行政人员一份仔细复制、小心翼翼地装订好的博士论文。我不指望给他留下什么印象,可我曾经计划要这么做,所以我就给了他一份。几天以后,那份论文通过邮局退回来了,上面冷冷地简短地注明“小册子”。在我看来,那是一种侮辱。我简直无法相信,这个可怜的家伙竟然不知道他看见的是一篇博士论文。封面上明明写着是一份博士论文。他竟然称它为“小册子”,这就好像把作家称作“胡乱涂抹的人”。我始终不能原谅他。

关于查尔斯·菲泽公司再说一件事。许多年以后,他们想请我给他们的行政人员作一次演讲。他们提出给我5000美元。我一般对于费用不讨价还价。那时候,在曼哈顿作一场演讲5000美元也已不菲了。但对菲泽公司自当别论,我提出要6000美元,而且是一口价。他们最终同意了。

那额外的1000美元是对我多年前受伤害的感情的补偿。我结束演讲的时候,全场报以热烈的掌声。我收起支票,告诉他们为什么要多收他们1000美元。

这使我感觉好多了。我这么做,有点小心眼,很刻薄。可我也是人,我不会故意去实施报复。但既然送到我手里,我也不会拒绝的。

虽然菲泽事件是我在寻找工作过程中遇到的最不痛快的事,其他的也好不到哪儿去。我根本就找不到工作。

47

科幻三杰

找工作彻底失败，那我写作又如何呢？

在写作方面，我非但没有失败，而且越来越成功。虽然我因为专心于研究工作稍微放慢了速度，我仍然在继续写我的《机器人》系列和《基地》系列故事。我把所有写好的故事都卖给了*ASF*，这样可以集中宣传，增加知名度。

到了1949年，我已经毫无疑问地被广泛认为是主要的科幻小说作家。有些人认为我与罗伯特·海因莱因和范沃格特一起成为科幻小说的三根支柱。

范沃格特实际上在1950年已经停止写作，也许是因为他对哈伯德创造的戴尼提兴趣日渐浓厚。1946年，一位英国作家阿瑟·C·克拉克（Arthur C. Clarke）开始为*ASF*撰稿。他像海因莱因和范沃格特一样（但与我不一样）一举成名。

到了1949年，开始听到称海因莱因、克拉克和阿西莫夫为“三杰”的说法。因为我们三个全都健在，这一说法一直持续了将近40年。最后，我们三个人的预付稿酬全都很高，我们的书在最畅销书的排行榜上赫然有名。（在40年代，谁会料想得到呢？）

现在海因莱因已经去世，克拉克和我日渐衰老。人们必定会问：“后面的三杰会是谁呢？”我以为未必会有答案。早些年间，当公众认同三杰时，科幻小说作家人数很少，很容易推选最杰出的人。

如今，科幻小说作家，甚至**优秀**科幻小说作家的人数如此之多，根本无法挑出三个能被大家一致公认的人物。

这也许不是什么悲剧。我始终认为老是唠叨三杰，在某种程度上是一种故步自封的现象。我们之所以成为三杰是因为我们成功了，但是我们后来的成功究竟有多少是因为日复一日地被奉为三杰而获得的呢？尽管我从中有所受益，可我一直很不安地觉得它可能蒙骗了这个领域的其他人。

在当时那种情况下，既然我的作品卖得好，我为什么还要为工作担忧呢？你或许已经猜到，问题是钱。

到1949年，我已经卖掉60个故事，被公认是科幻小说界有影响的主要人物。在这11年里，我一直不停撰写科幻小说，然后把它们卖掉，就这样，我总共才挣了7700美元——**整个这**11年的心血换来的只有这些，平均每年才挣700美元。这点钱显然不够维持一对夫妇的日常开销，所以我需要再找一份工作。

48

阿瑟·查尔斯·克拉克

阿瑟·查尔斯·克拉克1917年末出生在英国。他也是一位曾经接受过科学教育的科幻小说作家,在物理学和数学上都很有建树。

他和我现在都被广泛地认为是科幻小说界的两个大人物。就像我前面所说的那样,直到1988年初,人们一直在谈论科幻三杰。但这时,阿瑟却用蜡制作了一个小的人像,上面带一根很长的别针——

至少他是这么告诉我的,也许他是想警告我。但是我很坦率地对他说,如果他真成为唯一的俊杰,会觉得非常孤独寂寞的。这个想法使他深受震撼,他差点流眼泪。我想这下我安全了。

我很喜欢阿瑟,40年来一直如此。很多年前,我们在一辆出租车里,达成一项协议。当时我们的车正沿着公园大道(Park Avenue)往南行驶,所以就叫做“公园大道条约”(Treaty of Park Avenue)。根据这一协议,我同意如果有人问我,我将承认,阿瑟是世界上最好的科幻小说作家。虽然我也可以说,在这场跑步中,我紧跟在他后面。反过来阿瑟同意永远坚持说我是世界上最好的科学作家。他**必须**这么说,不管他相信还是不相信。

我不知道他是否因为我的作品而得到表扬,我倒是经常因为他的作品而备受责怪。人们似乎有一种倾向,把我们俩搞混了。我们两个人都创作动脑筋的故事,其中科学的理念比动作更加重要。

经常会有年轻的女子对我说："哦，阿西莫夫博士，我认为你的《童年的结束》(*Childhood's End*)没有达到你平常的水平。"我总是回答说："亲爱的，那就是为什么我用笔名的缘故。"

顺便说一句，《童年的结束》是我妻子珍妮特看的第一本科幻小说。她看的第二本科幻小说才是她未来丈夫写的《我，机器人》(*I, Robot*)。从珍妮特对作品欣赏的角度来说，我和克拉克谁也没有赢得最高的地位。她特别喜欢的科幻小说作家是克利夫·西马克。我觉得这说明她品位高雅。

阿瑟·克拉克和我对于科幻小说、科学作品、社会问题和政治的看法都十分相似。在这些问题上我从未有机会与他意见相左。这归功于他的思路清晰，具有大智慧。

当然，我们之间还是有一些差异的。他是个秃头，比我大两岁，长得不算英俊，可也很过得去。

从一开始，阿瑟就对科幻小说以及比较有想象空间的科学领域感兴趣。他是一位早期的火箭科学献身者。1944年，他第一个在一篇严肃的科学论文中提出利用通信卫星的想法。

他转向科幻小说的创作后，发表在一家美国杂志上的第一篇故事名叫《观察孔》(Loophole)，刊登在1946年4月号的*ASF*上。他立即取得了成功。

阿瑟得意地承认他读书的时候，同学们叫他"自负"(Ego)。他是一个聪明得令人难以置信的人。他写科幻小说和非小说类图书同样得心应手。尽管他很自负，却是一个非常可爱的人。我从未听到过什么人真的说他坏话。倒是我说了许多不太认真的关于他的坏话。——反过来，他也一样。他与我的关系就像我与莱斯特·德尔·雷伊以及哈伦·埃利森一样，我们经常互相取笑对方。我发现女性常常对于我们这种互相取笑戏谑感到烦恼。她们似乎无法理解男性之间的亲密关系，当他们说"你好，你这卑鄙油滑的盗马贼"时，其实意思就是："我亲爱的迷人的好朋友，你好吗？"

好了，阿瑟和我就这样，当然在正式的英语中，我们设法注入了一点风趣。有一次，一架飞机坠毁，大约一半乘客幸存下来，其中有一名幸存者在飞机试图着陆的临危之际，始终保持镇静，在那里阅读阿瑟·克拉克的小说。一家报纸载文报道了这条消息。

阿瑟按照他的风格，立即把那篇文章复印了500万份，给他认识或者是听说过的人每人送一份。我也得到一份。在他寄给我的那份复印件下面，写道："真可惜，他没有阅读你的小说。否则，他可以在睡梦中度过整个灾难的煎熬。"

我只一会儿工夫就给阿瑟寄了一封信。信里写道："正相反，他看你的小说是因为万一飞机真坠毁了，死亡正好就是一种最好的解脱。"

我猜想在杂志上发表科幻小说的人当中阿瑟是最有钱的人之一。他写了许多最畅销的书，有好几本被拍成电影，包括最早的科幻巨片《2001：太空漫游》(*2001：A Space Odyssey*)。

阿瑟曾经有过一次短暂的婚姻，但此后他一直过着舒适的单身生活。曾经有一度，他是一位热心的戴水肺的潜水员，有一次潜水时差一点淹死。

 49

再谈家人

还是回到第二次世界大战后的世界:我找工作没有着落,加入了失业者的行列;我努力写作,成绩辉煌却不挣钱,父母和我之间关系有点冷淡。有一阵,格特鲁德和我住在我父母那幢两层楼房的底楼。这种安排不很舒服。我讨厌住在糖果店附近。结果, 在1948年,格特鲁德和我听说在纽约一个新的现代开发区——斯泰弗森特城(Stuyvesant Town)有一套适合我们的公寓,就搬到曼哈顿去住了。我父母难以接受这一点,很生我的气。当然,这种情况没有持续很久。

即使父亲事先知道,即使他对我的失败十分失望(我曾经看上去是那么有希望),因而把我赶走,他仍然还有一个寄托——我弟弟斯坦利(Stanley),他长大以后把名字缩成斯坦(Stan),我就这么称呼他。

斯坦生于1929年7月25日,是我们家第一个出生在美国的成员。由于母亲怀孕,以及此后要照看新生婴儿的缘故,我不得不在糖果店里工作。此外,我还要花些时间照看斯坦,用奶瓶给他喂奶,用小车推他出去。结果在我眼里,斯坦似乎是**我的**孩子而不是我妈的孩子。直到今天,我还经常会把斯坦与我真正的儿子——戴维(David)混淆起来,经常对着这个叫那个的名字。

斯坦是个好孩子。他从不到父母那儿去告状,让他干什么就干什么。

他不用父母操心，不像我说话刻薄，也不像马西娅很任性。在我和斯坦两个人中，我给母亲添了不知道多少麻烦，斯坦从不给她添一点麻烦，可母亲还是比较喜欢我，对此我一直觉得很纳闷。

当然，在传统故事中，女人总是偏爱外表迷人的混蛋而忽视那可怜的有真实价值的人。我认为这不能完全说明我们的情况。我是长子，是父母的第一个孩子。我两岁的时候，得了肺炎，差点死去。据母亲说，当时我们村里的孩子全都得了流行病，我是唯一活下来的孩子。此外，我之所以能够活下来全靠了母亲不顾一切地、日日夜夜地悉心护理我。她不睡觉，几乎不吃饭，这（她深信不疑）才救了我的命。当然在那以后，我对她来说就更是宝贝了。虽然如此，平心而论，斯坦应该是她的宝贝才对，或者说斯坦应该是所有人的宝贝。

我离家到费城去以后，斯坦就接过了我在店里的工作，那时候他还不到13岁。我对此一点也不担心，我开始干活的时候才9岁。斯坦比我当时强壮（我猜想是因为他从小在美国，比我在俄国营养好），也比我机敏。比方说，他一得到自行车就会骑，而我直到今天也不会骑这玩意儿。

斯坦在学校里功课很好。他进了布鲁克林职业中学（Brooklyn Technical High School），然后又进了纽约大学，最后就读于哥伦比亚新闻学院。

1949年的情况似乎是我最黑暗的一年，斯坦在读大学。我去看父亲，他向我吐露他正在为斯坦的学费发愁。尽管我的经济情况很拮据，却还没有到身无分文的地步。我不忍心让父亲为钱四处奔波，也不想让斯坦的学业受到影响。

因此我说："没事，爸爸，我来付学费。"

父亲生气了。他说："上帝不准我向我的孩子借钱。"

他坚持一定要由他自己付学费。

几个星期之前，我思考这本书的这一节的时候，回忆起这段往事，我讲给珍妮特听，还是感到很气愤。

"父亲这么做,好像我是那种吝啬钱的坏儿子,或者像是我让他有一种向我乞讨的感觉似的。正相反,我很愿意付那笔钱,认为远不够报答他为我所做的一切。他怎么就不明白这一点呢?"

珍妮特说:"艾萨克,你自己也一样。你会接受孩子的钱吗?"

我皱了皱眉头说:"那不一样。我有我的自尊。"

珍妮特听了一阵大笑。她让我把这个故事写进书里。我问:"为什么?"

她说:"你的读者自会明白为什么。"

斯坦在学校读书的时候,积极参加各项课外活动(不是糖果店的活儿轻了,就是斯坦比我有进取心)。他参与编辑学校的报纸。到大学毕业时,他已经是大学学报的合作编辑了。他找到了自己喜欢的职业,想要当一名记者。最终,他到《新闻日报》(*Newsday*)供职,这是长岛的一份报纸。斯坦工作努力,一级级往上升,终于成为深受爱戴的报社副总裁,负责编辑部的工作。

斯坦是一个传统意义上的好人——诚实,讲道德,和蔼,可靠。他有一次说我这人勤奋、能力强、清教徒似的、专心于自己的写作,说我具有不可爱的美德。是啊,斯坦具有一切可爱的美德。事实上,所有的人都喜欢他,甚至他的兄弟也爱他(这份爱也得到了回报)。我总是开玩笑说,我也许是那个辉煌的兄弟,斯坦则是那个好兄弟。——这也许不完全是笑话。

有一个我认为很重要的例子可以说明他有多好。考虑到他的姓,他经常有失去自我的危险。不知有多少人,在初次见面时,会问他:"你是艾萨克·阿西莫夫的亲戚吗?"面对这种进攻,斯坦依然很平和,耐心地说:"是的,他是我哥哥。"他没让这种事影响我们的关系。为此,我对他感激不尽。如果我们俩换一下的话,我会觉得很厌恶,那势必将在我和斯坦之间产生一点隔阂。这件事足以证明斯坦是个好兄弟。

50年代,他遇到一个甜美的离了婚的女人鲁思(Ruth)。他立即决定要娶她为妻(虽然他们刚一见面,鲁思问他的第一个问题就是他与我是否有关系)。他们结了婚,一直生活得十分幸福美满。

他们有一个儿子埃里克(Eric)和一个女儿南妮特(Nanette)。两个孩子都学他们父亲的样,成为记者。鲁思还有一个儿子丹尼尔(Daniel),是前一次婚姻生的。斯坦收养了他,因此他名叫丹尼尔·阿西莫夫,他是一位数学家。

斯坦的孩子都愿意沿着他的足迹前进,这大概正是斯坦作为父亲的成功之处。我有时候想到我的孩子们都不愿意走我的路,忍不住要叹气。其实,我这样很傻。他们为什么一定要走我的路?

我女儿罗宾12岁的时候,写了一篇文章,拿来读给我听。我感到很吃惊。在我看来,她写得要比我在那个年纪写的东西好得多。

我说:"罗宾,你要是喜欢写,就照这样写下去。我会尽力帮助你的。我会设法为你打开那扇门。"

罗宾说:"噢,不,我不想像你那样生活。"

"你是什么意思?"

"老是写啊,写啊,写的。我不想这样。"

我说:"作家不一定要写啊,写啊,写的。只不过我是这样。你可以在想写的时候才写。"

"不,"她说,"我不会有这种时候的。"她再也没有写过什么。

行了,没准这样最好。多年后,她想要写一份工作纪要,她不断地涂改,涂啊改的,就跟人们经常做的那样。最后她扔下笔,对着众人大叫:"你们相信我是我父亲的女儿吗?"

50

第一部小说

1949年既是我最倒霉的一年，也见证了我人生的转折。虽然当时转折并不十分明显，我不认为我已经过了谷底开始攀登。它与一部科幻**小说**而不是一篇杂志上的故事有关。

实际上，科幻最初是以小说的形式引人注目的。在我看来，现代意义上的科幻小说始于法国作家儒勒·凡尔纳(Jules Verne)。他在19世纪后半叶写作，是第一位主要作品为世人公认的科幻小说并以此为生的作家。他的书特别值得一提的有《从地球到月亮》(*From the Earth to the Moon*, 1865年)，《海底两万里》(*Twenty Thousand Leagues Under the Sea*, 1870年)，《80天环游地球》(*Around the World in Eighty Days*, 1873年)，在世界各地深受欢迎。我父亲曾经读过凡尔纳的著作——当然是俄语译本。

在他之后还有其他一些科幻作家，但不如他有名。19世纪90年代，英国作家赫伯特·乔治·威尔斯(Herbert George Wells)因《时间机器》(*The Time Machine*, 1895年)和《星际战争》(*The War of the Worlds*, 1898年)而名声大噪。

后来还有一些科幻小说，其中大部分都是英国作家创作的，例如，奥尔德斯·赫胥黎(Aldous Huxley)著的《美丽新世界》(*Brave New World*, 1932年)，奥拉夫·斯特普尔顿写的《古怪的约翰》(*Odd John*, 1935年)以及乔治·

奥韦尔(George Orwell)写的《一九八四》(*1984*,1948年)。美国作家埃德加·赖斯·巴勒斯(Edgar Rice Burroughs)在稍低一些的水平上,写了一系列受欢迎的有关火星的书,其中第一本是《火星公主》(*A Princess of Mars*, 1917年)。

科幻杂志尽管被公认为级别较低,它的问世却似乎有淹没科幻图书的趋势。毕竟,科幻小说书相对来说比较少,而杂志每个月大量出版。

总的说来,20世纪30年代和40年代的科幻读者比较趋向于只阅读杂志,而完全忽略了偶尔出版的文学小说。如果有什么杂志上的故事以书本的形式出现,或者被认可的科幻作家写出长篇小说的话必定会引起一阵激动。可当时没有出现过这种情况。一些由科幻迷经营的规模非常小的业余出版社,也曾经将杂志上的故事以图书的形式出版。但是,质量很差,印数很少,实际上根本没有发行量。

第二次世界大战以后,情况发生了变化。科幻图书忽然变得比较受人尊重了。首先是因为原子弹,然后是德国人研究的火箭(它燃起了人们对太空飞行的可能性的希望),接着是电子计算机的出现。所有这些事都是科幻小说的主题,所有这些在战后不久即变成了现实。

有鉴于此,道布尔戴出版公司(Doubleday & Company,这是一家很大的出版公司)在1949年决定出版一套科幻丛书,为此他们必须要有稿件。

我正好在1947年写了一本40 000个词的小说,没有地方出版——这是到那时为止我写作上最大的失败。我一直把它放在抽屉里,试图忘了它。我当然不知道道布尔戴出版公司正好想要出版一系列科幻小说,但是弗雷德·波尔获悉此事,便催我把小说给他们。"如果他们喜欢的话,你可以重写,使它合乎他们的要求。"

我把手稿给了他。他在此后的3年里一直当我的代理。

道布尔戴出版公司的编辑沃尔特·I·布雷德伯里(Walter I. Bradbury)负责这套丛书。他认为此书可用,并要我把它扩写成70 000词。后来还给了我一张750美元的支票作为预付稿酬。我生平第一次收到一笔我还没有写的作品的稿酬——他答应在成书后付给我更多的钱。

我以闪电般的速度开始工作。1949年5月29日，布雷德伯里打电话告诉我道布尔戴出版公司接受了，决定要出版这部小说，后来我给它取名为《天空中的小石子》(*Pebble in the Sky*)。

我卖出了我的第一部小说，它标志着我的文学生涯迈出了一大步(虽然我当时并没有很清楚地认识到这一点)。唯一的麻烦是我突然面对太多的东西而感到不知所措。不仅我的文学生涯向前迈了一大步，我还有了一份工作。

让我解释这是怎么一回事。

51

终于有了新工作

我猜想任何作家，哪怕是只写过很少东西的作家，肯定有时候会收到读者来信。

我怀疑科幻作家收到的来信特别多。首先，我认为科幻小说读者比较善于表达，比其他的读者更加有见地。其次，科幻小说杂志的读者来信专栏鼓励这种来信。

我喜欢看科幻小说迷的来信，并且尽量全部回复，我这样一直持续了许多年。随着来信的数量不断增加，我的信债越来越多，我终于不得不挑选一部分回复。这么做始终使我不能释怀。我不由自主地想，凡是花力气给我写信的人都应该得到回信。可是，我的时间和精力有限，实在无法做到，十分遗憾。

这些信也并不全是热情的年轻人写来的。有些信来自社会上有声望的人。在我攻读博士学位以及做博士后的那几年，我收到威廉·C·博伊德(William C. Boyd)教授的许多来信。博伊德教授是波士顿大学医学院免疫化学教授。他被我的小说《黄昏》深深打动，从此成了我的小说迷。

他给我留下了非常深刻的印象。我们相知很深。他到纽约来的时候，一有空就会来看我。

自然而然，在我们交往的时候，我谈到找工作遇到的麻烦。他写信告诉我,在波士顿他们那个学院的生物化学系有个空缺,他愿意推荐我。

我绝对不想再度离开纽约,可我更加需要一份工作。我早已在城里城外找遍了。我甚至还和一位也在找工作的同学一起到巴尔的摩,想找一份研究植物化学制品的职位。和我同去的那位(他对植物学有所了解)得到了工作,而我(对植物学一无所知)却没有。

我感到必须研究新的机会。于是,我怀着沉重的心情登上了去波士顿的列车,走进了生物化学系主任伯纳姆·S·沃克(Burnham S. Walker)的办公室。我对波士顿大学医学院的印象并不好。它很小而且看上去很破旧,位于一个贫民区。

沃克看上去和蔼可亲。给我的工作是在学院教书,那样我将来可以成为学院的教师,工资一年5500美元。

我感到烦心的是,我不是直接为学校工作,而是替亨利·M·莱蒙(Henry M. Lemon)工作。他是一个完全没有幽默感的人。他们一把我介绍给他,我就感到不舒服。更糟糕的是,我的工资是从一笔拨款中提取的。这就是说我的工作得做一年算一年。

我十分沮丧地返回家中,就像当年我被征召入伍时一样情绪低落。这又有什么用呢?我需要一份工作,既然别无选择,我就只好接受了波士顿大学医学院的工作。

接着,就在我接受那个职位以后几个星期,我的第一部小说卖给了道布尔戴出版公司。我立即就想要抓住这个机会,把它当作一个借口留在纽约。卖掉那部小说以后,我就可以争取到时间在纽约地区找份工作。事实上,如果小说销得好的话,我也许根本不需要找工作。

这种想法很诱人。我经常听说年轻的作家卖掉一本书,或者有时是杂志上的一篇故事以后,就立即放弃工作,致力于写作。故事的结局通常是他们没能成功地卖出另一个故事,只好再设法回去工作,或者再想法另找一份工作。

我对我其他的作品销售很有把握,可我知道我无法获得足够的钱养活自己和妻子。我也无法判定那部小说对我究竟有什么好处。我总共得到750美元的预付款。如果它卖不动的话,我就再也不可能得到一分钱。(如果我卖给*ASF*,可以得到1400美元。)

况且,我已经接受了波士顿的那个职位,如果我现在决定不去的话,在某种意义上就是违背诺言,我特别害怕做那种事。因此,5月底,我只好十分不情愿地动身前往波士顿。我情绪低落,格特鲁德跟我一样不高兴。我们结婚已经将近7年,仍然没有她能戴上钻戒的任何迹象。

在这里,我们不妨做个有趣、但是没有实际用处的游戏:"如果——会怎么样?"

如果没有人给我提供波士顿的职位,我会怎么样?如果在我答应去波士顿之前,我的小说再早几个星期卖掉了,那事情又会怎么样呢?无论是哪一种情况我也许都会留在纽约,靠那750美元搏一下。利用那本书的影响,我可以有时间找一份离家近一点的工作。

谁能说究竟会发生什么事呢?我倾向于对事情采取比较乐观和积极的看法。最终,我留在波士顿很起劲地干了9年。在这9年里,我教学,授课,在创作上硕果累累,这在其他情况下是无法得到的。更何况,我得到了教授的头衔,成为名副其实的科幻作家。

尽管搬家很痛苦,它却拓展了我的视野。我深信它使我成为一个更加优秀更加成功的作家。所以,到波士顿去对我来说是很重要的。

此外,我那么做也就意味着我信守了诺言。

52

道布尔戴出版公司

《天空中的小石子》于1950年1月19日出版，在我30岁生日之后不到3个星期。自此以后，我和道布尔戴出版公司的合作一直非常愉快。到现在写这本书之际，他们一共出版了111本我写的书。1990年1月16日，他们抓住机会，同时庆祝我70岁生日和《天空中的小石子》出版40周年，在绿地酒店(Tavern on the Green)举办了一个大型鸡尾酒会，邀请了好几百人参加。

那一天我正好生病住院。我不忍心让那么多的人失望。于是，那天下午，我偷偷地从医院里溜出来。珍妮特用轮椅推着我，我忠实的内科医生保罗·R·埃塞曼(Paul R. Esserman)陪着我一起前往。酒会进行得十分顺利。我只能在轮椅上接待大家，在轮椅上发表演说。我悄悄地溜回医院，心里默默地希望没人发现我不在医院。

绝无可能！第二天《纽约时报》(*The New York Times*)把它当作趣闻登了出来。人人都知道了这事。护士教训我。莱斯特·德尔·雷伊打来电话，责骂我这是拿生命开玩笑。我有事打电话给洛杉矶，那个接听的年轻女士第一句话就是："哦，你这个捣蛋鬼——"

3天以后，*ASF* 60周年庆祝，他们邀请我去作报告，可那次我不敢溜出去了，所以没有出席。这事使我深感不安，总觉得好像背叛了约翰·坎贝尔。

人们常常问我为什么这几十年来一直与道布尔戴出版公司在一起。一般人都认为一旦作家出了名，变成“身价高的人”，就应该在出版商里挑选，讨价还价，竞拍，以最高价成交。这样他就会越来越有钱……但是我不能那么做。道布尔戴出版公司一直对我很好，我不能忘恩负义。我一生都崇尚感恩和忠诚，我从未为因此可能引起的金钱上的损失而感到遗憾。我宁可损失金钱也不愿觉得自己是个忘恩负义的人。

有人对我说：“嗯，很好，他们对你很好，艾萨克。你为他们挣了那么多的钱，他们当然对你好了。”

说这话的人忘记了一点。我必须说明当我送上第一篇故事的时候，道布尔戴出版公司里没有一个人能够预料它是否受读者欢迎，也不知道我是否还会再写出一篇故事来，他们**那时候**就对我很好。

这善待我的代表人物是我在道布尔戴出版公司的第一位编辑沃尔特·I·布雷德伯里，所有的人都叫他布雷德（Brad）。他中等身材，稍微有点胖，在我眼里看上去很像英国演员利奥·金恩（Leo Genn）。他和蔼可亲，对我的态度就像慈父一样，丝毫没有屈尊俯就的样子，使我在对自己最没有把握的时候感觉很舒服。他很温和地对我的作品提出建议，帮助我阅读我第一遍校样，始终很乐意地跟我在电话里谈话，甚至有一次我为什么事焦虑不安打电话去，他的孩子正好不舒服的时候，他仍然很和蔼地不慌不忙地对我说话。除了坎贝尔和道森之外，他是第三位纯粹出于好心而无任何其他原因在事业上帮助我的人。

我必须要重复一个故事，以便你们能真正了解他的为人。有一次，另外一家出版社答应预付给我2000美元，要出版我早期的一部小说《太空洪流》（*The Currents of Space*，道布尔戴出版公司，1952年）。我很高兴，因为这个数目当时对我来说是一大笔钱。我说道布尔戴出版公司控制着版权，但是他们会按照我说的去办的。

我于是打电话给布雷德伯里，告诉他这件事。电话那头一阵沉默，我的心直往下沉。我问:“我是不是做错了什么事?”

布雷德说:“嗯,矮脚鸡图书公司(Bantam)刚出价3000美元。”

我默不作声。布雷德很和蔼地问我:“艾萨克,你是不是已经答应了?”

我说:“嗯,我说道布尔戴出版公司拥有版权,但是,是的,我答应了。”

“这样的话,我们就接受这2000美元吧。”

我说:“布雷德,道布尔戴不会受损失的。按3000美元计算,你们那一半应该是1500美元,你可以从2000美元中提取1500美元,而我拿500美元就行了。”

“别发傻了,”布雷德说,“我们对半分。”

换句话说,布雷德(和道布尔戴出版公司)情愿放弃500美元来顾全我的面子。这笔钱对他们来说也许不算大,可话不能这么说。我说的话对我来说很重要,既然道布尔戴出版公司这么尊重这一点,那今后就是野马也无法把我和他们分开,我从未背叛过他们。(当然,我从此再也没有作为出版方参加谈判。)

钱对我来说早已不再是个问题,我有足够的钱。我还有其他更想要的东西,其中最主要的就是能够让我随心所欲地写作,能够无后顾之忧,知道它肯定能出版。对我来说,道布尔戴出版公司早就使这一切成为可能。

我曾经事先没有告诉他们,就把厚厚一叠《阿西莫夫注吉尔伯特和沙利文》(*Asimov's Annotated Gilbert & Sullivan*,道布尔戴出版公司,1988年)的稿子搬到他们那儿去了。他们毫不含糊地就出版了。他们出版这本书至多只能做到不亏,却坚持给我一大笔预付款,比我料想的销量还要大的金额。我竭力推辞,可他们不听我的。他们给我的预付款总是超过安全的限度。不过,他们也总有办法把它挣回来。(我并不是对其他出版商不公正。现在有很多家出版公司愿意满足我的合理要求,但道布尔戴出版公司是第一家而且尺度最宽大。)

我这个人很好相处,我和所有与我打交道的编辑和出版商都成了朋友,而且完全是不经意的。除非我生病了,或者生气的时候,或者因为什么事很烦心(这种情况很少发生),通常我总是面带微笑,诙谐友好。正因为我从不找麻烦,从不自负摆谱,我的编辑和出版商似乎都很喜欢我,把我当作朋友。这也使我很难脱离道布尔戴出版公司——我怎么向我那儿的朋友交代?

说真话,我喜欢这样。我喜欢在业务关系中建立起来的友谊和无拘无束的氛围。(也许我的生意很不成功,可这是我做事情的方法。)

因此,我曾有一次与道布尔戴公司编辑部的十几个编辑一起共进午餐,席间谈到作者的不端行为。(我敢肯定,午餐是一群作家的话,话题就会是编辑和出版商的行为不端了。——我始终不允许自己采取这种对立的态度。)不管怎么说,在这次冷餐会上,一位编辑很情绪化地说:"最好的作家就是死了的作家。"我听了大笑。餐桌上没有人想到我在场。他们已经把我当作道布尔戴出版公司的一名成员,谁也没想到我是一名作者。

我对编辑的态度当然深受我早年与约翰·坎贝尔打交道的影响。他是一个典型的喜欢把自己的想法灌输给他人的人,不过当时我并不知道这一点。他始终留在最适合他的位置上。他在*ASF*当了33年编辑,从未有谁提起要把他给换了。只有死亡才让他离开他的位置。

自然而然,我认为所有的编辑都像上帝,具有非凡的定力,所以当我发现编辑实际上经常从一家公司跳槽到另一家公司的时候感到非常吃惊。

布雷德换到另一家公司的时候,我简直不知所措。(他后来又回到了道布尔戴出版公司。)不用说,道布尔戴出版公司另外派了一位编辑与我联系。他离开以后,再换一位编辑,就这样,我一共在道布尔戴出版公司遇到9位编辑。他们个个都很讨人喜欢。

就这样,蒂莫西·塞尔德斯(Timothy Seldes)接替布雷德成了我的编辑。他是个高个儿,瘦瘦的,有一张很生动的棱角分明的脸,看上去总是含着微笑。他总是装作很粗鲁的样子冲着我咆哮,管我叫"阿西莫夫"。但是这瞒不了我。其实他对我非常友善，我经常逗他。我悄悄地从他那儿获悉他的父亲吉尔伯特·塞尔德斯(Gilbert Seldes)是作家，他的叔叔乔治·塞尔德斯(George Seldes)也是作家，他的姐姐玛丽安·塞尔德斯(Marian Seldes)是个演员，我故意张大眼睛，装出很天真的样子，问他："蒂姆(Tim)，*作为家族中最没有天分的人，你感觉如何？"

我甚至还让他说出了一件让我觉得伤心的事。有一次，我和他一起去吃午饭，餐馆的门很重，我用力把门打开以后，把门拉着让他进去。(我知道自己的地位。)可是蒂莫西抓住门非要让我先进去不可。

我推让说："你是编辑，蒂姆，你先进。"

蒂姆说："这绝对不行。我母亲教导我说必须永远尊重比我年纪大的人。"

这使我想起我确实比他大几岁。小神童现在年纪比他的编辑大了。(现在，他的年龄比教皇和美国总统还要大，比与他联系的道布尔戴公司的编辑年龄要大两倍半。)

我与编辑的友谊以及和他们打交道时的快乐使我很难去另找代理人。我开始写作的时候，从未听说过代理人这回事。那时候，我不可能想到什么中介，所以我直接跟坎贝尔打交道。后来，等我真听到人们说起什么代理人的时候，我认为对我来说，我所有的小说全都卖得很好，根本没有通过他们，所以没有必要把收入的10%给他们。(我从未听说过谈判条件，分销之类的事。这种事代理人能谈成而我不行。)

当然，弗雷德·波尔帮助我销售了第一部小说之后，我别无他法只好让他做我的代理。他经营德克·怀利文学经纪所(Dirk Wylie Literary Agency)，它是以另外一位"未来人"的名字命名的，他就像西里尔·科恩布卢思一样英年早逝。弗雷德代理我的小说一共3年。他是个非常好的代理人，凡是他参与的事，他都很擅长。但是德克·怀利文学经纪所却因为某种缘故

* 蒂莫西的昵称。——译者。

并不景气,1953年他放弃了。这对我来说就产生了一个问题。有一段时间我们的关系有点冷淡疏远,但是后来就烟消云散,我们后来比以前更加友好。

自此以后,无论在什么情况下,我都没有代理人,除了几个单独的项目我无法避免。我宁愿这样。我喜欢自己出售作品,让出版社去考虑分销事宜。这样可以省去我许多麻烦。

事实上,我没有任何助手。没有秘书,没有打字员,没有经理。就我一人运作,独自一人在办公室里工作。自己接听电话,发邮件。

人们感到很吃惊,其实没什么好奇怪的。我的工作量是一点一点增加的,而不是一下子突然增加的。否则我就要去找助手了。这种情况就好像是古希腊传说中的克罗托那的米洛(Milo of Crotona),那位成功的举重运动员。据说他先举起一头刚出生的小牛犊,然后在小牛长大的过程中,他每天举它,直到他能够举起一头完全长大的公牛。

我对这种状况十分满意。假如我雇用他人,就不得不有一间办公室,而我喜欢在自己家里写作。况且,如果我雇用了他人,就得给他们指示,得看着他们,了解他们在干什么,指出他们的错误,会烦恼生气等等。这样就会降低我的工作效率,使我的处境堪虞。

我宁愿像我现在这样生活。

53

格诺姆出版社

并非我早期创作的所有作品都是道布尔戴出版公司出版的。在我想到我其实没有必要非得每年都写一本小说不可之后,事情就变得明朗起来:为什么不利用我早已完成的作品?

例如,在1950年,我已不再继续写《基地》系列故事。我写了8年,写了8个故事,总共约有200 000个词。我当时厌倦了这些故事,想去写别的东西。然而,这些故事还放在那儿,我觉得它们或许有出版价值。

于是我把那些故事的底稿翻出来(稿件已经有点破旧,因为我从未想到它们有什么价值),把它们交给布雷德。他仔细看了以后,把它们退回给我,说他想要新的小说,而不是老的小说。(对道布尔戴出版公司来说,这是一个极大的错误,虽然最终被纠正了,但是它对于出版公司和我来说,都损失了整整11年的收入。)

一旦我迁居波士顿,我就把手稿交给波士顿的利特尔布朗出版社(Little, Brown),他们也拒绝接受。

但是当时出版行业还有另一类公司。我前面已经提到有几家由科幻小说迷经营的半专业的出版公司。其中有一家,也许是最晚成立的,也是最好的,叫格诺姆出版社(Gnome Press),由一个名叫马丁·格林伯格(Martin Greenberg)的年轻人经营。[我在晚年与一个很出色的名叫马丁·哈里·格林伯格(Martin Harry Greenberg)的人一起工作。请记住,这是两个不相同的人。]

格诺姆出版社的马丁·格林伯格是个能说会道的年轻人,留着小胡子,长得很迷人,可我最后发现,他不可完全信赖。

然而,他似乎愿意出版我的老故事集,这倒使我对他刮目相看。我把我写的9个机器人故事放在一起——其中8个曾在*ASF*上发表过。第一个故事,我现在恢复它原来的题目《罗比》(Robbie)。马丁在临近1950年末时出版了这本书,书名是《我,机器人》(*I, Robot*)。这个名字是马丁想出来的。我指出埃安多·宾德(Eando Binder)曾经用那个名字写过一个短篇,很有名。但马丁不以为然。

他把《基地》系列故事分成三卷,在以后几年里陆续出版:《基地》(1951年)、《基地与帝国》(*Foundation and Empire*, 1952年)和《第二基地》(*Second Foundation*, 1953年)。我专门在第一本书里写了一篇序言,介绍那个长篇故事中所用的比较特殊的词语,这样第一本书的第一部分实际上是最后写的。

格诺姆实际上还出版了罗伯特·海因莱因、哈尔·克莱门特、克利福德·西马克、斯普拉格·德·坎普、罗伯特·霍华德(Robert Howard)和其他人写的书。实际上,马丁出版的所有的书,包括我写的在内,一直被认为是优秀的经典科幻小说。人们感到很惊奇,马丁居然拥有这一切。

然而,他没能够恰当地利用它们。他没有资本,不能做广告,没有发行机构,与书店也没什么接触,结果他并没有销售出多少本书。

此外,马丁有一点怪异。他对支付版税有一种无法改变的反感。确切地说,他从未付过版税。至少,他从未付给我过。版税不可能很高,但是,不管多少,他都不愿意支付。

他总是有借口,有很多借口。什么他的合伙人病了,他的会计快要死了,他遭遇到了龙卷风等等。我提出钱我可以以后再算,能否至少先告诉我销量和大概收入,以便我可以知道他到底欠我多少钱。可是不行,这好像也有违他的处事之道。

可当我不再给他新书的时候,他的抱怨绝对恶毒。他拿到了4本书——道布尔戴出版公司真蠢,居然不要它们。可我当然不准备把道布尔戴出版公司**想**要的书给他。现在凡是我写的书,道布尔戴出版公司全要。

所以当马丁抱怨的时候,我只是简单地说:“马丁,我的版税呢?”他就不作声了。

1961年,蒂姆·塞尔德斯交给我一封一个葡萄牙出版社寄来的信。他还以为道布尔戴出版公司是《基地》的出版商呢。他提出要出一个葡萄牙版本的译本。我看着信,耸耸肩说,“这没用,格诺姆出版社不会付版税的。”

“什么?”蒂姆愤怒地说,“那样我们就从他手上把书拿过来。”他派了一个律师去找马丁。

马丁很精明,提出的条件完全只顾自己的利益。蒂姆想要跟他力争,我惊恐地阻拦他说:“不,蒂姆,他要多少就给他算了,从我的版税里扣好了。我们只要讨回那些书就行。”

这个劝告很好,蒂姆按我说的做了。不过,他们从来没有从我的版税中扣钱。

其他作家也把他们的故事从马丁手中一点点挖出来,他被迫退出这项生意。后来他怎么样了,我也不知道。

其实,**如果**马丁合情合理地保留那些书,支付少得可怜的版税,就没有一个作家能从他那儿抽回他们的书。随着这些作家的其他作品越来越有名,越来越受欢迎,对格诺姆出版的图书的需求也会不断增加,马丁·格林伯格也没准会变得越来越发达,从而使格诺姆出版社变成一个重要的科幻小说出版社。可惜,他选择了一条截然不同的道路。

一旦道布尔戴出版公司得到了《我,机器人》和《基地》这两套图书,它们就开始以惊人的速度赢利。马丁一个子儿也没有得到。

尽管当时我对那种情况不满意，对马丁的做法很生气，就像在其他许多事情上一样，时间向我证明虽然某个人并不曾想善待我，可他最终还是使我得益匪浅。

毕竟，不论马丁是否付给我钱，他在道布尔戴出版公司不要的时候出版了那4本书。它们因此得以**存在**，保持生命，直到时机到来，道布尔戴出版公司逮着格诺姆出版社手里的毛毛虫，把它变成了美丽的蝴蝶。

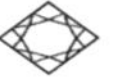 54

波士顿大学医学院

迁居波士顿就意味着结交新朋友，认识新的人。

我刚去的时候，系主任伯纳姆·沃克才49岁。他是新英格兰人，很文静，不善交际。沃克极其聪明，他很平和地对待我，似乎一点也不在意我的喧闹。我喜欢他。我必须承认他使我在医学院的生活变得可以忍受。

威廉·博伊德，我到那儿的时候他47岁，他帮助我谋到了职位。他走起路来像狗熊那样步履蹒跚，他给我的印象是在很失意的情况下工作。他上过哈佛大学，J·罗伯特·奥本海默(J. Robert Oppenheimer)也曾是他的同学。比尔(Bill) * 当然比不上他(我也没法跟他比)，我猜想他因此愤愤不平。

他对我很好，他的妻子莱尔(Lyle)也一样。我经常去他们家，在那儿结识了他们的朋友。这一点使我在一个新的城市里有一种家的感觉。他在埃及的亚历山大市找到一份工作，在那儿任文职雇员，工资比他在波士顿的工资高得多。他要我跟他一起去，我战栗了一下，拒绝了。我不仅不想去非洲，而且还警告他文职雇员是怎么回事。(当然，我受到不想让他去的情绪影响。他是我在波士顿最靠得住的朋友，他的离去会使我一个人留在一个陌生的地方。)

1950年9月1日，博伊德在我到波士顿3个月后离去。他很快就又返回

---

* 威廉的昵称。——译者

来,还是做原来的工作。他向我承认他当文职雇员经历的事全都跟我提醒他的一模一样,他很后悔没有听我的话。

我在亨利·M·莱蒙手下工作。那个人我似乎一见面就不喜欢,这也许对他不太公平。我们第一次见面是在医院最顶楼,他指着窗外,大谈"波士顿高大建筑物空中轮廓"之美丽,这些话对一个曼哈顿的居民来说没多大意思。

首先,我在波士顿一点也不开心。我望着那两层楼砖房组成的无边无际的海洋,心里隐隐作痛地想起家乡街道两边鳞次栉比的大厦,郁郁寡欢地说:"谁对波士顿的空中轮廓线感兴趣?"

这么说简直愚蠢透顶,我们的关系从此一路走下坡。他致力于研究癌症与核酸的关系(实际上是很出成果的研究项目,不幸的是,无论是他还是我都没有能力很好地加以开发),我没有他那份热情。我对写作越来越投入。他要我参加各种各样的科学会议,我也的确去参加了一些。我这么做纯粹是为了隔一段时间回一次纽约,去见我的出版商。我们的关系很快发展成互相憎恨。

我在学校外面认识了一个好朋友。在比尔·博伊德家里,我遇到了弗雷德·L·惠普尔(Fred L. Whipple),一位哈佛大学的天文学家。他当时43岁,气质高雅,为人善良。他几乎立即赢得了我的心。这一份友谊不是建立在科幻小说上。就像斯普拉格·德·坎普一样,弗雷德的外貌也一点没有改变。他现在80多岁了,仍然是那样,身体匀称,肢体柔软灵活,性格活跃,骑自行车上班,一点看不出年龄,真是岁月不留痕的典型例子。在对方过生日的时候,我们俩总要打电话互相致意。

我去医学院当然不是去结交朋友,而是去工作的。除了为莱蒙做研究以外,我还得给医学院的新生上生物化学课。那可真是件苦差事。医学院的学生恨不得立即动手拿听诊器给人看病,让他们花时间听课就好像他们还是学生,他们必定很厌烦。

我发现逃避研究的方法了。有实验室的助手和研究生,我尽可能地让他们做研究,我只需要检查结果。(不管怎么说,他们操作设备的能力比我强。)我只想彻底逃避研究。在我内心深处就是这么想的,我觉得自己走错了路。

那份工作也不能说一无是处。我喜欢当教授(1951年,我晋升为生物化学助理教授),授课对我来说正合适。系里许多老师分配课程的时候,每个人都挑自己觉得最拿手的讲授。而我说(我以前的狂妄自大流露出来了)等到所有的人都挑选完毕以后,剩下什么我就教什么。结果我承担的化学讲座比较多,共有11个。

这些课程从1950年春天开始,是自从3年前我在研究生的研讨会以来第一次重要的讲课。就像在那次研讨会上一样,授课的对象是一批必修课——学生没有选择,按规定必须要上的课程——的学生。可以想象听课的不会是热情的听众。

此外,就像那次讲座一样,这些课必须要经过精心的准备。我向来懒得把它们写出来,在心里背下来。不过我得想好要讲什么,怎么讲。在黑板上写满了公式,那样就不会弄混了。

我的研究工作在走下坡路,我的讲课却不断地进步。到我在医学院活跃时期快结束的时候,我已经被公认是学院里最出色的授课者。事实上,我是在走廊里听到两位教师讲话后才知道的。他们听到远处传过来的笑声和掌声,一位教师说:“怎么回事?”

另一位回答说:“大概是阿西莫夫在上课。”

考虑到我精彩的讲课,我在研究方面的彻底失败一点也没有使我感到烦恼。我是这样推论的:医学院的首要功能是教育学医的学生使他们成为医生,而讲课是重要的方式之一。我的讲课不仅能够给他们提供信息教育他们,而且还能够唤起他们的热情。

他们对我讲课的反应就是明证。每位教授讲课结束的时候,学生们都会鼓掌,这是惯例。当然这种掌声都是半心半意,敷衍了事的,是习惯使然而不是出自内心的。只有我在授课过程中赢得了掌声,真正的掌声。每当此时,我都感觉自己做得无懈可击。

我大错特错了!我这么想的时候忘记了一条:授课只对学生有帮助,而研究意味着政府批拨经费。经费的一部分照例注明是拨给"管理层"的,划归学校。其结果是学校每次都偏重选择研究而不是授课——看重学校的经费胜于学生的教育。这就是说我根本不是完美无缺的。一旦我完全脱离研究以后,就只是一只蹲在那儿的鸭子。情况就是这样。

你可能会反驳说学校首先得选择生存,然后才是学生,这话没错。如果学校由于缺乏经费,不得不缩减学校设施的话,学生也会受影响。另一方面,总可以找到一个平衡点,优秀教师在研究上失败应该是可以原谅的。事实却并非如此,我以后将细述详情。

55

科学论文

研究人员一项重要的,甚至可以说是最重要的工作,就是在他研究的课题上写出论文,并发表在某种有一定知名度的学术刊物上。每篇这样的论文就是一件"出版物"。科学家晋升和赢得声誉的希望,就在于他发表的论文数量和质量。

不幸的是,发表的论文质量很难评估,而数量是很容易确定的。结果就形成了一种趋势,只看数量不重质量。这就促使科学家去写大量的"出版物",多少忽略了质量。

一些论文数据不够充分,其质量不足以成为新的研究成果。有些论文支离破碎,其各部分都早已独立发表。有些论文凡是做过一丁点事的人都签上名,不管扯得有多远。有名字的人就算发表过论文了。有些资深科学家坚持把自己的名字放在他们系里发表的所有论文上面,即使他们跟那项研究毫不相干。

我从来不曾卷入这种游戏,也不打算这样做。首先,我没有什么资料值得发表。其二,我不喜欢这种论文所要求的写作风格,不想让自己去适应它。第三,我不指望在研究工作上取得什么成就,也不打算作无谓的奋斗。

我也不是一篇论文都没有。我的博士论文就是一篇。我把它压缩后发表在《美国化学会志》(*The Journal of the American Chemical Society*)上。

在从事研究工作的那些年里，我也曾作为资深科学家把名字签在系里的助教和学生写的6篇论文上。（不过，在那种情况下，我至少曾经指导研究，审看论文，并作少量的改动。）

就只有这些。从数量和重要性上来说，绝对少得可怜。可就我所知，凡是有我签名的论文全都被认为是举足轻重的，被人不断引用，有的甚至还导致产生具有重大意义的成果。

我忽然有了一个想法。《化学教育杂志》（*The Journal of Chemical Education*）是一种很好的可以利用的杂志。在大学学习化学的学生对它刊登的文章肯定会感兴趣。在我看来，写这类短文，把它们发表出来是件很有趣的事。这事做起来有趣，还可以算作出版物。在50年代初期，我写了大约6篇这样的文章。它们全都发表了。

事实上，其中有一篇被证明是非常重要的。我在文章中指出碳14同位素作为人体内有害突变发生器的具体危害。它之所以重要是因为莱纳斯·鲍林后来用颇有说服力的方式非常详尽地阐述了同样的观点（可以想象他是受了我提出的严密推测的鼓励）。地面上的核试验增加了大气层中碳14的含量，这就意味着新生儿畸形和癌症患者大比例地增加。这是导致这类试验被禁止的一个原因。我很高兴地认为我的论文可能对这一大快人心的事作了些微贡献。

尽管这些短文加在我的论文清单上，实际上完全没什么意义。它们毕竟不是科学研究。另一方面，它们的确给了我一些比仅仅添加论文数量更加重要得多的东西。对此，我将在适当的时候予以叙述。

在我执教时期，有知名度的作品不光是我撰写的这些科学论文。

1951年，比尔·博伊德决定写一部给学医的学生用的生物化学教科书。他突然想起利用我的写作专长，所以他提议与我合作。

一般来说，有人向我提出这类新项目时，我脑子里会有一场赞成或者反对的斗争。反对意见觉得我对生物化学了解不够，不足以写一部教材，并且,我认为博伊德教授也不合适(虽然我可能错看了他)。然而,赞成的理由认为这是一个挑战。更深层的理由是:撰写教科书使我有机会放下研究,因为我已经承担了另一项重要的学术工作。

最终,赞成的想法占了上风。我同意和博伊德合作,条件是要经过系主任沃克教授的同意。他得答应保护我,使我免遭莱蒙博士情有可原的愤怒发泄。

我们得到了比要求的多得多的承诺,因为沃克坚持要加入我们。这有三大好处:我的工作量可以由原来的二分之一减为三分之一;沃克可以提供我和博伊德所缺乏的生物化学专业知识。最后,如果他自己是这个项目的一分子,他自然就**必须**保护我。

实际上编写那部教科书并不像我想象的那样有趣。3个作者的写作风格差异很大,以至于我们始终在为所写的东西争论不休。我几乎始终未能按照自己的方式写作。因此那本书是通常那种一脚高一脚低的教科书。最后威廉斯和威尔金斯出版社(Williams & Wilkins)于1952年以《生物化学与人体代谢》(*Biochemistry and Human Metabolism*)为书名出版。第2版(修订版)于1954年出版,第3版于1957年出版。虽然工作量很大,经济上却根本没有回报。50年代出版了许多远比它更好的教科书,所有这3个版本都彻底完蛋了。因此,在第3版以后,我就听任这本书寿终正寝。

我认为这本书浪费了不可估量的时间和精力。可是凡事都有利有弊,它给了我大量的创作非小说类图书的实践。更重要的是,我由此醒悟创作非小说类的作品(当我不受合作写书者的干扰时)要容易得多,在某种程度上说,也比写小说更有趣味。这对我后来的写作生涯有重大影响。

关于上述《生物化学与人体代谢》一书,最后还有一点必须要提一下。它只是我的第8本书(是我的第一本非小说类图书。我从中获益匪浅,这才有今日之成就),我当时还没有想到关注自己一共写了多少本书的实际数字,也尚未对它感兴趣。

结果,第2版和第3版,每个版本的工作量虽然都要比创作一般科幻小说更大,却没有作为独立著作添加到我的图书出版清单上。此后,我在重版时,总是根据需要对原书作实质性的修订,使之成为一本新书。没有把后来两个版本算进去,就意味着假如我不能继续写作了,假如我将以(比方说)498本书结束我的生涯,那么我将会因为那两个修订版未计算在内,从而未能完成500本书而悔恨。

这一点微不足道,可它对我似乎很重要。我敢肯定别人会觉得好笑。

56

小 说

尽管有这些与研究、科学论文和教科书有关的烦恼，我在执教期间，主要精力仍然放在创作科幻小说上。甚至早在《天空中的小石子》出版之前，沃尔特·布雷德伯里就约我再写一部小说。我写了两个样章给他。问题是现在我既然是正式的作家，我极力想要写得文学味浓一点，就像高中时我在那终生难忘的写作班上那样。虽然不像那么糟，但是也够可以的了。布雷德温和地把这两个样章退了回来，把我引上了正确的轨道。

"你知道，"他说，"'第二天早晨太阳升起来了'这句话海明威会怎么写吗？"

"不知道，"我急切地问道（我从未看过海明威的作品），"他会怎么写呢，布雷德？"

布雷德说："他会写，'第二天早晨太阳升起来了。'"

那就足够了。这是我上过的最好的文学课，只用了10秒钟。我完成了第二部小说《繁星似尘》（*The Stars, Like Dust—*），故事语言质朴，布雷德收下了。下面是50年代我在道布尔戴出版公司出版的小说：

《天空中的小石子》，1950年

《繁星似尘》，1951年

《太空洪流》，1952年

《钢穴》，1954年

《永恒的终结》（*The End of Eternity*），1955年

《裸阳》（*The Naked Sun*），1957年

这6部小说中，前面3部最终合在一起构成“帝国小说”。《钢穴》和《裸阳》成为我的“机器人小说”的前两部，讲述了伊莱贾·巴利（Elijah Baley）和R·丹尼尔·奥利沃（R. Daneel Olivaw）侦探小组的故事。丹尼尔是一个人形的机器人，它可能是我所有作品中最著名的人物。《永恒的终结》是一部独立的小说，跟其他故事没有联系。

除此之外，布雷德在1951年要我写一部给青少年看的短篇科幻小说，一部可以改编成电视剧的小说。故事讲述一个太空巡警的故事，就像那个孤独的漫游者在广播中播出那样，根据这个故事改拍的节目将在电视中播出。当时谁都不很了解电视这种新的媒体形式。大家都认为电视上的节目会像广播中的节目一样长命。我们还以为如果行的话，太空巡警这一角色将会为道布尔戴公司和我本人提供长期的年金。（当然，我们不知道其实没有几个电视节目可以播放一个季度，至多20个故事就不错了。但是，我们也不知道重播之类的事。）

我不是很热衷于此。我担心电视节目用过以后会毁了我的故事，我的文学声誉会因此受影响。布雷德自有办法：“用一个笔名。”

我那时是一个科内尔·伍尔里奇（Cornell Woolrich）的崇拜者，我知道他取了笔名威廉·艾里什（William Irish，拼写与“爱尔兰人”相同）。我想，我也要用一个与某个国家的人拼写相同的词儿作为笔名。因此就选了保罗·弗伦奇（Paul French，拼写与“法国人”相同）。用这个笔名是个可怕的错误。当然就电视改编而言，没有什么不妥。就像我所担心的那样，另外一个节目《太空巡警罗基·琼斯》（*Rocky Jones, Space Ranger*）抢在了我们前面。除此之外，人们还议论说“艾萨克·阿西莫夫用保罗·弗伦奇的笔名创作科幻小说”，仿佛我想要保护我受人尊敬的科学家身份，故意隐瞒了自己也在写

廉价惊险读物的事实。这种说法给我带来的烦恼简直难以想象。

不管怎样，我感到松了口气，电视不再来烦我们了。我的第一本少年读物非常成功，于是我又写了5本。我开始为我的英雄戴维·斯塔尔（David Starr）的故事取名字，必须要有魅力，于是我给他取了个绰号叫幸运儿斯塔尔（Lucky Starr）。开始我把他描绘成一个半神话式的太空巡警，戴着一副光彩夺目的面罩。但是我很快就放弃了这个，而是在故事里运用诸如正电子机器人这样的要素。我不想隐瞒这是我的作品，在以后的几个版本中我坚持用真名以便永远埋葬那个可恨的保罗·弗伦奇。

以下是我的6本幸运儿斯塔尔小说：

《戴维·斯塔尔——太空巡警》（*David Starr: Space Ranger*），1952年

《幸运儿斯塔尔与小行星上的强盗》（*Lucky Starr and the Pirates of the Asteroids*），1953年

《幸运儿斯塔尔与金星的海洋》（*Lucky Starr and the Oceans of Venus*），1954年

《幸运儿斯塔尔与水星的大太阳》（*Lucky Starr and the Big Sun of Mercury*），1956年

《幸运儿斯塔尔与木星的卫星》（*Lucky Starr and the Moons of Jupiter*），1957年

《幸运儿斯塔尔与土星的光环》（*Lucky Starr and the Rings of Saturn*），1958年

我写小说，无论是写成人读物还是儿童读物，都没有妨碍我替杂志写些短小的故事。在杂志上发表的故事之中，我最喜欢的是《最后的问题》（The Last Question），它于1956年发表。我第三个喜欢的故事是《丑男孩》（The Ugly Little Boy），当时用了一个很可怕的名字《最后出生的人》（Last-Born）于1958年发表。（我第二个喜欢的故事直到20世纪70年代才写成，这放在后面再谈。）

这时候，道布尔戴出版公司不再拒绝出版我的短篇小说集。50年代，它们出版了3本故事集：

《火星之路与其他故事》(*The Martian Way and Other Stories*)，1955年

《地球是个大房子》(*Earth Is Room Enough*)，1957年

《九个明天》(*Nine Tomorrows*)，1959年

除了这些，还有格诺姆出版社的那4本书：《我，机器人》和3本《基地》小说。这些是道布尔戴出版公司后来拿过来的。50年代，我一共写了32本书，其中19本是道布尔戴出版的，全都是科幻小说，其余的则不是。

几乎从50年代一开始起，我最感到惊讶的是这些书给我带来的收入。在我只为杂志创作的11年里，我已经习惯于单笔收入。然后就什么也没有了(除了一些数目很小的选编费——这在后面再谈)。

图书则不同，它有版税，**不断地**有版税。图书不仅可以在几年里不断地销售，而且还有稳定的附属版权的版税——连载、平装本、外文版的稿费。《繁星似尘》出版以后，我仍然享有《天空中的小石子》的版税。到我第三本小说开始有版税的时候，我仍然收到前面两本小说的版税。事实上，自从《天空中的小石子》出版以后，我收到了道布尔戴出版公司给我的80份半年一度的结算单。在每一份清单中，《天空中的小石子》毫无例外地都挣了相当可观的钱。

其结果是道布尔戴给我的版税稳定地攀升(其他出版社给我的版税也一样，不过，金额要小得多)。我立刻意识到，我**可以**靠写作为生。事实上，到1958年(我在学校很艰难的一年)，我写作的收入是学校收入的3倍。可以想象，我独立的感觉因此日益增强。

它也使我反思。要是我当时搏一下，写第一本书时就冒险不履行我对学校的承诺，留在纽约的话，我现在明白其实是可以靠写作养活自己的。我没有必要去工作。(事实上，我再也不需要去找别的工作。)

50年代中期，我还在想是否要辞了工作回到纽约去，当时谨慎还是占

了上风。万一道布尔戴出版公司因为某种缘故，不再出版科幻小说，事情会怎么样？万一我突然遇到写作障碍，怎么办？即使没有经济上的需要，出于安全保障的考虑，我心理上也感到需要一份工资，哪怕钱很少。它不像写作收入，浮动不定不安全。（此外，我仍然不想放弃教书，不想放弃教授的头衔。）

尽管如此，我觉得自己有实力提出，如果不让我脱离莱蒙的控制，工资改由学校发放的话，我就要辞职不干了。他们同意了。这就意味着我可以结束我的研究工作，我在学校的收入从此与经费的变化不相干。

57

非小说类作品

在医学院期间，我一直在写科幻小说，傍晚，周末和节假日，我都在写。可不管稿件截止日期多么紧迫，我**从不**在学校上课的时间里写。我觉得那样做是不道德的，学校支付给我酬金不是让我写科幻小说的。

我参加学术活动是有报酬的。我想到，在不上课的时候可以从事研究或者科学写作。两者对学校都有益处。这就是为什么我会在学校上课时间里参加编写那两本教科书，而没有受到良心谴责的理由。

但是当我既不上课又不编教材的时候，做些什么呢？我不**想**搞研究，我想要**写作**，那就只有写非小说类的作品。一旦我脱离了莱蒙领导，立即感到可以这么做（他一直铁板着脸，找些什么借口，对我编写教科书的工作横加阻拦）。

问题是：写**什么**呢？

我想到写我为《化学教育期刊》撰写的那类文章。但是要写得再长一点，更加随意，更加**轻松活泼**（假如我可以用这个词的话），同时还要保持严格的科学性。因此，我为《化学教育杂志》写了一篇简短的文章，谈论由属于20种不同类型的几百个氨基酸构成一个蛋白质分子的方法究竟可能有多少。（构成的方法竟然比天文数字还要多，真令人难以置信。）

我接着又写了另外一篇文章谈论这个话题。文章更加长，也更加随意，题目是《血红蛋白与宇宙》（Hemoglobin and the Universe）。我打算给*ASF*，它专门发表具有想象力、对科幻小说读者有吸引力的科学文章。坎贝尔收下了，把它登在1955年2月号的*ASF*上。

《血红蛋白与宇宙》是我写了以后出版并拿到稿费的第一篇科学随笔。我很惊奇地发现，与同样长短的科幻小说相比，写这种文章花的时间少，比较容易，也有趣得多。（我不用构思什么情节，材料都是确凿的。）它打开了泄洪的闸门，从那以后，我就很热衷于撰写科学随笔，或者偶尔写写非科学题材的文章。实际上到现在为止，我写的这类文章已经数以千计。

写非小说类作品有一个特殊的好处：当我写小说的时候，我一次只能应付一个故事，或者一本小说。若要同时写两个故事，肯定会把人物和时间搞混了。非小说类文章就截然不同了。如果我在写一篇关于维生素的文章，与此同时，还在写一篇关于恒星演化的文章，这两篇文章是绝对不会混在一起的。我发现我可以同时写很多篇非小说类文章，随心所欲地从一篇文章转到另一篇文章上去。

随笔并不是我创作非小说类作品的唯一形式。

博伊德曾使我在教材编写上遭遇惨败，这次作了弥补。一家小出版社要他写一本给青少年看的生物化学方面的书。博伊德自己不想写，他建议让我来写，我欣然接受。我很**想**为青少年写作，而且实际上已经在尝试做这件事。由于目标定得太高，还没有能说服利特尔布朗出版社出版这样一本书。

现在我**有**了一家出版社。我准备定位在给聪明的刚进高中的青少年看。我写了一本书，名为《生命的化合物》（*The Chemicals of Life*），由阿贝拉德-舒曼出版社（Abelard Schuman）于1954年出版。

这是我出版的第一本写给一般公众看的非小说类图书。它为我打开了又一道泄洪闸门，我后来写了许多这种类型的书。一般我写小说要用7—9个月的时间，而《生命的化合物》只用了6个星期。我不由得问自己：

"嗨,这种情况能维持多久?"

50年代,我替阿贝拉德-舒曼出版社写了8本这样的书。它们是:

《生命的化合物》,1954年(生物化学)

《种族与人》(*Races and People*),1955年(遗传学)

《原子内幕》(*Inside the Atom*),1956年(核物理学)

《宇宙之砖》(*Building Blocks of the Universe*),1957年(化学)

《区区一万亿》(*Only a Trillion*),1957年(科学随笔)

《碳的世界》(*The World of Carbon*),1958年(有机化学)

《氮的世界》(*The World of Nitrogen*),1958年(有机化学)

《我们赖以生存的时钟》(*The Clock We Live On*),1959年(天文学)

由此可见,我已经开始操练又一类新的系列写作了。

58

孩　子

在50年代,尽管似乎充斥着医学院的事务、教科书、科普书和数量众多的科幻小说,我仍然享有私生活,有婚姻,甚至(我很惊奇地发现)有孩子。

我最好坦率地说我并不喜欢孩子。在我很年轻的时候,我母亲自以为我喜欢孩子。也许她认为她在细心地培养我,让我有朝一日给她养孙子。不管在什么情况下,只要有顾客带了5岁以下的孩子走进糖果店,母亲就会尖叫:"哦,艾萨克喜欢孩子。"然后把我推到前面去,让人看了以为我真的很喜欢。

这对我来说真是一种恐怖的折磨。只要看一眼婴儿,我就够了,知道是怎么回事了。再多看几眼,也就那么一回事。如果那孩子大一点会走路的话,我恨不得与他保持距离。这样的孩子太好动,太吵闹,几乎无一例外全都是无法控制的。他们的手指可能是黏的,老是要吃东西。我不想和他们打交道。

因此,毫不奇怪,结婚的时候,我并没有想要孩子。格特鲁德也不要。没有孩子我们可以过得很好,为什么不行呢? 今天人类面临的最大问题就是人口过剩。只有当人口稳定在控制之中的时候,才有可能解决环境问题。在这种情况下,对孩子无所谓的年轻夫妻无意增加地球的负担,应该受到鼓励和充分的重视。

事实却正好相反。世俗不让我们不要孩子。遇见我们的人总是盯着问我们有没有孩子,听我们说没有的时候,他们就会以不赞同或者伤感的眼光看着我们。我年轻的同事一个一个结婚有了孩子以后,谈论的话题没有别的,只有当父亲的欢乐。(在我对此比较冷淡的时候,我曾经想他们是不是因为开销、工作和做父亲的责任压力过重,对我们的逃避感到愤怒,所以才极力诱骗我们进入圈套。)

既然我们也都是人,抵挡不住宣传和压力,所以也开始想要孩子了。有好几年的时间,我们失败了,原因很清楚。格特鲁德的月经很不正常,我去看医生,发现我精子数量太少。我们仍然可能有孩子,但是机会要比一般的夫妇少。

结果,我们放弃了,继续过没有孩子的生活(不是很困难)。我买了一套原始的录音设备,那样我可以口述我的故事,然后让格特鲁德把它们打出来,这样我们就可以有一个共同的事业。

我常常想,如果当时真的那么做了,会出现什么情况?我们会更亲近吗?婚姻会更加快乐?这事没法说。因为我们没有可能去尝试了。我口述了3个故事,她把它们打出来。这些故事全都卖出去了,而且都很成功。然后,你们大概可以猜到,她怀孕了,一种没有孩子,互相合作的生活的可能性就此消失。

医生的检查告诉我们,格特鲁德怀孕了。甚至在此之后,我们都懵懵懂懂地不相信,直到格特鲁德出现明显的怀孕生理反应,我们才相信。

过了一段时间以后,我发现自己成了父亲,有了一个儿子名叫戴维。我感到惊异,却并不完全满足。

59

戴 维

戴维生于1951年8月20日，生的时候是难产，体重不到6磅(约2.7千克)。(我想这是一个很好的例子，证明母亲吸烟生下的孩子出生时体重都在标准体重之下，尤其是在怀孕期吸烟的母亲生的孩子，格特鲁德就是这样的。)

戴维小的时候，很明显不能在互谅互让的基础上与其他孩子一起玩耍，不会交朋友。他长大一点的时候，我们发现他在学校里不快活，他总是当替罪羊。再往后，在生活中，他似乎什么工作都干不长，他跟同事总也相处不好。

所有这些我都无可奈何地接受了，我理解这种情况。我自己也是这样的。事实上，甚至在戴维小时候，我在医学院执教期间，我跟其他人也都处不好，我的工作也因此总是岌岌可危。

然而戴维缺乏我的机敏和智慧。他在智力上完全正常，无论在哪一方面一点也不迟钝。(我们没有冒险。我让他做了神经测试，到精神病医生那儿咨询过。)当一个人社交上无能时，用常规的方法是不够的。我驱走我的自闭，是靠我的才华横溢。即使如此，我也只是勉强成功。

应该说戴维是一个很好很可爱的人，平时很温和、善解人意。可遇到麻烦时很固执(跟我一样)，这种时候就不很理智。

在他少年时期，我就意识到将来他长大以后恐怕不能养活自己，因此我采取措施，专为他设立了一个信托基金，这样他就不会遇到经济问题。

戴维有一大爱好就是把他喜欢的电视节目录下来，建立一个庞大的节目库。在我看来似乎是一种很孤独的生活，可他像我一样，好像喜欢独处，对他的收藏很投入。他不吸烟，不喝酒，不吸毒，除了要养活他，他也从未给我惹过什么麻烦。对我来说，养活他根本不成问题，这是我的义务(且不说其乐融融)。

人们有时候想当然地认为，既然我有一个儿子，既然我本人是如此出类拔萃，我的儿子必定也很出色。他们问我他是干什么的，指望我说他至少是一个核物理学家。我的回答始终一成不变:他是一个悠闲的绅士。如果他们再问下去，我就坦率地告诉他们我养活他，他过着一种宁静得无可指责的生活。

倘若他们流露出我会很失望的想法，我就会告诉他们(有时候强忍着恼怒)，我的儿子爱怎么活就怎么活，他不必辛辛苦苦地为了给我争光而努力，我完全能够靠自己赢得辉煌。我对我儿子的唯一希望就是他过得快活，我努力工作使之成为可能。我打电话给戴维时，他的声音听上去始终很快活，我宁愿儿子是一个快活悠闲的绅士，而不是一个可能不快活的核物理学家。

60

罗 宾

我必须承认虽然我不喜欢孩子，可我觉得小女孩要比小男孩容易接受。格特鲁德怀戴维的时候，我几乎认为他是我唯一的孩子。毕竟，我们历经千辛万苦才生了一个孩子。我们似乎不可能再生一个孩子，更何况戴维出生的时候，格特鲁德已经34岁了。

我希望有一个女儿，我决不会冷落戴维。他是我儿子(我做梦都没有想到我会有儿子)。事实上，我记得他是个用奶瓶喂大的宝宝。格特鲁德睡起来很熟，而我很警醒，只要孩子一哭，不管声音多么轻，我都会惊醒过来。晚上，总是我隔几个小时，起来去热奶瓶，喂戴维吃奶。

1954年，我们又有一次惊喜。格特鲁德又怀孕了，1955年2月19日，生了一个女儿名叫罗宾·琼(Robyn Joan)。Robyn中的“y”是我坚持要加进去的，因为我不想让人误以为她是个男孩。加上琼的意图很明显，万一她长大了不喜欢罗宾(Robyn)这个名字，仍可以用琼。幸运的是，她并没有不喜欢。她接受了罗宾，就像我接受了艾萨克一样。任何其他的名字对她来说都是不可想象的。

罗宾很少哭闹，脾气很好。她上厕所的训练很快，在各个方面她都令人满意。只是有一条，她有个习惯(有一段时间)，喝完奶以后会悄悄地吐出来，弄得我衬衣上到处都是。

最值得一提的是，她长成一个美丽的、金头发蓝眼睛的小女孩。7岁的时候，她看上去就跟约翰·坦尼尔(John Tenniel)在《艾丽斯漫游奇境记》里扮演的艾丽斯长得一模一样。这点非常明显，所以她在学校里走进一个新的班级时，老师只看了她一眼，就要她在班级演出的时候扮演艾丽斯。

我很高兴，抱着她亲个不停，告诉她她有多么美丽。格特鲁德反对我这么做(也许是想起了她自己的童年)，说我不该那么做："假如她长大以后相貌平平，那怎么办呢?"

我断然地说："不会的。即使那样，在我眼睛里，她永远是美丽的，我要让她永远都记住这一点。"

事实上，罗宾长大以后，在所有人的眼睛里，她都美丽非凡。她身高5英尺2英寸(约1.57米)，跟她母亲一样高，头发仍然是金色的，但是眼睛的颜色变深了。更重要的是她不仅美丽，还很温柔，心地善良，有爱心。她对父亲倾注于她的感情给予充分的回报。

要说有什么欠缺的地方，就是她说话很尖刻(我想象不出她从哪儿得来的)。我跟她说话只能小心翼翼地，否则她一句话就会把我噎住。例如，在60年代，我喜欢戴色彩鲜艳的领带，罗宾长大了，对于我的穿着(不是她自己的)持保守态度，反对我的华丽打扮。有一次，我表示反抗，戴了一条亮橙色条纹的领带走进厨房，罗宾坐在那里。我极力显示自己很勇敢。

她看了我一眼，说道："效果很好，爸爸，现在你只要把鼻子涂成红颜色的，就——"

同样，她也用了几年才适应了我的幽默感。(最终她成功了。我们因为能够互相了解而其乐无穷。她曾对她的朋友说："我这一辈子都在笑。")

罗宾的外貌跟她父母差异都很大(虽然我家曾出现过金发)，以至于不止一个人曾经问过我，是不是可能在医院里搞错了。对此我的反应总是一把抱住罗宾，搂得她透不过气来，说："真是那样的话，太晚了。我就要这个女儿。"

罗宾生来就有朋友，很合群。我一直说，如果她卷成一团像个保龄球，我把她滚过一群陌生人中间，她在另一头出来时准保有5个朋友粘住她。这种社交本能使她的生活比较轻松。罗宾曾和两个男人保持了长期的关系。我苦涩地称他们为我的“法律上的孽债”(sins-in-law)。在我写本书之际，罗宾仍然是独身。

我明确地对罗宾说，如果她想要的话，可以生孩子。可她不必为了给我添个外孙，而勉强生孩子。

我常常表达我对于地球人口增长太多的恐惧，罗宾与我有同感。我们都觉得如果盲目地多生孩子，对地球没有什么好处。因此，罗宾没有非要生孩子不可的感觉，我也不觉得非要外孙不可。

罗宾中学毕业后进了波士顿大学，学心理学，后来又在波士顿大学继续攻读社会工作的硕士学位。

顺便说一句，罗宾喜欢她的姓。她很高兴人们常问她与我有什么关系，显而易见，她非常自豪地宣称我是她父亲。我内心深处感到十分温暖。

有一次我提到罗宾对我感情很深，听我说话的那个女人(她不相信人世间有真情)不以为然：“哼，如果你爸爸很有钱，他又很溺爱你，你怎么会不爱他呢?”

我听了这话有一点烦恼，我很了解罗宾，知道我可以直截了当地问她，哪怕是很难开口的问题，而且肯定会得到一个真实的回答。所以，我就对她说：“罗宾，如果我一贫如洗的话，你会爱我吗?”

她毫不犹豫地说：“当然啦。你还像现在这样有趣，是不是?”

我对她的回答很满意。显然她看重的是欢快地生活，认为它比我拥有的金钱更重要。

61

即兴演讲

到1950年夏天为止，我已经做了许多场很成功的报告。不过，听众全都是专业人士，并且总是经过充分准备的。后来，我接到一个邀请，让我在一个科幻小说会议上作一个关于机器人的演讲，我同意了，可我当时实在没有时间准备。我觉得这个话题对我来说，实在太熟悉了，根本不需要准备。

格特鲁德知道我根本没有准备这次报告。她坐在最后一排，生怕我会把事情搞得一团糟。她挑选了一个位置，以便到时候可以悄悄地溜之大吉。

我开始演讲了。虽然我事先没有准备，但是演讲条理清晰，连贯流畅。我有些惊讶，更觉得欣喜，我发现在我想让听众笑的地方，他们果然全都哈哈大笑；更使我高兴的是，我发现格特鲁德突然有了信心，把她的位置换到第一排来了。

这个演讲是又一个转折点。我发现我能够很轻松地发表演讲，正如后来事实证明的那样。无论什么话题，我都不需要什么准备，就能够即兴发表演讲，侃侃而谈。从此以后，除非在学校里上课，我作报告就再也不准备了。从不准备!

有一次，我写好一篇准备发表的演讲材料，当时我连看都没有看那份写好的稿子就发出去了。一般说来，如果演讲很重要，要发表的话，他们必定会录音，然后再根据录音打印下来。

此后不久，又出现了另一个转折点。当时我应学校一位同仁的邀请，在波士顿南郊给一群家长教师联谊会的人作报告。他们给了我10美元的报酬。我很惊讶，竭力推辞说我演讲不收费。可是他们坚持要给我。

随着时间流逝，我已经能够比较坦然地接受我的劳动报酬了。我演讲的酬劳也一直在稳步增加。有一次，我在麻省理工学院演讲，酬劳是100美元。在午餐时，我发现沃纳·冯·布劳恩(Wernher von Braun)几星期以前作了一个报告，他们付给他的报酬竟然高达1400美元。

我有点生气地问他们："他的报告真的就比我好14倍吗？"

"哦，不，"他们很不策略地回答说，"你的演讲要比他好得多。"

可以想象，这是我最后一次只收100美元的演讲。最终，我演讲一个小时的报酬高达20 000美元。这钱看上去似乎有点过高(我这么认为)，但对方付的时候总是满面笑容，充满感激之情，这大大抚慰了我脆弱的心灵。

此话怎讲？其中一条理由是我的演讲是即兴的。事先仔细地用书面语言写好讲稿，然后照本宣读，而不是用英语**口语**的演讲(不管你信不信，口语和书面语言其实是两种不同的语言)，听上去很不自然。此外，读讲稿的时候，翻动稿纸，有时念得卡壳了，都增加了做作的感觉。把讲稿背下来，也许能够减少一些做作的感觉，可真要做起来很难，结果仍然是不自然的书面语言。

如果不用讲稿，即兴发表演讲，用口头语言作报告，不仅亲切，还可以随时根据听众的反应，转换语气调整情绪。

如果一个人不能保持谨慎，接连不断的成功往往会滋生骄傲。我偶尔也会忘乎所以，因为自己的演讲能力而自命不凡。我经常与另外两三个演讲者一起站在讲台上。在这种情况下，我总是提出让我最后一个演讲。如果有人问为什么，我会很真诚地说(听上去自命不凡)："因为没人能比得过我。"

我一般都会证明这一点。有时，我前面的人讲得**非常**好，我不得不尽最大努力去超过他。有相当长一段时间,我都很不安,不知道自己是否成功。

例如有一次,我前面的演讲者,谈论的是基辛格(Kissinger)和权力平衡的原则。那是一个很重要的话题,那个人的演讲既流畅又沉着自信。我的心沉到了地窖里,我决不可能超过他。我**竭尽全力**,可还是感到不如他。

演讲完毕,在接待室里有人对我说:“阿西莫夫博士,我很欣赏你的演讲,你讲得非常出色。”

我郁郁寡欢地说:“那个关于基辛格的演讲要好得多。”

“哦,不,”那个人说,“我以前听他讲过,跟这一模一样,一个字不差。我以前也听过你演讲,你的报告永远都不一样,不重复。”

那是另外一个问题。如果你费了很大的气力,记住了一篇很长很复杂的演讲稿,你不可能只用一次就把它浪费了。你必定会一次又一次地用它。老天保佑那些坐在那儿听第二遍的听众。

此外,即兴演讲,可以不受限制,临时作变化。虽然我一生作过几千次报告,其中没有两个报告是完全一模一样的。

顺便提一句,我演讲的名声很好(由于满意的听众四处口头传颂),始终不断地有人邀请我到国内的各个州去作报告,其他国家的邀请也络绎不绝(甚至有从遥远的伊朗或者日本发来的邀请函)。可惜我对旅行的态度使我只能在离家很近的地方演讲。如果不是这样的话,我完全可以单靠演讲为生,还可以周游世界。

我无怨无悔。我的职业是写作而不是演讲。

关于我的演讲有许多逸闻趣事,我忍不住要讲几件。许多事与怎么介绍我有关。

凡是演讲的时候,总会有人负责介绍演讲人。这么做也是有风险的。因为除非介绍很简短,只介绍些事实,否则就会有麻烦。一个冗长沉闷的介绍会使观众冷场,而一个诙谐机敏的介绍,无论长短,都会对演讲者产生负面影响。

一般而言，我情愿不要什么介绍。我喜欢径直走上空荡荡的讲台，说："女士们，先生们，我叫艾萨克·阿西莫夫。"然后开始演讲。这就是我所希望和需要的全部介绍，可没有一次是这样的，总是有人想要多说几句话。

1971年，我在宾夕法尼亚州立大学演讲。我有一位科幻小说作家朋友菲尔·克拉斯(Phil Klass)在那儿教书。他负责介绍我，我的心直往下沉。我记得他在科幻小说作家集会上的讲话。他说话相当风趣，因此我真希望他的介绍简短，而又直截了当。

谁知菲尔足足讲了15分钟之久，他很夸张可笑地描述了我的性格和能力，听众捧腹大笑。我在座位上越缩越低。他演讲分文不取，而我每小时收费1000美元。他使听众感到轻松，我在他后面演讲简直就是狗尾续貂。

最后，我已经开始预计这次肯定要失败了的时候，菲尔说了他的结束语："千万不要有这样的印象，认为阿西莫夫什么都能干。比方说，他从不在大都会歌剧院演唱《弄臣》中的歌。"

听众席上爆发出一阵大笑。就像托马斯·亨利·赫胥黎(Thomas Henry Huxley)在那场关于进化论的大辩论中，提到塞缪尔·威尔伯福斯(Samuel Wilberforce)时说的那样，我朝珍妮特弯下身去，轻轻地说："老天爷把他交在我的手里。"

我走上演讲台，面对着听众，等待掌声平息下来，然后站在那儿足足沉默了15秒钟。我很庄重地凝视着听众，使他们好奇地想知道究竟是怎么回事。

就在听众的困惑即将超过极限时，我突然开口，没有任何预示，我尽量用男高音的声音迸发出："Bella figlia dell' amore"——《弄臣》中那首著名的四重唱的头几小节(在歌剧中很典型)。

会场的气氛一下子轻松起来。我把听众置于我的掌握中，演讲者必须要懂得如何做到这一点。

另一次惊险地转败为胜，发生在1958年3月21日，当时我在费城附近的斯沃斯莫尔学院演讲。我前一天晚上抵达那儿,学校的校长要我在第二天早上8点钟的集会上讲话。与会的学生都是按规定必须参加的,许多学生很讨厌这种集会。

"很可能,"校长说,"有些学生会在你讲话的时候,故意看报。这并不是对你个人有什么不满,而是表示他们不赞成集会的制度。"

"不必担心,"**我**挥挥手对校长说,"**我**演讲的时候,不会有人看报的。"

那天晚上费城经历了一百年里最猛烈的暴风雪。(顺便说一句,那场风暴害死了西里尔·科恩布卢思。)积雪足有2英尺(约61厘米)厚,潮湿、黏糊而又沉重的积雪摧毁了许多绿地,毁坏了许多树木。

第二天早上,看着学生们穿着靴子艰难地在厚厚的积雪里前往会议大厅,我惊骇地想,如果他们在普通的情况下讨厌集会,**今天**不知会有多么反感。我已经准备面对冷冰冰的听众,从里冷到外的听众。

怎么办呢?我就从那一天开始说起:"先生们,今天正值春分,我来到你们学院,春分这一天预示着冬天里所有的不如意即将随着暴风雪和严寒离去,春天的花蕾将要绽放。凛冽的寒风将变成和煦的微风——"

就这样我的颂词变得越来越奔放,脸上的表情始终圣洁欢悦,听众开始嬉笑,接着哄堂大笑起来。当我觉得让他们暖和够了的时候,我正式开始讲演,会场上没有人看报纸。

还有一次,情况比这更加险恶,我靠着运气化险为夷。60年代,因为某个对交流沟通感兴趣的机构要授予我一枚奖章,我在俄亥俄州作了一次报酬不超过250美元的演讲。我准备给他们作一个我称之为我的"孟德尔演讲"(Mendel talk)的报告。我曾在各地作过许多这种形式的报告,全都非常成功。谈话是关于格雷戈尔·孟德尔(Gregor Mendel)的,他发现了遗传原理。但是,由于缺乏交流,这些原理竟然在长达33年的时间里一直不为科学界所了解。

这次演讲之前的介绍很长又很机敏。我坐在宽敞的餐厅里,等待那位介绍人结束他的开场白坐下来的时候，心里感到越来越压抑。我清楚地知道，这次我得花很大劲才能避免演讲突然由精彩降为平庸的局面。在介绍时，坐在我右面的那个人悄悄地对我说："阿西莫夫博士，我们都迫不及待地等着听你演讲呢。"

我觉得压力很大，回答说："你怎么知道我讲得好不好？"

"我以前在戈登研究会上听过你关于孟德尔的演讲。"

我一下僵住了。"介绍孟德尔？这儿还有谁参加过那次会议？"

"差不多全去听过。"

我只有5分钟的时间重新构思一个报告。我终于成功了。每当我想起我差一点给一群听众演讲他们基本上已经听过的报告，总要出一身冷汗。

另外一次，介绍我的人问我，他是否可以宣读我在讨论合同条款时的回信。我已经记不清我在那些信里究竟写了些什么，就回答说："可以。你读吧。"

他真的把信读了出来。我在信中强硬地要求支付3倍的演讲报酬，理由是我比别人强3倍。这就意味着我将面对这样的一群听众，他们在听我演讲之前获悉我曾经向他们的机构索取了许多钱，因此变得十分冷淡。我必须向他们证明我确实比别人强3倍。这件事难度很大，可我成功了。

我碰到的最糟糕的介绍是在匹兹堡。那是我唯一想起来就生气，一点不觉得有趣的一次演讲。当时我正在讲台上准备发表演讲，一个自大的女负责人站在台前，颐指气使，尖叫着，很生硬地要大家坐下。

最终，轮到我讲演了，她向听众介绍我。我踏上讲台，掌声响了起来。这时她走到我前面，挥手让听众静下来，以便她让最后来的几个人坐好。我当时真想把她从台上赶下去，但是我忍住了。

我只好面对一群冷冰冰的听众演讲。我实在愤怒至极，无法用演讲技巧使听众再度热起来。报告不算很失败，也绝不能算成功。那女人愚蠢透顶。

经常作报告的人心里必定会有一只特殊的钟。我给医学院的学生授课的时候，总是正好在下课铃响的时候结束最后一句话。当然教室里有一个很大的钟，一眼就可以看见，我可以借此控制讲课速度。这对我来说是一种很好的锻炼，使我内心有明确的时间观念。

一般我在演讲之前，会问演讲会的负责人："你想要我讲多长时间?"只要他们讲出一个具体时间，那我的演讲就正好那么长。问答部分也包括在内。如果他们说："你愿意讲多久就多久。"那我就讲45分钟。

1977年5月18日（这个日子我记得很清楚，理由我后面再解释），我应邀在费城郊区的阿德莫尔学院一次学位授予典礼上讲话。就在我要站起来的时候，学院的校长倾过身来，小声说："你大概可以讲15分钟。"

"行!"我站起来，很高兴地宣布学校只要我讲15分钟，所以我不会让他们多呆很久的。（这话立即使听众感到很幽默。他们不是来听我演讲的，他们是来领取文凭，或者是来看他们寄予希望的年轻人领取文凭的。）

演讲之后，一位毕业生走过来对我说，他口袋里揣了一只马表。我宣布15分钟时间限制的时候，他按了表。

"你讲了14分36秒钟。我没有看见你看表。你是怎么控制的?"

我说："孩子，我经过长期的训练。"

后来我弟弟斯坦给了我一个更糟糕的任务。我事前一点也不知道。《新闻日报》要举办一次周末科学讲座。为了斯坦，我在1984年9月13日去给一帮潜在的广告客户作关于科学之重要性的演讲。

斯坦对我说："讲60分钟。"

我照他说的做了，**正好**讲了60分钟。

斯坦得意洋洋地说："我告诉他们，我说他讲60分钟，就决不会讲59分钟或者61分钟。"

我非常惊骇："你怎么事先不关照我一声?"

斯坦说："我对你有信心。"

我很生气。我是很好,可也没有好到**那个**地步。

附带提一句,《新闻日报》在此之前几个月曾经答应给我4000美元作为演讲报酬。这是早就谈妥的。因为某种缘故,也许我纯粹是为斯坦这么做的吧,我没有记住这事。结果,我演讲的时候,已经彻底忘记了这件事。

演讲完了以后几个星期,《新闻日报》打电话问我要我的社会保障号码。

我很警惕地问:"为什么?"

"我们要寄支票给你。"

"凭什么?"我问他们。他们只好解释给我听是怎么回事。

"哦,"我嘴都闭不上了,"我以为是没有报酬的。"

那天晚上,我打电话给斯坦。"斯坦,"我对他说,"报社要支付演讲报酬给我。这事我给忘了,我告诉他们我的印象是免费演讲。如果他们来问你是否一定得付酬劳给我,请你说他们一定得付。"

一阵短暂的沉默之后,斯坦恼怒地说:"你为什么星期五晚上打电话告诉我这个。"

我很吃惊:"我什么时候告诉你有什么关系?"

"现在我要等星期一上午才能讲我的蠢哥哥艾萨克的最新故事了。"

我又岔开了——

在我记忆之中,我只有两次演讲的时间超过了60分钟。一次是我的过错,另一次是听众的责任。

我错的那一次是在1967年5月30日。我在波士顿市中心演讲。格特鲁德因患风湿性关节炎动不了,罗宾左脚踝骨裂,左腿上了石膏,戴维在发烧——而我偏偏在这时要去演讲,那个月里我作的第7个报告。我心神不定,生怕出事,不敢自己开车,所以叫了一辆出租车到市中心去。到了那儿以后,我没有像平时那样拒绝递给我的酒,而是把它喝了。我以为酒或许会平息我的焦虑,但是并没有。我还不如喝一点干姜水。

接着我开始演讲，**那是**我的镇痛药。我所有的烦恼消失了，可我心里明白演讲完毕，它们又会回来的。因此我本能地迟迟不结束。演讲持续了一个半小时，演讲完了，焦虑自然立即就回来了。

要说明另一个情况，我必须先声明我喜欢演讲时礼堂里开灯。我想要看见听众，在黑暗中演讲使我感到不安。当然，看见听众并不是说我就要盯着他们看。那么做会分散注意力，特别是有年轻女性穿着超短裙跷着二郎腿坐在第一排的时候。(这样太容易分散注意力了，我不敢看她们。我怀疑有些人演讲不成功就是因为注意力分散。)

然后我还要**聆听**听众的反应。我仔细辨别咳嗽、骚动和叹息声，从而了解听演讲的那些人的状态。它告诉我什么时候要风趣一点，什么时候该严肃，什么时候必须转换话题等等。

我没法具体说明什么样的声音表示什么变化。我真的不是有意识的，只是心里有感觉。我清楚我最希望听到的是什么——**寂静**。

当所有的窸窣声都停下来，只有我的声音在室内回响的时候，我知道我**吸引住了**听众，必须沿着这条路走下去，我得承认我很少达到这种极致的境界。

有一次，我在宾夕法尼亚州普鲁士王酒店给一帮IBM的人演讲。我赢得了这种默契，感到欢欣鼓舞，继续演讲下去，等待声音重新响起，那表明我该结束演讲了。(我称之为体内时钟的东西，至少有一部分，是我对听众席间传来的声音作出的一种无意识的反应。)但是，听众继续保持沉默。我实在忍不住了，看了看手表，时间已经过了一个半小时。我突然打住，然后很无奈地说："我已经讲了一个半小时。"

"讲下去!"听众中有人说，我继续往下讲，不过，这次我只多讲了5分钟。

所有的演讲者最希望的就是响亮的长时间的掌声。我几乎每次都得到这样的掌声。比这更好的是"起立鼓掌"。鼓掌本身可以是机械的，站起来鼓掌就要费点事，比鼓掌更好。我**喜欢**全场一致起立鼓掌。

有一次，我发现了比起立鼓掌更加美好的事。我在匹兹堡卡内基理工学院演讲。那次演讲非常成功，从听众的反应来看，我认为全场起立鼓掌是没有问题了。演讲结束以后，场内掌声经久不息，却没有一个人站立起来。

我极力掩饰内心的失望，微笑着，向听众鞠躬，挥手以后，沮丧地退到讲台侧面陷入沉思。然而，台下掌声持续不断，最后，主持人走过来对我说："他们不肯停下来，只好请你再出场了。"

我走上台，咧开嘴笑着，**又鞠了一个躬**。这是我遇到的绝无仅有的一次。它是一次宝贵的记忆。

 62

霍勒斯·伦纳德·戈尔德

20世纪40年代,我的故事实际上全都给了*ASF*。这使我有一点不安。一个作家只联系一份杂志、一位编辑风险很大。万一坎贝尔退休不当编辑了,或者故世了,怎么办? 万一杂志倒闭了怎么办? 我的写作生涯可能就此突然结束。谁知道我是否能够交给另外一个编辑,或者另外找到一份杂志呢?

当我把《天空中的小石子》给了道布尔戴出版公司以后,我的担忧减轻了许多。至少,另外还有一个有名望的市场。在某种程度上,更加重要的是另外两份新杂志的创立。

《奇幻和科幻杂志》(*The Magazine of Fantasy and Science Fiction*,简称*F&SF*)对我来说不完全对路。它主要是奇幻和文学色彩比较浓的作品,我在这两方面不算太强。另外一份杂志《银河》(*Galaxy*)则纯粹是一份科幻小说杂志。它出版的第一期就证明它是一份有实力的"最佳科幻杂志"的竞争者。坎贝尔的绝对统治地位被动摇了,再也没能重振昔日的雄风。

《银河》向我索要一个故事,我就写了一篇《达尔文的弹子房》(Darwinian Poolroom),它刊登在《银河》杂志的第一期,1950年10月号上。那个故事很一般,杂志社提出要更多的故事,在第二期上刊登了一篇比较好的故事。我原来取的名字是《绿色的补丁》(Green Patches),编辑把它改成《卑鄙的传教士》(Misbegotten Missionary),我不喜欢这个名字。

接着,《银河》连载我的小说《繁星似尘》。编辑给它重新取名为《暴君》(*Tyrann*),这个名字我更加不喜欢了。更有甚者,编辑让我插入一个我并不赞成的辅助情节。我想在书出版之前把它删除,布雷德说他喜欢,坚持要保留它。正因为此,我一直不是很喜欢这本小说。

所有这些要是在我比较顺利的时候是不会发生的。1950年,坎贝尔开始热衷于宣扬"戴尼提"的伪科学,我极力反对,因此希望疏远坎贝尔。我并没有停止给他故事,但是我也不错过把故事给其他出版社的机会。

《银河》杂志的那位编辑,那位擅自改动名字并坚持要添加多余的辅助情节的编辑,名叫霍勒斯·伦纳德·戈尔德(Horace Leonard Gold),大多数人称他H·L·戈尔德。他几乎与坎贝尔一样是个色彩丰富的人物。他也跟坎贝尔一样能说会道,一样固执己见,他的脾气要比脾气火爆的坎贝尔更加坏。虽然脑袋几乎秃得像个保龄球,戈尔德却长得不难看。

1934年到1937年间,他写了许多故事——用克莱德·克兰·坎贝尔(Clyde Crane Campbell)的笔名(又一例掩饰犹太人身份的名字)。等到约翰·坎贝尔成为*ASF*的编辑以后,坎贝尔这个笔名就不能用了,霍勒斯开始用自己的真名写作。

在第二次世界大战中他当过兵,我不知道他究竟经历过什么苦难,在他身上留下了明显的恐旷症和恐外症(一种病态地惧怕空旷的空间和陌生人的症状)。我遇见他的时候,他实际上不能离开他的寓所。

我第一次遇见他,是在他寓所的起居室里谈话。我并不知道他的痛苦疾患。他突然站起来,离开房间,我十分震惊。我想我大概什么地方冒犯了他。他的妻子伊夫林解释说,我没有冒犯霍勒斯,可她请求我离去,我感到极度困惑。

我正要走出房门,电话铃响了,伊夫林接电话后,对我说:"找你的。"

我茫然地问:"谁会知道我在这儿呢?"

是霍勒斯打来的电话。他无法跟一个陌生人呆在一起，所以他就到卧室里去，用另外一个电话，打电话给我。就这样，我们谈了很久，他在卧室里，我在客厅里。

他不能够与人面对面地谈话使他在电话里显得很恐怖。一旦说起来，就没有个完，这点我很快就领教了。在电话里跟霍勒斯谈话可以训练找借口脱身："对不起，霍勒斯，我得走了，我家里着火了。"

我尽可能地避开他。他的一项消遣是每星期与老朋友一起玩一次扑克。因为我不打牌（也不玩任何碰运气的游戏），所以从未参加。

霍勒斯是位很好的编辑（至少具有这种潜质），但是他有一个致命的缺点，他脾气很坏。随着时间的推移，他的脾气变得越来越暴躁。他改动题目，对故事情节作完全不必要的编辑改动，作者有反对意见的时候，他会很粗鲁。谁在接听他的电话1—2小时以后试图挂断电话，他也会发火。

最糟糕的是他那个恶习——写侮辱人的退稿信。对有些作者来说，例如我，不管什么退稿，即使编辑（很体谅作者脆弱的自负心理）很小心很客气地提及此事都会感到很不舒服。看到对故事粗暴的毁灭性的评论，那种受侮辱的感觉就更无以复加了。

我曾经给了他一个名为《职业》（Profession）的故事，这是我第一次用电子打字机写的故事。他退回给我，很恶劣地说我懒惰，指责我"精神上得意忘形"。说我以为只要有我的名字在上面什么破烂都卖得出去。（接着他提出要看到效果比较好的故事。）退稿信使我深受震动。《职业》也许不是世界上最好的故事，可也决不像霍勒斯想的那样是一堆可怕的废物。

我把故事交给坎贝尔，他立即就收下了。故事登在1957年7月号的*ASF*上，读者反应非常好。

过了一段时间，我伺机写了一首滑稽诗，题为"退稿附签"（Rejection Slips）。在科幻小说方面最重要的3位编辑，每人都有一节。第二节诗是给霍勒斯的。具体如下：

亲爱的艾克，我已经准备好
(真的，小子，我真的很在乎)
吞下你写的一切稿子。
可你，艾克，写得实在不行，
你的作品已经堕落，
只剩下陈词滥调加狂妄自大。
把这篇废物拿回去；
它散发的气味，臭气熏人；
看上一眼就让人难受。
我说，艾克，孩子，快点动手，
赶快再另外写一篇。
我要几个故事，小子，我喜欢你的东西。

我不是唯一遭受到如此不恭的作家，霍勒斯对所有的作者都这样。许多作者拒绝接受这种凌辱，拒绝再给他故事。本人也是这些“罢写者”之一，我原以为只有我一个人这么做。

霍勒斯陷入困境，被逼无奈，只好在一份科幻爱好者杂志(他知道许多作家都订阅这份杂志)上发表一封公开征稿信，答应假如一定要退稿的话，他会很客气地退稿。

不管怎么样，我还是要公正地说，我写了一个讲述一个尼安德特(Neanderthal)小男孩的故事，我把它交给戈尔德。他的批评(小心翼翼地以最客气的语气表达)给了我实实在在的打击，我把那故事撕了，然后写了一个完全不同的故事(这是我唯一的一次这么做)，那就是《丑男孩》。我前面说过，这个故事是我第三个最喜欢的故事。

这件事情以后不久，霍勒斯丢掉了他的工作，不再当编辑，由弗雷德·波尔接替他。弗雷德驾轻就熟地干得很出色。

63

乡村生活

我是一个城里长大的孩子，偶尔这世界也逼迫我到乡村去。我很小的时候，母亲会带马西娅和我一起到卡茨基尔山去呆上两个星期。这大概是1927、1928和1931年的事。这就意味着父亲一个人留在糖果店里，我真不知道他是怎么应付过来的。

1941年，因为某种缘故，我脑子里突然闪过一个人到母亲曾带我们去过的卡茨基尔山小镇去的念头。我呆了一个星期，确切地说，是6天，我在德国人入侵苏联的那天早晨离开的，我想，这也许是纳粹德国全面胜利的开端。

那几次到乡村，我都很厌恶，渴望早点回到城里的大街上去。

我与格特鲁德结婚的时候，在乡村度过了我们为期一周的蜜月，以后，我们几乎每年夏天都到什么地方去呆上一周或者有时候两周。我不像小时候那样讨厌去乡下了，可也谈不上喜欢。

要是能遇到一些有趣的人那还不算太糟，可也不能指望它。要是没有的话，我简直就无事可做，只好按照礼节要求参加很蠢的活动。我记忆特别深刻的是要我去打排球。

有一次，我想利用时间写一个故事，这故事后来以《伦尼》(Lennie)的名字刊登在1958年1月号的《无限》(*Infinity*)杂志上。但是，格特鲁德反对我呆在房间里写作，我就把它带到室外，用石头压着纸。

人们自然而然地问我在干什么。我说我是个作家，在写故事，他们听说以后都嗤之以鼻。看来，在假期里不该愉快地工作，应该去打排球受累。

我和格特鲁德一起生活的那些年里，我**真正**欣赏的乡村度假只有一次。那是在1950年，我们到一个名叫安妮斯夸姆(Annisquam)的地方。

我有一阵以为又只有受罪打排球了。谁知不久，我听说安妮斯夸姆的工作人员正准备为客人排演一场音乐喜剧。为此目的，他们正在利用科尔·波特(Cole Porter)的《亲吻我，凯特》(*Kiss Me, Kate*)的音乐，想要配上合适有趣的歌词。

我很快就发现他们之中没有一个人懂得韵律、押韵，或者根据现成的音乐填写歌词。

我对他们说："每个音符都要有一个独立的音节与之相对应，歌词的长短和韵律必须与科尔·波特的完全一样，不能随意改动。"

他们茫然地盯着我。我说："你们用的是'不可思议'(Wunderbar)这首歌的曲子，对不对？那好，看我的。"(这就是我，好为人师，没有人请我——但是我不能容忍听任他们糟蹋那些歌曲。)

我稍微思索了一下，然后向他们要了一张纸，写下歌词，

安妮斯夸姆，安妮斯夸姆
我们乘船去旅行
如果大海不平静，
请乘火车去安妮斯夸姆。

他们茫然地看着歌词。我不耐烦地说："好，唱唱看。"

他们拿去唱了以后都惊叹不已。我写的词跟音乐配得丝丝入扣。

他们说："再写一点吧。"

我说："可以。"于是我天天和他们一起呆在娱乐厅里，一首接着一首地写

歌词,给他们示范应该怎么唱,然后一遍又一遍地排练。最后,我自己领唱。

可以料想,格特鲁德火透了。不用说,我们花了许多钱到度假村去几个星期,而我却呆在房间里,替度假村**工作**。

我拼命解释说,这钱花得值得。搞音乐剧对我来说极其快乐,打排球对我而言就像在受炼狱之苦。可是没有用,她不能理解。

事实上,当我们离开的时候,度假村的经理给了我20美元作为我帮忙的酬劳,但我不是为了钱才干的。我把钱给了那儿的工作人员,让他们分了。

64

汽　车

只要住在纽约城，我就绝对不需要汽车。多谢糖果店，我们家的人很少到别的地方去。当然，我得到学校去，但是城市的公共交通设施很方便，只要一个5美分的硬币，想上哪儿就上哪儿（回来也只要一个5美分的镍币）。当然如果只有一英里（约1.6千米）左右的路，那就步行了。

在费城，公共交通设施也很令人满意。此外，当时是战争时期，用汽油受到严格的控制，所以我总是与别人一起搭伙用车。

到了波士顿以后，我发现自己处在一个交通不很便捷的城市里，尤其是住在市郊。1950年，我得出结论，必须要有一辆汽车。因为知道自己不是很灵活，所以我对于学会安全驾驶汽车不抱希望。我打算让格特鲁德学开车，然后让她开车接送我。

我去学开车原本是学着玩的。我学会开车以后，发现自己竟然喜欢开车，这倒是始料未及的。学会开车以后，我买了一辆普利茅斯牌汽车。

我在开车的过程中得到的最好忠告是斯普拉格·德·坎普给我的。我告诉他我曾开车去纽约，吹嘘我的车速，以及我对自己的车技绝对有信心。

他说："艾萨克，再见。"

我吃惊地问他："斯普拉格，你去哪儿？"

"我哪儿也不去，"他说，"但是你要总开那么快的车，恐怕就活不长了，所以，我说，'再见。'"

我悟性很高，从此我的车速慢了下来。

65

解　聘!

直到中年时期,我的经历中最突出的就是与同事和上司相处不好。即使在医学院担任教授时期,我也最后展示了一次我性格中这不可爱的一面。

事情也许不完全是我的过错。我怀疑学校的教职员中有许多人不欢迎我。我怀疑不管我多么努力表现得讨人喜欢,都无济于事。能够成为学院里最好的授课老师,可以使我自己高兴,也可以令学生们高兴,可其他教师就未必会赞赏。

此外,我不可能掩盖一个事实,那就是我另外有一个职业,另外挣一份钱。这也是学院里为生计挣扎的教职员不喜欢我的一个理由。我写的东西他们也不认同。我写了一本《人体》(*The Human Body*),由霍顿·米夫林出版社(Houghton Mifflin)于1963年出版。(我认为)那是一本非常好的关于解剖学的书。我请一位解剖学的教授看一遍,看看是否有什么明显的错误。她找出了少数几处错误,最大的错误是我把脾脏的位置搞错了,她觉得非常滑稽。

我转身离开的时候,听见一位解剖学家说:“假如我写一本关于生物化学的书,他会怎么想?”

我最后完全放弃了从事研究的努力,把全部课余时间都花在写作非小说类的图书上。这势必引起学院当局的不满。

我试图用我的校外工作来弥补收入，而不要求学校增加我的薪金（我的写作收入不断地增加，我要是再争着让学校多给几块钱就太可笑了）。结果在1958年，我每年的工资只有6500美元。在9年时间里，只给我加了1000美元，而我本人并没有提出要求。这个工资在医学院里甚至在整个大学的教授中是最低的。我天真地以为我的想法是很讲道义的，事实却证明对我很不利。酬劳这么低，被认为我就只值这个价。

比这更糟糕的是，我放弃研究工作得罪了亨利·莱蒙。他不遗余力地要赶走我。尽管如此，只要詹姆斯·福克纳（James Faulkner）还是院长，伯纳姆·沃克仍是系主任的话，可以说我还是很安全的。尽管我很怪，他们两个人好像还挺喜欢我。

可惜不久福克纳院长宣布，他将于1954—1955学年结束时退休。这对我是一个可怕的打击，我不仅失去了一位地位很高的盟友，损失惨重，而且切斯特·基弗（Chester Keefer）很有可能接替他。基弗或许是医学院里最有名望的教授，他是莱蒙的亲密朋友，我肯定他会解雇我。

沃克必定也是这么想的。1955年5月，就在福克纳离任前一个月，沃克把我提升为副教授，从1955年7月1日算起。这样我就有了保障，不会无缘无故地被解雇。我猜想他之所以在福克纳走之前这么做，是因为他知道以后就再也没有机会了。果然，基弗接替了医学院院长的职位。

基弗一直盯着我。1956年，我接受了一小笔政府拨给的经费，支持我写一本关于血流的书。（这笔经费是他们主动提供给我的，我并没有申请。）我完成了那本书，最终出版时书名定为《生命之河》（*The Living River*），阿伯拉德-舒曼出版社于1960年出版。基弗一直在等待机会。

1956年11月1日，沃克因为家庭缘故辞职，比尔·博伊德成为代理系主任。我猜想比尔希望能成为正式的系主任。可在1957年夏天，基弗从院外找来一个人，F·马罗特·西内克斯（F. Marrott Sinex）当系主任。西内克斯身材矮小，脸上始终带着神经质的微笑，说话声音很响，笑起来声音更加响。

事实证明,他教的课很难听懂。我听说西内克斯是在同意不阻挠解雇我之后,才得到这个职位的。

时机成熟了,基弗现在可以行动了。基弗把拨给我撰写那本关于血液的书的钱收去了,他拒绝把这笔钱给我。他说那钱已经交给学校了。我指出学校事先已经接受了一笔钱,这一笔钱是指定给我的。他冷笑着说,只要付钱,任何老师都能写一本书。我愤怒地反击说,我不需要别人付钱给我写书,我早就写了20多本书了。如果他不让我得到我的那笔钱,那他等着,我要告到华盛顿去。他只好把钱给了我,暗地里准备更大的动作——解雇我。

1957年12月18日,我被召到基弗的办公室去最后摊牌。西内克斯也在场,他没有说话。他的角色只是表示同意。基弗很平静,只是说他不想我在学校上课的时间里写书。我必须要搞研究。正如他精心策划时预料的那样,我一口拒绝。我指出我的责任是给医学院的学生上课,大家一致公认我课上得最好,是最好的老师。他坚持重点是搞研究,我终于发火了。我说:

"基弗博士,作为一位科学作家,我非同凡响。我打算成为世界上最优秀的科学作家,我将会给医学院增光。而作为一名研究人员,我不过平平而已,基弗博士,如果说这个学院有什么**不**需要的东西的话,那就是再多一个平庸的研究人员。"

我肯定基弗把我的话理解为对医学院无礼的嘲讽。他这么想也的确没有错,我就是这个意思。一切就此结束。他说:"我们这所学院供养不起一位科学作家。你的任职到1958年6月30日结束。"

我对此早有准备。我说:"很好,基弗博士,你可以拒绝发给我工资。"(我非常勇敢地控制自己,强忍着没有告诉他怎么给我工资的。)"反过来,我也不会再给学校上课了。可你无法夺走我的职称。我已享有终身教职。"

他声称,我没有保有权,我则坚持说我有。此后时断时续地为此事整整斗争了两年。即使我在学院的工作于1958年6月30日结束了,甚至在我被解聘后的9年里,我仍然经常定期地到学校里去取邮件,处理零星的事情,但主要是保持我的权利,证明我是学校的教员,并没有被赶跑。

其他教师都有意避开我,生怕与学校的这位麻风病人太接近会使他们自己也陷入麻烦之中。然而,有一次一位教师悄悄地走近我,在他确信没有人在监视我们以后,对我说他为我感到骄傲,为我勇敢持久地为了学院的学术自由而奋斗感到骄傲。

我耸耸肩,不以为然地说:"谈不上什么勇敢。我**享有**学术自由,我可以用两个词解释清楚。"

"怎么说?"他问。

"额外收入,"我回答说。

这是真话。一般学校里的老师在与校方斗争的时候,在经济上处于不利的地位。他甚至不必被解聘,只要校方作难,就**必须**去找新的职位了。找工作不容易,通常,如果等得太久了,就可能**被**解聘,没有工资收入,那他就会深深地陷入经济上的麻烦之中。

但是,像我这种情况,我干吗要在乎校方干什么?我根本没有经济上的问题。

两年以后,学院的评议委员会终于举行投票表决(或者说,不管那些人怎么样,都只能赞成这一决定)。他们投票**反对**基弗,我因此保留了我的头衔。我至今还保留着这一头衔。事实上,我于1979年10月18日晋升为正教授。

回顾往事,我很奇怪:我究竟为了什么去找这烦恼?

有两条理由。首先,我不愿放弃教授的头衔。我在很不利的情况下,奋斗了很久才得到这个头衔,我不想轻易放弃它。

其次,这只是一种固执的骄傲。他们执意要赶走我,我偏不能让他们得逞。

那个时候，我很生莱蒙和基弗的气。其实他们愚笨的做法倒是自20年前许多医学院拒绝我以来我受益最大的一次。倘若他们不来惹我，我生性谨慎，会一直呆在学校里，强迫自己把大部分时间浪费在无谓的事情上面。他们解脱了我，把我推上了职业作家的道路，这对我来说是一个重要的转折点。

我深信莱蒙和基弗没有丝毫为我好的心思，可我不计动机只讲效果。因此我早就原谅他们了。

1961年，我的一本科学著作受到特别嘉奖。我在学院的聚会上遇见了基弗，他伸出手来祝贺我。我想这事很潇洒，所以我握住他的手，非常真心地感谢他。莱蒙也跑来祝贺我，我朝他点点头，微笑，这是我最后一次见到他。那年下半年，他离开学校到内布拉斯加大学医学院去了。

补充说明一点：1989年春天，我到波士顿参加波士顿大学建校150周年庆祝会。我给波士顿大学的一大批学生作了一个关于未来的报告。演讲一如既往锐气勃发，在问答时，有一个学生问我说："阿西莫夫博士，我们听到了一场非常精彩的报告。既然你是波士顿大学的老师，你为什么不定期给我们讲课？"

我回答说："40年前，我是这个学院的教授，我讲了9年的课，总共大约有一百门次，它们是学生们听到的最好的讲课，但是，"我短暂地停顿了两秒钟，以便确信学生们都在听——"我被解聘了。"

听众席上传来一声集体的叹息，我感到一阵快意。在我与基弗作斗争的时候，我曾经对系里的副主任拉马尔·苏特（Lamar Soutter，他站在我这一边）说过，如果学校解聘我，那么，将来人们会觉得这事难以置信。我猜想当时这话听上去像是在吹牛，可我清楚事实并非如此。我很高兴现在证明了这一点，尽管这一天姗姗来迟。

 66

多　产

我必须承认在1958年7月1日那天，我有一点紧张：当时我已经38岁（绝对是人到中年），没有了工作，家里妻子不快活，2个孩子还小，一个7岁，一个只有3岁。

其实事情还不是最糟。我们在1956年买了一幢房子，几乎立即就付清了抵押贷款，所以我们完全拥有这房子，没有任何欠款。我在银行里有一笔数目相当可观的存款，我们结婚已经将近16年，我已经有能力兑现我的诺言，给我的第一个妻子格特鲁德买几件钻石（是很小的钻石，这我得承认），但是她不要。当然，我还有著作，单这一笔收入，一年也要超过15 000美元。

问题是心理上的。从1942到1945年，再从1949到1958年，我一直都有一份工作，有固定的工资。工资虽然不高，却很稳定，给我一种安全感。现在的问题是，我能否完全靠写作为生，而不需要有一份基本工资作保障，留条退路？我能否专事写作而始终保持敏捷的思路，我的才情会不会消磨枯竭？作家的不安全感这一基本问题是否会很快地把我压垮？

格特鲁德不相信这一套。她在床上泡了3天，让我照料孩子。这对消除我的疑虑和缓解我的忧愁无济于事。

事实上，我很紧张。我作了一次半心半意的努力，再想到学校去找一份工作。我到离我们家很近的布兰代斯大学(Brandeis University)去,了解在生物系找一个职位的可能性。那位生物系的主任对我不感兴趣,我很快就撤退了。这是我一生中最后一次找工作。

我唯一能够做的事情就是全身心地投入到写作中去,以便从我的智慧中获得尽可能多的钱。

事实证明,我根本无需担忧。自从我变成专业作家的这些年来,我平均每年撰写13本书(我就是自己的当月新书俱乐部)。显而易见,我是美国有史以来最多产的作家。况且,大多数真正多产的作家几乎全都倾向于集中写一种类型的书(侦探故事或者西部故事或者爱情小说),而我写的书(据一位热心的图书管理员所说)几乎涵盖了杜威十进分类法的每一个部分。历史上还没有一个人在更广泛的题材上写出比我更多的书。请相信我是很谦虚的,我这么讲自己都觉得很尴尬,可我不能说谎。

问题是,一个人怎样才能成为真正多产的作家呢?

关于这件事我想得很多。在我看来,先决条件是一个人对创作的过程要有热情。我不是说他必须要沉醉于想象他在写一本书,或是梦想故事的情节。我不是指他必须欣赏手里拿着一本写好的书,对着人们得意地挥舞。而是说他必须对于构想一本书和完成这本书之间的经历有一股热情。

他必须热爱实际的写作,热爱笔在空白的纸上画动,热爱敲击打字机的键盘,热爱注视文字处理器显示屏上出现的文字。只要他热爱写作的过程,无论采用哪种写作技巧都无关紧要。

顺便提醒一下,做一名作家并不一定需要热情,甚至一名伟大的作家也不一定要有热情。有许多伟大的作家厌恶写作,他们每隔10年才出一本书。那本书可能具有惊人的高超技巧,作家或许会因此而不朽,但他不会是一位**多产的**作家。而我现在谈论的只是多产作家。

我有这种热情。我热爱写作胜于做任何别的事情。事实上,有个聪明的人知道我喜欢向年轻女子献殷勤,在一次问答会上曾经问过我:“阿西莫夫博士,如果让你在写作和女人之间选择的话,你会选哪个呢?”

我立即回答说:“听着,我可以连续在打字机旁工作12个小时而不觉得累。”

人们有时候问我:“每天都坐在打字机旁工作,那多受罪呀。”

我回答说:“我一点也不觉得。真要那样感觉,我随时随地都可以离开打字机,可我是个大懒鬼,实在不想动。”

这是真话,人各有所好。对于像宾·克罗斯比(Bing Crosby)或者鲍勃·霍普(Bob Hope)那样的人来说,不会觉得整天打高尔夫球单调乏味。乔·西克斯-帕克(Joe Six-Pack)整天坐在椅子上看电视打盹也不觉得腻烦。我不觉得写作是一件苦差事。

我不会受外界环境的引诱。无论外面的天气多么美好,我都无动于衷。我根本没有出去享受使人身体健康的阳光的愿望。事实上,天气太好对于我来说反而有一种莫名的担心(通常都变成事实),生怕罗宾会跑过来,激动地拍着小手说:“我们到公园去散步吧,我想到动物园去。”

我因为爱她,当然只好去。坦率地说,我的心仍然留在家里,留在打字机的键盘上。

所以你们可以理解我为什么说我(假如没有不可变更的约会迫使我外出的话)最喜欢寒冷、阴雨、刮风、下雪的天气。那样我可以安静又安全地坐在打字机或是文字处理器旁写作了。

其次,一个强迫型的作家写作之前要酝酿情绪。斯普拉格·德·坎普曾经说过,想要写作必须在僻静的地方独处4个小时,因为开始动笔需要很长时间,如果被打断了的话,那只好再从头开始。

他也许说得对。一定要有4个小时不被打断,否则就无法写作的人,绝对不可能多产。重要的是应该能够在任何时候开始写作。如果我有15分钟没事可做的话,就足够写1—2页东西了。我写作之前,不需要浪费很长时间坐在那里整理思路。

曾经有人问我,开始写作之前,我做些什么准备。

我不解地说:“你这话什么意思?”

“我是说,你是否先做操练准备,把铅笔全都削好,或者做纵横填字游戏——就是说,做些什么使自己进入创作情绪之中。”

“哦,”我恍然大悟,“我明白你的意思了。不错,在开始写作之前,我永远先要打开电子打字机,坐得离它近一点,这样我的手指才能够到键盘。”

怎么这么简单?我随时随地可以开始写作的秘密是什么?

首先,我不是写作的时候才写作。我离开打字机的期间内,在吃饭、睡觉、洗漱的时间里,我的脑子一直在工作。有时候,我会听见脑子里闪过的对话片断,或整段文章。通常,它们都与我正在写作的或者将要写的东西有关。即使听不清具体的词汇,我知道我的大脑正在无意识地进行工作。

这就是我为什么始终可以随时动笔写东西的原因。在某种意义上来说,一切都已经事先写好了。我只需要坐下来,以每分钟100个词的速度,把脑子里的东西全部打出来就可以了。此外,我可以当中停下来,这对我没有影响。在中断之后,我可以立即回到正在打的东西上来,继续把脑子里的东西敲打出来。

这就意味着所想到的东西必须停留在你的脑海里。我永远可以做到这一点,所以我从不打草稿。我和珍妮特刚结婚的时候,我有时会在夜里醒来说:“我知道小说中该怎么写了。”

珍妮特会很焦虑不安地说:“赶快起来,把它写下来。”

我却说:“没必要。”转过身去继续睡觉。

第二天早晨,我当然会想起来。珍妮特总是说最初这简直使她快要发疯了,不过后来她就习惯了。

一般作家在写作的时候肯定会有一种不安全感。刚才创作的句子是否有意义?表达得是否清楚?换一种写法听上去是否会更好一点?因此,一般的作家总是不停地修改稿子,不断地删除和改动,极力以不同的方法来表达自己的意思,就我所知他永远也不会完全满意。那样做肯定不可能多产。

因此,一位多产的作家必须要有自信心。他不能老坐在那儿怀疑自己的写作质量。相反,他必须**热爱**自己的作品。

我就这样。我可以随便拿起一本我写的书,随时随地开始阅读,并且会立即沉醉在书里,直到有什么外部事件把我从阅读的字里行间震出来。珍妮特发现这很有趣,我觉得这事很正常。如果我不是如此欣赏自己的作品,那我怎么会写这么多东西呢?

结果,我很少(如果有的话)担心从我头脑里流淌出来的句子。如果我写了这些句子,我猜想它们完美无瑕的机会大约是20比1。

我并不是全盘自我肯定。罗伯特·海因莱因曾经告诉我,他"落笔成文,一次定稿",他寄出的是第一稿。那位侦探小说作家雷克斯·斯托特(Rex Stout),据说也是这样。我可没有**那么**神,我第一稿写完后,修改的地方一般不超过整个著作的5%,**然后**就寄出去。

我自信的理由之一,也许是我把一个故事,或者一篇文章,或者一本书看作是**模式**,而不是连在一起的词汇。我很清楚地知道如何把每一部分放到合适的位置上去,所以我绝不需要列出提纲来,甚至最错综复杂的情节,或者最纷繁的解说,我都能娓娓道来,一切都很贴切地放在合适的位置上,有条不紊。

我想象,象棋大师下棋的时候把一局棋看成一个模式,而不是一个一个棋子的移动。一位好的垒球经理把一场垒球赛看成某种模式而不是一个个动作的连接。好了,我也在自己的专长中看到了种种模式,但我不知道我怎么看的。我深知它的奥妙,从很小就知道。

当然,如果在作品中不咬文嚼字,也很有帮助。如果想要写一首散文诗,那就需要花费时间,即使像雷·布雷德伯里或者西奥多·斯特金那样有成就的散文诗人也要花时间。

"There you are. Asimov's literary output expressed as a function of the expanding universe."

"瞧这儿。阿西莫夫的文字作品产量表示为膨胀宇宙的某个函数。"

因此我有意识地运用一种非常平实的写作风格,甚至是口语式的风格,这样写起来可以很快,而且很少出差错。当然,有些没头脑的批评家把这说成是我"没有风格"。如果谁认为简明扼要,不装腔作势是一件很容易的事,我建议他来试试看。

做一个多产的作家当然也有许多不利之处。因为多产的作家必须专心致志,作家的社会生活和家庭生活会很复杂。可他**必须**专注,必须在所有的时间里,不是在写作就是在思考究竟怎么写,根本没有时间去做任何别的事情。

这对作家的妻子来说苦不堪言。珍妮特很宽容,她很喜欢我,喜欢我所有的古怪和癖好。即使这样,她有时候也会激动地说,我们互相交谈得不够。

我已经说过，我的女儿罗宾非常重感情，最近我问她："罗宾，爸爸怎么样？"

我希望她说我是一个充满爱心的父亲，一个宽容的父亲，一个给她温暖和保护的父亲(所有这些我都做到了，过去这样，现在也如此)，不料她想了一会，终于说："我想，你是个**忙碌**的父亲。"

我想，一个家庭里作为丈夫和父亲的人从来不想旅行，甚至不想外出或者参加聚会，不想到剧院去，除了坐在房间里写东西别的什么也不想干，的确也很让人烦心。我敢说我第一次婚姻失败，部分地也是因为这个原因。

有一次，我正在埋头写第100本书，格特鲁德抱怨说："你这样究竟有什么好处？等到你快要死的时候，你就会明白自己在生活中错过了什么。你错过了所有原本可以用你挣的钱享受到的美好事物，那些由于你头脑疯狂，只知道写越来越多的书而被你忽略的美好的东西。到那时，100本书对你又有什么用？"

我则说："我死的时候，你俯下身来聆听我的临终遗言。你会听到我说，'太糟糕了！只写了100本书！'"

现在我的著作已经达到451本，情况并未改变。如果我现在快要死了，我会低声地说："太糟糕了！只写了451本书！"(这应该是我遗言的倒数第二句话。最后一句将会是："我爱你，珍妮特。")[真的就是这样。——珍妮特按]

顺便提一下，曾经有一次，电视台的巴巴拉·沃尔特斯(Barbara Walters)采访我。当我们不拍摄的时候，她似乎对于我的多产非常感兴趣，很想知道我是否有时候想做别的事而不是写作。

我回答说："不。"

她问道："如果医生说你只能活6个月了，你会做什么？"

我说："我会加快打字速度。"

 67

作家的问题

所有的作家都有问题。就我而言,最使我发笑的莫过于应付那些不相信或者不愿意相信我如此多产的人。毕竟,我没有到处宣扬。我没有对任何人说过:“今天天气真好。顺便告诉你,我已经出版了多少多少本书。”

有时候却有这种情况:1979年,我的第200本书——它正好是我的第一本自传——刚出版不久,在一次鸡尾酒会上,或者是类似的场合,有一个不认识我,甚至没有听说过我的人(不幸的是,这样的人有好几十亿),问我说:“您是干什么的?”

我回答说:“我写作。”这是我的标准回答。

我以为他会问我写些什么? 可是他没有这么问我。他问:“谁出版你写的东西?”

我说:“有几家出版社出我的书。其中道布尔戴出版公司是最重要的。我的书有3/8是他们出版的。”

他把这理解成我在吹牛。他抬起眼睛来,嘴角带着一丝冷笑,说道:“我猜想你的意思是你写了8本书,道布尔戴出版公司出版了其中3本。”

我平静地说:“不,我的意思是说我写了200本书,道布尔戴出版公司出版了其中的75本。”

听到这话,那些在饭桌上认识我的人都笑了,那位向我提问的人显得非常愚蠢。

大约7年以后,也发生了类似的情况。当时我出版了我的第365本书。我站在道布尔戴出版公司的电梯旁,手里拿了一本书,一个年轻人冲了出来。他是一个新来的雇员,想要与我见面。握完手之后,他问:"阿西莫夫博士,您一共出版了多少书?"(经常有人问我这样的问题。)

我举起手中的书说:"这是我第365本书。"

正在那时,一个不认识我的人走进大厅。

我对年轻人说:"我为一年里的每一天都出版了一本书。"

我说这话时,那个陌生人正好从我身旁走过。他像父亲一样地微笑着说:"我肯定有时候就好像是这么回事。"说完就走了。

其实,作家的麻烦比这大得多。归根结底,作家的生活本身很不安全。每一次写作都是一个新的开始,都有可能失败。事实上,以前作品的成功并不能保证这次就不会失败。

更何况,就像人们常说的那样,写作是一种非常寂寞的职业。你可以谈论你准备写些什么,与你的家人,朋友,或者编辑讨论它。但是,一旦你坐在打字机前,你就得独自面对它,没有人能够帮助你。你必须从你饱受煎熬的头脑中攫取每一个词。

所以毫不奇怪,作家经常变得愤世嫉俗,被逼得用喝酒来减轻痛苦。我曾经听人说酗酒是作家的职业病。

一位年轻的姑娘为了她正在写的一篇文章收集资料。她肯定抱有这种想法,所以她打电话给我,很聪明地问我:"阿西莫夫博士,您最喜欢哪一家酒吧,请说说您的理由?"

"酒吧?"我问她,"你是说饮酒的地方?"

"是的,"她说。

"很抱歉,"我回答说,"我也许会经过一家酒吧到餐馆去,可我决不会踏进一家酒吧。我不喝酒。"

一阵短暂的沉默以后,她问我:“您是艾萨克·阿西莫夫吗?”

我说:“是的。”

“是作家?”

“没错,”我说。

“您已经写了几百本书?”

“是的,”我说,“每一本书都是我亲手写的,千真万确。”

她咕哝着,挂断了电话。看来我使她很失望。

问题其实应该是:为什么我不饮酒?

一个答案是(如果不考虑我父亲严格的限制),作为一个作家,我没有不安全的感觉。除了极个别的情况,我在50年里写的东西全部都出版了。

此外,一个作家所面临的最严重的问题是“作家的写作障碍”。

这是一种非常严重的疾患。当一个作家染上这种病以后,会发现自己盯着打字机上的一页白纸(或者文字处理器的空白屏幕)束手无策,对着一片空白,就是写不出词来。或者就是写出来了,也显然不合适,很快被撕了,或者被抹去。更有甚者,这种病会形成恶性循环,不能写作的时间持续得越长,肯定就越写不出来。

写到这里,我想起了我曾经看过的一幅漫画。画的是一个作家坐在打字机旁,脸上胡子拉碴的,桌上几只空的咖啡杯,烟灰缸里烟蒂堆得高高的,周围的地板上到处都是撕碎的纸片和揉成一团的稿纸。一个小女孩站在那儿说话,旁边的图注是:“爸爸,给我讲个故事。”描述一个作家绞尽脑汁时的无奈。

在现实生活中,有些科幻小说作家,甚至非常好的作家,都会有一些时期患上很严重的写作障碍症,有时持续几年之久。有些很出色的科幻小说作家在几年里作品相当多,然后就冷下来了。也许是他们写完了,也许是他们把要说的都说完了,再也想不出什么好写的了,再不然就是患了写作障碍症。作家的头脑里(至少暂时)一无所剩的时候,就不可能写出什么东西来。

因此,作家的写作障碍症也许是不可避免的。一个作家最好隔一段时间停顿一下,休整时间可长可短,使自己的头脑重新充实起来。

考虑到我从未停止过写作,在这种情况下,我是怎么避免写作障碍症的呢?如果我一次只写一本书的话,我想我也没法避免。我也经常遇到这种情况,当我写一本科幻小说的时候(我写的东西中最难写的),我发现心里对它厌烦了,无法再写一个词。但是,我不会让它给逼疯的,我不会盯着空白的稿纸。如果我头脑里是空白的话,我决不会日日夜夜绞尽脑汁地苦思冥想。

相反,我会把那小说搁在一边,去写手边其他十几份东西中的任意一种。我写一篇评论,写小品或一个短篇故事,或者写一本非小说类的书,等到我腻味了这些东西的时候,我的头脑又可以灵活地转动,又很充实,能够正常工作了。我重新回到我的小说上来,发现自己又可以轻快地写下去了。

这种大脑周期性地思索不出什么东西的困难,使我想起那个老是被问及的问题是多么惹人生气:"你从哪儿找到灵感的?"

我猜想所有小说家都遇到过这个问题。但是对科幻作家来说,问题通常是这样的:"你从哪儿得来这种疯狂的想法的?"

我不知道他们想要什么样的答案,但哈伦·埃利森的回答是:"从斯克内塔迪(Schenectady)那儿得来的,那儿有一个灵感工厂,我向他们订购,因此每个月他们给我寄一个新的想法来。"

我不知道有多少人会相信他的话。

几个月前,一位一流的科幻作家问了我这个问题,我很欣赏他的作品。我猜想他当时正受到写作障碍症的困扰,所以会打电话给我,我素以不受此症困扰著称。他很想知道:"你从哪儿得来灵感?"

我说:"我思考、思考、再思考,直到想把自己杀了。"

他听了大大松了口气:"你也这样?"

"当然啦,你以为要得到一个好的想法这么容易?"

大多数人,当我这么告诉他们时,都感到极度失望,他们都宁肯相信我得服用什么麦角酸酰二乙胺(LSD,一种致幻药物),或者诸如此类的药,这样我的想法就是在一种变态意识下得到的,他们认为如果一个人所要做的只是**思考**,那还有什么刺激可言?

我对那些人说:"尽量动脑筋多想。你会发现这要比服用麦角酸酰二乙胺之类的致幻药物艰苦得多。"

68

批评家

当《天空中的小石子》问世时，我天真地以为《纽约时报》会在当天出版的报纸上大加评论。他们当然不曾这么做，也永远没有这么做。我很快就明白了对我这样的作家实际上根本不存在“权威性评论”。举例说，《纽约客》(*The New Yorker*)虽然曾经提及我本人，却从来没有提起过我的书。

我还很快明白了其他一些事。当关于我的书的评论开始出现在一些小刊物上(由出版社寄给我，或是我早期热心的剪报)时，我发现它们不一定是件好事，我发现自己不喜欢，甚至憎恨持反对意见的评论。

这类评论是另一种不安全源，一种特别致命的打击，因为它是在一本书已经出版**之后**出现的。评论家会怎么说？在你的作品完成之后，一篇糟糕透顶的评论会不会封杀那本书？

在作家的想象中评论家有一种可怕的力量，但那只是想象而已。任何评论(即使是批评)都是有益的，因为它提到那本书，它有助于读者了解那本书，或者就像据说是萨姆·戈尔德温(Sam Goldwyn)说的那样：“宣传是件好事，好的宣传是好上加好。”

然而，即使一位评论家不是真的具有杀伤力，他的确具有伤害作家脆弱神经的力量。因此，毫不奇怪，作家普遍都嫌恶、憎恨批评家。把作家加在批评家头上的谩骂摘录下来，就可以写一篇很长的文章(一篇对于不是批评家的人来说,很好笑的文章)。

一位作家曾经说过:“一位评论家就像是一个后宫里的太监,他明白别人在干什么,他可以评论他人的技巧,但他自己却不能身体力行。”我也曾经说过:“批评家只有在他能够拿出明确的证据,证明自己能够写出比所评论的文章更加好的作品,才能算是个专业评论家。”

但是我们且把偏见放在一边,应该指出,优秀的专业评论家很有用,那种“他们自己不会写作”的说法并不完全正确,即使真是那样,又怎么样?你不一定非要会下蛋,才知道哪个蛋臭了。

评论和写作是两种不同的才能,我是个很好的作家,但是我不具备评论的才干。我无法辨别我写的东西是好是坏,或者为什么好或坏,我只会说:“我喜欢这个故事”,或者“读起来很流畅”,或者其他这类非评判性质的评语。

评论家,尽管不能像我一样写作,却可以分析我写的东西,指出它的优缺点。用这种方式,引导读者,甚至可能帮助了作家。

说了这么些话,我必须提醒你,我所谈的是一流的评论家。我们遇到的大多数评论家,天晓得,都是不可靠的无聊之辈,只具有起码的读写能力,根本没有资格胜任这项工作。有时候他们以猛烈地抨击一本书为乐,或者攻击作者而不是评论他的作品。有时候,他们利用评论,把它当作展示自己博学多才的工具,或最安全的虐待他人的机会。(有时候评论文章甚至连名都不署。)

正是这些评论,使我深受其害,令我勃然大怒。

莱斯特·德尔·雷伊解决这种问题的方法是从来不阅读评论文章(虽然他自己曾经负责过一个图书评论栏目——那是个很好的栏目)。

他说:“如果你一定要读一篇评论文章,艾萨克,那么遇到第一句令人不快的话,就赶快停下来,把它扔掉。”我竭力按照他这个聪明的劝告去做,却不是每次都能成功地做到这一点。

我第一次与评论家打交道的真正不愉快的经历，是在50年代初，当时一个名叫亨利·博特(Henry Bott)的人猛烈地抨击我的书，在他那篇关于《钢穴》的评论文章中，根本没有提到那个故事的任何一部分，他对小说背景的介绍荒谬可笑。显然他根本就没有读过那本书，我愤怒至极。

我写了一篇文章痛斥这个白痴，把它寄给一家科幻爱好者办的小杂志社。我感到愤怒得到了宣泄，不会有什么要人读到这篇文章，没料想，结果却是毁灭性的。回复一个评论家绝对会惹麻烦，不管他的评论文章写得多么不恰当，具有诽谤性，所有读到那份杂志的人都给刊载博特评论文章的杂志编辑寄去了一份拷贝，那位编辑写了一篇重要的评论文章驳斥我。

他要我回复他那篇评论，但是我决定切断损失，不再理会这事。可后来我看到那份杂志的下面一期，那个声名狼藉的博特居然对《幸运儿斯塔尔与小行星上的强盗》发表评论，写了一篇赞扬文章。他不知道我就是保罗·弗伦奇(这是我的笔名给我的唯一一次好处)。我立即写信给那家杂志社，以弗伦奇的名义感谢博特的那篇评论文章，却没有提到我就是弗伦奇，直到最后一行才提及我就是作者。这下有效地打垮了那个恶棍。

后来杂志编辑承认他只是想挑起一场争论，增加发行量，我干脆地毁了他的计划，杂志社最终关门了。

必须承认在我出书的初期，我曾经应邀评论一些科幻小说，我答应了，但是，我很快就停下来了。理由有两条，首先我认识到我没有当评论家的天赋，分不出好坏；其次，我似乎觉得由我去评论科幻小说是不道德的，作者大多是我的朋友，我很有可能往后退缩，以免说出令人难堪的话来。即使是我不认识的作者，他不管怎么说也是我的竞争对手，我能保证对待他很公平吗？

其他科幻小说作家似乎没有受到这种道德观念的困扰。我曾读过一位科幻小说作家写的关于另一位有竞争力的科幻小说作家的评论文章，里面有很过分的谩骂，我自己也曾是这种谩骂的受害者。

我不由自主地记住了写这类评论的那些人的名字，我什么也没有做，你们知道——我从不抬一个手指，或说一句针对这些狠毒的作恶者的坏话，然而（我对自己说），总有一天这帮可怜虫中的哪个跑来求我帮忙，我将一口回绝。

这事还真发生了，一个作家有一次曾经（错误地）指责我利用裙带关系，几年后竟然厚颜无耻地要我帮忙。——要我帮忙，恕莫能助。我的报复也就如此而已。

69

幽 默

做多产作家有一个好处，那就是减少了单本书的重要性。到某本书出版之时，多产作家没有许多时间去担忧读者对它的反响如何，或是它销售得如何。到那时他早已售出好几本别的书，而且又在着手写另外几本书。他要关心的是这些书，这就增加了他生活的平和与宁静。

然后，一旦出版的书有了一定的数量就会建立一种“良性收入来源”，即使一本书卖得不好，可所有的书作为一个整体，仍会让你赚钱。一本书销售不好不会波及整体，甚至出版商也会采取这种态度。

它也使作家比较容易进行尝试。如果一篇试验性的短篇小说销售不畅——也罢，几百分之一又算得了什么。

我一直想写一个短篇的幽默科幻故事。我不知道究竟为什么，可我有这种逗人发笑的强烈欲望。正因为我是个很出色的说书人，我写了一本相当成功的笑话书，里面不仅有640多个滑稽的故事，而且还有许许多多的忠告，告诉人们如何讲述这些故事，人们该做些什么，不该做些什么。这本书名为《艾萨克·阿西莫夫幽默故事宝库》(*Isaac Asimov's Treasury of Humor*，霍顿·米夫林出版社，1971年)。

我写这本书，是在我、格特鲁德和另外一对夫妇驱车前往卡茨基尔的协和大酒店(Concord Hotel)之时。尽管我们只是去度周末，我还是像平时一样，绝对不愿意去。为了排遣我的忧伤，在车上，我讲了许多笑话，同行的那位女士说："你讲得棒极了，艾萨克，你为什么不写一本笑话书呢？"

我正想说："谁会出版呢？"我这话没说出口，因为我知道我的出版商都会乐意出版的。结果我在协和大酒店的整个周末，一直在我随身带的小本子上，以最快的速度把凡是我想出来的笑话全写了出来。甚至连我们在（据说是世界上最大的）夜总会里，周围的喧闹声令人难以置信的时候也在写。不过，多亏了写作，我才能够忍受那个恐怖的地方。

其实，我有创作滑稽故事的愿望是一件很自然的事情。在我的写作事业刚起步的时候，我曾幽默地写过《环绕太阳的环》[Ring Around the Sun，《未来幻想》(*Future Fiction*)1940年3月号]，《AL-76机器人的迷失》(Robot AL-76 Goes Astray，《惊奇故事》1942年2月号)和《木卫三上的圣诞节》[Christmas on Ganymede，《吃惊》(*Startling*)1942年1月号]。所有3个故事里的幽默都很幼稚，其质量在我的故事清单上处于末端。

问题在于我当时一味模仿在其他科幻故事中看到的粗俗的滑稽幽默，而我并不擅长于此。直到后来，我才认识到，其实我喜欢的幽默作家是沃德豪斯(P. G. Wodehouse)，我应该模仿他那种幽默方式——利用我丰富的词汇，脸上毫无表情地讲述很傻的事情——我从此开始成功地写作幽默故事。

我的第一个沃德豪斯式的故事是《今日魔法师》(The Up-to-Date Sorcerer, *F&SF* 1958年7月号)。从此以后，我写起来得心应手。80年代，我开始写一整套系列故事，讲述一个名叫阿撒泻勒(Azazel)的小精灵的故事。他不断应别人请求帮助他人，按照别人告诉他的去做了——可结果总是很惨。许多这样的故事收录在《阿撒泻勒》中(道布尔戴出版公司，1988年)。这些故事都是我尽可能模仿沃德豪斯写的。

在这方面，我并不因为是"模仿他人"而感到羞愧，我从不隐瞒这个事实。萨姆·莫斯科维茨(Sam Moskowitz)曾经写过许多科幻小说的历史评述。他有些尖刻地说我是**唯一**承认自己受到别人影响的科幻小说作家。他说所有其他作家，都声称自己的作品是心灵原创，没有受到任何人的恩泽。

在这方面我不想去计较萨姆夸张的说法。我肯定任何作家只要被问及，都会承认受到他所崇拜的某个作家的影响，一般都说是受卡夫卡(Kafka)、乔伊斯(Joyce)或者普鲁斯特(Proust)的影响，虽然也有些像我这样比较谦虚的会说受克利夫·西马克、阿加莎·克里斯蒂(Agatha Christie)或者沃德豪斯的影响。为什么不呢？为什么不把某位值得崇拜的人当作榜样呢？没有一种模仿是完全依样画葫芦的。我敢肯定无论我写的故事有多么像沃德豪斯的，我也不可能阻止它带有阿西莫夫作品的色彩。举例说，我的幽默明显要比沃德豪斯的更尖刻。

当然很难说我为什么会有这么强烈的创作幽默故事的欲望。不仅我有这种欲望，许多其他作家也有这种欲望。毕竟，幽默故事是很难写的。其他类型的故事无须一定要击中靶心，即使击中外环也有回报。故事可以写得有一些悬念，有点浪漫，多少有点使人感到恐怖，诸如此类。

幽默故事就**不一样**了。一个故事不是很滑稽可笑，就是不好笑。没有什么介于两者之间的。幽默故事必须击中靶心。

况且，幽默完全是主观上的感觉。大多数人会对故事的悬念、浪漫本质，它的神秘或恐怖达成一致的意见。但是对幽默与否分歧总是极大。对某个人来说忍俊不禁，对另外一个人来说可能只觉得愚蠢不堪。因此，即使我最好的幽默故事，不喜欢的读者也常会讽刺地说是很傻。(当然，那些干巴木讷，没有幽默感的呆子，我对他们不屑一顾。)

说了这么多以后，还是回到口头幽默故事上来。我曾经说过，我很擅长讲故事。这一点对我的小说创作有很大帮助。我有大量复杂的故事实际上是很短的小故事，讲述时是需要技巧的。因为我必须确定整个讲述过程之中贯串着幽默。我可以在任何地方讲上5—10分钟，使观众听得津津有味，直到爆出最后的关键妙语。

我喜欢这些故事，因为听故事的人永远无法成功地重复它们。如果他们想要再听一遍,就得来找我。每隔一段比较长的时间(因为我不会太经常地重复这些笑话),他们就想方设法让我再讲一遍。他们知道关键语,可就是想听那个故事。

我从哪儿弄来的故事? 嗨,是从别人那里听来的,别人用不加修饰的、很简短的形式告诉我一个故事,我随即将之精心发挥成一部短篇小说。我曾经看见一个人兴高采烈地听我讲一个故事。我讲完后对他说:"这笑话是你告诉我的。"他笑着回答说:"不像是这么回事。"

有时候我说笑话的本事使我陷入麻烦。有一次我在电视上与伟大的幽默家萨姆·利文森(Sam Levenson)一起做节目。他对我说:"你知道那个关于犹太宇航员的笑话吗?"那是提示我说:"没有,萨姆,请你讲给我听关于那个犹太宇航员的笑话吧!"这样,他就可以讲了。可没想到,我忘了是在做电视节目,我说:"知道,我听过。"

萨姆气得往后一靠说:"那你说吧!"

我大吃一惊。我丝毫没有准备。我甚至不敢肯定我知道的故事与他要讲述的是不是同一个故事,可我说:"一个以色列人对一个美国人说:'你以为到月球去是件很了不起的事情? 我们犹太宇航员正准备登上太阳呢!'美国人反驳说,'这不可能,太阳太热了,有辐射!'以色列人说:'别傻了,你以为我们是傻瓜? 我们会晚上去的。'"

这就是那个笑话,人们哄堂大笑,我却出了一身冷汗。

我常忽略像麦克风、摄像机之类的小东西。大约半年前,在阿尔贡金大酒店的一次无线电广播访谈节目上,我表露无遗。和我一起做节目的是一位音乐家,他由他那位美丽的妻子陪同,有一个问题是性是否干扰创作。我回答是不妨碍,而且对此相当不屑一顾。那位音乐家也说不妨碍,但是承认在一场盛大音乐会的前夜,他一般都避免性接触。

我当场就悄悄地对他太太说:"在那些夜晚打电话给我。"然后,我意识到我现场的耳语直接输入话筒,脸上顿时很惊恐,幸好,不是现场直播,这一段可以剪去。

70

文学中的性和审查

尽管我很多产，但有一件事我从不尝试，那就是粗言俗语和性。

在我开始写作的年代，作家不论在书面文字还是视觉媒体创作中都不能使用粗话，甚至一些特定的人群的用语也不例外。因为这个理由，牛仔总是说“你这该死的，老笨蛋，流氓”，但事实上，毫无疑问，没有一个牛仔说这种话，我们知道他们实际上怎么说，但是那种话不能写在纸上，不能用。

像“处女”、“乳房”和“怀孕”这样的词也不能用，甚至在有些地方，连“他死了”都不能说。必须说“他走了”，或者说“他升天了”，或者说“他去见老祖宗了”。

这种拘谨的用词对作家是一种很伤脑筋的事。他们觉得无法真实地表现生活。20世纪60年代，在写作中，甚至一定程度上在电视上，可以使用比较粗俗的语言了，这对作家而言是种巨大的解脱。那些一本正经的人惊骇不已。他们生活在不真实之中，我无意去为他们操心。

话虽这么说，我并没有参加这场革命，这倒并不是因为我本人用词拘谨刻板，我已经出版了我写的5本打油诗集，开放得相当可以。更有甚者，它们不是用笔名而是用我的真姓实名发表的。

然而，这些只是打油诗。在我的其他作品中，都不存在性和粗俗的语言，事实上，我早期的故事里全都没有女人，甚至迟至1952年，我写《火星之路》(The Martian Way,《银河》1952年11月号)时,因为情节不需要,也都没有女性。霍勒斯·戈尔德怒气冲冲地指出,故事里必须要有个女人,否则他就拒不接受那个故事。他说:“随便哪种女人都行。”

于是我就给故事里的一个人物添了个很狡猾的妻子,霍勒斯当然反对,可是我摇摇头说:“这是说好了的。”他只好收下。然而他在封面上把我的名字拼错了,在阿西莫夫中用了两个s(即印成了Assimov)。倘若说他是故意这么做的,我也决不会吃惊。

在我早期的故事中也的确有过几个女性。可我第一位**成功的**女性人物是苏珊·卡尔文(Susan Calvin),她出现在我的一些机器人故事里。她第一次露面是在《说谎者》中。苏珊·卡尔文是一个相貌平平、出身名门的未婚女子,一位智商很高的“机器人心理学家”。她毫无惧色地在一个不太欢迎她的男人世界里拼搏,始终都是赢家。这些“妇女解放运动”的故事早问世了20年,我却没有因此受到什么褒奖。(苏珊·卡尔文在某些方面很像我的爱妻珍妮特,我在塑造了苏珊之后19年才遇见她。)

尽管有苏珊·卡尔文,我早期的科幻小说中因为没有女性,被认为有性歧视。几年前,一位女权主义者写信严厉指责我,我写了封回信,语气温和地解释说,我当初写作时对女性完全没有什么经验。

她愤怒地回答说:“那不是理由。”我只好置之不理,与狂热者争辩没有什么好处。

随着我的写作水平不断进步,我对女性人物的塑造也更加成功,在《裸阳》一书中,为了增添故事的浪漫情趣,我引入了格拉迪亚·德尔马尔(Gladia Delmarre)。我想这个人物很成功。

在《黎明的机器人》(*The Robots of Dawn*,道布尔戴出版公司,1983年)中她再度出现。我认为在《黎明的机器人》中,她更加出色了,我甚至明确了男女主人公有性关系(成年人的性关系,男主角是个已婚男子)。我没有具体描写,这个事件对故事情节绝对是必不可少的,**不**只为了使人兴奋。

事实上，在我最近的几本书里，我做了实验，故意摒弃所有粗陋的词语，而且也剔除任何感叹词。我甚至摒弃了“我的天哪”和表示惊讶的“哎呀”之类的词汇。这么做很难，因为人们几乎总是在使用这种（甚至更糟的）词汇。我这么做部分是故意的，反叛今日之文学自由，部分是想尝试一下，我很好奇，想看看是否有哪位读者注意到这点。很明显，他们没有注意到这点。（你是否注意到在这本书里，没有粗陋的词句，也没有感叹词？）

尽管如此，我还是遇到了审查的麻烦，我不是讲那些淘气的打油诗集，它们从未碰到麻烦，因为它们根本没进图书馆或学校。它们也从来没有很畅销，因为我的读者不是那种看有色打油诗类型的。我写这些书完全是为了自娱自乐。

我的《艾萨克·阿西莫夫幽默故事宝库》受到一些人的指责。在书里，我自始至终不必要地强调**不**用粗话的愿望。它们很可能使有些听众感到狼狈，却不会增添故事的幽默程度。我指出，事实上，粗俗的幽默，如果用暗示方式的话，幽默效果更好，听众根据他自己的爱好在脑子里填满空白。我举了几个笑话的例子，里面有些精彩的细节可改进故事的讲述技巧。

然而这本书最后两个笑话则是必须使用粗话的例子。最后那则笑话，实际上是说，过分使用特别粗俗的词语会使它完全丧失意义。

在田纳西州某个地方，《幽默故事宝库》受到激烈的抨击。有人力图证明最后两个笑话代表整个这本书，丝毫不提我反对使用粗话的评说。

这并不奇怪。那些道貌岸然的审查官，总是想剔除他们不喜欢的东西，他们会毫不犹豫地歪曲事实，欺骗和撒谎。事实上，他们什么都干得出来，但是他们失败了。《幽默故事宝库》虽然从初级中学的书架上撤走了，但还摆放在市图书馆里。公开摆放意味着更多的学生可以阅读它。不过，如果他们想要读到真正淫秽的东西，那他们肯定是要失望的。

（在这里使我吃惊的是，初中生们仿佛都像我所认识的那些初中学生一样，知道并且随便使用最后那两个笑话中的下流话。我怀疑，这些审查官自己也是这样,因为他们在许多方面无疑都是极度虚伪的。)

《黎明的机器人》也同样遭到指责。在华盛顿州有些市镇的家长被这本书吓坏了,要求学校把它从图书馆里清除出去,提出这要求的有些家长承认自己没有读过此书,因为他们不愿读“垃圾”。这就足以把它称为“垃圾”,并将它付之一炬了。

一位学校董事会成员实际上私底下读过这本书,他说他不喜欢这本书(如果他想保住他的职位,他必须站在天使一边),但是他勇气非凡地说,实际上他在书里面没有发现什么淫词秽语,因此书就留下了。

在一个淫秽书籍可以不加评论地出版,女性可以公开地在公共汽车上阅读这种书的时代里,实际上任何人不论在什么地方肯在我这本无害的书上花时间,我都感到高兴。但是,有时候我希望这么做的人不那么可怜、无礼而且无聊,他们败坏了我的有些书的名声。否则销售情况该有多大的改善啊!

71

世界末日

在我多产的小说中，还有一件我曾经避而不谈的事是“世界末日”的场面(只有一次小例外，我后面再谈)。

自从学会如何制作石头武器结队狩猎较大的食草动物以来，人类一直在毁坏地球和它的生态平衡。在我心目中毫无疑问，人类狩猎队应该对庞大的猛犸和2万年以前生存于地球上的其他大型哺乳动物的消失负责。

1万年之前，人类发明了农业和畜牧业，过度的农耕和放牧开始慢慢毁坏环境。

在1945年之前，人类尚不具备严重毁坏地球这颗行星的能力，哪怕是毫无节制的最野蛮的战争和过度的掠夺也还不至于造成严重的后果。1945年，第一颗原子弹爆炸，用廉价汽油喂养的工业革命开始高速发展。现在我们已经完全能够毁坏地球，使之在相当长的时间内无法修复，实际上，我们也正在这么做。

科幻小说作家对此的认识比其他许多人更加清楚。就在第二次世界大战之后不久，原子劫难的故事立即流行。事实上，这种故事在1945年8月6日广岛原子弹爆炸之前就已经出现。美国情报部门甚至调查过*ASF*，因为它在1944年3月的刊物上出版了克利夫·卡特米尔(Cleve Cartmill)的《死亡线》(Deadline)。故事相当精确地描述了一枚原子弹。

就像在大多数情况下那样，这类原子弹造成灾难的故事变得非常流行，在科幻小说中占了主导地位。随即由于读者厌烦了没完没了的重复，此类故事又为它们自己的成功所累，于是出现了其他类型的末日故事——大气层污染、人口急剧膨胀或诸如此类的故事，科幻小说染上了灰色和血腥的灾难。

在某种意义上来说，这是有作用的。科幻小说作家本·博瓦(Ben Bova)说科幻小说作家是人类派出的窥测未来的侦察兵，他们带回了改进世界的建议和对世界遭到毁坏的警告。现在，当人类正在漠然地进行大破坏的时候，**必须**要警告人类——反反复复地警告。

然而，我从不参与对厄运忧心忡忡的描述。这倒不是因为我不相信人类会毁灭自己，我从心底里相信这一点，我写了大量的文章从各个方面来谈这个问题(特别是关于人口膨胀)。只不过我认为已有足够多的科幻小说作家在呐喊"末日审判即将来临"，即使我不在其中，也无碍大局。

诚然，在《天空中的小石子》里，我描写一个被辐射毁灭了的地球，书里将人类描绘成生活在一个庞大的银河帝国中，所以，一颗小星球的命运对作为一个整体的人类来说微不足道。

我的书倾向于庆祝技术的胜利而不是它的惨败。其他科幻小说作家也一样，比较著名的有罗伯特·海因莱因和阿瑟·克拉克。看来似乎很奇怪，或者说，很有意义的是，我们这科幻三杰竟然全都对技术进步持乐观态度。

72

写作风格

我早已经提到我故意采用一种简单的，甚至是口语化的风格，我在此想进一步深入谈论一下这件事。

奥森·斯科特·卡德(Orson Scott Card)是当代最优秀的科幻小说作家之一。他非常大度地赞同我的写作风格。他认为我的作品无与伦比地清晰，而其他作家则有某种特殊的风格，使人们比较容易模仿，我却丝毫没有。因此，没有人能够成功地模仿我。(我必须强调这一事实：是**他**这么说的，不是我，因为我不具备当一个评论家的才能，我在这件事上无话可说。)

其他人就没有这么仁慈了。他们认为我的作品，特别是我的小说对话过多，写作风格也过于直白。

我已经说过，我不是评论家。我不知道怎样为自己辩护，幸好，杰伊·凯·克莱因(Jay Kay Klein)出来为我辩护了。

杰伊·凯·克莱因是一个很机智敏捷的人，胖胖的，头发几乎全秃光了，脸上始终挂着笑容。在科幻小说大会上深受爱戴。他是一位专业科幻小说摄影记者，始终随身带着摄影设备，他拍摄了几千幅科幻小说作家的人物照，我也在其中。他曾经收集了几十张我正在亲吻不同的年轻女子的照片，他当场拍摄下来，配上评语，使观众，尤其是我，深为震动。

杰伊·凯明确了两种写作风格，我把他的理论加以发挥，成为我的“镶嵌玻璃和平板玻璃”理论。

有的作品就像你在有色玻璃橱窗里见到的镶嵌玻璃。这种玻璃橱窗本身很美丽，在光照下色彩斑斓，却无法看透它们。同样，有的诗作本身很美丽，很容易打动人，但是如果你想要弄明白怎么回事的话，这类作品可能很晦涩，很难懂。

至于说平板玻璃，它本身并不美丽。理想的平板玻璃，根本看不见它，却可以透过它看见外面发生的事。这相当于直白朴素、不加修饰的作品。理想的状况是，阅读这种作品甚至不觉得是在阅读，理念和事件似乎只是从作者的心头流淌到读者的心田，中间全无遮拦。我希望你在读这本书时就是这样。

写诗一般的作品非常难，但是要写得很清楚也一样艰难。事实上，也许写得明晰比写得华美更加困难，我还是用我的镶嵌玻璃和平板玻璃的比喻来说明。

镶嵌玻璃所用的彩色玻璃据信自古以来就有。然而要把玻璃里的色彩去除，已证明是项很困难的工作，这个问题直到17世纪才解决。平板玻璃相对来说是比较近代的发明，是威尼斯玻璃制造工艺的重大胜利，这种工艺在很长时间里一直是保密的。

在写作上，也一样。从前，实际上所有的作品全都很华丽，修饰过度。比如维多利亚时代的小说，甚至狄更斯(维多利亚时代最出色的作家)的小说。在某些作家的作品中，写作风格变得平实明晰只是比较近期的事。

简单清晰的作品对我来说自有好处。我收到许多来信，读者在信中告诉我说，他们憎恨阅读，直到偶然读到我的一本书，才第一次发现阅读是件愉快的事情。我甚至收到诵读困难患者的来信说，他们发现我的书值得慢慢地读，他们的阅读能力因此大有提高。我有一次收到一位母亲的来信，感谢我引导她的独生子爱上了阅读。

这种事使我倍感欣慰。我最初是为了个人快乐和谋生而写作的，当我发现不仅如此,而且正在帮助别人的时候,我感到很快乐。

但是,怎样才能写得明晰呢?我不知道。我想首先必须头脑清晰,思路有条不紊,必须运用熟练的技巧梳理思绪,明确地知道你想说些什么。除此以外,我就无可奉告了。

 73

信 件

既然我刚才提到我收到的一些信件，也许我应该更详细地谈谈这件事。

我收到的大部分来信，当然是完全使人愉快的。它们是那些读过我的一些书（有时是读过许多本），喜欢我的书的人写来的，他们很友善地写信告诉我这一点。开始，我尽量全部回复这些信，至少也要寄一张致谢明信片，我必须承认随着岁月流逝，我的精力渐渐不济，能量储备渐渐减少。而赞美我作品的信越来越多，我越来越无法做到这一点，我想我正变得越来越懒，不能再回复每一封来信了。

这种来信有一小部分是年轻人用铅笔写在印有平行线的信纸上的，说他们在学校读了一些我写的书，很喜欢，最后的句子总是"请回信"，我几乎是不可能不回信——因为孩子们不会懂得"我实在太忙了"的托词，如果不回信的话，他们会非常难过的，这让我受不了，所以我总是要多寄许多明信片。

我以往一直说，明信片是项很了不起的发明，它节省了大量的时间和邮资，虽然牺牲了一点私密。不过我从来没有写过一张不愿意让邮递员看的明信片。

当然，也有位善良快乐的女编辑来信，我和她进行了一次友好的假调情。（在我年轻时，我几乎无一例外地与所见到的女子调情，也许是不很相配，从未有哪位把我当真的，这是我现在的想法。）不管怎么说，我写了一张简短的明信片给她，纯粹出于习惯，在结尾处用了一个双关语。

她回信给我："亲爱的艾萨克，以前也曾经有人向我求婚，但从未写在一张明信片上。"

我又扯远了——

有一种小男孩的来信，我看了以后常常怒不可遏。信开头写道："我是某某学校7年级的学生某某。老师要我写信给一个作家，问他一些关于他工作的问题。"然后就是你可以想象得到的最最老一套的问题，一成不变的问题。我什么时候开始写作？怎么开始写作的？为什么写作？从哪儿得来的想法？我是否在写另外一个故事？

刚开始收到这种来信的时候，我还简短地回复。随即，它们蜂拥而至，我只好把它们堆在一起一烧了之。

似乎在全国各地，都有一些白痴老师唆使他们的学生袭击十分忙碌的作家，向他们提出一大堆问题，目的显然只是为了完成家庭作业。老师有什么权力这么做？我唯一宝贵的东西就是时间，每过一天，我剩余的时间总量就会少一天，而那帮鲁钝的老师却不想浪费**他们自己**的时间和有限的能力去想出比较好的事情让学生做。如果没有受到老师的羞辱，那些孩子做梦也不会想到要来打扰我。难道我非得把我日益减少的时间花在回答那些孩子提出的幼稚的问题上吗？毫无疑问，其他作家有秘书，可以寄出格式化的信件，但是我没有秘书。

偶尔，在特别令人气愤的情况下，我会很生气地写一封信给那个教师。有一次，我的信被登在一份地方报纸上。（没有征得我的许可！）他们把信当作一个狂妄自大的作家的典型例子，这篇东西由那位老师的朋友剪下来，寄给我。她痛斥我，说我拒绝花"5分钟的时间"让一个孩子快乐。

这真是胡搅蛮缠，我简直愤怒至极。我写信给她，责问她是否真的低能到以为我只收到一封这样的信。我收到一大堆这样的信，每一封信都要求5分钟——这表明在教育界同情和理解的总体水平很低。大概我淋漓尽致地发泄了一通，使她尝到了我必要时很会骂人的伶牙俐齿。我再也没有得到回信，我可能把她吓得半死了。

现在我没有麻烦了，只要我看到“我的老师要我”这句魔语，我的废纸篓里立即又多了一封信。这样省却了我许多时间，却徒增了我感情上的折磨和泪水。

有时候我收到来信指出我非小说类作品中的错误(或者，很难得，我小说中的错误)。遇到这种情况我照例会寄一张明信片表示感谢。当错误真的影响面甚大，我就在出版图书时修订一次，或者倘若已经出书了，那就在下一版里改正。一个糟糕的错误令人很狼狈，却又是不可避免的。像我这样写东西又快又多，时不时地会出错。奇怪的倒不是我的书里有差错，而是差错竟然如此之少。

我始终可以期待我的读者支持我。像莱纳斯·鲍林这样伟大而又著名的人物也曾经写信指出我的错误。

当然，偶尔也会有人来信指责我的作品，说我是什么狂妄自大的怪物，指出我其他的性格缺点，这些我一概不予理睬。假如他们愿意不喜欢我，那就随他们去。

许多来信要我提供信息，如果问题很明确，可以简短地回答的话，我尽量回复。特别是如果问题很有趣，答案又不是很现成的话，我肯定会答复。说来很奇怪，我几乎从未收到过一封感谢信，感谢我解答这类问题。我真的不知道为什么会是这样。

有时候，请求我提供信息的人显然误把我当作公共图书馆了。“请寄给我所有的太空探索方面的最新资料”，这种请求我司空见惯了—— 一般都是年轻人寄来的信，他们要写一篇关于太空探索方面最新发展的文章，认为让我替他们写一篇是个好主意。我对这种信的处理是——扔进废纸篓去。

有时候(令人吃惊的是，经常发生)有人从监狱写信来问我是否能寄一两本书给他们，因为他们监狱图书馆里阿西莫夫写的所有的书他们全看完了，还想看更多的。我对犯人始终有一种痛苦的同情，不管他们曾经做过什么，特别是他们读过我写的书的话（这使我立刻相信他们可能是被错判了）。在这种情况下，我会安排道布尔戴出版公司寄一两本书去，他们每次都会毫无例外地拒绝从我的版税中扣除这笔费用——当然这也阻止了我滥用特权。

有时候我收到来信要钱，可我从不寄钱给陌生人。我可能很心软，但也不至于软到**那个**地步。

还有更使人尴尬的是来信请我阅看一位新人的手稿，提出具体的评论。这根本不可能，我没有时间，又缺少评判的能力，可不管怎么解释，我总是有一种不舒服的感觉，写信的那个人认为我是一只肥猫，很自私，心胸狭窄，不肯帮助新人。有些人甚至利用我在叙述自己的生活经历时的坦诚，说什么："你刚开始写作的时候，约翰·坎贝尔曾经帮助过你。为什么你不肯帮助我？"答案是帮助新人是坎贝尔的工作，他有这份天才；可这不是我的工作，我也没有这份才干。更何况，坎贝尔也并不是不加区别地帮助所有的新人。他很小心翼翼地挑选。他在等待一位艾萨克·阿西莫夫。他知道如何去辨别，可我不会，我该怎么解释这一切呢？

同样，许多新人认为销售故事有某种特殊的窍门，而这种窍门我知道，并且可以很容易地传授给他们。不论我多么真诚地告诉他们我没有诀窍，这是一种与生俱来的天分和努力工作的结果，我肯定他们认为我害怕竞争，所以不肯把秘诀告诉他们。

有些来信是专门挑起争论的，驳斥我发表的某个观点。偶尔，一封理由特别充足的来信迫使我修正自己的观点，在这种情况下，我一般都复信，有时我找个借口写篇文章阐述我经过修正的观点。大多数情况下，这类令人不快、故意挑起争论的信件我不予理睬。

这种不同意见的来信有一部分牵涉到我公开表达过的缺乏宗教感情。我收到有些人的来信，说他们为我感到难过，并为我祈祷，这我无所谓。这样肯定会使他们感觉好受点。

收到有些人寄来的小册子，我多少觉得有点恼怒。他们在信中散布某些宗教信仰，愚蠢地希望这会使我“见到光明”，我不知道这些人为什么就不明白我的观点根深蒂固，决不会因为这种小册子而动摇。

有时候我被激怒之后也回信。有一次，一位宗教人士言词激烈地指责我，我寄了张明信片给他，上面写道：“我肯定你相信我死后会下地狱，我一到那儿就会受尽你那神明所发明的各种精巧的施虐装置带给我的痛苦和折磨，而且这种折磨将永无止境。这样你满足了吗，你是否还要再咒骂我呢?”我当然再也没有得到回复。

另外还有许多爱请人签名题词的人。（想要我亲笔签名的人不可胜数。）要我亲笔签名题词的信像狂风中的雪片一样源源不断，越来越多（特别是年轻人的，但他们只要一拿到手就会扔了）。我那种受宠若惊的感觉早已被磨灭，不复存在。如果索取签名的人寄一张明信片给我签名，以及一只贴着邮票写好地址的信封，给我放明信片，那我只能寄去，否则，我再也不寄了。（我特别怀疑那些说我是多么伟大的作家，他们多么欣赏我的作品，却只字不提他们看过哪些作品的信是格式化的。）

最近几年，又有了一种新花样，光亲笔签名不够了。还要一张签名的照片，有时候还规定要8×11的光面照片。好，我没有照片。我不在娱乐业工作，我的脸蛋不是我的资本。如果有人**寄**给我一张照片，附上一只贴有邮票、写好地址的信封，我只好照办。否则，没门。

有些人寄书给我要我签好名以后再寄回去。一般他们都附上邮票，写好地址，即使如此，也是令人痛苦不堪的事。包裹体积很大，使我每天的邮件要重达一吨左右。我还得出去，找一个能够放下这些笨重邮件的邮筒。如果事先征求我的意见，我总是建议寄给我一张名片，我签完名寄回，他们可以把它贴在书上。然而，很少有人会考虑得**这么**周到，事先询问一下；而在这么做的人中，又很少有人肯接受寄名片的想法。

最近几年，另外还有一项讨厌的发明——“名人拍卖”。有人发现一种募集资金的好方法：写信给许多名人向他们每个人要一件私人物品——一只旧袜子、一张洗衣单——然后拍卖给那些看重这些零碎废物的人。一般募集钱款的理由听上去都很值得，所以开始几次我收到这种请求，我寄出了我签过名的平装书。

我的名字因此列入计算机上的竞拍清单，向全国散发出去，接着便泛滥成灾了。美国所有的名人竞拍都给我寄来请求信，最多一天收到4封，极少有哪一天我没收到这种信。我该怎么办？我一看见可疑的信，看见那个“名人拍卖”的魔咒，我的字纸篓里的分量就又重了一点。

我还收到少量疯疯癫癫的来信——写信的人受奇怪的射线控制，遇到了外星人，发现了秘密阴谋，或者干脆语无伦次。我只有叹息一声，把它们扔了。

另外，还有专门创作“非图书”的人。非图书是由某人给好几百个名人一人寄上一份材料，提出一些极为荒唐的问题，收集答案，再把它们汇编成书，他希望从中提取版税。

比方说，有许多名人烹饪书。既然可以得到许多名人送来的“最受喜爱的”食谱，谁还会去研究和尝试烹饪技巧呢？曾经有无数次，有人问我最喜爱的食谱是什么。我唯一的食谱是白开水，把它变成冰霜放入咖啡里，那就是我厨艺技巧的水平。

（当然，每隔一阵子，珍妮特很忙的时候，她把所有必需的器皿，所有必需的配料都准备好，还有一份精心准备的烹饪食谱，然后我开始工作，混合、搅拌、添加、调节温度，总之一句话，该做什么我全做了。每次的结果都是，不论多么复杂，我做好的菜肴，味道总是好极了。因为我非常严格地按食谱炮制，而珍妮特从来都不这样。我再怎么也是个化学家呀。我下厨的时候，很专横，不让任何人进入“我的厨房”，我是那么自鸣得意、自我陶醉于我的烹饪成果，以至于珍妮特很少让我去干这事。）

我很少搭理非图书炮制者，部分原因是他们提的问题经常傻透了。

因此，一位女士要我写一篇关于我父亲的文章，说明我敬慕他的理由。她寄给我一张她邀请写文章的其他名人的名单。我其实经常不断地写到我的父亲(就像在本书中一样)，我**着实**崇拜他，这事再清楚不过了。但是，我以为这个主意很蠢。除了关于父亲们的矫情文章，她几乎不可能得到任何东西。试想哪位名人会承认他父亲是酒鬼，打老婆，即使真是这么回事。

我不经意地写信告诉了她这一点，她回了一封很恶毒的信指责我憎恨我父亲。我很后悔给她写信。我从未听说那本书出版，也许它没成功。

有一次我被问及我经历过的最糟糕的一次约会。我简单而真实地说我从未有过不成功的约会。除了我最终娶的两个女人，我很少与人约会，我始终认为让约会愉快是我的责任。他们把这信**印**出来，夹在一大堆其他回信中，其中有些描述灾难性和恐怖的约会，我真不想看它们。(我比自己感觉到的还要幸运。)

有一次有人在计算机上要我说出圣诞节想要什么。他们要我描述我想要的任何东西，无论是可能或不可能的东西。我简短而又真实地回答说，我有一台陈旧的电动打字机，一个老式的文字处理器和打印机。这些就是我所需要的，圣诞节或任何其他时候，我都不想要除我真正需要的以外的任何东西。

提问人回复说很高兴收到我的回信。在她收到的所有信件里，只有我的信不掺杂贪婪的成分，但是她的编辑不让她印出来，因为那样会使那本非图书中的其他人全都显得挺差劲。(此外，我思忖，大概不贪婪不像是美国人，这具有破坏作用。)

在同一封信里，她要我说旅行中最感到快乐的是什么？我如何看待商务旅行和休闲旅行。我只好解释说我不旅行。(又不像美国人了。)

我还写过其他东西，明显不像美国人所为，不宜印出来。芝加哥的《论坛报》(*Tribune*)要我写一篇关于圣诞节的文章。他们向我保证说,“随便你写什么。”我很高兴地答应了,抓住机会痛责节假日商业化的愚蠢行为。标题是“请听,吝啬鬼的话”,评论的性质可想而知。他们热情地收下了我写的文章,稿酬也付了,可就我所知,从来没有刊登出来。

74

抄袭

多产作家的烦恼之一就是要不断考虑剽窃抄袭的可能性。在我看来，剽窃行为，窃取抄袭他人的作品把它当作自己的东西，这是作家可能犯的最大罪恶。我根本不可能做这种事。麻烦的是我总想避免**看上去**像抄袭的情况出现。我写那么多东西，要做到这一点有时候是很困难的。

比方说，杰克·威廉森在1934年写的故事《太阳的诞生》(Born of the Sun)中有一个场景，一帮狂热分子想要摧毁一个天文台，因为在那里提出了一种惊人的新理论。我读过这个故事，毫无疑问对这场景的印象非常深刻，它无意间烙在我的脑海里。

7年以后，我发表了《黄昏》。在这个故事里有一个场景，一帮狂热分子想要毁掉一个天文台，因为这个天文台提出了一种惊人的新理论。《黄昏》写成之后过了30年，我在编撰一本名为《黄金时代之前》(*Before the Golden Age*，道布尔戴出版公司，1974年)的选集时，因为想把《太阳的诞生》收进选集，重新看了一遍这个故事，我立即意识到发生了什么事，感到很狼狈。

当然《黄昏》并没有抄袭，因为尽管想法和环境在不同的故事中反反复复地重复——但是所用的语言不同，内容不一样，结果也不一样。只要写的时候完全不一样的话，想法和场景甚至可以故意借用。

我在构思《基地》系列故事时就曾自由借鉴爱德华·吉本的《罗马帝国

衰亡史》。反过来,我相信电影《星球大战》(*Star Wars*)也毫不犹豫地从《基地》系列中借用了一些场景和手法。

我写《人人都是探险家》(Each an Explorer)的时候,明白了不要把想法的雷同看成一种罪过。这个故事刊登在1956年未注明日期的《未来幻想第30号》(*Future Fiction* #30)上。我写到一半时很不舒服地发现它与坎贝尔的著名故事《谁去那儿?》很相像,我打电话给坎贝尔告诉他怎么一回事,然后征求他的意见。

坎贝尔听了大笑说,想法的雷同是不可避免的,在诚实、能干的作家手中是无碍的。他说:"我可以把同样的想法告诉10个不同的作家,得到10个截然不同的故事。"

即使如此,我还是花了很大力气使它尽可能与《谁去那儿?》不一样。

再有一次,我写了一篇名为《怕我们牢记》(Lest We Remember)的故事。它发表在1982年2月15日的那一期《阿西莫夫科幻杂志》(*Isaac Asimov's Science Fiction Magazine*,简称*IASFM*)上。我写的时候,发现它的构想与丹尼尔·凯斯(Daniel Keyes)的经典之作《献给阿尔杰农的鲜花》(Flowers for Algernon,*F&SF* 1959年4月号)有相似之处。我花了很大力气,尽可能把我的故事写得不一样。

我写作中最侥幸脱险的一次是在写一篇小小说的时候。那次我应邀写一个故事,描写一台有自我意识的计算机的情况。于是我写了一台计算机停下工作,过了一会儿,开始发问:"我是谁? 我是谁?"

它发表在一份业余的计算机快讯上,后来又被登载在一份儿童杂志上。一位作家看见以后,寄给我一张撕下的他本人写的故事,那个故事的结尾也是一台计算机在发问:"我是谁? 我是谁?"(两个故事在其他地方截然不同。)

那位作家说他的故事已经发表了。我心里一沉,意识到它曾经被收录在一本选集里。那本选集里也收了我一个故事。因此,我的图书室里也有一本。我把它找了出来,里面果然有那个故事,出版年份比我的要早。

我该怎么办呢?我写信给他承认我有他的故事,故事结局可能潜伏在脑子里。我征求他的意见说,如果我再也不让我的这个故事在其他任何地方出版,他是否觉得满意。他对此表示满意,并且很宽厚地说,他从未哪怕有片刻想过,我抄袭他的作品。

有什么办法呢?危险永远存在,我记忆力很强,这个或那个故事的片断始终留在我的记忆之中。在我创作的过程中,随时可能想起这些。更糟糕的是,我看过的科幻小说在所有的科幻小说中只占极小的一部分。由于纯属巧合,我的构想可能会与我从未看过的东西雷同。

有一次西奥多·斯特金和我不约而同几乎同时各自写了一个故事,全都利用了女主人(hostess)这个词的双重含义,对其双重寓意的理解**也相同**。更巧的是,西奥多故事中的两个人物叫德里克(Derek)和韦尔娜(Verna),我笔下两个人物的名字是德雷克(Drake)和维拉(Vera)。两个故事都送到《银河》杂志——这也纯属巧合。因为特德(Ted) * 的故事早几日到达霍勒斯的办公室,那就只有我作小的修改了。[例如,维拉改成了罗斯(Rose)。]我的故事于1951年5月在《银河》上发表,题为《女主人》(Hostess)。无论我多么谨慎小心,力避哪怕是抄袭的细微可能,然而对于自己的作品被人抄袭却束手无策。在全国各地,学校都会要求学生练习写文章和故事,其中极小一部分"呆小患者"竟然会傻到想去抄袭现成的故事。

我之所以说"呆小患者",是因为对自己的能力心中没底,被迫抄袭的孩子,写作能力必定很差,即使对一个孩子来说也很差。如果他忽然交出一份经过修饰的有专业水平的作品,他能愚弄谁呢?除非他的老师也一样蠢。

罗得岛学院的一位教授曾经寄给我一份很长的稿子的复印件。她的一个学生把它当作业交上去,但是,里面有机器人,那个学生是写不出这么好的作品来的,她知道我以擅长写机器人故事著称,希望我能够告诉她那

---

* 西奥多的昵称。——译者

个学生是否有抄袭行为。

没错，他的确抄袭了。那个小笨蛋照抄了我的故事《船役囚犯》(Galley Slave，《银河》1957年12月号)，而且逐词逐句地抄袭。他缺乏变换措词的能力，只能寄希望于侥幸，他甚至笨到连改变人物名字的小聪明都没有。

我把这些都报告给那位教授，我希望那个年轻人受到恰当的处罚。

几年前，有人在一份中学杂志里，看到里面有一篇署上某个学生名字的我写的故事《无事不要钱》(Nothing for Nothing，*IASFM* 1979年2月号)。我写了一封信给学校，道布尔戴出版公司也写了信去，却始终没有收到回信，不是那所学校的人觉得很尴尬没有回复(我认为这并非不可能)，就是他们很生气，我竟然反对他们的学生想出这么聪明的方法来完成作业。

如果你怀疑后一种观点的可能性，请听我说一件事(尽管它并未涉及抄袭)。一个年轻人曾经写信要我写封推荐信。他正在想进某所学校。他曾经看过我写的故事，他以为一封有我名字在上面的信，里面说他多么了不起，会很有分量。他承认我不认识他，但他觉得为了帮助他，我假装认识、高度评价他的智慧和性格，也并非难事。毕竟，坎贝尔不也曾经帮助过我吗(又是这种陈腐的想法)?

我勃然大怒。我写了一封措词激烈的信，指出他要我做的是一种极不道德的行为，他以为我会做这种事是对我的侮辱。我说他的信证明他既不聪明，又没有人品。

我以为事情就到此为止了。谁知使我大吃一惊的是，我收到一封回信，不是那个年轻人而是他母亲写的。她振振有词地严厉指责我，说她儿子只不过跟我开个玩笑，而我却使他感觉很糟糕。这事究竟于我(还有我脆弱的自尊心)何碍，我竟然受不了一个玩笑?

我再次被激怒，写了一封更加严厉的信说，如果她和她的儿子不改变他们对什么事有趣，什么事没有趣的想法，那么那个年轻人总有一天会蹲监狱的。这次我再也没收到回信。

与我有关的最有趣的抄袭故事发生在1989年5月23日,托尔图书公司(Tor Books)出版了一本“双面”书。那是一本平装书,里面有一篇特德·斯特金的中篇小说。如果你把书翻过来,上下颠倒,你会发现看到的是另一个封面,另一个故事的结尾,那另一个故事是我的《丑男孩》。

这本“双面”书作为重要的新书,在预告中醒目地印了故事简介。预告登出以后,我收到一位女青年写来的信,她在信里气势汹汹地指责我剽窃她的作品。显然,她在一年半之前(1987或者1988年)写了一个故事,寄给编辑,却被退回了。她寄了一份故事梗概给我,里面有一个小男孩(就像查尔斯·狄更斯的《雾都孤儿》)。她认为编辑因为她没有名气所以不愿意用她的名字出版她的故事,所以就把这个想法告诉我,让它以我这个有声望的名字出版,这样可以销售得更好,于是《丑男孩》就这样写成了。她责问我:“对此你作何解释?”

这可必须要答复,不管多么荒唐可笑,剽窃的指控必须予以澄清。我也够损的了,在信的开头称呼她为“亲爱的疯女士”。

接着我告诉她如果她**看**一眼TOR的这本双面书,而不是只看它的预告,那她就会发现《丑男孩》其实是再版,版权说明都在书里赫然印着,足以证明它是在1958年出版的,早在她写故事之前,甚至可能在她出生之前。这究竟是怎么回事呢?也许是她抄袭我的作品。

她再也不曾回复,照理,对这种无礼的事情她应该很主动地道歉才是。

这就提醒我一件事,初学者经常问我如果他们把写好的故事送到编辑那儿,这些故事是否会被剽窃?回答是:“绝对不会。”如果故事真的很好,值得去剽窃的话,编辑会让作者再写,因为那个作者也许会写出**更多的**好故事来。既然可以合法地得到许多故事,为什么要冒险去剽窃一个故事呢?

75

科幻大会

促使科幻小说作家聚集在一起成立区域俱乐部，例如导致未来人成立的动力，同样也促成了区域俱乐部组成比较大的协会。

1939年，萨姆·莫斯科维茨想到要举行一次世界科幻大会(World Science Fiction Convention)。它于1939年7月2日在曼哈顿中心区召开，与会者仅几百人。萨姆是昆斯区科幻俱乐部的成员，未来人就是从这个俱乐部分裂出去的。萨姆拒绝让未来人参加世界科幻大会，不过在萨姆眼中，我与他们关系并不密切，并且我已经出售了3个故事，所以我可以参加。

此后，每年世界科幻大会都在不同的城市举行(除了战争年代的1942年、1943年和1944年)，每次都有某个重要的贵宾出席，有演讲、化装舞会、宴会等活动。一般总是在劳动节的周末，除非在美国以外的地方举行，在那儿劳动节不是考虑的因素。

随着时间的推移，与会者不断增加，直到一次大会可能会有六七千人参加。于是其他比较小一些的会议成立了。最后终于出现这种情况：像杰伊·凯·克莱因或者斯普拉格·德·坎普这样真正热情的与会者，如果愿意的话，一年之中每隔几天就可以参加一个会议。

由于不喜欢旅行，我很少参加世界科幻大会。在我出席的那些会议上，我经常被邀请作为宴会上颁奖活动的主持人。有一次我把事情搞砸了,把一个奖颁给了一位未获该奖的作家,我狼狈至极,从此我一般都拒绝在大会上担任颁奖主持人。

只有一次例外。1989年,在波士顿,我们庆祝1939年第一次会议的50周年,我是少数几个曾经参加过那次会议的人之一(当然也是幸存者中最著名的人士)。我因此同意动身到波士顿去,并且担任为庆祝而举行的"怀旧冷餐会"主持人。我很高兴担任此职。

世界科幻大会的贵宾一般都是从距离会议所在地很远的地方挑选出来的。归根到底,参与者大部分是本地人,他们不想要他们在本地会议上可以见到的人做贵宾。一位当地的科幻小说迷难得有机会看见的远方来的嘉宾,可以吸引更多的人出席大会,有助于支付大会的费用。因为我只参加离家近的大会,一般都不适合当嘉宾。1955年,大会在克利夫兰举行,他们邀请我担任嘉宾。我经不住他们说好话,就驱车去克利夫兰当嘉宾了。

这是我唯一一次在世界科幻大会上当嘉宾(有些人当过两次甚至三次)。我觉得无所谓。我曾经在许多规模比较小的会议上以嘉宾身份出席。事实上,我家墙上挂满了奖状,橱里也全是奖章和纪念册。

我有14个荣誉博士证书,放在一个箱子里都快发霉了。它们也有不方便的一面:我因此被认为是这些大学的校友,因而成为基金募集信件的对象。(这使我想起那个抱怨他妻子总是跟在他后面日夜要钱的那个人。一位朋友说:"她拿了那些钱干什么?"那人回答说:"什么也没干。因为我什么也没给她。")

我离题了——

1955年举办的克利夫兰世界科幻大会是第13届(说来有点迷信)。几乎是历届所有大会中规模最小的一次,只有300人参加。这自有它的有利之处。后来我参加的大会,有时候人数多达好几千,这就意味着要有许多宾馆提供住宿,大量的节目,人头拥挤的大厅和会议室以及一群群彼此不认识的人,在里面你根本无法找到朋友和知音。会场人声嘈杂,一片混乱,简直毫无秩序。

在这种大型会议上，要我在书上签名的人排成长队。那蜿蜒曲折的队伍使人有种受宠若惊的感觉，可连续签名一个半小时以后，就会对在书上签名感到厌烦。由于我是个多产作家，甚至有某个热情的读者拎了一只箱子，里面装了24本书让我签名。即使不是正式签名时间，小说迷们也会在大厅里拦住我要我在节目单或纸上签名。

这部分是我的过错。比方说，阿瑟·克拉克恶名在外，说他只肯在硬面精装书上签名，可我无法拒绝任何站在那儿，**可能**怀着爱戴看着我的人。

一个300人参加的会议正合适。会议有条不紊。作家们可以很方便地互相见面，要签名的书也有限。在许多年里。1955年那次大会被认为是最友好的一次大会。

1953年的大会，分门别类颁发了该年度的最佳图书奖。这被视为那次特定的大会采用的小花招。比方说，1954年的大会就没有这项内容。

然而，1955年又举行了这一活动，并被永久确定了下来。从此以后，大会的高潮始终是在宴会上。在宴会活动上颁发一系列大奖，情景很像奥斯卡电影颁奖大会，大奖称作雨果奖，以纪念雨果·根斯巴克。29年前，他创办了第一份专门发表科幻故事的杂志。

当我担任宴会主持的时候，通常由我颁发雨果奖，我借用鲍勃·霍普(Bob Hope)的技巧抱怨说我怎么没有得奖。实际上，《黄昏》、我的机器人故事和基地故事都在雨果奖设立之前写的。

当然，我最终还是赢得了雨果奖，这留在后面再谈。

76

安东尼·鲍彻

《奇幻和科幻杂志》(*F&SF*)于1949年出版。命运注定我在几十年的时间里一直与它密切相关。可在一开始,我一点也没有概念。我早期并没有很着力地把我的故事送给它发表。我始终没有能够突破,直到我写了一个题为《蝇》(Flies)的故事。这故事发表在1953年6月号的*F&SF*上。

*F&SF*的编辑是安东尼·鲍彻。他先是与J·弗朗西斯·麦科马斯一起,后来单独一人干。他的真实姓名是威廉·安东尼·帕克(William Anthony Parker),生于1911年,他凭自己写的奇幻故事《斯纳尔巴格》(Snulbug)进入科幻界。这故事发表在1941年12月号的《未知》(*Unknown*)上。他还写了许多侦探故事,其中之一《对资料库的指责》(Rockets to the Morgue, 1942年),是根据真人真事写的故事(隐去真名)。其中有许多科幻作家,包括著名的海因莱因的影子在故事中均依稀可辨,故事还简单地提到了我和我的机器人故事。

在50年代初期,杂志编辑有三巨头:约翰·坎贝尔、霍勒斯·戈尔德和托尼·鲍彻(Tony Boucher)。*

他们之间的差异十分明显,这一点从他们给所联系的作者写的退稿信即可看出。

---

* 托尼是安东尼的昵称。——译者

坎贝尔的信过于冗长,他会寄出一封2—7页的信,说明为什么一个故事不能接受。作者经常很难明白他究竟是什么意思。我有一次收到一封信,有关我给他的一篇科学评论文章。那封信看上去就像是拒绝我了。我试着把它投送到别的地方去,都不成功。谁知过了不久,坎贝尔又不耐烦地问我怎么还没有修改好。我重新拿出他的信来看,苦苦思索总算弄清了他的要求,作了修改,把那篇稿子给了他。

关于霍勒斯·戈尔德和他恶毒的退稿信我早已写过,但在这儿我还要加一个小故事。有一次他当面说我写的一个故事媚俗,他用了出卖贞操(meretricious)这个词。(该词源自拉丁语中的metricious一词,原意是妓女。霍勒斯的意思是说我为了赚钱,滥用我的天赋,粗制滥造地写乌七八糟的东西。)

我强压怒火,问:“刚才你用了一个什么词?”

霍勒斯为他的词汇量感到自豪,很高兴把我给镇住了(他自以为是),他神气活现地说:“Meretricious!”

“祝你新年快乐!”我回答说。* 这话很傻,可我觉得出了口气,特别是看到它明显地激怒了霍勒斯。

另一方面,托尼·鲍彻的退稿信则非常温和。如果不是稿子退回来了的话,简直很容易让人误以为稿件被接受了。在我讽刺霍勒斯的退稿信的同一首打油诗中,在第三节诗里我也嘲笑了托尼,这首诗是这么写的:

亲爱的艾萨克,我的朋友,
故事写得很好。
一切都恰到好处,
读来令人愉快,

---

* Meretricious发音与Merry Christmas(圣诞快乐)非常接近,所以阿西莫夫故意回答说“祝你新年快乐”,以耍弄霍勒斯。——译者

优点如日光照耀。
黑夜,充满了
真的,充满了,
紧张,朋友,
但是又很宽慰,
充满了欢乐
又不乏悬念。
说什么有些微小的疵瑕,
这是陈词滥调,
简直是恶毒的诽谤。
其实不算什么,
也许只是一点,
对于它
你不必在意。
请允许我说
毫不迟疑地说
我的好朋友,好伙伴
你故事的结局
给了我欢乐
写得好极了。
又及:
哦,对了,
我必须承认,
(不无痛苦地)
随信遗憾地附上你的故事。

如果说托尼有什么过错的话,就是他有时候阅稿的时间拖得太长。作家们对编辑这么做一直有怨言。其实,拖延是可以理解的。编辑,哪怕是一些小的科幻杂志,都有大量的来稿,大部分是不知名的和初学者(不计其数的“习作”)。一般比较好的大杂志有一帮“阅稿人”,他们的主要工作就是浏览稿件,迅速地拣出不可能用的稿件。这样,编辑只需阅看相对少量的有些希望被录用的稿件。

但是在科幻杂志社,编辑经常不得不亲自翻阅这堆来稿。你很可以想象编辑在阅读了几百份不可能录用的故事以后,会感到多么厌烦。阅读实际上是痛苦却又必须做的,没准在一堆废纸中会有一个萌芽状态的海因莱因,而编辑对此反应很迟钝。

作家不能完全体谅编辑对付这堆废纸所遭遇的体力上和心理上的困难。他们有时候不理解那么多的退稿,都要编辑附上一封信(大多是发给不知名作者的),很和蔼地详细指出故事的不足之处其实是不可能的。有时一份真正的退稿只需说“你没有写作天赋”即可,编辑却难以开口说这种话。所以就附上一种格式化的退稿条,空洞的千篇一律的退稿信。

在我担任一份杂志的总编(这我以后再谈)期间,我收到一些来信抱怨说,在我初涉写作之时,坎贝尔给我写的信很长,很有帮助,为什么我不能同样对待其他刚涉足写作的新人?

好了,有一点,坎贝尔一生的伟大成就是发送长信(并非总有帮助),而且乐此不疲。此外,坎贝尔只给有希望的作者写信。绝大多数的人从坎贝尔那儿收到的只是退稿条,就像他们从其他编辑那儿收到的一样。

开始写作的人有时候甚至不懂得寄上一张贴好邮票写着自己地址的信封,以备退稿。在那个杂志社,我有一次收到一封信,是位火气很大的新手写来的,责问说,他是否不值得杂志社花一点邮票钱。我回复说,他当然值得,但是每周我们得退回成百上千份稿件,这样邮费加在一起就难以承受了。我说,每位作者承担他自己的退稿邮费要比杂志社承担全部费用容易得多。当然,我没收到回音。

我很喜欢托尼·鲍彻,大家都喜欢他,但是我与他仅有的一次社交是在

1955年的大会上，当时他是宴会主持人。他1968年去世时，年仅57岁，我们都很悲伤。他的编辑部职位由他的属下罗伯特·帕克·米尔斯(Robert Park Mills)接替，关于后者下面还会再谈。

77

兰德尔·加勒特

我很早就认识兰德尔·加勒特(Randall Garrett)了,可我直到参加克利夫兰大会才真正了解他的为人。在我们一起度过的那些日子里,我们是一起寻欢作乐的伙伴。

他比我小7岁,比我略微高一点,而且(像我一样)明显地超重。他和我一样喜欢宴饮交际,一样爱好热闹,一样善交朋友。我们俩的差别仅在于他酒喝得很多,而我则滴酒不沾。我们在一起时,没有人分辨得出这种差别。我俩在外貌和行为举止上是如此相像,以至于有一次科幻大会上,我们俩一起站在台上的时候,饶舌的哈伦·埃利森竟叫了起来:"瞧他们俩,活脱是难以区分的特威德尔德姆(Tweedledum)和特威德尔迪(Tweedledee)。"*

我回敬他说:"过来站在我们中间,哈伦,做中间一杠。"

我认识兰德尔时,他叫兰迪(Randy)。后来在生活中,他坚持要我叫他兰德尔,我当然满足他的愿望。兰德尔是20世纪50年代一位难以置信的短篇小说多产作家,他的作品简直是倾倒出来的,他用各种各样的笔名,当然其中只有几个名气比较响。

---

* 特威德尔德姆和特威德尔迪是英国小说家刘易斯·卡罗尔所著小说《艾丽斯镜中奇遇记》(*Through the Looking Glass*)中的一对兄弟。——译者

他思维敏捷，才智过人。他写的诗非常出色，比我写的不知要好多少倍。他会唱吉尔伯特和沙利文的歌剧，比我唱得好。他在连环漫画中塑造的典型喜剧人物波哥（Pogo）栩栩如生。

在我见过的所有人中，兰德尔可能是那种最典型的例子：具有超常天才，却在奢侈地浪费他的天赋。我想这部分是因为他酗酒，部分是因为他的天才往那么多方面发展，以致很难下决心究竟走哪条路。

一位女编辑有一次对我说："我受不了兰德尔，他太张扬，喧闹，不断地跟女人调情。"

我很狼狈地说："我也这样。"

她却说："不完全如此，你懂得收敛。"

真正的清教徒不需要选择行为方式，他始终保持清醒、严肃，对狂欢持否定的态度。酒鬼也不必要选择，他总是狂欢、喧闹，表现得很愚蠢。而我必须要作选择——狂欢或者严肃——根据场合而定。

兰德尔不能"收敛"对他很不利。他得不到严肃认真的对待，而他原本是应该得到人们的认真对待的。

最终他搬到加利福尼亚州去了，我与他失去了联系。不过，我们还有过最后一次接触。1978年12月，我去了加利福尼亚。（听起来令人难以置信，但我后面要谈这事。）12月12日，我在圣何塞作报告，兰德尔也坐在听众席上。

我当时是给一群医生和律师作报告，谈论医学的未来，谈到许多关于克隆的问题。（虽然我在报告中没有强调，可有一点很重要：必须明确一个人的克隆体与那个人本身的性别是一样的。当然，男性有1条X染色体和1条Y染色体，而女性是2条X染色体。因此，如果男性克隆人的Y染色体可以改变成X的话，那么他就会变成女性。）

在我谈论克隆人之后不久，兰德尔静静地走到讲台前，把一张纸条放在我面前。我一边继续讲下去，一边看那张纸条（你可以想象这并非易事)，立即发现是一首关于克隆人的打油诗，可以配着《牧场上的家》(Home on the Range)的曲子演唱。因此我在演讲结束的时候把它唱了出来，引来了经久不息的暴风雨般的掌声。

我最终又写了4段歌词配那首歌。这首“克隆之歌”我在无数个集会上唱过无数遍。我写过许多打油诗，和着一首歌或另一首歌的曲子演唱，可没有一首像“克隆之歌”这么受欢迎。这一点也不奇怪，因为这个想法是兰德尔的，而不是我的。下面是这首“克隆之歌”的歌词，有兴趣的话，不妨一看：

(1) 噢，给我一个克隆人
克隆我的肉和骨
请把Y染色体变成X
等他长大时
我的那个小克隆体
性别与我正相反。

(合唱)克隆，克隆我自己
Y染色体变成X
当我独自一个人
面对我的小克隆体
除了性以外，我们什么也不想。

(2) 噢，给我一个克隆人
我苦苦地来请求，
与我一样的克隆体。
她若是X加X
一个女性的克隆人
噢，我们俩在一起，将会快乐无比。

(3) 我心并非是石头，

我也常常有表现
独自面对我的小X
我们一起吃完饭，
相信一定会做到
交媾胜似俄狄浦斯王。

(4) 为什么会有性苦恼
不安惶恐和困惑
还有那诋毁的声音?
难道你真的不明白
我们原本就是一个人
我们虽然在相交，我心里依然很孤独。

(5) 我的生命将结束
她却仍然有欢乐
趁我尚未死去前，
再克隆自己两次。
这次不要再搞错
两个全都是男性
轮番不断地侵袭她。

这最后一次相遇以后几年，兰德尔得了某种脑膜炎之类的病，脑子严重受损。在这种状态下浑浑噩噩地过了几年之后，他在1987年12月去世，享年60岁。

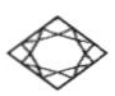 78

哈伦·埃利森

我在50年代的科幻大会上遇到的色彩最丰富的人莫过于哈伦·埃利森。当时他刚够20岁，他自己说他身高5英尺4英寸（约1.62米），其实这无所谓。在天赋、精力和勇气上，他足有8英尺（约2.4米）高。

他生于1934年，童年十分悲惨。他身材一直比较矮小，却又始终智力超群。他发现自己能轻松地击败他周围的那群傻瓜。可他只能在言语上这么做，那群傻瓜却会用拳头对付他。[正像伍迪·艾伦（Woody Allen）谈到他自己那样]他在童年挨过周围所有人的打，无论是什么种族、肤色或信仰的人都揍过他。

这使他饱尝苦难，却没教会他闭上嘴巴。相反，随着他渐渐长大，他特别注意学习各种不同的自我防卫术，终于有一天，哪个大家伙攻击他就成为绝对危险的事，哈伦会毫不费力地把他击倒。（我很佩服他这一点，我在因为相似的原因被当作替罪羊的时候，只是研习各种逃跑和躲藏的本领。不过，我必须承认，我说话从未像哈伦那么刻薄，因此我受的罪与他相比要轻得多。）

哈伦利用他的才能用多种方式声色俱厉地猛烈抨击那些激怒他的人——骚扰他的科幻迷、冷漠的编辑、无情的出版商、冒犯他的陌生人。虽说很少有什么真的伤害，但是对年轻的女编辑来说就特别受不了，她们还不能忍受作者的怪癖。他可以在3分钟里把她们弄得落眼泪。结果许多编辑人员和好莱坞人士(哈伦不仅是位科幻小说作家,他还是一位地地道道的**作家**),都不太愿意跟他打交道。更何况,他是那么多姿多彩,他鲜明的个性在各方面都表现得很突出,许多人都津津乐道地说他的坏话。

这样太糟糕了,理由有两条。首先,他(在我看来)是世界上最出色的作家之一。他的写作技巧远比我娴熟。他竟然会不断陷入到实际上与他的写作毫不相干的事情中去,从而可怕地减慢了他的写作速度,这真是一种悲哀。

其次,哈伦不是他看上去的那种人。他幸灾乐祸地展示自己最糟糕的一面,倘若你对此置若罔闻,径直朝他这头豪猪的刺毛走过去(即使你会流血),你会发现他其实是一个内心温暖、可爱的人。如果他觉得必要的话,他会把自己血管里的鲜血捐给你。

我有一种很好的痛骂自己的天赋。就我所知,在我认识的人中,我是唯一可以在公开的讲台上与他一起呆半分钟而没有被赶跑的人。(我想我可以维持5分钟之久。)

我喜欢与他公开拌嘴,就像我与莱斯特·德尔·雷伊和阿瑟·克拉克在一起时喜欢做的那样。这是我们的游戏。私底下,哈伦和我从未拌过嘴。他是个热情、有爱心的人,请不要把你们听到的关于他的事放在心上。我比较了解他,我的话绝对正确。

最后再说一句。哈伦十分有魅力,我不知道他究竟与多少高挑美丽的女性有过关系。他共结过5次婚,前面4次婚姻都很短暂,很失败。可第5次婚姻似乎很稳定,他跟一位名叫苏珊(Susan)的甜美的年轻女子结婚。哈伦似乎陶醉了。我希望如此,他应该在幸福之路上取得比先前更大的丰收。

79

哈尔·克莱门特

从纽约搬到波士顿,我很伤感地认为自己从此离开了科幻世界。事实证明并非如此。波士顿是一个科幻迷活跃的中心,特别是在麻省理工学院(MIT),到处都是科幻爱好者。比方说,那所学校有最大的旧科幻杂志馆藏。他们每年都会在波士顿南面的小山上举行野餐,我一直都参加,有时甚至还在劝说下陪学生到山顶上去。我很容易被人说服吞下他们带来的丰盛食品——这种有害的快餐混合物会使人心里觉得温暖。

那儿还有一个波士顿科幻俱乐部,它最终设立的半年度大会称作"波士科纳斯"(Boskones),这个词取自史密斯(E. E. Smith)的著名小说《银河巡警》(*Galactic Patrol*)。《银河巡警》是由4部书组成的系列小说,从1937年9月开始在*ASF*上连载。我第一次看的时候,认为它是写得最好的科幻小说(虽然我成年后再看时觉得未必如此)。大会还可称作"波城会议"(Boscon),代表"波士顿大会"(Boston Convention)。最终波士科纳斯在规模和水平上都仅次于世界科幻大会。

在波士顿科幻俱乐部,我遇到了哈尔·克莱门特,他的真实姓名是哈里·克莱门特·斯塔布斯(Harry Clement Stubbs)。他生于1922年,成年后在米尔顿学院教科学。他想让写作成为独立于教学的一种生涯,所以就把自己的姓去掉,并将其名哈里(Harry)改为昵称哈尔(Hal)。他不是一位多产作家,但他的故事的特点是永远有坚实的科学事实和合理的科学猜测作基础。

哈尔·克莱门特有一张很憨厚的脸,性情文静,说话很柔和,是位正人君子。间或,他会指出我科学评论文章中的错误之处。他非常好心,这么做的时候往往很和气甚至不露声色,让你根本不可能生气。我这个人是那种被人揪出错来会很生气的人,可只要是他纠正我,我都会很认真地对待,因为他永远是正确的。

在1956年纽约的世界科幻大会上,哈尔和我住一间房间。(斯普拉格·德·坎普把我们的房间当作存放酒品的安全场所,以防被嗜酒无度的科幻界人士狂饮一空。他自然知道在我们房间里,没人会去碰它。)

哈尔是一位很理想的室友,他睡觉不打呼噜。(我曾经被迫和一位鼾声似雷的人同卧一室,哪怕给我再多的钱,我也不再重复那种经历了。珍妮特说我睡觉打呼噜,可她不在意,这样她可以知道我还活着。假如我睡觉很安静——我经常这样,她就会紧张地爬起来,看看我是否还在呼吸。)

哈尔几乎出席每一次科幻会议,不论规模大小他都参加,并深受科幻迷的爱戴。离开波士顿以后,我很少看见他,这是我深感遗憾的一件事。

80

本·博瓦

我在波士顿还遇到一位科幻作家本杰明·威廉·博瓦(Benjamin William Bova),人们都叫他本·博瓦(Ben Bova)。他生于1932年。我第一次遇见他时,他留着板刷头,但现在留着正常的头发。他是位幽默感很强的人,我们喜欢互相说笑,他是我的一些好笑话的来源。

他直到1959年才出版作品,从此以后便一发而不可收。他是又一位擅长写非小说类作品的科幻小说作家。

本最大的机会是在1971年。当时坎贝尔死后,他被*ASF*聘为编辑。填补坎贝尔的空缺可是件很费力的工作,本却得心应手地干了7年。后来他成了《奥秘》(*Omni*)的编辑,那是一份新的杂志。再往后,他加入了一些对太空探索很感兴趣的学会,他在这方面也写了非常出色的书。

本(他是意大利人的后裔)在第一次婚姻破裂后,对我坦白说他爱上了一个"漂亮的犹太女孩"。我十分惊慌,遂提供他一笔钱,让他赶快离开这座城市。但没想到他真的恋爱了,他娶了巴巴拉(Barbara)。巴巴拉活泼美貌,一头乌发,皮肤黝黑。她也是第二次结婚,他们婚后生活得很幸福。

本始终是我非常要好的朋友。1977年,我请他替我到一些我实在去不了的演讲会上演讲。我听过他的演讲,我知道他很棒。他很感激我,说是要把演讲的酬劳寄给我。我大吃一惊,你可以想象我很坦率地告诉他,他寄来的支票我肯定会把它撕了,但他就是这么一个人。

我还有其他许多亲密朋友。我一直都感到很惊讶,我怎么有这么好的运气,一生中竟然会遇到这么多令人赞叹的好人。

81

超常发挥

我不想给人一种印象，好像我作品全都一样好。人都会有顺利的日子和倒霉的日子。我很不好意思地把科幻故事，甚至在其后期，称之为“次要的阿西莫夫”（minor Asimov）。但是，我认为即使是“次要的阿西莫夫”（除了我最早期的某些故事）也不算很差。

另一方面，我有时撰写的作品比平常更好，我称它是“超常发挥”。当我重读这些作品或段落时，简直难以相信它们竟然是我写的，我真希望自己一直能这样写作。

其他人也许会称之为“连连获胜”。一切似乎都特别顺当，好像一位棒球击球手可以在一场比赛中打出4个本垒打，以后却可能甚至连2个本垒打都打不到。

1960年，我在匹兹堡颁发雨果奖的时候，其中有一个获奖作品是《献给阿尔杰农的鲜花》，作者是丹尼尔·凯斯，我很喜欢这个故事。它无疑是有史以来最优秀的科幻故事之一。在宣布获奖者名字的时候，我很雄辩地介绍了故事如何精彩。“丹尼尔怎么会写出来的？”我问大家，“丹尼尔怎么会写出这么优秀的作品？”

说完这话，我感到有人在扯我的衣服。丹尼尔正站在那儿等着领雨果奖呢。他说：“艾萨克，我说，如果你发现我怎么写出来的，那么请告诉我。

我还想再这么写。"

我猜想写《黄昏》的时候,我是超常发挥。如果它不比我平常写的东西好的话,不可能赢得所有那些赞扬。虽然坦率说,我实在不明白好在哪儿。几年前,我又重新看了一遍,想看看究竟是怎么回事。大概是因为故事的结构不同寻常,所有的场景(如果我的记忆准确的话,因为我并不想再回到故事中去核对这一点)都是断断续续的,在能够得出一个自然的结论之前,我又转到另一个方向上,而后又中断了。故事因此很紧凑,进展极为迅速,扣人心弦。我在故事开头就指出在4个小时里一场灾难即将发生。4个小时快速地流逝,灾难的确发生了。

可能是因为故事是以一种引起悬念的方式来写的,悬念越来越紧张,直到超过极限。真是这样的话,我发誓我不是有意识地计划好这么写的,不是故意的。在1940年,我还不会有意识地这么写作,我只是写我脑子里想的东西。

在我写的故事中,我最喜欢《最后的问题》(The Last Question)。超常发挥的不是写作,而是以理念和技巧构筑了高潮。多年来,一直有人打电话给我,询问关于他们读过的某个故事的情况,故事的名字他们忘记了,作者是谁也记不清了,也**可能**是我。他们能够根据最后一个句子来辨别,他们想知道哪里可以找到这本书以便再读一遍。被打听的故事永远是《最后的问题》。

我第二喜欢的故事是《活了两百岁的人》(The Bicentennial Man),1976年发表在一部原创故事选中。对了,它就是那种超常发挥的作品。我最近重新看了一遍,感到无比惊讶:它怎么比我平常写的东西要好那么多。

我第三喜欢的故事是《丑男孩》,这个故事也一样很不寻常。我的故事通常都很理智但缺乏感情。我怎么可能写出一个如此煽情的故事,以至于在故事结尾,读者竟然忍不住要哭出来?我每次读它都要哭,当然我很爱哭。可我有一次把这个故事情节**讲**给一群听众听时,他们陷入一片寂静之中,眼泪顺着他们的脸颊悄无声息地淌下来。

罗宾十二三岁的时候，我曾给她看这个故事。隔了一会儿，她从房间跑出来，告诉我她非常喜欢这个故事。然后，又过了很长时间，我没听见她的动静。最后她跑出来，脸又红又肿，一双充血的眼睛责难地盯着我说："你没**告诉**我这是个悲伤的故事。"

那就是超常发挥的作品。

我并不是说我的每篇故事都很了不起。我很难找到另外一篇能与《活了两百岁的人》和《丑男孩》相媲美的故事。但是我所写的最大最有效的超常发挥作品不是短篇故事，而是一本小说中的一部分。

我所说的小说是《神们自己》(*The Gods Themselves*，道布尔戴出版公司，1972年)。它由3个部分组成。第2部分是讲另外一个宇宙中的外星人。我再次冒着被指控为"罕见的自大狂"的危险，把我的观点告诉你：它们是科幻小说中描写得最出色的外星人，也是我所写的或将要写的作品中最出色的。我从大量读者的来信中证实了这一点。

关于这个话题再说一句——

在非小说类图书中超常发挥要比在小说中更加困难得多。在我看来，我最接近这种状态是在一篇题为《神圣的诗人》(A Sacred Poet，1987年9月号*F&SF*)中。通常，在这种文章中，我讨论某个科学题材，而这一次我往另一个方向移动。我与一个我认为心胸狭窄的学者发生争执，结果我决定写一篇关于诗歌的论说文。

我还不至于傻到认为自己可以随便乱写谈论诗歌的文学质量的文章。我只是想写能够**感动人**、影响人的行动的诗歌。比方说，我在开头引用了奥利弗·温德尔·霍姆斯(Oliver Wendell Holmes)和他的诗《老铁甲舰》(Old Ironsides)，该诗引发了公众的愤怒，抗议把旧军舰报废。

我生怕自己会收到冷冰冰的来信说："回到科学上去，阿西莫夫，你在人文方面是个笨蛋。"结果不是这样!信件如潮水般蜂拥而至，远比我写的任何其他文章收到的来信要多，每封信都对那篇文章表示赞同，甚至没有一句不赞同的话。

 82

告别科幻

我已经花了很长时间谈论50年代，那是我科幻小说最辉煌的10年。因此，很奇怪，随着50年代的结束，我竟然也结束了在这方面的大部分活动。

完成《丑男孩》以后，我似乎已经耗干了，至少是部分干涸了。我曾经说过，科幻小说作家有时候会有写尽了的感觉。在我看来，一般可以维持10年。就我而言，维持了20年时间。什么原因呢？我经常想这个问题。

首先，我离开了坎贝尔和他奇特的想法，也离开了霍勒斯·戈尔德，*F&SF*对我而言不是一个可靠的市场。我甚至厌倦了写小说。1958年，我着手写第3本机器人小说，但很快就草草收兵，无法再继续写下去。我花了几年时间劝说道布尔戴出版公司收回他们给我的2000美元预付稿酬。

其次，就在我写《丑男孩》的时候，苏联发射了第一颗人造卫星，美国人陷入了恐慌，感到在技术竞赛中落在后面了。我认为我必须要为大众撰写科学书籍，帮助教育美国人。

因此你必定会理解我并非染上了作家写作障碍症。我只是改换了我写作的重点。我一如既往地努力工作，像我惯常那样长时间地工作，不过，在将近20年的时间里，我一直在从事非小说类的写作，而不是创作科幻小说。

我这么做并非毫无顾虑。我明白我主要的收入来源是科幻小说，我预期我的年收入会急剧下降,当时我不再从学校领薪金,没有了基本保障。我竭力对自己说,写非小说类作品是爱国行动,为了爱国事业应该心甘情愿。坦率地说,这么想并没有使我的感觉好多少。

然而,情况并非如我所料。首先,写作非小说类作品比写科幻小说容易得多,也更有趣。它正适合我从业余到专职写作的转型。如果我专职撰写科幻小说,那我毫无疑问早就垮了。

再则,正在我开始考虑我应该为大众撰写科学类作品时,出版社也开始想到他们应该出版这类图书,结果他们把我写的东西全拿去了,甚至在我以最快的速度写作时也是这样。我的收入不仅没有减少,反而快速增加。

我感到吃惊吗? 确实如此。

生活中并不全是玫瑰。就像当年我在海军航空兵试验站和军队服役期间化学界发生的情况一样,在我离开科幻界之后,科幻小说也发生了革命。

归根到底,科幻小说也像其他一切事物一样,也有它的时尚。在杂志科幻的最初12年,它绝对是着重于动作。许多科幻故事本质上是发生在火星上的西部片,可以说,是由对科学了解甚少甚至根本不了解科学的作家写的。

1938年开始,坎贝尔改变了这一切。他坚持故事中一定要有真正的科学家和工程师这样的人物,他们要能像这些人那样自然地谈话。故事变得注重思想,而我特别长于此道。

我认为我甚至比海因莱因(他无视惯例,我行我素)更能体现坎贝尔究竟想要什么。机器人故事是他的宝贝,《基地》更是有过之而无不及。在20世纪40年代和50年代,科幻作家,无论有意或者无意都在努力跟着我走。

到了60年代,又有一场彻底的变革,一种新型的科幻作家出现了。电视曾经扼杀了大众杂志——那些大量刊登小说的杂志。新的作家失去了他们天然的市场,转向躲过了电视劫难的科幻创作。他们给科幻小说带来了一种称为“新浪潮”的东西。感情丰富、风格迥异的实验性故事开始出现了,与此同时还有情绪作品以及彻底的超现实主义和晦涩费解的故事。

总之,科幻小说变得彻底地“非阿西莫夫”了。我很高兴我的冲动已经使我离开了那个领域。自觉自愿地离开总比被驱逐出来要好得多。

我也曾悲哀地想过,即使我想要重返科幻领域,我也不行了。就像随着核磁共振和量子力学的问世,化学超越了我一样,科幻小说已经超越了我。

 83

《奇幻和科幻杂志》

有一件事情很奇特。在60年代，我虽然不再撰写科幻小说，却仍然是科幻三杰之一，这部分是因为我的小说继续在销售，部分是因为我的作品不断出现在科幻选集中。然而，最重要的理由却是我作出了一个决定，我希望达到一个目的，而且很不可思议，竟然真的达到了。(我的射击通常并没有这么准。)

这是由于罗伯特·帕克·米尔斯(Robert Park Mills)的帮助而得以实现的，他是*F&SF*杂志的第一任管理总编，后来从1968年9月开始接替托尼·鲍彻担任编辑。鲍勃·米尔斯(Bob Mills)* 高高的个儿，动作笨拙，面庞棱角分明，下巴明显向前突出。说话慢吞吞地，声音很柔和。他生于1920年，像弗雷德·波尔一样，跟我只相差几个星期。

1957年，《奇幻和科幻杂志》(*F&SF*)的一个姐妹杂志问世。杂志名叫《冒险科幻小说》(*Venture Science Fiction*)，鲍勃·米尔斯被聘为编辑。他急于想要尝试创新，问我是否愿意为《冒险科幻小说》的一个科学专栏撰稿。

我一直不断地为*ASF*撰写非小说类文章，这并不完全令人满意。我其实没有脱离坎贝尔的掌握，他对他想要的文章的类型有很明确的想法，会时不时地拒绝我的建议。

---

* 即罗伯特·帕克·米尔斯。鲍勃是罗伯特的昵称。——译者

米尔斯提供的不仅是一个定期的栏目，而且可以任我自由发挥。只要能满足截稿日期，我可以想写什么就写什么，这正是我梦寐以求的。我不担心稿件会脱期，所以就兴高采烈地接受了。

我立即为1958年1月出版的第7期《冒险科幻小说》写了一篇文章。在杂志的第8期、第9期和第10期上接连发表了3篇文章，可到第10期以后杂志停止出版了，我作为科学专栏作家的写作(正当我渐入佳境时)结束得如此之快，我有点懊丧。

1958年8月12日，我与鲍勃·米尔斯共进午餐。他刚接任*F&SF*的编辑。他建议我继续为该杂志科学专栏撰稿——这份杂志显然比《冒险科幻小说》更稳当。

我喜出望外。我刚好作出决定不再写科幻小说，可又不想离开那个领域。通过为*F&SF*的科学专栏撰稿，我可以每个月在一家主要的科幻杂志上露面，我的名字会在科幻公众面前出现。

我当然同意，因为条件与前一份杂志相同，除了必须按时交稿，其余皆由我决定。

这家杂志和我本人均信守协议。1958年11月号的*F&SF*上出现了我的第一篇专栏文章。从那时起直到现在，将近32年来，不论我生活中遇到什么事情，我从来没有脱过稿期，从没在任何一期刊物上脱掉一篇文章。鲍勃·米尔斯和后继的编辑也始终履行协议。他们从不出什么题目，从没拒绝过我的文章，细心地把每期的长条校样寄给我，这样我可以确信一切都恰如我所愿。

我写的*F&SF*文章从未使我感到厌烦，它们在我写的东西中始终是我最喜爱的作品(尽管它们也是稿酬最低的)。虽然我现在已经写了375篇文章，平均每篇4000词左右(合计约1 500 000词)，我从未觉得缺少热情和想法。

更何况，这些文章起到了我想要它们起的作用。它们使我的名字不断在科幻大众面前出现，这较之其他事物更能确保我仍然是三杰之一。(这20

年间我也不是**完全**与科幻无关，我将在适当的时候解释这一点。）

鲍勃·米尔斯和我始终保持着愉快的关系。我在文章中经常把他称作"好好编辑"，这个绰号在科幻小说迷中传开了。他1962年退出不当编辑了。阿夫拉姆·戴维森接替他的位置。阿夫拉姆做的第一件事就是向我表明他不想被称作"好好编辑"。

这倒没什么危险，阿夫拉姆是一个一流的作家，可他的为人我决不会认为属"老好人"之列。

鲍勃后来成为作者代理人，干了20来年。然后在80年代中期退休，搬到加利福尼亚州去了。1986年，他出人意料地突然逝世，享年66岁。

84

珍妮特

整个50年代，是我的科幻小说不断取得杰出成就的10年，也是我在医学院接连遭到惨败的10年，我的个人生活可以这么描述：孩子们长大了，格特鲁德和我渐渐变老，而且变得互相不满意了。

我不认为婚姻会在一夜之间变得苦涩。你不是一下子从悬崖峭壁上摔下来。愤懑渐渐积累，摩擦慢慢地不能和解，宽容变得越来越勉强，终于有一天，你摇摇头，明白这一段婚姻维持不下去了。

我不知道什么时候——大概是在1956年，我结婚14年以后发生的。我在那前后开始考虑离婚，格特鲁德在此之前就已经提出过。离婚似乎是不可能的事，我们家里没有离婚的传统。我父母的婚姻维持了50年。他们的婚姻有时候简直充满波折，但是从未有过离婚的片言只语。离婚简直是不可思议的事情。

离婚的想法使我感到恐惧，哪怕只是考虑与格特鲁德之间的事。何况事情比那更糟，还有戴维和罗宾。即使我能够说服自己和格特鲁德离婚，不管我个人是多么不幸，我也不能扔下两个孩子不管。于是我长叹一声，下决心维持这段婚姻，直到孩子们长大成人——谁知道呢，说不定到那时情况会有所改善。

家庭的不幸确实使我的感情处于容易受诱惑的状态，这为我日后幸运地与珍妮特·奥帕尔·杰普森(Janet Opal Jeppson)见面打下了基础。

第一次见面是在1956年,我当时甚至不知道这事。珍妮特有一个弟弟名叫约翰(John),在波士顿大学医学院,是我执教时的最后那个生物化学班上的学生。他是一个科幻小说迷,并影响他姐姐,使她也成了一个忠实的科幻小说迷。他给他姐姐讲有关我的事,告诉她我讲的课有多棒,我是个多么特别的家伙。这引起了她的好奇心。

1956年,世界科幻大会在纽约举行。珍妮特(她生于1926年8月6日,当时刚满30岁)出席了那次大会。她除了希望能够遇见我之外,还想让我在我的第一本书上签名,不幸我当时正好肾结石发作。

我第一次发病是在1948年。那次时间不长,我以为是肠胃忽然消化不良,没当回事,没放在心上。1950年,我又发病了,这次比较厉害,被送进了医院,甚至注射了吗啡(我一生中仅有的一次)。在1950年到1969年期间,我至少发作了24次,其中即使最轻的一次疼痛也很剧烈。此后这病不再发作,原因我后面再谈。

1956年那次,我的病发得较厉害,我尽力做我要做的事,站在那儿在书上签名。但是我的脸色很难看(看上去像是恼怒的表情),不像平常那样博人好感和有魅力。

珍妮特拿着她那本《第二基地》走过来,我问了她的名字,以便在书上签名。

她说:"珍妮特·杰普森。"

我没话找话说,一边签名一边问:"你是干什么的?"

她说:"我是精神病学家。"

"很好,"快签完的时候,我机械地说,"让我们一起接受精神治疗吧。"我甚至没有看她一眼。在当时那种情况下,我的肾结石正发作,可以打赌,我根本没有任何调情的想法。

几年以后,珍妮特告诉我当年她走开时的想法:"哼,他可能是个好作家，但却是颗**药丸**。”

珍妮特经常用“药丸”这词来指某个无可救药地难对付的人。

当时，我一点都没有想到自己做了什么事情，没有想到可能毁了自己未来的幸福，毁了我生命中最美好的东西。

幸好我的失礼还可以纠正。当我了解到珍妮特的情况以后，机会来了。

她因为自我感觉不佳而苦恼。起初并不是这样，她还是小姑娘时，像洋娃娃一样美丽，亚麻色的头发，蓝眼睛，深受父母宠爱。当她9岁时，弟弟约翰出生了，他是像珍妮特那样的孩子所拥有的最亲近的东西，在很长一段时间里，她对约翰的态度就像是母亲那样呵护有加。

问题是当她的同龄女友都长高长大时，珍妮特仍然很瘦小。她后来猛长，现在身高5英尺7英寸(约1.70米)，但是像许多斯堪的纳维亚后裔的女孩一样，她生理发育较迟缓。(但不是智力上，她比那些衣着华丽的同伴更加聪明，可这并没有使她生活得轻松一点。)

珍妮特成年后，不具备那种古典美，她认为自己下巴尖尖有损美貌。因为她认为自己不漂亮，学习又努力，所以她的社交生活不活跃。到30多岁的时候，她取得了斯坦福大学的学士学位、纽约大学医学院的硕士学位，在贝尔维尤医院完成了精神病学的住院实习期，在威廉·阿兰森·怀特精神分析研究所(William Alanson White Institute of Psychoanalysis)工作。所以，她有自己的事业，一直很忙碌，无论她结婚与否，她的生活都很积极而有成就感。

1956年与我短暂的会面并没有使她放弃阅读我写的其他的书。根据我在书中自我流露的情况，她得出结论说我不可能像我上次表现的那样是个很难打交道的人。她决定再给我一次机会。

1959年，美国探案作家大会在纽约举办每年一次的宴会。我因为写过一本探案小说(当然绝对不算成功)，决定去参加大会。这是受到波士顿的一位朋友本·本森(Ben Benson)的怂恿。本曾经写过一系列深受欢迎的探案故事,主要讲述马萨诸塞州警察的故事。我喜欢那些书,喜欢本。他经历过第二次世界大战,心脏受到严重伤害,我想探案作家大会上不会有我认识的人,但是本可以把我介绍给许多人。

宴会那天是5月1日,前一天晚上,我在一位编辑家吃饭的时候,获悉本·本森心脏病发作,猝死在纽约街头。我感到非常沮丧,那一夜我一直在考虑是否该返回波士顿。本不在,我也不想去参加宴会了。

第二天,我拜访了鲍勃·米尔斯,他也准备参加宴会。我希望他能使我高兴起来,却没机会这么做。鲍勃·米尔斯正在为了工作上的事情烦心。我因此更加想返回波士顿了。我并不知道,如果我真回去了的话,那么1956年对我来说将非常不幸,我的生活将就此被毁掉。

幸好正在我要走的时候,朱迪思·梅里尔(Judith Merril)出现在鲍勃·米尔斯的办公室里。朱迪(Judy)* 是当时几位重要的女性科幻作家之一。她最著名的故事是《母亲的职责》(That Only a Mother),发表在1948年6月号的*ASF*上。她曾经是弗雷德·波尔的第三任妻子。

她使我振作起来,催促我去参加宴会。她向我保证说人们在等待我,迫切地想要见我。我听从了她的劝告,为此我将永远感激朱迪。

与此同时,珍妮特的朋友,探案作家韦罗妮卡·帕克·约翰斯(Veronica Parker Johns)负责安排宴会上的座位,她劝珍妮特去参加宴会,因为埃莉诺·罗斯福(Eleanor Roosevelt)正在发表演讲,珍妮特可以坐在艾萨克·阿西莫夫和汉斯·斯蒂芬·桑特森(Hans Stefan Santesson)旁边。

我走进宴会厅,发现朱迪没说错。那儿有许多人认识我,我也认识他们。我顿时感觉像参加科幻大会一样,非常愉快。

费了好多时间最后总算坐下了,汉斯·斯蒂芬·桑特森过来跟我打招呼。他是一个胖乎乎、臀部肥胖的家伙,有一张光滑的椭圆形脸蛋,说话略

---

* 朱迪是朱迪思的昵称。——译者

带一点瑞典口音。他是《神奇宇宙科幻小说》(*Fantastic Universe Science Fiction*)的编辑,我曾经卖了一个故事给这家杂志。(他1975年去世,享年61岁。)

他说:“艾萨克,你瞧,有人想要见你。”我朝他指的方向看去,发现珍妮特正坐在桌边,朝我微笑打招呼。

我孤寂的心这时寻找的不是美貌。美貌我已拥有,它对我没有用。我寻找的是别的东西——我不知道究竟是什么,我甚至没有意识到我是否在寻找什么。

也许我想要的是温暖——令人感到愉快,不求回报的感情,一种与美丽无关的东西。不论我在追寻什么,我在宴会上找到了。珍妮特温暖、欢快,永远乐意与我在一起。到宴会结束时,我发现她很美,从此以后我这种看法再也没有动摇过。直到今天,当她走进房间,我突然看见她的脸庞时,心仍然会欢乐地直跳。

不用说,那天宴会上我的肾结石没有发作,我处在一种平常的甜美、轻松的状态。珍妮特很高兴,认定我其实根本不是什么药丸。

一个胸脯丰满的青年女子(看上去那么作假,我简直怀疑手指尖轻轻一碰她就会碎了)前去领奖时,珍妮特说:“噢,我真希望我长得像她。”我非常诚恳地告诉珍妮特,你看上去比她漂亮多了。

当我告诉她,我的推理故事也许是写得最糟糕的了,这时她认定我并不像人们说的那样,是个狂妄自大的怪物。

此后我们一直保持联系,主要是信件往来。这种通信联系一直陪伴我度过了那些郁郁寡欢的岁月。我时不时地打电话给她,偶尔我去纽约的时候,会去看望她。所有这些接触使我更加坚信,她正是完全适合我的人。

关于珍妮特,我后面还有更多的话要讲。

85

探案小说

正如我解释的那样,我在童年时代,读了许多探案故事和科幻小说。随着我渐渐长大,我继续阅读这两种书,实际上,虽然我对阅读科幻小说的兴趣渐减,但对探案的兴趣却有增无已。时至今日,探案实际上是我唯一沉湎其中的轻松读物。

我不喜欢现代的硬汉探案故事,太过暴力的小说,或犯罪心理分析研究。我喜欢那种现在所谓的"安逸型探案",那种有几个可疑人物,最后用推理而不是用枪击来解决问题的故事。

当然,我理想的探案是阿加莎·克里斯蒂写的那种故事,我理想的侦探是赫尔克里·波洛(Hercule Poirot)。我也很喜欢多萝西·塞耶斯(Dorothy Sayers)、纳加约·马什(Ngaio Marsh)、迈克尔·英尼斯(Michael Innes)以及其他许多以文学形式叙事而不过分强调性和暴力的作家写的小说。我年轻的时候,特别喜欢约翰·迪克森·卡尔/卡特·迪克森(John Dickson Carr/Carter Dickson),但是后来,当我重新看他的作品时,我发现他的书似乎过分煽情,甚至有些不自然。

就在我想要写科幻小说的时候,我也曾想过要写探案故事,而且的确写过。约翰·坎贝尔曾经有一次不经意地说用科幻故事的模式写不出好的探案故事。因为那样的话,侦探总会采用某种先进的技术装置,帮助他解决问题。

我暗地里想他这种说法很蠢，因为只要在故事开始设定一个背景，避免在书中后面出现什么新的东西就可以了。那样，你就可以写出一篇真正的科幻探案了。

1952年，霍勒斯·戈尔德建议我写一本机器人小说。我有点犹豫，说我只会处理在短篇故事中的机器人。他说："胡说八道，写一本小说，讲述在一个人口过剩的星球上，机器人在做人类做的工作。"

"不行，"我说，"那太压抑。"

"那把它写成一个探案，"他说，"一个侦探和一个机器人助手，如果侦探犯糊涂，那个案子就由机器人接替。"

那就是《钢穴》的发端。《钢穴》是本很好的科幻小说，同时又明白无误地是一本探案小说，它是（在我看来）最早把这两类小说融合得如此完美的作品。

尔后，为了证明它不是偶然的，我又写了一个科幻探案故事《裸阳》，作为第一个故事的续篇，于1957年出版。那时候我渴望要写一个"纯粹的"探案，一个没有科幻小说装饰的探案。

正好道布尔戴出版公司的探案故事编辑要我写一本探案小说，我赶紧抓住机会。因为我对警察办案程序一无所知，又刻意想避开暴力（我的探案涉及的谋杀，只有一次被安排在场景外，一般都是发生在故事开始之前），所以我决定把现场放在一所大学的化学实验室里。这样，虽然没有科幻的背景，却具有科学的背景。

为此目的，我利用了关于哥伦比亚大学的记忆，还有那儿我认识的教授和研究生，以便把人物在我心目中确定下来。发生的事件自然全都是虚构的（这是好事，因为故事涉及谋杀）。我把前两章给道布尔戴出版公司看，他们认可了。可当我把整部小说送去以后，打电话去询问的时候，我被告知说，**退稿**了。竟然没有要求修改就**退稿**了，这是我送交道布尔戴出版公司的唯一遭到退稿的小说。

这次退稿(我又重复这个词了)来得真不是时候。我在医学院与基弗的争吵正接近高潮,我打电话给道布尔戴出版公司是想听到他们告诉我那本书已被接受,那样我多少可以从紧张中松一口气。这下正相反——好了,我不用这个词了,它没有被接受。

这对我来说是个低谷。我把我实验室的门关好,锁上,独自一人凄然地坐了很长时间。然后,我决定决不向自我怜悯的情绪屈服,我用心地写起我所写过的最最滑稽的诗来。在此恕不引用了——实在太长了。写完之后,我觉得好多了。可情绪仍然没有恢复正常。我想那次拒绝(我不说退稿)的打击,也促使我后来下决心转到创作非小说类图书上去。

有一段时间,我试着把那个探案小说卖到别处去,却一直运气不佳,最后,艾文(Avon)出版社拿去了。其实他们也没有多大兴趣。我猜测他们希望收下稿子后,可以让我以后替他们写一本科幻小说。(我恐怕并没有写。)1958年他们出版了这本书,用《死亡交易者》(*The Death Dealers*)做书名。这个标题不是我定的,他们采用了一个完全误导的封面。

更糟糕的是这本书简直就栽了,艾文出版社根本不花力气推销。书只赚回了预付稿酬的一部分,这事狼狈透顶。正因为如此,我才会在那次探案作家聚宴上遇见珍妮特以后不久,就很伤心地告诉她,我写了一本有史以来最糟糕的探案小说。顺便说一下,尽管我已经反复说过这本书具有科学背景,它实际上是我在20世纪50年代出版的唯一一本既不属科学类又不是科幻小说的书。

《死亡交易者》最终起死回生。一家与我有联系的出版社——沃克图书公司(Walker & Company),1967年在波士顿大学举办的庆祝我出版第80本书的书展上发现了这本书。沃克意识到这本书已经售罄,就要求我从艾文那儿要回来。我拿回来了,1968年沃克出了一个精装版,在这本书问世10年之后采用了我定的书名:《死亡的一息》(*A Whiff of Death*),它一共印了

2个精装版,许多平装版,更不用说几种外文版了。所以它归根结底还是比较成功的。这使我有勇气重新去看它,并修正了以前的想法。它也许不是最好的探案小说,但绝非最差的。

其实,关于《死亡的一息》还有一件趣事。它里面有一个级别较低的爱尔兰裔侦探要破解一个疑案,这件案件涉及许许多多的知识分子,他们不仅不帮助他,反而很瞧不起他。多希尼(Doheney)侦探非常谦卑,毕恭毕敬地、几乎是吞吞吐吐地提出问题,可到头来事实忽然证明他远比他们高明,他很明白自己在干什么。

有段时间彼得·福尔克(Peter Falk)的《科拉姆博》(*Columbo*)是(现在仍然是)我很喜欢的电视剧,我始终觉得科拉姆博与多希尼有些相似。我从不曾有片刻想过科拉姆博是从《死亡的一息》里取材的,即使真是这样,我也不在意,因为他们作了很大的改进。事实上,这种相似增加了我欣赏那部电视剧的乐趣。

《死亡的一息》的复活和成功使我感到很舒服:道布尔戴出版公司在1958年犯了一个错误,它同时也给了我再度尝试的勇气。1975年,拉里·阿什米德(Larry Ashmead,当时道布尔戴出版公司与我联系的编辑)要我去参加美国书商协会(the American Booksellers Association,简称ABA)的一次会议。这在纽约举行是很难得的,所以我**可以**参加。他们当时正在庆祝协会成立75周年。

拉里不是让我去玩的。他要我去收集有当地色彩的资料,写一本探案小说,书名定为《美国书商协会的谋杀案》(*Murder at the ABA*)。他说这本书是协会为一年以后举行下次会议准备的。

我说:“拉里,我会在那之前把稿子交给你的。”

他说:“不是稿件,而是印好的书。”

我惊恐万分。只给我2个月写那本书,我提出异议。拉里的回答我已经从编辑们那儿听过不下一百万次了:“艾萨克,你肯定行。”

我出席了美国书商协会的这次会议，在7个星期里写完了那本书，相比之下，写一本科幻小说却要7—9个月的时间。怎么会有这种差异？

对我来说，答案似乎很简单。创作科幻小说，必须要虚构一个未来的社会结构，且不说故事创作，这种社会结构本身就必须很复杂，使人感兴趣，而且它在故事中必须能贯彻始终。你还必须构思只有在那种社会结构中发生的故事情节。情节的发展必须不妨碍对那种社会结构的描述，而社会结构的描述又不能延缓故事情节的发展。

创作能够满足这两个要求的科幻小说是很困难的。即使对于像我这样有经验和天赋的老手也绝非易事。相比之下，所有其他类型的创作都比科幻小说要**容易**。

写一个像《美国书商协会的谋杀案》这样的故事不需要杜撰一种社会结构，社会结构是现成的。事实上，结构与我出席的美国书商协会的会议一模一样。我只需要写故事就行了。因此写一个探案故事只需要7个星期，而不是7个月，就不足为奇了。

道布尔戴出版公司在1976年出版了那本书。我很高兴，我认为它是以一种轻松活泼的方式写就的，是我的精心杰作。我写了一个性格像哈伦·埃利森的人物，名叫达赖厄斯·贾斯特(Darius Just)，以第一人称叙述故事。(我很细心，事先征得了哈伦的书面许可，我把这本书献给他。)我以自己的名字，以第三人称出现在书里，是个喜剧性的人物。为了增加喜剧效果，达赖厄斯和我在脚注中就某些观点进行了辩论。有些批评家对此持异议，但是生活中的每个阶层里都会有白痴。

自然而然，我立即想到写一个达赖厄斯·贾斯特的系列探案小说，7个星期写一本，轻松愉快，小事一桩。谁知道，没那么回事!道布尔戴出版公司不同意。如果我要写小说，他们就要科幻小说。他们只是把《美国书商协会的谋杀案》作为一个例外。

这没什么。我无论如何都会设法创作探案的，不过，不再是小说了。我在适当的时候还会详细叙述的。

 86

劳伦斯·P·阿什米德

我一生中遇到过许多编辑，其中有些特别突出。约翰·坎贝尔和沃尔特·布雷德伯里就是其中的例子，我已经谈论过他们。另一位就是劳伦斯·P·阿什米德(Lawrence P. Ashmead)。

1960年，他担任理查德·K·温斯洛(Richard K. Winslow)的助手。理查德·K·温斯洛接替蒂莫西·塞尔德斯作为道布尔戴出版公司与我联系的编辑。我当时正忙于写一本名叫《生命和能》(*Life and Energy*)的书，这本书1962年由道布尔戴出版公司出版。因为我无法让道布尔戴出版公司收回他们1958年支付给我、而我却从未去写的第3本机器人小说的稿酬，我只好说服他们换成《生命和能》，这样一来可以抵消欠债。

拉里·阿什米德(Larry Ashmead)*是位科学家(他获得的是地质学的学位)，他看了《生命和能》的稿件后，建议作多处改动。在他把修改过的稿件寄给我处理以后，迪克·温斯洛(Dick Winslow)**因为了解作家的怪癖，听说他这么做，有点担心我的反应。

岂不知我虽然有许多怪癖之处，却并没有一般作家的脾气。等我到道布尔戴出版公司，把修改好的稿件交给他们时，问是谁作的修改。拉里说

* 即劳伦斯·P·阿什米德。拉里是劳伦斯的昵称。——译者

** 即理查德·K·温斯洛。迪克是理查德的昵称。——译者

是他改的(他也许准备忍受作者发脾气)。

我说:"阿什米德先生,谢谢你,改得很好,我很高兴你作了修改。"

我不曾料想到,当迪克离开道布尔戴出版公司后,拉里将接替他担任我的编辑。从我感谢他的那一刻起,拉里就成了坚定不移地拥戴阿西莫夫的人。我只是根据我行事的一条原则,在所有的美德之中,知恩图报是(除了诚实以外)最大的美德,它在我的一生中在许多场合帮了我的忙。

在医学院把我踢出来以后,我的时间全部属于我自己支配。我开始每月一次定期访问纽约。我始终遵循这同样的规律。星期四到纽约,那天剩下的时间和星期五那一整天在编辑圈子里,星期六放松一下,星期日中午返回。我星期四一到纽约,在旅馆放下行李,洗漱以后,第一件事就是到道布尔戴出版公司去,与拉里在孔雀道(Peacock Alley)共进午餐。(我一直很喜欢这家餐馆。)

1970年,我重返纽约时,有点担心我与道布尔戴出版公司的关系。在波士顿时,我每个月打扰一次道布尔戴出版公司,这还可以容忍;而在纽约,我会不会忍不住想去找他们,直到他们把我赶出大楼?

事情绝非如此,与拉里每月一次的午餐聚会一直在继续,他们很明确地表示我可以随时去他们那儿。当然我很谨慎,避免过多地使用特权,反而把事情弄砸了。近年来,我已安排每个星期二去道布尔戴出版公司正式拜访,在那儿大约停留半小时。不过,我与后来的编辑很少一起吃午餐。道布尔戴出版公司的人也习惯我每星期在那儿露面。难得有时我没去,总有人抱怨说:"今天感觉不像星期二。"

下面是我喜欢的与拉里共进午餐的小故事。

有一次,我们吃完平时要的美味的孔雀道午餐后,餐馆经理(他跟我们很熟)送来一份甜食拼盘。我早已吃了餐桌上和咖啡放在一起的甜点心,考虑到体重问题,我只吃了很少一点相对说来无害的甜食。

可是拉里说:"得了,艾萨克,太少了,再吃点什么,道布尔戴出版公司付账。”(拉里个子不高,长得很英俊,至少当时身材匀称,不过也不算瘦。)

“是啊,阿西莫夫博士,”餐馆经理附和他说,“再吃点什么。”

我轻声地说,“我吃两份甜食,珍妮特会不高兴的。”

拉里说:“她不会知道的。”

我这人不经劝,果然就吃了第二份甜食。

我回到家,珍妮特已经在门口等着我,脸上一副什么都知道了的严厉表情。“怎么回事?”她问道,“吃两份甜点?”

原来我刚离开,这个老拉里就打电话告诉珍妮特了。我原谅了拉里。因为我爱他,所以把他这种恶作剧归结为“实际生活中的玩笑”。

顺便提一下,无论谁求拉里推荐一个作家做什么困难的事,他总是推荐我。而我有一条原则,不愿拒绝他,所以我时常发现自己处在十分不舒服的情况下。比方说我不得不为《性学》(*Sexology*)杂志写一篇谈论太空中的性的文章。

那篇文章使我与鲁思博士(Dr. Ruth)在她那很受欢迎的有关性的电视问答节目上见面。我得在电视节目中与她讨论太空中的性。我并不在意,因为她是个聪明可爱的小女人。我看了这次谈话的录像带,她最后对我说:“阿西莫夫博士,希望你能再来见我。”她刚说完,我就回答说:“你有什么打算,鲁思博士?”

编辑自有编辑的想法,1975年10月24日,拉里打电话给我说,他在西蒙-舒斯特(Simon & Schuster)出版社找了一份工作,薪水可能比较高。我是他第一个告诉的人,他不想让我通过其他渠道获悉这个消息。那真是一个可怕的时刻,我两眼发直地在椅子上坐了一个钟头。

事情其实不像我想的那么糟,道布尔戴出版公司又派了个令我很满意的编辑——凯瑟琳·乔丹(Cathleen Jordan)。所有的出版社我都很熟悉,所以我每隔一阵子总能见到拉里。现在他在哈珀出版社(Harper's)工作,我刚为哈珀出版社写了一本书。

87

肥 胖

既然我在前面一节里谈到了我的“体重问题”，那么最好还是谈一件令人感到狼狈，却又很重要的事。

阿西莫夫家族素有肥胖的倾向。我父亲年轻时体形很瘦，很匀称，到40岁出头时体重220磅（约100千克），非常胖。（我母亲随着年龄增长也越来越胖，但没有父亲那么厉害。）

不过，阿西莫夫一家还有另一种本领。只要他们想减轻体重，他们就能减。我认识许多肥胖的人，他们减掉50磅（约23千克）或更多体重，变得很苗条——然后体重又渐渐增加。在我来说，这真是个悲剧。一个人费了好大劲，那么悲惨，放弃了享受美食的快乐，就为了变得比较瘦一些，好看一点，然后，再变回来？真是无法忍受这种想法。

1938年，我父亲42岁时得了心绞痛，医生嘱咐他要减肥，他真减了。他相当迅速地减到160磅（约73千克），在他生命后来的30年里，始终保持这个体重。否则，他也不可能活过这30年。

至于说我自己，我是个瘦弱的男孩，在大学里我的体重只有153磅（约69千克），不论我吃什么，都不会胖。那时候实际上吃得也不多（比方说，我几乎从不吃早饭）。不过当时我没有认识到这一点。

我与格特鲁德结婚以后，有机会吃到比我母亲烧得好的饭菜，我拼命吃，满以为我不会胖的。但事实上，过了几个月，我已经重了30磅(约14千克)。到了1964年，我44岁那年，体重已达210磅(约95千克)。我跟我父亲一般高，体重只比他最重的时候少10磅(约4.5千克)。

我吓坏了。我已经比父亲得心绞痛时的年纪大了2岁。尽管我没有患病，看上去很健康，可这能维持多久呢？著名演员彼得·塞勒斯(Peter Sellers)并不算胖，他心脏病发作的消息传开以后，我越发害怕了。

我开始通过节食减肥，体重一点点减轻，先是减到180磅(约82千克)，过了几年以后减到160磅(约73千克)。现在我的体重稳定在155磅(约70千克)，与跟格特鲁德结婚时大致一样——可是身体已经受到伤害。

88

再谈科幻大会

遇到珍妮特以后，科幻大会对我更有意义了。1959年，就在那次探案作家宴会之后几个月，我坐火车到底特律参加在那儿举行的世界科幻大会。因为我孤身一人前往，所以心里不很愉快。珍妮特毕竟只是一名科幻迷。如果她也参加大会，我们就可以一起吃饭，一起参加报告会。她就可以听我作报告，就会发现她弟弟坚持说我是个了不起的演讲者果然千真万确。

可惜她不在那儿。

底特律那次大会我记得最清楚的是，有一天晚上我实际上一夜没睡，与其他作家一起谈笑风生。（这是我唯一一次这么做。）当我最终回到房间时，黎明已经来临，我感到再睡也没用了，于是就洗漱一番下楼去吃早饭。

在大会上很少听人提起早餐，因为夜里活动得很晚，只有几个人会不睡懒觉，而在上午10点之前起来。大多数人都要睡到中午才起床。因此我走进空荡荡的餐厅——或者说至少几乎空荡荡的餐厅，约翰·坎贝尔和他的第二任妻子佩格（Peg）正在吃早餐。他们的生活很有规律，就像我的生活几乎永远有规律一样。

“好啊，”佩格很赞许地说，“很高兴终于**有人**按时睡觉，所以能够早起和我们一起吃早餐了。”

我满脸真诚，不知羞耻地说：“我尽量按部就班地生活，佩格。”

翌年,1960年,大会在匹兹堡召开,我再次感到我可以去,更重要的是,这一次我动员珍妮特,说她也应该去,于是她去了。那次匹兹堡大会非常成功。我记得特别清楚的有几件事。

先是西奥多·科格斯韦尔(Theodore Cogswell),他是一位科幻小说作家,具有迷倒女孩的本领,挽着珍妮特的手臂,把她带走了。我没有理由说他不可以。珍妮特不属于我,不管怎么说我是个结了婚的人。奇怪的是我感到一种嫉妒,一种我一直觉得自己有免疫力的感情。幸好,珍妮特几分钟后就回来了。

我把珍妮特介绍给约翰·坎贝尔。他一听说珍妮特是精神病学家,就照例很有特色地给她上精神病学课,而且(也很有特色地)把一切都讲错了。

[在这次大会上,我曾经与乔治·盖洛德·辛普森(George Gaylord Simpson)共进午餐。他是哈佛大学伟大的脊椎动物古生物学家。他是个科幻迷,想要知道约翰·坎贝尔是个什么样的人。"乔治,"我说,"假如你碰到一个人,他发现你是脊椎动物古生物学家以后,便对你大谈起脊椎动物古生物学来,不仅全都讲错了,而且根本不给你插嘴的机会,那么这个人就是约翰·坎贝尔。"]

在一次宴会上,我理所当然地邀请珍妮特作我的客人,朱迪思·梅里尔(甚至在那时,她就是一个激进的女权运动人士)问我是否付清了珍妮特的饭钱。(我当然付了,如果朱迪思是一个真正的女权主义分子,她就该让珍妮特自己付钱,她为什么不这么做呢?)

不管怎么说,我一脸无辜地说:"没有,朱迪,我没替她付。我该付吗?"

她说:"我就知道。你这蠢货,是你邀请她来的,不是吗?"

"对,"我说着从钱包里拿出所需的钱,朝珍妮特走去,仿佛我要把钱给她。

朱迪思大怒,瞅着我,打了我一个耳光,我的头嗡嗡直响。这是仅有的一次一个女人竟然打我耳光,而我只不过开了个小小的玩笑而已。

89

《科学指南》

在我任专业作家的头两年里，继续为十多岁的青少年写作，这么做有几个理由：

1. 我真诚地认为十多岁的青少年最需要科学方面（以及人文方面）的教育。一旦过了这段时期，要对他们产生重大的影响可能就太晚了。

2. 为青少年写作就意味着我可以最大限度地以谈话的方式写作，我以为这是我的强项。

3. 为成年人写东西——那些该死的教科书——曾使我的心理受到伤害，我无意再写那方面的东西。

但是，1959年5月13日（在我遇见珍妮特以后两个星期），我接到基础图书公司（Basic Books）的编辑利昂·斯维尔斯基（Leon Svirsky）的来信。他个子矮小，嗅觉灵敏，要我写一本给成年人看的20世纪科学概观。他请我写这本书，我感到很荣幸。我（很正确地）认为，自己作为一名科学随笔作者的声誉开始超过我作为科幻作家的地位了。

在这儿我必须承认有一点不必要的虚荣。我真有点害怕，自己作为一名科学作家的身份可能不被出版商认同，他们会简单地认为我"只是科幻作家而已"。好在这个问题从未出现过，我的担忧是多余的。我**既是**科学作家**又是**科幻作家的声望不断上升，这两种身份从不互相干扰。我的博士学位和教授职位也许帮了忙，我一直很高兴自己通过斗争保住了后一个头衔。

其结果是我从来没有觉得需要隐瞒我写科幻小说。当不认识我的人问起我究竟写什么时，我的回答是："各种类型都写，但我的科幻小说最广为人知。"

我对利昂·斯维尔斯基的建议既感到沾沾自喜，又有点担心。他到波士顿来见我，留下一份合同让我过目，说如果我同意，就在上面签字。

有好几天，我一直处于可怕的彷徨之中。我想签，却又怕签，我痛苦地举棋不定，我对此实在不堪承受。我想起了我的新朋友珍妮特·杰普森，我和她早已交换过令人愉快的信件。我写信给她，谈了我所有的愿望、疑虑和恐惧。

实际上我没有征求她的意见，我向来不太愿意让别人为我的决定承担责任。但是这次我根本不必要问。她说我**当然**能够做，我**必须**要做，我不能够拒绝那样的挑战，它将使我在专业上有所升华。

她说得完全正确，于是我就签了合同。珍妮特给了我不计其数的善良而且判断正确的忠告，这是第一例。

我怀着极大的热忱投入到著书中去，花了8个月的时间完成，一共50万个词——即使对我来说，也堪称成绩卓著。这本书于1960年由基础图书公司出版，书名为《聪明人科学指南》(*The Intelligent Man's Guide to Science*)。

我反对用这个名字，理由是书名中的man含男性的意思，这个词似乎不够严谨。我希望妇女也来读这本书，所以倾向于改用*The Intelligent Person's Guide to Science*，其中的"人"用person来表示。可是斯维尔斯基对此不感兴趣，他想模仿萧伯纳(George Bernard Shaw)的那本《聪明女人社会主义和资本主义指南》(*The Intelligent Woman's Guide to Socialism and Capitalism*)。最后书名还是用了*The Intelligent Man's Guide to Science*。自然而然，有许多妇女表示抗议。我只能幽默地微笑着说："这个聪明（男）人是指作者而不是读者。"

那本书销得比我预期的好得多，甚至比基础图书公司预期的也要好得多。它分成两卷套装在一个盒子里。乔治·盖洛德·辛普森给它的评论是我听到的最好的评论。他称我是"自然界的奇迹，国家的财富"——这句话我牢牢地记住了，我想你们不会因此责怪我的。

我因这本书收到的第一笔版税是23 000美元，是我到那时为止收到的金额最大的一张支票。我的收入忽然之间翻了一番。（在某种程度上，我又有点伤感，我以为它只是冒一次尖，再也不可能有这种事了。我以为自己的收入在1962年将达到顶峰，以后再也不可能超越了——结果证明我错了。实际上，从此以后，我没有一年收入低于1962年的。）

坦率地说，我觉得简直令人难以置信。在被学校踢出来4年后，我的收入已经涨到我在校时工资的10倍。大约就在这个时候，我在学校的一位朋友很真诚地对我说，他有充分的理由认为，只要我举措得当，应该可以恢复在学校的实际教职，并且领到工资。我笑笑说："恐怕太迟了，我不想再执教鞭。"

即便如此，我也没有完全割断与学校的关系。毕竟，我仍然是一名副教授。我偶尔也开讲座，一般都是新学期的第一节课。因为生物化学是第一学期的课程，在早晨上课，所以我讲的课是医学院新生最早听到的一堂课。这是他们听到的一次具有专业质量的讲座，也将是他们最后一次听到这类讲座。有一次，我一不留神说了出来，有个学生竟然立即对新的系主任重复了这句话，这使我尴尬极了。当时系主任正好在场，便叹了口气说："也许他是对的。"

我得提一下《聪明人科学指南》附带引起的问题。一开始，斯维尔斯基要我看合同，我真是勉为其难。我曾经有过好几百份合同要签，我其实从未认真看过，只是浏览一下，看看有没有预付款，也就是这些了。其余部分太沉闷了，我受不了，不想去看几百份这样的合同。

我这样做被人认为很怪异。

有一次，道布尔戴出版公司的总裁，与我一起讨论我与一些电影人的争端。他问我合同上关于某一特定的条款是怎么写的。我说："亨利，我不知道。我只是签字了，但没有看过合同。"

他饶有兴味又有点怀疑地看着我，说："艾萨克，你需要一个管事。"

然后，他接着说："别担心，道布尔戴出版公司将是你的管事。"

其实，我不看合同并没有听上去那么荒唐。

毕竟，大多数合同是格式化的。假如出版社有信誉，作者又无意提出什么特殊条款的话(我从来不提这种条件。我只要求让我平静地写作，不要退稿)，那么即使不看，签这种合同也不会有危险。我很坚定地相信，我的编辑们不会欺骗我，而是会和我一起赚钱。

还有，我根据结果判断事物。如果版税似乎够多了，出版社又很合作，那我就满意了。如果我认为一家出版社处事轻率，对我不尊重的话，我自然会作出反应，尽管我不会去查账，不会提出诉讼，但是我再也不会把书给它了。不过，这种情况很少发生。

另外一点是，虽然《聪明人科学指南》经济上获得了巨大成功并且好评如潮，我对那本书的出版并不感到特别高兴。这么说还算轻的，我实在**不喜欢**那本书。

问题出在利昂·斯维尔斯基身上。他是个好人，但却是个可恶的编辑——我很少遇见的这么几个编辑中的一个。他在《科学美国人》(*Scientific American*)当了多年编辑，习惯于接受报道自己科研成果的科学家写来的重要科学文章。不幸的是，写文章的科学家很少能够跳出罗列资料的方式，清楚地表达自己的意思。斯维尔斯基的工作就是裁剪，删减整修，把他们的文章扭成形。

显然，他一直没有改掉这个习惯。我收到校样后发现，经过他整修、剪裁后,**我的**书被修改得面目全非。我强烈地表示反对。我收到第一部分的校样时,还在写那本书的最后一部分(这就是那本书为什么会这么快就出版的理由之一),我威胁说,如果他不停止这种胡闹,我就不写了。

在一定程度上,利昂·斯维尔斯基这么做了,但是即便如此,书出版以后还是与我所写的相去甚远,以至于我都无法面对。尽管这本书经济上取得了巨大的成功,我却讨厌它。直到今天,看见它在我的书架上,我就觉得极端的厌恶。

利昂·斯维尔斯基做的第二件浑事是让乔治·比德尔(George Beadle)写前言。比德尔是一位伟大的遗传学家,一位诺贝尔奖获得者,可我不想要**任何人**替我的书写前言。在以后的岁月里,我至少介绍过一百本别人写的书,可我觉得我不需要任何人介绍我的书。

斯维尔斯基在第二卷一开始就说,科学进步已经扫除了生命和非生命之间的差别。这是**他的**观点,而不是我的,这种说法当然容易遭到公开指责。

比方说,巴里·康芒纳(Barry Commoner)痛斥了这种说法。他在《科学》(*Science*)杂志上的一篇重要文章中以一种非常过激的方式抨击那本书。我被标题所吸引,浏览了前面几段,我忽然明白他是在批评**我的**书,我简直要晕过去了。他最愚蠢的评论是责问如果生命与非生命之间的区别被消除了,生物学作为一门科学会怎么样?

我写了一封简明而又很理智的回信(《科学》杂志责无旁贷地刊登了),指出哥白尼(Copernicus)在4个世纪之前消除了地球与其他行星的区别——结果地质学又怎么样呢?没事!

几年以后,我遇到康芒纳,或者说至少是坐在一张长桌的对面,讨论大气污染问题(康芒纳是一位著名的环境保护者),我尽量忍受香烟味。可当康芒纳抽出一支硕大的雪茄,点燃它时,我就跑了出去。

我写了一封信给安排会议的人,表达了我对那些一面高谈什么要清洁大气层,一面又在用香烟污染大气的环境保护者的蔑视。我没有收到回信。

但是我扯远了,还是谈斯维尔斯基的事。甚至在我写《科学指南》的时候,我就答应再替他写一本书。这将是一本篇幅较短的书,谈论各种元素的发现。书名是《元素探秘》(*The Search for the Elements*), 1962年由基础图书公司出版。这第二本书是在我充分认识斯维尔斯基有改写别人稿子的恶习之前写的。结果,他又粗暴地对待我这本书,事情就是这样。我迅即拒绝再替他写任何书。他在电话中对我大发雷霆,可我无动于衷。

90

索 引

《聪明人科学指南》使我重新陷入准备索引的工作中。

一本系统研究某个题材的非小说类图书，没有索引就毫无价值。我做的第一份索引是为我们那本命运多舛的教科书《生物化学与人体代谢》准备的。没有人教过我怎样做索引，我也没向谁请教过。我根据我自己的系统编写，这种系统大概很接近人们认为正确的方法。

我准备了大量3英寸×5英寸（约7.6厘米×12.7厘米）的空白卡片，逐页通读全书的清样，用人们容易查找的方式写下每个主题（限制不超过一个副标题），注明其出现的页码。然后把所有的卡片按字母顺序排列，把所有同一条目的卡片合并成一张卡片，注明这些条目出现的所有页码，然后再全部打印出来。

最近几年来，人们一直敦促我用电脑来做这件事，但我坚持自己动手。我**喜欢**徜徉在这些卡片之中，把它们按顺序编排，然后再把它们合并在一起。那种挑挑小错一类的事使我感到其乐融融。此外，正如我有时候说的那样："快乐就是按你自己的方式行事。"

至于说《聪明人科学指南》，它的索引很显然需要假以时日。它没有那本教科书的后半部分那么麻烦，但是这两本书有一个差别。教科书的索引我是在学校里做的，家里人不知道工作量有多大，而我写《聪明人科学指南》时,不是在学校,而是在家里。刚开始的时候,晚上我在起居室里看电视的时候,把校样和卡片摊开,那样就不会浪费太多写作时间。看电视只需要用一半脑子,编索引也只需要一半,这样我就可以很舒适地将两件事情一起做。唯一的麻烦是我把休闲时间变成了工作时间,我怀疑家里人对此很反感。

谈论当代科学的书有一个问题,就是在短短几年中,它就会很可笑地变得过时了,开始出现准备新版本的压力。实际的准备工作并不太繁重,因为我不是毫无准备的。就《聪明人科学指南》这本书而言,我一直坚持对将要添加到新版本中去的科学进展做笔记。

当第二版明显地不能够再拖延的时候,我发现斯维尔斯基已经退休,回到佛罗里达州去了。

我同意做第二版,在书里添加新的资料,把斯维尔斯基删掉的好东西再放回书中,把他塞进去的东西清除出去。更重要的是,我向新的编辑明确表示,除了极个别的小地方,我不欢迎任何改动。第二版于1965年由基础图书公司出版,书名是《新聪明人科学指南》(*The New Intelligent Man's Guide to Science*)。

快乐的结局?不完全是。尽管第二版的厚度基本上与第一版差不多,新的资料却必须要编到索引中去,所有老的资料的页码都变动了。总而言之,需要准备一份新的,甚至比第一版更加精心编制的索引。编辑向我推荐一位索引专家来编排索引。它花了我500美元,因为基础图书公司不付钱给编索引的人,所以就从我的版税中扣除。那是一份**糟透了的**索引,甚至没有好好地按字母顺序排列。结果,与第一版相比,我更受不了第二版。直到1972年基础图书公司出版了第三版,我才最终拥有一本既按照我的方法撰写,又按照我的方法编出索引的书,我终于能够愉快地翻阅和使用这书了。

1984年,我又为第四版准备了一份索引。我不知道是否会有第五版。我想我已经太老了,不能完成这项工作了。当然,我不想让这本书消失,我希望有第五版,第六版,一直出下去,但这只能留给其他人来干了。我怀疑(请原谅我的自负),他们是否能找到有能力独自担当此事的人。它将需要一组人来完成。

91

书　名

对于书名我非常慎重。我始终认为短小的书名要比长的书名强，我喜欢(可能的话)像《黄昏》或《基地》这样一个词的书名。此外，我喜欢能说明故事内容却又不直接点穿的书名。读者看完整个故事以后，会觉得它又增添了一层意义。

正因为这个缘故，我不喜欢编辑有时候根据**他们**的喜好乱改书名。比方说我的第一本机器人故事叫做《罗比》。这个名字是这个机器人照顾的那个小女孩给他起的，它强调了故事的情感色彩。弗雷德·波尔把它改成《陌生的玩伴》，它什么也没说明。这个故事后来在好几十个地方出现好几十次，**始终**是用**我起的**名字《罗比》。

一个比较极端的例子是《丑男孩》，霍勒斯·戈尔德认为“丑”是个贬义词，遂把它改为《最后出生的人》，这简直荒谬可笑。“丑”是至关重要的，故事的小主人公**是**个长得很丑的小男孩，他是个尼安德特人的孩子，但是在故事结尾，他得到了比生命更重要的爱，读者十分同情他。要是这个小男孩长得挺漂亮，那么这个故事就没什么意思了。但是跟霍勒斯没法谈这些微妙的细节！

我之所以可以容忍故事改动名字，是因为我总能在把它们收进故事集时重新改过来。当然，有时候我认为确实改得好的话，我也会采纳编辑用的名字。一次我给弗雷德·波尔写了一个故事，我给它起名叫《最后的工具》(The Last Tool)，这是个很有意义的名字。但是弗雷德·波尔把它改成《奠基人》(Founding Father)，这个名字比原来那个还要好得多。我很愤慨：怎么我就不曾想到呢？它发表在1965年10月号的《银河》杂志上，此后一直沿用这个名字。

书名因为是永久性的，所以比较重要。即便如此，我还是成功地把《死亡交易者》改变成《死亡的一息》。不过，这样做不太方便。有时候我只好向那些认为它们是两本不同的书，而想各要一本的读者说明情况。

书名的话题是在道布尔戴出版公司的T·奥康纳·斯隆(T. O'Conor Sloane，他就是接替雨果·根斯巴克担任《惊奇故事》编辑的那个人的孙子)向我约稿时引出的。斯隆建议我写一本包含250位重要科学家小传的书，与他们正在撰写的音乐家、艺术家、哲学家和其他知识分子群体的书配套。

我很乐意，书稿在我手里越写越多(这种情况经常发生)。结果我不是写了250位，而是1000位科学家、探险家和发明家的传记，每篇的长度也超出了预计。此外，人物传记不是按照字母顺序排列，而是按照人物的出生年月排序。归根到底，科学要靠日积月累，而音乐、艺术和哲学则不一定。

这本书最后写得比道布尔戴出版公司预定的要长得多，可他们一点也没有嘀咕就收下了。完全按照我写的出版。

这本书需要两组庞大的索引(一组是人名索引，另一组是主题索引)，但是我把人物传记编了号，按照传记的编号而不用页码编写索引，这就是说，我可以根据写好的稿子编出索引，然后与书稿一起交给出版社，而无需再等几个月，到校样出来后再动手编写索引。

我原打算把这本书称作《传记科学史》(*A Biographical History of Science*)，它是精确地描述这本书的最简洁的方式，斯隆坚持要给书名添上

"技术"一词,但我认为没有这个必要。此外,斯隆认为历史这个词不怎么样,会影响销量,他坚持用"百科全书"(encyclopedia)替代,我不同意,认为这是误导。最终他又在书名前加上了"阿西莫夫(的)"(Asimov's)。

这样,书名就成了《阿西莫夫科学技术传记百科全书》(*Asimov's Biographical Encyclopedia of Science and Technology*),道布尔戴出版公司1964年出版。此后又出了两个版本,每次都有一份全新的索引。

我必须承认,我接受那个名字是因为书名中最前面的那个词儿。斯隆说,销售人员坚持,假如把我的名字放在书名上可以增加销量。这使我受宠若惊。后来认为我的名字具有魔力的这种想法风行起来,我的书中书名上有我名字的超过了60本。

好了,我怎么会不高兴呢?它证明出版商希望人们接受我,把我的名字当作可以加到任何类型的图书(科幻,探案,科学书籍,人文图书和选编)上的一种质量担保。

92

随笔集

我继续将各种短篇故事汇编成集。60年代，道布尔戴出版公司出版了3本：《其余的机器人故事》(*The Rest of Roberts*, 1964年)，《阿西莫夫科学探案》(*Asimov's Mysteries*, 1968年)以及《黄昏和其他故事》(*Nightfall and Other Stories*, 1969年)。

新英格兰图书馆出版社(New England Library)也出版了一本由我的4个故事组成的集子。它不在美国销售，书名是《透过明镜》(*Through a Glass, Clearly*), 1967年出版。

从那以后，我继续出版故事集，数量相当多，且有重复的趋向。迄今，我已经有一个故事出现在5个不同的集子里。这似乎不公平，真的。可以想象读者买了一本故事集，发现里面的故事早已全都看过，或者几乎全看过了。我的良心的确为此而稍感不安，尤其是一位重要的科幻作家(他被人认为性情不够开朗)多少有点讽刺地说，我在循环使用我的产品方面是个大师。

然而，这也有合乎情理的地方。

图书是会断档的。一本精装书可能在几年之内售罄，一本平装书会埋葬在书摊上不断涌现的大量平装书堆里。于是就会出现这种情况，读者写信询问哪里能够找到他想看(或者重看)的平装书，我没法告诉他到哪里去找刊登这个故事的原始杂志。除非在很少的一些私人收藏中，在几家特供书店里，否则根本不可能有这类期刊。

假如我告诉他收录该故事的文集名，他或许仍然找不到。没错，有旧书店。可我的书很少出现在那儿。我可能立即会招来嘲笑，说我是个爱虚荣的怪物。但拥有我的书的人似乎都有收藏它们的倾向。于是出版一个新的故事集，其中包含一些最近的故事，加上一些经久耐看的老故事，供那些在别处找不到这些故事的读者看，似乎是很合适的举措。

此外，据说科幻读者，一代人只有3年的时间。换言之，过了3年，就有大批的新读者，许多人甚至从未听说过这些老故事。对他们来说，我的故事集是新的，即使其中有些对于老读者来说似乎是老掉牙的故事。

其实，不断重复编辑，再版故事集，最重要的理由是它们有市场。出版社愿意出版也是这个缘故。我对此也不反对。

我的故事可以收集、再版，给读者、出版社和我本人带来了好处。我撰写的非小说类随笔比我的小说数量更大，那么我的非小说类作品又如何呢？

我实际上很早就开始编辑这种随笔集。那就是《区区一万亿》（*Only a Trillion*，阿贝拉德-舒曼出版社，1957年），它包含我在*ASF*上发表的许多科学随笔，我对它们不是很满意。我的*ASF*文章是由坎贝尔剪裁的，在我看来似乎过于正规而生硬。

另一方面，我为*F&SF*写的文章则丝毫不受编辑的干扰，它们都是我为了自娱而写的。这些文章都不是一本正经的，最重要的是轻松愉快。我觉得它们要比*ASF*上的那些文章更能够说明我的写作水平。再者，我想要找一家比较大的出版社出版。

1957年，我遇见了奥斯汀·奥尔尼（Austin Olney），霍顿·米夫林出版社的编辑。霍顿·米夫林是波士顿最重要的出版社。奥斯汀与我同龄，身材匀称，外表英俊，眼睛深陷，虽然他是一位真正的“波士顿雅士”，却绝对没有人们认为的波士顿雅士们的那种优越感和盛气凌人的态度。他是一个温和而充满活力的人,我们从此成为好朋友。

我经常与他在波士顿著名的洛克-奥伯(Locke-Ober's)餐馆共进午餐。我喜欢吃牛肚,这种东西显然很少有人喜欢,我在那家餐馆里总是要一份加芥子酱的牛肚。后来我离开了波士顿,19年以后又和珍妮特一起回来,我们住在洛克-奥伯餐馆附近的旅馆里。我带珍妮特去那儿,我要一份加芥子酱的牛肚。虽然菜单上还有这道菜,餐馆已经不再供应了。我简直要哭出来了。我猜想,我走了之后没有人点过这道菜。

不管怎么样,霍顿·米夫林不久出版了几本我撰写的科学书。第一本是1959年的《数的王国》(*Realm of Numbers*),一本为中学生写的谈论算术的书,从加法到超限数。奥斯汀好意给了我一张封面设计的打样稿,征求我的意见。我打电话给他,说我完全同意,除了一件事。

奥斯汀当时还不完全了解我,他认为我必定是那种最令编辑头痛的作者之一,这种作者就像艺术评论家似的,竭力想主宰封面设计。其实我很少过问此事,我唯一的兴趣是书里的内容。

所以一听说我有不同意见,奥斯汀的态度立即降温50度。他冷淡地问:"你什么地方不满意?"

我说:"这——,我不想提这事。毫无疑问,这是一件小事情,不用我操心,可你们把我的名字拼错了。"

当然,他们只好重新设计封面,奥斯汀感到非常抱歉。

1961年,我带了一摞在*F&SF*上发表的稿子去找他。由于全是写给成年人看的东西,奥斯汀把它们转给了成人读物编辑部,可是被拒绝了。奥斯汀觉得十分尴尬,他提议,如果我肯把它们改成简易读物的话,他可以作为少儿图书出版。我回答说绝对不行。当然,我并不很气愤,我把它们送到道布尔戴出版公司去了。

蒂姆·塞尔德斯,其实也不是特别有兴趣,可他不想拒绝我。这样我第一本*F&SF*随笔集就由道布尔戴出版公司于1962年出版了,书名为《事实与幻想》(*Fact and Fancy*)。

这时蒂姆·塞尔德斯已经很了解我。因此他警告我不要急着编另一本科学随笔集,他要先看看《事实与幻想》的发行情况。我觉得他的话很公道,所以我虽然很迫切地希望继续出文集,可还是忍住了。

《事实与幻想》以惊人的速度赢回了它的预付款,蒂姆惊喜不已,他说:"行啊,阿西莫夫,我准备再来一本。"事实上,到60年代结束之前,道布尔戴出版公司出版了我7本文集,此后他们一直继续出版。**所有**我在*F&SF*上发表的文章,除了7篇非常早期的以外,最终都被编入这本或那本文集,有的甚至被收入不止一本文集中。(对了,我也循环使用我的随笔文章。)许多不在*F&SF*上发表的文章也被我汇编成集。据说加在一起,我已出版了大约40本科学随笔。

我认为我无需为出版这些书寻找借口:假如可以根据我收到的来信判断反应的话,那么图书销售得很好,就说明深受读者欢迎。如果要作进一步说明,说些什么呢?

事实上,这些文集对我来说是令我满意的巨大源泉。首先,我保持了世界纪录:出版的文集比历史上任何人都多。(请注意我没说**最好**,甚至是接近于最好,而只是数量最多。)

此外,我总是听人说,随笔集是"发行量的毒药"。出版社对于出版它们总是犹豫不决,除非很有把握成功,像斯蒂芬·杰伊·古尔德(Stephen Jay Gould)、马丁·加德纳(Martin Gardner)或是刘易斯·托马斯(Lewis Thomas)的作品。很抱歉,这话听上去好像是我在自鸣得意,可我**确实**喜欢做肯定会成功的人。

不是所有的人都欣赏我的随笔。最近,阿瑟·克拉克在斯里兰卡的家里过着单调乏味的生活。他看到一篇很蹩脚的评论我的一本随笔集的文章,生怕我看不到,特意仔细地剪下来寄给我,让我欣赏。第一句话是:

"这是一本根本就不应该写的书。"

根据莱斯特·德尔·雷伊的做法，这篇评论文章立即就会被扔掉。可我一定要浏览一下（不用看很多），看看这本书究竟**为什么**不该写。显而易见，他对这本书中多方面的兴趣，对我从一个主题跳到另一个主题感到无所适从。我只能得出结论说他从未看到过或听说过一本随笔集。我猜想他的工作需要无知。

实际上，在我看来，这样一本随笔集的价值正是它所提供的多样性。没人要求你花时间阅读一篇完整的论文。你读到的全是短文，如果你觉得这一篇文章沉闷乏味或者使你失望，你只不过失去一小部分，而不至于殃及全书的价值。你可以翻到下一篇，或许它会使你喜欢。此外，短篇特别适合睡觉之前，或是其他短暂闲暇中阅读。

此外，看我写的科学随笔，读者还可以（也**确有**）玩那个很吸引人的"让我们来挑艾萨克的错"的游戏。他们经常做这游戏，不曾虚度时光。几乎所有的读者都一成不变地耐心纠正其中的错误，他们把它归结为由于我的疏忽和匆忙而犯下的错误，而不是愚蠢。对于他们的厚爱和宽容，我始终心存感激，或者说深深地为之感动。

倘若我以前不曾赞扬过我的读者，请允许我现在这么做。他们的人数可能不像摇滚歌星或体育明星的追星族那么多，但是，在**质量**上，我的读者都是百里挑一的，全是精英，具有高雅的品位，我爱他们。

93

历 史

霍顿·米夫林当时正在为青少年读者出一套美国历史丛书。奥斯汀·奥尔尼问我是否有什么选题可以放到这个系列中去。

我想了想，说我可以写一本富兰克林（Franklin）研究电的故事，以及它对美国独立战争的影响。奥斯汀很赞成，于是我就写了一本书，名为《赢得革命的风筝》（*The Kite That Won the Revolution*）。

作家斯特林·诺思（Sterling North）是这套丛书的总编。他看了我的稿子，流露出想要按照他的喜好重新改写的想法。至少在我收到他还给我的稿件，看了他肆意改动的地方以后，我的血都凝固了：我刚逃出斯维尔斯基的手掌，不想再落入诺思的手心。

我告诉奥斯汀我要收回稿件，并说明我这么做的理由。奥斯汀提出他可以按照我写的稿子出版，但他声明它不能作为那套丛书的一部分，这样可能要影响发行量。因为那套丛书是预订的，发行量会很大，而且是有保证的。我说我根本不在乎发行量，我只希望我的书能按照我写的，而不是别人写的稿子出版。1963年，书出版了，发行量平平，可我觉得很高兴。

我同意写奥斯汀提出的《数的王国》以后，又说服他同意出一本《科学词汇》（*Words of Science*），一系列每篇一页的短文，一共250篇，内容是关于科学术语的派生和解释，按字母顺序排列。我想起在医学院写那些文章时的情景，我身旁的桌上放着一本韦伯斯特大词典。(归根到底，我不能凭空编造那些词的词源，我得准确地知道它们源自拉丁文和希腊文中的什么形态。)马修·德罗(Matthew Derow)走了进来，看见我旁边放着的韦伯斯特大词典，说道："你所做的只是在抄词典。"

"说得对，"我回答说。我把词典合上，费劲地举起来，递给他。"给你，马修，给你这本词典，有本事你来写这本书。"

他没敢接这份工作。

对书的反应很好。最重要的是我非常喜欢做这件事，我又编写了《源自神话的词汇》(*Words from the Myths*，1961年)，《地图上的词汇》(*Words on the Map*, 1962年)，《〈创世记〉中的词汇》(*Words in Genesis*, 1962年)和《源自〈出埃及记〉的词汇》(*Words from the Exodus*, 1963年)，全部都由霍顿·米夫林出版。

我觉得还远远不够，于是除了在神话、地理和《圣经》这些可以作为词源的地方以外，我还想起了我从前十分迷恋的历史。我写了一本名为《源自希腊历史的词汇》(*Words from Greek History*)的书，书中讲述了希腊的历史，在此过程中，每隔一段，就停下来讨论一些我们现在使用的与这段历史有关的词汇。

奥斯汀看完稿件后说，相对于词源，他更加喜欢那些历史。这正是我想听的话。我把草稿放下，开始动手为青年读者写一本希腊历史。我给它取名为《希腊人》(*The Greeks*)，由霍顿·米夫林在1965年出版。

正像蒂姆·塞尔德斯要求我别急着编第二本文集，先看看第一本的市场反应再说那样，奥斯汀也希望我在了解对于《希腊人》的反应之前暂且不再写任何历史书。

《希腊人》出版以后，我等了一段时间，然后径直走进奥斯汀的办公室，问他："《希腊人》卖得好吗？"

"相当好，"奥斯汀说，"你可以再写一本历史书了。"

“我早就写好了，”说着，我把《罗马共和国》(*The Roman Republic*)的稿子递给他。我一共为霍顿·米夫林写了14本历史书，不仅讲述了希腊和罗马，还谈论了埃及、近东、以色列、欧洲中世纪的黑暗时代、英国和法国早期的历史，更不用说还有4本关于美国的历史——从美国原住民时代一直讲到1918年。

这些书写起来纯粹是一种快乐。由于每本书里都详细地记载了日期、地点和相关事件，所以在我后来的写作中，它们成了重要的参考资料。

我注意到我在霍顿·米夫林出版的书不如在道布尔戴出版公司出版的书发行得好，即使是以非小说类图书相比较也是这样。比方说，我的历史书，霍顿·米夫林从未出过平装本，而道布尔戴出版的不管哪种类型的书都有平装书。1977年，我第4本介绍美国历史的书《金门》(*The Golden Door*)出版以后，霍顿·米夫林告诉我(态度绝对温和)，他们不想再要历史书了。我为此很烦恼，我不愿意别人阻拦我写我想要写的东西。结果，1977年以后，我很少再给霍顿·米夫林写东西。

◇ 94

书　库

我前面说过，我利用自己写的历史书作为后来写作的参考资料，这使我想起经常有人问我是否拥有自己的图书馆。

我当然有一个图书室。在我经济条件许可的时候，我就开始积攒图书，现在拥有大约2000册书。它们可以分成几部分：数学，科学史，化学，物理，天文，地理，生物，文学和历史。我有一套《不列颠百科全书》(*Encyclopaedia Britannica*)，一套《大美百科全书》(*Encyclopedia Americana*)，一套《麦格劳-希尔科学与技术百科全书》(*McGraw-Hill Encyclopedia of Science and Technology*)，一部《牛津英语词典》(*Oxford English Dictionary*)，各种语录等等。

1978年6月21日，一位记者参观了我的书库。他后来在一篇文章中，以轻蔑的口吻说我的图书馆很小。他根本不知道他在谈些什么。我故意保持一个小小的书库，我不断地购进新书清除旧书，我用不着保留过时的旧书或那些因为种种理由没有机会用到的书。我的书库是**工作**用的，而不是为展览用的。

我最主要的参考资料库是我的头脑和记忆。我的记忆力惊人，非常有用。可我有些朋友把我的记忆力看得太神了，有点盲目崇拜。隔不了多久就会有这个那个朋友打电话来，说他记不起来某条信息在什么地方，于是绝望地对自己说:“我得打电话找艾萨克,**他准**知道。”

有时候我确实知道。活板门蛛(Trap Door Spiders)俱乐部的成员林·卡特(Lin Carter)曾经打电话给我说:“艾萨克,我想知道谁说过,‘自由,自由,天下几多罪恶,皆假汝名以出之!’”我立即回答说:“罗兰夫人(Madame Roland),1794年,她在上断头台的途中,经过一座自由女神像时说的。”我想,卡特因为这件事接连几个月被人邀请赴宴。这促使其他人利用我就像是一本便携的百科全书。

我也有一时想不起来的时候。几个月前,斯普拉格·德·坎普从他在得克萨斯州的新家打电话给我,问我蝙蝠发出的超声波波长是多少。我一时回答不出来,因此我很气恼地说(我**喜欢**能够随时解答别人的问题),我过一会儿打电话给他。

然后我仔细地在图书室里搜寻,最后我在《大美百科全书》中找到一篇论述声音的优秀文章,里面正好有斯普拉格需要的信息。我随即打电话告诉斯普拉格。他在电话里表示感谢,挂断电话后我发现这篇文章竟然是我自己写的!

我已经说过,对我来说,我的书绝对是很好的信息来源,为了充分利用它们,我必须记住哪本书里有一条什么样的信息,可能在什么地方。多产也有它可怕的地方。

我刚开始写作的时候,自然而然地把凡是有我文章的刊物全都保存起来,可我没有想到我居然会发表这么大量的作品。我很快就意识到在我居住的狭小公寓里,没法保存所有这些杂志。因此我做了一件我知道斯普拉格曾经做过的事。我小心翼翼地把我的故事从杂志上剪辑下来,附上一张目录(如果封面上有我的名字,则连同封面一起),把那些故事装订成一本精装书。随着时间的推移,我继续把这些“撕下来的文章”装订成一本本新书,我还装订了我写的小说的平装本。

通过这两种方法,我现在已经有将近350本自己装订的书。虽然我现在的寓所比以前的大了许多,还是存放不下。我只好把不太重要的装订本送到波士顿大学去,他们专门收藏我的作品。

开始,我的每本书,每个版本,不管英文版或外文版都各保留一本,但很快房间里就塞满了这些书,于是我把所有的外文版都送到波士顿大学去。我现在只收藏英文版,就这样也还是有麻烦。

我把我的书按年月顺序排放。即使这样也不能确保我能够轻松地从一共451本不同的书中找出某一本书。其中不少书有好多个英文版本。我只好再为每一种不同书名的书(按年月顺序)贴上编号。一位名叫奥托·彭兹勒(Otto Penzler)的书商兼藏书家警告我说,这样做会毁了藏书的经济价值,我告诉他,我保存这些图书不是为了投资理财,而是为了参考需要。

当然,除非我把这些书编成目录,否则这么编号没有任何意义。我所有的图书都有一份目录卡片,标明书的编号,以及它所有的版本(甚至我没收藏的那些版本)。我用其他卡片记录每本书的写作和出版历史,再用另外的卡片记录短篇故事和随笔。

我的目录系统极端原始,我所以能用它是因为我非常了解它。可开始的时候,我不曾料到我竟然要做好几百张卡片,才能记录下我的那些书。谁又能想象到我竟然要处理将近5000张卡片?问题是一点一点地变得严重起来的,所以我一直没有想到找个专业人士替我建立一个文档系统,或者更进一步,用计算机处理。

然而,考虑到我是一个科幻作家,变革的专业鉴赏家,我确实是够土的了。可我还是喜欢像以前那样保管我的卡片。毕竟,我的系统还勉强能够起作用。我的职业生涯无疑也已经快到头了,所以让它去吧——听其自然。

我的挚友马丁·哈里·格林伯格(Martin Harry Greenberg,请不要与格诺姆出版社的马丁·格林伯格混为一谈)想编一份我所有作品的完整书目。马蒂(Marty)* 心地善良得令人难以置信,在任何事情上我都不忍心拒绝他。可我又不想这样做,这事肯定会把我卷进去,我可以想象自己被淹没在这项工作之中—— 一本1000页的书,发行量很小,没人会要这本书,或者即使想要也买不起。

我说:“得了,马蒂,等我死了以后再说。到那时,你就可以编一份真正完整的书目,而不会眼睁睁地看着它很快又落伍了。”

“即使你去世了,也没这回事,”马蒂说,“你写了那么多的书,到时候还会有许许多多新的版本年复一年地印出来。”

“真的?”我惊讶不减。过了一阵之后,我才反应过来,他说得没错。我忽然发现真死了也有好处,这些事再也不会来麻烦我了。

* 马丁的昵称。——译者

 95

波士顿大学的收藏

我在前面一节已经提过，波士顿大学收藏我的作品。事情经过大致如下：

1964年，波士顿大学“特藏馆”的馆长霍华德·戈特利布（Howard Gotlieb）对我说，他想收藏我的作品。他说该校专门收藏20世纪作家的著作，却忽略了曾经担任本校教师的一位多产作家，这似乎很荒谬可笑。

他花了很长时间才使我相信他不是在开玩笑。归根到底，我认为那些纸片（老的手稿、第二稿、长条校样等等）都是垃圾，不论戈特利布怎么说，我确实把它们当作垃圾来对待。每隔一阵子，我就会把一吨左右这种塞满办公室的材料收集起来，放在我们西牛顿家后院里的烧烤场地里焚烧。我们从来没有用烧烤场地做过别的事（可以料想，从来没有烧烤过什么东西），可我始终觉得房子带烧烤场地非常有用，可以处理废弃的材料。

戈特利布发现我把稿子全都烧毁时，感到十分心痛。不过我把剩下的全给了他，从此以后，我出版的每本书，每个版本（包括英文版和外文版），每份刊载我撰写的故事或者随笔的杂志全都给他一份，我所有的通信和手稿等等也一样。住在波士顿时，我总是定期把东西带给他，与他共进午餐，搬到纽约去以后，我就把它们带到道布尔戴出版公司。他们很好心，替我寄给戈特利布，算是提供给我的方便。我隔一阵就督促他们把邮资从我的版税中扣除，他们每次都诋毁我的聪明，说我蠢，拒绝照我说的去做。

但是我**仍然**认为我的大部分纸片是垃圾，并且准备开始反抗了。戈特利布深信研习20世纪文学的学生将研究我的作品，将会产生不计其数的文学博士学位。我觉得他发疯了——天真得可爱，我非常爱他——但他真是疯了。

特殊馆藏室早已经落成，我的垃圾全都存放在那里。公众可以从馆藏内容获得他们心中之所需。一位年轻而执著的阿西莫夫迷成功地发现一个被我记为“遗失”的故事草稿。它其实没有丢失，而是以笔名发表了，因为某种缘故，从未列在我的作品目录上，而且被彻底遗忘了。于是我设法在下一本适宜的书中将它发表了。

缅因州的查尔斯·沃（Charles Waugh，我曾有许多书与他合作）在馆藏室发现了我的两部长篇小说和一部中篇小说的早期版本。这些发现中有一本是后来成为《天空中的小石子》的故事原稿。1986年，我以《另一些阿西莫夫作品》（*The Alternate Asimovs*）为名发表了这些早期的版本，这纯粹是为了对历史的纪念（以及弥补1947年《小石子》的原型遭到退稿引起的不快）。它竟然也有一点发行量。

总的说来，波士顿大学里我的馆藏室肯定是世界上最大的、收集种类最多的垃圾堆。我有一种梦魇似的感觉，有朝一日它会因为里面塞得太满而发生爆炸。我现在就似乎看到波士顿《环球报》（*Globe*）上的大标题：“阿西莫夫馆藏室发生爆炸。联邦大道（Commonwealth Avenue）被毁，19人死亡。”

96

选　编

20世纪40年代，我在海军航空兵试验站的时候，第一本科幻小说选编开始出现了。

选编是选录若干个故事而成的书——不是单个作家的作品，而是许多作家写的故事。它的作用也像一本故事集，带给读者他想要重读的故事，或者他错过了的故事。新的读者将能够读到昔日的比较著名的故事。

出版社对于选编的故事须支付版税。1946年，一本早期的选编《最佳科幻故事选》(*The Best of Science Fiction*)出版了，编辑是格罗夫·康克林(Groff Conklin)，后来他成了我的好朋友。选编中有我的一个比较短小的故事《盲道》(Blind Alley，1945年3月号*ASF*)。斯特里特与史密斯出版社买下了全部版权，因此这钱该归他们，但坎贝尔坚持认为在此情况下应该归作者。(这真是件好心事，坎贝尔一贯如此。)

《盲道》入选后，我收到了42.50美元。钱不算多，可这是我第一次收到早先已经卖掉的作品的额外报酬。在一年内，由雷蒙德·J·希利(Raymond J. Healy)和J·弗朗西斯·麦科马斯(J. Francis McComas)编辑出版了另一本选编《时空历险记》(*Adventures in Time and Space*)，其中包含《黄昏》，我收到了66.50美元。我将来还会得到更多选编支付的稿酬。在40年代，我绝对不会想到会发生这种事情。

经过一段时间以后，科幻小说选编出版了好几百本，其中许多都收录了我的故事，有些故事先后被收录40次甚至更多。不过，我想象阿瑟·克拉克和哈伦·埃利森的故事远不止这些。

当然，我猜想许多选编者，特别是为那些学校里的“读者”选编的人，不会去寻找原始出处，而是到别的选编中去挑选。这就意味着一旦一个故事被选编了多次，它就会不断地出现在别的选编里，纯粹是因为惯性。

再则，当作家渐渐出名以后，随着对他们写的故事的需求量不断增大，他们要求的稿费也趋于逐渐增加。我的原则正好相反。我从来要求不高，希望这样可以鼓励选编者录用我的故事。我想让我的故事和我的名字广泛传布，深信它最终带来的利益将远比斤斤计较带来的更多。

虽然出版了许多选编，有些是我在科幻界的朋友编辑的，虽然我知道选编者一般可以拿版税的一半（另一半在作家之间分），我从未想过自己来编一本。选编意味着要倒回去阅读许多东西，决定究竟挑选什么，要给不同的作家写信征求他们同意等等，工作量实在太大，我想把时间花在写作上而不是去搞选编。

然而，1961年，阿夫拉姆·戴维森出了个主意。他发表了一个短篇故事《假如海洋充满了牡蛎》（Or All the Seas with Oysters，《银河》1958年5月号）。故事赢得了雨果奖。阿夫拉姆永远缺钱花，他想到故事被收进选编的话，就能够挣到一笔钱。他只要能说服谁编一本雨果奖得主作品选的话，他的作品肯定能入选。

阿夫拉姆的代理，鲍勃·米尔斯想要这样一位编者：(1)著名的科幻小说作家；(2)从没赢得过雨果奖。他立即想到了我。我踌躇不定，可既然不用我选故事，鲍勃·米尔斯又表示愿意去征求作家们同意，工作似乎就容易多了，因此我同意了。

我编的第一本选集《雨果奖得主作品选》（*The Hugo Winners*）于1962年由道布尔戴出版公司出版，销得很好。但是我发现我有一个方面失算。每隔6个月,《雨果奖得主作品选》的稿费就会如期而至。我得把10%寄给鲍勃·米尔斯,把剩下的分为两半,一半留下,另一半在9个作者之间根据他们故事的长短按比例分配,把支票寄给他们或他们的经纪人。

我也许忍受了一两个版税结算期,但是选编在不断发行,以一种或另一种方式,延续了整整20年。我渐渐地变得十分厌倦这项工作,决定再也不编另一本作品选了。除非我能说服某人承担**全部**文书工作。

我一直坚持这一点。到1977年,我编了8本作品选,文书工作全由别人负责,每次都是这样。在此期间,我编的作品选包括另外两集雨果奖得主的作品,一本星云奖得主的作品和一卷科幻小小说(与格罗夫·康克林合编),一本由道布尔戴出版公司挑选的科幻故事和一本完全由我构想的《黄金时代之前》。

1973年4月3日,我梦见自己选编了一本我在30年代读过并且十分欣赏的伟大故事选,其中包括克利夫·西马克的《红太阳的世界》,杰克·威廉森的《太阳的诞生》等等。我把这个梦讲给珍妮特听,她说:"你为什么不动手编呢?"

为什么不呢?我打电话给拉里·阿什米德,竭力强调这样一本选集的历史意义,他要我立即着手做这件事。我打电话给萨姆·莫斯科维茨,他是一位非正式的科幻史家。萨姆说他自己一直希望编一本这样的选集,可没有出版社肯让他编,他说他料想他们会让我做这件事。然后他很忠心地把相应时段里我所需的全部故事都给了我,当然,我付钱给他了。

书于1974年4月3日由道布尔戴出版公司正式出版,正好与我那个梦相隔一年。这本书的发行量只能算尚可,却是一本让我感到心满意足的书。我衷心地希望时光倒流,好让我能够告诉还是初中小男孩的那个我,为了保存他心爱的故事我都做了些什么事。

就选编而言,我已得到充分的满足,我再也不参与这种事了,除非再编一本雨果奖得主作品选,即使这个我也不一定想干。

1977年,我遇见了马丁·哈里·格林伯格,这使一切都改变了,对此我将在适当的时候予以说明。

导　读

《雨果奖得主作品选》向我提出了一个问题。我该不该把它算作我的书?

在它出版之时,我已经42岁,出版了46本书。我开始认识到我这辈子在写作上最重要的事情是我出版的书的数量。没有人曾经宣称我是一位伟大的文学名家。对于贝洛斯(Bellows)或厄普代克(Updikes),我从未、也决不会对他们构成威胁。但我们都希望得到承认,想因为**某件事**而出名。我开始明白有一个希望,即使没有别的办法的话,我也可以因为我出版的书数量巨大和写作题材范围之广而著称。如果书的质量也能得到好评,那就更好了。不过我有种感觉,没有人会注意这点,他们只注重数量。

结果,我很性急地把《雨果奖得主作品选》也计算进去,编为第47号,以增加一点成名的机会。毕竟我的名字印在封面上:"艾萨克·阿西莫夫主编"。

不幸的是,我的道德观和童年时代父亲关于诚实的那些训诫阻止了我。事实上我**没有**编辑那本书。那9个故事是科幻迷挑选出来的,它们的顺序严格按照年份排,我在这本书上花的时间很少,谁都能够像我一样轻松地做这件事。

于是我想到了一个很好的主意。为什么我不把自己放进那本书里去？我可以写一篇很长的富有特色的序言。此外，在每个故事前写一段非常有个性的长长的导读。这样，我就可以把这本书算作是我的，合法地把它添加到我的书目上去了。

我真这么做了。我写了一篇很幽默的导读。我在前言里用尽溢美之词表扬自己，很无赖地对自己被剥夺雨果奖提出异议（就像那个老鲍勃·霍普对待奥斯卡奖的态度）。我在蒂姆·塞尔德斯办公室里把这篇导读读给他听。我刚读完第一段，大家都震惊了。蒂姆美丽的女秘书温迪·韦尔（Wendy Weil）在我身后说："蒂姆，他真的这么写了。"

蒂姆从我手里夺过导读，他看完以后说："好，假设科幻小说迷可以接受它，可迪比克（Dubuque）的那些人呢？"

"迪比克的那些人，"我说，摆出一副非常自信的表情说，"会喜欢它的，他们会觉得自己身处科幻世界之中。"

蒂姆犹豫不决，然后决定碰碰运气。书出版了，书上的前言和导读完全按照我写的出版，它成了我书目上的第47本书。

事实很快证明我做对了。就一本选集而言，《雨果奖得主作品选》卖得相当好，信件如潮水般涌来，一致认为前言和导读是那本书最好的部分。

我是那种一点就通，善于举一反三的人。在此之前，我的故事集和随笔集都没有前言和导读，纯粹是把它们放在一起出版，没有一句编者的话。

以后我再也不会这样了！从《雨果奖得主作品选》起，在我的每本故事集里，都有我写的精彩序言或后记（有时两者都有），对故事加以逐一评说。我添加的材料具有很强烈的个人色彩，一般叙述我怎么会写这个故事的。更重要的是，笔触十分欢快，公开地表示自我欣赏。如果认为一个故事好，我就说好，如果它赢得了什么声誉，我就如实说，如果我认为它没有获得应有的赏识，我也照说，同时还会抱怨一番。

总的来说，效果很好。读者**确实**感觉到我在无拘无束地，很开诚布公地与他们谈话，一般都会产生温暖和友好的感情。我不再是一个古怪的名字，我成了一个活生生的人。我开始收到开头这么写的来信："亲爱的艾萨克，请原谅我直呼您的名字，我读了那么多您写的东西，我觉得我们是朋友。"

我甚至还收到不列颠哥伦比亚一位年轻姑娘的来信，信的开始是这么写的："今天我18岁了，我坐在窗前，望着外面的雨，想着我是多么地爱你。"

当然，她的意思是她多么喜爱我的故事，但是我的导读使我无法与它们分开。

我写了一封感谢信，可我忍不住加上一句："我必须提出以下的问题，当年我是一个孤独的21岁小男孩，那时，所有你们这些可爱的18岁的小姑娘在哪儿？"

所有这些温暖和爱慕之情使我感到无比快乐，毕竟，这世上谁不喜欢受人爱戴呢？况且，我也很实际地认识到这也有助于增加发行量。

甚至我的科学随笔集也受惠于我的编者的话。事实上，我的每一篇*F&SF*文章前面都有一段开场白，用通常很幽默的个人轶事趣闻作开场白。它既很真实，又能够适合（或使之适合）那篇随笔的主题。这段开场白的作用相当于导读。这种有趣的小引子，有时会帮助读者深入一个艰深难懂的话题，甚至能够帮助他一口气读完那篇文章。

当然，有人不喜欢我的导读，认为它们展示了一种不健康的虚伪的自我。这当然是无稽之谈。我就是我，如此而已，我不认为那么做有什么错。我很同意一位批评家写的一句话："那个人非常不谦虚，但他确有许多可以不谦虚的东西。"

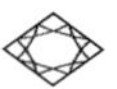 98

我的雨果奖

从选编《雨果奖得主作品选》开始，有一阵子我作了大量关于雨果奖的言辞激烈的长篇演说。我主要的故事都是在雨果奖设立之前就发表的（虽然我的确感到《丑男孩》可能会获奖），所以没有获得雨果奖这件事实际上并没有使我感到烦恼。不过，这是一个很好的幽默的话柄，我充分利用了这一点。

1963年，世界科幻大会在华盛顿召开，由乔治·西塞斯（George Scithers）负责。他是一位科幻迷。1959年世界科幻大会以后，我们一起离开底特律时在火车上结交的朋友。乔治打电话问我是否去华盛顿，他说颁奖典礼的主持人由西奥多·斯特金担任。

一个渺茫的希望出现了。如果雨果奖已经有人颁发，他们为什么还想确定我是否参加会议？是否可能我有获奖的机会——我竭力掩饰得意的感觉，回答说我去的。

接着，稍迟一些，我又接到了另一个电话说，特德（Ted，即西奥多·斯特金）家里有要紧事，不能去华盛顿了。我能不能替他主持颁奖典礼？完了，这显然意味着我没有获奖，可我已经答应去华盛顿了，我不能缩回来。于是，我尽量乐观地对待这事，答应了下来。

我高高举起雨果奖的奖杯，格外强化了鲍勃·霍普的主持风格。我的机智因失望而发挥得更加淋漓尽致。在打开最后一只信封时,我实在太专注,竟然没有注意到上面没有获奖类别,我把信封举在半空中摇晃,一面猛烈抨击评委会。我甚至作了更加疯狂的指责,说他们榨取我在这种场合的幽默,我真的指控他们出于浅薄的反犹太主义而忽略了我。

然后,我打开信封,不用说,是颁发给我的一项特别奖,嘉奖我在*F&SF*上发表的科学随笔。我茫然不知所措地看着观众,不能完整地读出自己的名字。全场哄堂大笑,情绪异常激动。(我感觉似乎除了我,所有的人全都知道我获奖了。)

事后,我对乔治·西塞斯说:“我既然要接受雨果奖,你们为什么还让我去颁奖?”

他回答说:“开始我们没打算让你颁奖,可是特德·斯特金有事不能来了,然后我们确定你是科幻作者中唯一能够给自己颁奖而不会陷入尴尬的人。”

1966年,世界科幻大会在克利夫兰召开,11年前,我曾在那儿担任嘉宾。我决定去,因为大会评委决定颁发一项雨果奖给包含3部或3部以上小说的最佳系列。例如,他们曾提到托尔金的3部或者说4部[如果你把《霍比特人》(*Hobbit*)也算上]《指环王》,这明确表示他们希望托尔金能胜出。他的书流传广泛,深受欢迎(我全都看过5遍)。我认为,无论遇着什么样的竞争对手,托尔金都稳操胜券。

然而,其他系列也获得提名,这只是为了做样子的:海因莱因的《未来历史》系列,埃德加·赖斯·伯勒斯的《火星》系列,E·E·史密斯(E. E. Smith)的《摄影师》系列和我本人的《基地》系列。显然我必须到克利夫兰去,雨果奖一般更看重比较长的故事,因此最有价值的雨果奖都是颁给年度最佳长篇小说的。但这是首次(也是迄今的最后一次)设立一个系列小说奖,而且宣称是“所有年代”而绝不只是年度最佳小说,因此是到那个时候为止(或者说迄今为止)最有价值的雨果奖。我十分确信《基地》名次会排在最后,不过,能被提名本身就是一种荣誉,所以我去了。

这一次我带上格特鲁德和孩子们一起去克利夫兰。我曾想过我也许犯了一个灾难性的错误:汽车旅行相当单调乏味,我们住的房间破旧不堪,连衣橱都没有,格特鲁德非常不满意。我度过了一个绝对可怕的周末。

非常幸运的是,就在我们极为紧张地到登记桌前办手续的时候,碰巧遇见了哈伦·埃利森。这给了我一次机会近距离观察他对女性的影响力。片刻之间,他就赢得了格特鲁德和罗宾的信任,格特鲁德和我整个晚上都和他在一起,格特鲁德觉得与他谈话很有趣。只要她喜欢,我当然也就喜欢。

在宴会上,雨果奖按照重要性的顺序倒过来颁发,因此小说丛书奖最后颁发。轮到颁发时,哈伦取代了典礼主持人(显然他坚持这么做,没人会拒绝哈伦),大声读出提名,偏偏漏了《基地》系列。我愤怒地朝他叫喊,可他不予理睬,继续往下宣读获奖者的名字。我战胜了托尔金、海因莱因、史密斯和伯勒斯,赢得大奖。这就是为什么哈伦坚持要由他宣布获奖名单的原因——看我的表情变化。

我想这是哈伦的主意,想跟我开玩笑。我皱着眉头坐在那儿很生气,直到我想明白过来,我获奖了!然后我露出哈伦想看的各种表情。这是我的第二个雨果奖,也是曾经颁发的最有价值的雨果奖。我后来又3次获得雨果奖,但这要留待适当的时候再谈了。

附带说一下,我第一次获得雨果奖以后,我向道布尔戴出版公司提出我不适合再担任今后的《雨果奖得主作品选》选编工作了,我希望能从肩头卸下这副担子。可是没有这回事,我得到的回答一如既往:“艾萨克,别发傻了。”

99

沃克出版公司

编辑们常常从一家出版社转到另一家出版社,有时候他们就像带着病毒一样带着我跳槽。

60年代初,爱德华·伯林格姆(Edward Burlingame)在杜鲁门·塔利(Truman Talley)主持的专门出版平装书的新美国图书社(New American Library,简称NAL)工作。我为他们写了一些科学书,其中之一是《生命的源泉》(*The Wellsprings of Life*)。这本书的精装本于1960年由阿贝拉德-舒曼出版社出版。另外两本书:《人体》(*The Human Body*)和《人脑》(*The Human Brain*)的精装本分别于1963年和1964年由霍顿·米夫林出版社出版。我认为,这是两本很优秀的图书。

后来NAL人员大改组,爱德华去了一家小公司——沃克出版公司(Walker & Company)任职。我当时完成了一套3册给成年读者看的谈论物理学的书,名为《理解物理学》(*Understanding Physics*),NAL将出版它的平装本。爱德华到沃克出版公司后,提出要出精装本,此事于1966年兑现。他还劝说我写一本天文学的书:《宇宙》(*The Universe*),这本书也于1966年出版。就这样,沃克成了一家定期出版我的书的出版公司。

沃克出版公司是一家很小的夫妻型出版社。这种类型的出版社现在几乎已不复存在。男主人名叫塞缪尔·沃克(Samuel Walker),是一位彬彬有礼的绅士，高高的个儿，脸上总是挂着微笑，女主人是他的妻子贝思·沃克（Beth Walker），高挑的个子，长得很漂亮，颇具幽默感，跟她在一起说笑，很快乐而且颇有情趣。

比方说，多年以前，我体重减轻了几磅，贝思拍拍我的腹部，赞许地说："艾萨克，坚持下去，继续控制。"

我对她说："你这种举动，假如我还年轻的话，那可就不行了。"

她大笑起来（她笑起来很开心，很有感染力），然后就像许多女人都对我说过的那样，说道："我怎么会送给你这种借口的？"（答案很简单，要想不让我找到可以利用的借口，唯一的方法就是什么话也别跟我说。）

沃克公司成了我出版轻浮书的地方。比方说，某J写的《放荡的女人》（*The Sensuous Woman*）和某M写的《放荡的男人》（*The Sensuous Man*）有一阵极为走俏。但是在我看来，即使在他们那类腐朽的书中，（根据我一看就要作呕来判断）这些书也是很差劲的。

贝思对我说："艾萨克，你为什么不写一本带点色情的书？"

我说："写什么？写一个纵欲的老头？"

贝思说："太好了。"于是，我就写了《放荡的老人》（*The Sensuous Dirty Old Man*），沃克于1971年出版了这本书。我用了一个周末写完了它，里面全是双关诙谐语，使它听上去始终像是马上就要变得"色情"了，实际上却又始终未变。我在珍妮特的办公室里写这本书，她周末不用办公室（当时我们还没有结婚）。当她走进来时，我就紧张地把稿子藏起来。我以为她不赞成我写这种东西，可我对她了解得还很不够。她和我一样喜欢粗俗幽默。

那本书发行得一点都不好。对我平常的读者来说它太轻浮，对那些专看无聊作品的读者来说又不够（或者说一点也不）色情。说起这本书，我做了一件我真正感到羞耻的事。书的封面上有我一张照片，照片上我的眼睛被一副胸罩遮着。作者署名为："阿博士"（Dr. A），这样做是为了与其他"放荡的"书作者皆取首字母署名相适应。实际上书一出版，我的真实身份就暴露了。

尽管如此,沃克还是安排让我在迪克·卡维特(Dick Cavett)电视节目中接受采访,为了保持所谓的匿名,我眼睛上蒙了一副胸罩,我也说不清我怎么会同意这么做的。当然,在访谈开始不久,我就早早地摘下了这副胸罩。可我还是在大批观众面前出尽了洋相。

1975年初,我开始大量写作五行打油诗。我早年也曾偶尔写上一首打油诗,但是现在我被这一想法紧紧地缠住了,就像有瘾似的。我不能肯定究竟是为什么。

有可能因为它是一种对语言和韵律有严格要求的诗的形式。我对许多现代诗很不以为然,因为我无法理解它们(更糟糕的是,它们也根本没有让我感到有想读懂它们的欲望)。我鄙视那种认为一首诗应该不受约束的想法。罗伯特·弗罗斯特(Robert Frost)说过,自由体诗歌就像是打网球不用网,我很赞同他的观点。因此,我想要用规则来约束自己,在这层意义上来说,一首成功的五行打油诗更加具有挑战性和成就感。

我还自愿选择了另外一条限制。打油诗必须具有粗俗的幽默,我只好放弃我不用粗俗语言的决定,以便写出真正好的五行打油诗来。尽管如此,我始终坚定不移地认为打油诗不能够仅仅是色情的,它们必须是聪明的,而且聪明的程度应该远远胜过淫秽的程度。这就使写作的难度更加大了,这样写作起来就更加困难。

有很长一段时间,我夜晚醒着的时候脑子里全是这些五行打油诗。如果我睡不着,我就写一首打油诗。如果我成功了,我就会笑出声来,声音很响(或者即使我强忍住笑,我的身体不停地晃动,床也跟着动),珍妮特会给吵醒,我会解释给她听我刚写好一首五行打油诗。

她会催促我:“快写下来。”

我不屑这么做。我向她保证我会记住的,然后接着再睡。第二天一早,我当然仍记得很清楚。

写满100首五行诗后，我把它们送交给沃克出版公司（当然加上了注释）。诗集在1975年出版，名为《纵情五行打油诗》（*Lecherous Limericks*）。到了70年代末，我又完成了4本放纵的五行诗［两本与诗人约翰·查尔迪（John Ciardi）合集］。我还写了两本干净的五行诗。

加起来，我一共发表了将近700首五行打油诗（为了满足自己的愿望）。然后燥热过去了，我再也不写了——除非偶尔有人索求，一般女性来索诗的居多。

书的发行量很小。一般五行打油诗发行量都不大。就我的诗集而言，我再次感到两头没着落。我的读者不爱看粗俗的五行打油诗，另外一些人又觉得我的诗不够粗俗下流。这没关系，这么做很有乐趣。

我无意屈服于想摘录几十首我喜欢的诗交给你们的那种冲动，在此仅摘引一首奉献给你们，这是一首写约翰·查尔迪和我本人的诗（当然很夸张）：

色情狂的恣意妄为
引起了精神病专家的偏好。
你我彼此都高兴
我们因此都有病
还有等着与我们一试的姑娘。

同时，沃克出版公司一位新来的编辑，米利森特·塞尔萨姆（Millicent Selsam，她本人是一位专为年轻人写生物学读物的著名作家），建议我写一本名为《我们如何发现地球是圆的？》（*How Did We Find Out the Earth is Round?*）的书，要求长度为7500个词，读者对象是聪颖的10—12岁的儿童。

我认为这是个了不起的主意。我立即动手，该书于1973年出版，销得很好。米利森特建议我撰写一套这种类型的数量不限的丛书。结果我写了一套科学史小丛书，题材从火山到黑洞，从原子到超导性。我迄今已经写了大约35本书。总的说来，这套书相当成功。

到目前为止,我已经在沃克出版了66本书。在出书数量和版税支付方面,沃克出版公司都仅次于道布尔戴而位居第二。

我喜欢记住出版社说的有关我的好话。有一次,版税预定在1978年2月寄来,适逢暴风雪肆虐,我打电话给萨姆·沃克(Sam Walker) * 说:"等天稍微好些我再去取。不用着急。"

但是,萨姆不肯这么做。他用**雪橇**冒着风雪把结算单和支票送来了。

贝思有一次对我说:"说来奇怪,你是我们最优秀的作家,也是我们最通情达理的作者。"

我知道她为什么觉得奇怪。但凡有造诣的艺术家,一旦达到"明星级"水平,就会变得吹毛求疵,十分苛刻,一般很难相处。我在投身写作伊始,就曾经对自己发誓,如果有朝一日我成名了,决不这样盛气凌人。除了很少几次我怒不可遏的时候,一般情况下我始终遵循这条原则。

一次,基础图书公司的帕特里夏·范多伦(Patricia Van Doren)邀我一起去吃午饭。在餐馆里,我们遇见了道布尔戴出版公司的罗伯特·班克(Robert Banker)。

罗伯特说:"范多伦夫人,好好照顾他。他是我们道布尔戴出版公司最宝贝的作者。"

帕特(Pat) ** 马上回答说:"班克先生,别担心,他也是基础图书公司最宝贝的作者。"

我情不自禁地喜欢像这样的评语,忍不住要复述这些话。

再说最后一句。沃克出版公司以另外一种不同寻常的方式为我提供服务,这留在后面再谈。

---

* 即塞缪尔·沃克。萨姆是塞缪尔的昵称。——译者

** 帕特里夏的昵称。——译者

100

失 败

我在60年代的作品并非全都成功。

1961年,世界图书百科全书(World Book Encyclopedia)要我参加一个小组为他们编写年鉴。我们一共有7个人,每个人负责当年世界上某一方面的最新进步。具体分工如下:詹姆斯(·“斯科蒂”)·赖斯顿[James(“Scotty”) Reston]负责国家事务;加拿大的莱斯特·皮尔逊(Lester Pearson)分管国际事务;雷德·史密斯(Red Smith)分管体育运动;西尔维亚·波特(Sylvia Porter)分管经济;阿利斯泰尔·库克(Alistair Cooke)分管文化;劳伦斯·克雷明(Lawrence Cremin)分管教育。

我分管科学。工作很轻松,每年写一篇2000个词的短论。报酬优厚:2000美元。我还从来没有达到每个词1美元的常规稿酬水平,2000美元似乎够可观的。

我只提出一个条件,即不打算旅行。

他们同意了,但其实是假同意。他们先是劝说我去芝加哥,然后又要我到西弗吉尼亚。最后,在1964年,他们想让我到百慕大去,我断然拒绝了。

他们问我是不是想要加钱,我说:“不,你们现在给我的钱够多的了。我只是拒绝旅行。”

因此他们解雇了我。

另外一件更糟的事发生在1966年。吉恩出版公司(Ginn and Company)想要出一套供小学生阅读的科学丛书。他们组织了一支队伍,想让我也参加,写一些给4年级、5年级、6年级、7年级和8年级学生阅读的材料。

我踌躇不决,不知是否要做这件事。我始终没有摆脱十几年前写教科书经历的影响,特别是参加一个委员会去写作。然而,我还是让步了。

要知道,到了1966年,我已经很清楚我与格特鲁德的婚姻维持不了几年了。我一直在考虑这件事,觉得自己做了犹太人认为有罪的事。吉恩出版公司向我保证说这套教科书将可收入几百万美元。我想了个好主意:把一半版税给格特鲁德,我想那样对她也算有个照顾。

于是我深深地吸了口气,接下了这项任务,专心致志地写起来。工作班子的一大群人偶尔聚在一起讨论那本书,我总是讲一些最新的笑话,那情景很像多年以后到康科德(the Concord)去的途中,我不停地讲笑话一样。我必须做点**什么**让无法忍受的事变得可以忍受。

我讨厌整个这项工作,我之所以还能往下写就是想到那几百万美元。不幸的是,书很失败,只赚了几千美元而不是几百万美元。格特鲁德得了一半版税,可这一半实在太少,她不仅没有息怒反而更加生气了。

这可不是我的错。得了,在某种方面是我的错,这个主意本身就错了。这套教科书卖得不好的理由之一,就是它们提到了进化论以及得克萨斯州的穴居人,其他州不愿意采用。他们想要教《创世记》式的科学。

出版社为了挣钱,以他们一贯的勇气,在书中避而不谈这些,不惜以使美国的孩子受不到科学的教育甚至接受错误的教育为代价。吉恩出版公司准备加入那个摧残年轻人心灵的行列,把进化论从书中删除,而代之以"发展"的模糊说法。然而,进化论这一部分正好由我撰写(因此图书销售不好我多少也要负责),我拒绝作任何改动。

我义正词严地对他们说:"我写这本书的信条不是一定要赚100万美

元，我的信条是我必须信守我的原则。”

于是他们解雇了我。他们另外找人作了修改。1978年6月26日，我让他们把我的名字从书上删除。这项计划从头至尾就是一场闹剧。

遇上这种情况该怎么办呢？面对胆小的出版商，容易受影响的学校董事会和愚昧的狂热者你无能为力。我所能做的只是写文章抨击神创论，抨击他们信仰的什么亚当、夏娃、会说话的蛇和世界性的大洪水，宇宙只有6000年到10 000年，以及所有物种全都是某种超自然力的创造，它们从一开始就各不相同。

我的一些评论文章出现在像《纽约时报杂志》(*The New York Times Magazine*)这样令人敬畏的媒体上，引起许多原教旨主义信徒的愤怒——我很高兴也很骄傲能激起这种愤怒。

101

青少年

在本书前面，我已提到自己对婴幼儿和儿童的感情缺乏真正的了解。我的读物也不是写给青少年看的。我对任何21岁以下的年轻小伙子和18岁以下的少年都很警惕。1956年我在西牛顿区买了房子之后，这种高度怀疑的感觉尤为强烈。

我们的房子距离一所初级中学只有一个半街区，我很天真地认为这样我的两个孩子长大后可以方便些，我没考虑到还有其他年轻人。

每天早晨上学的时候，一群年龄在12—15岁的小家伙，沿着街道朝那所中学走去，每天下午放学，人流往另一个方向涌去。在早晨还勉强可以忍受：他们必须在规定时间里赶到学校，而他们很少有人醒得很早，可以从容地走到学校里去。到了下午放学回家的时候，许多孩子似乎觉得没有多大必要在规定时间匆匆赶回可爱的家里，所以他们回家的步子迈得很悠闲，说不定什么时候就在哪儿停留搁浅，他们经常就躲在我们房子前面。

他们大声地喧闹，很粗野，实在讨厌透顶。显然，他们觉得自己是大人了，很时兴使用脏话。

有一段时间，我正在替那个永远该受谴责的吉恩出版公司的系列丛书撰写关于排泄器官的文章，我有时候（很自然地）反复使用“尿”字。

在一次碰头会上，丛书的总编反对使用“尿”字。

我感到迷惑不解，问他：“那我该说什么？”

“说‘液体排泄物’。”

这下我更不解了，应声问：“为什么？”

“因为学生听到‘尿’字会发笑的。”

听到这话我勃然大怒，站起身来说：“听着，我住的街区里有许多中学生，他们听到‘尿’字发笑的理由只有一个，那就是他们认为‘尿’这个字太文绉绉了。他们一般都叫‘小便’，如果你们愿意的话，我可以把‘尿’改成‘小便’，可我决不会把它改成‘液体排泄物’。”

结果保留了“尿”字。

坦率地说，我们被那些小家伙吓坏了。格特鲁德和我以为他们是一种原始的力量。至少我们赶不走他们。如果去赶他们走，那就像击打沙袋一样，他们总是很快就回来了。我们严厉的呵斥反倒激起他们的自卫和反叛。房子前面聚集的孩子越来越多，声音越来越响。

诚然，他们都是可敬的中学生，也从没发生什么暴力和破坏行为，可那音量很大的吵闹声使我心烦意乱。渐渐地，我们可以分辨出预示人潮即将来临的遥远细小的轻微说话声，会本能地发抖。这一切大大毒化了我们的生活。一件小事——可小事也可能是致命的毒药。试想一只小小蚊子的嗡嗡声会使人无法安然入睡。

我最终解决这个问题，完全是通过一次偶然的事件，这将在后面再谈。

102

艾尔·卡普

艾尔·卡普(Al Capp),当然就是那位著名的连环漫画艺术家,他创作了描述"利尔·艾布纳"("Li'l Abner")生活的漫画。我非常喜欢他的作品。我第一次遇见艾尔·卡普是在1954年,当时由波士顿大学一位同时认识我们两个人的教授介绍相识。艾尔·卡普,中等身材,有一条腿是装的假肢,脸部轮廓分明,面含微笑,口才很好,我很喜欢和他在一起。

我们的友谊很平稳,不过,我们也从来不曾十分亲密。我们有时会互相通过电话交谈。我到他家拜访过他一次,我们一起去看阿瑟·米勒(Arthur Miller)的《炼狱》等等。我们最亲密的时候是1956年在纽约举行世界科幻大会期间,他在那次大会上的演讲很突出。大会结束后,他开车送我和哈尔·克莱门特回家。

我们的友情达到最高峰是在1968年,为了说明这点我必须稍微扯远一点。请原谅。

我一生始终是个自由派人士,我必然如此。早期,我发现保守派人士或多或少满足于现状,甚至对50年前的事物也表示满意,他们很"自怜自爱"。

就是说,保守派人士倾向于喜欢跟比较像他们自己的人交往,而不相信其他人。我年轻时,在美国,社会、经济和政治权力的中坚是保守派阶层。构成这个阶层的保守派人士几乎全都是西北欧血统的人，他们对其他人一概蔑视。在其他阶层中，他们最看不起犹太人。在希特勒时代，纳粹并没有使他们有多大烦恼，他们认为纳粹是反对共产主义的堡垒。

作为一名犹太人，我必定是自由派人士。首先是出于自我保护，其次是我长大以后，自觉地倾向这一方。我希望看到美国发生变化，变得更加文明，更有人性，对自己宣称的传统更加忠实。我希望看见所有的美国人都被当作独立的个体来看待，而不是千人一面。我希望看见所有的人都有均等的机会，我希望社会切实关注穷人，关注那些失业的、生病的、上了年纪的和无望无助的人的福利。

当富兰克林·德拉诺·罗斯福(Franklin Delano Roosevelt)成为总统，介绍他的“新政”时，我只有13岁。我虽然年幼，却已经对他的施政纲领有所了解。随着我年纪渐长，我的自由派立场也越加坚定。只是在罗斯福不够自由化的时候，例如，由于政治上的缘故，他忽视了南方美籍非洲人士，或者西班牙保皇派人士的困苦境遇，我才不赞成他。

第二次世界大战以后自由主义开始消退。社会渐渐繁荣，许多蓝领人士有了工作，也许感觉到自己生活安全有保障了，变得保守起来。他们有了属于自己的东西，不愿意为那些仍然在底层的人们操心。在过去几十年里，有许多人每况愈下，甚至会为了一块馅饼而争斗，最后变得冷漠，与毒品打交道。

最终我们进入里根(Reagan)时代。在这个时代里，时尚的不是交税而是借债；不是把钱花在社会服务上而是花在军备上，国家债务在8年里已不止翻倍，借贷利息竟高达一年1500亿美元。这不会马上影响到人民生活，有钱的美国人在一种不正常的贪婪氛围中变得更加有钱，穷苦的美国人——但是除了那些标榜自由博爱(如今已经没人敢提这些字眼了)的人以外，有谁会关心那些穷困的美国人呢?

这使我想起奥利弗·戈德史密斯(Oliver Goldsmith)的诗句：

疾病肆虐大地，更有恶魔助长：
财富的敛聚，加上道德的沦丧。

作为一名忠诚的美国人，我感到痛心疾首。

我曾看到许多人当他们上了年纪，发福了，变得“比较可尊敬”的时候，便从自由派变为保守派，那些从孩提时代就是保守派的人，像约翰·坎贝尔倒从未真正使我不安。几十年来，我与他争论政治、社会问题，从未说服过他，但他也从未能说服我。

罗伯特·海因莱因在战争时期，是位热烈的自由派人士，后来又变成热心的保守派人士。这种变化发生在他的妻子从自由派的莱斯林换成保守派的弗吉尼亚之时，我怀疑海因莱因是否会称自己是保守党人。他总是把自己描绘成自由派人士。在我想来意思是：“我想要享有变得有钱的自由，你可以享有挨饿的自由。”人们正好不需要社会帮助的时候，很容易相信没有人应该依赖社会帮助。

然而，我在最近的距离看到的情况是艾尔·卡普。我现在回过来谈他。他究竟遇到什么事，我真的不是很清楚。直到20世纪60年代中期，他还是名自由派人士，这可以从他的连环漫画《利尔·艾布纳》上看出来。我记得甚至直到1964年的一次聚会上，我们俩还在谴责巴里·戈德华特（Barry Goldwater）竞选总统的努力。[但回过头去看，我认识到戈德华特是一名诚实的人，在诚实廉正这点上，他比林登·约翰逊（Lyndon Johnson）、理查德·尼克松（Richard Nixon）和罗纳德·里根都要强得多；我投了约翰逊的票，但**没**投尼克松和里根的票。]

艾尔在一夜之间变成了保守派人士。究竟是什么促使这个变化的，我不知道。我承认20世纪60年代“新自由主义者”有时候是很难捉摸的。他们满不在乎：留着长头发，不修边幅，艾尔显然毫无道理地讨厌他们，他转变成极右派。

记得1964年以后的一次聚会上，艾尔·卡普在辩论中发言。他对于非裔美籍作家詹姆斯·鲍德温(James Baldwin)的评论，关于其他突出的非裔美籍人士、黑人民权以及反对越战运动等等的评论言辞绝对尖刻。

我不无恐惧地听他发言，提出反对意见，可艾尔不以为然。

打那以后，我与艾尔的友谊就结束了。偶尔相遇，我会对他彬彬有礼，甚至很友好(不管我私人的看法如何，我从未粗鲁地打断或厉声制止别人讲话)。可我再也没有去找过他。

最使我烦恼的是在《利尔·艾布纳》中可以强烈地感觉得到他的新态度。他的人物乔尼·福尼(Joaney Phoney)作为一个自由派民歌演唱家的典型十分恶毒，更可恶的是，他开始制作一个很长系列的连环漫画，里面包含在我看来是不加太多掩饰的对非裔美籍人士的攻击。

我对一部我曾经很喜爱的连环漫画堕落成这样(在我看来是这样)越来越愤怒。最后终于按捺不住，气愤地写了一封抗议信给波士顿《环球报》，信登了出来。信上写道："难道我是唯一对艾尔·卡普在他的连环漫画《利尔·艾布纳》中反对黑人宣传感到厌倦的人？"

1968年9月9日，《环球报》把那封信放在一个长方形的框框里，非常醒目。我感到很高兴，丝毫没有想到会有什么后果。

翌日下午3点，艾尔·卡普打电话给我。他看见了《环球报》，说："你好，艾萨克，你凭什么认为我反对黑人？"

我惊讶地回答他说："怎么，艾尔，我亲耳听见你的谈话。我**知道**你的观点。"

他说："你能够在法庭上证明这一点吗？"

我的声音哆嗦了："你要起诉我？"

"没错——诽谤罪。除非你让黑豹党人走开。"

"艾尔，我跟黑豹党人没有任何关系。"

"那你写一封道歉信给《环球报》，说明我根本不反对黑人。"

我从来也不曾这么胆怯过。我也很想相信自己坚定不移地坚持原则，可我从来不曾到法庭上出庭，我没有经历过那种让人难堪的事，我退缩了。

我到办公室去打那封道歉信，退却，这时发生了一件奇妙的事。我可能是个胆小鬼，可我的手指却像狮子，它们就是不愿意打这封信，不管我怎样命令它们，它们就是不愿意，我盯着那张空白的纸张看了一会，最终决定放弃，不写什么致歉信。艾尔·卡普爱怎么样就怎么样，我打电话给我的律师。

他听了大笑，说艾尔不可能只指控我而不指控报纸发表那封信。我说："我寄到那儿去就为了发表。"

律师说："没有人强迫报纸发表。你打电话给他们。"

我打电话到报社，他们听了大笑。他们说艾尔·卡普是个公众人物，他的所作所为都是评论关注的目标，他不会起诉的。他们说，我也一样。（我想到批评家对我的作品的诽谤，我松了口气。）此外，《环球报》的人说，他们会告诉艾尔，法庭审判会把他反对黑人的态度公布于众，他不会想要这个结果的。

不用说，报社第二天打电话给我。艾尔威胁我之后不到24小时，他就缩回去了，我始终没有向他道歉。

后来在一个重大聚会上我遇见过他一次。我主动跟他打招呼，双方谁也没有提到上次的不愉快。

可怜的艾尔，他的结局并不快乐。《利尔·艾布纳》的受欢迎程度迅速下降，我认为这可能与他错误利用这套漫画不无关系。归根结底，他失去了自由党选民的支持，而保守派人士除了股票报道，其他什么也不看。

他还由于年轻的查尔斯·舒尔茨（Charles Schulz）和他的"小人物"（Peanuts）的出现而相形见绌。"小人物"以一种全新的精湛制作使艾尔粗俗的打闹变得陈腐落时。（艾尔公开对此表示不满意。）最终，一桩涉及一名女大学生的校园丑闻，结束了艾尔的教学生涯，1970年他死后，没有人再继续这部连环画。

我多么希望60年代中期发生的那些改变艾尔观点和人格的事不曾发生过啊！

与艾尔·卡普的那次纠葛有一种很奇怪的结果。正如我所说，他打电话威胁我是在下午3点钟，正好是那所中学的小家伙喧闹着从学校里涌出来的时候。我太专注而没有注意到他们。第二天下午，报社打电话告诉我一切都好的时间也是下午3点钟。我去找格特鲁德，想告诉她这个好消息，发现她正在外面教训那群孩子。

我满怀喜悦冲出去，让格特鲁德进屋去，非常友善地把孩子们召集到我身边，手臂搂着两个离我最近的孩子，问他们当中有谁读过我的故事。有几个人看过我写的东西，他们承认很喜欢我的故事。我问他们谁尝试过写故事，只有一个人举手。他承认写故事很难。

我说："瞧，我正在努力写作，如果你们经过我的房子时安静些，我写起来就会容易些。好不好？"

有一个孩子说："你老婆朝我们乱吼。"

我往后面看看房子，确信格特鲁德听不见（我肯定她不会明白我的下一步计划），我悄悄说："我不得不跟她住在一起，你们猜猜我的感觉如何？"

孩子们一阵大笑，顷刻之间我们有了一种男人之间的沟通。打那以后，再也没有麻烦，我隔一阵就会在他们经过的时间站在外面，笑着朝他们挥挥手，他们会叫着问我："你的故事写得怎么样了？"这场面真让人感动。

回顾此事，我感到羞愧。我怎么会听任自己对孩子不理智的不喜欢发展到认为粗鲁地对待他们要比和善地对待他们更加有效呢？为什么我总要等到环境教育我，才会接受我内心深处早就明白的事理呢？

从此后，我尽量避免重犯这种错误。有时候，真要这么做也不容易。一天傍晚，天黑以后，我到一幢很大的不规则的房子里去与几个朋友见面。我要爬许多个台阶才能到门口,可在台阶上站着一群年轻人,我拾级而上的时候,只见那些年轻人神情严肃地看着我。

我有点胆怯,心里嘀咕:"他们不会是抢劫犯吧?"(我至今还没遭遇过抢劫。)我第一个冲动是转身离去,可我不想被莫名的恐惧吓跑,我沉着地继续往上走。朋友的房子在阶梯的尽头,昏暗的灯光下,他们在旁边盯着我,我举起手向他们致意。

我说:"嗨,小伙子。"

仿佛我说话的声音正是他们所期待的,一个年轻人说:"喂,你是艾萨克·阿西莫夫吗?"

我吓得半死,停下来惊恐地说:"是啊,我是。"

那个可爱的小伙子说:"我喜欢那几本《基地》的故事。"其他人则友好地微笑。

我对他们表示感谢,和他们一一握手,然后欣喜地离去。

103

绿洲

有时候完全可能出现这种情况:一本书既获得了一致的好评,经济上也很成功,可作家本人却很厌恶它。正如我所说的那样,《聪明人科学指南》的前两个版本,就属于这种情况。

《黄昏》的情况与之相似,只是稍微好一些。《黄昏》出版之前,坎贝尔在最后加了一段。虽然写得很有诗意,却不是我的写作风格。在我眼里,它绝对是"非阿西莫夫"的肿块。更何况,坎贝尔在那一段里面提到了地球,而我一直小心翼翼地在故事中**不**提到它,我不想让读者认为行星拉伽什(Lagash)是外星球。对我来说,坎贝尔添加的这一段毁了我的故事,只要听到别人表扬它,说是我"最好的故事"时,我都会坚决否认。

几年前,我这伤痛又被狠狠捅了一下:科幻小说作家哈里·哈里森(Harry Harrison)替我辩护,说我只要愿意就可以写得很有诗意。为了证明这一点,他摘引了坎贝尔在《黄昏》里的那一段。所有这些我都只有拒绝承认。

它使我面对一个事实,虽然20世纪60年代和70年代我转入非小说类图书创作,但这并不意味着我不再写科幻小说。在非小说类图书的沙漠之中依然存在绿洲。我在创作的间隙,写了许多科幻故事。其中也包括一些相当好的故事,比如说在*F&SF* 1969年10月号上发表的《女人的直觉》(Feminine Intuition);还有我应邀为《星期六晚邮报》写的微型故事《轻松诗》(Light Verse),它发表在1983年9—10月号上,我很喜欢这个故事。

我以前曾在《星期六晚邮报》(它经过改版,比以前大大缩小了)发表故事,但它们全都是重版的。**报社**提出要一个原创的故事,为了强调“轻松诗”就是如此模样,我在一封信中告诉他们:(稿子)刚从打字机上拿下来,很新鲜,在当天写就的。

他们回了封信,觉得不可想象我只要一天就能写一个故事。我对此默不作声。我认为告诉他们我只花了一个**小时**就写成这个故事没有什么好处。人们不明白多产意味着什么。

我甚至在幕间休息的时候写科幻小说,其中第一部是《奇妙的航程》(*Fantastic Voyage*),关于这本书有一个故事,它其实不能完全算是我的小说,至少在我自己的心里不是。

有一部动画片名为《奇妙的航程》。片中有一艘缩微的小潜水艇,上面载有变得极微小的工作人员,在一个濒死的病人的血管中航行,从体内去治他的疾病。这部影片剧本已经写好,他们计划要把它改写成小说。矮脚鸡图书公司当时在马克·贾菲(Marc Jaffe)掌管之下,他们拥有平装本版权,他们想让我来写。

我有点犹豫不决。我以前从未做过这种事。我不喜欢写一本(在某种意义上)已经写好的小说。他们劝我先看剧本再说。我被深深地吸引了。故事很激动人心,马克不断地用花言巧语奉承我,说我是他们唯一能信得过的作者等等。像平常一样,奉承对我起作用了,我同意了。

我写这个故事没有花多少时间。其中很多时间都花在纠正剧本中的许多基本错误上。(电影剧本作者认为这事顺理成章,不明白当人缩小到细菌大小的时候,没有缩小的空气分子对他们来说就太大了,没法呼吸。另外,在故事结尾,他们让那艘潜艇留在人体内,照他们说,它会被白细胞吞吃掉,我只好指出,不管是否吞吃掉,它都是由缩小了的原子组成,留在那个人体内会膨胀，从而使那个人的身体崩裂。）

尽管为了改正诸如此类的错误耽搁了些时间，写这本小说也只花了我6个星期。

写作这部分比较容易，难的是如何实施我对这本书的构想。一般根据电影改写成的平装本小说，都是在电影放映期间，为了宣传电影而设计的，准备好读者看完就随手扔掉，此后就再也没人提起。我决心不让**我的**书落得如此下场。我写的书可以像《死亡交易者》那样失败消失，可绝不能有意让它这样。因此作为我写这本书的一个条件，我提出要出精装版的书。

矮脚鸡图书公司愿意这样做，无奈他们只能出平装版，我只好自己去找一家精装本出版社。道布尔戴出版公司不愿意出版一本平装版权已经被人拿走的精装本书。（这是他们犯的又一个错误，尤其是20年之后，有一天，道布尔戴出版公司与矮脚鸡图书公司成为同一集团公司的属下。）

我于是去说服霍顿·米夫林出版。奥斯汀有点嘀咕，因为同时推出平装本，精装本不知是否会有销路，我向他保证就我的书而言，精装本不会受平装本的影响。我其实心里也没有底，可我心存侥幸，结果我说对了。现在25年已经过去了，精装本的书一直到今天还在销——我承认数量不是很大，可它仍然好销。

我写作的速度很快，电影却拍得很慢，结果精装本的《奇妙的航程》在1966年初就出版了，比电影发行早6个月。结果所有的人都认为电影是根据小说改编的。这实在太烦人了，因为我得跟着电影剧本写，而我坚信自己完全可以写出一本更好的书来。因此，我登报和在演讲中声明这本书是根据电影改写的，而不是倒过来，可看起来这无济于事。

顺便说一句，电影拍得不坏。首先，拉奎尔·韦尔奇（Raquel Welch）在影片中出演她首次领衔主演的角色。她有效地转移了人们对于电影中的微小瑕疵的注意。

平装本是影片在剧院上映时出版的，人们并没有随看随扔，矮脚鸡图书公司和我都感到很惊喜。在影片放完之后很久，它仍然在卖，事实上，它一直销到今天，已经一印再印，印了几十次，总共已经卖了几百万本。直到今天，它仍然比我的其他书都卖得好，只有《基地》系列故事除外。

尽管如此，我也没有因此变得富有。因为它不是原创小说，而是很贴近地根据电影剧本改写的。我一共得到5000美元。后来，当马克·贾菲承认它比预料的要好得多时，我又得到追加的2500美元稿酬。

我曾坚持要一部分精装本的版税：版税的1/4给我，3/4给好莱坞，更重要的是，我坚持我的那部分直接寄给我，而不要通过好莱坞。这事我做得很聪明。我有充分的理由认为，倘若版税全部寄到好莱坞那儿，我在这世上就休想再看见一分钱。

我不喜欢《奇妙的航程》，它是那些上面有我的名字，我却不想再看的几本书之一。这倒不是因为我从一本已经证明长时间最畅销的书中得到的钱非常少，而是因为这本书并非我的原创小说，我并没有想得到更多的钱。关键在于它**不是我的书**。

6年以后，《神们自己》发表了。它是20世纪60年代到70年代我的科幻创作沙漠中的最大的绿洲，是我在这20年间发表的唯一的一本科幻小说。书由道布尔戴出版公司于1972年出版，如我早先所说明的那样，小说第二部分有些地方是我所写过的最好的作品——超常发挥。

1973年我到多伦多参加世界科幻大会，正好赶上它获得雨果奖提名。这次旅行很值得，因为《神们自己》赢得了1972年最佳小说奖。它是我的第三个雨果奖，第一部流行科幻小说故事，对我来说真是个美妙的时刻!

那时，正好美国科幻作家协会在颁发一个称作“星云奖”的年度奖，《神们自己》也获得了“星云奖”。

1975年，一位年轻的妇女要我写一篇科幻小故事。翌年是美国建国200周年，她提出想编一本原创故事选编，名为《活了两百岁的人》。我问她这个标题有什么意义,她回答说:“没有,你爱怎么想就怎么想。”

我受她这个说法的启发,写了一个故事,讲述一个机器人,他想成为一个人,整整努力了200年,才被接受,我被故事深深吸引,结果写得比我计划的要长2倍。

我这次创作**又是**超常发挥。实际上,那个选编没有通过。提出这个想法的年轻女子,遇到了经济和社会的问题,只有我一个人完成了可以出版的故事。

因此,我把故事从她那儿要回,把预付金退还给她,因为(1)她需要那钱和(2)故事另有出路,我简单描述一下获得回报的方式。故事于1976年在《佳作选2》(*Stellar 2*)上发表,那是另一本原创故事选编。最终它被评为年度最佳小说,赢得了雨果奖和星云奖,这是我第四个雨果奖和第二个星云奖。

顺便说一下,在这个星云奖的奖品上,我的名和姓全都拼错了,变成了“Issac Asmimov”。现在,我不指望那无知的刻字人(他只负责刻字)知道我的名字怎么拼,或者他曾经听说过我,但是我认为“美国科幻作家协会”的人应该检查一下原始设计稿,注意不要有拼写错误。“美国科幻作家协会”的人很尴尬,提出要重做星云奖的奖品,可我不想再等这帮开玩笑的人花5年或者更长的时间,来完成这件事。我只是很傲慢地告诉他们,我将就这样保存起来,把它当作他们这个组织机构智力水平的证明。

当然,大约就在此时,我写完了一本非常成功的探案小说《美国书商协会的谋杀案》。

你会认为有了所有这些成就,我会断然回到大量创作科幻小说的路上来。实际上却没有,非小说类图书创作的快乐仍然使我流连忘返。

104

朱迪-林恩·德尔·雷伊

朱迪-林恩·本杰明(Judy-Lynn Benjamin,她少女时的名字)于1943年1月26日出生,是位医生的女儿。她的生活很大一部分在胎儿时就已经注定:她由于基因缺陷,是一位软骨发育不全的侏儒。她的手和脚一直很短,即使成年后也这样,身高只有4英尺(约1.22米)。

1968年4月20日,我在纽约举行的地区科幻大会上第一次遇见她。我第一次看见她的时候,故意转过身去。(我很抱歉这么做,但是我看到令人不舒服的东西时,往往会转过眼睛去,听到人们谈论不愉快的话题就会用手捂住耳朵。实在受不了的时候,就会离开房间。我或许可以解释这是因为我生性很敏感。可我怀疑这是因为我只想一切都"美好",所以不能忍受不好或不快的感觉。这不是我性格中比较可爱的组成部分。)

朱迪-林恩在《银河》当助理编辑。她的工作就是要结识科幻小说作家,她主动和我谈话。这样,不管我心里多么不情愿,都只好跟她交谈。

接下来,最最奇怪的事情发生了。我跟朱迪-林恩谈了不多会儿就完全忘了她是侏儒,她的睿智聪颖(我想不出其他更加合适的词来形容)彻底掩盖了她的体貌。短短几分钟的谈话,我就已经彻底地觉得趣味盎然。

不论其他人对她的外貌反应如何,朱迪-林恩的表现从来不像有生理残疾的人。(莱斯特·德尔·雷伊有一次对我说:"我认为她不知道自己是侏儒。”)她具有幽默感,轻松愉快,觉得生活是快乐的源泉。总之一句话,她成了我挚爱的朋友。我们一起去参加会议时,她是我首选的伙伴。

有一次,我和她一起走进电梯,她后面进来一名妇女带着一个5岁的孩子。孩子很天真无邪,盯着他以前从来没有看见的情景说:“妈妈,你看,一个小女人。”

不用说,朱迪-林恩眼睛都不眨一下,头发纹丝不动,使我吃一惊的是(后来等我有时间细想这件事),我一点不觉得朱迪-林恩有身体缺陷,居然四面环顾,搜寻那个小孩看见的小女人。

朱迪-林恩过着一种成功的知识分子的生活。她在亨特学院(Hunter College)读书,专业是英语,专门研究詹姆斯·乔伊斯(James Joyce),赢得过各种荣誉。她1965年进《银河》工作,1966年担任助理编辑,1969年成为编辑。

当然,朱迪-林恩的幽默感不是始终宽厚仁慈的。她很聪明,觉察到我很容易上当,内心怀有一种信任人的渴望,性情随和,开玩笑只要不伤及身体,不会介意被人当作笑柄。大约有两年多,她经常想出一些容易识破的小花招跟我开玩笑。莱斯特·德尔·雷伊当时也在《银河》工作,他帮她一起捉弄我。

有一次,朱迪-林恩给了我一份《银河》期刊的封面稿,这期里面有我写的一个故事,我的名字在封面上,拼写错了。我出于热切的关注,立即打电话给她,她郑重其事地说我的名字绝对**没有**拼错。

一次我给电视台的专题节目写了一个稿子,朱迪-林恩用办公室的设备准备了一篇关于此稿的评论文章,看上去这篇东西好像登在一份报纸上,莱斯特写的评论。他们设计好每一个机关,要让我勃然大怒。果不其然,我再次发火了,我要他们告诉我那份报纸的名字,以便我给他们写一封措词强硬的信。

比这更加可恶的是,有一次,我收到一封信告诉我说朱迪-林恩被解雇了。信是接替她的一位弗里齐·沃格尔格桑(Fritzi Vogelgesang)小姐写的。

我写了一封极其庄重的回信,要想知道杂志社怎么会放朱迪-林恩这样的人走,沃格尔格桑小姐写了回信,她很会安慰人,又那么善解人意,我的愤懑似乎消失了。我立即写了一封令人愉快的回信。等到我得出结论说这个沃格尔格桑小姐差不多跟朱迪-林恩一样好的时候,她突然永远消失了。我收到了朱迪-林恩写来的信:

"好呀,阿西莫夫! 这么快就把我全忘了,跟接替我的人来往密切。"

她从来没有被解雇,**她**就是那个弗里齐·沃格尔格桑小姐。

最精心策划的玩笑是,一天早晨,我得到消息说朱迪-林恩和拉里·阿什米德跑去结婚了。我觉得自己处于无所适从的窘境。消息来源非常正规,似乎不容我不信。然而,我了解这两个人,他们绝对不可能结婚。

我花了好几个小时打电话去问所有可能知道这件事情的人,得到的只是无尽的失望和灰心,无尽的愤慨。我打电话去,不是没有人接电话,就是来接电话的人说婚礼正在进行,他们也不知道具体情况。

我不曾想到朱迪-林恩会拉上道布尔戴出版公司(也可能整个纽约出版界)所有的人一起加入这个玩笑。我也没有停下来想一想那天是1970年4月1日——4月愚人节。

就这么回事。4月愚人节开的玩笑,我正好扮演了愚人的角色。我在电话里变得越来越火冒三丈的时候,所有的人都在一旁乐不可支。

15年以后,1985年4月15日,珍妮特和我与朱迪-林恩、莱斯特·德尔·雷伊和拉里·阿什米德在一家非常高档的餐馆吃饭,庆祝那次"非结婚"纪念日。

她在生活中可并不只是"跟阿西莫夫开个玩笑"。1970年1月2日,她与奥斯汀·奥尔尼邀请我和我的家人一起参加一次少数朋友的气氛融洽的宴会,庆祝我50岁生日。然后通过精心编制的谎言,把我诓骗到一个地方,参加她安排的令人惊喜的大型聚会——从各地来的朋友,人数多得惊人。

就在那个月，莱斯特的妻子，伊夫林死于车祸，年仅44岁。车祸使我十分悲痛，伊夫林是我喜欢的人之一。莱斯特本人竭力控制自己，可我很真诚地认为如果没有朱迪-林恩在一旁替他张罗，给他温暖和力量，支持他，他早就垮掉了。朱迪-林恩是他们夫妇俩的亲密朋友。莱斯特对此很感激。没过多久，莱斯特明白他不能没有这些。1971年3月，朱迪-林恩·本杰明成了朱迪-林恩·德尔·雷伊。在他们的婚礼上，我笑得合不拢嘴。

（朱迪-林恩后来告诉我说，她当时很想中断婚礼，对我说："阿西莫夫，这不过是另外一个玩笑而已。"她想看见我当场晕过去——因为我一直很起劲地促成这场婚事，她说她好不容易忍住了。她知道假如她真那么说的话，她母亲会很不安的。）

我有点担心莱斯特可能对朱迪-林恩太过分。其实我根本不用担心。没多久，朱迪-林恩就把莱斯特粗糙的棱角全都磨平了。他是我所见过的那种温顺忠诚的丈夫。此后的15年是朱迪-林恩一生中（也是莱斯特一生中）最幸福最成功的15年。莱斯特总是很得意地承认朱迪-林恩使他的一切，不论事情大小，都彻底起了巨变。

1973年，朱迪-林恩离开《银河》加入巴兰坦图书公司（Ballantine Books）。巴兰坦图书公司属于兰登书屋（Random House）。朱迪-林恩立即证明她能力上鲜为人知的一面，她能敏锐地辨认出一本成功的书，善于说服成功的作家与她合作。

1975年，莱斯特也转到她那家出版社去工作，成为奇幻小说类图书编辑，而朱迪-林恩负责科幻小说。他俩形成了一个出色的小组。1977年，兰登书屋认识到这个小组的价值，成立了一家新的公司"德尔·雷伊图书公司"（Del Rey Books）。这使莱斯特夫妇的事业达到了新的高峰。他们的书列在最畅销图书的排行榜上，无论是精装本还是平装本都一样，而且几乎是持续不断地上榜。

约翰·坎贝尔在35年之前达到他事业的高峰，朱迪-林恩毫无疑问是继约翰·坎贝尔之后最成功也最具权威的编辑。朱迪-林恩达到支配地位以后，出手不轻。我有一次拿了一套我校阅完毕的校样，想交给朱迪-林恩，她正好不在。我就把材料交给一位秘书。

"别弄丢了，"我对那位秘书说，"你知道朱迪-林恩的。"

"别担心，"秘书回答说，"我了解朱迪-林恩。"我敢肯定她颤抖了。

朱迪-林恩对我的一些科幻小说有直接的影响。她有一次问我为什么不写一个女机器人的故事。我觉得这个想法很有意思。当埃德·弗曼(Ed Ferman，他接替阿夫拉姆·戴维森担任*F&SF*的编辑)索要一篇故事登在杂志周年纪念刊上，我就写了一篇《女人的直觉》给他。故事还在排印的时候，朱迪-林恩就问我："你是不是写过一个女机器人的故事？"

我说："没错，朱迪-林恩，它将刊登在*F&SF*上。"

"登在*F&SF*上！"她提高了嗓门说，"我要它登在《银河》杂志上。"

我脸色发白了。"你要？"我一脸无辜地问她。

她没再细究，她骂人的话与哈伦的风格不一样。你们想象不到她竟骂我是白痴。

另外一次，她说："你怎么不写一个机器人，他拼命工作攒钱，想赎回他的自由。"

我大笑，说："可以考虑。"然后就忘了。

后来我写了《活了两百岁的人》。过了一阵，当它仍然与那个命运不济的选编(永远好不了啦)一起压在出版社时，朱迪-林恩问我是否深入考虑过关于要赎买自由的机器人的故事。

这时我吓得手脚冰凉。我写《活了两百岁的人》的想法萌发于此，我竟然忘了是她给我这个想法的。我拼命想向她解释，结结巴巴地，狼狈不堪。她朝我冲过来，好像(在我看来是这样)要杀了我一样，尖声叫道："你又把我的想法给人家了。"我吓得躲到家具后面去。

她费了很大劲才控制住自己。"你把副本给我，阿西莫夫，去把那个故事从那个女人手里拿回来。”

“我怎么能拿回来呢？朱迪-林恩，你理智一点，我已经把它卖了。”

朱迪-林恩说：“那个选编永远也出不了。你把那个故事拿回来。”

我把复印稿给了她，第二天早晨，她打电话给我。“阿西莫夫，我竭力劝说自己不要喜欢这个故事，可我实在喜爱它，你去把故事要来。”

好吧，我把故事要了回来，朱迪-林恩把它放在她编辑的一本选编中出版。它获得了雨果奖和星云奖。

一位评论家这样说过：“我阅读过《活了两百岁的人》。整整一个小时里，我仿佛回到了黄金时代。”所有的评论家为什么不会有这位评论家一样明晰的看法呢？

珍妮特和我已经习惯于在庆祝生日时邀请莱斯特和朱迪-林恩一起出去吃饭。一次不缺，即使在1984年，我刚出院两天也照样。

1985年1月2日，她与莱斯特出席了我举办的庆祝我65岁“不退休”的盛大聚会活动。1985年9月18日，她出席了为我的小说《机器人与帝国》(*Robots and Empire*)出版而举办的聚会。10月4日，莱斯特和朱迪-林恩与我和珍妮特一起吃了我们最后一顿饭。谁也不曾想到时间的马车正在迫近。

朱迪-林恩的身体最终背叛了她。1985年10月16日，她在工作的时候，脑部大面积出血，尽管医院迅速进行抢救，可她再也没有醒来。1986年2月20日，她溘然长逝，时年43岁。她是一位出类拔萃的女性，她绝对是。珍妮特常常会独自陷入沉思，忽然说：“我想念朱迪-林恩。”我也一样。

105

《圣　经》

虽然我不记得自己曾经有过什么宗教感情(哪怕是在青少年时也没有),但我一直对《圣经》很感兴趣。《圣经》语言的韵律给人的耳朵和心灵留下深刻印象。我认为《圣经》是最早用希伯来语写就的伟大的文学作品。《圣经·新约》是希腊人的杰作,而《圣经》的钦定英译本,毫无疑问,与莎士比亚的剧作一样是英国文学的最巨大的成就。

对于人类最重要、影响最大的书出自犹太人之手,我有一种不该有的愉悦。(我认为《圣经》与《伊利亚特》一样都不是根据上帝的口述记录下来的。)我称之为"不该有的",是因为这是一种民族自豪感,我不愿意自己这么想,而且一直与之斗争。除了明确的"人类"以外,我不接受任何其他的定义。我感到除了人口过度膨胀的问题,在避免文明和人类毁灭的努力之中,我们面临的最棘手的问题就是人们把自己划分成小群体的恶习,每个群体的人都极力贬低他们的邻居。

我记得一位犹太人对获得诺贝尔奖的人中犹太人占很高的百分比感到很得意。

我问他:"这是不是使你感到有种优越感?"

他回答说:"那当然。"

"要是我告诉你60%的淫秽作品的作者是犹太人,华尔街有欺诈行为的操盘手80%是犹太人。你会怎么想?”

他大吃一惊:“此话当真?”

“不知道。这个数字是我编出来的,要是真的那又怎么样?你会感到自卑吗?”

他真得好好考虑。找一些理由认为自己比别人优越要比感到自己低人一等容易得多。但是凡事都要一分为二。如果把个体的荣誉看成人为划定的某个群体取得的真实的或想象中的成就,那么根据这种观点,也可以把个体的屈从和耻辱看成同一群体的人所犯的真实或想象的罪过。

我们还是回到我对《圣经》的兴趣上来。我早已为霍顿·米夫林写了两本小书,这事本身就证明了这一点。这两本书的名字分别为《〈创世记〉中的词汇》(1962)和《源自〈出埃及记〉的词汇》(1963)。在这两本书里,我引用了《圣经》里的段落(第一本书从《创世记》中摘引,第二本书从《出埃及记》到《申命记》中摘引)。这两本书指出《圣经》里的词汇是如何进入英语的。我的目的是想用这种方式解读《圣经》,但是那两本书销得不好——于是我就转而写别的东西了。

然而,想要写关于《圣经》的文章的渴望仍然存在,我找机会对道布尔戴出版公司表达了这个意思。《阿西莫夫科学技术传记百科全书》的编辑T·奥康纳·斯隆很惊讶(我也奇怪)这书竟然如此畅销。他在1965年对我说:“艾萨克,你是不是再写本大部头的书?”

我说,“写本关于《圣经》的书怎么样?”

奥康纳·斯隆是位笃信的天主教徒。他不相信我的宗教观,或者说认为我根本没有宗教信仰,疑惑地问:“什么样的书?”

“不谈宗教和教义,”我说,“这些我知道什么呀?我想写一本书解释《圣经》里的词语和典故给现代读者看。”

他毫无热情。可我回到家,立刻开始工作。写了几页后,我把复印稿交给奥康纳·斯隆,几天后,我与他和拉里·阿什米德一起吃午饭。奥康纳·

斯隆仍然不感兴趣。我很沮丧，午饭后，好心而又忠实的老朋友拉里·阿什米德说假如奥康纳·斯隆不要那本书，他拉里愿意编辑出版。我顿时感到兴高采烈，回家去工作了。

最终，斯隆拒绝接受这本书，拉里真的把它接了过去。

书名也颇费一番周折。我写的时候暂定的书名是《在〈圣经〉中提到》(*It's Mentioned in the Bible*)，道布尔戴出版公司觉得这名字太平淡，我因此改用《聪明人〈圣经〉指南》(*The Intelligent Man's Guide to the Bible*)。它与我的《科学指南》相匹配。然而，这两本书是两家不同的出版社出的，这个名字容易混淆。我又建议用《大众〈圣经〉指南》(*Everyman's Guide to the Bible*)，这名字也遭到否决。发行人员受到《阿西莫夫科学技术传记百科全书》成功的启发，建议利用我的名字，坚持书名要叫《阿西莫夫〈圣经〉指南》(*Asimov's Guide to the Bible*)，最后就这么定了。

这本书很长，道布尔戴出版公司决定分成两卷出版。书本身划分起来很方便。第一卷是谈《圣经·旧约全书》，1968年出版，第二卷谈《圣经·新约全书》和《旁经》，1969年出版。

我父亲在佛罗里达收到第一卷。(我每写一本书，都给他一本，他会给所有他认识的人看，不过决不让他们碰书。他们只好让他拿着看。他这么做肯定让他自己和我都很不受人欢迎。)

他打电话告诉我说，他只看了7页，就把书合上了。因为它没有反映正统犹太教的观点。请记住，这个时候，他已经回到正统犹太教，这样他可以有点事情做。我对此感觉糟透了，因为这是最清楚的证据，说明他倒退了。我不赞成。

106

第100本书

到60年代末,已经可以肯定我快完成我的第100本书了。1968年9月26日,我和奥斯汀一起吃午饭时,他问我关于写第100本书有什么特殊的计划。我没有计划,于是他们催促我赶快想一个,告诉我这第100本书一定要让霍顿·米夫林出版社出版。

我忽然想到纪念这件事的最好方法就是出一本书,里面荟萃了前99本书的精华片断。我把它们分成几个章节,按照写作范围(科幻小说,探案,多个学科的纯科学作品,《圣经》等等)划分。我把这本书称为《作品第100号》(*Opus 100*)。

霍顿·米夫林出版社非常热衷于此事。于是我就着手撰写。书于1969年出版。封面上印着我微笑的脸庞,每一边都堆着一大摞我写的书(故意堆些各种各样的书)。

1969年10月16日,霍顿·米夫林出版社举行鸡尾酒会,庆祝这本书的出版。人们常在书里读到,在电影上看到,为庆祝图书出版举行的鸡尾酒会。在年轻时代,我还以为所有出版物都必须要经历这一程序。然而,这是第一次为庆祝我的书出版而举行的鸡尾酒会,我写了整整100本书才赢得它。我不能肯定它有什么意义。

107

死　亡

(1) **亨利·布鲁格曼**(Henry Blugerman)——在1968年之前,我的直系亲属没有人去世。死亡袭击过我的其他亲人。我有一个叔叔、一个婶婶和一个年纪与我相同的堂兄过世了,但我们从来没有亲近过,关系很疏远,我甚至不知道他们什么时候去世的,死的时候情况如何。在科幻小说大家庭里也有人去世,像西里尔·科恩布卢思和亨利·库特纳(Henry Kuttner)。

可在1968年,格特鲁德的父亲亨利·布鲁格曼的健康每况愈下。他得了肺癌。亨利从不抽烟,他在纸盒厂工作了许多年,纸盒厂的灰尘可能是致病原因之一。不管怎么说,他生病住院了。2月17日我在纽约去医院探望亨利时,他显然已经神志恍惚。

我一回到家,格特鲁德就要去纽约看他。但是,18日晚上,我们得到消息说他已经死了,时年73岁。

格特鲁德当然很痛苦,部分是因为她深爱的父亲去世了,部分是因为自己没能赶在他死前见上最后一面。自然,她要去纽约参加葬礼。不用说,我和孩子们也得去。

这使我陷入很尴尬的处境。我天生对葬礼有一种恐惧感,不仅是因为我厌恶任何不愉快的事,而且我发现这整个事情有一种虚伪的性质:一旦某个人死了，他或者她就变成了具有天使般行为和人格的奇人，而在实际生活中，情况绝非如此。所有的人都装出一副悲戚的模样，实际上，她或者他也许并没有这么感觉。

我参加过一次教堂仪式。那个死去的人我不是很熟悉，可我感到我应该去。看着那个寡妇，穿着一身黑衣服，脸上挂着泪珠，一边一个身强力壮的儿子扶着她，我十分惊讶。因为我知道（在场的人差不多全知道），她丈夫快死的时候，她与丈夫正在进行棘手的、充满仇恨的离婚谈判。

当然，我猜想这无关紧要。在许多文化中，有在葬礼上哭喊的习俗。为了增加气氛，有的还雇请专人来替人哭丧。

对我来说，死亡就是死亡。一个曾经活着的人走了，你会感到悲伤和孤独，可没必要公开表露，至少不该表露过分，我知道这不是一种受欢迎的观点，也不会流行。

无论如何，我都有许多胜过哲学上的理由不想参加亨利·布鲁格曼的葬礼：我刚从纽约回来，我不想来回奔波。何况，2月19日是罗宾13岁的生日，我觉得参加一场葬礼不是庆祝的好方法，然而，必须参加葬礼这一点是无法改变的。

为了罗宾的缘故，我推迟了一天。19日早晨，我驾车送格特鲁德和戴维到机场，他们从那儿乘飞机去纽约。罗宾和我在一家高级的餐馆里享用生日宴席。我尽量使它充满快乐（生活是给活着的人享用的）。20日我和罗宾开车去纽约。翌日，参加完葬礼，我们全家一起开车回家。

这对我来说是很悲惨的时间。不仅是因为玛丽·布鲁格曼，那个寡妇，拼命地自悲自怜。她一生都沉湎于自我怜悯之中，还教会了格特鲁德也这样，其实在亨利死前，她毫无自怜的理由。

家里其他人全都来了。（甚至我的父亲母亲也都来了。）玛丽一把抓住亨利的妹妹索菲（Sophie），没完没了地向她哭诉守寡的凄苦和她现在面临的悲惨命运。

我把格特鲁德拉到一旁，轻轻地对她说："你能不能让你妈别说了？索菲已经当了20年的寡妇，她一定受不了你妈那些悲惨不幸的诉说。"

"你这是什么意思？"格特鲁德愤怒地责问我，她从来不允许我批评她母亲。"索菲的丈夫在她年轻的时候就死了，她会照顾自己的。"

我怀疑地盯着格特鲁德看："你是不是要告诉我说，如果亨利20年之前去世，而不是这么自私地等到你母亲老了再离去，你母亲会好过得多？"

格特鲁德什么话也没说，悻悻地走开了。我想她没有听懂我的话。一个真正的自怜者沉浸在自我怜悯之中的时候，似乎根本无理智可言。我接着又想起了我以前与格特鲁德经历过这种事。

20年前，在第二次世界大战之后，亨利冒险开始他命运多舛的生意时，其中一次沉重的打击，是他的销售员杰克(Jack)辞职。

我问格特鲁德，杰克为什么辞职，她说："他岳父死了，给他留下一大笔钱。这家伙真走运。"

我说："你说杰克很幸运，因为他的岳父死了？"

"那当然，"她说，"太不公平了。他凭什么得到这些？"

我说："你会情愿我岳父死掉，留给我一笔钱吗？"

她当时也没回答我，这是格特鲁德最叫人难以忍受的地方——无论什么事她都先要自怜。

我猜想每个人都会有自怜的时候。我知道我就经历过，并曾经叙述过一些。可这是种令人不愉快的、不自重的感情。我尽力克服这种感觉。我始终记得我在部队里等着到比基尼岛去的时候，一位女士对我说的话："你凭什么认为你的烦恼这么特殊？"

我很少教育罗宾，或试图把我的观点强加于她，但在这方面我的确这么做了，因为我很担心她会染上她母亲身上自怜的习气。

我说："罗宾，在我看来，每个人都拥有一份怜悯，只有一份。如果你为自己伤感，从别人那儿得到的同情就会少许多。如果你为自己**十分**伤感，那就没人会同情你了。反过来，如果你勇敢地面对困难，那就会得到你所需要的同情和帮助。”

我很高兴她听了我的话，因为她长成一个快活的人。她承担了她自己的那份失望和痛苦，始终勇敢地面对它们。

（2）**朱达·阿西莫夫**——我的父亲，如前所述，受心绞痛困扰30年，一直靠硝化甘油药片维持。

1968年，全家人举行一次大型的聚餐会庆祝父母亲金婚。此后不久，他们退休搬到佛罗里达州去了。离别的时候，我有一种无奈的伤感，心想不知我是否还能再见到他们。毕竟我不会去佛罗里达，我想他们也不会再回到纽约来了。至少我父亲，我事实上就再也没见过他。

1969年8月3日，一篇关于我的专栏文章登在星期天的《纽约时报书评》（*New York Times Book Review*）上。那是一篇很出色的文章，引用我的话都很准确，没讲什么蠢话错话。我极力赞扬父亲。我打电话给他，想要证实他看见那篇文章了。他看见了。父亲是个不轻易流露感情的人，可很明显被感动了，很高兴。他抱怨说胸口痛，以前他也常这么说，我表示很担心，催他去看医生。

他不耐烦地说：“你担心什么？如果该我死，就死吧。”

第二天，1969年8月4日，疼得更加厉害了。母亲请人送他去医院，他静静地死在医院里，享年72岁。

父亲的一生很坎坷，却成绩斐然。他26岁到美国时是个一文不名的移民。尽管如此，他想方设法教育三个孩子，看着他的女儿幸福地结了婚，一个小儿子在一家很大的报社里担任要职，大儿子是个教授、一位多产的作家。

我弟弟斯坦前往佛罗里达州，帮助母亲收拾好东西，然后陪着母亲，把父亲的遗体带到长岛。我们没有举办正式的葬礼（斯坦跟我一样，从心底不赞成葬礼)，只是陪着拉比到长岛一家公墓的墓地，看着父亲落葬。在棺材合拢前，我一直看着他的脸，可斯坦实在不忍心看。

(3) **安娜·阿西莫夫**——我弟弟把母亲安置在一家很高级的私人疗养院里，距离他自己的家只有几千米。这样他可以经常定期去看望她。我去看她的次数比较少。我总是在固定的日子里打电话给她，一次不漏。父亲留下的钱足够母亲的余生开销，倘若父亲的钱不够，我和弟弟随时准备出钱照顾她。

有时候，我尽量让她分享我的荣耀。有一次，我在长岛举行的一次书商招待作家的冷餐会上演讲。那次冷餐会由我弟弟的报纸《新闻日报》赞助。斯坦用高级轿车把母亲接来。在这次庆祝活动中，她在前排桌入席。我生怕我在演讲中拿斯坦开玩笑，母亲会站起来朝我挥拳头。(我记得那天她的手其实不能动弹。)演讲完毕，人们涌过来，购买我和其他作家的书，让他们签名，有一个人拿了本书走到我母亲那儿，母亲泰然自若地在书上签了名。

再往后，我又在长滩图书馆演讲。我这么做只是因为那地方离我母亲的私人疗养院很近，这样她可以参加，担任"演讲者的母亲"的角色。

母亲的身体衰老得很快。1973年8月5日，我打电话给她(那是约定的打电话时间)。她哭着谈起了父亲，说他不在了，她很孤独。那天晚上，她溘然去世。6日早晨她们发现她死在床上。她当了4年零2天的寡妇，死时离她78岁生日还差一个月。

由于必须要有亲人正式辨认，疗养院找不到我弟弟，我妹妹又没有汽车，于是他们就抓住我，我和珍妮特开车前往长岛。那天真不凑巧，正好是珍妮特的生日。由于她的上一个生日是在医院里过的，所以我原想让这天成为特殊的一天——可不是像这样的特殊法。

我们抵达私人疗养院，确认了是我母亲。她于是被罩上带走。最终她将安葬在事先准备好的紧挨着父亲的墓穴中。听说我弟弟和妹妹也要来，我们就等在那儿。没多久，斯坦和鲁思赶到，马西娅和尼克也来了。

我们清点了母亲菲薄的财产，决定哪些送给救世军，哪些我们自己想留下用或作纪念。我拿了一支圆珠笔，只此而已，剩下的我让斯坦和马西娅分了。

我显示了面临大难时的幽默特质，看着全家人说："要是妈妈知道我们今天都会到这儿来，她会等我们的。"奇怪的是，大家都笑了，紧张的神经松弛了下来。我们一起去吃了午饭。

当时我多少有点忧虑，我对父母亲的去世不够哀伤。我心想自己是否有点冷漠无情、铁石心肠，其实是情有可原。

首先，就像我早已说过的那样，我不喜欢过分表露自己的悲伤。我不喜欢沉溺于做作的哀悼之中。其次，父母亲在他们最后几年心脏都不好，如果想不到他们随时可能去世，那就未免太愚蠢了。我们甚至把它视为他们不再变得更加孱弱的一种解脱。毕竟，我的双亲直到他们生命的最后始终头脑清醒，这就很难得了。我不想他们活得很长，最后变成痴呆。

我没有揪心的痛苦的最大理由，是因为我知道在他们活着的时候，我尽力孝敬他们。当他们离我而去后，我没有丝毫负疚之感。假如我冷落了他们，我一定不会心安的。我怀疑大肆张扬给人看的哀伤究其实质乃是有负疚感。

使我吃惊的是，母亲居然留下了一笔相当可观的钱。她在遗嘱中，把这笔钱平分给我们三个。当然，我不会要这钱，我觉得斯坦和马西娅(特别是马西娅)比我更需要钱，所以我坚持分给他们两个人。

斯坦请了一个律师，监督见证这一改动，以确保一切都合法。那位律师对我说："你最好自己找个律师。"

我问："为什么？"

"保护你的利益。"

我听了大笑:“难以想象,我和我弟弟会为了钱发生争执。我不需要律师。”我没有请律师。

(4) **玛丽·布鲁格曼**——自从我第一次见到玛丽的时候起,她的身体就一直不好,后来越来越差,速度很快。至少她自己是这么说的,这情况她逢人就说。

亨利给她留下了足够的钱,让她晚年有照应。她很长寿,比她丈夫多活了19年。她一直住在那个老公寓里(许多年前,我曾在那儿向格特鲁德求婚),几乎一直住到最后,视力越来越差,行动不便,才被迫搬到布鲁克林的一家私人疗养院。

1987年2月12日她死在那家疗养院。享年92岁。格特鲁德当时已快70岁了,身体不大好,所以不能到纽约来,她弟弟约翰住在加利福尼亚州,也没来。罗宾照料安排了一切后事,看着玛丽落葬。

我借此机会打电话给格特鲁德(我跟她早已离婚),向她保证她不用担心料理后事的经济问题。如果玛丽的钱不够,我会补足缺额的。(毕竟她是罗宾的外祖母,无论如何,我不能置之不理。)格特鲁德对我说:“谢谢。”她对我这么说的次数屈指可数。

108

人死之后

死亡最终降临到我父母亲身上。这事促使我重新考虑人死了以后的生活。要是把一个人的死亡不看作死,而(可能)是通向更加辉煌生活的开端,那对活着的人是何等的安慰,此外,想到你能够重新看见你的父母亲和其他亲人,甚至是看见他们年轻时的模样,那又是多么令人高兴的事。

完全是因为这种想法可能很安慰人和令人兴奋,把我们从对死亡的恐惧中解脱出来,所以死后的生活才会被大多数人接受,尽管没有任何证据可以证明它的存在。

这一切怎么开始的呢?人们感到好奇。我个人的想法(纯粹是猜测)是这样的——

就我们所知,知道死亡不可避免的唯有人类,不是泛泛而谈,而是每个人都不可避免。不论我们如何保护自己免遭捕食、免受意外事故或生病的伤害,我们每个人最终还是会因为身体的衰老而死亡——**我们清楚这一点**。

这种想法肯定在一个什么时候,最初在一个人类群体中广为流传,引起可怕的震撼。它渐渐成为"死亡探索"。使死亡能够忍受的唯一想法是假想它并不真的存在,认为它只是一种幻觉。当一个人**看上去**死亡的时候,他继续以某种其他方式在其他什么地方生活。毫无疑问,这种想法受到这一事实的鼓舞，即死去的人经常出现在他们朋友和亲戚的梦中，梦中的出现可以解释为代表仍然活着的“死人”的影子，或鬼魂。

这种关于死后世界的猜测变得越来越精彩。希腊人和希伯来人认为阴世（Hades）或者阴司（Sheol）只是一个模糊幽暗的地方，几乎不存在。然而，那里有专门折磨坏人的地狱（Tartarus），和受神赞许的人去的充满欢乐的地方——极乐世界（Elysian Fields）或者天堂（Paradise）。这些极端的地方被那些希望看见自己受到神佑、敌人受到惩罚的人紧紧抓住，如果今世不行，那至少还有来世。

想象被拓展到构想出坏人的最终安息地，或者任何人，不管多么好，只要没有像想象者那样给毫无意义的活动捐赠，最终也都要去那儿。这就给了我们现代关于地狱是永久惩罚折磨人的最恐怖的地方的想法。这是把一位悲观主义者的糊涂梦想移植于上帝身上。而上帝据说是充满慈悲、至善的神。

然而，想象从未成功构建一个可以提供服务的天堂。伊斯兰教的天堂（Islamic Heaven）有天国美女，永远相伴，永远纯洁，它成了永恒的男欢女爱的场所。古代斯堪的纳维亚人的天堂在瓦尔哈拉殿堂（Valhalla）有接待战死者英灵的英雄宴席，在宴席之间互相争斗，这样它就成了永恒的餐馆和战场。而我们自己的天堂一般都被描绘成人人长着翅膀，拨弹竖琴，无休止地唱着赞美上帝的颂歌的景象。

稍有点智慧的人怎么能够如此长久地忍受这样的天堂，或者人们发明出来的其他种种事物？一个人们有机会阅读、写作、探索、进行有趣谈话、科学调查研究的天堂在哪儿？我从来不曾听说过。

读约翰·弥尔顿（John Milton）写的《失乐园》（*Paradise Lost*），你会发现他的天堂被描绘成一个永恒地歌颂上帝的天堂。因此，毫不奇怪1/3的天使都起来反抗。他们被打入地狱，**然后**，在那儿进行智力操练（要是不相信我说的，就请读弥尔顿的诗）。我相信，不论是不是地狱，他们都要好过得多。我读到这里，强烈地同情弥尔顿笔下的撒旦，认为他是这部叙事诗里的英雄（不论弥尔顿的初衷是否如此）。

我的信仰是什么？因为我是无神论者，不相信上帝或者撒旦，天堂或者地狱的存在，我只能设想我死的时候，只有虚无的永恒，毕竟宇宙在我出生之前已经存在了150亿年，我（不论"我"是什么）本来就在虚无中生存。

人们完全可能会问这是不是一种苍白、无望的信仰，我怎么能怀着虚无的恐惧生活？

我觉得这没有什么可怕，一个永恒的没有梦的睡眠一点都不可怕。肯定要比永远地忍受地狱中的折磨，或者忍受在天堂里的永久乏闷强得多。

如果我错了又怎么样？曾经有人向伯特兰·罗素(Bertrand Russell)问过这个问题。罗素是位著名的数学家、哲学家和直言不讳的无神论者。有人问他："如果你死了以后，发现你与上帝面对面怎么办？那时你会怎样？"

这位勇敢的老斗士说："我会说，'上帝，你应该再多给我们一点证据。'"

几个月之前，我做了一个梦，我记得清清楚楚。（我一般不记得我的梦境。）

我梦见我死了以后去到天堂。我环顾四周，知道我身在哪儿——绿色的田野，轻淡的云彩，芬芳的空气，还有那遥远的、隐隐约约的天堂里的合唱声。那位记录天使宽厚地微笑着和我打招呼。

我奇怪地问："这是天堂？"

记录天使说："正是。"

我说："肯定搞错了，我不属于这儿，我是无神论者。"（我醒来后，记得很清楚，我为自己的始终如一感到自豪。）

记录天使说："没有错。"

"我是无神论者，有这个资格吗？"

记录天使说："我们决定谁有资格，不是你。"

我说："明白了。"我朝四周看了看，迟疑片刻，然后转向记录天使，问道："这儿有没有打字机，我可以用吗？"

这个梦的意义对我很清楚。我感到天堂就是写作，我在天堂里度过了半个多世纪。我一直很清楚这一点。

第二个要点是记录天使的话，上帝而不是人类决定谁有资格进天堂。我认为它意味着如果我不是无神论者，我就会相信这样的上帝——他根据人们生活的总的表现而不是单凭他们说的话作出选择，来拯救人。我认为他宁愿要诚实的人和正派的无神论者，也不愿接受一个电视里的传道士——他开口就是上帝，上帝，上帝；他做的每件事都是无耻，无耻，无耻。

我还愿意要一个不允许地狱存在的上帝，无尽的折磨只用于惩罚彻底的恶魔。我不相信存在人们所说的无限恶的恶魔，哪怕是希特勒这样的恶魔。此外，如果人类的大多数政府很文明，能努力消除非法残忍的折磨和非同寻常的惩罚，我们希望从慈悲的上帝那儿祈求得到的东西会不会少一些呢？

我感到如果有后世，对恶魔的惩罚就必定是合理的，有固定期限的，我觉得最长期和最严厉的惩罚应该留给那些违背上帝的意旨去发明地狱的人。

所有这些当然只是玩笑，我是个无神论者，我对自己的信念坚定不移。我认为人死之后是永恒的没有梦的睡眠。

109

离　婚

60年代快结束的时候，我和格特鲁德发现我们的婚姻迅速变得无法容忍了。1967年，格特鲁德得了风湿性关节炎后情况更加恶化，这病时不时地发作，她经常处于痛苦之中。人不可能始终持续不断地忍受疼痛，却很理性、讲道理。

我工作越来越投入，她独处的时间越来越多。我不能责怪她的不满。此外，虽然我们的银行存款不断在增加，我明白她感到没有因此而得益。我喜欢简朴的、呆在家里的生活，我所要的只是干净的纸和一台工作用的打字机。钱就让它留在银行里好了。

到1970年，我已经明白我们这种生活快把格特鲁德逼入绝望的境地，我知道自己改不了，在我看来离婚似乎是唯一的选择。我很愿意给格特鲁德全部银行存款的一半，加上房子（钱全部付清）和我办公室以外的全部东西。我也愿意作出我认为是慷慨大度的关于赡养费的安排。

当时，戴维18岁，罗宾15岁，刚进高中。我本想等到她18岁，进入大学再说。可格特鲁德和我都无可奈何，维持不下去了。

我们商量决定我搬出去之后，我在附近预订了一家公寓，开始实施可以离婚的程序。令我十分惊讶的是，格特鲁德只同意合法分居（法律判决的夫妻分居）。显然，假如我要离婚，就得与她对簿公堂，很清楚，在法庭上她要尽一切努力把我榨干。

这实在太恐怖了。在马萨诸塞州,离婚的唯一理由是像精神失常、不忠实、残暴和施虐等等。精神失常和不忠实,绝对不可能,律师说只要我告诉他我的婚姻生活情况,他可以想法提出残暴和施虐为由,来满足法官的要求,我非常气愤地拒绝了。我不想这样指控格特鲁德。

在此情况下,律师说我只能到允许无过失离婚的州去离婚。要选一个州,我可以想出一种合乎情理的理由,证明我不只是为了离婚才搬到那里去的。显然只有选择纽约了,毕竟我在那儿长大,我联系的大部分出版社(特别是道布尔戴出版公司)在那儿。

因此,我作了必要的准备。1970年7月3日,我要了一辆搬场车,装上我的写作设备、我的图书馆、我的书籍和所有的生活必需品——前往曼哈顿。

那当然不是事情的结束。接下来的事痛苦不堪,因为格特鲁德雇请了一个律师,他尽他最大的努力把我弄垮。例如有两次,他安排法庭开庭。等我冲到波士顿去参加开庭,他却主动提出推迟,这样我刚赶到波士顿就只好掉头,返回纽约。

但是我坚韧不拔,在3年4个月以后,离婚终于办妥。更重要的是,法官判给格特鲁德的财产比我最初提出付给的要少。我的律师为此欢欣鼓舞,但是我没有。我说我不想欺骗她,自愿把分给她的财产提高到我原先提出的数字。

我终于自由了。

我只想再写一点。在我离开之前最后几个月的死气沉沉的忧郁的日子里,我正忙着写《艾萨克·阿西莫夫幽默宝库》(*Isaac Asimov's Treasury of Humor*),我不让任何人看出这一点,我相信里面找不到任何反映我当时绝望的痕迹。答案很简单,在写作的时候,我并不绝望。我想前面我已经说过,写作对我来说是最好的止痛药。

110

第二次婚姻

我到纽约并不是完全没有准备的。我得到了珍妮特·杰普森的帮助。我和她已经来往11年了。她替我在72街找了一套小公寓,离她住的公寓只有4个街区。我搬进去的时候,感觉就好像我1945年在军营里的第一个晚上那样。不,感觉更糟。参军时,我才25岁,知道自己最多呆2年,就可以复员,重新过我以前的生活。现在,我50岁了,可能永远都不会结束这种生活。我把自己连根拔了。

我无奈地看看我租借的2间房间。我的图书资料还没运来。所以,我实际上无事可干。那天是独立日的周末,出版社放假,我也没地方可去。

珍妮特在厨房里放了一些餐具和调料,我开始时可以对付一下。我在打量环境时,珍妮特和我在一起。她是个相当机灵的女人,毫无疑问她能够感觉出我因为离开家人所感受到的犯罪感,以及我内心的孤独寂寞。她小心翼翼地指出周末她没有病人,我白天可以呆在她的寓所。我顿感释然。

我很高兴有这个机会。珍妮特的友善大大减轻了我搬迁的苦痛。请记住,我到纽约时我们不仅仅是朋友。11年的交往本身就是件很浪漫的事。珍妮特的信写得很长,很迷人,魅力无穷。我的回信用回程邮递寄给她。她的信全寄到医学院以避免引起家里人无端的询问,我一般至少一周到学院去一次，主要的原因就是要去取她的信。我们也经常在电话上交谈。

显然，珍妮特和我一样善于表达，和我一样聪明，她的观点和哲学与我非常接近。这些信写得妙极了。（珍妮特把它们收藏在什么地方，偶尔会拿出来重读。）

我认为，珍妮特一直爱着我。她没有丈夫，没有家制约她。除了我的信，凡是我写的东西她也全都看过，在遇见我之前，她就很欣赏我的作品。我猜想我也爱她。但我在感情上一直为自己是个结过婚的男人，为家庭所羁，认为自己不该这样。

我想强调我不是忠诚的天使。（我肯定格特鲁德很忠诚，我从未做梦想要质问或调查过，但我相信这一点。）

尽管在各次大会上和军队中有过许多次机会，我结婚的时候并没有性经验，我在婚后11年里从未有过婚外接触，然而，我不能完全抵挡诱惑。实际上，有时候当一个年轻女子明白无误地表达了她的意图，机会就在眼前时，我屈服了。

这事自有其重要性。与格特鲁德在一起，我从未特别想到自己在性事上技巧高超，但与其他年轻女子交往，她们对此似乎印象很深（我很吃惊也很高兴）。我知道像我这样的"知识分子"不应该过分看重性事技巧，但是生物本能的自豪是很难克服的。坦率地说，它提高了我对自己的评价，使我更快活。

我也许很容易变成唐璜式的风流浪荡子。我有这么做的冲动——却没有时间。写作仍然是放在首位的，而且要大量写作，所以一展身手的机会很少。我并不感到遗憾，就我而言，即使是性的地位也得排在写作之后。

更加重要的是，没有"爱情"的问题，在50年代的那些日子，每次冒险，都只是一次冒险而已——在女方在我都一样。毕竟，彼此没有什么共同之处，只是一种转瞬即逝的异性吸引而已。

珍妮特不一样。1960年在匹兹堡以及1963年在华盛顿的世界科幻大会上，我就发现珍妮特在身边很有趣很快乐。(我记得，在华盛顿，我们从大会上溜出去，去逛白宫、参观博物馆。)还有1969年，格特鲁德带着罗宾与朋友一起到英国去参观游览，戴维在康涅狄格州他那所中学上学，我一个人在家时，珍妮特到波士顿来了。

她住在附近的旅馆里。那几天，我们一起开车到东北面的马萨诸塞州，参观游览了诸如塞勒姆(Salem)和马布尔黑德(Marblehead)那样的地方。和她在一起，我竟然忘了写作，这是我能够想起的唯一一次(不假思索地)出现这种情况。事实上，那几天是我最无忧无虑的日子，没有什么东西挂在我心上，没有糖果店，没有学校，没有工作，没有家人——甚至没有写作。整个世界，在短暂的时间里，就只有珍妮特。

但是，至关重要的不是她身体存在带来的快乐，而是我们的心灵和人格十分相配，事实上，正是这种默契才使互相的身体对于对方如此重要。那些信使得我即使从不曾见过珍妮特，我也会渴望见到她。我知道她会回报这种感情。

一旦我搬到纽约，和她一起度过独立日周末，我在这件事情上的矛盾心情全都烟消云散，我爱珍妮特，她也爱我，我们都清楚这一点不容置疑。我心里很清楚，只要法律允许，我马上就会娶她。

此外，由于离婚的程序了无尽头，我们似乎没有理由完全保持分离，于是我搬进她的公寓，而我自己的公寓只在白天用。

在办理离婚那段动荡不定的悲惨时间里，珍妮特是我力量的源泉，她从不催促我，从不要我做任何蠢事，以便加快离婚，她似乎心甘情愿地在我们的余生，就这么保持这种不正常的安排。如果说格特鲁德使我的生活变得艰难，那么珍妮特在更大的程度上使我的生活变得轻松容易。

当离婚手续最后办妥时，我坚持(珍妮特没有)我们去验血，登记结婚。1973年11月30日，我们结婚了，非教会主持的婚礼似乎太冷清，可我俩谁也不想要一场任何形式的宗教仪式，于是，我们就在珍妮特的起居室里结婚，由爱德华·埃里克森（Edward Ericson）主持，他是“伦理文化学会”（Ethical Culture Society）的负责人，学会就在离我们4个街区的地方。

写本书之时，珍妮特和我已经结婚17年，我到纽约来已经20年了。我们在这段时间可以说一直非常幸福，像以前一样彼此相爱，我仍然忙于工作。珍妮特是个职业女性，她有自己的事业，她是一位水平很高的精神病医生和精神分析学家。她退休之后，继续写作，完全不依赖我，很成功，她也整天埋头于工作。

我们都在寓所工作——1975年，在我放弃已用了5年的办公室以后，我们搬进这套比较大的公寓。我们一直在一起，即使在寓所里各自工作的时候也是在一起。此外，她的耐心和敏感都非常突出，她用始终如一的爱，容忍了我的缺点。我也会像她那样容忍她的缺点（如果她有缺点的话）。

一开始，婚姻对珍妮特来说也不是件容易的事。我们结婚时，她已经47岁，独立成人后，她一直自己养活自己，专业上也很成功。她担心自己能否适应结婚后的生活，结婚前一天，她眼泪汪汪的。我惊慌地问她出了什么事？

她说：“我实在忍不住，艾萨克。我觉得自己正在丧失我的自我。”

“胡说八道，”我坚定地说，“你决不会丢失你的自我的，你将获得帮助。”

珍妮特破涕为笑，一切都好了。

关于我们这对幸福的老夫妇的爱情，请看——

1986年，我们公寓的门卫给我一份纽约《邮报》（*Post*）说：“你在第6版上。”

我上楼去挥动着报纸说：“珍妮特，珍妮特，我上《邮报》了。”

“什么？”她惊讶地说。（我们没订纽约《邮报》。）

“他们偷拍我在亲吻一个女人。”

珍妮特摇摇头(我对女性献殷勤她全知道)说:“告诉你要小心。”

我把报纸递给她看。我们曾经出席过一个科学作家图书出版的聚会。在会上,我与珍妮特互相亲吻(我们经常这样做,无论是否在公开场合)。《邮报》的一位记者看见了,很高兴地拍下了“60岁的人”的滑稽动作。(其实当时珍妮特只有59岁。)

我说:“这下,你了解我们的社会了吧。哪怕一个人公开亲吻他的妻子,报纸也会公开登出来。”

111

《莎士比亚指南》

迁居纽约并没有使我停止写作。我承认每次生活环境发生剧烈变化时，我都会担心是否能够继续像以前一样写作。这种担心永远是没有根据的。写作一直在继续进行。

我在《阿西莫夫〈圣经〉指南》交稿以后，若有所失。我写了这么长时间，这么喜欢它，现在停下来，心里很不平衡。我想是否还有什么比较有趣的事可做。英国文学中哪一部分堪与《圣经》媲美？不言而喻——莎士比亚的戏剧。

于是在1968年，我开始写《阿西莫夫莎士比亚指南》(*Asimov's Guide to Shakespeare*)，旨在仔细地逐一解说莎士比亚的所有剧本，说明他全部的典故和古语，讨论所有涉及的历史、地理、神话以及我想可以用来讨论的其他资料。

我甚至在向道布尔戴出版公司谈及我的计划之前——且不说签订合同吧，就已经开始动笔，但是在我分析完了《理查二世》之后，我给拉里·阿什米德看，要求签合同，拉里·阿什米德成全了我。我回去满怀激情地继续写这本书。

迄今，我从写作获得乐趣最多的是在我写自传的时候。归根结底，还有什么题材比我自己更有趣呢？如果不考虑这一点，那么《阿西莫夫莎士比亚指南》就是我写作生涯中最愉快的工作。我还是个小男孩时就爱看莎士比亚的作品，逐行逐句地悉心阅读他的作品，畅所欲言地抒写解说真是一种享受。

我因此得到回报，我搬到纽约以后不久，就在独立日的那个周末之后，珍妮特又开始给病人看病，我收到了毛条校样——**一大堆**毛条校样，因为那本书有50万个词。这下我有事做了，我当时正需要有点事做，以驱除我心里的负疚感和不安全感。

对外行来说，毛条或者说"长条校样"就是长条的纸，上面印着书的内容，一般一张长条校样上大约印2页半左右。作者要仔细地阅读，找出印刷工人排版和作者自己造成的所有差错，这种"读样"和校改是为了保证将来出书不会有差错。

我猜想大多数作家觉得读校样是种痛苦的事，我却喜欢看校样。它们使我有机会阅读自己的作品。问题在于我不是个好的校对，我看得太快。我以"格式塔"的方式（强调整体而不是细部）看校样，一次看一个短语，假如有一个字母错误，一个字母位置错了，或者漏了一个字母，多加了一个字母什么的，我是发现不了的。小错误隐藏在大量正确的短句中，我必须强迫自己一个词一个词地看，一个字母一个字母分开来看，可稍不留神，我又会往前赶。

照我看来，理想的校对应该是在拼写、标点和语法上都知识渊博，而诵读速度稍慢一点的人。

《阿西莫夫莎士比亚指南》于1970年分2卷出版。每当我翻阅它的时候，甚至看它一眼，我就会觉得自己重又回到早年在纽约的那些日子——那些前途未卜、略有点惶恐的日子。

112

注　释

1965年7月16日，我与阿瑟·罗森塔尔（Arthur Rosenthal）一起吃午饭，他是基础图书公司的出版商。《聪明人科学指南》就是他们出版的。午餐时，马丁·加德纳也在场。我对马丁·加德纳佩服得五体投地。他的书，凡是能找到的我全都看过（而且拥有），我如饥似渴地阅读他在《科学美国人》上的专栏《数学游戏》。

马丁·加德纳最成功的书是《注释本艾丽斯》（*The Annotated Alice*）。它里面包括《艾丽斯漫游奇境记》和《艾丽斯镜中奇遇记》两整本书以及完整的坦尼尔（Tenniel）的插图。在书的页边注释中，加德纳讨论了他认为需要评论的每一行的各个方面。这本书非常引人入胜，我看了好几遍。

我们再回到那次冷餐会去。加德纳（他说他也很欣赏我写的书——我们从此变成非常要好的朋友）说，如果我真要享受乐趣，就应该找一本自己喜欢的书去注释。

就某种意义上说，《阿西莫夫〈圣经〉指南》和《阿西莫夫莎士比亚指南》都是一种注释。当然，我不能把《圣经》和莎士比亚的剧本全都包括在内，我只能引用经过挑选的段落。不过，想要真正注释一本书的想法从此留在了我心灵深处。

为什么不去做呢？我写的关于《圣经》和莎士比亚的书给了我勇气。

在此之前，我的非小说类书局限于科技类图书。甚至当我冒险跨出这个圈子，就像我写历史题材时，也不过是为年轻人写的，那种书不可能谈得很深入。

然而，我关于《圣经》和莎士比亚的书都远远超出人们公认的我所擅长的专业范围，它们是写给成年人看的。我已经充分准备好接受不友好的评论，什么"阿西莫夫为什么不专注于他那愚蠢的科幻小说，为什么非要涉足他一无所知的领域?"

我的确听到这样的议论。我记得曾经看到过一位在某个学院任职的文学教授写的一篇表示轻蔑的短文。他很明确地说，他认为我关于莎士比亚的书根本不值一提。这篇评论发表在星期日的《纽约时报》上，20多年来我对那篇文章的愤怒始终没有平息下去。

后来有一年，我在那所大学的问答会上遇到一位学生，问他是否认识那位评论者（他的名字我记得很清楚，在此就不提了），他说认识。

我问："他这个人怎么样?"

"矮个子，"那学生说，"非常自负。"

我说："对了，在我的想象中他正是这样。"

那些书出版了，虽然不属于畅销书，可总的反应不错，一般来说卖得也很好。等我回到纽约，我已经很有信心，自信有能力写任何我想要写的题材而无须顾及评论界的笔伐。

要说明的是，当时正好是我在纽约的第一个星期。我忽然想到我现在无拘无束，想做什么就可以做什么。我无家可归，珍妮特忙于照应她的病人。结果，我就到下面的第4大街去逛。1970年那儿仍然布满了二手书书店。在那儿我做了我一直梦寐以求的事，在一家书店的书架间寻觅，翻看那些旧书。

我找到一本拜伦（Lord Byron）的《唐璜》。布鲁格曼家里有这本书，我曾经想在早晨其他人醒来之前看的。可他们什么也不许我干，生怕吵醒格特鲁德的兄弟约翰。他母亲说:"他应该睡足12个小时。"我几乎可以断定,她是很认真的。布鲁格曼家书架上的那本《唐璜》的字非常小,周围环境又很压抑,所以我始终没看成。

现在,我似乎可以好好地阅读了。我睡眠一向不好,晚上最多睡5个小时。在新房子里,我根本睡不着。好了,既然睡不着,又何必拼命努力?我独自一人,可以打开灯,通宵达旦地阅读,谁会来阻止我?

那一晚,我躺在质量很差的床上(公寓里的,不是我买的),翻开《唐璜》,开始看了起来。我还没有看完前言就激动不已了。在前言中,拜伦肆意诋毁罗伯特·骚塞(Robert Southey)、威廉·华滋华斯(William Wordsworth)和塞缪尔·泰勒·柯勒律治(Samuel Taylor Coleridge)。我想起了加德纳的话,决定要做注释,一部真正的注释。我让道布尔戴出版公司出版一本附有我的评注的《唐璜》,向当代美国读者解说所有的典故和所有与主题有关的资料。

第二天一早,我到道布尔戴出版公司,把我的想法告诉拉里·阿什米德,并立即开始工作。加德纳说得对,这真是其乐无穷。戴维来看我的时候,我正忙于追踪拜伦,根本没有时间陪他。我一心只想着那本书。我就是这么个坏爸爸,或者用罗宾的话来说,**很忙的**父亲。

我知道它不会有销路,道布尔戴出版公司也知道。毕竟公众的口味已不再喜欢后拿破仑时代的诗歌。另外,这本书价格不菲——除了很少数的读者,对大多数人来说价格太高,但是我想要出版,而道布尔戴出版公司想让我高兴。

道布尔戴出版公司于1972年出版了这本书。我们不能称它为《注释本唐璜》(*The Annotated Don Juan*),因为出版加德纳《注释本艾丽斯》的克拉克森·波特公司[Clarkson Potter,克朗出版社(Crown Publishers)的分公司]拥有这种形式的书名权。因此我们的书就叫《阿西莫夫注〈唐璜〉》(*Asimov's Annotated Don Juan*),道布尔戴出版公司出版了一个精美的版本，赢得了一项奖(必须说明是装帧设计奖，而不是书的内容)。出版社实际上赢回了预付款。(当然，我首先提出只要很少的预付款，以确保可以赚回来。)

这本书一写完，我就动手写《阿西莫夫注〈失乐园〉》(*Asimov's Annotated Paradise Lost*)，我急于赶在道布尔戴出版公司出版上面那本书之前完成，我担心那本书可能会失败。撰写此书与前面一本一样乐趣多多，它于1974年出版。我还写了一本比较薄的书，谈及许多具有历史意义的著名诗歌。它于1977年出版，书名是：《名诗注释》(*Familiar Poems, Annotated*)。

这些书没有一本谈得上赚钱，但也没有赔本，它们带给我的乐趣远胜于金钱。

确实，我还想再多写些，但是我真的觉得太过分了，不能总让道布尔戴出版公司出这种书。正好，1979年克拉克森·波特公司的简·韦斯特(Jane West)要我为他们注释一本书，书可以由我随便选。在我们多年前的那次午餐上，加德纳曾经提到过乔纳森·斯威夫特(Jonathan Swift)的《格列佛游记》(*Gulliver's Travels*)。它对我来说是理想的书，所以我就提出注释这本书。简·韦斯特很热心，我又投入了工作。

这一次，因为是克拉克森·波特公司出版的书，所以书名为《注释本〈格列佛游记〉》(*The Annotated Gulliver's Travels*)，1980年出版。它销得比道布尔戴出版公司出的那两本好，可也没有好很多。

我拼命还想再出一本注释书，80年代末，我发现机会来了。当时我正是道布尔戴出版公司最受宠的宝贝，理由嘛，我稍后再告诉你们。我抓紧用两个月的时间(我估计这点时间够了)拼命工作，一口气写完《注释本吉尔伯特和沙利文》(*The Annotated Gilbert & Sullivan*)，没有要预付金就把它给了道布尔戴出版公司，非常迫切地希望它出版。这又引出了那句话："别发傻了，艾萨克。"这句话我经常从他们那儿听到。他们给我的预付稿酬，金额比那本注《唐璜》高出5倍。此书于1988年出版。虽然它是一部很大的书，要50美元一本，搬起来很沉，可还是赚回了预付金。

事情到此为止，我再也想不出渴望注释别的什么书了。当然还有荷马(Homer)的著作，但都是用希腊文写的，译本虽然多，却根本无法找到一本最合适的。

113

新的姻亲

我意识到，既然我打算一有可能就娶珍妮特，我势必会有另一批姻亲。

我承认我有点紧张。格特鲁德和她的家人都是犹太人，而珍妮特不是。尽管我是犹太人对珍妮特来说绝对无所谓（就像我不在乎她是非犹太人一样），可她家里的人呢？

珍妮特的父母都是摩门教徒。据我想他们不常去教堂，珍妮特本人从未受过洗礼，断然**不是**摩门教徒。事实上，她与我一样彻底没有任何宗教信仰。

婚礼日渐临近，珍妮特想方设法让我高兴，她问我是否要她改信犹太教。

“可以，”我说，“假如你让我改信摩门教。”这种无聊的事就此结束。（现在她是“伦理文化学会”的成员，但我连这一步也不想走。）

摩门教徒信奉多生育，珍妮特的父亲和母亲都有许多兄弟姐妹。结果珍妮特有好几十个堂表兄弟姐妹、叔伯姑姨和其他各式各样的亲戚。幸好，他们大多住在犹他州，这样我就不必非一一见到他们不可了。（珍妮特对此比我还要无所谓。）

我和珍妮特在探案作家宴会活动上相见之前一年，她的父亲约翰·鲁弗斯·杰普森(John Rufus Jeppson)于1958年出人意料地猝然死去,当时他只有62岁。珍妮特一直很敬爱她的父亲,他的去世使她身心交瘁。

她父亲历经磨难,经过努力从贫苦中挣扎出来,上了医学院,最后成为一名眼科医生,一位受人尊敬的新罗歇尔(New Rochelle)市民。他妻子始终陪伴在他身旁。珍妮特的母亲名叫雷·伊夫林·杰普森(Rae Evelyn Jeppson),娘家姓努森(Knudson)。约翰和雷青梅竹马,自始至终情投意合。(我父母亲也这样。)

我很早就遇见过雷,我和珍妮特同居时就见过她。当时我很紧张,不仅因为我是犹太人,而且还因为我们未婚就同居。我并不担心她父母是否赞成,而是不想给珍妮特的生活增加困难,造成她们母女俩之间的隔阂。

尽管珍妮特向我保证说没什么可担心的,我仍然很谨慎。

珍妮特的母亲雷,比珍妮特稍矮一点,虽然她已经70多岁了,头发仍然是淡棕色的。她的外貌很像珍妮特,所以,我一见到她就有好感。她是位名副其实的老式妇女,温柔优雅,彬彬有礼,说话声轻音软。(珍妮特常说雷竭力想把她培养成一位淑女,可失败了。)

她很诚实。尽管她可能会使女儿尴尬,她还是看着我的眼睛,明确地说:"阿西莫夫博士,我为你的妻子感到难过。"

我迎着她的目光,同样肯定地说:"杰普森太太,请相信我,我也很难过。"

就这样,这个话题再也没提起。雷对我表示满意。我当时抵制了想为自己辩护的诱惑,这个举动帮了我大忙。否则的话,我肯定会发牢骚,雷不会喜欢的。

我未来的岳母和我相处得极好。我清楚,当我们在她家过夜的时候,她想让我们分开睡。我认为完全可以照办,并对珍妮特说这是种无伤大雅的取悦她母亲的好方法。可珍妮特不肯,她正值中年,不愿意按照她母亲不合情理的要求去做,雷只好妥协。我为此感到内疚,我仍然认为尽量让雷感觉好一点不是什么坏事。

考验我与雷的关系的关键时刻到来了。1973年,珍妮特忽然因蛛网膜下腔出血而住院了。我感到应该打电话给雷,告诉她怎么回事,向她解释说这是致命的疾病。实际情况还要严重:雷的妹妹奥帕尔(Opal,珍妮特的名字就是她起的)就是死于蛛网膜下腔出血,死的时候只有47岁,事有凑巧,珍妮特发病的时候也是47岁。

我害怕告诉雷,我当时心慌意乱,很担心珍妮特的情况,我不完全相信自己能够沉着老练地应付局面。我不得不面对与我一样心慌意乱的母亲,她可能会因为悲伤而要找一个替罪羊,从而迁怒于我。雷从小受到严格的宗教信仰教育,她很可能会认为珍妮特遇到的一切都是上帝对她与我一起"生活在罪恶之中"的惩罚。

不用说,我无论如何都不可能接受这种说法,可我也无法与一个伤心欲绝的母亲争辩这件事。我硬着心肠豁出去,我这次不想为自己辩护。我打电话给雷,尽量详细地告诉她这件事。大概我当时一边说,一边在哭泣(不,我不为此感到难为情),她不可能怀疑我内心的苦痛。

有好一会儿,她什么也没说,然后,她轻轻地、尽可能温和地说:"艾萨克,不论发生什么事,我都要感谢你在最后这几年让她这么幸福。"

万幸的是,珍妮特病好了,没有留下任何后遗症。最终,我告诉她,她母亲是怎么说的。我可以向你们保证,从那件事以后,对我来说,雷无论什么事都不会错,我爱她,就像我的另一个母亲,虽然珍妮特像一般女儿一样有时候会埋怨她,可我从没一句怨言。

雷·杰普森患了癌症后拖了一年,于1976年6月10日病逝,离她80岁生日只差几天。她几乎一直到最后都坚持活动,神智始终清醒。她死得很安静。与我父母亲或格特鲁德的父母亲不一样,她不是孤独地,或者在陌生人中病逝的。她死在自己家里,在自己睡觉的床上,她的女儿在旁边,握着她的手。

珍妮特最后对她说的是:“妈妈,我爱你。”

雷轻轻地说:“珍妮特,我也爱你。”然后溘然去世。

感受到亲人的爱并回报了对亲人的爱,然后安静地死去,还有什么能比这更好的呢?

珍妮特的父亲是庞大的杰普森家族中第一个成为医生的人,他为家庭树立了榜样。不仅珍妮特,而且她弟弟约翰·雷·杰普森(John Ray Jeppson)也成了医生。

约翰从哈佛毕业以后到波士顿大学医学院读研究生,在我最后教的那个班里上课。他把我的情况告诉他姐姐,介绍她阅读科幻小说。因此就有了后来的一切,我无法用言语表达对他的感激。

在医学院的时候,约翰与一位名叫莫林(Maureen)的美丽女子结婚。最后他成了一位麻醉学专家,现在住在加利福尼亚州。他有两个孩子,女孩名叫帕蒂(Patti),男孩叫约翰(John),这是他们家的第三个约翰了。

珍妮特和我都非常喜欢帕蒂,她选择的专业是历史考古学。小约翰是位牙科医生,娶了一位名叫萨拉(Sarah)的姑娘。这使珍妮特的弟弟当上了爷爷,珍妮特成了姑婆婆。(不用说,我成了姑爷爷。)

珍妮特有一个比她大两岁的表姐乔西·贝内茨(Chaucy Bennetts),其娘家姓霍斯利(Horsley)。她们从小就像亲姐妹而不像表姐妹。这种亲姐妹似的情感,迄今依然存在于她俩之间。

乔西本不叫这个名字,她的教名是雪莉(Shirley),可她父亲也叫雪莉,她改名的原因之一或许是为了避免混淆(人和性别都易搞错)。乔西嫁给了一位很和蔼的绅士,名叫莱斯利·贝内茨(Leslie Bennetts),他们有了一个女儿,取什么名字呢?怎么,当然是莱斯利啦。这种事我弄不明白。

乔西是个非常聪明、美丽出众的年轻女子,她当过一阵演员,后来转做编辑,在许多年里一直是位重要的儿童读物编辑。现在她在道布尔戴出版公司担任文字编辑,我去道布尔戴出版公司经常去她那儿看她。她的丈夫比她大许多，是位很可爱、安详、关心他人的人。他于1985年去世，享年80岁。

乔西的女儿，小莱斯利，继承了母亲的年轻美貌。我看见过她第一次结婚时的照片，有一张照片她站在她母亲身旁，看上去远比许多电影明星更美丽。我看着照片说："美丽得令人窒息，绝对炫目。"

乔西听到我赞美她女儿而容光焕发："她很漂亮吧？"

"她？"我说，重又看着照片，说，"噢，是的，莱斯利看上去也很美。"

不幸的是，莱斯利的婚姻并不成功，仅维持了一年。莱斯利成了一名事业有成的记者。她先是为费城《快报》(*Bulletin*)，后来为《纽约时报》撰稿，现在在《名利场》(*Vanity Fair*)杂志任职，她是一名很厉害的采访人。然而，[她在一次采访中描绘的我，比实际的我矮了2英寸(约5厘米)，由于我只是中等身高，丢不起这2英寸，所以便耿耿于怀。她当然比我高，像乔西一样，这可能使她容易判断错误。] 最近她再次结婚，丈夫是作家杰里米·杰勒德(Jeremy Gerard)，他们有个女儿叫埃米莉(Emily)。

莱斯利的弟弟，布鲁斯(Bruce)现在是位演员和摄影师。他也是高个子，英俊，聪明，有一副出色的歌喉。

我与珍妮特的家人关系好得出奇，我还参与了我从未经历过的事情——家庭庆祝会。我自己的家庭从未真正庆祝过，糖果店永远是个锚，把我们都拖垮了。布鲁格曼家不时有聚会，但每次我总有种局外人的感觉。

现在，与杰普森和贝内茨家的人在一起，我受到这家人真心实意的欢迎，他们的到来成了节日——复活节、感恩节和圣诞节的部分内容。乔西准备主菜，她像玛丽·布鲁格曼一样，是个好厨师。雷会用土豆和蜀葵糖做一道特殊的香甜可口的菜。莱斯·贝内茨(Les Bennetts) * 会准备一份肝酱。还有果仁、糖果、水果和糕点，我喜欢这一切。

所有节日中最值得记忆的是1971年的圣诞节。临到雷那儿去的时

---

* 即莱斯利·贝内茨。莱斯是莱斯利的昵称。——译者

候，我收到了我那本《科学指南》第3版的校样，我不无懊恼地看着它，想用它来准备索引。

珍妮特说："带上它，你可以去那儿工作。"

我就照办了。我拿了校样，几千张3英寸×5英寸的空白卡片，确认带上了几支好笔，就出发了。他们让我用珍妮特父亲原来用的老办公室，一张舒适的大椅子，一张没有缺点的办公桌。他们向我保证没有人会来打扰我。

我正要告诉他们我从不在意有人打扰，他们已经不见了。整整一天，所有的人——除了我——都在忙着准备一个大型的宴会。我在写我的卡片，始终独自一个人，没有人敢打扰那个正在工作的伟人，没有脚步声，没有悄悄的说话声干扰我。这种事以前我从未遇到过，我知道要不了多久，他们就会发现我绝对不需要与人隔绝，这样的事再也不会发生了。就这样，我独自一人，一个小时又一个小时地埋头工作，直到他们叫我出席那个丰盛的晚宴并打开礼物。多么愉快的回忆啊！

[附带说一句，我在那个辉煌的圣诞节校阅的《科学指南》第3版的书名有点问题，它不可能用《新新聪明人科学指南》(*The New New Intelligent Man's Guide to Science*)。而我的名字在过去10年里变得非常著名，所以他们决定把它称作《阿西莫夫科学指南》(*Asimov's Guide to Science*)，第4版为《阿西莫夫新科学指南》(*Asimov's New Guide to Science*)。我不知道第5版该怎么办——要是真有的话。]

回过来再说珍妮特——我也曾把她介绍给我的家人。正像我没见到她父亲一样，她也没见到我父亲。但是她在长滩见到了我母亲。她也见到了斯坦和鲁思。不用说，所有的人都喜欢她。(我从没遇见过不喜欢她的人。)斯坦跟珍妮特谈了一会儿话之后，把我拉到一边，悄悄地说："她是颗珍珠，艾萨克。你怎么找到她的？"

我回答说："我是天才。"

114

住 院

回到纽约时我刚过完50岁生日，身体仍然基本上完好无缺。扁桃体没有摘除，也没有切除过腺样增殖体或者阑尾。我有31颗牙齿，如果在40年代初期牙科治疗条件好一些的话，唯一缺损的那颗应该也能够保留下来。

所有这些其实是我沾沾自喜的自我感觉，我指望最终能完整无缺地进入坟墓。然而，人的愿望是一回事，岁月无情却是另一回事——

我对自己的健康状态很有把握，不到万不得已很少去看病。这部分是因为孩提时代的环境所致。我父母很穷，而看病要花钱。(钱当然不算多，在我小时候，医生上门看病收3美元，但3美元对穷人来说是一大笔钱。只有当孩子病得很重的时候，成年人病得半死的时候，才会请医生来看病。)

但是，我搬去和珍妮特住在一起后，发现事情发生了变化。她是一位医生，是一位内科医生的女儿，她坚信没完没了地与医生一起讨论，哪怕是一点儿瘙痒。当她开始坚持要我去作一次体检时，我真是吓坏了。

我抗议道："我很健康。"

她以一种不容分辩的口吻说道："你怎么知道？"

(我发现凡是我听到这种语气，最好还是主动让步。珍妮特说我也许已经明白这一点,可我还没能真正**做到**。)

不管怎么说,她从同事中挑了一个人:保罗·R·埃瑟曼。显而易见,他是一位具有很高声望的医生(我们以前习惯于称作"全科医生"或"GP")。他具有非常的智慧和渊博的医药知识,珍妮特坚持要我去找他。1971年12月16日,我到他办公室去了。

保罗身高6英尺(约1.83米),略为有点发福,说话声音很柔和,(我后来发现)对病人非常亲切。像平常一样,我无法与他保持一种业务关系。我们成了好朋友,他从此一直是我的医生。我真希望我不需要他以医生的身份为我服务,无奈事实证明,我确实需要。

他作完第一次检查后,我问他怎么样。

他说:"非常好。"

我说:"我知道。"

"除了甲状腺上的小结节。"

"什么小结节?"

他把我的头往后抬,我头颈右边有个明显鼓起来的肿块。

他问我:"你刮脸的时候没有注意到?"

"没有,"我没好气地说,"以前从来没有,是你放上去的。"

"那当然,"他附和着说,"现在我需要一位好的内分泌科专家告诉我们,这究竟是什么以及我们该怎么办?"

那位内分泌科专家就是曼弗雷德·布卢姆医生(Dr. Manfred Blum)。他让我去接受放射性碘检查。甲状腺瘤是冷的,它**不**吸收同位素,因此那一部分就不能充分发挥其功能。

"那是什么意思,医生?"我问。

布卢姆踌躇不决。

我非常冷静地对他说:"医生,你可以说'癌症'。"

于是他说了,但他指出甲状腺是个非常特殊的组织,甲状腺癌几乎从不扩散，而且很容易切除。

于是我去找外科医生卡尔·史密斯(Carl Smith)，他欣然同意摘除我甲状腺上的病变部分，手术安排在1972年2月15日。

这是我生平第一次直面需要全身麻醉的手术。我感到很不高兴。我听说过有人对某种麻醉药过敏，最后死在手术台上的事。我也知道我52岁，我的作家同行威廉·莎士比亚就是52岁时去世的，我想命运之神很可能不经意地把我们俩搞混了。总之，我怕得要命。

因此我打电话给斯坦——我们家庭中头脑最冷静的成员。几年前，他的脊椎曾经动过一次大手术，他幸存下来。我问他，他怎么鼓起勇气来直面那残酷的手术的。

“我当时痛得要命，”斯坦说，“根本不能走路。我想尽一切办法免除痛苦，所以我不害怕手术。我只盼望着早点手术。艾萨克，问题是你得的是甲状腺的毛病，你不痛，所以你不觉得需要手术。”

他说得完全正确，我设法平息我的害怕。实际上，在我进去手术之前，他们给我打了那么多的镇静剂(尽管我抗议说我很冷静不需要它们)，所以我一点也不紧张，反而很兴奋。

卡尔·史密斯穿着绿色的手术袍，戴着绿面罩走进手术室，我很快活地跟他打招呼，拖着声调说：

医生，医生，穿绿袍，
医生，医生，抹脖子，
医生，医生，我问你，
抹完脖子还缝不缝。

我不记得有人笑。我只听见有人说：“注射麻醉剂，快点，让他闭嘴。”或者诸如此类的话。我失去了知觉。

后来，卡尔·史密斯告诉我当时我有多蠢。他解释说，他得非常小心地切开，以防切断神经，万一神经碰坏了，我这一辈子就哑了。“如果我的手术刀切下去的时候，想起你的歪诗，”他很严厉地说，“忍不住要笑，那我的手就会发抖。”

我肯定自己当时听得脸都发绿了。时至今日，我每每想起此事都会打颤。

手术给我机会证明当一名作家多么快乐。卡尔·史密斯收了我1500美元手术费（值这个数）。我后来写了一篇有趣的文章叙述了这件事（包括我的小诗），我得到2000美元的稿酬。哈，哈，怎么样，比我的医学老专业怎么样？（我比以往更加庆幸自己没被医学院录取。）

手术有一个很重要的副作用。

我手术前最后一句严肃的话是：“请不要碰我的甲状旁腺。”这似乎是不可能的事。卡尔·史密斯切开我甲状腺体的右半边，在此过程中，4个小小的甲状旁腺（一般都嵌在甲状腺里）中有2个肯定被切除了。

甲状旁腺控制钙代谢，我的肾结石的结构为二水草酸钙。一旦染病的半个甲状腺和那两个甲状旁腺被切除以后，我再也没有形成新的令人痛苦的肾结石。仅此一条就值得动手术。

尽管如此，我对整件事还是很气恼。我不再是完好无缺的了，我脖子下面的一条刀疤就是佐证。

我甲状腺手术后3个月，珍妮特的妇科医生发现她左边乳房里有肿块。不用说，我们经历了一段很痛苦的举棋不定的时期，最终决定还是要做活检手术。

手术于1972年7月25日进行，还是由卡尔·史密斯主持，我等在珍妮特的病房里。几个小时过去了，我的精神垮了，检查结果证明需要做乳房切除。珍妮特做了全切除，取出乳房后面的肌肉。（全切除术现在已经不再流行，珍妮特的手术也许属于最后一批。）

珍妮特花了两三天时间才充分认识到究竟是怎么回事。她失去了原本就小的两个乳房中的一个,她痛苦地哭泣。我设法打探出她哭泣的真正原因。她感到自己"残缺"了,我们还没结婚,她深信没有任何法律上的东西可以留住我,我会离弃她,去找年轻、漂亮、有两只大乳房的女子。

我绞尽脑汁,琢磨着怎样才能使她相信我爱的不是她身上看得见的东西,或者说我爱的是一把手术刀切除不了的东西。最后,我在绝望之中说:"听着,你又不是夜总会中的歌舞演员。真要是的话,假如你左边的乳房切除了,你就会向右歪。你的乳房这么小,谁会在乎呀?不到一年,我就会用眼打量着你,问:'手术切除的是哪边的乳房?'"

这么说残酷至极,却奏效了。珍妮特笑了出来,感觉好多了。

珍妮特和我都知道我有多么挑剔,她生怕我看见她胸口上的疤痕就会恶心,就会离她而去,永远不回来了。我很担心:虽然我知道我不会离去,可万一我真的觉得恶心,那会使她永远感到凄惨的。

于是,我让卡尔·史密斯详细地告诉我,她的胸脯看上去会怎么样,反反复复想象我真的看着它的情景。手术后几个星期,当我认为她小心翼翼地藏掖这事的时间已经够长了,便等她洗完澡出来,轻轻地把她身上的毛巾拿开。我**没有**觉得恶心。我保持了一副彻底无所谓的样子,她大大地松了口气。

时至今日,她偶尔还会不无遗憾和尴尬地想到她那失去的乳房,问我是否真的不在乎。我真诚地说:"珍妮特,你知道我不是一个善于观察的人,我根本注意不到。"

我说的是真话。

我甚至可以拿它对别人开玩笑。在珍妮特恢复期间,朱迪-林恩和莱斯特·德尔·雷伊来探望她。他们谨慎地谈论着世界上发生的各种事情,唯独不提失去乳房。朱迪-林恩说起什么"摇摆单身"酒吧,她问珍妮特说:"你是否去过摇摆单身?"

我打断她说："**去**摇摆单身？她就**有**一个单摆。"

朱迪-林恩听了大惊失色，正想要以得体的方式责怪我，珍妮特插进来说："别听他的，他在瞎说。我的乳房很小，不会摆动的。"

一份大众医学杂志要我写一篇东西，讲述我本人或我的亲人如何勇敢地面对医疗中的紧急情况，我说了珍妮特的乳房切除手术。我想到我们结婚以后再写，那样读者就会**知道**有一个"快乐的结局"。

我们结婚以后，我写了这篇文章。不用说，我先去征求珍妮特的同意。一开始，她不想把她的不幸抖搂给全世界的人看，可我说："珍妮特，要知道，也许在这类题材中，它是唯一一篇作者**没有**感激上帝给他勇气和力量克服这场灾难的文章。"

听我这么一说，珍妮特立即同意了。文章发表了。

 115

乘船旅行

我对飞机的厌恶并没有延及海轮。实际上，我很爱乘轮船，我想可能是因为它很大的缘故。乘轮船在大海上航行的时候，感觉跟搭乘公交车辆不同，就像在沿水平方向而不是沿竖直方向建造的旅馆里面。

我第一次乘船的经历是不经意的。1923年，我乘船从拉脱维亚的里加到纽约的布鲁克林。这一段记忆很模糊，很不确定。1946年，我乘船从旧金山到夏威夷，我当时在军队服役，所以那次旅行对我来说不是一次快乐的旅行。然而，到夏威夷的那次旅行却很有用。船颠簸得很厉害，其他人都有点晕船，船舱里全是呕吐物的气味，我却安然无恙。这使我相信自己具有海船颠簸时仍能直立不晕的海脚。当然，即使我不在乎乘船，我也决不会主动登上一艘海轮。搭乘这种海轮必定要花费时间，而我讨厌把时间花在离家出门上。

然而，一旦我与珍妮特生活在一起，海洋的吸引力就越来越强烈。珍妮特热爱大海。她以前经常旅行，旅行的次数比我多得多。60年代她曾经航行到斯堪的纳维亚，在此之前，她还乘不定期的货轮到欧洲去过。她把这种爱好归因于她的“海盗祖先”，她为此很自豪。（她说，她还觉得自己保留了某些尼安德特人的基因，因为她具有尼安德特人的鼻子，但是我宁可相信她是通过某种神奇的方式，从天使那儿传承来的。）

由于珍妮特有这种爱好，我听从了一位说话很快的、名叫理查德·霍格兰(Richard Hoagland)的年轻人的建议。他告诉我他的计划：他要组织一次海上航行，船至少是“伊丽莎白女王2号”(*Queen Elizabeth 2*)那样的豪华轮船。时间定在1972年12月，沿着海岸航行，到佛罗里达去观看“阿波罗17号”的发射。这是计划中最后一次月球飞船的发射，而且是首次在晚间发射。我从未见过火箭发射，我想珍妮特得知我们有机会搭乘女王号豪华轮船旅行一定会喜出望外的，所以我就同意了。(珍妮特果然非常高兴。)

也许年轻人订的计划就这样，想象力很丰富，可实现起来却不那么美妙。我们没有乘上“伊丽莎白女王2号”，而是在一艘小得多的“斯塔藤丹号”(*Statendam*)轮船上(不过也足够大了)。船上并没有挤满热情的参与者，而是空荡荡的(这意味着我们可以享受到良好的服务)。

不过，还真有一些名人。在那些科幻小说作家中(除了我之外)有罗伯特·海因莱因和弗吉尼亚·海因莱因，特德·斯特金和他现在的妻子，弗雷德·波尔和卡罗尔·波尔，本·博瓦和芭芭拉·博瓦，还有诺曼·梅勒(Norman Mailer)，休·唐斯(Hugh Downs，他是各种庆祝仪式的主持人)，带了一架海登天象仪的天文学家肯·富兰克林(Ken Franklin)，他曾发现了木星发射的射电波。

最可怕的错误就是竟然还有凯瑟琳·安妮·波特(Katherine Anne Porter)，在整个航行过程中，她什么事也没干，但她在1962年出版的书却大受欢迎，书名是《愚人船》(*Ship of Fools*)。不难想象她是怎么形容我们的。

旅行稍后一些时候，天文学家卡尔·萨根(Carl Sagan)和他的第二任妻子琳达(Linda)加入了我们的行列。我第一次遇见卡尔是在1963年，当时他只有28岁。他是一位科幻迷，我们建立了良好的持久的友谊，他与琳达结婚时，我作为证婚人还在结婚证书上签了字。我想没有必要形容他长得什么样，因为所有的人都知道。他和弗雷德·波尔的演讲是整个旅行中最出色的。

我们在1972年12月6—7日的那个夜晚观看了"阿波罗17号"的发射,虽然我们远在7英里(约11.2千米)以外的海洋上观看,发射仍然非常美妙壮观,令人难以忘怀。我们看着"阿波罗17号"慢慢升腾到空中,照亮了夜晚的天空,半边天空呈现出一片古铜色。在我们观看到它发射后一分钟,声波向我们袭来,整个世界为之颤抖。

仅此一条这旅行就很值得了,哪怕玩得不痛快——可我们**玩得淋漓酣畅**。

翌年,有一次更加精心设计的海上航行,是由菲尔·西格勒(Phil Sigler)和马西·西格勒(Marcy Sigler)安排的。菲尔看上去不可思议地怯生生的,通常说话时眼睛牢牢地盯着地面,而马西却令人难以置信地充满活力,又大又美丽的黑眼睛逼视着你。航行安排搭乘一艘名叫"堪培拉号"(*Canberra*)的澳大利亚轮船,按计划旅行到西非海岸去观察1973年6月30日的日全食。我对和珍妮特一起在"斯塔藤丹号"上享受到的欢乐记忆犹新,立即表示同意,尽管他们要求我必须做4个关于天文学的报告,如果船上满载的话,每个报告还得做两次。

航程预定6月22日离港,可是在此前5天,珍妮特患了蛛网膜下腔出血。我怎么办?我很清楚,我是这次航行的明星,人们等着听我演讲,但我必须取消这次航行。这对西格勒他们是非常可怕的打击,他们恳求我重新考虑,可情况明摆在那儿,我实在无能为力。

珍妮特使情况发生了变化。虽然蛛网膜下腔出血使她脑子一时不很清醒,可她还是懊悔不已。她一遍又一遍地说:"我把一切都毁了,我毁了这次航程。"

保罗·埃瑟曼对我说:"艾萨克,你必须参加航行。"

"我**不能**去,我不能把她一个人扔在医院里。"

"你没有理由不去。她暂时不可能动手术,我们必须等她恢复。如果她一直在为这次航行的事自责，我不敢肯定她一定会好起来。你一定得去，我肯定能说服她让你去。”

就这样，我沉浸在愁苦之中，怀着犹太人淹死法老军队的罪恶感，没有取消航程。西格勒他们接到我的电话，欣喜不已。可我让他们同意作出安排，让我每天都能够给医院打电话，无论是在船上还是岸上。

我真就这样，每天到那间小的无线电话房，等着打电话，我计算了一下，在16天的旅途中，我在那个房间里呆了大约12个小时。我每天打电话（只有一天没打）。珍妮特告诉我说她一点点好起来，她很高兴我在船上。我没打电话的那一天，我打电话给保罗·埃瑟曼，以证实珍妮特没有哄骗我。最后我观看了日全食，我非常高兴，因为这是我第一次看见日全食。但是，我只想尽快回到珍妮特的身旁去（顺便说一句，她错过了这次日全食，直到今天，她也没看见过）。

在旅途中为了消磨时光，排遣心中的苦痛，我扮演了“逗乐人”（Tummler）的角色。这是意第绪语中的词汇，意思是“制造喧闹或噪声的人”。在犹太人夏天避暑的场所，总有逗乐人，他们的职责就是讲笑话，组织游戏玩耍，撩拨那些相对说来相貌平平的女子和年纪稍大的妇女，总之，创造一种幻觉使人感到今晚真热闹。

我成了船上2000人的“逗乐人”，除了我那8场演讲，我一直在说笑话，唱歌，亲吻太太们，参加船员们组织的表演，总之，制造了对50岁的人来说可以算很够格的喧闹。它非常成功。多年以后，我遇到当时在“堪培拉号”船上的人，他们告诉我说他们曾经度过了多么美妙的时光。

这使我想起一个我非常喜欢的故事。我从来没有把它收进《艾萨克·阿西莫夫幽默宝库》。故事是这样的：

> 20世纪初，一位绅士途经维也纳，他感到非常压抑，甚至想要自杀。于是，他就去见西格蒙德·弗洛伊德（Sigmund Freud）。
>
> 弗洛伊德听他谈了一个小时，然后说：“这是一种很严重的、

深层次的病症,不宜在下午谈。你必须去寻求专业人士帮助,准备治疗几年。同时,你可以在晚间散散心,伟大的丑角格里马尔迪(Grimaldi the Clown)正好在城里,他让他的听众充满欢笑。你不妨去看一场演出,至少在两个小时里你肯定会觉得很开心,它可能有某种舒缓的作用,可以维持数日。"

"抱歉,"那位忧郁的绅士说,"我做不到。"

"为什么?"弗洛伊德问。

"因为我就是丑角格里马尔迪。"

这听上去好像是我为自己在船上而伤感(不用说,这种感情是我所不屑的),其实不是的。我哄骗自己认为我当时很开心,这真是自欺欺人。直到后来,当我和珍妮特重又相安无事时,我才可能回顾那次旅行,认为自己就是那个伟大的小丑格里马尔迪。

那年末,我们结婚后不久又有一次机会航海,作为一对度蜜月的情人。这次是实实在在地乘上了"伊丽莎白女王2号"。那是一次"随便去什么地方的航行"。我们只想离开纽约,在海上漂流几天,不靠岸,然后回到纽约——完全符合我这样的人的口味。

我们1973年12月9日登船,这一次珍妮特和我在一起,我幸福得难以形容。这次航行有一点是失败的:我们是去观看科胡特克彗星,它被吹捧为是一种很壮丽的景观。不幸,那几天晚上不是多云就是下雨。不过,即使不是这样,科胡特克彗星也只是一场少有的失望,用肉眼只能勉强看见它。我和珍妮特为什么要在乎这些?我们相互之间就是彼此的科胡特克彗星。

那颗彗星的发现者拉约什·科胡特克(Lajos Kohoutek)也在轮船上,将要作演讲。珍妮特和我舒适地入坐,她说:"你可以不必作报告的时候,艾萨克,能够和你一起旅行简直太好了。"

正在那时,庆祝活动的主持人告诉我们,科胡特克不幸觉得不舒服,只能呆在他的船舱内，演讲只好取消了。观众对此的反应是那么痛苦失望，珍妮特（她的心肠很软）跳起来说："我丈夫，艾萨克·阿西莫夫来演讲。"

她说她不曾，但她的确给了我所有的妻子通常用来表示"不许回嘴"的表情，然后悄悄地对我说，我必须自愿去做。我不明白这有什么区别。不管怎么说，我反正都得上台去，对一帮等着听另外一个人演讲的听众发表演讲。

我成功了。事实上，我讲得非常好，船上负责航行的经理后来邀请我和珍妮特以演讲者的身份去航海。我们乘"伊丽莎白女王2号"（*QE2*）旅行了几次，费用全部由他们支付。

116

珍妮特的书

珍妮特的蛛网膜下腔出血还有一个很奇怪的副作用，要说清这个我得先倒回去一些。

珍妮特早先的经历在某种意义上来说，与我的经历出奇地相似。像我一样，她还是个孩子时，就曾经想过要写东西。但是，也像我一样，她意识到她不能合乎情理地期望以此为生。她决定从事科学，当然，可以理解她上了大学。因为她出身的文化背景并不反对妇女受到高等教育，因此她没有像格特鲁德和马西娅那样辍学。

珍妮特想进斯坦福大学，但是第二次世界大战爆发了，到加利福尼亚读书根本不可能了。因此她进了马萨诸塞州的韦尔斯利（Wellesley）学院读了两年。战争结束以后，她转到斯坦福大学去读最后两年。她说那是她一生中在遇到我之前最快乐的两年。

她打算再到医学院去读书，但这谈何容易。当时参加过战争的退伍老兵优先，大多数学院只招收很少的女生。（特别在1948年，性别是很重要的。）她被纽约大学医学院录取，1952年获得医学学位，在费城总医院（Philadelphia General Hospital）做实习医生之后，她曾在贝尔维尤医院从事精神病学住院实习。她还从威廉·阿兰森·怀特精神分析学院（William Alanson White Institute of Psychoanalysis）毕业。此后她一直与怀特学院保持联系,在那儿担任培训主任达8年之久。1986年,她从精神病学私人医生的职务上退休了。她在这个领域工作30年,赢得了相当高的声望。

在所有这些时间里,她始终都有写作的冲动。她写了各种东西,包括几本探案小说,可她卖不出去,不过它们是很好的练笔之作。(学习写作唯一的真正途径就是写作。)她卖掉过一个短篇探案故事,一个很聪明的故事,卖给汉斯·斯蒂芬·桑特森(Hans Stefan Santesson),他当时是《神圣探案杂志》(*The Saint Mystery Magazine*)的编辑。故事登在该刊1966年5月号上。

做了乳房切除术后,她害怕自己会死掉,就开始写一部小说。第二年她因蛛网膜下腔出血住院(我在日全食观察船上),霍顿·米夫林的奥斯汀·奥尔尼作为好朋友来看望她。珍妮特开始很热心地告诉他,她那本小说的故事情节。(她说如果她当时头脑清醒如常的话,是不会说的。)

奥斯汀·奥尔尼表示很有兴趣。珍妮特最终康复以后,这次与死神擦肩而过(她感受到了死亡)促使她完成了这部小说,把它交给霍顿·米夫林。他们要求她做大量修改,她照做了。

1973年11月30日来临了,我们在那一天结了婚。为了防止爱德华·埃里克森为我们主婚时受干扰,珍妮特把电话拔了。简单的婚礼过后[我们的朋友艾尔·鲍克(Al Balk)和菲利斯·鲍克(Phyllis Balk)在现场证婚,所以当时一共只有五个人——法定最少人数],珍妮特再把电话插上。电话铃立即响起,是奥斯汀打来的,他说霍顿·米夫林将出版珍妮特的小说。那天真是双喜临门。

我一直告诉人们说,珍妮特跟奥斯汀谈完话后说:"瞧,我就知道今天会有好事发生。"其实她并没有说,这话是我编的,不过它总能引起一阵笑声。

珍妮特的第一本小说《第二个实验》(*The Second Experiment*)于1974年由霍顿·米夫林出版,署名是她未婚时的名字珍妮特·O·杰普森(Janet O. Jeppson)。

她继续写别的书。《最后一个不朽的人》(*The Last Immortal*),这是她第一本书的续集,1980年由霍顿·米夫林出版。她还为科幻杂志写短篇故事,其中有一个系列温和地讽刺了精神病学,在我看来相当出色。故事讲述一群精神病学家午餐时的谈话,他们属于一个名叫"施林克斯无名氏"(Pshrinks Anonymous)的虚构的俱乐部,其成员信仰各不相同。这些故事收在一个叫做《神秘的治疗和其他故事》(*The Mysterious Cure and the Other Stories*)的集子里,1984年由道布尔戴出版公司出版。同时,她还编了一部精彩的幽默科幻选集——包括诗歌和漫画,名为《欢快的空间》(*Laughing Space*),1982年由霍顿·米夫林出版。在这本书上,我的名字排在她的后面,因为我只写了序言和导读,90%的工作是珍妮特做的。

这些书发行量都不大,不过,它们使我和珍妮特感到非常满足。

沃克出版公司要珍妮特为年轻人写一部科幻小说。多年来,她脑子里一直在酝酿一篇关于一个自负而可爱的机器人的故事。现在机会来了,她写了《糊涂机器人诺比》(*Norby, the Mixed-up Robot*)。他们要求在书上印上我的名字(估计是为了增加销量),所以我审阅了草稿,稍作润色。这次又是珍妮特承担了90%的工作。

沃克非常喜欢这本书,还想要,珍妮特答应了。到我写这本书的时候,珍妮特已经出版了不少于9本关于诺比的书,全都由沃克出版。

眼下,她正在写第10本诺比的故事。这些书销得很好,伯克利(Berkley)出版了它们的平装本。我们收到许多年轻人写来的有关它们的热情洋溢的来信。

然而,珍妮特最喜欢的书不是我提到的这些,而是一本称为《如何享受写作》(*How to Enjoy Writing*)的书,1987年由沃克出版。它是一本关于如何写作的文章汇编(许多是我写的),加上珍妮特的评语。它真的是我所读过的最迷人的书之一。

迄今,珍妮特一共出版了16本书,包括最近由沃克出版的两本科幻小说，上面没有我的名字。这两本书的书名是《心灵转换》(*Mind Transfer*)和《超空间里的包裹》(*A Package in Hyperspace*)，两本书均于1988年出版。

我已经说过，珍妮特的第一本书是用她结婚前的名字出版的，整个这件事或在书里都没有提到她是我的妻子。她很谨慎，不想被人认为是倚在我的肩膀上。

可这无济于事。科幻小说界的人都知道，或者自会发现这层关系，结果使有些人有了尽情嘲笑的口实。我在本书前面已经说过，一位作家，指控珍妮特利用关系出版了《第二个实验》——伟大的艾萨克·阿西莫夫利用他的影响强迫霍顿·米夫林出版这本书。

这自然是无稽之谈。我从未动一个手指头帮助珍妮特出版那本书。首先，我认为这种做法是不道德的，珍妮特也这么认为。此外，这也不可能，因为我所谓的影响并不能完全说服一家出版社出版一本他们认为很糟糕的书。毕竟，我自己写的书有时也会遇到发行上的麻烦。那我的影响在哪儿?

这倒也教育了珍妮特，在这方面要做正人君子，是白白浪费时间。因为这个缘故，珍妮特最新出版的书，哪怕我没有参与，作者署名也是珍妮特·阿西莫夫。

117

好莱坞

经常有人问我是否有什么书被改编成电影。在很长一段时间里，答案是“没有”。这意味着我很快乐。

这听上去有点奇怪，对大多数人来说，好莱坞吐出的空气都是浪漫的，再进一步，好莱坞吐出的空气都有铜臭味。

然而，为好莱坞工作通常意味着要搬到加利福尼亚去(过去一二十年来，越来越多的科幻小说作家都这么做)。我从来无意于此。我到过的地方不算多，可我不相信还有什么比新英格兰和美国中部滨大西洋的诸州更美丽的地方，特别是在秋季。我觉得平原会使人感到呆板沉闷，山脉(真正的大山)很荒凉。我喜欢起伏的山坡、树木、绿色的景色，和置于其中的曼哈顿壮观的摩天大楼。

此外，听说了关于好莱坞的故事后，我更加不喜欢它了。道布尔戴出版公司的沃尔特·布雷德伯里每年要到好莱坞去作一次商务旅行。有一次他旅行归来，和我一起吃午饭，他简直精疲力竭。他讨厌在那儿必须打交道的人，很虚伪，个个如此，他说，那儿的人一点都不值得信赖。

听了布雷德伯里的话以后，我得出了一套自己的理论。我读过一本书，谈的是19世纪美国的出版业，我很惊讶地发现，当时出版社的人都很厉害，尽是些狡诈的骗子、横行霸道的人和不法之徒。在20世纪中叶，我的出版公司，肯定不是这样的。

我断定是好莱坞的出现，拉走了这帮人，他们个个鼻子里嗅到的都是钱，钱，钱。这样，出版社里就留下了那些比较温和的人，他们不适应这种你死我活的竞争，哪怕是为了金钱。

好，**我**也不适合这种该死的竞争。当我从哈伦·埃利森这样的作家（他喜欢加利福尼亚州和加利福尼亚人）那里听到关于好莱坞的故事以后，我更加清楚这一点。我意识到好莱坞不仅是你死我活的竞争，而且是**陷阱**。它诱惑人们去向往这样一种生活方式：充满阳光的沙滩、烧烤、游泳池——一种除非你在好莱坞工作，否则绝对不可能享有的生活方式。所以你得不断地工作。这是一种与魔鬼的交易，是不可能中止的。

此外，考虑到作为书的作者，我是主人。我的作品可能被改编，但只是稍作改动，而且每个标点符号的改动都得经过我的同意。作为电视或电影作家，制作人和导演拍板说了算，画面压倒文字。在好莱坞的图腾中，作家的地位低下，谁都可以对他指手画脚。

不，谢谢，对所有那些金钱和生活方式，我一点也不羡慕。我宁愿留在纽约，不计任何代价。

所有这些并不意味着好莱坞没有找过我。1947年，奥森·韦尔斯（Orson Welles）花了250美元买了我的故事《证据》的版权。我当时很天真地想，这样肯定要不了多久就会有一部根据我的故事拍摄的大片。不用说，电影根本就没有拍出来过。

这以后，道布尔戴出版公司跟他们谈判电影销售，或者干脆说是电影**选购**，就是说，某个人支付一定数量的钱，买断在一段特定的时间里独家使用某个故事或一组故事的权利，如果在这段时间内，选购方能够筹集到足够的钱开拍电影，那很好！那样，我就可以得到更多的钱；或者他筹集不到足够的资金，没法开拍，那他可以再付一笔钱，保留使用权，否则就只能放弃。我当然保留付给我的钱。

因此，在60年代后期，好莱坞选购了《我，机器人》，而且年复一年地续约将近15年。最终，什么也没有发生，尽管哈伦·埃利森根据这本书写了很可怕的电影剧本。我还收到过购买其他摄制权的钱，可还是什么也没发生。我得出了一条所谓的阿西莫夫好莱坞第一定律：

“不管发生什么，什么也没发生!”

话虽如此，几年前，道布尔戴出版公司把我的故事《黄昏》卖给了某些人。他们实际上拍成了影片，我却一直不知道。后来有朋友告诉我，他看见它的广告登在《综艺》(*Variety*)上。从来没有人来跟我商量，我也不曾看过剧本。有人打电话告诉我，它将在亚利桑那州的图森市播放。

我当然不打算到图森去看它。我问：“它什么时候在纽约放映？”

她说：“纽约太贵了。”

我于是明白了，那片子拍得小里小气。我很想知道它究竟有多差劲。电影做了广告，预告在哪几个地方放映，我的名字很醒目，人们据此去看那片子。然后信开始来了，我知道这下糟了。来信一致公认是拍得最糟的电影，一点也不像我的故事。

有些人因为这部电影责怪我，好像我是导演似的，至少有一个人要讨回他的钱。我只好到处写信，说明与我无干。幸好，那片子几乎立刻就完蛋了，活该。我只希望看过或者听说过这部片子的人再也不要想起它。

出了这种事情，我怎么还希望把我的书拍成电影？

我曾经有几次当过“顾问”。吉恩·罗登伯里(Gene Roddenberry)因《星际迷航》(*Star Trek*)而声名鹊起，他向我征求过一些与第一部《星际迷航》影片有关的意见，我很高兴帮助他，因为他是我的朋友。我不曾要过钱，可他寄了些钱给我，告诉我，我的名字将出现在影片的致谢名单中。不错，我还从未出现在任何电影的致谢名单上，所以我去看电影了。最后人们都开始离场了，没完没了的致谢名单还在银幕上滚动。珍妮特和我等着，一直到人都走空了，最后，最后一栏，**最后一行**才是“科学顾问——

艾萨克·阿西莫夫”。我自然而然大声鼓掌,我清楚地听见有人说:“那就是阿西莫夫,自己给自己的名字鼓掌。”又一个关于我虚荣心的故事诞生了。

1979年,我还当了一部好看的科幻电视系列片《海上救援1号》(*Salvage 1*)中几集的顾问。安迪·格里菲思(Andy Griffith)担任主角,安迪是我佩服得五体投地的演员。其中最重要的是,我在一部名叫《探索》(*Probe*)的电视系列片中被列为创作者和顾问。这是部很幽默、迷人、十分成人化的科幻电视系列片。在那个播映季结束之前,已经有总长2小时、分为6集的片子了,我非常喜欢它们。可不久爆发了旷日持久的作家罢工,在此过程中《探索》也夭折了。真糟糕!

有一件与《探索》有关的怪事应该提一下。我对电视系列片贡献不大,首席撰稿人对系列片作出了大量贡献,他想被列为合作创作者,我对此觉得无所谓。我不想沾好莱坞的影响、形象或名气的光,所以我说:“可以!”

然而,我有一份合同指明我是电视系列片唯一的创作者,所以演员协会(或某个人)打电话给我,提出要代表我向法庭诉讼。

我说:“我不想提出诉讼,就让他当合创人吧!我不在乎。”

我费了相当时间使他们相信我的话,明白我无意去沾好莱坞的光。它又一次向我证明好莱坞是怎么回事,我尽可能不与它牵扯在一起是多么幸运。

118

《星际迷航》大会

既然我在前面一章提到《星际迷航》,那么我就再说几句。这个节目的编导是吉恩·罗登伯里,1966年首播,立刻在科幻迷中引起轰动。它是第一部出现在电视上的成人科幻故事。

第一年年底,那些决策者又决定取消播出。这立即遇到了《星际迷航》迷的大规模抗议,从而使作出决定的人大吃一惊。那帮可怜的智残者一点都不了解科幻迷们多么富有激情,多么善于表达。他们只好撤销决定,《星际迷航》又继续放了2年,才最终淡出荧屏。

然而,它绝对没有完蛋。它一直在重播,直到现在仍然在重播。老片子一共有五部,拍摄到80年代后期(当时它们已经相当老化了)。新的电视系列片于1988年开张,名为《星际迷航——下一代》(*Star Trek: The Next Generation*)。

珍妮特是《星际迷航》的一级爱好者,我有时会替《电视导报》(*TV Guide*)写一篇短文,谈论电视的某一方面。1966年,他们要我写一些关于《星际迷航》和其他(质量比《星际迷航》差得多的)科幻片的文章,我决定开个玩笑,提出了这类片子中一些科学上的谬误,当然也不免提到《星际迷航》。珍妮特立即给我写了很愤怒的信,我只好再写一篇文章表扬《星际迷航》的优点。顺便说一句,我和吉恩·罗登伯里因此成了朋友。

珍妮特属于真心实意抗议播放一年之后就要结束这部片子的那种人。从那以来,她一遍又一遍地观看重播,我真想开玩笑说她台词背得滚瓜烂熟,可以给演员配音了。她直到买齐了所有的录像带之后才停止观看电视重播。有录像,她看的时候就不会被广告打断了。当然她看过所有的影片,劲头十足地观看新片。她在看《星际迷航》的时候,不论是老片还是新片,我都不得打扰她。不过,她不准我叫她迷航者。我不明白,她不是的话,那还有谁是。

还有许许多多其他人,也像珍妮特一样入迷。其中一位年轻夫人名叫埃利塞·派尼斯(Elyse Pines),她想组织一次《星际迷航》大会。在大会上,那些《星际迷航》爱好者可以聚集在一起畅所欲言地谈论。在大会上,可以销售《星际迷航》纪念品,甚至还可以邀请其中一些演员与会。她也要我答应出席,由于大会在曼哈顿举行,所以我同意了。

埃利塞最初在1972年提出召开《星际迷航》大会的想法时,电影长期受欢迎的程度还没有被证实,她预期参加人数不超过400人。实际来了2500人。当然,这次成功意味着埃利塞(和其他人一起)在整个70年代又组织了其他几次会议。凡是在曼哈顿举办的,我全都出席了。在这种场合,我总是要作演讲。实际上,我出席过一次大会,那次大会简直太成功了,令人难以相信。有那么多人涌进旅馆想要参加《星际迷航》大会。会议大厅和楼梯上挤满了人,根本无法挪动(一点不夸张)。幸好,我有先见之明,在堵塞之前好不容易挣扎着挤到了街上。

我一直很乐意作演讲,在书上签名(只要合理),这可以取悦公众,帮助改善公众关系。但是我明白公众的注意力集中在演员身上,而我显然是局外人。这么多参加会议的人甚至不知道我是谁。这种不愉快的感觉很快到了极限:有一次当威廉·沙特纳(William Shatner)本人[那艘高级飞船"企业号"的柯克船长(Captain Kirk)]举行人数众多的大型报告会时,人们提了大量的问题,最终他讲完以后,要离开了。

这是个很大的问题。他怎样才能走出旅馆而不被他的崇拜者拦截甚至包围得水泄不通呢？虽说有一支快速行动的保安队伍，把他夹在当中保护他，但是人群一旦骚动起来，势不可挡。

于是大会组织者(不是埃利塞，她这位置让给别人了)，请求我在沙特纳离开的时候，设法去挡住人群。我没注意到这事会这样，就站起来开始演讲，正当我开始渐入佳境的时候，传来沙特纳已经上车走了的消息。这时，我话讲了一半，就被他们撵下台。

我喜欢奉承，听好话，说他们相信只有我才能把观众稳在座位上，但我不喜欢被人这样明目张胆地利用，他们应该让我讲完。从那以后，我向沙特纳学习。当我参加本地大会时，总是在讲演之前到达，演讲完毕就走。

当然，我从没有被人群堵住的危险。

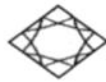 119

短篇探案

还是回到写作生涯上来，谈谈我在70年代的一次新的开始。

我一直想要写短篇的探案。当然开始我局限于写科幻故事，我的短篇科幻中有一些很像探案故事。比方说，我那几个机器人故事。

我还写了由5个科幻故事组成的系列，讲的是一个名叫温德尔·厄思（Wendell Urth）的人，不出家门就能解决疑案。其中第一个故事，《唱歌的铃铛》（The Singing Bell）发表在*F&SF* 1955年1月号上。

温德尔·厄思的故事很有趣，却没能完全满足我的愿望。我想要写一个“纯粹的”探案，它没有科幻的色彩。我1955年曾写过一篇，但是《埃勒里·奎因探案杂志》（*Ellery Queen's Mystery Magazine*，简称*EQMM*）把它退回来了。我后来把它给了《神圣探案杂志》，登在1956年1月号上，标题是：《金发女郎之死》（Death of a Honey-Blonde）。故事发生在化学系，因此它虽然不是科幻故事，却还是没有完全摆脱科学。

那篇故事写得不是很好，我有点灰心。尽管如此，写作短篇探案的冲动仍然藏在我心底。*EQMM*定期出版“最初的故事”，一般刊登的都是从未发表过作品的人写的微型故事。我的恼怒最终冒了出来，我想：“这些业余作者行，我为什么不行呢？”

1969年11月12日，在我这个念头冒出来以后2个小时，我就写了一个微型故事，把它寄出去了，*EQMM*收下了稿件，刊登在1970年5月号上，标题是《数字问题》(A Problem in Numbers)。

但是，那也是讲化学系的故事，就此而言，它很像我到那时为止的第一部长篇探案《死亡交易者》。我对自己很恼怒。我想要写非科幻探案故事。这是为什么？科学和科幻一直对我很好。为什么我要抛弃忠诚的妻子(这只是比喻)去追求风骚的陌生女子呢？

因为，我写科幻小说**成功**了。我想要征服新的世界。我从小就一直很爱探案小故事，我也很想写探案故事。此外，如果一定要找什么不那么富有理想色彩的理由，那就是我发现写探案故事比写科幻小说容易。

或许激励我的最主要的因素是好胜心。我注意到每当我看一部好的电视剧，里面有律师、音乐家、探长或其他什么职业的人，我立即就有一种强烈的愿望，希望自己是律师、音乐家、探长或其他什么职业者。我已经达到一种很荒唐可笑的地步：有一次，我正在看一部很好的电视剧，是讲作家的。我转过去对珍妮特说："我多么希望自己是一个作家啊！"(只有一个例外。我从来没有看了关于医生的电视剧而想当医生，哪怕有一点点心动。情况恰恰相反。)

为什么会有这种好胜心？我猜测那是一种**样样**都想做的愿望，想在各方面都显露一下。甚至仅就写作而言，我有时还会说："要依了我，我要写世界上各种类型的书。"

这是值得赞美的雄心壮志，还是促使亚历山大大帝(Alexander the Great)因为只有一个世界可供他征服而哭泣的妄自尊大？我想是前一种。归根结底，不论我如何冲动，我还是牢牢控制住我**实际上做的事**，并没有选择任何我怀疑自己做不了的事。我并不**真的**想当一名律师、音乐家、探长或其他什么职业的人。我清楚写作充满了我的生活。要是做什么别的事情，哪怕是很小一件事，我都得放弃写作，那简直是不可能的。

尽管如此，我错过两个机会(不是写作上的)，我感到永久的懊悔。首先，我没有学会俄语。其实，只要我小时候父母亲用俄语跟我说话，我该不会有什么问题。其次，我没有钱去学钢琴和声乐。(我可以完美地唱准一个调子，有一副天生的好嗓子，可惜完全没有经过训练。)

噢，对了，如果我要不忘记俄语，我就得一直使用它，如果我弹琴的话，我就得经常练习。另一方面，写作倒是不会生疏的，至少我觉得是这样。如果因为某种原因，我不得不离开打字机一段时间，那么，我照样可以熟练地回到它上面，丝毫不受影响。

还是回到我的短篇探案故事上来——

我最初给*EQMM*的一篇小故事并没有导致我大量创作侦探小说。毕竟，我从来都不会没事干。

然而，1971年初，*EQMM*的管理总编埃莉诺·沙利文(Eleanor Sullivan)，一位美丽的金发碧眼女郎，写信给我要一篇故事。我答应得很痛快，但接着就得构思故事情节了。

我很快想到，在我楼上2层住着戴维·福特(David Ford)，一位肥胖的演员，他有一副洪亮的男中音的嗓子。(我认为，对演员来说，声音比脸蛋更重要。除非他是那种没有思想的女性偶像。)一次他邀请我们到他家去，我们发现他房间里塞满了各种各样的东西，意第绪语里称作"什锦"(chochkes)，即给人一种杂七杂八什么东西都收藏的印象。他告诉我们说，有一次他家修房子时，他出去遛狗了。他断定修理工拿走了几件东西，可是他始终不能确定究竟丢了什么，或者说，不能确定究竟是否丢了东西。

这正是我所需要的，我很快把故事写好了，它刊登在*EQMM* 1972年1月号上，名为《贪婪的窃笑》(The Acquisitive Chuckle)。

我以为它只不过是一个故事，不料它登出来以后，弗雷德·丹奈(Fred Dannay)在推荐文章里宣称它是"艾萨克·阿西莫夫的一个**新系列**(丹奈在文章中用大写)中的第一个故事"。这可是我第一次听说，不过我很愿意继续写下去。

我写了越来越多有关那些人物的故事。等到写满12个故事的时候，我决定把它们收集为一本书。丹奈以为这个系列写完了，就在书里说了。他对我不太了解。我执意继续写下去，现在已经写了不下65个故事。（如果不多产，那还做什么多产作家？）

我把这个系列称作"黑鳏夫（Black Widowers）故事"，故事全都发生在一个名叫黑鳏夫的俱乐部每月一次的宴会上。那个俱乐部是以一个真实的俱乐部为模本的，我是其中的会员。该俱乐部名为"活板门蛛"，我后面还要再谈到它的。

故事完全是对话式的，6位俱乐部会员以一种爱争吵的奇特方式展开讨论。有一位客人，宴会后有人向他提出问题，他的回答透露了某种类型的案件，黑鳏夫们全都无法破解，最后却由侍者亨利解决了。

最终，各种黑鳏夫的故事，每次12个，由道布尔戴出版公司出版。迄今，已经出版的有：

《黑鳏夫的故事》（*Tales of the Black Widowers*），1974年

《黑鳏夫的其他故事》（*Mores Tales of the Black Widowers*），1976年

《黑鳏夫的案例》（*Casebook of the Black Widowers*），1980年

《黑鳏夫的宴会》（*Banquets of the Black Widowers*），1984年

《黑鳏夫的难题》（*Puzzles of the Black Widowers*），1990年

我已经又写了5个故事，等到哪天新写的故事总数满12个时，再把它们一起收在第6卷里。

第2个短篇探案系列是从埃里克·普罗特（Eric Protter）要我每个月为他的杂志写一篇2200个词的探案故事开始的。（黑鳏夫的故事平均每篇5500词。）埃里克·普罗特是《画廊》（*Gallery*）的编辑。《画廊》是一种所谓的"女色杂志"，虽然它不像其他某些杂志那么暴露，可它的"女色"已经使我很惊恐了。

我说："埃里克，我不写色情小说。"

他向我保证我不必如此。因此我另外构思了一个背景。4个男人在“联合俱乐部”的图书馆里周期性地聚会。其中3人有一场简单的谈话，提醒了第4个人格里斯沃尔德(Griswold)，使他想起了一个故事。然后格里斯沃尔德把故事讲了出来，它总是包含一个由他侦破的案例。他总是要等另外3个人生气地催问，并郑重地说不可能解开之时才说出答案。然后，他再重现破案的经过。我称这些为格里斯沃尔德故事。

1980年3月9日我写了第一个格里斯沃尔德故事，《画廊》一共发表了33个格里斯沃尔德故事。1983年8月《画廊》更换了出版者，解除了我的约稿。但是，我有时继续写格里斯沃尔德的故事，并把它们交给*EQMM*。

我还为青少年写过一些微型探案故事，许多都发表在《男孩生活》(*Boys' Life*)上。在我看来，其中最好的一篇是被《男孩生活》退稿(或许他们认为它与恐怖主义有关)，后来又被*EQMM*抢去的那个故事。它发表在该刊1977年7月号上，题目是《圣诞节第13天》(The Thirteenth Day of Christmas)。

在70年代和80年代，我写了大约120个短篇探案，数量远比我在此期间写的科幻故事多。我认为这种情况不会改变。相比之下，我更喜欢探案故事。

让我来解释这事。那120篇探案故事是“老式的”，现代探案故事越来越多地按照警察办案过程、私人侦探的本领和精神病理学来展开，它们全都有充斥着性和暴力的倾向。

比较老式的探案故事里面，有一系列密切相关的悬念，和一位精明的侦探(常常是业余的)编织的高超的推理链。这种故事大多已不复存在。现在的人不屑一顾地称它们为“安逸型探案”。它时兴的时期是在20世纪30年代和40年代的英国，伟大的休闲作家有阿加莎·克里斯蒂，多萝西·塞耶斯，纳加约·马什，马杰里·阿林厄姆(Margery Allingham)，尼古拉斯·布莱克(Nicholas Blake)和迈克尔·英尼斯。

我写的就是这种探案。我不隐瞒，我的探案以阿加莎·克里斯蒂为榜样。在我看来，她的探案写得最好，远比福尔摩斯探案写得好。赫尔克里·波洛是侦探小说中写得最好的。我为什么不把我认为最好的当作榜样呢？

更重要的是，我的探案其实都是“座椅上的侦探”故事。故事是在谈话中展开的，线索全都摆明在那儿，读者完全有机会打败虚拟的探长得出结论。有时候，有些读者还真那么做，在极个别的情况下，我甚至收到来信指出更好的破案方法。

老式？肯定没错!那又怎么样？其他人在写探案故事时自有他们的目的，或许是想灌输冒险的意识，令人毛骨悚然的恐怖感，或者别的什么。我的探案故事旨在（实际上，在我所有的作品中，小说类和非小说类都一样）让人们思索。我的故事是**疑谜**故事。我觉得它没有什么不对。事实上，我觉得它们是一种挑战，就像写诗一样，因为创作真正的疑谜故事的规则是很严格的。

附带说一句，这意味着故事不一定要有精神病行为或暴力犯罪——甚至根本没有犯罪行为。我最近写作中觉得最有乐趣的探案故事是《失落在翘曲空间里》(Lost in a Space Warp)，发表在1990年3月号的*EQMM*上。它讲述一个男人把自己的雨伞遗忘在女朋友的小公寓里了，却怎么也找不到。亨利根本没有挪动他在餐具柜旁站立的位置，只是根据那人提供的信息，就推断出可以在哪儿找到那把雨伞。

此外，我不打算改变这些故事的格式。它们始终保持原样。黑鳏夫们的客人永远有一个探案故事要讲述，黑鳏夫们始终疑惑不解，亨利总是最后出来解疑。同样，格里斯沃尔德总是讲他的故事，其他3个人始终不知道答案，直到格里斯沃尔德告诉他们。

为什么不呢？虚构的背景，只是设计来提出疑问的。我的意图是让读者每看一篇新故事的时候，都有一种很舒服的老友重逢的感觉，在熟悉的环境里，遇见同样的人物，用清醒的头脑，来猜透我的意图。

120

活板门蛛俱乐部

在70年代，我参加了许多组织，大多数是因为环境使然而不是因为我热衷于此。既然我在前面一节里提到了"活板门蛛"，那我正好就来谈谈。

1942年，我第一次到费城，通过斯普拉格·德·坎普结识了约翰·D·克拉克(John D. Clark)。他们年轻时是大学同学。克拉克(因为他有博士学位，大家都叫他"博士")瘦削的脸庞，稀疏的胡子，是个冷面滑稽。(糟糕的是)他抽起烟来一支接着一支，我因此离他远远的。

他是位无机化学家。在战争年代，曾经研究过火箭爆炸。30年代后期，他曾经写过两篇优秀的科幻故事，此后就再也不曾写过。其中有一篇《负行星》(Minus Planet，*ASF*1937年4月号)，我想这是第一篇讲反物质的故事。

我遇见他时，他正准备跟一位个头很大，很奢华的未来的歌剧演员结婚。我不太喜欢她。可这是克拉克的选择，不是我的。不过，我发现克拉克所有的朋友都不喜欢她。到后来，除非他的妻子不在场，否则简直没法与他有任何交往。

弗莱彻·普拉特(Fletcher Pratt)是博士的一个朋友，曾经与斯普拉格合作在《未知》上发表了许多优秀的奇幻故事。他是小个儿，留着小胡子，秃头，额头向后倾，是个不可小看的智者。他是位军事历史专家，写过《火的审判》(*Ordeal by Fire*),我认为在所有描写美国南北战争史的作品中它是最好的一本书。他发明了一种战争游戏。在这种游戏中,真实战舰的小模型根据一套复杂的规则投入海战,这些规则尽可能逼真地模仿现实中的情况。他还在住所里养狨,结果房间里一股动物的气味。他1956年去世,终年59岁。凭着奇异的记忆,我依然清晰地记得我们最后一次在纽约街头挥手道别的情景。

1944年,弗莱彻忽然想要建立一个俱乐部,每月聚餐一次,严格规定单身。克拉克博士可以成为会员,这样,他每月可以摆脱他的妻子,与朋友相聚一次。每次由一名或两名成员主持一次聚会(以及支付餐费)。有一点逐渐成为惯例,即每次聚会的主持人可以邀请一位客人,他在聚餐之后可以历数自己的生活和工作,该俱乐部自称为"活板门蛛",*意思就是他们搬到一个洞里,洞口有活板门可以抵挡敌人——也就是博士的老婆。

克拉克博士本人显然最终也无法忍受他老婆,7年后他们离婚了。活板门蛛俱乐部继续保留,他一直是成员。我的朋友斯普拉格·德·坎普和莱斯特·德尔·雷伊也是会员。

有时候,我正好在他们俱乐部聚会的日子去纽约,他们会邀我作为嘉宾参加(一般都是星期五晚上)。因为我知道自己不会总在合适的时间去纽约,所以我拒绝成为正式会员。不过,1970年我搬到纽约之后,他们立刻同意接纳我,从此我就一直是会员。

做一个活板门蛛俱乐部会员很快活。每次谈话都很有趣,每个会员都是某一方面的专业人士。我们每次聚会有12个人左右。我略举几人好让你们对成员的多样性有一点了解:罗珀·沙姆哈特(Roper Shamhart)是一位新教圣公会教徒的教长(Episcopalian minister),也是神学和礼拜音乐的专家;理查德·哈里森(Richard Harrison)是一位制图专家;琼·勒科尔贝勒(Jean Le Corbeiller)是数学教师;莱昂内尔·卡森(Lionel Casson)是位考

---

* 活板门蛛,营巢于泥土中,巢呈圆筒状,上有盖(即活板门),可启闭。——译者

古学家,他的专业是研究罗马人的生活方式,等等。

(一次,我一边在看一本卡森著的论述罗马的书,一边在等罗宾回来——她当时正来看望我。她回来晚了,平常我会因此极度不安,可这次我被书深深地吸引住了,没有注意到这点。结果,她**很**晚才回来的时候,我还觉得恼怒,我还没看完那本书,她打断了我。我把这件事告诉卡森,他高兴极了。)

我介绍了两名新成员参加俱乐部,他们都是最成功的活板门蛛俱乐部成员,一位是马丁·加德纳,另一位是肯·富兰克林。问题是两个都退休了(这倒没什么),后来又都搬走了(这真是可怕的罪过)。

正如我在前面提到的那样,黑鳏夫故事基本上是根据活板门蛛俱乐部写的,只不过人数减少一半,这样比较容易掌握。甚至黑鳏夫的各个成员也是根据活板门蛛俱乐部会员的人物塑造的。

其中,杰弗里·阿瓦隆(Geoffrey Avalon)是根据L·斯普拉格·德·坎普写就,伊曼纽尔·鲁宾(Emmanuel Rubin)参照莱斯特·德尔·雷伊,詹姆斯·德雷克(James Drake)由克拉克博士而来,托马斯·特朗布尔(Thomas Trumbull)取自吉尔伯特·坎特(Gilbert Cant),马里奥·冈萨洛(Mario Gonzalo)像林·卡特(Lin Carter),罗杰·霍尔斯特德(Roger Halsted)是唐·本森(Don Benson)的化身。这已不是什么秘密了,我全都征求过他们的同意。

一次肯·富兰克林的妻子夏洛特(Charlotte)问起活板门蛛俱乐部是怎么回事。(我猜想当妻子的都情不自禁地想知道单身俱乐部聚会的情况——隐隐约约地猜想有裸体女人和莫名的狂饮。)肯·富兰克林把我的一本黑鳏夫故事给她看:"像这本书里讲的,不过没有这么好。"

在我的书里一切都没有改变,可在现实生活中变化很大。三位黑鳏夫的原型现在已经死了:吉尔伯特·坎特、林·卡特和克拉克博士,剩下的三个人中,斯普拉格搬到得克萨斯州去了,莱斯特最近行动不太方便,不能来参加聚会了。

至于亨利,那位直到结局之前始终退隐在后面的最为重要的侍者,在现实生活中根本就没有这么一个人。他完全是我塑造的。当然,我承认他和沃德豪斯笔下的吉夫斯(Jeeves)有点相似。

人们有时问我是否在黑鳏夫故事中出现过。回答是我只出现过一次,我作为客人莫蒂默·斯特拉(Mortimer Stellar)在《无人追赶》(When No Man Pursueth,*EQMM*,1974年3月号)的故事中出现。我得意地告诉珍妮特,我在那篇故事中极其准确地描述了我自己。

她说:"那不可能。那个客人虚伪、狂妄、自命不凡,而且很粗野。"

"正是!"我胜利地说。(她大发雷霆。只怕她是透过玫瑰色的眼镜来看我的。)

我还以故事讲述者的身份——那个叙述者"我",出现在格里斯沃尔德故事里。

121

门撒国际

1961年,我结识了一名叫格洛里亚·萨尔茨伯格(Gloria Saltzberg)的年轻女子。她是1955年小儿麻痹症流行的受害者。那是在索尔克疫苗出现之前,这种病在世界上最后一次大流行。结果她落下残疾,坐在轮椅上,可她没有怨天尤人。她是个充满活力的女人,充满欢乐,我很赞赏这一点。她的智商也很高,是门撒国际(Mensa)的成员。

门撒国际是在英国成立的组织,它由那些经过正规测试,(被认为)智商居于人类智商的前2%的人组成。

格洛里亚·萨尔茨伯格想让我也去测试,可我很犹豫。首先,虽然我一生智商测试结果都对我极为有利,可我并没有当一回事。我相信测试只是智商的一个方面,即回答那类问题的能力,而且是那些具有相同智商的人可能提的问题。我的智商极高,但我心里很清楚,在许多方面我很愚蠢。其次,我去接受智商测试有失身价。我的生活和工作就是对我智商的最好测试(事情就是这样)。

格洛里亚·萨尔茨伯格说:“你不会害怕测试吧?”

我想了一下,的确如此。我去测试不仅不会有所得,反而只会有所失。假如我得分很高,这是在预料之中的,假如我得分很低,这种丢面子的事是我无法忍受的。弄清了原委以后,我为对自己信心不足而羞愧。

于是，我接受了测试，得分很高，我成了门撒国际的成员。

总体上，参加门撒国际的经历不很愉快。尽管我遇到许多很出色的门撒国际成员，可其他一些人非常傲慢，自以为智商高，态度咄咄逼人。他们给人一种印象，就是在别人介绍他们时，可能会抢着说："我叫乔·多克斯(Joe Doakes)，我的智商是172，"或者，恨不能把这智商数贴在脑门上。他们正像我年轻时那样，喜欢把自己的智力强加于人。而且一般说来，他们总感到自己没有得到赏识，不够成功。其结果是，他们总是怨天尤人，很难相处。

更有甚者，他们不断地互相比试，测试对方的智力，这类事不久就让人感到厌倦。

此外，我很不舒服地意识到这些门撒国际成员，不论他们纸面上的智商有多高，很可能像其他人一样无理性。他们中有许多人相信自己属于"优等"人群，应该统治世界，轻蔑地把非门撒国际的人认作低等人群。显而易见，他们趋于成为右翼保守分子，我一般对他们绝无好感。

更糟糕的是，他们之中还有些群体，我后来才发现，接受占星术和其他许多伪科学信仰，形成了"特殊兴趣群体"(SIG)，信奉各种知识垃圾，粘上这种事，哪怕只是一点点，还会有什么好名声？

最糟糕的是，我被认作天然靶子。门撒国际所有狂妄自大的年轻人似乎都认为他只要在一场智力较量中击败我，就可以出名了。我发现自己的境况就像一个老枪手：年轻的快枪手不断地向他挑战，他永远不能放下枪来。

我不想玩这个游戏。我不在乎在智力较量中失风，我一生中已经输过许多次，可我宁愿这些事自然发生，我不想永远提防他们。简而言之，打个比方说，必要的话，我会开枪的，但是我不想时时刻刻把手放在离枪套半英寸的地方来度过我的一生。

因此，我停止参加聚会，不再支付会费。我从未正式退出，但就跟退了一样。

事情并没有到此结束。我回到纽约后,发现这儿的门撒国际认为我是他们中的一员。在一种毫无防备的情况下,我同意参加一次聚会,与维克托·谢列布里亚科夫(Victor Serebriakoff)见面。对于他,我有一种天然的好奇。他是英国人,是世界门撒国际的主席,是它的精神领袖。

维克托·谢列布里亚科夫是个矮个儿,椭圆的脸,红喷喷的,留着一把灰胡子。他能够用各种地方的口音——包括伦敦东区的土话,讲非常精彩的笑话,这立即赢得了我的好感。维克托·谢列布里亚科夫说如果我不付会费,他替我付。这样无论我是否愿意,我都是门撒国际的成员。

我当然不会答应。因此,我重新又成为积极的门撒国际成员。平心而论,其中也有一些好事。当门撒国际在纽约召开全国性大会时,我通常都被拉去在宴会上或者其他场合演讲。我可以讲无法对一般公众谈论的比较深奥的话题。我甚至把我一本科学随笔集呈献给门撒国际的听众,书名为《无穷之路》(*The Road to Infinity*,道布尔戴出版公司,1979年)。

不料,老麻烦又冒出来了。因此除了对一大群门撒国际成员演讲以外,我尽量避免参加门撒国际的任何活动。要退出也很难,因为维克托说过我已被指定为门撒国际的两位国际副主席之一,这位置我保持了15年之久。我并不想这样,可我的名字列在门撒国际的书面文件上,尽管它只是荣誉性的,我想退出却十分困难。

当然,有许多门撒国际的成员很讨人喜欢,很聪明,例如像马戈特·塞特尔曼(Margot Seitelman),她实际上负责门撒国际纽约分部。她是一位不知疲倦的当家人,一位很棒的厨师。维克托在纽约市中心时,马戈特和我常与他一起吃饭,通常马文·格罗斯沃思(Marvin Grosswirth)也和我们一起。马文是门撒国际所有的成员中,与我最意气相投的人。他的笑话比我讲得好,会讲一口更加地道的意第绪语。

我在门撒国际呆了几年,越来越厌倦它。我甚至不能无视我的会员身份。除了每年要支付会费,还有许多人写信说他们是门撒国际的,因此咬定与我是兄弟姐妹,然后几乎无一例外地要我做些什么事情帮助他们(都是些我不想做的事):写一篇文章,合作写本书,阅读稿子,为他们提供信息等,我感到自己在大庭广众之下处于一种很可笑的位置上。

最后,当马文和马戈特死了以后,我就引退了。

 122

自费聚餐俱乐部

拉尔夫·戴伊(Ralph Daigh)看上去有点像艾伦·黑尔(Alan Hale)——埃罗尔·弗林(Errol Flynn)扮演的罗宾汉手下的小约翰。他是福西特出版社(Fawcett Publications)的总编辑。福西特是一家重要的平装书出版社。1971年4月,他邀请我去吃中饭,说:“我们去‘各自付费’。”

下个星期二,我在雷金西大酒店(Regency Hotel)与拉尔夫见面。我拿出皮夹要付钱,拉尔夫·戴伊说:“我请客。”

我说:“不是说好我们各自付费吗?”

他乐坏了:“你以为我会邀请你吃午饭却让你付钱?这是自费聚餐**俱乐部**,你是我的客人。”

几星期后,我被邀请加入俱乐部成为会员。

自费聚餐俱乐部于1905年成立,最初是由一群新闻记者发起的。他们每逢星期二聚在一起吃午饭,各人自付饭费,因此有了自费聚餐俱乐部这个名称。随着时间推移,俱乐部扩大了,包括艺术界的人士都可以参加。我们中午见面,饮鸡尾酒,谈话,12:30坐下吃午饭,下午1:10敬酒人站起来,宣布一些事宜,介绍来宾,然后是一些余兴节目,通常是歌唱,最后是关于一些有趣话题的演讲。2:00,活动结束。

一切都非常令人愉快。最初,我难得去一次,可我在那儿很快活,逐渐定期去那儿。事实上,我早晨冲淋时(我是一个由来已久的冲淋歌手),当我唱《请替我问候百老汇》(Give My Regards to Broadway)唱到“请告诉他们,我的心渴望/置身在昔日相聚的人群中”,我把自费聚餐俱乐部当作那个相聚的人群。

我参加俱乐部时,主席是威廉·莫里斯(William Morris)。他是一位著名的词典编辑,快活,胖胖的,很讨人喜欢,一把白白的胡子,又使他看上去令人肃然起敬。后来,他因为妻子病得很厉害,不能保证定期出席例会,被迫辞职。(他住在康涅狄格州。)他妻子死后,他重又按期出席聚会,但不再担任他以前的职位。他成了荣誉主席。

威廉·莫里斯的继任是著名的洛厄尔·托马斯(Lowell Thomas),他是70年代自费聚餐俱乐部中最杰出的人物。他已经80多岁了(从外表上,绝对看不出他的年纪,他生活忙碌,思维活跃,更别说他妻子年轻漂亮了)。他坚持说他只是临时主席,只当到俱乐部找到别的人选。可是俱乐部无意去物色其他人,他一直担任主席,直到89岁去世为止。

1981年5月3日,珍妮特和我一起出席为庆祝他89岁生日举办的活动,他说他对所有这些事都厌倦了,害怕等他90岁就更糟糕了。他说他要故意安排去旅行,这样人们就没法在这种场合找到他了——真的是这样,但不完全像他想象的那样。1981年8月29日,在一如往日、排满各种活动的一天结束之后,他在睡梦中平静地死去。那是个很好的结束。

接替洛厄尔·托马斯的是埃里克·斯隆(Eric Sloane),伟大的美洲史料画家。从他那温和的外表很难看出来,他竟然结过7次婚。他是个很精彩的人,有时候会自己掏钱给自费聚餐俱乐部每张餐桌加上葡萄酒。唯一麻烦的是他在西南部呆的时间很长,很少出席主持会议。

他清楚因此而造成的麻烦,说他不在的时候要我担任临时主席,但我始终觉得他是开玩笑。我的确隔一阵子会主持一次会议,不过一般都是由俱乐部秘书沃尔特·弗雷斯(Walter Frese)主持。

埃里克年事已高，装了心脏起搏器。1985年3月6日，在他80岁生日后不久，他到第57街的一家画廊去，他的画正在那儿展销。在沿第5大街走的途中，肯定是心脏病发了，摔倒在地，猝死在人行道上。令人难以置信的是，他居然没有随身带身份证明，不过他身上有一张那家画廊的名片，警察找到那儿，让画廊的人作了辨认。

珍妮特立刻决定我们要拥有一幅埃里克·斯隆的画。我们到那家画廊，珍妮特挑选了3幅可以考虑的画，要我最后拍板。我选了一幅我最喜欢的，现在这幅画还挂在我们起居室的墙上。

在埃里克的追悼会上，珍妮特和我悲伤地静静坐在教堂的长椅上，自费聚餐俱乐部的成员埃默里·戴维斯(Emery Davis)——他是一位著名的乐队首领，头秃得很厉害，性格很活泼——朝我弯下腰来说："请您致悼词。"

我丝毫没有准备，可我站起身来，即席致词。讲得挺好，但我当时没预见到这事的后果。我自1982年1月12日以来一直是俱乐部理事会的成员，由于这次即席致词，理事会的所有成员立刻一致同意我为下届主席。经过一番犹豫之后，我妥协了，于1985年4月16日走马上任。

在一个方面，自费聚餐俱乐部改变了我的生活规律。由于我总是在星期二出去吃午饭，所以我就利用这一天去拜访出版社，特别是道布尔戴出版公司，那儿所有的人都习以为常，以至于有人告诉我，如果哪个星期二我没去他们公司，他们就感觉不像是星期二。

自费聚餐俱乐部有许多人成了我挚爱的朋友(有些人自我加入以来已经故世)。我很犹豫是不是要把他们列出来，因为我肯定会出于疏忽而遗漏一些人。我要说俱乐部里最有特色的是赫布·格拉夫(Herb Graff)，有他在场，连我都黯然失色。

赫布·格拉夫个子矮小、秃顶，我第一次看见他时他戴着假发，但后来不戴了，转而留了一把络腮胡子，看上去就像一个古怪的拉比。他的专业是研究20世纪30年代的电影。

赫布·格拉夫和我相处得极好。10年来，我们坐在一起同声相应，我们那一桌是聚餐时最热闹的一桌。埃里克·斯隆称之为“犹太人的桌子”，不过显然是赫布·格拉夫，而不是我，才真正配得上埃里克封的“犹太首领”的头衔。[我有一次在乘“堪培拉号”轮船作海上日食观测游时，故意嘲讽地抱怨说，我好像总是坐在最吵闹的桌子上。沃尔特·沙利文（Walter Sullivan）与我在同一桌，他是个心地最善良的人，把我的话当真了，觉得很奇怪，就对我说：“可是，艾萨克，你不就是那个吵闹的人吗？”]

得了，我是的，可不总是这样。桌上只要有赫布·格拉夫在，就数**他**吵。没错，我很会说话。就在最近，罗宾还随便地对她的一个朋友说：“跟我爸爸谈话就等于听他一个人说。”但是，人群里只要有赫布·格拉夫，我就会保持安静，谈话就成了赫布·格拉夫的独白。他知道无数个笑话、有趣的故事，讲起来滔滔不绝。

自费聚餐俱乐部有着大量的故事。有一次，一个定期参加聚餐的人以诸如老婆住医院之类的借口为由，误了几次聚餐。我就（假装）傲慢地以大男子主义的口吻说：“**我**不参加聚餐的唯一理由就是我床上有一个漂亮宝贝，她不让我离开。”

这时乔·科金斯（Joe Coggins）阴阳怪气地说：“这就是艾萨克参加聚餐的纪录如此完美的原因。”

我刚说完就发现会有这个结果，可已经晚了，我无法把话缩回去。别无他法，只好很狼狈地跟大家一起哈哈大笑。

123

贝克街小分队

贝克街小分队(The Baker Street Irregulars,简称BSI)由一群福尔摩斯爱好者组成。这个名字是在一些早期的福尔摩斯故事中,对街上一群替他工作的小男孩的称呼。

这个组织在每年最接近1月6日的那个星期五举行一次宴会活动。1月6日据说是福尔摩斯的生日。在活动中,先是大家聚在一起谈话和饮鸡尾酒,然后坐下吃大餐。大餐之后是举行各种传统的仪式和发表"论文"。

我们全体玩的游戏是假设歇洛克·福尔摩斯的故事有根有据,是真实的。约翰·华生医生真的写了这些故事,而阿瑟·柯南道尔(Arthur Conan Doyle)只是文学代理。

实际上,柯南道尔是一位鲁莽粗心的作家,他后来变得憎恨歇洛克·福尔摩斯故事了,因为相形之下,歇洛克掩盖了他的其他文学作品,甚至迫使作者本人退居到阴影之中。柯南道尔大概想草草收场,以便摆脱福尔摩斯,最终甚至试图杀死福尔摩斯。可读者的压力迫使他让福尔摩斯起死回生,然后继续以更加反感的态度写下去。

结果,故事本身有许多相互矛盾之处。有些事柯南道尔根本不在意,贝克街小分队却假设故事正确无误,"论文"的目的就是解释这些互相矛盾之处,提出各种深层的不太可能的理论来解释故事中的这件那件事情。

1973年,一位年长的活板门蛛俱乐部成员埃德加·劳伦斯(Edgar Lawrence,现已去世)提议吸收我为贝克街小分队成员。成为贝克街小分队成员的条件之一就是要准备并发表一篇与那些福尔摩斯故事有关的论文。我没有写,最主要的原因是我写不出来,因为我对福尔摩斯故事知之不多。我也无意去做必要的研究,这些要求显然把我排除在外了。

幸运的是,几年之后,我应邀为一本关于福尔摩斯的文集写一篇文章。我说我不太了解那些故事时,巴纳什·霍夫曼(Banesh Hoffman,一位曾经与爱因斯坦一起工作的物理学家,人长得很丑,心灵却很美——现在已经去世)建议我分析《一颗小行星的动力学》(*Dynamics of an Asteroid*)这本书。

这本书在一个福尔摩斯故事里被提及,说它是伟大的数学家和大罪犯詹姆斯·莫里亚蒂(James Moriarty)写的。这本书究竟包含什么内容,故事里什么也没谈,理由显而易见:柯南道尔对于天文学一无所知。我对它的内容作了很漂亮的推理——正适合詹姆斯·莫里亚蒂无比歹毒的计划,我为这文集写了一篇文章。后来又把它扩充,变成一篇黑鳏夫的故事,标题是《终极罪恶》(The Ultimate Crime)。我没有把它交给杂志社出版,而是作为“原作”收在《黑鳏夫的其他故事》里。

这以后,我终于觉得自己是一名真正的小分队成员了。

我还是得承认(在这本自传里我只讲真话),我其实不是一名福尔摩斯爱好者。几年前,我(应邀)写了篇文章批评福尔摩斯故事《五个橙核》(The Five Orange Pips),指出它逻辑上的漏洞,它使我认为柯南道尔是在睡眠之中写的。

有一个宴会仪式是要为故事中的某个人物致6次“正式的祝酒词”。有一年,我应邀向福尔摩斯致祝酒词,我的祝酒词非常潇洒,从此以后我每年都被提名在那种场合发表最后的演讲。我还写了些关于歇洛克·福尔摩斯的诗,配上著名的曲子演唱。我第一次是在1982年1月8日唱的,用的是著名歌曲《相信我》(Believe Me, If All Those Endearing Young Charms)的乐曲。

然而,贝克街小分队也并不是一切都那么好的。首先,歇洛克抽烟很厉害,那些小分队成员觉得自己也该抽烟。宴会以后,空气中始终弥漫着一股烟味,这简直使我要发疯了。活板门蛛俱乐部和自费聚餐俱乐部虽然也有人抽烟,但是,人数渐渐地减少,部分原因是我不断地埋怨,但是我对小分队成员们毫无办法。

我嘲讽地指出,福尔摩斯有可卡因瘾,我们是否也要加入那毒品文化? 可是这根本不起作用。我要求坐在不抽烟的一桌上,可那有什么用,邻桌仅相间3英尺(约0.9米),空气中充斥着那儿的人吐出的烟气。我气愤极了——可我忍住了。

我之所以忍住了的一条理由是主持会议的是朱利安·沃尔夫(Julian Wolff),一位医生,他也是一位自费聚餐俱乐部成员。他很早就从医务界退休,以便全身心地投入小分队的活动中去。他身材矮小,一张孩儿脸,露出一副充满着爱和天真的表情。正是他邀请我在宴会上发表演讲的,并催促我继续写我的言情诗,我们全都很爱戴他。我不忍心从贝克街小分队退出,如果那样做会使他感到难受的。

时光流逝。1986年,朱利安·沃尔夫辞去了他的职务。他于1990年去世,享年84岁。新的活动负责人不想让我致辞,我也就不再参加宴会活动了。

124

吉尔伯特和沙利文学会

从小学4年级起，我就是一个吉尔伯特和沙利文轻歌剧的爱好者，那时我学会了唱《彭赞斯的强盗》(*The Pirates of Penzance*)里的歌曲《当敌人举起了刀》(When the Foeman Bares His Steel)。我并不知道它是吉尔伯特和沙利文的作品，但是我喜欢这首歌，我是个童声高音(我相信，声音甜美)，我爱拔高声音唱出高音部分:“去吧，勇士们，去争取辉煌。”

顺便说一句，高音歌曲仍然很吸引我，虽然大约在60年前我唱高音的时代就结束了，现在我唱男低音(需要的话，我也可以唱中音)。几年前，我参加了一场演出，和其他一群歌手一起演唱《上帝佑我女王》(God Save the Queen)。我发现其他低音部歌手唱的音调与我不一样。事后，我去找我的好朋友乔斯林·威尔克斯(Jocelyn Wilkes)，她是一位很神奇的女低音歌手，也是最棒的《日本天皇》(*The Mikado*)中卡蒂莎(Katisha)的演唱者。我对她说:“我当时在唱中音部。”

“根本不是，”她用一种权威的态度说，“你唱的是高音部。”

天哪，那首歌我只会唱那个调。

我十多岁时听纽约市广播电台(WNYC)播放的吉尔伯特和沙利文轻歌剧，在我还没有观看吉尔伯特和沙利文歌剧演出之前，我就已经学会了大部分歌曲，不断唱着自娱。我还把剧本看了一遍又一遍，对它们怀有很高的热情。

在科幻大会上,我经常唱吉尔伯特和沙利文的歌,有时候也唱其他的歌,与安妮·麦卡弗里(Anne McCaffrey)一起唱。她是一位高大丰满的科幻作家,一头白发,写的奇幻小说都是最畅销的。她的嗓子非常洪亮,彻底压倒我,特别是在保持一个音符的时候。当然,她从不隐瞒,她曾经受过歌剧演唱声乐训练。

在我回到纽约后不久,在纽约的科幻大会上,我演唱了吉尔伯特和沙利文的歌曲。有人问我是不是吉尔伯特和沙利文学会的成员。我对它一无所知。他告诉我它在哪儿,什么时候去,我立即就加入了。

参加这个社团对我来说是极大的快乐。先是合唱剧中的一幕,然后是许多业余的吉尔伯特和沙利文团体在大都会地区演出,他们不为别的,纯粹是在一批与他们完全意气相投的观众面前进行一次彩排,观众可以加入合唱。

难得有时,我在学会里的人面前演唱吉尔伯特和沙利文歌剧中的歌(在比较多的观众面前唱过那么一两次)。我注意到一件很奇怪的事情,我可以举步站在几千名陌生人面前,手中不带一页讲稿,滔滔不绝地谈上一个小时,得到几千美元,而绝不会卡壳——真的,我决不会胆怯。然而,要我面对分文不付的50位朋友(他们的钱不会因此有风险),他们准备宽容地对我可能出的错误报以微笑,我不过是唱一首自己很熟悉的歌曲,这时却紧张得要命。

为什么?我猜是因为那歌词和音符都必须准确得丝丝入扣,而我的演讲,虽然经常是即兴的,却可以走任何一条道,即使在演讲过程中有什么偏离,我也可以有一百种方式掩盖它,没有人会发现,可当我唱吉尔伯特和沙利文的歌曲时却不行。

总之,这歌剧不是我的,而演讲是我的,这就是两者的区别。同样,当我唱一首我自己创作的喜剧歌曲时,我一点也不紧张。

当我朗读吉尔伯特的《巴布·巴拉兹》(*Bab Ballads*)的台词时也不紧张,当然我不存心去记它,我是照书上读出来。这里,窍门就是读得过火。在我看来,这就是歌剧中最精彩的部分。在各首歌曲之间的叙事部分,应该是过火地表演,至少我是这么看的。

珍妮特从我这儿染上了吉尔伯特和沙利文热,我们一起去看每一场演出,甚至是《大公爵》(*The Grand Duke*),它是最后也是最短的。第一部分《泰斯庇斯》(*Thespis*)的音乐遗失了,即使这样,我们仍很欣赏那场演出,1987年7月10日,他们从其他歌剧中借用音乐来演唱《泰斯庇斯》中的歌曲。

1989年11月19日,我们观看了美国化的《皮纳福号》(*H. M. S. Pinafore*),为此它称为美式《皮纳福号》(*U. S. S. Pinafore*)。所有的歌曲只要稍作改动就可以适配,只有约瑟夫·波特爵士(Sir Joseph Porter)那首《我年轻时服过役》(When I was a lad I served a term)是例外。他们要我另编一套完全不同的歌词,我答应了。

我以为,修改过的歌词非常滑稽,根据演唱时观众的反应来判断,他们也这么认为。演出结束时,灯光落到我的位置上,我站起来,深深一鞠躬,真是快乐无比。

当然,接着是我很高兴地写了《阿西莫夫注吉尔伯特和沙利文》,这在前面已经提到过。

125

其他俱乐部

活板门蛛俱乐部，自费聚餐俱乐部，吉尔伯特和沙利文学会，甚至贝克街小分队都是我喜欢的组织，也很高兴参加它们，但是我深切地感到这里有大量的午餐和宴会活动，它们使我离开打字机。因此，我不可能是一个“百有份儿”——爱参加各种社团活动的人，也不会去寻找其他的组织。不幸，当名人的惩罚之一就是各种组织自会找上门来。

当我接到探险者俱乐部(Explorers Club)的来信，邀请我参加时，我就明白了这一点。我对这种想法报以微笑，很快写了封短信告诉他们找错了人。我告诉他们，我不仅从未到喜马拉雅山去探险，而且连劝说我到霍博肯(Hoboken)这么近的地方去都很难。

可这丝毫没有动摇他们。他们回信说，我是银河系和银河系以外的地方的著名探索者，所以我完全够资格。

我禁不起奉承，就参加了。然而，我在很大程度上只是名义上加入。在探险者俱乐部豪华的会所举行过许多次关于探险的演讲，我只参加过很少几次，我赔不起这个时间。

1978年6月4日，我曾参加过一次探险者俱乐部为欢迎新会员而举行的特殊聚会，遇见了查尔斯·布拉什(Charles Brush)，一位不屈不挠的登山运动员，他刚接任俱乐部主席。他把我拉到一边，问我是否愿意担任探险者俱乐部下一年度聚会的主持人。我同意了，担任了两年活动的主持人。

在俱乐部宴会上，一般都有一道很稀罕的开胃小吃（如响尾蛇），而我喜欢吃奇异的东西（家常菜也喜欢）。当我弄明白“山牡蛎”是牛的睾丸或诸如此类的什么东西时，尽管我饮食有限制，我还是决定吃。

也有其他的组织用这种或那种方式布下圈套等着我。许多自费聚餐俱乐部的会员又是玩伴俱乐部（Players Club）的成员。有些人劝我也去参加，我一点都没兴趣。它在市中心，我不可能经常参加活动——而且收的会费很高。尽管如此，我又不好意思拒绝老朋友，不让他们把我的名字放在候选人名单上。

你可以想象当我在玩伴俱乐部**落选**的时候，我有多么轻松。显而易见，选举人中有一个人抽烟，他知道我极端反对抽烟，所以不愿选我。

另外一位朋友决定要让我参加非常显赫的世纪俱乐部（Century Club），因为我实在不属于世纪俱乐部那种类型的人，所以我一点也不热心。（我是一名来自贫民阶层的男孩，对于成为富翁和名士这类事情始终深感疑惑。）可他坚持这件事，我只好寄希望于落选。事情却并非如此，我现在是该俱乐部的一名成员，但是我几乎从未利用过这种身份。

 126

《美国之路》

现在我们再回来谈我的写作。

我喜欢写随笔，特别爱好撰写专栏文章，这样我可以定期每隔一定时间就写出一篇文章。我最成功的专栏文章当然是为*F&SF*写的，迄今已经持续了32年。

还不止于此。我为《科学文摘》(*Science Digest*)写一个专栏，直到它换了编辑。我在《画廊》上有一个小说专栏，直到它后来换了出版者。我为《科学追求》(*Sciquest*)写了一系列科学短文，直到1982年它停止出版(该刊是一份小的化学杂志，专供中学生阅读)，等等。

我非常欣赏一个特别的专栏，它在出版期间一直十分成功，在各地的飞机上广为流传。

大多数航班上都有飞行阅读杂志，我猜想是供乘客免费阅读，消磨时间。美国航空公司有一种用有光纸印刷的特殊杂志称为《美国之路》(*American Way*)，1974年它的编辑约翰·米纳汉(John Minahan)，想要办一个科学专栏，他要拉里·阿什米德推荐一位撰稿人。凡是有人要拉里·阿什米德推荐人做**任何事情**，他总是只有一个回答："艾萨克·阿西莫夫正适合您。"

实际上，我曾经在那份杂志上发表过一两篇文章。所以编辑认识我，他立刻找到我。每月750个词,小事一桩,我欣然利用这个机会,为广大的普通读者写一个科学专栏。当然,我的道德观使我觉得必须告诉他我从来没有乘过飞机。约翰·米纳汉说,只要我不在我的专栏里提到这件事,那就没问题。他还说,有两个话题我**不**能讨论——政治和死亡。

《美国之路》的文章写起来很轻松,趣味盎然。当杂志改成半月刊时,我每月写两篇,他们甚至要求我写得稍微长一点。我听说文章十分受欢迎,文章总是登在杂志上的固定位置,它旁边那一页的广告费是最昂贵的(他们这么说)。从我收到的来信可以看得很清楚,阅读这个专栏的许多读者都没有读过我的其他作品。

在将近14年的时间里,我为《美国之路》写了200多篇随笔,其间经历了许多编辑的变迁。1987年10月,发生的变化实在太大了。新的编辑决定将整个杂志改版,他们把我打发走了。

这对我来说很可能是致命的,但是我运气好到极点,1986年5月21日,洛杉矶时报辛迪加(Los Angeles Times Syndicate)的人认识了我,他们感到需要一个科学栏目,要我为他们撰稿,我便开始为这个报业辛迪加写随笔,除了必须每周写一篇稿子外,它们与《美国之路》的那些文章很相似,我像夜莺一样快乐。

有一点,报业辛迪加的文章稍有不同。因为这次是为报纸撰稿,所以最好关注时事。因此我从报纸和杂志上剪下有关最近科学进展的消息,发现它们内容丰富,非常有趣。最初,我有一点紧张,担心不能每周都找到合适的话题,但结果情况恰恰相反,我必须进行筛选。

我避而不谈医学方面的进展,这一学科在报纸上的报道已经很充分,我没必要加入这场不和谐的合唱中去。我宁愿写些有关超新星、电子、人造增甜剂和濒于灭绝的物种的文章。

我不想让我的各种文章在一份杂志或报纸上短暂地出现一下以后就很快地消失。我的《美国之路》文章收录在霍顿·米夫林出版的两本选集里:《变》(*Change*, 1981年)和《智慧的危险》(*The Dangers of Intelligence*, 1986年)。我的辛迪加专栏文章已经被收录在《新疆域》(*Frontiers*)中,由达顿(Dutton)出版社于1990年出版,预期《新疆域(续)》(*Frontiers II*)将于1993年出版。*

* 《新疆域》和《新疆域(续)》中文版均已出版,毕立群等译,上海科技教育出版社,1999年12月。——译者

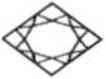 127

伦塞勒维尔研究所

依了我自己，我决不会休假，可我并不是独自一人。做妻子的都很想度假。我与格特鲁德在一起时，我们会在夏天到什么旅游胜地去，在那儿住上一个星期，有时两个星期。一般我度假时究竟有多少乐趣实难确定。如果正好有什么人（或某些人）能像我这样狂热，格特鲁德也喜欢的话，一切都很好，我甚至会兴奋不已。否则的话，就十分沉闷了。

与珍妮特在一起就不太一样了。如果她与我在一起，我觉得（起初，我很惊讶）不论是否有谁和我们在一起，都无所谓。完全可能没有其他人在一起，只是我们自己漫步——就我们俩——感觉好极了。

珍妮特很容易高兴，她快乐的理由很简单，这种显而易见的愉悦是因为和我在一起，甚至事情有点差错也无碍。以前我与对一切都不满意、从而使一切都变得不愉快的人相处，因此紧张不安，现在完全没有这种感觉了。尽管我仍然很吝啬地计算假期的次数和长短（即使在最美好的情况下，打字机对我的召唤也始终高于一切），但度假变得轻松愉快了。

我在1972年初夏发现这一点。那是一段充满等待和疑虑的时间，我们在等待珍妮特乳房的生理切片结果，以便决定是否需要切除。这时，我收到一封信，邀请我到人与科学研究所（Institute of Man and Science）去参加一个未来通信研讨会。顺便说一句，那个学会已更名为伦塞勒维尔研究所(Rensselaerville Institute),我现在就这样称呼它。

它没有谈到费用,一般在这种情况下,我不假思索就会拒绝。这一次,我仔细地琢磨了一下。那个地点在伦塞勒维尔,在纽约北面靠近斯克内克塔迪的地方。研究所据介绍是一个很有乡村风味的地方。虽然我是个喜欢都市街道的怪物,可我知道珍妮特喜欢乡村,她正面临着一次严酷的判决——甚至,有可能要失去一只乳房——我非常焦虑,万一出现最糟糕的情况,我希望她能在此之前过一段快乐的日子。因此我同意前往。

我们在那儿度过了独立日周末,这是我做的一件好事。因为3个星期后,珍妮特的一只乳房被切除。如果我剥夺了她那个周末的话,我将永远不会原谅自己。

那个地方乡村味很浓,景色宜人,珍妮特非常喜欢。它位于一大片起伏的绿色山坡上,有一片树林,溪水流泻形成的瀑布直落在一片湖水之中。

开会的建筑物很现代,提供各种令人愉快的便利,甚至还有空调。那个地区还有一家很好的餐馆。可以看见金花鼠、兔子和其他动物。珍妮特简直陶醉了。我在心底里千百次地庆幸自己决定来这儿。

因为我们还没有结婚,为了稳妥起见,珍妮特和我要了两个(连在一起的)房间。实际证明这样很不舒服,晚上分开简直很痛苦。这是我们最后一次这样做。从那以后,我们不再考虑妥与不妥。有什么可顾虑的?一年半以后,我们结婚了。

当然,我们得参加大会,我特别欣赏一次演讲。在那次演讲中播放了一盘电视录像带,放的时候需要两个很大的圆盘。(请记住,这是1972年。)这种录像带,据演讲者说,是将来的潮流,它将会取代图书,所以像艾萨克·阿西莫夫那样的人(我坐在前排,他朝我笑笑)将会饿死。这时,与会者听说我可能会饿死,全都大笑不止。

根据安排,傍晚有一个重要的演讲,可演讲人在英国耽搁了,无法赶来演讲，他们希望我扑到浪尖上去。我抗议说，我没有准备，他们却说："得了，艾萨克，大家都知道你不需要准备。"

我最禁不起人奉承，所以就同意去演讲了。

我在演讲中，重新提起电视录像带这个话题，我指出它携带不方便，可我（非常正确地）坚持说它很快会简化，然后我推测它要多久才能简化——造得小而便于携带，自给自足不需要外接电源，带控制器可以启动，停止，向前，往后等等，不需要多动脑筋。我指出这就是一本**书**。

我还指出电视产生大量的信息，看电视的人成了被动的接受，而一本书，给的信息很少，读者必须积极参与，他的想象力提供了所有的图像、声音和特殊效果。我说，这种参与给人带来这么多的快乐，是电视绝对无法完全替代的。

演讲非常成功，他们邀请我1973年自己来举办一个讲座。我想让珍妮特再次享受这儿的环境，就同意了。1973年8月19日，我们又来到伦塞勒维尔研究所。这给了珍妮特一个治疗蛛网膜下腔出血和乳房切除手术后康复的机会，而我则可以从母亲逝世的打击中恢复过来。

事实上，我们从此每年都去那儿。一群"铁杆分子"也会去，每年还有新的参与者，但是那里的房间只能容纳60来人。

这群人谈论的话题始终围绕着一些科幻问题——灾难的降临，在太空建立殖民地，如此等等。这群人又分成几个小群体，每个小组都有一项特殊的任务。他们非常认真地对待，拟订出程序步骤，解决方法，得出结论，互相激烈争论——全然不顾窗外美好的夏日风光。

一次，我作了一个小小的演讲，说我们应该坐在外面，晒太阳、打网球，或者到湖里去游泳。可我们现在却坐在室内，争论和思索。我停了几分钟，说："我们多么幸运啊！"所有的人全都鼓掌。

我们在伦塞勒维尔交了许多好朋友。最卓然超群的是马里兰大学的化学家伊西多·艾德勒（Isidore Adler）和他的妻子安妮（Annie）。伊齐

(Izzy)*又是一个长得不算英俊,却很有吸引力,年轻女子会围着他转的人。他和我不断地交换笑话,他是一个有趣的人,在网球和手球方面,能够击败像他孙子那样的年轻人。他还会在黎明时分起床,沿着马路慢跑上几英里路,穿过市中心。一位长得非常漂亮的青年女子温尼(Winnie)感到需要减肥,因此她有时和他一起去慢跑。当然,他速度比较快,因此镇上的人,如果往窗外看,就会发现一个有趣的景象,一位气喘吁吁的姑娘拼命地追逐一个相貌平平的老人,他似乎想要逃避。

顺便说一句,温尼是位肚皮舞娘,非常美丽动人。只要她出席,我们总留下一个傍晚观赏肚皮舞。当然,每天傍晚,我总要露面,讲述我最拿手的笑话,我每年都要讲一些(根据大家的要求),因为没人会像我一样讲笑话。

还有玛丽·塞耶(Mary Sayer),她具有一种自然的率真(更不要说她身材苗条),非常吸引人。她是一个跟她开玩笑特别有趣的女人,因为她总是被弄得晕头转向,十分好笑。她也是一个科幻迷。1983年,我在巴尔的摩的世界科幻大会上遇见过她。珍妮特当时出去了,还没有回来,我变得非常焦虑不安。玛丽温柔地劝我说,在一大堆人中找她没有任何用处。她怂恿我回房间去等着,因为珍妮特肯定会回来的。她陪我到房间里,我很苦恼地坐在那儿,没有注意她,直到听见钥匙开门声,我立即开始行动。

"快点,玛丽,"我一把把玛丽拉到门边,我拥抱她,准备在珍妮特进来的时候,吻玛丽的嘴唇。

珍妮特说:"你好,玛丽。"她绝对没有注意到那个吻,她知道那是为她好。此外,玛丽纯真的善良说明不可能发生任何事。

后来几年在研究所,天文学家马克·夏特朗(Mark Chartrand)和科学作家米切尔·沃尔德罗普(Mitchell Waldrop)开始按期出席会议,进入这场游戏。

---

* 伊西多的昵称。——译者

我总是在第一个晚上作一次一小时长的介绍，这个演讲也向市民公开。在伦塞勒维尔，我很幸运结识了无与伦比的安迪·鲁尼（Andy Rooney），他在那儿有一幢避暑的别墅。

在研究所的时候，我几乎总是成功地（用普通方法——用笔和纸）写一个故事，一般都是一篇黑鳏夫探案故事。在船上我也照写不误。有一次，我在一艘船上写了3个故事，后来把它们全卖了。

撞见我用普通方法写作的人总是对我说，可以使用放在膝盖上的计算机，但是我并不在意，我喜欢时不时地用普通方法写作。为什么他们不能理解这一点？事实上，你们现在读的这本书，原先大部分都是用普通方法写的，理由我后面再解释。

时间慢慢地过去。1987年，伊齐·艾德勒被查出患了前列腺癌，尽管他一直处于忽轻忽重的疼痛之中，他仍然继续出席会议。1989年他坐着轮椅来参加。1990年3月26日，他因病去世，享年73岁。

他去世的消息，虽然并非出乎意料，对我们却是极大的悲痛。这一点，再加上我自己积累起来的病情（我后面再说），决定了我1990年最后一次参加会议。那群人没有我也一样很好——也许更好。

128

莫洪克山庄

珍妮特的父母亲以前经常在莫洪克山庄逗留很长时间。那是一个建造在荒山野地中，占地许多公顷的不规则建筑群。它最古老的部分已有一个世纪之久，整个建筑仍然保留了维多利亚时代的风格。它位于纽约的新波尔茨(New Paltz)，正好在波基普西(Poughkeepsie)跨越哈得孙河(Hudson River)。

因为珍妮特的父亲热衷于打高尔夫球，莫洪克的高尔夫球场设施很好，所以他们经常去。珍妮特从不和他们一起去。她忙着上大学，像大多数年轻人一样，她认为跟在父母亲后面算不上什么好假期。但是他们告诉她许多关于那儿的房子怎么美丽，莫洪克山庄的氛围多么令人愉快。

1975年，当我们从一个演讲地沿着纽约州高速公路疾驶，经过一个标记新波尔茨出口的时候，珍妮特说，"新波尔茨有个叫莫洪克山庄的地方，我想去看看。"

一般对我来说，旅行——当我必须旅行时——最好从A地到B地，越快越直截了当越好。除非珍妮特逼我，我一般都抵制要停下来看风景的欲望。这次她没有逼我，但是我肯定那天心情特别好，因此我说："行，我们转过去看看。"

我们沿着一条弯弯曲曲的山路，开了大约有9英里，最终到达一个有着庞大不规则建筑群的地方。只见特色各异的许多建筑挤在一起，看上去美丽生动，简直难以想象。周围是树木、小山，一派自然风光，还有一个很小的湖。我们吃了一顿很美的午餐，然后在景色壮观的园林里散步。珍妮特简直心醉神迷，流连忘返。我愿意喜欢任何能使珍妮特感到心醉神迷的东西——事实上，我自己也对这景色着了迷。从此，它成了我们常去的心爱的地方。

我们一年两三次去那儿住上1—4天。我们手挽着手，穿过大厅，环绕湖边，在花园里漫步。冬天，我们曾出席了某个"谋杀探案周末"的5次年会，后来我又两次主持了某个"科幻周末"的会议。我们有时候去一个星期欣赏音乐，有一次去那儿看流星雨，有时候我们没有任何理由，就是为了去那儿。我有时应他们要求作演讲，这当然是不收钱的，他们仅仅提供食宿。

因为从来没有什么伤害动物的行为发生，所以莫洪克的野生动物，特别是鹿，一点也不怕人。一天傍晚，在我们漫步徐行的时候（据信这对我比较合适），我们看见大约6只白尾鹿在草地上跳跃，就在离我们不到50码（约46米）的地方。我们着迷地看着它们，而它们似乎根本没有注意到我们。最后珍妮特说："你不觉得它们很美吗？"我说："是啊，看上去很美味。"她呻吟起来，可我明明看见她吃鹿肉时吃得很香。

我们有一次正好走到一个特别安静，好像没人到过的地方，非常满足地坐在那儿，整整半个小时。等我们回到家，我写了一篇黑鳏夫故事《宁静的地方》（The Quiet Place），发表在1987年3月号的*EQMM*上。

1987年，华盛顿《邮报》（*Post*）要我写一篇文章描述我旅行中去过的最喜欢的地方。我回答说，我不旅行，除非莫洪克山庄，离纽约90英里（约145千米）的地方也算。他们说那很好，于是我就面临着如何描绘那个地方的问题——我不是个善于观察的人。

因此，我建议珍妮特写，她犹豫了很久，终于写了。我看了一遍，作了一些改动，寄了出去。（在我们的合作中，珍妮特总是承担90%的工作，这是千真万确的。）《邮报》很喜欢，我坚持作者应署名为珍妮特和艾萨克·阿西莫夫，他们同意了。文章发表在《邮报》圣诞节的那一期上，题目是《我们的香格里拉》。

文章显然很成功，所以他们又想要一篇关于美国自然历史博物馆的文章，由于珍妮特特别喜欢那个地方，我又把这项工作让给了她。文章于1988年发表在《邮报》上，题为《霸王龙的生存之道》（The Tyrannosaurus Prescription），作者珍妮特和艾萨克·阿西莫夫。

这两篇文章都被收录在1989年普罗米修斯出版社（Prometheus Press）出版的文集中。出版社对珍妮特的文章印象非常深刻，因此该文集的书名就叫《霸王龙的生存之道》。

珍妮特是一位很有魅力的非小说类作家。她已经把她写的几篇这种随笔全都卖了（有一篇她卖了2次，第一家杂志关门了，她只得再另找一家），我鼓励她再多写些。

129

旅　行

由于必须参加在一些遥远而又奇异的地方举行的重大聚会，发表演讲，所以尽管我一直说不旅行，我还是到过印第安纳州的埃文斯维尔（Evansville）和北卡罗来纳州的罗利（Raleigh）。我曾经去过肯塔基州的猛犸洞穴（Mammoth Cave），看见过俄亥俄州的印第安人史前时代在密西西比河东岸所建筑的土墩子。

到这么非同寻常的遥远的地方（对我来说）需要非同寻常的刺激。我去印第安纳州是因为洛厄尔·托马斯要我去帮一个特殊的忙，我去北卡罗来纳州是应州长之邀。时间久了，甚至这类刺激也不足以打动我，不过在50多岁时，我还可以考虑。

所有的刺激中最大的就是珍妮特的愿望了。她从来不强求我，可我知道，比方说，她一直想到佛罗里达州大沼泽地国家公园（Everglades，一译艾弗格莱兹国家公园）去。我猜想，有些人梦想要到巴黎去购物，或者到拉斯维加斯去赌博，而珍妮特梦寐以求的是看看大沼泽地国家公园的植物群和动物群。我拼命想要满足她的愿望。

1977年，机会来了，我收到一封邀请信，请我去给迈阿密的一大群IBM的人员演讲。他们提供的酬金比我当时得到的高，可这对我没有什么影响。我只问在那里是否能安排我们去大沼泽地国家公园游览，他们同意了。

于是,1977年3月26日,我非常紧张地作了一次长途旅行。那是到那时为止,我完全出于自愿的旅行中路途最遥远的一次。我们乘火车前往迈阿密。

我不很害怕坐火车,不过晚上,它在黑夜中穿行时,我很紧张。我透过窗往外看,只见一片漆黑。我无论如何也无法说服自己相信火车司机知道往哪儿开。(我知道!他有前灯,铁路沿途有信号灯,无奈我的脑子清楚这一点,我的心却不明白。)特别是铁轨不够平坦,火车蜿蜒行驶,或者哐唧哐唧地向前行进的时候,感觉更加糟糕,生怕发生什么火车出轨之类的可怕灾难。

这倒不完全是胆小,我曾经强调过我在体魄上不是很勇敢,我的恐惧实际上也反映了一种高度活跃的想象力。几十年来我培养了这种想象力,并利用它进行创作。我无法按要求把它赶走。灾难性的结果始终以真实具体的三维形式呈现在我的眼前,我对此无能为力。

我们尽量让自己感觉舒服。我们没有要一间包厢而是要了两间相邻的包厢把它们之间的门敞开,这就是说我们有两个卫生间,这使我们感到很舒适。因为如果只有一个卫生间的话,免不了会有冲突。我习惯早起,然后拿一张报纸或一本书,呆在卫生间里,不慌不忙地在里面。在我们住的寓所里,有两个分开的卫生间,我可以尽情地从容不迫地呆在里面。

卧铺车厢在火车最后一节,餐车几乎在最前面。我们得穿过几节车厢,这便激发了我的自由派的思想。在坐厢里有许多无产阶级,姿态各异地靠在座位上想要休息(尤其当我们在早餐时间早早地走过车厢时),而我们却占有双人房间,分开的床铺和两个卫生间,过着奢侈的生活。我不禁为我背叛了自己的阶级,成为有影响的人士而感到一种深重的负罪感,而且有一种惴惴不安的感觉,觉得这些车厢里的被压迫者随时都会愤怒地起来高呼:“把他们吊死在灯柱上”,要把我们吊死,尽管在我心底里我仍然是他们中的一员。

我们安全抵达目的地，火车没有出轨，我们也没被吊死，我的演讲非常成功。我觉得IBM的团队组织有趣极了。演讲安排在大清早，可没有什么人零零落落先来后到的。(我相信凡是迟到的全被当场处理了。)听众席上所有的人都端坐在座位上，全都穿着制服——深色西服，守旧的白衬衣，窄领带，洗漱整洁，健康而充满生气。

我穿着一件红色夹克衫，他们似乎全都视而不见，他们容忍了这一点。(据说曾有一位演讲者因为忘了打领带，被请回到房间里去把领带系好。)

我的打扮很显眼。我回到纽约后，向我的演讲代理人哈里·沃克(Harry Walker，这次旅行由他安排的)汇报。我在那儿时，正好IBM的人打电话来，他们对我的报告表示满意。

哈里·沃克很高兴。他说："其实，他正好在我这儿，在跟我说话。"然后，他脸上浮现出迷惑不解的神情，说："不，他**没**穿红夹克。"

我们**真的**远征大沼泽地国家公园，此行非常成功。前一年冬天的天气很严酷，温度达到(对大沼泽地而言)前所未有的19℉(约-23℃)，许多植物都冻死了，归根结底，这些植物耐不了严寒。我们去的时候，依然随处可见一片片枯死的植物，使人心痛不已。那些残枝败叶，焦枯死寂，珍妮特为此很伤感。

即使如此，那儿确有许多东西可看，特别是短鼻鳄鱼，它们看上去一点没有危险。那里的人告诉我们不准喂它们，可是有一条鳄鱼少了一条腿(可能在竞争的殴斗中被咬掉了)，珍妮特坚持要喂**它**。我们吃了一顿非常丰盛的午餐——天气好极了——我眺望前面的水域，猜想那就是墨西哥湾，我从来没有想到自己会看见它。

一想到住在佛罗里达我就不寒而栗，那里一片洼地，海拔6英寸(约15厘米)就算是高地了。我以前说过，我喜欢绿色的山坡。况且，在佛罗里达没有真正的冬季。冬天尽管有许多不利之处，却也有属于它的那份美丽。没有冬天的气候,像佛罗里达、南加利福尼亚和夏威夷这样,我会因为对大雪的怀念而发疯的。

我的好朋友马丁·格林伯格(我以后会比较详细地谈论他)出生在佛罗里达,在这儿长大,然后到康涅狄格上大学。在那儿他第一次看见下雪。他说当时看见结冰的水从天空落下,结成雪球,令人欣喜若狂。他现在已在威斯康星州的格林贝住了多年,如今他看见下雪该不会像当初那样忘情了吧。

翌年,1978年,我面临了更大的挑战。我受邀请到加利福尼亚州的佩布尔比奇(Pebble Beach)和圣何塞这两个地方去作报告,报酬当时对我来说似乎是很大一笔钱。

不,不去,我不去!——可我也知道珍妮特非常渴望去参观圣迭戈动物园。我很清楚除非我们到加利福尼亚去,否则这绝无可能。好在佛罗里达之行给了我信心,于是1978年12月我们动身了。

珍妮特坚持我们早一天动身,我强烈反对,但她自有一套,说服了我——这倒也是件好事。

我们乘了4天4夜火车才到达加利福尼亚,然后又花了4天4夜从加利福尼亚返回,而感觉似乎比这更长。我们必须在芝加哥停留。我们抓住这个机会到了西尔斯大厦的顶上。西尔斯大厦乃是世界上最高的办公楼。

就算排除我有恐高症的缘故,我也不像料想中那么快活。平坦的中西部景色看上去毫无特色,我想念山坡,那绿草如茵的山坡。

更糟糕的是,大楼的存在本身就惹我生气。我对纽约的热爱使我对任何其他城市竟敢建造超过曼哈顿的摩天大楼这种事非常反感。

芝加哥往西,火车有一节车厢带玻璃穹顶,可以更清楚地观看外面的景色,一切都还顺利,可到了怀俄明州,那里天寒地冻。我们的火车跟在一辆货车后面。前面的货车慢慢吞吞地在铁路上爬行,这个行动迟缓的怪物显然不会给我们让道，因为在那个时候，火车里的货物比人优先。

在死寂的黑夜之中，货车的引擎出了毛病，它停了下来。我们也跟着停下来，等待货车更换新的引擎，以便能继续前进。珍妮特非常焦虑，彻夜不眠，而我大部分时候都睡得很好。我醒着的时候，对那辆货车，对铁路网络和整个旅行哲学都感到十分气愤。雪上加霜的是，我们这辆火车的燃料快没有了，失去了动力，所有的车厢都将变得冰窖一样寒冷。最后，就在我们车厢的动力即将耗尽之时，货车换好了新的引擎，我们又继续旅行。我们到达奥克兰，搭乘一辆公共汽车到旧金山去。整整晚了12个小时才到达目的地。所以我说珍妮特坚持早一天动身是件大好事。

耽搁时间的结果是我们在白天经过犹他州，而不是原先预定的那样在夜间经过。珍妮特对她的摩门教毫不在意，但是她父母就在犹他州出生，在那儿生活到20多岁。她有许多亲戚在那儿。家族的自耕地在那儿，她曾经去犹他州看望过她的家人，因此，能够在白天看见犹他州令她兴奋不已。我由此认为这次延误是值得的。

在加利福尼亚的逗留十分成功。我的演讲很顺利，虽然我自己的观点得不到佩布尔比奇那些人的同情。（我记得自己不遗余力地捍卫纽约人，反对那些非纽约人把纽约看成地狱的谬论。）在圣何塞，我最后一次见到兰德尔·加勒特，收到他那首"克隆之歌"。

珍妮特与她的弟弟和弟媳团聚，度过了令人满意的时光，我租了一辆车（我生平第一次，也是迄今唯一的一次），可以到红杉林去看那些大树。我惊奇地看着它们，想起了罗纳德·里根许许多多昏庸的话中的一句：如果你看见一棵红杉树，那就等于看见了全部，因此砍伐植物王国中这些最大的成员，并没有什么错。想起他的蠢话，我气得发抖。（也许，他是在读哪个人替他写在卡片上的东西。）

演讲完毕，珍妮特和我坐着租来的汽车沿海岸的高速公路往前开，我盯着一望无际的太平洋。我不能说喜欢这褐色的乡村。珍妮特解释说，春天一切都会变成鲜黄绿色，但是我希望看见的乡村不是绿色就是覆盖着白雪——而不是褐色的。

我们最终到达圣迭戈。我们与圣迭戈动物园的经理谈妥，第二天给我们派个导游。1978年12月17日，我看看天，问旅馆的门卫会不会下雨。他开心地笑了。圣迭戈下雨？你怕是东部地区来的吧？我明白他的意思，当然不会下雨。

第二天整整一天，雨下得特别大。

不能因为下雨就错过圣迭戈动物园，我们还是去了，一切都很顺利。动物园的一位高层管理人员，开着一部老爷车，看上去就像一艘捕鲸船的船长，陪我们去游览。（我们的穿着正好很得体。）

平时动物园总是挤满了人，在园内走动不很自在，很难看清动物，可这一天人比较少，既然我们不在意下雨，所以十分理想。

翌日，我们驱车去洛杉矶，珍妮特坚持要去迪士尼乐园。我极其不情愿地去了。不好意思地说，我惊讶地发现自己竟然非常喜欢它。

1965年，在纽约世界博览会上，他们曾经展示过"小小世界"。我很欣赏，可我不知道就是迪士尼的。到了迪士尼以后，我对珍妮特说："哪有什么小小世界展出？"我满腹牢骚，如果珍妮特说没有展出，我就可以发表贬低迪士尼乐园、加利福尼亚州乃至整个宇宙的评论了。

可是珍妮特平静地说："就在那儿，在那个建筑物里。"不用说，我坚持要进去看。座位上挤满了7—10岁的孩子，屏息凝神地坐在那儿，现在又加上一个58岁的孩子，他掩饰不住自己的激动，欢天喜地地看着两边掠过的各种各样的木偶。

在洛杉矶，雨停了，空气暂时变得清新，洛杉矶人因此获得一年中难得的机会，看见了蓝天白云。电视台的气象预报员激动地指着云图，说明它预示着什么。而在大街上，人们惊喜地看见远处的大山在忽然变得透明的空气中显露了出来。（真让我这个纽约人吃惊！）

我们把车还了。搭乘火车，于12月22日回到家。我们一共离开了3个星期。这就意味着家里堆积了3个星期里的邮件、3个星期里的电话和3个星期的预定约稿。一般人外出度假期间，他们的工作由一帮助手、秘书、帮忙的人或者家庭成员等等来完成。而我去度假时，**没人**替我工作。一切都得等我回来用加倍的时间和精力来完成。我不禁会想，度假对于我有什么好处？（附带说一下，我没有满足珍妮特所有的愿望，她还梦想去加拿大的温哥华，日本的京都。我从来没有陪她去过，我想也绝无可能去那儿。）

旅行归来，珍妮特写了一篇文章描述与一个讨厌旅行、不愿乘飞机的人一起跨越北美大陆旅行的艰辛。使我大吃一惊的是，她居然把它卖给了《纽约时报》负责旅游的部门。文章刊登在1979年2月25日《纽约时报》周日刊上。它吸引了许多读者，赢得了好评。

有一个人在街上拦住我，问我是不是艾萨克·阿西莫夫，当我肯定后，他对我说："请转告您夫人，我很欣赏她的文章。"

我找到最近的电话亭，打电话给她："珍妮特，这种无聊的事必须停止。"

130

国外旅行

自从1923年我被带到美国来以后，从未想过我会离开美国国境。甚至到夏威夷时，也并没有出国门。因为夏威夷也是美国的领土（当时还不是一个州）。我第一次出国是因为格特鲁德出生在多伦多，每隔一段时间，我得满足她回去看看的愿望。我们开车去过2次，到魁北克去过一次。

当时有人劝我们带上国籍证明文件，不用说，我们得出示证件。有个原则问题使我平添烦恼：根据规定，本土出生的美国人，从加拿大返回时，只需要说明他们是本土出生的，就可以了，而我是个归化的美国人，说话不管用，我必须出示我的国籍文件，这种二等公民的待遇使同样是美国人的我十分反感。

我们曾经去观赏尼亚加拉瀑布。在驱车前往尼亚加拉瀑布镇的途中，我说我担心会迷路，错过了大瀑布。就在我说话间，车一转弯，只见**大瀑布就在那儿**。它完全出乎意料地突然呈现在我们眼前，给人的第一印象真是无比壮观。我们呆在加拿大这一边，观看马蹄瀑布（Horseshoe Falls），默默地惊叹去冬的冰块在悬崖峭壁上飞溅。翌日，不再有冰块了，只有一道蓝色的瀑布咆哮着从天而降。

我记忆中最清楚的是，在大瀑布附近我们夜宿的汽车旅馆里，可以清晰地听见瀑布的喧闹声。那晚我正准备上床，忽然发现晚上瀑布也不停息。在黑夜中一刻不停地奔腾咆哮,好在那是“白噪声”,没过多久,我就习惯了,安然入睡。

不用说,我们是带了孩子一起去的。戴维听我提到过魁北克人讲法语,因此在去魁北克的旅途中,他特别兴奋。戴维从来没有听人讲外语,他简直迫不及待了。一路上,除了可能听到别人讲外语这事,他什么也不谈。

一踏进我们在魁北克旅馆的房间,他立刻打开电视机,听见一连串的法语。他一下子蒙了。

“那是法语,”我解释说,“戴维,那就是你想要听的法语。”

戴维问:“我怎么听不懂呀?”

我疏忽了,忘记告诉戴维,对于不懂某一门外语的人来说,是没法听懂别人用这门语言谈话的。我想它毁了戴维这次旅行。

1973年,世界科幻大会在多伦多举行,我的《神们自己》一书被提名角逐雨果奖,所以我与珍妮特一起前往(虽然我们还要过3个月才结婚)。我和珍妮特一起到加拿大去过3次。我们那次乘*QE2*游览曾经到过魁北克。去蒙特利尔和渥太华是陆地旅行。这3次我都发表了演讲。

总的说来,我很喜欢加拿大。那儿城市干净,人很友善。蒙特利尔有一家很好的俄罗斯餐厅,我们曾在这家餐馆吃过饭。我很清楚,我再也不会到蒙特利尔去了,再也不可能去那家餐厅了,这使我感到很难过。(不旅行也有弊端。)

在乘各种各样的轮船航行的过程中,我曾经偶尔涉足北美大陆以外的土地。去加勒比海旅行时,珍妮特和我在各个不同的岛屿上度过了几个小时,包括马提尼克岛(那儿有一尊拿破仑的情人约瑟芬的塑像,她在那儿出生)、维尔京群岛的一个岛屿多巴哥等等。这些岛屿的气候大多炎热潮湿,只有巴巴多斯例外,显然这是因为该岛中央没有山峰拦住雨,我们在那里度过了一段真正的好时光。

在一次航海中，我们的船停靠在委内瑞拉的一个港口，大家全都上岸去观赏自然风光了。只有我和珍妮特俩没去，我们只是下船，在船舷旁站一会，这样我以后就可以说我到过南美大陆了。

在航海中我发现自己喜欢在海上漂泊，讨厌停靠在外国的港口。停泊在港口后，我得离船上岸，这也是"旅行"，我不喜欢。有一次，我在船上呆了几个小时，它成了"家"，我不想离开它。假如一定得离船，待回到船上时，我总有一种回到家的感觉。

我只能推测我对自认为是"家"的地方有一种强烈的安全感。也许这是我的头22年形成的，在那段时间里，我(除了上学)实际上从来没有离开过家，我的父母亲也总是在家。除了家，其他地方都是异域。这也许可以解释为什么我不喜欢旅行。

有几次我干脆拒绝下船。那次搭乘"堪培拉号"观看日全食时，我在加那利群岛最大的岛那儿下过船。我小心地坚持陪伴两位年轻的女士。我相信她们到时候肯定认识回到船上的路，所以我只要盯着她们就肯定不会迷路了。我跟着她们走进了零售市场，她们想在那儿买点什么东西，可她们不会讲西班牙语，而店主不懂英语。我也不会西班牙语，我用手势连比带画，帮助促成了这笔买卖，因此赢得了"语言学家"的美誉。

然而，当"堪培拉号"在尼日利亚的拉各斯靠岸时，我拒绝下船。结果，我始终不能说我曾经踏上过非洲的土地。

当我们的船停靠在多米尼加共和国时，我踌躇着不愿意下船上岸，特别因为*QE2*是艘很大的船，无法停靠在港口。只好停在海上，然后再用小船把人接到岸上。我最终同意让珍妮特一个人离船。可这更糟糕。我虽然在船上安全了，可珍妮特的安全没有保障。她不在的时候我坐立不安。大约过了一个小时，在小船把他们送回来之前，我就下船去，焦急万分地等在步桥边了。

我们参加的“天文岛”(Astronomy Island)航行还带我们到百慕大去了十几次。我在那儿给天文爱好者作报告,听众既有来自船上的乘客,也有百慕大的天文小组。我对美丽的百慕大很快就熟悉起来,就好像在家一样,我可以没有丝毫不安地离开船。

维克托·塞里布里亚科夫跟我谈话,要我重新加入门撒国际时,他心里想的远不只是让我重新加入。他精心策划了,要让我到英国去,对英国的门撒国际成员演讲。我当然拒绝了,可他不断地施加影响,直到我同意考虑这件事。

珍妮特和我都是崇英者。我们俩年轻时都阅读了大量的英国文学遗产。我们对英国的历史和地理甚至比对美国的历史和地理还要熟悉。我同意前往,条件是英国门撒国际答应开车陪我们在英国转一圈,陪我们观光,安排所有的住宿和食膳。

他们同意了。我们还得去买船票,办护照(我第一次办)。总的来说,我变得越来越害怕这件事。珍妮特听我吐露了内心的忧虑后说:“听着,艾萨克,你总是对我说,有些事情实际上你并不想去做,可是一旦答应了,就必须面带微笑,体面地去把它做好。好了,假如现在你不能做到这一点,那我们就取消这次旅行。”

我的心灵受到极大的震动,她说得绝对正确。我的确教导我最亲近的人必须非常得体地带着微笑做你已经答应的事情。经常有人发现散布高尚的小训诫很容易,可要自己去遵循这些训诫就不那么容易了,问题在于我也是那种人。珍妮特这么对我说了以后,我承认还是像以前一样很害怕,可我很谨慎地不再让它流露出来。

1974年5月30日,我们登上了“法兰西号”(*France*)轮船,这是它最后一次航行。就在船快抵达英国时,我们听说法国政府已厌倦了承担亏损,要把船卖掉。

我们在英国逗留了一个半星期，然后乘*QE2*返回。整个旅行用了3个星期，如果不算我的军队生涯，这次是我离家在外时间最长的了。它与4年后我已经谈过的加利福尼亚之行的时间一样长。

我必须承认我们非常欣赏这艘巨大远洋客轮上的豪华享受，特别是食品。在*QE2*上，只要一有机会，我就拼命吃鱼子酱，而珍妮特喜欢吃巧克力蛋奶酥。我们俩都爱上了威灵顿牛排。幸好我们及时发现，人年纪大了，医生就不让你吃任何美味的东西，我们还是趁可以吃的时候就吃一点。

在英格兰，我们看见英格兰南部的新森林中的圆叶风铃草，以及迪安森林里美丽壮观的双虹。我们参观了巨石阵，艾文河畔斯特拉特福，以及我们经过的所有大教堂。我尝遍了我能找到的各种传统英国食品，从肉馅土豆泥饼到香肠肉卷，从牛排和腰子馅饼到糖蜜饼。

在伦敦，我参观了法拉第(Faraday)的实验室和讲演厅，它就在我们住的"布朗旅馆"旁边的大街上。参观西敏寺时，我在牛顿墓前哭了，我还看到了它附近其他4位世界上最伟大的科学家的墓地。

由于纯属偶然的机会，我们还看见了伊丽莎白女王。她坐在一辆马车里，身穿红色制服的骑兵前呼后拥。我发现一个从未看到或听到别人提起的与这种马队行进有关的情况。他们在街上留下了新鲜的马粪。

我在伦敦，在伯明翰，为读者在书上签名。当然我给门撒国际的成员作了报告，在介绍我时，阿瑟·克拉克采用了一种温和的无礼口吻(毫无疑问，我在演讲中对此给予了回报)。

从我开始在*QE2*船上作演讲之后，珍妮特和我又作了两次跨越大西洋的航行。因为我没兴趣在欧洲逗留，我们准备呆在船上，不料却行不通。在南安普敦，**所有的**乘客都必须下船，要在岸上住一个晚上。在此期间轮船正式"死亡"，所有的电源全部关掉。

因此，我第二次搭乘*QE2*跨越大西洋的旅行虽然很愉快，但对在南安普敦会发生什么情况却始终处于惶恐之中。假如我们第二天早晨没有按时返回船上，轮船开走了怎么办？像平常一样，事实证明我这种愚蠢的恐惧比听上去还要蠢。我们**没有**错过轮船，而是按时返回。

顺便说一下，我无法解释为什么我会一直害怕迟到或错过开船的时间，或者两者兼而有之。我一生中从没迟到过，也从未真的被拉下过。为什么我竟然会这么焦虑不安地对待这种我从未遇到过的烦恼呢？

莫不是因为我的母亲总是很为我担心，我知道说好了时间我一分钟也不能耽误，否则她会急死的？很有可能！我为罗宾和珍妮特可能会迟到而感到焦躁不安，也可能与之有关。所以，**她们**也决不迟到。至少在我等她们的情况下不会迟到。这似乎是一种很傻、甚至很折磨那些你挚爱的人的方式，因为我总是觉得母亲的担忧对我来说是种不受欢迎的压力，我很惊讶，我竟然还会这样对待我的妻子和女儿——可这么教训我没有用，我情不自禁。

我甚至还培养格特鲁德遵守“决不迟到”的伟大原则。起初她很反感。她说，匆匆忙忙地很可笑，可我提醒她不久前我们去乘火车时，等我们赶到那儿，只差一分钟，只好很狼狈地拖着行李，急匆匆地上车。“我们早点去的话，就可以**避免**匆忙，”我说。她算是明白了我的观点。

回到我们的旅行上来——我们在南安普敦度过了非常美好的时光，南安普敦在纽约人的眼里似乎特别干净。我们甚至作了一次小旅行，去看了温切斯特大教堂和参观泊于朴次茅斯港的纳尔逊(Nelson)的旗舰“胜利号”(*Victory*)。一位年轻的女出租车司机对我们说：“最好不要乘出租车去游览。要花5英镑呢。”

“没什么，”我说，“我是一个有钱的美国人。”于是她就把我们开到我们要去的地方，我很大方地给了她一些小费，因为她没有考虑自己的最大利益，反而替我们的钱袋着想。

我们第三次乘*QE2*横渡大西洋时，珍妮特建议我们到法国的瑟堡(Cherbourg)去，船在渡过英吉利海峡到达南安普敦之前停在那儿。我们可以在法国停留一天半，然后再上船。另外，珍妮特建议利用这段时间，在我们离船的那个傍晚，也就是1979年9月18日，去巴黎过夜，第二天再呆一个白天和一个晚上，然后回瑟堡，赶上返回的旅行。

我想我不会喜欢巴黎，听说法国人瞧不起那些法语说得不流利的人，他们特别看不起美国人。因此，我去的时候准备好对巴黎人发脾气。谁知结果我竟然爱上了巴黎。一位朋友给我们2张去女神游乐厅的门票，我觉得没什么意思。法国姑娘与美国姑娘看上去没有什么区别。在一个美好的夜晚，我们慢慢地沿着香榭丽舍大街漫步时，看着路上过往的人群。我们看见了凯旋门和埃菲尔铁塔。我不想到埃菲尔铁塔上去，那个铁塔看上去结构松散，摇摇欲坠。

我们去看了巴黎圣母院、博物馆，在几家出色的餐馆吃饭，总之，拼命利用这36个小时，但是我没有去看艳舞，珍妮特没有去购物。而且一如我所说的，如期上船。

在离开旅行这个话题之前，我还要讲一些趣闻。

我喜欢一年有四季的地方，这在我们的加勒比海之旅中得以证实。那次旅行在2月份。对我来说，应该正是寒冷的时候，那儿的热气使我感到萎靡不振。当我们北上通过大西洋时，温度降下来了，其他人大叫冷得受不了，我却欣喜不已。我盼望着踏上纽约市码头，温度最好在零度以下——不料没那么回事!我们在2月份的某一天返回，温度达60℉(约16℃)，我的恼怒是言语所无法形容的。

我们最后一次在*QE2*上的旅行是在1981年7月，那是*QE2*第一次抵达魁北克，因此沿岸几英里地有成千上万的人排队观看我们进港，然后再驶离港口。我们驶离时，一队小船远远地在宽阔的圣劳伦斯河陪伴着我们，就像米诺鱼紧随着鲸鱼一样，那景观实在难得一见。

海上旅行的烦恼之一是回来时必须把行李打开让海关检查员过目。珍妮特和我在国外很少买什么东西。我们不买酒，所以低价对我们没有诱惑，也减少了海关一大收入来源。我们也没觉得要买一大堆我们不需要的，或者在国内可以买到的衣服和不值钱的花哨东西。一般都只有几本平装书，有时一件运动衫或一条围巾。我们带的东西始终比允许带的最少限度还要少。一位检查人员，看着我们的单子，说："啊，最后一位消费时间的大主顾。"

最后说一句——

谈到我旅行的经历时，经常有人问我是否去过以色列。

没有，我没去过。如果不乘飞机，到以色列这事就太复杂了。而我只能乘船和火车旅行。这样肯定需要许多时间，也会复杂得多，它超出了我所能承受的范围。

然而，有一种猜测认为我是犹太人，我必定**渴望**到以色列去。如果不去，或者去不成以色列，我必定伤心欲绝。——可我没有。

事实上，我不是一个犹太复国主义者。我不认为因为1900年前犹太人的祖先曾经住在那儿，所以如今犹太人就有某种权利占领那块土地（根据这种理论，我们就得把北美洲和南美洲交给美洲原住民，澳大利亚和新西兰交还给原住民和毛利人）。我也不认为《圣经》中上帝许诺迦南将永远属于以色列人的后裔是真的、合法的。特别是《圣经》本身就是以色列人的后裔写就的。

当初以色列在1948年成立时，我所有的犹太朋友都欢呼雀跃。我很扫他们的兴。我说："我们在建立一个自己的隔离区，我们将被成百上千万穆斯林包围，他们永远也不会原谅我们，不会忘记这件事，也决不会放弃这片土地的。"

我没说错，尤其是不久便证实阿拉伯人掌握了世界上绝大多数的石油供应，世界上一些国家迫于对原油的需求，在政治上转而支持阿拉伯。

(要是早知道石油储存的情况,我相信以色列不会建在这块地方。)

难道犹太人就不该有一个“家园”吗？实际上,我感到就这个词的一般意义而言,没有一个人类群体应该有一个所谓的“家园”。

地球不应该被切割成数以百计的不同地区,每一地区都为一个自我界定的人群居住,这个群体只考虑自己的利益,把它的“国家安全”放在高于一切的地位。

我主张文化多样性,希望看到每个可以辨别的人群珍视它的文化遗产。比方说,我热爱纽约,如果我住在洛杉矶,我会和其他从纽约移居此地的人相聚,一齐唱“请代我问候百老汇”。

但是,这种事情应该只停留在文化上,而且要宽厚。如果它意味着每个群体都蔑视其他群体,拼命要排除异己,那我坚决反对。我反对各个自我界定的小群体武装起来,用武力加强自己的傲慢与偏见。

现在地球正面临着日趋严重的环境问题,它对人类文明造成濒临毁灭的威胁,地球将不再是一个生机勃勃的世界。人类不能再把财力和感情资源浪费在某个群体与其他群体之间那些没完没了的、毫无意义的争吵上了。必须要有全球的观念,全世界团结起来解决所有群体都一致面临的**真正的**问题。

这点能够做到吗？这个问题就等于:人类能够生存下去吗？

因为我不相信国家,因为犹太复国主义者一味要再建立一个国家,给世界添麻烦,所以我不是一个犹太复国主义者。它建立了又一个国家,以得到“权利”、“要求”和“国家安全”为由,认为必须反对邻国保卫自己。

没有什么国家!只有人类。如果我们不能很快明白这一点,那就不会有国家了,因为人类将不复存在。

131

马丁·哈里·格林伯格

1972年的某个时候，我收到佛罗里达州一位名叫马丁·格林伯格(Martin Greenberg)的人写来的信。信很长，他说他正在编一本选集，想要用我的两个故事。这事当时对我来说太平常，很不重要，所以我在日记中没有提起。我因此不知道究竟是哪天收到的信。这实在太糟了，须知那是一段不寻常的友谊的开始。

当然，我当时无法预见到这一点，这不仅是因为我不能预见未来，而且还因为我立即想到了一种恼人的可能性。25年以前，正是格诺姆出版社的马丁·格林伯格首次出版了《我，机器人》和《基地》系列的那3本书。事实上，他还出版了几本选编，我的故事也被收进了其中的两本选编。我与马丁关系不那么好，我也无意再提它。

然而25年过去了，而马丁或者格林伯格都不是罕见的名字。此外，信的抬头写着："亲爱的阿西莫夫博士，"而以前那个马丁·格林伯格的抬头一般是"亲爱的艾萨克"。

因此，我在回信中问道："请问你是那位如此这般的马丁·格林伯格吗？"

他不是。佛罗里达的这位先生是马丁·哈里·格林伯格，1941年出生。《我，机器人》出版的时候，他只有9岁。我立即答应让他选录我的故事,我们通过书信来往,彼此建立了友好的关系。这不奇怪,因为我不久发现,马蒂(Marty,我现在总这么称呼他)是个和我一样生性友善的人。

我不是唯一一个对马蒂的名字感到困惑的人。这个名字对他进入科幻界而言是一块绊脚石,但他开始时并不了解。有许多人与先前那个马丁·格林伯格关系并不融洽。

例如,前面那个马丁·格林伯格经营格诺姆出版社的合伙人戴维·凯尔(David Kyle),觉得自己受到的待遇不公。他感觉如此强烈,以致他第一次去拜访马蒂时,(跟我一样)以为打交道的人就是第一个马丁·格林伯格。他准备狠狠给他一拳。为了使这一拳更有威慑力,他手上还缠了一卷硬币。

我知道莱斯特·德尔·雷伊曾经警告马蒂最好改个名字,我倒觉得没有必要这么做。我的忠告是在他写的科幻作品中,只用他中间的名字"哈里",他听从了我的劝告。

然而,随着时间的推移,整个事情变得很难说了。因为马蒂在科幻小说圈里变得非常有名,现在马丁·格林伯格这名字就是他了。第一个叫这个名字的人早被人遗忘了,我怀疑还有什么年纪不如我大,记忆也不如我好的人还能记起他来。

就连我,前几年给马蒂写信总是写"亲爱的马蒂,另外一位",最终也放弃了这个习惯,现在只写"亲爱的马蒂"已经足够了。

我在书信上结识他之后不久,马蒂就迁居威斯康星州的格林贝。那儿是他妻子萨利(Sally)的家乡。他在那儿获得一个职位,担任威斯康星大学的教师。现在他已经是那儿的政治学教授,附带还教科幻小说课。

他得到了学院管理层的好评,深受学生欢迎,在学术上也颇有建树。然而(就像我的情况一样)真正为他赢得荣耀的是他的副业。他童年时代起就对科幻小说情有独钟,且随着年龄增长而与日俱增。在这方面的学识现在很少有人能与他相比了。(比方说,他知道的就比我多得多。)

马蒂个子很高，块头很大。1989年，他开始减肥(部分是因为我和珍妮特温和地不断唠叨)，体重减了60磅(约27千克)，不过，就这样现在也没人说他身材修长。

他待人真诚、和善，工作努力，绝对值得信任。我很了解他，相信绝对不可能有比他更诚实、更值得信赖的人了。正如我将说明的那样，有时候，当他必须要经手一笔钱，其中有我一份的话，我的那一份总是很快按期付给我。有一阵，马蒂坚持要在每张支票中附一张详细的账目，我可受不了看他把时间浪费在这种无聊的事情上，可以说，我(费了好大的劲)才说服他单寄支票给我，我不需要清单——至少不要他的。

反过来也一样。难得有时，我必须寄钱给他。最初，马蒂会寄给我一张冗长的账单，说明钱怎么分配，寄给谁了。我再三对他说只要告诉我支票要开多少钱，我就确认这账单了——真的，在我们的全部交往中，我从没有一秒钟担心我会受骗，无论是寄过来还是寄回去。在这方面操心，浑如担心明天会不会天亮。

马蒂的妻子萨利在学校当老师，前一次结婚生了两个女儿。马蒂很爱萨利，视萨利的两个女儿如同己出。萨利很文静，持重。她像我一样，讨厌离开家。为了她的缘故，马蒂把家搬到了格林贝。

他一般都不带她旅行，这是萨利的选择。由于我也不旅行，因此我只见过她一次。那是1982年7月，马蒂和萨利陪我们一起乘船去百慕大。对我们来说，他们是很理想的同伴。

可惜，1984年6月10日，萨利因患肾癌病故，年仅47岁。有一段时间马蒂伤心欲绝。那段时间，我养成了一个习惯，经常打电话给他，看看他是否一切都好，找机会跟他聊上一刻钟到半小时，希望至少可以让他暂时摆脱悲痛。这习惯后来渐渐演变为我每天晚上都打电话给他，现在还这样，除非我身体条件不许可(这不太经常)。

马蒂经常旅行，他经常到纽约来。但凡他到来，我们几乎总要见面，一起出去吃饭。

1985年1月2日,我65岁,举行了一次"不退休生日宴会",会上我要求所有的人都不要带礼物来,但要照顾我不抽烟。我们邀请了100多人去吃精美的中餐(在一家很好的中餐馆,因为我从不在家款待客人)。我们特意只邀请纽约地区的人,但是那天马蒂从格林贝赶来了。

他幸亏来了,不经意间他结识了一个名叫罗莎琳德(Rosalind)的年轻女子,并利用在纽约的机会与她约会。事情发展很快。1985年5月24日,我们4个人一起吃饭时,我见到了罗莎琳德。我真心实意地赞成这件事。1985年8月28日,他们俩结婚了。在我看来,这是马蒂第二次幸福的婚姻。我感到很欣慰,这事的起因我多少有份,当然是间接的。

罗莎琳德·格林伯格是位非常可爱的女人,跟马蒂一样善良友好,她也又高又大,有发福的趋势。她是一位热心的女骑手,最近她甚至与人合买了一匹马。我特别关注此事,因为我感兴趣的动物只有猫,马蒂可能比我随意得多。也许,他会高兴(比方说)成为一名女骑手的丈夫。

1986年7月,马蒂和罗莎琳德来到伦塞勒维尔研究所度过了一段好时光,大家全都喜欢他们,我相信他们会定期参加活动——但是更加高兴的事在此期间插了进来。1987年7月1日,就在伦塞勒维尔举行下一会议之前,罗莎琳德生了个女孩,取名叫马德琳(Madeline),从此他们就再也没能和我们一起参加研讨会。

马蒂那时46岁,马德琳是他的第一个亲生女儿。不难想象(哪怕是在电话中也可以听出来),他对女儿有多么宠爱。从他到处散发的照片上看(且不说我在电话里听过马德琳说话),她显然是那种能够萦绕在她父亲心头的小女孩。(我太了解具有这种本事的女儿了。)

现在该谈谈马蒂与我的业务关系了。马蒂是一位文集选编家,他在科幻小说和其他小说方面的渊博知识,使他能够编纂许多科幻小说、奇幻小说、恐怖小说、探案小说、西部小说和其他方面的选集。自从他第一次给我写信以后，他出版了将近400本选编。毫无疑问，他远远不止是世界上最多产、而且还是最好的选集编纂者。

他有一种技巧可以构想出有用的“主题”文选——即围绕某个特殊题材的故事集；而且他有本事说服编辑和出版社同意出版这些选编。不仅如此，他还具有为了处理获得许可、负责谈判合同、经管所有的费用并发放给合作的编者和作者这类事情所必需的勤勉刻苦。

在进行选编时，马蒂一般都与合编者一起干，他们一般都是选编所涉及的那方面的作家，他们的名字印在书的封面上很有分量，可他们没有时间、精力或者意图，或者三者全无，去承担选编涉及的大量繁杂工作。

我自然就属于这种人。马蒂和我合编了100多本选编。

马蒂有一种感觉，他借我的名字才得以进入出版社的办公室，他把自己的收入逐年增加也归功于我。这是无稽之谈。首先，他也曾与罗伯特·西尔弗伯格（Robert Silverberg）、弗雷德里克·波尔和比尔·普龙齐尼（Bill Pronzini）一起合编过选集。他们中无论谁都可能帮他起步。

不管怎么说，他只需要在刚开始时有一个合作者的名字。很快他就成了一个有影响的人物。在各种会议上他都是贵宾，他获得过许多褒奖，无论在全国哪个出版社都会受到欢迎。

我明确地告诉他，如果我退出选编，他可以继续编下去，丝毫不会受影响，反过来，如果他退出了，我就完了。没有他，我最多只能偶尔再编一本选集而已。我也不可能与任何其他人一起工作，因为我信任的人中没有人像马蒂那么勤勉刻苦而又可靠，能够胜任此事而又绝对值得信赖。

（有时候，马蒂说他把我当成是他父亲的替身，特别是他父亲几年前于86岁去世以后。这种想法并不荒唐。马蒂比我小21岁，我必须承认我总觉得他像是我儿子。）

有时就我和马蒂两个人干，可一般我们还加上一个第三者。我们合作得最多的第三者是查尔斯·E·沃（Charles E. Waugh），他是一位心理学教授,在缅因州一所大学任教。(偏巧,我们三个合作主编了几十本科幻选集的居然都是教授。)查尔斯是个高个儿,很腼腆。我很少遇见他。他有礼貌得几乎让人难受,我就是没法让他直呼我艾萨克。他有一位迷人的妻子,酷爱玩具熊。他们有一个符合选美标准的女儿,他们从未让我见上她一面。

我们是这么分工的。查尔斯对科幻小说的知识与马蒂一样渊博,他们一起为某本文集挑选故事,准备静电复印稿,所有的故事全都送交给我,我仔细地审阅,我拥有否决权。凡是我不喜欢的故事立即删除。我必须承认,我使用否决权时很慎重。我也许不喜欢一篇故事,可它却写得很好,我必须摒弃个人的好恶来考虑那篇作品。

我为选编写一篇多少有点精彩的介绍,还很经常为每篇故事写导读。如前所述,马蒂负责所有经济和法律上的具体事务。

如果只有我和马蒂,我们就把编辑费分成两份,如果查尔斯与我们一起编纂,则把所有的编辑费分成三份。我认为这种分工非常理想。

虽然选编文集花费的时间没有我自己平时写作的时间多,但也**很费**时间。事实上,它们需要花费的时间超过我写的许多比较短小的儿童读物,所以我把它们加到我的书目上去。我做得很坦诚,往往会加上一句:"我出版了451本书,其中116本是其他作家的故事选编。"

但是,我必须强调一点。有些人可能会认为我在这些选编中的主要作用就是让他们使用我的名字,其他我一概撒手不管。这绝**不是**事实。凡是我列出的任何选编我都做了大量的工作。

确有一些书我没出什么力,没有挑选故事,没有加入编辑工作,却落有我的名字。那些书**不**列在我的图书清单上。如果我为一本书写了前言,却没做编辑工作,我也不把它列上。凡列入清单的书,我不是作者就是主编,或者两者都是。

我为什么要编这些文选?汇集这些没完没了的老故事有什么价值呢?

请记住许多科幻短篇故事(甚至很好的故事)都会渐渐地被人淡忘。刊登它们的那些杂志都被当作垃圾处理了。它们以书本的形式发表的汇编常常脱销,买不到。选编则把这些故事奉献给从没读过它们的读者,或者是那些几年前甚至几十年前曾经读过,现在还想再读的读者。此外,许多作家已经度过他们最好的年华,不可能再写许多作品,他们早期的故事重又在选编中出现,会使他们从中受益,增加他们的名气,也多少得到一点额外的收入。

我愿意让别人使用我的名字,去做为了这些事情而必须要做的工作。我很幸运成为少数作家中的一员——他们的书不断地销售,他们的故事无论年代多么久远仍在不断地重印。尽我所能帮助其他境况不如我的作家,这是我的快乐,甚至也是我的**责任**。

马蒂使我有可能这么做。他还编了几百本没有我参与其中的选编。马蒂现在受到编辑、作家和读者的一致好评。按照我的想法,他所受的赞扬还远远不够。

132

《艾萨克·阿西莫夫科幻杂志》

到1976年初为止，我为*EQMM*撰写黑鳏夫故事已经有4年。

杂志的出版人是乔尔·戴维斯(Joel Davis)。他个儿不高，身材匀称，十分英俊。多年来，除了头发开始变灰白外，他的外貌基本保持不变。他总是让我有一种感觉，认为他是那种开始对我粗声粗气的不当举止有点迷惑，最终总算习惯了的人。

一位戴维斯出版社(Davis Publications)的行政人员因为孩子的缘故，曾经出席《星际迷航》大会。他对大会的人数之多，以及与会者炽烈的热情深感震动。他认为这表明出版一份科幻杂志应该可以为戴维斯出版社赚大钱。

在这一点上，他未必正确。他不理解绝大多数的《星际迷航》迷感兴趣的是影视科幻故事而不是纸上印的科幻故事。然而结果倒不完全是个灾难，因此我们无须过度忧虑。

这位行政人员把他的想法兜售给乔尔。乔尔仔细考虑了这件事。他有两份小说杂志，全都是探案小说：《埃勒里·奎因探案杂志》(*Ellery Queen's Mystery Magazine*)和《艾尔弗雷德·希区柯克探案杂志》(*Alfred Hitchcock's Mystery Magazine*)。如果他要办一份科幻杂志，就得想个名字，以保持这些杂志名字的一致性，他当然想要找一个这方面的名人。

他自然而然地想到了我。我这个科幻作家给他印象深刻。因为只要我到他们出版社，总要大声地，肆无忌惮地与埃莉诺·沙利文调情。埃莉诺·沙利文是那个杂志社的文字编辑，长得非常漂亮。

1976年2月26日，乔尔打电话要我到他办公室去，他说他准备创办一份新的杂志，名字就叫《艾萨克·阿西莫夫科幻杂志》(*Isaac Asimov's Science Fiction Magazine*)，简称*IASFM*。

我表示反对，并举出许多理由，具体如下：

1. 我没有天赋，没有时间，也没有当编辑的愿望，我根本不想主编一份杂志。

2. 其他杂志的编辑都是我的朋友，特别是《模拟》的编辑是本·博瓦，*F&SF*的编辑是爱德华·弗曼，我怎么能与朋友竞争呢？

3. 我在*F&SF*上有一个每月一次的科学专栏，我不能随意就放弃它，哪怕是为了有机会在*IASFM*上主持相似专栏。我不想细谈这点。我隐约地感到，每当我提到忠诚的重要性时，别人不是不相信就是觉得我很可笑。

4. 刊名用我的名字，一些作者会拒绝为它撰稿。他们多少会认为这么做有点失身份。

乔尔耐心地逐一驳回了我不同意的理由。他说我没有必要承担编辑工作。他们将选一位做实际工作的编辑，而我只要在每一期上写一篇编者的话，在信访栏目中回复来信即可。用这种方式，给杂志添上一点阿西莫夫的色彩，那就是他所要的。

因为*F&SF*是非小说类杂志，所以只要我同意让*IASFM*享有第一优先购买我的科幻小说的权利，乔尔同意我继续为*F&SF*撰写我的科学栏目。

他指出由于探案作家们很愿意为埃勒里·奎因和艾尔弗雷德·希区柯克撰稿，所以科幻作家们肯定会很愿意为艾萨克·阿西莫夫撰稿的。

这样就只剩下与本·博瓦和爱德华·弗曼的感情问题了。我分别就这个问题征求他们的意见，两个人的看法都一样。一份新的科幻杂志将为科幻作者提供一个新的市场,因此会加强科幻领域,这样势必会繁荣科幻创作,现有的3家杂志收到的好稿件必将迅速增加。

即使如此,我仍然犹豫不决。乔尔费了很大的劲才说服我签下必要的合同。第一期杂志预定1977年春天面世,实际发送到书报亭的日期是1976年12月中旬。

我之所以提到这些,是因为在1986年,英国科幻作家布赖恩·奥尔迪斯(Brian Aldiss)写了一本科幻小说史,书中他对我的作品说了些不中听的话。这我并不在意。如果他这样感觉会好一点的话,他尽可以这么做。

但是他同时还发表了一些侮辱性的言论,说我采用诱骗的手法设法用自己的名字给一份杂志命名。我看完之后,就把他的书扔了,所以我无法摘引他具体的话。我愤怒地写了一封信给他和那家出版社,声明并不是我甜言蜜语地诱骗出版社,而是乔尔来找我的。1987年1月5日,布赖恩写了一封回信,很谦恭地向我道歉。这正是我要的,此后我就把这件事搁下了。

我们这份杂志面世时,适逢已经很久没有一份新的真正成功的科幻杂志出版了。前一份成功的杂志是1950年问世的《银河》。1952年出版的《假如》(*If*)最终成为《银河》的姐妹杂志,但是几年前《假如》已停止出版。《银河》本身也日渐衰微,气息奄奄。《惊奇故事》已不再有昔日的辉煌,只像是它以前的影子在一边苟延残喘。其他许多杂志也只是昙花一现,随即停止出版。1976年,科幻领域只剩下两家强大的杂志,就是我们这份杂志创办之前曾经咨询过的那两家:《模拟》和*F&SF*。

整个科幻杂志走下坡路,部分原因是电视凭借其优势从杂志那儿夺走了许多读者,部分原因是出现了数以千计的平装本小说、文集和选编。它们的出现意味着争夺读者的钞票更加剧烈。

因此没有理由认为*IASFM*一定会成功。我不想骗人,我在为第一期写的编者的话里这么说了。(当然,我可以这么说,别人这么说可不行。一份杂志的编辑预测我们的杂志至多出版6期。我立即告诉乔尔,一定要尽一切努力,哪怕赔钱,也要出满7期。)

绝对没问题,杂志现在已经出了14年。本书写作之际,最近一期的*IASFM*是总第158期。它第一年是季刊,第二年变成双月刊,第三年为月刊,现在是四周刊,每4个星期出一期,因此一年出13期。

我尽了我的职责。我每一期都写一篇1500个词的编者的话。我阅读给编辑的所有来信,挑出我建议刊登的来信,逐一回复。我每个星期二上午到办公室去取信件,交一份编者的话(以及我写的故事,我尽可能经常给杂志写故事),有时候讨论一些问题。

乔尔对科幻杂志十分满意,于1980年2月20日购买了《模拟》,很明智地挽留了优秀的编辑斯坦利·施米特(Stanley Schmidt)。我想,如果*F&SF*想要出售的话,那么他也会买下的。顺便说一下,乔尔始终信守对我许下的诺言。杂志存在的整整13年间,我继续替*F&SF*撰写我的随笔。我坚信这既帮助了*F&SF*,对*IASFM*也没有任何伤害。

就编者的话而言,我一期也没脱过稿。我从来不担心没有东西可写。读者来信问真正的编辑是否经常想写编者的话,其实不然。这是一件他们不愿意承担的差使,这是件好事,因为(说真话)我也不想让他们写。这事儿属于我,我喜欢写编者的话。

我写的编者的话,有时候讨论作品的某个方面,有时候谈论科幻小说。通常它们都非常有个性,以至于有些读者开始抱怨我太自负了。

每隔一阵,我都会谈论一个有争议的话题。约翰·坎贝尔以前常这么做,那时我很讨厌他这么做,因为他一直很保守,我不喜欢他那种偏执的态度。另一方面,我是自由派,我喜欢无拘束地讨论问题。当然,有些读者觉得厌烦,但是我觉得有一点不同意见有好处,即使在像我们这样开放的社会里,这也是至关重要的。我毫不犹豫地让编辑把不同意我的来信发表出来,甚至包括一些对我的不太全面的评语。

对我反应最强烈的是我坦白地承认我厌恶摇滚乐。爱好那种可恶的噪声的人猛烈地向我开火。另一方面，我有一次无辜地说马有气味（它们的确如此），爱马的人写信来对我表示愤怒。

我不想给人一种印象，好像杂志的成功完全是我的功劳，虽然我希望自己对此作过一些贡献。荣誉属于编辑们。

杂志最初创办时的编辑是乔治·西塞斯（George Scithers）。他是一位重要的科幻迷及业余出版人。他组织了1963年的华盛顿科幻大会。在那次大会上，我第一次获得雨果奖。他使杂志从一开始就立足于能够独立发展上，使得像约翰·瓦利（John Varley）、巴里·朗耶尔（Barry Longyear）和松托·苏乍立打军（Somtow Sucharitkul）这样一批优秀的新作家一举成名。他还强有力地支持超短篇幽默故事，拒绝伤感晦涩的东西。1978年9月4日，杂志才出了第4期，乔治就赢得了当年的最佳编辑雨果奖。

不幸的是，乔治不知怎地与乔尔一直处不好，彼此格格不入。4年以后，乔治认为杂志很成功，不再需要他了。接替他的是相对来说在这方面不太有名的凯思林·莫洛尼（Kathleen Moloney），她只呆了一年，就找了一个她更加喜欢的工作。她的工作由肖娜·麦卡锡（Shawna McCarthy）接替，后者曾在前面两位的手下担任管理总编。当我舔着嘴唇表示渴望与爱尔兰女子调情时，肖娜觉得我很有趣。她告诉我她的名字和外貌像爱尔兰人，其实却是个犹太人。肖娜把杂志的发展换了一个新方向，强调实验性和现代感。

就这样，这份杂志在科幻迷中取得了绝对成功，他们以前曾批评说它分量太轻。

肖娜离开后进了图书编辑领域。1985年5月17日，由一位科幻作家加德纳·多索斯（Gardner Dozois）接替她。他现在仍然是编辑，继续保持了肖娜的方向。*IASFM*一直被公认处在科幻杂志的前沿。肖娜和加德纳都获得了雨果奖，在我们这份杂志上刊登的故事获得雨果奖和星云奖提名的机会也比在其他杂志上的更多。

我也许还要提一下，在7年光景里，杂志的日常管理工作一直由管理总编希拉·威廉斯(Sheila Williams)负责。她是一位年轻甜美的姑娘，在与杂志有关的一切事情上与我的看法都一致。

我不是说，我对于故事的口味完全反映在杂志里了，不这样更好。我的口味深深地根植于50年代，我很清楚这一事实。所以我从未试图干扰编辑的决定，或者表达我对任何问题的观点(除非问到我)。

比方说，有一次，在1988年秋天，*IASFM*用的一个封面设计无意中有点像*F&SF*曾经用过的一个(不是同一个艺术家画的)，弗曼想索要一笔合理的费用给第一位艺术家，可戴维斯出版社不想让人感觉到他们承认做错了事，因此来问我："我们该怎么办?"

我说："很简单。"我写了一张**个人**支票给第一位艺术家，一切都令人满意地解决了。

我为杂志写的故事，当然是我那种50年代式的故事，有许多读者喜欢它们，给了它们公正的评价。此外，**我**喜欢它们，就我而言，这些就足够了。*

* 原编者注：在《艾萨克·阿西莫夫科幻杂志》倒数第2期编者的话里，艾萨克高兴地向他的读者宣布该杂志将被矮脚鸡-道布尔戴-德尔出版集团并购。

133

自　传

在20世纪70年代，道布尔戴出版公司的人对我越来越不耐烦了。他们想要我回到科幻小说创作上去。随着时光一年年流逝，他们这种想法越来越强烈，问题是我怕写小说。随着这些年过去，我越来越害怕。

我很清楚这个领域变化得多么迅速。新的作家多么彻底地变得文学化。尽管伊夫林·德尔·雷伊向我保证说我**就是**科幻小说的代表人物，我却不敢去竞争。《神们自己》的成功也鼓不起我的勇气。

因此，我一直想方设法转移道布尔戴出版公司的注意力。1977年2月3日，我当时的编辑，凯瑟琳·乔丹(Cathleen Jordan)态度比较坚决地对我施加压力，我不由得眉头一皱，迅速想出一个办法来，提出写本自传。我一提到这种可能，就激动起来了。对于我突如其来的热情，凯瑟琳眼见无法让我改变，只好让我快动笔写。

凯瑟琳，是个很讨人喜欢的人，曾经在拉里·阿什米德手下工作，拉里离开后，她接替了他，成为我的编辑。最终，她也离开道布尔戴出版公司，开始寻找工作。我正好知道戴维斯出版社当时在物色一位新编辑，编辑《艾尔弗雷德·希区柯克探案杂志》。我推荐了凯瑟琳。她于1981年8月1日开始工作，从此一直干得很开心。我甚至还卖了几个故事给她——编辑们变动工作仍摆脱不了我。

写自传对我来说不是什么新的想法。我记得在29岁的时候，我感到自己青年时代就要过去了，最好立即正式动手写一份自传。然而，再冷静一想，我意识到自己经历的事情太少，没有什么好写的——此外，也没有一家出版社愿意出版它。

随着时光流逝，年岁渐长，最后终于有一天，我知道如果我写自传的话，会有出版社愿意出版的。可我仍然觉得经历的事情不够多。我的生活很平静（我从不抱怨这一点），除了写作之外，我很少参与其他活动，所以仍然没什么好写的。

然而，时不时地会有一位编辑提出这个想法。

比方说，拉里·阿什米德有一次问我是否考虑写一部自传，我只是大笑着说我没什么可以使别人感兴趣的事情。拉里·阿什米德太偏爱阿西莫夫了，我不能把他的话当真，我怀疑他们道布尔戴出版公司的上司是否会在这一选题上支持他。

此后又一次，克朗出版社的保罗·纳丹（Paul Nadan）拼命要想让我替克朗出版社写本书。我们一起进午餐时讨论了这件事。我也想替克朗出版社写本书。特别是为了保罗，他非常讨人喜欢，和蔼可亲，可我的日程表排得满满的。我最恨承诺不能做到的事，所以我设法把话题岔开，给他讲述我遇到的各种有趣的事。

他听着听着忽然说："你为什么不写一部自传？"

我说："因为我没遇到什么有趣的事。"

他说："你刚才讲的这些事都很有趣，写在自传里定会令人叫绝的。写吧，我给你一份合同。"

我有点心动，可我忍住了。我害怕出洋相，怕写出来以后，克朗出版社的人看完以后，拒绝出版——或者即使他们出版了，读者却拒绝读——或者他们看了以后，大声诋毁它。

然而，当凯瑟琳开始对我施加压力，要我再写一本科幻小说时，我想起了纳丹说的话，就提出了写本自传。我仍然觉得肯定行不通，可我对此事渐渐变得热心起来。不是因为我想这么做，而是它可以把要我写小说的问题推迟至少1年，甚至2年。只要能不写小说，**怎么着都行**。

这样我只好开始工作。写自传我有两个有利条件。我的记忆力惊人，往往能清晰地记住事情的细节。当然，这不一定是好事情。塞缪尔·沃恩(Samuel Vaughan)当时是道布尔戴出版公司的高层人员，他告诉我写自传的艺术是要懂得什么是应该遗漏的。但他这是在对一堵墙说话，他自己大概也知道。除非有些事会不必要地伤及他人，否则的话，我可什么也不想遗漏。

即使我的记忆有点模糊，我还有第二个法宝。我从1938年1月1日——我18岁生日的前一天起开始记日记，并且从此一直坚持下来。(许多年轻人都会记日记，可我相信，很少有人坚持的时间超过几个星期。)诚然，我的日记在一年之后，渐渐变得马虎起来，只局限于记录与我写作有关的事。有些人利用日记记录他们的感情和想法，但我从不记这些。它纯粹是一本参考书，很枯燥，甚至连**我**都没兴趣读它。我只是用它来查日期和事件，好处是我不用把它锁起来。任何人想看都可以，看到5页以上他或她的头不痛才怪呢。

自传越写越长，我必须承认，我开始有些担心了：我写了50 000个词，才写到我开始记日记的时候。如果我单凭记忆就可以写这么多，那么借助日记，我会写多长呢?

更重要的是，真正坐下来写自传时，我明白我说对了——我的生活缺乏戏剧性。从我对生活的回顾中不难发现：比较大的事件就是像未被医学院录取，在波士顿大学与上司作斗争这样的事。它们没有什么惊心动魄之处，没有悬念。

然而，正因为认识到这一点，我集中在其他的事情上。我努力按照保罗·纳丹的建议，以轻松的心情抒写日常事务。我凭借自己的写作能力掩饰了总的说来没什么大事这一缺陷。

自传出版以后，一位读者热情地告诉我，说他怀着浓厚的兴趣看完了这本书。他看的时候，爱不释手，一口气往下看，边看边笑。

我很好奇地问他："你没注意到并没有发生什么大事吗？"

"我注意到了，"他说，"可我不在乎。"

（当我问其他读者是否注意到我的小说中并没有什么重大事件时，得到的反应与此相同。行，既然他们不在乎，我自然也就不在乎了。）

我还做了另外一件事，努力使我的自传非同一般，那就是严格按年代排序。多亏了我的日记，我才可以轻松地做到这一点。

换言之，我尽量按照真实的生活来描述我的生平故事，所有的事情都交织在一起，对未来会发生什么不作任何预测。我想这样就有一种真实感。（就我所知）没有其他人尝试过这样写自传，至少没有像我这样明确。

此外，在按时间顺序叙述的同时，我尽可能确凿（而有趣）地讲述事件，避免过多的主观性，着重探讨落到我身上的事件本身，而相对少谈我内心的想法和反应。

我那部自传讲述了1977年底（我完成那本书的时间）之前我生平的故事。我一共写了640 000个词，足有9本《钢穴》那么长。

我惴惴不安地把书拿去交给凯瑟琳，担心她会说些什么。我生怕听到她说"艾萨克，这本书必须砍去一半"，我准备说："不行，我不同意。"

我感到我肯定得带着书稿回去，然后只好向克朗出版社或霍顿·米夫林出版社兜售。我看着装书稿的纸箱，愁苦地感到它可能卖不出去了。

尽管如此，我带着书稿踏进道布尔戴出版公司时，却尽量装出一副信心十足的样子，说："凯瑟琳，给你，全在这儿了。"（我没有告诉过她这本书将会有多长，而且因为我写这本书只花了9个月，所以她也没理由预期它会比一部小说长多少。）

她惊骇地看了看装书稿的纸箱，随即请示了萨姆·沃恩（Sam

Vaughan)*,他说:“行,这样,分成两卷出。”我为此终生感激他。

书分成了两卷。第一卷于1979年出版,第二卷1980年出版。

关于书名讨论了许多。我想称之为《我的回忆》(*As I Remember*),这个名字很准确地说明了书的内容。可是道布尔戴出版公司的人想要一个比较有激情的书名,听上去要更像一部小说的名字。我茫然不知所措地说:“像什么?”

有人(可能是萨姆)说:“找一首意境朦胧的诗,从中摘出一句作书名。”

于是我找了下面这一首:

记忆犹新,欢乐依旧,
人生舞台重入眼帘。
我们胜利了,击败生活的灾难,
一切都在衰老,世界与时俱进。

我隐隐约约地知道它的含意,觉得似乎很合用。所以我把自传的第一卷取名为《记忆犹新》(*In Memory Yet Green*),第二卷则称为《欢乐依旧》(*In Joy Still Felt*)。

我想沿用这条思路,把现在这本书(它也许可以被看作我的第三卷自传)命名为《人生舞台》(*The Scenes of Life*),可它是否合编辑的心意我却不得而知。

第一卷付印时,道布尔戴出版公司的人打电话来抱怨说找不到那首诗的出处,他们想要知道作者的名字。其实那是我想出来的,我把实情告诉他们说:“那是我自己写的。”结果,两卷自传上都刊印了这首诗,那位特别多产的诗人的署名则是:“无名氏”。

读者的数量令人满意,第一卷出版后,他们对我狂轰滥炸提出了许多

---

* 即塞缪尔·沃恩。萨姆是塞缪尔的昵称。——译者

问题,询问第二卷什么时候出版,第二卷出版以后,又有人问我第三卷什么时候出版。我总是回答:“我首先得积累第三卷的**生活**。”

我打算在2000年(这是一个美好的整数)写第三卷,以庆祝我的80岁生日。可最终,实际情况却迫使我以此来庆祝我的70岁生日,具体的我在后面再谈。

顺便说一句,《记忆犹新》是我的第200本书。我还替霍顿·米夫林出版社写了《作品第200号》(*Opus 200*),也算是我的第200本书。道布尔戴出版公司不想让霍顿·米夫林独享那份荣耀,所以我就说(我总是寻找简单的解决方法),我可以把这**两本**书**都**算成第200本,下一本则定为第202本。

两家出版社都同意了,他们甚至在《纽约时报书评》上联合刊登广告预告这两本书。这也许是绝无仅有的一次,两家出版社在同一则广告中把它们的才智结合到了一起。

134

心脏病

在本书前面我已说过，我父亲在42岁时就得了心绞痛。人有时会很迷信，生怕自己可能会重复父亲的生活，至少是在生理疾病方面。因此，当我42岁生日快来临时，我多少有点紧张。

42岁的生日来了，又过去了，我安然度过了43岁、44岁生日。一点没有胸口疼痛的征兆。尽管如此，我仍然很紧张，于是在1944年* 开始进行减肥运动。几十年过去了，最后在撰写本书之际，我体重控制到比最重时要轻60磅（约27千克）。

我甚至没有任何不良征兆地度过了57岁生日。可在1977年5月9日，当我在社区快步行走的时候，忽然觉得胸骨下面有一种明显的不舒服感觉，气喘不上来，我停止走动，症状消失了。待我开始行走时，症状又出现了。

我不寒而栗，我很清楚这是怎么回事。15年来，我成功地躲过了父亲所患的病痛，可到了57岁，它最终还是逮住了我。我患了心绞痛。我平时在大多数情况下，很不明智地饮食过量，久而久之，导致冠状动脉阻塞，心肌缺氧。

我一时不知所措。我应该立刻去找保罗·埃瑟曼医生，可我正好演讲

* 原文如此。但据上下文判断，此处实际上应该是1964年。——译者

排得满满的，我不想中断日程安排。毕竟我父亲患心绞痛之后还活了30年，我说不定也能活到57岁加30岁，也就是87岁。这一生也就足够了。因此我决定暂且不去理会它，等演讲结束以后再说。同时，我准备注意自己的走路姿势，不让珍妮特注意到我有什么不妥。

我继续按照我的时间表行事。5月16日，我开车去费城城郊的哈佛大学，按预定计划，第二天在哈佛大学的学位授予典礼上作演讲。（就在那一次，他们要求我讲15分钟，一个学生计算了我演讲的时间，发现虽然我不曾看过手表，我的演讲实际上用了14分32秒。*）

演讲完毕，我们开车返回费城。在费城，我还要再作2个报告。1977年5月18日凌晨1时30分，我突然从床上坐起来，一阵尖锐的疼痛把我从睡梦中惊醒，这疼痛与肾结石一样强烈，但是，部位不对，在上腹部。

我无法躺着，就坐着或站着（就像很厉害的肾结石发作时那样），我喘着气对珍妮特说，如果我死了，不要哭泣，不要难过，要快乐地生活下去，我的遗嘱会照顾她和孩子们的余生。

她给我一点镇痛药。清晨3点以后，就像肾结石发作过后一样，疼痛开始减轻。等疼痛完全消失以后，我又上床去睡觉，非常庆幸我不疼了。

珍妮特焦虑地问我："艾萨克，你感觉如何？"

我轻声地说："现在？感觉就好像我死了，进了天堂。"说完之后我昏昏入睡。

第二天，我仍然感觉不好，可我没理会珍妮特要我去看医生的要求，戏还得唱下去，我又作了2次报告。（有一个报告的听众是一些心脏病专家，事实证明他们当中没有一个人从我的表情和举止上发现我前天晚上出了什么事。）

18日傍晚，我们还在费城的时候，珍妮特打电话给保罗·埃瑟曼告诉他我的情况。保罗听我坚持说上腹部疼痛与肾结石很像，而且服用了镇

---

* 原文如此，但前文"即兴演讲"一节中说这次演讲用了14分36秒。——译者

痛药以后，疼痛消失，所以他猜测我可能是结石作怪。（我没告诉他和珍妮特有关我心绞痛的情况。）保罗要我一回家，就到他那儿去。

20日，我们一回到纽约，珍妮特要我立即去见保罗，我怀疑自己会有麻烦，拒绝了。我已经与道布尔戴出版公司的萨姆·沃恩和肯·麦考密克（Ken McCormick）约好5月25日一起吃午饭，届时我打算暗示他们我的自传很长，让他们先有个思想准备，所以我不想错过这次约会。

吃完午饭，我径直去保罗的办公室，大约走了半英里（800米）路，为了试试我是否能行，还跑上楼梯。保罗让我做了一个心电图，指针刚开始移动，他脸上的表情就说明了我想知道的一切（或者说，我实际上不想知道的结果）。我得的不是肾结石，而是心脏病。

我问："有多严重？"

"不太严重，你不还活着，还能爬楼梯吗？"保罗说，"你为什么要这样？如果你在走进我房门的时候，心脏病发作了，我会有什么感觉？"

"没有我感觉的那么糟，"我说，"既然不太严重，我要去办我的事了。"

"不，不行，艾萨克，你现在就得住院。"

"不行，我后天在约翰斯·霍普金斯大学还有一场演讲。"

"不行，你不能去。"

"怎么不行？我已经活过了一个星期了，我还可以再活两天。"

"要是你演讲时死在讲台上怎么办？"

我坚定地说："那就是殉职。"

这似乎狠狠地踩了保罗一下，医生似乎认为只有他们才有事业心，他奔到街上，拦了一辆出租车，他（与我那叛徒妻子珍妮特一起）把我拽上车。不到半小时，我就在严密的监护之下了。

就在这事了结之前，我打电话给凯瑟琳·乔丹告诉她这个消息，向她保证不管医生干出什么最糟糕的事来，我想我会活下来的。然后我让珍妮特打电话给约翰斯·霍普金斯大学，向他们说明我为什么只好让他们为难了,我还让珍妮特替我取消了其他一些约会。

这是我第一次取消演讲合约,取消约翰斯·霍普金斯大学那次演讲使我感到尴尬极了。我后来写了一封道歉信,在信中我说我欠他们一次演讲,下次一定免费演讲一次。1989年,大学打电话来提起这事,虽然12年过去了,我还是去了。我到巴尔的摩作了一次免费演讲。

1977年,本·博瓦代替我作了几次演讲,非常成功。他这家伙居然有这根神经要那些负责演讲合同的人把支票寄给我。幸好,他们打电话到医院问我是否真要那么做。我气昏了,本·博瓦只好自己收下支票。他受之无愧。

我在医院没呆多久,就清楚我不需要特别护理,我只需要休息,恢复元气,保罗·埃瑟曼坚持要我在医院呆16天。3小时以后,我就觉得腻味极了,于是就说了出来——喋喋不休地说。

保罗去找珍妮特商量。她告诉他我正在写自传的初稿,如果她能够把它带进来,让我编辑整理的话,我会安心留在医院里的。可是只有一份草稿,珍妮特担心弄丢了,或者在搬运的过程中,或者在医院里发生什么意外的事。

因此,她就把它拿到道布尔戴出版公司,他们复印了备份。这样万一发生什么意外,还可以复制一份。然后珍妮特把稿子拿到医院里交给我。日复一日,我在医院里撰写我的自传,我没有浪费时间,这种感觉真是妙极了。

本·博瓦来看我,发现床上全是稿子,问我在干什么。我告诉他了,我说:"在这份自传里收罗了我记得起来的、我所做过的所有的傻事和说过的傻话。"

"噢,"他一边说,一边眼睛看着稿纸,"怪不得这么长。"

整理自传使我非常愉快,每天早晨来查房的住院医生都感到很奇怪。通常心脏病区的病人全都很忧郁沮丧(心脏病发作不是什么值得庆幸的事),所以我这么笑啊,讲笑话啊,令他们惊奇,这成了他们在早餐桌上谈论的话题。

只有一天——在医院的第一个星期日,我有点控制不住自己。我独自与珍妮特一起,一阵压抑感掠过我。我明白保罗可能会告诉我,我的活动必须减少到以前的一半,那样在我有生之年我被迫只能有部分时间工作。我很哀伤地想,那就意味着我1977年的收入将是最高峰,此后,将逐年下降,我在死后养活妻子和孩子的计划将要落空。

那就够糟了,可还有其他事使我烦心。当我第一次被送进医院时,保罗问我是否要保密。

"保密?"我不解地问,"为什么?"

"有些人担心自己患心脏病的事公开以后,会受到歧视,因此找不到工作,或不安排他们工作。"

我大笑起来说道:"无稽之谈,你愿告诉谁就告诉谁。我肯定会写一篇文章,谈论这件事情。"(我真这么做了。)

但是,在那个星期天,我忽然觉得保罗说得对,编辑们现在都会躲着我,认为如果我随时都会倒下,那给我工作也白搭。

珍妮特在一旁尽量安慰我。其实,我的担心只是短暂的。那天还没有过完,我的担忧就已经消失了,从此以后再也没回来过。它们也始终没机会再来困扰我。

自从心脏病发作以来,我的创作一直在开足马力继续进行。1977年我的收入达到比较高的水平,可此后没有一年不比1977年多得多。

那么编辑们是否停止向我索要稿子?

躺在医院病床上的时候,我接到梅里尔·帕尼特(Merill Panitt)的电话。他是《电视导报》的主编,我曾为他写过许多文章。他问我怎么样,我说一切都好。

他说:"很好,听着,既然你躺在医院病床上没事干,是不是请你看看白天的电视节目,替我们写一篇文章?"

我写了一篇,他收下了。我于是明白既然我在医院里都有事干,出去以后还有什么可担心的?

当然,保罗坚持要我在一个方面减量。

他说:"艾萨克,有两件事。首先,你必须削减你的演讲预约。它们要耗费大量的体力,少讲点,要价高一点,这样你的收入不会减少的,私人朋友来找你,请你免费演讲,千万别答应,明白吗?"

"知道,第二件是什么?"

"我们那一群人,纽约大学医学院校友会的人想请你给他们作一次演讲,好吗?"

我忍不住大笑起来。当然可以,这算不了什么,我立即接受了演讲邀请。理由有两条,其一,珍妮特也是他们的校友;其二,因为保罗似乎完全没想到自己说的这两点互相矛盾。

演讲安排在1979年5月12日,我在演讲中讲了这个故事,模仿保罗一本正经的声音,引起了哄堂大笑。我发现所有的人都佩戴着胸卡,上面注明哪年哪月毕业的,保罗是第二次世界大战期间一个快班的毕业生,他在3月间毕业,这种情况是很少的。我问他为什么只有他一个人的胸卡上有个字母M*,他作了解释。

我故意不这么讲,而是说:"我问保罗:'保罗,你胸卡上怎么有一个M?'他回答说:'它表示中等。'"又是一阵大笑(特别是因为保罗实际上是一名优等生),我感到对于他把我送进医院,导致我没有履约到约翰斯·霍普金斯大学去演讲这件事,我已经惩罚了他。

(保罗一直威胁要起诉我,说什么我这是"病人行为不当"。)

我一出医院,生活就一切照常,只是比以前注意身体了。即使如此,有时我走路走得快,还是会觉得心绞痛的。遇到这种情况,我会停下来,

---

* M代表March,即3月。——译者

等这一阵子过去再说。

我在自传第二卷中描述了我心脏病发作的故事，一位评论者说，我描写它时"没有丝毫自怜"。

我很高兴他注意到了这一点。我在这本书里已经说得明明白白，我讨厌自我怜悯，当我发现自己陷入这种情绪时，我会尽一切努力把它驱逐出去。

毕竟，我有什么理由要自我怜悯？要是当初我没能活下来呢？我已经度过了相当美好的一生：我的童年无忧无虑，父母对我十分疼爱，我受过良好的教育，享有美满的婚姻，有一个讨人喜欢的女儿和成功的事业。我生活中也有失望和悲伤，可说真的，与一般人相比，它们要少得多。我远比大多数人成功和快乐。

即使我57岁时就死了，我的一生仍然很充实，特别是考虑到我有珍妮特和我的作品。我要是再抱怨就太虚伪了。更何况，我现在还活着，还继续拥有珍妮特和写作上的成功，以及一切各种各样的美好的事情，它们远比坏事情多得多，我没有理由抱怨和自怜。

在我看来，那些相信通过灵魂转世而获得永生的人大多数认为自己的前世是尤利乌斯·恺撒或者埃及女王克娄巴特拉，他们在未来也将享有同等的显赫。不用说，这肯定不可能。既然人类中间大约有90%的人生活在(以前一直生活在)不同程度的贫困和苦难之中，这种转世后结局快乐的机会就可想而知有多少了。如果我死了以后，随机地转世投胎到一个新生婴儿的身体内，我来世的新生活比我此世悲惨得多的机会将是极其巨大的。这种轮盘赌的游戏，我可不想玩。

许多人相信，好人死了以后会有好日子，坏人将过苦日子。如果真是这样，我会深信不疑自己上一辈子必定是个很好的人，所以这辈子才会有这么好的日子，如果我继续做高尚诚实的人，我下辈子定可以过更好的日子，如此循环，什么时候了结？呃，在那一切之中最幸福的境界——涅槃，也就是无。

我的观点是在生命结束，死亡来临之时，我们都会立即到达极乐世界。既然我已经很好地生活过，当死亡来临时，我会很坦然地接受，虽然我很希望死的时候没有痛苦。我也希望身边那些活着的人——我的亲戚、朋友和读者——能够克制自己，不要因无用的哀痛和悲伤而浪费时间和毒化他们的生活。他们应该为我感到高兴，因为我的一生是如此美好。

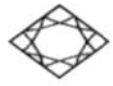 135

克朗出版社

最初是克朗出版社的保罗·纳丹提出要跟我签合同写这本自传的，可我却把它给了道布尔戴出版公司。我一直感到很内疚，所以我就让保罗跟我签了一个合同，写一本书探讨宇宙中其他地方存在生命和智慧生物的可能性的书。书名定为《地外文明》(*Extraterrestrial Civilizations*)，我答应一定会完成这本书，可我告诉他我的日程表排得很满，不知道什么时候才能动笔。保罗很好心，他在合同上没有写明具体日期。

保罗比我年轻10岁，身体一点也不胖，可他心脏也有毛病。没想到在这本书被搁置一边时，他却因为心脏病发作进了医院。

当时我到医院去看望过他，我这举动很出人意料。总的说来，我因为见到不愉快的事物会转过脸去恶心呕吐，这使得我不喜欢到医院去看望朋友。可有时候我设法成功地克服了这一点。

举一些最近的例子，当赫布·格拉夫在布鲁克林的医院里做心脏三重搭桥手术时，雷·福克斯(Ray Fox，也是自费聚餐俱乐部成员)打算去看望他。雷要我一起去，我就去了。我没有认出躺在床上的光头竟然是赫布，还以为走错了病房。待发现那人是赫布时，我明显地感到震惊，这也许是促使他下决心从此不戴发套的原因之一。(我觉得他不戴发套更好。)

还有我弟弟斯坦在长岛医院做前列腺切除手术时，我去那儿看望过他。

这些都是很少有的情况。我去探望保罗·纳丹这事连我自己也很吃惊。这一方面是因为他人很好,我们一起吃过许多次午饭,每次都非常快活,另一方面是我内心的负罪感非常强烈。我向他保证我会很快地动笔写那本《地外文明》。

1978年3月,保罗写信问我是否能帮个忙,为一位名叫约翰·利尔(John Lear)的科学作家写的一本关于DNA重组的书做个书摘。1954年,约翰·利尔在摘引了一段评论《钢穴》的(根本不像是看过那本书的)文章之后,曾经以最严厉的侮辱人的态度提到那本书。他问道:"这位作者究竟懂不懂科学?"

我立即写一封信给利尔,坦率地告诉他,我对科学的了解比他多得多,而且,我是个比他强的科学作家。他没有回信。如果他回信表示遗憾,这事倒也就算了。结果,我把他放在我那份恶人名单上。当然我从来没有采取什么行动,可我也不打算帮他的忙。因此当保罗·纳丹要我对利尔的书加以好评时,我一口拒绝了,并告诉他为什么。

他还是把长条校样给我送来了,还有一封附信。日期是1978年3月21日。信中他简单地写道:"宽恕是美德。"

我感到左右为难。我不想原谅利尔,可保罗的信使我为自己的硬心肠感到羞愧。我正在进行思想斗争,究竟要不要原谅利尔时,突然得到消息说,3月22日,也就是写信给我的第二天,他心脏病又一次发作,去世了。

我竟然这么狠心和不肯宽恕,现在一切都太迟了,我所能够做的只有立即开始动笔撰写《地外文明》。我真希望自己的行动没有这么拖拉,而是在保罗还活着的时候就动笔了。我怎么能想到竟然会发生这种事呢?他只有48岁呀。

我把这本书献给保罗,以作纪念。

克朗出版社指派另一位编辑负责这本书。他名叫赫伯特·米切尔曼(Herbert Michelman),我第一次遇见他是在1978年11月2日。这一次,我又很幸运,赫伯特也是一位我经常遇到的那种编辑——性格温厚,说话柔和,很讨人喜欢。吃午饭的时候,我们不断地互相开玩笑,大声地笑个不停。

《地外文明》刚一写完(1979年出版),我就开始替他写另一本新书,名为《探索地球和宇宙》(*Exploring the Earth and the Cosmos*),介绍人类的活动范围如何不断地拓展。

我邀请赫伯特到自费聚餐俱乐部去吃午饭,他在那儿很开心。后来发现一位比较老的俱乐部成员欧内斯特·海恩(Ernest Heyn)跟赫伯特很熟,他提议我们邀请赫伯特·米切尔曼作为会员,我很热心地表示同意。赫伯特也很乐意。于是,我们举荐赫伯特加入俱乐部,一切都很顺利。

1980年11月11日,赫伯特首次作为俱乐部成员参加聚餐。他温和地对我说:"艾萨克,我可以坐在你旁边吗?"

"当然可以,"我说,"我不会让你坐到别处去的。"

于是他就坐在"犹太人的桌子"上凑热闹。那次聚餐菜不丰盛,除了不大的一块三角形蛋奶火腿蛋糕外,就没什么了。罗伯特·弗里德曼[Robert Friedman,那个给我名片(我一直带着)征求批评的会员,他后来因为俱乐部不准许妇女加入而很气愤地退出了]拿出他的餐券,一撕为二。

"给,"他对服务员说,给他一半券,"你只配得一半。"

我觉得狼狈不堪,暗地里希望下周丰富点,好让赫伯特觉得这钱值得花。谁知道,这已经不可能了。赫伯特心脏也很糟,就在那天晚上,他去世了。他在换车时倒在车站上,死时年仅67岁,我认识他只有2年。

下个星期我闷闷不乐地到俱乐部去,他们问我的朋友呢?我回答说:"恐怕是上个星期二傍晚死了,离开我们以后只有3个小时。"

罗伯特·弗里德曼忍不住说:"都怪上周那一餐,那块死亡蛋奶火腿蛋糕。"

人的本性就如此,餐桌上的人都笑了,连我都笑了。

《探索地球和宇宙》于1982年出版，我把它献给赫伯特·米切尔曼以作纪念。

简·韦斯特在克朗出版社的一家子公司克拉克森·波特图书公司(Clarkson Potter)工作，1979年曾建议我写《注释本格列佛游记》。她于1981年9月11日去世，患的是癌症。在不到3年的时间里，我失去了3位好编辑，而且全都是同一家出版社的，这真是令人悲伤的巧合。

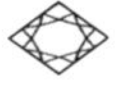 136

西蒙-舒斯特出版社

在20世纪70年代末之前,我不曾为西蒙-舒斯特出版社(Simon & Schuster)写过一本书。我有种模糊的想法,认为西蒙-舒斯特出版社是道布尔戴出版公司强劲的竞争对手,替他们撰稿就是对道布尔戴出版公司不忠诚。

所以蒂莫西·塞尔德斯在他办公室向我介绍他的客人时,我大吃一惊,那人竟然是西蒙-舒斯特出版社的一位编辑。我似乎觉得这两个公司的雇员最好是看见对方就转身过去,彼此不说话总比吵起来好。

等我回过神来,对来访者说:“听说西蒙-舒斯特的女人都很潇洒。”

“你说什么?”他不无反感地说,蒂姆也吃惊得张大了嘴。

“我这么说是因为,”我说,脸上尽量装出一种天真的表情,“最近我刚想向道布尔戴出版公司的一位年轻女子献殷勤,蒂姆·塞尔德斯对我说,‘阿西莫夫,你以为你在哪儿? 在西蒙-舒斯特吗?’”

蒂姆的确说过这话,他也记得自己说过这话。我这话说得很委婉。

拉里·阿什米德离开道布尔戴出版公司以后到了西蒙-舒斯特。我们一直保持联系,我不会因工作变动而放弃与编辑的友谊。拉里不可避免地问我是否可以替他写一本书,建议我谈论可能导致我们这个世界终结的所有的不同方式。

拉里·阿什米德提出写这本书再好不过了。我刚为《大众机械》(*Popular Mechanics*)写了一篇谈这个话题的比较简短的文章,刊登在1977年3月号的《大众机械》上,题为《世界可能终结的20种方式》。编辑作了很大的改动,我对结果不满,希望有机会就这个题材写一本书。我也很迫切地希望用我挑选的书名:《灾难的选择》(*A Choice of Catastrophes*),*所以我很高兴地签了合同,立即开始动笔写了。

我正在写那本书的时候,拉里·阿什米德工作又变动了。他到哈珀-罗(Harper & Row)公司去了。我认为他会把书带走的,所以倒也没有什么不安,以前我也遇到过这种事。我写《中微子》(*The Neutrino*)这本书时,精装本原准备给我以前的编辑沃尔特·布雷德伯里出版的,他当时在亨利·霍尔特(Henry Holt)出版公司工作。书还没写完,布雷德又带着它回到了道布尔戴出版公司。1966年,该书由道布尔戴出版。我设想《灾难的选择》也会遇到同样的情况。

事实却并非如此。西蒙-舒斯特出版社不同意拉里把书带走。他把这事告诉了我,我很生气。我去找西蒙-舒斯特指派给我的新编辑,说这书是拉里的构想,我是因为我们之间的亲密友谊才答应为他写的。

新来的编辑摇摇头,说合同是与西蒙-舒斯特出版社签的,上面想要留下这本书。我把这情况告诉了拉里,提出我要停止写这本书。拉里说:“不,我不想让你放弃这本书。你再另外为我写一本吧。”

于是我完成了《灾难的选择》,这本书于1979年由西蒙-舒斯特出版。市场反应很好,我却一直不高兴。编辑删除了我关于城市恐怖主义的那部分。他从没有向我解释,我有种不安的感觉,出版社似乎认为我写的东西会有不愉快的后果,我觉得这就像是对我作品的审查,我多少有点怨气。

我并不真的对西蒙-舒斯特不满,可他们再也没有约我撰稿。《灾难的

---

* 中文版书名为《终极抉择——威胁人类的灾难》,王鸣阳译,上海科技教育出版社,2000年12月。——译者

选择》是迄今为止我在他们那儿出版的唯一的一本书。

我兑现了我对拉里的承诺。我提议写一本书，谈论越来越大的距离尺度，然后是越来越小的尺度；谈论越来越长的时间周期，然后是越来越短的周期；越来越大的质量，然后是越来越小的质量。在各种情况下，我都让增大和减小非常有规律，并且会列举现实生活中的例子——从而使人们对我们周围的一切究竟有多大形成一个概念。

这是我喜欢写的那种书（我喜欢沉醉于这类计算之中），拉里当然总是尽量满足我，让我写自己喜欢的东西。书写完以后，我给它取名为《宇宙的量度》（*The Measure of the Universe*）。1983年由哈珀-罗出版。它也销得相当可以。

附带说一句，我反复说这本书或那本书销得很好，并不是说我不曾有过几次真正的失败，不过不太多，仅有几次。

比方说，1974年由纽约地图出版社（New York Graphic）出版的《地球在太空中的位置》（*Our World in Space*）。根据当时火箭和探测器揭示的结果，我写了几篇文章谈论太阳系的各种行星。由一位极出色的太空画家罗伯特·麦考尔（Robert McCall）提供插图。麦考尔是一位资深作者，他很公平地收了60%的版税。

我的文章写得不差，麦考尔绘画非常精美，它是一本很大的装帧漂亮的书，放在咖啡桌上太漂亮了，我对它期望甚高——可它销得不好，始终没能赚回它的预付款。过了几年，它就落伍了。

还有卡尔·萨根进军图书出版的冒险行动。卡尔的书销得越来越好，直到他因《伊甸园之龙》（*The Dragons of Eden*）而赢得普利策奖（Pulitzer Prize）。（我读到该书的校样时，就对珍妮特预言，卡尔因此会成为真正的赢家。我很高兴我的评判敏锐而成功——通常我总觉得自己在这方面很欠缺。）

卡尔制作的电视节目《宇宙》（*Cosmos*）受到一致赞扬，根据它写成的书几乎一直列在最畅销书的名单上。

卡尔觉得(我也这么想),他的知名度已经很高,可以自己成立一家公司,出版有关天文学和太空的书籍。比方说,他发现一本书由日本美术家岩崎一彰(Kazuaki Iwasaki)作了很精美的插图,然而图的说明文字卡尔却觉得还不够好。他要我写一组更加令人满意的图片说明,我很高兴地写了,卡尔亲自为该书写了前言。

那位美术家也是一位资深作者,书名叫《宇宙壮观》(*Visions of the Universe*),由宇宙图书公司(Cosmos Store,萨根的公司)于1981年出版,我原以为会很畅销,可以上最畅销书排行榜,如此等等。可完全不是那么回事,那书一直销不动。事实上,宇宙图书公司后来歇业了。

我再举第三个例子。1983年5月4日,克朗出版社下属的哈莫尼图书公司(Harmony Books),要我写一本书讲述机器人,机器人的历史和发展,以及它们在工业和科学上的用途等等。我拒绝了,解释说虽然我在科幻小说里写过机器人,可对现实生活中的机器人知之甚少。

他们说他们只要借用我的名字,他们自会安排一个了解机器人的合作者。他们找来一位名叫卡伦·弗伦克尔(Karen Frenkel)的姑娘。她很漂亮,聪明,工作努力勤奋。她做了必要的研究,写了大量的东西。我过目以后,有些部分重新写了一下。由于她做了大部分工作,我给了她大部分预付稿酬。但是,我没法安排姓名排序。我想让她作为主要作者,但是在1985年出版的这本名叫《机器人》(*Robots*)的书上,我的名字却排在前面,而且字体比较大。我曾提出异议,但没有用。他们说为了保证销量,必须那样。

最后总算多少有点公正。书没有销路,那本书赚回的钱只有预付稿酬(幸好大部分付给了卡伦)的一小部分。

有些读者会把这3次失败归咎于与他人合作,可我出版了许多合作的书,销量都很好——例如与珍妮特合写的《诺比》诸书,以及与马蒂合作的各种选编。

有几本只有我名字在上面的书也许不算失败，实际上销得也不算太好。例如，像《阿西莫夫注〈失乐园〉》那类尝试性的书，尽管我在写作过程中觉得其乐无穷，也只不过赚回它菲薄的预付稿酬。

究其原因，我认为我的名字不是一帖神奇的灵丹妙药，把它加在书上未必就能保证成功。（应该如此，一本书的成功应该在于它本身的质量，而不只是依靠作者的名字。）

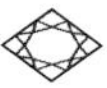 137

边缘作品

我早已谈到面对那116本选编所遇到的困难，以及把它们加到我的书目上的那种矛盾的感情。对于一些非选编类图书（幸好不太多），我也有同样的感觉。

其中有些我记得与出版商阿瑟·登布纳（S. Arthur Dembner）有关。登布纳是个瘦高个儿，有一张布满皱纹的脸，灰色的头发仍然透出些许红色，因此他绰号叫"红毛"（Red）。他经营一家小出版社，并和一位名叫杰罗姆·艾吉尔（Jerome Agel）的图书促销员共同建议我写一本"真事实录"，书中包括许多奇怪的，鲜为人知的事情，把它们分门别类编排起来。他们提出，其中许多素材可以从我的书里引用。

我没有答应他们。我实在没时间去做必要的研究来写这本书。

可是没用，他们向我保证将成立一个小组去挖掘这类事情。我只需要提供自己知道的事，然后从头到尾审阅一遍全部稿件，剔除那些我认为错误的或者不可信的部分。

我考虑了一下这么做的可行性。这下我将有一组研究人员来做大部分工作。这还是第一次。一般来说，不论多么长、多么复杂的书，我**都是**自己一个人写作，我为此感到骄傲。我很勉强地答应了，提出不要把我写成那本书的作者，研究小组的成员名字都应该印上，他们同意了。

于是我就开始工作，提供了大约占全书20%的事件，审阅了那些不是由我提供的全部稿件，剔除了其中的一些。

书于1979年出版，由格罗塞特–登拉普(Grosset & Denlap)出版。按照事先约定，我不作为作者列在书上，然而书名却是《艾萨克·阿西莫夫奇闻趣事实录》(*Isaac Asimov's Book of Facts*)。这份殊荣大大超出我应得的那一份。书名页的背面列出了所有有关人员，一共17个人。我作为"主编"排在第一，不过我的名字与其他16个人的名字字体一般大。

我对此很满意，我在这本书上做了大量工作，完全可以心安理得地将它列在我的书目上。我觉得不太舒服的是，书里的几千个故事中，肯定有些是不太可信的，甚至是错误的，尽管我努力减少这种事发生。可只要有一位读者反驳其中的任意一则，这种反对的信就会送到**我**这儿来。几乎无一例外，所有受到质疑的都**不是**我提供的资料。我不知道它们的来源和出处，只好把它们交给"红毛"。

1981年6月11日，"红毛"带着另外一个选题来找我。一个名叫肯·费希尔(Ken Fsher)的加拿大人出了一本智力问答书，"红毛"要我先看一遍。我看了，冒昧地谈了我的看法，认为这本智力问答很有趣味，也有竞争力，可能值得出版。这时，"红毛"要求我挑选出大约一半的问答题，纠正其中的错误，撰写一篇前言，他说书名可定为《艾萨克·阿西莫夫超级智力问答》(*Isaac Asimov's Presents Superquiz*)。作为回报，我将得到一小部分版税。

我立即说这对肯·费希尔不公平。"红毛"解释说，肯·费希尔将作为作者印在书上，他说肯·费希尔希望如此。他认为书名中有我的名字发行量可以大一些。(还是迷信我名字的魔力。)

我很难对好人开口说"不"。"红毛"当然归于好人一类。书由登布纳图书公司(Dembner Books)于1982年出版。费希尔的名字放在封面上醒目的位置。

然而在此后7年里，那书又相继出了第二卷，第三卷，第四卷。每一卷我都做了工作，并写一篇序言。有些读者发现一些被我遗漏的差错，我不得不应付他们的投诉。最妙的例子是问哪个国家的名字里面含有字母组合“ate”，书里的答案是“危地马拉”(Guatemala)。这个名字一般很难想到。这个“ate”在这儿发音时要发开放的而不是平舌的a，何况危地马拉还不是一个著名的国家。一位读者写信来问：“为什么美国(United States)不算?”我实在没法回答。

他们用这些《超级智力问答》书编了一种猜答游戏，想让它赢得“轻松消遣”(Trivial Pursuit)所取得的那种(即便预期是短暂的)巨大成功。超级智力问答游戏做得很好，但肯定比不上“轻松消遣”。他们还利用此书推出了一个报业辛迪加问答栏目。它只提到我的名字，而没有提到费希尔的名字，我提出意见，可像平常一样，我的投诉没人理睬。

说起超级智力问答游戏，我还有一次很悲惨的经历。这个故事说来颇为曲折。

如果有人事先透露，告诉读者我要去那儿，我并不在意在书店里签名售书。只要有适当的宣传，我一般都替激动的读者签一百本书或更多。有一次我一刻不停地忙着整整签了一个半小时，虽然合同只要求我签一个小时。(我不忍心望着满怀希望排着长队的读者，对他们说：“行了，时间到了。剩下的运气不佳。”所以我继续签下去。)

这种活动，事先不做宣传的话，就有可能失败。这也是当作家的付出的一部分代价。此外，大多数作家都愿意在国内旅行，在许多地方作一天的短暂停留，促进他们的著作发行。我除了偶尔去邻近地区，最远一次到过费城，一般我都坚决拒绝这么做。因为这缘故，作为补偿，我从不拒绝在曼哈顿的签名售书活动，总是同意电话访谈——随和地接受一些过分的要求。

话虽如此，有时却特别难以接受。比如说，1979年12月16日，我带了一摞书在布卢明代尔公司(Bloomingdale's)。* 在那么多的地方中,管理人员竟让我坐在女装部。我在那儿坐了一个小时,尽量装作没看见往来的妇女那充满敌意的目光,她们显然以为我有窥隐癖。

然而,也有少数人找我在书上签名。一个女人激动地冲上来,祝贺我的戏在百老汇上映,希望我能赚到100万美元。我很礼貌地告诉她,我也希望如此,我觉得没有必要告诉她我**不是**艾萨克·巴谢维斯·辛格,以免让她觉得尴尬。

我遇到的最糟糕的这类事是在1984年6月15日,我答应在梅西百货公司(Macy's)那儿坐3个小时,身边一大摞超级智力问答游戏的书等着我签名。可在那漫无止境的3个小时里,一共只卖了8本。最糟糕的是那8个人中有一个人从箱子里捡了一本书买走了,一口回绝,不要我签名。

与那本游戏书相关的第二件尴尬事比这还要厉害。游戏的出版商急于使它有一点社会影响,他们从媒体上得到一些照片,让我出席演示会,表演怎么做游戏,我得展示必要的个人魅力(他们认为我有)。

一位年长的先生把他的孙子推到前面。他认为孩子是天才,要我随意问他超级智力问答的问题。那孩子看上去很窘迫,所以我很踌躇,可那位爷爷不肯罢休。

我抽出几个问题,选择那些最容易的提问。那个小家伙如我所料,答不上来。我尽我最大努力把它掩饰过去,又想法提了一个更简单的问题。还是一片空白。于是我抽出一张卡片,不管上面什么内容,编了一个问题,一个不可能答不出来的问题。那孩子答出来了。我赶紧大大地表扬了他一番,把他们送走了。

倘若哪位有天才孙子的爷爷读了这本书,请听我的忠告,留给孩子一点空间,不要让他们在大庭广众之下出洋相。根据我的经验,真正聪明的孩子自会成功地使自己为人称颂,无须亲人盲目地夸耀。

---

* 纽约市的一家大百货商店。——译者

1979年我应邀出席一个犹太男孩成人仪式，遇到一个与之相仿的对孩子估计过高的例子。犹太男孩成人仪式在男孩13岁的生日举行，表明他已经长大了，应该开始服从犹太教义，承担责任。（我和斯坦都没有举行过犹太男孩成人仪式，这对我们来说是又一次战胜虚伪，因为即使我们经历了那个仪式，我们也不会服从那些戒律的。）

我（实在找不到借口，推脱不了的时候）参加过为数不多的几次，觉得特别乏味。不过，这种场合总是堆满了各种很咸的，高胆固醇、高脂肪的和其他影响健康的食品。那些东西吃起来味道好极了，我可以一直吃下去。

那一次，孩子的父亲是我的朋友，他骄傲地告诉我，他儿子对莎士比亚特别感兴趣，问我是否能带一本《莎士比亚指南》给那孩子。行，这好办。这本书早已脱销，无处可觅，我家里也所剩无几了，但不管怎么说，给孩子成人仪式的礼物都应按习俗办，朋友就是朋友。

因此，我带了一本《莎士比亚指南》去，面带微笑把书给了那个男孩。不料，他露出一种明白无误的惊讶和失望的表情，接过那本书。从那种心不在焉翻动书的样子，我得出很明确的印象，那孩子根本不是莎士比亚的爱好者，他从未听说过莎士比亚，从未看过莎士比亚的作品——这本书简直就是献给一位骄傲的父亲的虚荣心了。

还是再来谈谈那些勉强算是我的作品的书。我替卡罗来纳生物图书社（Carolina Biological Supplies）写了一本《生物学的历史》（*The History of Biology*）和一本《数学的历史》（*The History of Mathematics*）。《生物学的历史》于1988年出版，《数学的历史》于1989年出版。它们都是很长的图表，列出在那门学科的历史上的大量准确的条目，用卡通表现得活灵活现，用以在学校和图书馆展示。

我还编了一本名为《从哈丁到广岛》（*From Harding to Hiroshima*）的书，由登布纳图书公司出版。作者是巴林顿·博德曼（Barrington Boardman)，副标题是《1923年—1945年美国秘史》(*An Anecdotal History of the United States from 1923—1945*)。我很**喜欢**这本书。我仔细地看了一遍，审阅和纠正长条样和校样。最后书名为《艾萨克·阿西莫夫呈献——从哈丁到广岛》(*Isaac Asimov Presents: From Harding to Hiroshima*)，作者博德曼的名字显著地放在封面上。

接着我又收到一本汇集，里面收录了大量科学家和其他人谈科学的语录，要我删改，语录分成86个部分，他们要我在每一部分前面写一警句作引子，并为全书写一篇前言。我坚持说要把与我联系的编辑的名字放上去作为合编者。书于1988年出版，由韦登菲尔德-尼科尔森出版社(Weidenfeld & Nicholson)出版，书名为《阿西莫夫科学与自然语录》(*Isaac Asimov's Book of Science and Nature Quotations*)，艾萨克·阿西莫夫和贾森·舒尔曼(Jason A. Shulman)主编。

在我的几百本书中，还有其他几本诸如此类的书夹在其中。我为什么编它们？一个理由是：它们是我觉得有趣的，甚至是着迷的书。我总是觉得对任何选题很难开口说"不"，特别是与我通常做的事截然不同的选题。

我也许应该更加有力地反对把这些东西称作"阿西莫夫呈献"(Isaac Asimov Presents)，但是出版商一般都坚持这么做，说实话，这类事的确给我一种满足感。毕竟，我的名字真的在某种程度上可以促进销售。它也有助于使公众注意我的名字，有些人就会因此去买不仅有我的名字而且真的全部由我写的书。所有的人都会得益，不会伤害到谁。

138

“黄昏”公司

在20世纪70年代，随着时间的推移，我的收入继续增长，我的业务也变得越来越复杂。每隔一阵，我的会计师就会嘀咕说如果我自己成立公司，挣的钱可以更多。每次他提起这事，我似乎就会有一种恐惧。

成立公司是向上的另外一步，是又一条通向富裕的途径。

我当然喜欢变得比较富裕。我的前半生总是清楚地知道自己口袋里有多少钱，每一次购物都要仔细地盘算，现在我能够走进任何一家餐馆，想吃什么就点什么，而无须去看价目表，这种感觉特别愉快。我可以要一辆出租车，想去哪儿就去哪儿，真开心。账单来了签支票，而不用担心银行的余额是否够，这种感觉爽极了。

我喜欢这一切，但我不想要伴随富裕而来的副作用。我害怕那种想法：要我举行什么大型聚会，我必须要穿着盛装参加社会活动，那种理所当然地认为我应该把我的寓所堆满最先进技术的新设备，我应该有个管家，一间豪华的办公室，一部高档轿车，一艘游船，一所夏日别墅，以及其他诸如此类的建议。

我不想要这些东西，我只想平静又简单地生活。每次我沉溺于外露自己的富裕时，我都害怕这世界将不再能容忍我对简朴的崇尚和追求。

我的会计师的态度越来越坚定，珍妮特也同意他的观点。1979年10

月22日，我说："好吧，你们去安排吧！"于是，1979年12月3日，我成了一家公司的总裁和司库，而珍妮特则成了副总裁和秘书。

公司取什么名字颇有一番争论。我建议就简单地称作"艾萨克·阿西莫夫有限责任公司"，会计师态度坚决地否定了我的建议。他不同意把我的名字放在上面，他想让它听上去像一家普通的商业公司。"为什么不取你的书的名字呢？"

我很快就想到两个名字：《基地》和《黄昏》，会计师选择了后者，也许它听上去比较浪漫，所以我就成立了"黄昏有限责任公司"。

我可以说政府税务官员从未发现我的纳税申报有什么严重的错误，这一点也不奇怪，因为我很诚实地申报。但是即使他们查账结果说我账目清楚，他们仍然要占用我会计师的时间，而他是据此向我收费的。因此我很迫切地希望他们最好接受这个事实，即我很诚实，不要来管我。

许多年前，有一次我接受电视采访，他们问我："假如你挣10亿美元，你打算怎么花？"

我知道他们想要什么答案。自私的人会买大宫殿，过像帝王一样奢华的生活，理想主义者会资助大学和支持环保事业，而我有一种不同的想法。

我说："我会走进IRS（美国国内收入署）的办公室，说'我刚挣了10亿美元，全部都在这儿了，交给山姆大叔。请你们这一辈子，再也不要来找我了。'"

政府无疑会在这种交易中获利，从我这儿终生收的税也比10亿美元要少得多，少得多得多。但是梦想不要再记账，不要再做任何计算，不要再和会计师和律师打交道，远比金钱更加宝贵。

139

休·唐斯

每当一位我认为特别知名的人士表示知道有我这么一个人的时候，我总是很惊奇。我不必描述休·唐斯，大家全都认识他。他在美国电视黄金时间出现在屏幕上，出镜率居美国人之首。

1972年那次乘船去佛罗里达州观看“阿波罗17号”发射时，他也在船上。当时，我们接触不多。1978年6月9日，我应他邀请，与他共进早餐，我们谈了对天文学和宇宙学的看法。

休·唐斯对科学很着迷。尽管他的电视工作占用了他的大量时间，他还是设法跟上了最新的科学进展（尤其是宇宙学方面），他在这方面甚至可以与专业人士探讨。

显然，我通过了他的筛选。他有个想法：每年举行一次宴会，邀请12名对科学感兴趣的人士，享用一顿美餐，进行愉快的谈话。第一次是1980年5月6日，在大都会俱乐部（Metropolitan Club）举行，晚宴丰盛至极。

我每次都受到邀请参加晚宴，只有一次没有去。晚宴的费用必定很高，每年我都提出负担一半。每次休·唐斯总是微笑着告诉我他乐意付，这钱值得花。

晚宴不言而喻很愉快，谈话令人印象深刻，我经常担当调节气氛使之轻松愉快的角色。我会严肃地讨论边缘科学，也会很轻松地讲笑话，几乎什么事都会令我想起一个滑稽的故事。

这些一年一度聚会的故事传开去了，有一次我接到一个电话，是位记者打来的。她提的问题意思很明确，她认为休·唐斯是个很聪明的社会攀爬者，他出钱举办宴席是为了被有影响的知识分子接受，他们吃了他的东西，私底下却在窃笑他的意图。

我断然否定了她这种说法。我告诉那位记者，休·唐斯尽管是业余科学爱好者，可他的智商极高，科学知识非常丰富，那儿所有的人都很喜欢和尊敬他。我的话也许使那种无稽之谈就此销声匿迹，我很高兴。

在聚会上，有些人（像我这样）是固定的，像哥伦比亚大学的天文学家劳埃德·莫茨（Lloyd Motz），从未错过一次聚会，其他人有时候来，有时候不来，他们中有沃尔特·沙利文、罗伯特·贾斯特罗（Robert Jastrow）、杰里米·伯恩斯坦（Jeremy Bernstein）、马文·明斯基（Marvin Minsky）、本·博瓦、马克·夏特朗、杰勒德·奥尼尔（Gerard O'Neill）、杰拉尔德·范伯格（Gerald Feinberg）、罗伯特·夏皮罗（Robert Shapiro）和其他人。海因茨·佩格尔斯（Heinz Pagels）出席了几次宴会，关于他，我在后面再谈。

一般来说，我回到家总要对珍妮特讲述讨论的概要，不同的人物所说的聪明的事（自然不会漏了我），在自费聚餐俱乐部和活板门蛛聚会之后，我也都这么做。她喜欢这样，但她有时对这些组织仅属男性集会表示不满。

一次，男性集会的情况特别令人难堪。1980年4月，我收到一封邀请信，要我出席一次医生聚会，与会的都是些从事研究的医生，伟大的生物科学作家刘易斯·托马斯（Lewis Thomas）将在会上发表演讲。我很快接受了这一邀请，告诉珍妮特，当然我希望她与我一起去，因为她很喜欢托马斯的文章。

珍妮特看着那封邀请信，然后冷冰冰地朝我看了一眼，我脸都白了。她说："你该看到，艾萨克，假如你真看了信，而不是隔五个词看一眼，就该明白邀请你的那个组织是**男性**的集会，虽然你不是医生，我是医生，可你可以去,我却不能。”

我悄悄地走开,又打了一封信,解释说我不小心邀请妻子一起前往,现在为了保证集会清一色的男性,恐怕我不能去了。

我收到一封手写的回信。他们也邀请了我的妻子,于是1980年4月7日,我们60位男士和珍妮特一起参加宴会活动。别以为珍妮特不喜欢这次活动,她认识他们中的一些人,积极地参加谈话,倒是我,因为不是医生,反倒成了局外人。

珍妮特当然能够(任何妇女都可以)参加自费聚餐俱乐部的年度宴会。只要确保我不会因嫌穿礼服太麻烦而生气,她每次都和我一起去。有一次她在一种不寻常的场合出席了一次常规的俱乐部聚餐会,我以后还会再谈到它。

当然,现在她可以不时地出席定期举行的会议,在合适的场合作为合法的客人,例如,1990年4月24日我做关于抑扬格的五音步诗和五行诗报告时,她也参加了。

 140

最畅销书

我的两本自传出版了，销得相当好，以艾文的商标批量出版了平装书，但是道布尔戴出版公司仍然不满意，他们还是想要小说。

请记住，我从来没有怠慢过道布尔戴出版公司，我在他们出版社出版了一本新的科学随笔集《无穷之路》和第三本黑鳏夫故事集《黑鳏夫的案例》。出版社里还有：另一本科学随笔集《阳光灿烂》(*The Sun Shines Bright*)和一本谈论科幻小说的随笔集《阿西莫夫谈科幻小说》(*Asimov on Science Fiction*)，还有一本选编《科幻小说十三罪》(*The Thirteen Crimes of Science Fiction*)。此外，我还在拼命赶新版本的《阿西莫夫科学技术传记百科全书》。所以道布尔戴出版公司不能说我忽略了他们公司。

顺便说，我也不曾忽略其他出版社。1980年到1981年，我一共出了24本书。它们包括给克朗出版社的《地外文明》，给西蒙-舒斯特出版社的《灾难的选择》，给格罗塞特-登拉普出版社的《艾萨克·阿西莫夫奇闻趣事实录》，给克拉克森·波特图书公司的《注释本〈格列佛游记〉》，和给沃克出版公司的4本《我们怎样发现了——》(*How Did We Find Out About...?*)

我的工作排得很满，我一向如此。

对道布尔戴出版公司说所有这些都没有用。他们不为所动，他们的观点是我根本就不该做我手头正在做的那些事，而是应该去写小说。更有甚者，他们不只是打算要求我去写小说，而是直截了当地告诉我这么做。

休·奥尼尔（Hugh O'Neill）在凯瑟琳·乔丹离开道布尔戴出版公司以后，接替她成了我的编辑，1981年1月15日，休打电话让我到他办公室去。休是个年轻人，刚来工作，面对的是一位年长的声誉显赫的作家。休在琢磨一位年长而情绪变化多端的作家如果忽然面对最后通牒，该会发多大脾气，没准甚至还会动手呢。

所以他只对我说贝蒂·普拉希克（Betty Prashker）想要见我。贝蒂在编辑部的地位很高，是这方面很受人尊敬的编辑。他们催我到她办公室，这位性情温和的中年妇女朝我微笑着说："艾萨克，我们想请您替我们写一本小说。"

我说："可是，贝蒂——"

她显然不想听我说，她毫不理会我想要说什么，继续往下说："我们准备给你送份合同去，先给你一大笔预付稿酬。"

我说："贝蒂，我不知道我还会不会写小说。"

贝蒂像她平常一样温文尔雅地说："艾萨克，别傻了，赶快回去构思小说吧。"

我被撵出了办公室，那天傍晚，道布尔戴出版公司负责科幻小说的帕特·洛布鲁托（Pat LoBrutto）打电话给我："听着，艾萨克，"他说，"我再明确一下，贝蒂说要小说，是指一本科幻小说，我们说科幻小说是指《基地》小说，我们要的是《基地》系列的小说。"

我听见他说什么了，可没把它当真。22年里我只写了一本科幻小说，关于《基地》故事，我已经32年没写一个词了，我甚至连《基地》故事的内容都记不清了。

更何况，我写《基地》故事，从头至尾，充其量在21岁到30岁之间，而且是在约翰·坎贝尔的督促下写的，现在我已经61岁了，约翰·坎贝尔已经不在了，现今也找不出与他相当的人了。

我非常害怕，如果我被迫写一部《基地》小说，那么小说很可能毫无价值。道布尔戴出版公司将会不好意思退稿，只得出版；评论家和读者将会猛烈地抨击它；我将作为一个年轻时很伟大，老朽后仍企望仰仗昔日的名声，到头来反被人耻笑的作家而载入科幻史册。

何况，我收入丰厚全靠大量非小说类图书，实际上它比我写小说时要高出20倍。如果我重新回到科幻小说创作上去，我的经济状况很可能会受到严重影响。

我只能低调处理这件事，希望道布尔戴出版公司忘了这件事。

可他们没忘记。1月19日，休非常得意地告诉我，这次预付稿酬是50 000美元，是道布尔戴出版公司平时给我的10倍。可我一点也不高兴。我为这大笔的预付金担心。万一赚不回来怎么办？我也知道其实作者不用去管它，留下预付金，让出版社承担损失，可我不能这么做，我得退回那部分亏空的预付金（我以前也曾有过一两次）。这没什么愉快的，而且我还得与道布尔戴出版公司交涉，他们断然不肯收下我退回的钱，肯定还是平常说的那句话："别傻了，艾萨克。"

因此我对休说，"得了，休，道布尔戴出版公司这么预付稿酬，会输得精光的。"

可休早就料到我会说这话了。他说："别傻了，艾萨克。你故事想得怎么样了？"

显然，道布尔戴出版公司绝对认真，我必须承认50 000美元的预付稿酬还是很有吸引力的，哪怕我书写得不好，不想让道布尔戴出版公司出版，或者甚至于完不成，最后强迫道布尔戴收回这笔钱，我总还可以对自己说："曾经有出版社在我一个词还没写，一点想法都没有的时候，答应付50 000美元请我写一本书。"

一个星期以后，我收到一半预付金的支票（另一半在交稿时付清）。到了这个地步，就再也不能浪费时间了，我一完成手头的事，就得赶紧动笔了。

在开始动笔之前,我必须重看一遍《基地三部曲》。我心里很紧张。毕竟,这么多年过去了,现在再来看,它肯定很粗糙。读自己20多岁时写的那种废话,我肯定会感到狼狈。

因此,在1981年6月1日,我拿起书时,心里直打战,不料才看了几页,我就知道我错了。诚然,我看出了早期故事中的败笔,知道经过多年的修炼,我可以写得更好,但是那本书深深地吸引了我。它是一本让人爱不释手的书。

我早已记不清书中的人物是如何解决他们的问题的,我很激动地读着这些故事。

当然,我注意到它里面动作不多,问题及其最终解决主要通过对话,通过不同观点的理性争论来完成,而没有向读者明确指出哪种观点正确,哪种观点错误。故事开始,有许多恶棍,再往下去,英雄和恶棍就全都模糊了,真正的问题永远是:人究竟怎样才最好?

这个答案从来都不是肯定的,我总是提供一个答案,但是这些故事总的基调是,就像历史一样,没有最终的答案。

6月9日我看完了这个三部曲,我经历了几十年来读者对我讲的感受——非常气愤,故事居然结束了,再没有了。

现在我心里涌动着**想写**第4本《基地》小说的欲望了。但这并不等于我已经想好了故事情节,我接下来要做的就是找出几年前写的第4本《基地》的开始部分,我曾经写过14页,然后,把它们放在一边了,主要是因为我有许多其他事情要做。

现在我又把这14页读了一遍,看来可以。它给了我一个故事的开头,却没有结尾(与一般情况正相反)。于是我坐下来写结尾。第二天我强迫自己用颤抖的手指重新打那14页稿子——然后就一直不停地打下去了。

这份工作并不轻松。我尽量保持早期《基地》故事的风格和气氛。我不得不重新唤起心理历史学的全部内容，我不得不找过去500年的历史参考资料，我必须保持动作少，对话多（评论家经常就这一点抱怨我的小说，让他们见鬼去吧），我必须提供种种合理的前景，描述几个不同的世界和社会。

更有甚者，我很不安地意识到早期的基地故事出自一个只了解20世纪40年代技术的人的笔下，比如说，我那时虽然也曾假设存在非常先进的数学，故事中却没有计算机。我不想解释，而只是在新的《基地》小说中写了非常先进的计算机，希望没人会发现这种不一致。很奇怪，竟然真的没人发现。

以前的《基地》小说中没有机器人，我在新故事中也没有加进去。

须知，在20世纪40年代，我有两个独立的自成一体的系列小说：基地系列和机器人系列。我故意把它们分开，前者是在遥远的将来，里面没有机器人；后者则在比较近的未来，里面有机器人。我要让这两个系列尽可能保持独立，这样如果我（或者读者）厌倦了其中的一个，我还可以继续写另外一个，而且重叠的可能性极小。确实，1950年以后，我真的厌倦了《基地》，就不再写了。但我仍然继续写机器人故事（甚至写了两部机器人长篇小说）。

1981年创作新《基地》小说的时候，我感到缺少机器人很反常，但我不能毫无先兆地一下子就把它们拉进来。计算机倒可以，它们只是附带描述，偶尔出现一下。然而机器人就必定要成为主角，只有继续不让它们出现。尽管如此，这个问题始终留在我脑子里，我知道总有一天我要解决此事。

我把新书名定为《避雷针》（*Lightning Rod*），我觉得很好，理由很充分。可道布尔戴出版公司的人立即否决了，一本《基地》小说就得在标题上加上基地字样，这样读者就可以立即知道它就是他们期盼已久的故事。看来，道布尔戴出版公司说得对，我最后把书名确定为《基地边缘》（*Foundation's Edge*）。

我花了9个月时间写这本小说，这段时间不仅对我很艰难，对珍妮特也一样。我因为没有把握，生怕小说质量不高，情绪受到了影响。每当我感到小说写得不好时，我就陷入可诅咒的沉默之中，珍妮特承认她怀念我只写非小说类图书的日子，那时我没有写作问题，情绪一般总是很好。

另一个引起情绪波动的原因是我写小说的时候，除了继续修订那部《传记百科全书》外，没法完成大量的非小说创作。诚然，在这9个月里，我与人合编了将近20本选编，替沃克出版社写了一些短小的科学史故事，不断地发表一些短篇故事，但是我错失了写大部头书的计划。

最后我终于在1982年3月25日完成了这本小说。我马上把它交给道布尔戴出版公司，立即得到了我的另一半预付稿酬，9月收到了第一本《基地边缘》。

到那时候为止，道布尔戴出版公司已经接到大量订单，我很平静地对待这事，一点也不激动。紧随这种大批预订之后，很可能是大批退货，实际销量可能很少。

我错了。

30多年来，一代又一代科幻读者都在看《基地》小说，大声疾呼希望有新的《基地》故事。所有这些人，等了整整30年，准备在它一出现就去抢购。

结果，书出版后一周内，《基地边缘》登上《纽约时报》最畅销书排行榜的第12名。坦率地说，我简直不相信自己的眼睛。我成为一直在出书的作家，已有43年了，《基地边缘》是我第262本书，我一直与最畅销书无缘，这次我真不知道该怎么办了。

在12月的第一个星期日《基地边缘》达到了第三位，在排行榜上总共停留了25个星期。我也可以希望再有一个星期，这样我就可以说“半年”了。但是25个星期，就是这25个星期，也比我最狂妄的梦想要长得多。因此，再要抱怨就很可笑了。（再说，我原以为重返小说创作，我的收入可能会大打折扣，实际上，它却迅即翻了一番。）

附带说一句，当休给我看封面的校样时，我不禁哑然失笑。因为它声称《基地边缘》是《基地三部曲》的第4本。休问我笑什么，我指出“三部曲”的意思是“3本书”，所以又有了第4本这种说法是矛盾的。

休感到非常尴尬，说要把它改了。我说“算了，不必了，休，让它去吧。这样可以引起人们议论，引起公众注意。”

道布尔戴出版公司可不想要这种公众影响。他们把它改成《基地世系》(Foundation Saga)的第4本书，至今，我起居室的墙上还挂着那张自相矛盾的封面设计。

当然，在最畅销书带来喜悦的同时，也有一个小小的缺陷。我的名字出现在《纽约时报》最畅销书排行榜上这件事在我脑子里引起了一点惊慌，我知道这下我完了。道布尔戴出版公司决不会放过我，让我歇下来不写小说了——他们果然再也没有放过我。

141

故　人

20世纪80年代伊始，我已步入60岁。我开始体验到所有接近生命尽头的人遭遇的处境：一些年纪比自己大的人陆续去世——有时候也有比自己年轻的同时代人死去。

伯纳德·齐廷（Bernard Zitin）——我在NAES的直接上司，我与他关系处得一般。1979年去世，享年60岁。

格洛里亚·萨尔茨伯格——那个坐在轮椅上的快乐的姑娘，她曾逼着我去进行测试，让我加入门撒国际，于1978年1月25日去世，死时50岁。毫无疑问，脊髓灰质炎后遗症缩短了她的寿命。

约翰·坎贝尔的遗孀佩格·坎贝尔（Peg Campbell），一个开朗的女人，她以能够忍受坎贝尔的古怪而著称（就像珍妮特能够忍受我的怪癖一样），1979年8月16日去世。

艾尔·卡普——为了我给波士顿《环球报》写的那封信，他差一点把我告上法庭。他于1979年11月5日死去，享年70岁。

1979年下半年，罗伯特·埃尔德菲尔德（Robert Elderfield）——他曾在研究生院因为我而处境艰难，后来又雇我做了一年博士后工作，于75岁时死去。

伯纳姆·沃克——我到波士顿大学医学院任教时，他是生化系主任

(他是很少几个与我相处甚善的上司之一,当时根本不来管束我),于1980年4月3日去世,享年78岁。我最后一次见他是在一年前,1979年5月15日,我到医学院去作报告,我在校时的那些老师聚在一起欢迎我。沃克行走不便,拄了一根拐杖来的。他变化很大,我开始没认出他来。

哈罗德·尤里(Harold C. Urey)——他几乎不让我进入医学院,于1981年1月6日去世,享年87岁。拉尔夫·哈尔福德,他在我博士答辩时,问我塞地莫林的情况,也在这前后去世,时年64岁。

还有时光流逝的其他标志。查尔斯·道森,我敬爱的研究生导师,我写这本书时他仍然健在,已经79岁。他于1978年2月27日退休,我专程到哥伦比亚去赞颂他。

诸如此类的事情不由人不注意到时光确实在流逝。死亡的感觉日益逼近,最明显的就是我1977年心脏病发作,还有些不太重要、却一眼就可以看见的迹象,例如头发渐渐变灰色,两鬓日渐花白。1978年3月29日,我只得服老,买了第一副双光眼镜。

有一件与死亡没有任何关系的往事,它直到现在仍然不断闯入我的脑海,引起我的注意。

我8岁的时候,与一个年纪与我相仿的小男孩有过一段友谊。那个男孩名叫所罗门·弗里希(Solomon Frisch)。他会编各种故事,讲给我听,我简直听得入了迷。后来,他们家从附近的社区搬走了,我与他失去了联系,但是我始终没有忘记他。也许正是因为早年听他讲故事,而且**知道**是他编出来的,才使我萌生了写作的念头。

我在第一本自传里提到了他。我自己这么痴迷写作,断定索利(Solly)* 既然小时候就喜欢编故事,长大了一定是个作家,而且一定是个成功的作家。这似乎是不容置疑的。我一直没找到叫所罗门·弗里希的作家,我猜想他不是用笔名写作,就是已经不在人世了。

---

* 索利是所罗门的昵称。——译者

实际上，他还健在。他儿子看到我的自传里提到其父的名字，便告诉了他父亲。索利迅即写信给我。1981年2月7日，珍妮特和我与索利和他的妻子奇基（Chicky）一起吃午饭，我们相隔53年后终于重逢。

索利的婚姻显然幸福美满，他过得很快活。令我吃惊和失望的是他从未成为一名作家。他在邮局工作，他很愉快地对我说："我猜想就文学创作而言，我在8岁的时候就把自己燃烧殆尽了。"

142

文字处理器

我个人生活十分保守，有墨守成规、因循守旧的倾向。我觉得按照老习惯行事比较舒服。因此，我周围的技术突飞猛进，而我却熟视无睹，直到它强加在我身上。

我现在仍然使用一架旧的Selectric Ⅲ IBM打字机，恐怕一直要用到它打不动了，必须再买一台新的为止。我特别不想要新的电子打字机，对我这样崇尚简朴的人来说，它们太花哨，我甚至仍然用布色带（现在越来越难买到了），因为感光色带只能用一次，像我这样快速地持续工作，消耗得太快。

当然，我从没想过要买一台文字处理器。

什么!放弃我忠实可靠的打字机？我可笑的固执，我对于忠诚的可笑想法竟然延伸到了无生命物体上。我无法说服自己买一个小小的计算器，因为它似乎是对计算尺的背叛。后来，不知为什么总有人给我邮寄计算器，一开始我尽量不用它们。计算器的便利（特别是做加减运算时，计算尺无法操作）迫使我不再固执地弃之不用。不过，我还是保留了我那两把计算尺，每当我看着它们时，总觉得非常内疚。

我听说许多人有了文字处理器以后就再也不用打字机的故事。我不想这样对待我的打字机，所以我硬起心肠抵制身边日益增长的呼声，他们说我**必须**要买一台文字处理器，我弟弟斯坦不断在我耳边鼓捣，要我买文字处理器。我敢肯定他利用我的抵制，上班时不知又编了多少个“我那蠢哥哥艾萨克”的笑话。

最后，1981年春天，一家计算机杂志（当时冒出来的这种杂志不计其数）要我写一篇文章谈谈我使用文字处理器的体会。他们想当然地认为我有一台文字处理器，又想当然地认为我一直在使用它。

我告诉他们我没有文字处理器，不可能写那篇文章。这就救了我？根本没有。那家杂志编辑很吃惊，甚至有点气愤，立即安排给我送一台文字处理器，1981年5月6日送到我家。

我吓坏了。虽然它装在几个纸箱里，就放在我图书室的中间，我却尽量装着没看见那玩意儿。1981年5月12日，无线电器材公司（Radio Shack）派来两个年轻人替我安装，我在一旁绝望地拧着手。这是一台无线电器材公司出品的TRS-80Ⅱ微型计算机，带一台菊瓣字轮的打印机和一个Scripsit程序。

后来，有人问我为什么挑选了这台文字处理器，他们认为像我这样聪明的人，必定花了几个月反复考虑各种型号，仔细挑选最佳的购买。

我的回答始终是：“给我的就是这台，还有其他类型吗？”

所有的人就会回去讲述“我愚蠢的朋友艾萨克”的故事。

安装文字处理器的人教我怎么用，给了我两本说明书，每本都又大又厚，用最晦涩难懂的方式写就（在我看来，写说明书的人总以为他们说的人们早已知道）。

操作提示没记住，说明书也帮不上忙。我笨拙无望地与机器呆在一起，没办法让文字处理器工作。6月4日，那两位年轻人又过来教我如何操作，可还是不行。6月12日，我拥有文字处理器已经整整一个月了，可我仍然无法让它按照我的要求工作。到了6月14日，我决定打电话给无线电器材公司，让他们把它搬走，同时坐下来最后再试一次。

它像有魔力一样，居然可以用了。我猜想它知道我的决定而害怕了，它不想被送回去。从此以后，我就能用这台文字处理器了，我**确实**一直不断地在使用它。

然而，我只用它做一项工作，再也没有别的——准备稿子。我让无线电器材公司的人把机器调整到留出边线，按照我的要求隔行打字，其他一切也都按照我的要求调整好。我根本没有这些东西能够怎么变动的概念。比方说，我不会改变行距或调整边线，所以我**只**用它来打稿子。

我也不知道如何重新编页码。这就是说我在文字处理器上写了什么以后，每一页的改动都尽可能地少（改正拼写和标点符号，偶尔添加、减去或移动一个字），然后就到下一页。一旦到了下一页，前面那页实际上就没法改动了。幸好，我写东西很少修改，这可难不倒我。

重要的是我没有放弃我那台宝贝老式打字机。我用它打信件，做卡片目录，做除了写稿子以外的一切事情。甚至在稿子方面，打字机也没有完全弃之不用。我承认，2000来词左右的小文章，我就直接在文字处理器上打了。如果比较长一点的，我会先在打字机上打草稿，然后再打到文字处理器上去，逐页作些小的编辑方面的改动。

好心的老斯坦觉得这简直难以容忍。“干吗这样做？”他问，“你什么东西全都要打两遍？”

我竭力向他解释说，写长篇的作品，有一堆黄颜色的打字稿，这给我一种舒适感，几十年来，我已经习惯了第一稿有一堆稿纸。如果我要检查在小说中前面说过的什么事情（例如我的主人公的头发是什么颜色），我就会在黄纸堆中翻找，而不想在一张又一张软盘上寻找。

既然第一稿在打字机上打，文字处理器还有什么用呢？

首先，以前完成最后一稿后，最后仍然会作必要的改动，用笔墨加一个词或删除一个词。此外，还得纠正打印错误。有了文字处理器，就不用笔墨来改正了。所有的改动全在屏幕上显示出来。这样我的稿子就比较干净了。

这个重要吗？我想是。用手改动会使手稿看上去很潦草。那倒还不是致命的，我的编辑尚能容忍我的稿子乱一点。如果其他人交进去的稿子都很整洁，都已在屏幕上不露痕迹地改好了，我的稿子不整洁恐怕就很触目，编辑的潜意识会觉得我的作品不好，因为它很乱。我的文字处理器防止了这类事情发生。我交上去的稿子像其他人一样干净整齐。

无线电器材公司答应我文字处理器可以保留到1981年底再决定要不要，费用以后再算。我一学会使用它，就决定要留下它，我打电话给无线电器材公司，询问一共要多少钱，我准备开支票寄过去。

他们说："不急，你先不要急着开支票。你做我们的代言人怎么样？如果你答应的话，可以把机器留下，我们每个月支付给你一笔酬金。"

这听上去倒挺不错。于是，我就当了几年代言人，这就是说每隔一段时间我得寄去一组我一整天活动的照片，供无线电器材公司做广告用。这使我感到不太舒服，可既然我的机器工作得很好，我觉得值得花时间推荐这东西。

最终，无线电器材公司的人决定把他们的广告集中在得克萨斯州制作，他们的基地在那儿。他们当然知道我不会去那儿，所以就没有再要我做什么事，只是每月寄给我一笔酬金。过了不久，我实在不愿意无功受禄，就告诉他们要么让我干点什么，要不就停止邮寄这笔酬金。1987年11月以后他们停止寄钱给我。

我用文字处理器写的第一本书是《探索地球和宇宙》(*Exploring the Earth and the Cosmos*)，那是我的第252本书。我现在已经出版了451本书。如果把正在印刷的书也算上，那么可以说，自从我有了文字处理器以后的9年时间里，由于它的功劳，我出了200本书。此外，我大概写了200个短篇，到目前还没有收到书里。全部加在一起，粗略地估算，我已经用这台机器写了1000万到1100万个词。

在所有这段时间里，它一点都没有给我添麻烦。诚然，有过两次，我的键盘送去重新接线或加油。不过我很仔细，另外还买了一个键盘，所以当坏了一个的时候，我可以用另一个，一点也不耽误时间。1988年1月13日，一位热情的维修人员更换了显像管，我怀疑是不是真的非换不可。

1982年3月29日，机器打不开。我打电话给无线电器材公司。第二天来人检查了一下，发现我不小心把墙上的开关关了，忘了打开。我认为这不能算是机器造成的麻烦。

你会以为我现在有了一台文字处理器，赶上时代了，人们不会再盯住我了，可事实并非如此。随着计算机的进步，那台用了9年的无线电器材公司文字处理器又过时了。实际上，无线电器材公司现在已经不再生产这种机器了。

显然，我该跟上时代，买一台各方面都有很大改进的机器。但是我不想。我不打算为了跟上时代，更换文字处理器。我对我这台机器很忠诚，它完成了我要它做的全部工作，一台新的机器就意味着再受一次罪去学一套新的操作方式。

所以，我对大家说的话是："什么时候我现在这台文字处理器坏了，我再去买一台型号更先进的。"

幸好，它没有坏。

 143

警　察

我从来没有遇到什么重大的法律问题，当然在40年的驾驶中，有过两次违章停车，收到过两三张超速罚单，但都不是什么大事。

我最大的交通违章就是在马萨诸塞收费公路上，因为超速被警察拦下来。我惊恐地发现，我的驾驶执照过期了。拦住我的警察很严肃地指出这一点，但他没有（像我预期的那样）把我抓到监狱里去，只是告诉我让珍妮特驾驶汽车，在没有更换新驾驶执照之前，我不得碰方向盘。

实际情况是：1975年，我从回纽约后住的旅馆套房搬出去，搬到我和珍妮特住的那套大公寓去了（从那以后，我们一直住在这套公寓里）。新旧寓所相距6个街区，我们的邮箱仍然属于同一个邮局。

我的新驾驶执照投寄地址仍然是老地址。邮局平均一天给我往新寓所送50封邮件，居然把我的这一份邮件敲上“地址不详”退回去了。经过这倒霉的旅行回家后，我立即就去办理新的驾驶执照，然后再到邮局交涉此事。

1982年，我旅行归来感觉很不舒服。我走进公寓电梯，里面有一位妇女正在对着“禁止吸烟”的标记抽烟。我指指那个牌子，请她不要抽了。她把烟往我脸上喷。

她大概以为我要从她手上夺下香烟，便立即尖声喊叫起来，攻击我。

珍妮特知道我病了，赶忙挡在我前面，拦住了她。不到半小时，2名男警察和1名女警察找上门来了，原来是那个女人去报警说她遭到袭击。我说明了情况，他们走了。

1983年2月，我收到传票，发现我遭起诉，索赔50万。这是我生平唯一一次被人起诉。我只觉得好笑而不是害怕，我打电话给我的律师唐纳德·拉文索尔（Donald Laventhall）和罗伯特·齐克林（Robert Zicklin），他们帮助我不受任何伤害地摆脱了此事。

虽然唐（Don）和鲍勃（Bob）* 是我的律师，但平时我很少让他们干什么事。我不习惯与人长期保持生意关系，他们成了我的朋友。罗伯特·齐克林就住在城里离我几个街区的地方，我把他带到活板门蛛俱乐部，他以客人的身份去过两次，大家都觉得跟他在一起很愉快，所以他在1986年11月21日被吸收为会员。他也是我们最热心的会员之一。

鲍勃告诉我与这起中止了的法律诉讼有关的生活现实，他说："她没有理由起诉，她很清楚，她的律师也很清楚，但是他们觉得可以从你这儿诈点钱。认识你的人都会这么做，你得小心点。尽量避免任何纠葛，因为你是名人。"

要记住这点很难。可在我们这个爱打官司的社会中，我别无选择。

我与警察最奇怪的接触是在1989年10月7日。那是个静谧的星期六的黄昏，我们正在看电视，珍妮特在她办公室里看《星际迷航》，我在客厅里看重播的《凯特与阿莱》（*Kate & Allie*），这时门铃响了。

因为不事先自报身份，没有人能够从外面径直走到我们家门口，所以我猜想是大楼员工或是邻居。我去开门（珍妮特看《星际迷航》的时候，不许别人打扰她），我问："谁呀？"

没有回答，于是我从猫眼里看出去，不料，看见穿警察制服的人。我赶紧把门打开，一共有4名男警察，1名女警察。

* 唐是唐纳德的昵称，鲍勃是罗伯特的昵称。——译者

我茫然地问："警官，有什么事？"

为首的那个说，"我们接到报告说你们家在吵架。"

"这儿？你们肯定找错了人家。"

"没错，我们有门牌号码和姓名。"他指着门上我们的名字，"我们得到消息说你用刀顶着你妻子的喉咙。"

劳伦斯·奥利维尔也装不出我脸上的诚实的惊讶表情，我说："我？她的喉咙？"

于是我想起，珍妮特还在她房间里，门关着。我知道最好还是让他们见到我妻子没受伤害，否则他们会认为她受伤致死躺在关着的门后。

我叫道："珍妮特，你快过来！"

我叫了三次（警察变得越来越怀疑了），珍妮特才很不情愿地离开电视剧走出来，她看见警察立刻慌了。

我告诉她警察说的话，如果有谁比我更惊奇的话，那就是珍妮特了。

警察发现报告是假的以后，就离去了。珍妮特和我讨论了各种可能性。谁会想出来去报告这种荒唐可笑的事？最可能的答案是我的一个崇拜者，也许酒喝多了，觉得这是个很有趣味的玩笑，可对我的地址和门牌号码知道得这么清楚的科幻小说迷很少。

然后，我想起来曾经有人用电话打听珍妮特的住址。（电话本上有她未婚时的姓名和职业。）

我们打电话问警察，报给他们的是**什么**名字？

不用说，是珍妮特的名字。

在一个星期里，我根据这件事写了一个黑鳏夫故事。名叫《警察上门》（Police at the Door），它刊登在1990年6月号的*EQMM*上。

144

海因茨·佩格尔斯

1982年4月12日,我与海因茨·佩格尔斯一起吃午饭时认识了他。他高个子,前额很高,过早变白的头发,与他年轻的面庞形成奇特的鲜明对照。他看上去比实际年龄42岁要年轻,不久将出任纽约科学院的院长。他是一位杰出的物理学家,曾经写了几本有关量子力学的书,其中一本《宇宙的密码》(*The Cosmic Code*),我曾怀着很大的兴趣读过。

在我眼里,海因茨·佩格尔斯是休·唐斯晚宴上荟萃的明星中最耀眼的。他还主持"真实俱乐部"(Reality Club),其会员是一群出类拔萃的人物,大概每月聚集在曼哈顿的什么地方,谈论科学的最新进展,讨论他们所听到的东西。他们邀请我参加,但我不经常去。我参加过的几次聚会,有时非常有趣。1987年5月7日,我给"真实俱乐部"作过一次演讲,那当然是谈科幻小说。

然后,在1987年11月5日,艾伦·古思(Alan Guth)作了一次生动的演讲,题目是"暴胀的宇宙",这一理论是他首先提出的。

在此之前不久,我从海因茨那儿第一次听说暴胀宇宙这一理论。海因茨解释说宇宙开始时很可能只是一个次亚原子粒子,它仅仅代表了一个无限的"假真空"海中的某种量子涨落。

我听得着迷了,因为几年前还没有人提出这一理论时,我写过一篇文章，题目是《我在细看一株四叶红花草》(I'm Looking Over a Four-Leaf Clover, *F&SF* 1966年9月号)。在文章中我谈了我的想法，提出“宇宙之初，什么也没有”，并把它称之为阿西莫夫宇宙学第一法则(Asimov's First Rule of Cosmology)。

这只是一种直觉的飞跃，但我喜欢我的科学直觉。这件事让我很高兴。

我记得也有争论。1987年2月5日，一位演讲者根据他自己的某种狭隘观点，认为耶稣起了魔法师的作用，谈论了早期的基督教堂。就他谈及的某些事，我指出基督教真正的创始人是圣保罗(St. Paul)，没有圣保罗，基督教也许死活都是犹太教的卑微的一支。

他不明白我的观点，大谈圣保罗从未拜访过繁盛的基督教社团。我竭力解释所有这些基督教社团都被后来的教会认作异端的势力征服，最终则为伊斯兰教征服。只有圣保罗传教的地区，基督教的主流得以幸存繁荣。

我试图引用贺拉斯的话，他说：“勇士们在阿伽门农以前曾经活着，但一切归于永恒的黑夜……”我想解释说圣保罗的角色相当于荷马，而不是充当耶稣的阿伽门农。但是我始终无法对这位先生阐明我的观点，他老是打断我，重复地讲他自己的观点。假如他听我说完，然后再驳斥我的观点，我不会在意的，可他连听都不听。海因茨不得不制止我，因为他发现我越来越生气了，他生怕我会爆发，伤及嘉宾的感情。

在另外一个场合，我努力解释说碳14对身体的危害比钾40更厉害，因为在基因中肯定会发现碳14，而每次分裂都毫无例外地是一次突变。而基因之中不存在钾40，因此**不一定会**产生突变。

诺贝尔奖获得者罗莎琳·耶洛(Rosalyn Yalow)一直反对这一说法，她认为钾40在分裂时产生的能量更大，因此更加危险。我几次三番指出不是能量而是**位置**引起危险，可是她拒绝接受我的观点。

当然，读者可能会认为我坚持自己的观点时和他们坚持他们的理论时一样固执。没错，可我是正确的，他们是错误的，差别就在于此。

我记得，还有一次，我正在思考分形。它们是一组具有迷人特性的曲线。它们具有分数维，所以分形曲线可以既不是一维的，也不是二维的，而是一维半。这就是为什么它们被称作分形的缘故。这种曲线就复杂性而言可以是无限的，所以其每一个小部分——不论多么小——都像整体一样复杂。

分形理论最初是由一位法裔美国数学家贝诺瓦·芒德布罗（Benoit Mandelbrot）详细提出的。1986年4月16日，他在费城接受富兰克林研究所授予的荣誉时，我曾与他相遇。那天的晚会上我是主要演讲人，但我并不知道要求出席者穿礼服并戴上黑领带。结果，我是唯一没有穿宴会礼服的男士——对此我一点也不在乎。

不管怎么说，海因茨有一天在“真实俱乐部”聚会时提出：“科学是不是能解释一切事物？我们是否能够决定它能够还是不能够？”

我立刻说：“我肯定科学**不能**解释一切，我可以告诉你理由。”

海因茨说：“说吧，艾萨克。”

我说：“我相信科学知识具有分形的性质，不论我们了解多少，不论还剩下多少，不论它看上去有多少，它始终像刚开始时的整体那样，无限复杂。我认为，那就是宇宙的秘密。”

海因茨看上去陷入沉思：“很有趣。”当时在场的其他人都没有说话。

1988年7月25日，在伦塞勒维尔研究所的年会上，马克·夏特朗带来一盘半小时的电视录像带，显示一个分形。开始是一个心形图像，周围有一些小小的附属图形，它在屏幕上一点点变大，一个小小的附属图形在中间渐渐变大，直到它充斥整个屏幕，可以看见它周围也有许多小的附属图形，它慢慢变大时周围又有其他小的附属图形。

这个效果是慢慢地沉入一个复杂的图形，它始终是复杂的，我看着这没完没了的一层层展开，它绝对催眠。我想那就像科学探索一样，不断地解开复杂事物的一层又一层——**永远**无止境。

我想起了海因茨，不知他是否知道，我想去告诉他关于这盘录像带的事。

我在伦塞勒维尔不读报，不听广播，也不看电视，因此不知道就在我观看那盘分形录像带之前24小时，海因茨·佩格尔斯在科罗拉多出席一次会议期间去爬山（他是一位登山爱好者），在下山途中，踩在一块松动的石头上，一下失去平衡，从山上摔了下来，不治身亡。

我一直不知道这个消息，直到我回家，见到前几天的《纽约时报》才发现。我惊骇地叫了起来，珍妮特吓坏了，跑过来看出了什么事。海因茨死的时候只有49岁。

145

新的机器人小说

甚至在《基地边缘》出版之前，道布尔戴出版公司就已经根据预订的数量和国外版权交易对它表示非常满意，认为赢利一定会很丰厚。我却不以为然，因为我不相信我的书会成为最畅销书。我已出版了261本非最畅销书，我认为我的书的发行量已经形成一个固定的模式。

但是道布尔戴出版公司认为已有足够的理由让休·奥尼尔在1982年5月18日交给我另一本小说的合同，这次他们给我的预付金比《基地边缘》更多。况且，我一签好合同，他就给了我一半预付金的支票。

我保持冷静。在《基地边缘》出版之前，我甚至连想都不想要开始写新的小说，我要看看它**究竟**销得怎么样。

我看清楚了。它登上了最畅销书榜，我明白我别无选择了。我于1982年9月22日开始写新的小说。

合同中没写明写什么小说，道布尔戴出版公司连一个词也没提到必须是另一本《基地》系列小说。我当然不想再写《基地》小说，相反，我想要写我从未收尾的另一系列的小说。

我在1954年曾出版过《钢穴》，它的续集《裸阳》于1957年出版。1958年，我签了一份关于伊莱贾·巴利和丹尼尔·奥利沃（探长和他的机器人助手）的第三本小说的合同。我的意图是再写一个三部曲。我在1958年开始写第三本，但写了8章以后陷入了困境，没有再写下去，写的东西我觉得不满意。那就是我曾经想退还道布尔戴出版公司2000美元预付金的那本书。他们最终把那笔钱转成我为道布尔戴出版公司写的第一本非小说类图书的预付金。那本非小说类图书的名字是《生命和能》。

现在，1982年，在我写机器人三部曲的第三部失败后过了24年，我的思绪又一次转向了它。既然我能够成功地为《基地世系》加写第4本，那我肯定能够成功地撰写机器人三部曲的第三部。

1958年我写不下去的障碍是我想写一个女性爱上了像丹尼尔·奥利沃那样外貌跟人类一样的机器人。在1958年，我无法解决此事，当时我写了8章以后，开始越来越害怕描述这一情景。

但是，到了1982年，气候变了。作家可以比较自由地讨论有关性的问题了，我也已经成为比较出色的作家。我没有回到这失落的8章（而我曾经回归于那14页基地的稿子），我根本不想要它们。我决定重新开始。

他们曾经要求我把《基地边缘》写得比我以前的小说长些，我以前写的小说，除了《神们自己》比较长，有90 000个词以外，平均都在70 000个词。根据他们的要求，《基地边缘》写了140 000个词。我假设他们要我以后写的小说都这样长，所以我准备第三本机器人小说也写140 000个词——就是说，等于前两本机器人小说加起来一样长。这样我就有比较大的回旋余地来介绍故事中新的社会结构，可以更从容地展开复杂的故事情节。

我的新小说名为《黎明的星球》（*The World of the Dawn*），因为故事的主要场景都安排在一个名为奥罗拉（Aurora）的行星上，奥罗拉原是罗马神话中的黎明女神。但是道布尔戴出版公司又一次作出最后决定，他们说一本机器人的小说书名中必须有“机器人”字样，因此小说就叫《黎明的机器人》（*The Robots of Dawn*）。后来证明这个名字比较合适。

我非常喜欢写这本新的小说，甚至比写《基地边缘》还要喜欢。这部分是因为我怀里揣着一本最畅销书，现在信心更加足了。此外，《黎明的机器人》像前两本机器人小说一样，本质上是谋杀案侦破小说，我特别喜欢探案故事，写起来得心应手。

1983年3月28日，我完成了这部小说。那时候，《基地边缘》卖得非常好，道布尔戴出版公司的编辑也很喜欢《黎明的机器人》。所以我就完全放任自己去写小说了。

事实上，《黎明的机器人》也上了最畅销书排行榜。但是没有《基地边缘》在榜上的时间长，即便如此，我仍认为《黎明的机器人》写得更好。造成这种情况可能有两个原因。它们与两本书的相对质量无关。一方面，《基地边缘》得益于人们的长期期盼。对于第三本机器人小说的期盼既没那么长久也没有那么迫切。另一方面，销售的好坏在很大程度上还取决于与其同时出版的图书的情况。《基地边缘》出版时正值流行书相对稀少之际。而《黎明的机器人》出版时则面对较强的竞争。

因为我还得再写一本小说，我写作《黎明的机器人》时体验到的快乐使我决定再写第4本机器人小说。在第4本书里，伊莱贾·巴利将死去，但我早已预定机器人丹尼尔·奥利沃是这套系列书的真正主角，他将继续起作用。

我那一本本书里的机器人越来越先进，这一事实使得《基地》系列中没有机器人显得越来越怪异。

我仔细想出了一个办法，这么做的时候，我可以将我的机器人小说与基地小说结合到一起成为一个系列。我准备在第4本机器人小说中就开始，作为一种暗示我想把它叫做《机器人与帝国》(*Robots and Empire*)。

我与莱斯特以及朱迪-林恩·德尔·雷伊讨论这一点，因为兰登书屋收购了福西特图书公司(Fawcett)，接过了我的平装书。特别是他们正在出版我的80年代新小说的平装书，我觉得他们应该知道。他们俩强烈反对我把两个系列合而为一的计划，我很惊讶，也感到相当懊恼。他们说，读者宁愿要那两个分开的系列。在我看来，如果我一定要按自己的计划行事，他们就会下定决心不出该书的平装本。

我咕哝着离去，情绪非常低落，把这个情况告诉凯特·梅迪纳（Kate Medina）。[休·奥尼尔已去时代图书公司（Times Books）任职，凯特我已经认识多年，她现在成了我的编辑。]

她说："艾萨克，你想怎么办？"

我很郁闷地说："我想把两个系列合并在一起。"

"你是作家，去写吧！"

"凯特，你不明白，我真这么做了，他们可能会不买平装本版权的。"

凯特说："那不用你考虑。你想写什么就写什么，卖平装书的版权是道布尔戴出版公司的事。他们不要，就另找别人。"

（要对道布尔戴出版公司忠诚很容易，毕竟他们对我是忠实的！）

我动手写了《机器人与帝国》，明确开始把两个系列合成一个。最后完全胜利，德尔·雷伊夫妇还是**购买**了平装本版权。1985年9月18日举行了该书出版发布会。朱迪-林恩·德尔·雷伊精神焕发地出席了会议，只字未提她曾经不赞成我这么做。（事实上，这是我最后一次看见她活着——幸好我们不能预见未来。）

顺便说一句，虽然《基地边缘》于1982年，《黎明的机器人》于1983年出版，《机器人与帝国》却一直到1985年才出版，整整推迟了一年，拖延的理由我后面再讲。

《机器人与帝国》销得很好，（像前两本一样）出现在《出版商周刊》（*Publishers Weekly*）最畅销书榜上，但是它**没有**登上《纽约时报》最畅销书榜。这一点很重要，如果一本书在最畅销书榜上停留一段时间，平装本书商会付给你额外的红利，但这必须以《纽约时报》的排行榜为准。

结果，我非常沮丧，倒不是因为那奖金，而是我觉得自己在道布尔戴出版公司眼里的形象受损，我去找凯特，告诉她也许我最好还是不要再写小说了，因为我没有登上《纽约时报》最畅销书榜。

凯特说："你别担心。书没有登上排行榜是我们的错，你只管写你的小说，其他事由我们来处理。"

于是我又回到基地系列写《基地与地球》(*Foundation and Earth*)，它是《基地边缘》的续集，基地系列的第5本小说。它于1986年出版，它登上了最畅销图书榜，不仅登在《出版商周刊》上，而且也登上了《纽约时报》最畅销书榜。

146

再谈罗宾

正如我前面说过,我第一次婚姻的破裂并没有毁坏或一点也没削弱我与罗宾之间的亲密感情。

1978年5月22日,罗宾从波士顿学院毕业,主修心理学。接着她在波士顿大学修研究生课程,1981年5月17日获得社会工作的硕士学位。

两次毕业典礼我都参加了。我对学士学位授予典礼作了安排,以免遇见格特鲁德。这很简单,我出席典礼本身,而格特鲁德参加后来举行的招待会。

拿硕士学位时,格特鲁德和我谁都不愿错过毕业典礼,罗宾忐忑不安地要求我们俩都参加,要互相容忍对方。我必须承认我顾虑重重,但也许我们俩谁也不愿让罗宾在这个喜庆的场合不高兴,就都去了。我甚至还邀请格特鲁德共进午餐,只有我们两个人。午餐相当愉快。格特鲁德瘦了许多,我相信她甚至戒了烟,她前一天刚过了64岁生日。她看上去仍然很漂亮,比实际年龄年轻得多。这是我离婚后第一次看见她。

最终,罗宾发现她不想做全职的社会工作。罗宾心地善良,不断面对那些她想要照顾的人们的不幸和苦难,使她因同情而痛苦不堪。由于里根政府不断把资金从医院和其他迫切需要钱的社会机构转移到军火制造商和政治家的口袋里,工作条件每况愈下。

罗宾决定搬到曼哈顿去，在那儿找一个工作，在世界上最不同寻常的大都市的喧闹之中工作。我反对这事。我爱曼哈顿，除了曼哈顿我哪儿也不愿去住，除非用枪逼着我。在一般人的印象中，纽约市街头犯罪特别严重。我自己没什么好怕的，珍妮特和我至今也都没有遭遇过暴力。尽管如此，我必须承认，一想到罗宾要住在曼哈顿，我心里就很不安。不过，她要住在那儿，那是她自己的决定。

虽然同住一个城市，我继续一如既往地不干涉罗宾。我甚至不要求她经常来看我。我相当频繁地在电话里跟她谈话，但是，我(故意)不定期地给她打电话。我不希望她感到有负担，事实上，我的许多担心中有一条，那就是当我死去的时候，她将难以面对那个重大的不可避免的事件。我尽力限制自己过多地介入她的生活。

虽然这对我来说相当不舒服，可我宁愿她与我联系松散。只有这样才能在我(极其不情愿地)离开她的时候，减轻她内心的痛苦。

不用说，我也因为同样的理由为珍妮特担心。自从1970年我到纽约以来，珍妮特和我已经不可分开了。从她守候在我身旁，她对于我的每一声咳嗽、每一个喷嚏的那种惊慌失措的样子来看，我可以想象当我(极其不情愿地)离开她时，她会有什么反应。

我怎么办呢?(我能听见珍妮特和罗宾一起说："永远活下去，你能做到的!")

好吧，我会尽力的，但是我必须承认当人渐渐衰老，病痛越来越多时，就会渐渐失去这么做的信心。

 147

冠状动脉三重搭桥

自从我心脏病发作以来已经6年过去了，我一直过着正常的生活，一如既往。我的日程表排满了外出演讲、工作午餐和宴会，采访和社会活动。在这6年里，我已经出版了大约90本书，包括两本登上最畅销书榜的小说。

我究竟为什么不放轻松些？诚然，心脏病是一个放慢速度的合理借口。

可是，首先，我不想，我憎恨放慢速度。

其次，我是个否定主义者，我知道有些病态的自疑病患者喜欢健康不佳，他们坚持认为自己有病，凡是告诉他们没病的医生他们都不相信，他们利用身体不好来博得别人的同情，强迫别人为他们服务。我下定决心不像他们那样，我把疾病当作对我男子气概的侮辱，因此我对疾病采取否定的态度——我否认自己患病。当我明显不好的时候，我坚持认为我一切都好；如果不论我怎么做或怎么说，还是生病了，我就退而保持沉默，直到康复——然后我立即否认我生过病。正如你们所见的那样，我的心脏病是让我难堪的源泉。我尽可能装作什么都没有发生，我可以过正常的无所顾忌的生活。

第三，我时间紧迫。因为不管怎么说，我其实无法摆脱自己快死了的感觉，事实上比我以前感觉的离死亡更近。我年轻时，盼望能活到2000科幻年，换句话说，活到80岁。我认为我肯定能活到。

当我父母亲70多岁就死了，我动了一次手术切除甲状腺癌之后，我只好承认活到80岁也许是不现实的，希望活到70岁比较有把握。然后，在57岁心脏病发作，我不禁想是不是活到60岁就该满足了。因此我有一种紧迫感，为了赶在我被迫——极其不情愿地——放弃我的打字机之前，尽量多做点事，我必须要加快而不是减缓速度。

把所有这些综合在一起，你就会明白，在我心脏病发作之后的那几年里我尽量把工作排得满满的。

尽管是否定主义者，我还是无法忽视心脏病的征兆——我的心绞痛，它不算很麻烦，但是如果我走得太远，或太快，或上坡，胸口就会绞痛，被迫停下来，等疼痛消退再走。我对年龄衰老和临近死亡的征兆十分愤怒，可又束手无策。

然而，有许多年，病仍然很轻，我还能够避免它发作，只要走路速度放慢一点，在红灯处自然停下来（那样我可以装作不是因为身体的缘故而被迫停下）。

麻烦在于情况渐渐地越来越糟，最后在1983年发展到我不能再忽视它的地步。我再也无法很好地掩饰，我的冠状动脉正在由于积聚斑块而变得越来越狭窄，心肌缺氧越来越厉害——而我不能在日记里记这些东西，我不能把实情写下来。

在劳动节那个周末，我去参加巴尔的摩世界科幻大会。1983年9月4日，《基地边缘》赢得雨果奖，在与海因莱因和克拉克作品的角逐中险胜。这是我的第5个雨果奖。

然而对我来说这次大会最值得记忆的是，大会分布在邻近的两个旅馆，我们只得不停地在从一个旅馆到另一个旅馆的人行道上来回奔波，我遇到了极大的困难。

9月12日，我与乔治·艾贝尔(George Abell)呆了一会儿。乔治·艾贝尔是位天文学家，我是通过卡尔·萨根在前几次会上结识他的，他是一位非常聪明的人，非常友善。他比我年轻，看上去绝对健康。他坚持锻炼养生，没有任何啤酒肚。

想起我自己坐着不动缺乏锻炼，想起不断加剧的心绞痛的折磨，我本来是会妒忌他的，可我清楚我的情况是自己的过错，是我一生的饮食习惯和坐着不动的结果，我没有权利妒忌他。我也没有必要妒忌他：10月7日，可怜的乔治死于心脏病发作，而我还活着。他死的时候只有57岁，正是我发心脏病的年纪。

9月18日，我出席了“纽约是书的国度”(New York Is Book Country)的图书促销活动。临时封闭的第5街上一年一度的图书促销演出豪华铺张。罗宾和她的两个朋友一起来了，事后我们一起去吃饭。我实在走不快，只好请他们走慢点，真是狼狈不堪，更不要说我还担心吓着罗宾了。

到了9月24日，我实际上在日记中提到了心绞痛。

生活照旧进行，我甚至继续假装没事。我继续频繁地讲课，到康涅狄格州和波士顿演讲(1983年10月3日，我给波士顿医学院作了最后一次报告)，甚至还到弗吉尼亚州的纽波特纽斯那么远的地方去了一次。

9月23日，我和许多作家应英迪拉·甘地(Indira Gandhi)之邀在一次会上见到她。我们赠送了她一些书。她是一个文质彬彬、又很聪明的女人。

9月28日，我出席了一次为图书馆募集资金的会议，作为余兴节目，理查德·基利(Richard Kiley)上台朗诵了刘易斯·卡罗尔的“海象和木匠”(The Walrus and the Carpenter)。到快结束时，他卡住了。我思索了几秒钟该怎么办，然后高声地提醒他。(我在小学里就记住了这首18行的诗，我记得很清楚。)他继续讲下去，我想坐到座位上去以免别人注意，可已经太迟了，主持人认出了我，迅即宣布刚才“跳出来的人”是谁。

1983年10月17日，我照例每月一次去保罗·埃瑟曼那里，我最后忍不住，终于**对一个医生**承认患有心绞痛。我尽量轻描淡写，他还是不放过我。他打电话给心脏病专家彼得·帕斯特纳克(Peter Pasternack)进行预约。

10月21日，我因此去见彼得·帕斯特纳克，他也很重视我的心绞痛，并替我预约去做负荷试验。我开始贴硝化甘油膏以求缓解，但是没什么用。10月22日，马蒂·格林伯格和我从我的寓所走到鲍彻康(一个探案小说研讨会)的会场。一共只有半英里(约800米)，可我因为剧烈的疼痛不得不停了3次。我又一次很狼狈，也很担心让马蒂受惊了。

10月25日，珍妮特带一个低糖巧克力做的女人腿(几乎跟真的一样大，但是空心的)来到自费聚餐会。这是道布尔戴出版公司送给我的出版日礼物。珍妮特不想让我独吞，就带来给大家分享。俱乐部的人很高兴地接受了，把它弄碎了分给每人(包括我)一两块当作甜点。我以为分完了以后，珍妮特会被很礼貌地领出这个男性的聚会，可是并没有。俱乐部的人感谢她带来的礼物，请她坐在主桌上(我坐在通常那张犹太人的桌上)，他们很尊重她。

10月26日，我做了负荷试验，斑斓的色彩说明我没有通过。同位素照相清晰地显示出我的冠状动脉阻塞很厉害。那天我在日记中写道，1983年无疑是我收入最好的年头，可天晓得，“我大概不久于人世了”。

生活依旧照常进行，即使在这种危机中，我仍然到费城作报告。同时，我很小心地于11月4日准备了一份新的遗嘱。

11月14日，我到大学医院做血管造影，结果冠状动脉阻塞明显。好在还没有糟到无法在彼得·帕斯特纳克提出的建议中作出选择。我面临的选择是：做心脏三重搭桥手术，或者靠服用硝化甘油片生活，也许能不动手术而活到正常的寿命，但是要做一个心脏多少有点缺陷的人。

我问：“彼得，死在手术台上的概率有多大？”

他说：“大约1/100。但这要看各人的情况——年纪很大、急性发作、心脏很衰弱的人，可能性要大一些。像你这种情况，出现意外的可能性会小得多。”

“如果我不做手术，你认为我在1年内死亡的可能性有多大？”

彼得说：“我猜是1/6。”

“好吧，我做手术。”

于是彼得为我预约了手术。

（我早就该动笔写一本新小说了，可是我不想写，我要等知道自己可以活到写完它时再动笔，如果我可以控制的话，我不想像查尔斯·狄更斯那样，在身后留下没有完成的小说。这就是为什么《机器人与帝国》隔了一年才出版。但是，我也没有闲着。那几个月里，我发疯似地修改《科学指南》，希望在我去世之前完成第4版。）

11月29日，我去见史蒂文·科尔文（Steven Colvin），他是一位瘦瘦的，劳累过度，全身心地献身于工作的年轻人，他可能是世界上最好的心脏手术外科医生。

彼得告诉我这一点，仿佛要证实科尔文的价值，他接着对我说他母亲一年前就是请科尔文做的手术。我想了想，问了一个问题，以便填补逻辑上的明显漏洞。

我问：“彼得，你爱你的母亲吗？”

彼得回答说：“非常爱她！”他说的时候很真诚，我感到我可以安全地把自己交到科尔文的手中。

科尔文给我做了检查以后，问我是否要等到圣诞节-新年以后再动手术。

其实，要等也有理由，我很想参加1月6日举行的一年一度的贝克街小分队宴会。我根据《丹尼小子》（Danny Boy）这首曲子重新填了歌词，非常想唱给他们听。

可我不敢冒险。我说：“不，科尔文医生，我想尽早动手术。”

手术日期定在1983年12月14日。

我完成了那首歌，把它录在盒带上，告诉珍妮特，假如我不行了，她必须把它交到贝克街小分队（BSI）去。我与科尔文见面的第二天是我和珍妮特结婚10周年纪念日，等待手术把它给搅了。

马蒂挚爱的妻子萨利·格林伯格也住进了医院，更增加了这种不幸的感觉。她得了肾癌，情况比我还糟。

手术前几天，我已经忘了自己的情况，当时好不容易看见一辆出租车遇到红灯停下来，我就奔过去，想在别人叫它之前拦住它，不让司机开走。

当时很兴奋，所以不觉得，等上车以后，说了我要去的地方，往后坐下，冷静下来，我的心脏因为缺氧在胸腔里发怒了。我这次心脏病发作很厉害。我抓住胸口，拼命喘气，心想这下完了。我的心脏病要第二次发作了，它会要了我的命。

我想象司机到了道布尔戴出版公司（我要去那儿），却发现他载的客人死了。（在我想象中）他嫌麻烦不愿去报告，就把车继续开下去，把我带到东河边扔进河里了事。车子开走了——我永远回不了家了，珍妮特会伤心欲绝的。

我拿出拍纸簿，想把我的名字和地址用很大的字写在上面，告诉他珍妮特的电话号码，正当我要这么做的时候，却觉得疼痛慢慢消退了，等到达道布尔戴出版公司时我已一切如常。——当然，我走路摇晃得厉害。

11年前我动甲状腺癌手术的时候，斯坦对我说的话是对的。当你为疼痛所苦时，就不会害怕手术了。这次经历之后，我迫不及待地要做心脏搭桥手术。

1983年12月12日，星期一，我进了医院。麻醉师告诉我手术的性质。显然，必须在主动脉上钻一个洞，那我岂不会立即失血致死，所以我问搭桥手术怎么做。

他说："我们会让心脏停跳的。"

我脸都绿了："那我只能活五分钟。"

"不，不会的。你将依靠人工心肺机帮助血液循环和呼吸。"

"要是电源断了呢？"

"有紧急备用发电机。"

"要是我的心脏不能再跳动了呢？"

"它会坚持跳的。困难在于我们准备好之前不能让它起跳。"

我要求见保罗·埃瑟曼，我说："保罗，我不好意思对那位麻醉师说，他会认为我疯了，但是你会理解的。请记住，我的大脑必须有足够的氧气，我可不想让它有一点点影响。只要合乎情理，我的身体出什么事我不在乎，但是我的大脑必须万无一失。请你跟所有与手术有关的人士说明这一点：我有一颗不寻常的头脑，**必须**加以保护。"

保罗点点头："艾萨克，我知道。我保证让他们也明白这一点。我会来测试你的。"

（几年以后，《纽约时报》发表一篇文章说调查证明5个人中会有1人因使用人工心肺机而脑部多少有点受损，当然不一定很严重。保罗和彼得都想起我坚持要有充足的氧，都承认我那样做绝对正确。事实证明，我的脑子没有损坏，这一点我可以肯定，因为我继续写作，没受任何影响。）

14日下午，我被推进电梯，我最后对珍妮特说的话是："记住，如果我出了什么事，我收了一本新小说的预付金，一共75 000美元，你得退还给道布尔戴出版公司。"

（等事情全过去以后，我把这事告诉道布尔戴出版公司的人，给他们一种印象：我不能为一本自己写不了的书而收下他们给我的钱。他们的回答我早已猜到，还是那句："别发傻了，艾萨克，我们不会收那钱的。"）

我用了镇静剂，进入电梯后什么也不记得了。事后，他们告诉我说，我坚持要唱完一首歌才肯手术。

我很惊奇："一首歌？什么歌？"

“不知道,”告诉我的人说,“好像是关于歇洛克·福尔摩斯的。”

显然是我给BSI的滑稽歌曲深深印在我的心里了。事实上,我动手术的前一天晚上,沉湎于一场不自觉的白日梦里。梦中,我在手术台上死了。珍妮特穿着一身黑衣服到BSI去送那盘磁带。

“我已故的丈夫,”她含着泪,抽泣着说,“直到最后还想着BSI,他要我把这个交给你们。”

他们播放了我根据“丹尼小子”的曲子配上歌词的那盘磁带。前面几行是:

噢,歇洛克·福尔摩斯,贝克街的小分队成员
今天相聚一堂歌颂你,
在他们的心目中,你的光芒好像一千颗星星,
你像星星那样,光辉永不消逝。

这首歌一定会放给大家听的,我知道听众必定会热泪盈眶,唱完后他们会站起来,一再鼓掌,至少有20分钟之久。我在梦幻之中,听到了这长达20分钟的掌声,快乐的泪水充满了眼眶。

唱完之后我动了手术,我知道的下一件事就是自己睁开眼睛,意识到我在康复室里。我活了下来。我第一个想法是这下我得不到我倘若死去所能得到的掌声了。

“唉![话不好听,此处删去]*”我很失望。

我一直认为那一刻是我一生最完美的结束,所以我很遗憾自己竟然活下来了,这意味着我失去了掌声。

后来,保罗告诉我,他一直等到我手术后睁开眼睛,认出他来。我记不清了,因为有一阵我的意识时有时无,在不完全清醒的状况下,我什么也记不清。

---

* 原文如此。——译者

我在半清醒的时候说:“保罗,你好。”

保罗向我倾下身来,急切地想要测试我的脑子的情况,他说:“艾萨克,作一首诗。”

我对他眨眨眼,然后慢慢地说,

有个老医生,名字叫保罗,
他那个宝贝特别小——

保罗沉稳地说:“行了,艾萨克,你通过了。”

天一亮,一位好心的护士就给了我一份《纽约时报》,我躺在康复室里看报纸,考虑到我曾经怀疑自己能否活着看到1983年12月15日,所以在阅读那天的报纸时,心里充满了喜悦——我还**活**着!

一位医生从我身边经过,盯着我看,他说:“你在干什么?”

我惊讶地抬起头说:“看《纽约时报》。”

“在康复室里看?”

“为什么不?阅读报纸并不妨碍我恢复。”

他摇摇头走开了。显然,他认为病人在康复室里什么也不能干,要麻木呆滞地躺在那儿才是。

科尔文过来看我。我对他说:“科尔文医生,保罗·埃瑟曼告诉我手术很成功。”

“成功?”科尔文很不以为然地说,“是**完美无缺**。”

事实证明,我的一个胸廓内动脉形状完好,可用它为最大的冠状动脉搭桥。从我左腿取了一段静脉血管用来搭另外两个桥。动脉血管比静脉血管更加耐受冲击,用动脉血管为主动脉搭桥是很理想的,所以我的状况比较好。

当然,在某种意义上,那还只是个开端。我还得在医院再待两个星期左右,继续恢复。可以说,这时候钱就有用了。医院里疲惫的护理人员无法给我所需要的照料，珍妮特安排请私人护士24小时护理我，每8小时一班。

可以说，她们都很可爱。

日复一日，我不能吃固体食物，医生要等我尿里多余的白蛋白消失。（人工心肺机对肾有影响，我的肾工作效率从此就达不到100%了。——我直到很久以后才意识到这一点。没人想到告诉我这事，不过，这事没什么好抱怨的。我肾脏的情况不会立即威胁到生命，而血管的状况通过手术治疗好了。）

我吃了几天流汁和果冻，就厌恶那种膳食了。等白蛋白最后减少到正常水平，我的护士（她长得非常漂亮，正在等待能有机会在表演上突破，现在临时担任护士）立刻给我一份店里买来的白面包夹碎鸡块三明治。平时，我是不碰这种三明治的，这一次我吃起来狼吞虎咽，以最快的动作吃完，然后舒了口气，心满意足地躺回床上，对护士说："请转告厨师，我很满意。"

1983年12月31日我终于出院，能够在家里看公园里放新年烟火。不仅如此，1月2日我还可以溜到李顺记（Shun Lee，我们这儿一家出色的中餐馆），* 以传统的方式与德尔·雷伊夫妇一起庆祝我64岁生日。罗宾也来了，我喜出望外。

1月6日来临，我缠着彼得·帕斯特纳克，要他同意我去参加贝克街小分队的宴会。他最后让步说："**如果**气温在冰点以上，而天又不下雨，你可以去。"

这似乎是不可能的事，我在医院里刚度过历史记载中最冷的12月份。不想幸运女神又朝我微笑了。1984年1月6日傍晚，气温为40℉（约4.4℃），虽然是阴天，却没有下雨。我们要了一辆出租车，告诉司机请他开慢点，我们付双倍的小费（任何一次小碰撞我都不能忍受），到达时宴会已经开始了。

---

* 音译。——译者

大家围着我,说我看上去很好(这说明我看上去实在很糟)。我用嘶哑的嗓音唱了我那首歌,因为在手术台上我喉咙里曾插了6个小时的管子。大家为我鼓掌,可惜只有2分钟,而不是20分钟。活着也有不好的地方。

对我来说,待在家休息一阵很重要。我欣慰地发现拆看邮件和写作不算是重活(至少不是体力上的)。

有许多积压下来的事情要处理。我进医院的时候,《科学指南》最后一章还没有修改好,我设法改好后于1984年1月17日亲自把它交给了基础图书公司(现在是哈珀–罗集团的一部分),听所有的人说我看来气色很好。这个第4版的《阿西莫夫新科学指南》在那年稍后出版。

我出院后生理上有两点不适:我的声音一直嘶哑,过了一阵,我开始怀疑是否得了咽喉癌。我对珍妮特说:"如果我做心脏三重搭桥手术活下来就是为了忍受咽喉癌的折磨,那我可真要发火了。"

1月25日,我们去找五官科医生,诺埃尔·科恩(Noel Cohen),他检查我的声带后说:"喉咙里导管引起的炎症还没有好。你是否唱过歌,大声叫喊,或作过演讲?"

我说:"我唱了,叫了,也讲了。"

他说:"今后两个星期轻轻地说话。"

那可是难熬的两个星期——但是过后嗓子不再嘶哑。

此外,我左手的小指软弱无力,不听使唤,保罗·埃瑟曼说有可能在手术时不当心碰伤了神经,还得等它慢慢恢复。

我很生气地问:"要多长时间?"

"很难说,"他说,"必须要有耐心。"(医生对病人的问题总是**非常**耐心的。)

它持续了两个半月。这听上去似乎是件小事——不过是个小拇指——却影响我的打字,不论在打字机上还是在文字处理器上。有好几次我烦躁地对着天空大叫:"收回搭的桥,还我小拇指。"

但它还是痊愈了。到了3月中旬,我的手已经完全恢复正常,可以像以前一样打字了——我的心绞痛消失了。(我可怜的父亲!在他那个时代,没有搭桥手术。)

 148

《阿撒泻勒》

20世纪80年代，我还开始创作一个新的短篇故事系列。它与以前的大不相同。事情经过是这样的——

1980年初，我开始替《画廊》写系列探案故事，第一个故事虽然是探案，但是里面没有谋杀(我的探案故事很少有谋杀)。它是一个引人入胜的复仇故事。

主人公依靠一个只有2厘米高、只会施少量魔法的小精灵的帮助去报复一个富豪。小精灵把那富人收藏的非常值钱的画上的一些颜色碎片搬去。那些色块构成了毕加索或其他人的签名，弄掉后那些画就不值钱了。

《画廊》在1980年8月号上发表了这个故事，我称之为《报应》(Getting Even)。我很喜欢这个故事，于是又为该系列写了关于这个小精灵的第2个故事。但是，《画廊》的编辑埃里克·普罗特不同意。他认为关于小精灵的故事一个还可以，再多就不行了。我只好作罢，因为我也很喜欢那第二个故事，所以心里觉得很遗憾。

接着，我把它放进抽屉，冷落了一年，我突然想起可以把它送到别的地方去。我征求普罗特的意见，他说可以。不过，我得稍作改动，以便不让它看上去像是《画廊》的系列故事。

我迅即构想了另一个背景。故事一共只有两个人物，一个无名的叙述者(很明显就是我),一个该死的家伙叫乔治。他总是要从我这儿讨一餐饭,然后讲一个他能够想起来的关于小精灵的有趣故事。小精灵的名字叫阿撒泻勒(Azazel,取自《圣经》)。

我把故事交给*F&SF*,它发表在1982年4月号上,名为《一夜歌声》(One Night of Song)。

我继续往下写这个系列的故事,它变得很有个性。每个故事里,乔治都设法通过阿撒泻勒的魔法帮助一个朋友,而最终都弄巧成拙。读者当然会在我讲完故事之前猜测出了什么事,就这方面来说,它是一种探案故事。

此外,这些故事写得很夸张,像是滑稽可笑的闹剧。用一本正经的面孔讲述最荒唐可笑的事,我抓住机会嘲讽(我认为值得嘲讽的)社会的许多方面。这些故事很**滑稽**——至少我这么认为。

我在*F&SF*上发表了两篇阿撒泻勒故事以后,现在是*IASFM*编辑的肖娜·麦卡锡有意见了。她说这些故事应该登在我自己的杂志上。

我说:"可是,肖娜,这些是奇幻故事,讲的是小精灵。*F&SF*发表奇幻故事,*IASFM*不发表这种故事。"

肖娜说:"那就把那个小精灵变成外星生物,让他拥有科学力量而不是魔力。"

我就这么写出了我的故事《通向胜利》(To the Victory),发表在1982年7月号的*IASFM*上。此后,所有的阿撒泻勒故事全都发表在*IASFM*上。

有时候读者写信来表示反对,甚至认为故事很轻浮、无聊、毫无意义,但我不予理睬。不过,我还是按自己的方式,从这类来信中挑一部分登在杂志上。我的态度是*IASFM*在肖娜·麦卡锡和加德纳·多佐斯的指导下是本严肃的杂志。刊登的故事文学水平都很有分量,要能真正体会其中的精髓就必须非常集中注意力,认真阅读。偶尔登一篇阿撒泻勒故事,根本不必费任何神思,只要轻松愉快地看下去就行了,这是一种愉快的调剂。

我是这么看的。

当然,有些人坚持认为我之所以写这些故事,只是因为写起来很容易,我是在偷懒。如果他们认为读起来轻松的作品写起来很容易,那我不敢苟同,这样的作品写起来需要很高的技巧。如果成功的滑稽故事写起来轻而易举,那么其数量早就不止现在这些了。

我出版17个阿撒泻勒故事以后,似乎觉得该把它们放在一起出一本书了。我把它们拿到道布尔戴出版公司。詹尼弗·布雷尔(Jennifer Brehl)已在那儿接替凯特·梅迪纳当我的编辑。詹尼弗对阿撒泻勒是外星生物这一点有异议。她认为他该是小精灵。我说他一开始是的,后来杂志社要我改成外星生物。詹尼弗说:“把它改回来,我们可以说这是你的第一本奇幻故事。”

我明白了这事的价值,按照她的要求改了。我还写了一篇作为楔子的故事,描述了讲故事的人怎样遇到了乔治。这本书名为《阿撒泻勒》(*Azazel*),副标题是《奇幻故事》(*Fantasy Stories*),于1988年出版。此后,我又写了8篇阿撒泻勒的故事,如果我活得足够长久,还会出第二个合集的。

149

《奇妙的航程Ⅱ》

显而易见,《奇妙的航程》(它不断地在电视上播放)的长期成功以及我根据它写成的小说的成功使一些人想到要出续集。他们买下了电影名字(可没有买里面的人物)的使用权,打算让我写《奇妙的航程Ⅱ》,然后,他们再根据小说拍电影。

威廉·莫里斯文学代理公司负责处理此事,对于我们手上有一部可以稳登最畅销书榜的"重磅炸弹"有许多议论。我对创作最畅销书的想法颇感兴趣,所以有点心动。我感兴趣的另一个理由,那就是我对《奇妙的航程》一直不满意,认为它并不是真靠我自己的想象写出来的,而是根据电影剧本写成的。在我看来,根据一艘缩微船在人体内血流中的题材,我完全可以写出一本比它好得多的书。

他们给了我一个提纲,我认为完全不合适。它的构思是在人体血流中有**两艘**船,一艘美国的,一艘苏联的,随之展开的是超小型的第三次世界大战。我无论在什么情况下都不会写这种东西,他们无法让我写这个。如果要我写一本真正的小说,我坚持要完全控制内容;如果他们拒绝,我绝对不会写的。

我经过冷静的考虑,开始怀疑他们是否真想拍电影。或者即使拍了,我是否会得到一分钱。(好莱坞在"尊重原著"上声名狼藉。影片可以赚好几百万，甚至上千万美元，可所有的钱都落入了演员和导演的口袋，剩下的，用一部分“净利润”支付给作家的只有1个百分点，经常都是“净损失”。）

我把那份提纲放在一边，告诉他们不会采纳他们的建议，我自己创作，并且希望把书交给道布尔戴出版公司出版。如果要竞拍的话（他们坚持说那样可以赚到100万或者更多的钱），道布尔戴出版公司必须有机会参加竞拍。我肯定道布尔戴出版公司不会放手，他们是有实力的竞买者。

情况并非如此。代理人打电话给我说新美国图书社（New American Library）出高价购买了这本书的出版权。我很惊讶，说：“嗯，到别的地方出版必须经道布尔戴出版公司同意。”

代理人问：“你跟他们签过合同，只能替他们写作？”

“没有。征求他们同意不过是信誉和道德问题。”（我不指望一个代理人会明白这话，我也不想与他争论。）

我不完全了解道布尔戴出版公司由于经济上的损失正在经历一段动乱时期，这使编辑人员难以专心考虑业务。我的编辑凯特·梅迪纳年岁偏大首次怀孕有些不顺，在家躺在床上。她的助理也病了。我找不到一个可能了解情况的人商量《奇妙的航程Ⅱ》的问题。9月11日，我终于找到一位可以信赖的编辑——利萨·德鲁（Lisa Drew），她代为处理日常事务，我问她是否要替新美国图书公司写那本书。她很吃惊，说要向上司汇报一下。

第二天，她打电话来说上面反对。（9月18日，她离开了道布尔戴出版公司，编辑人员不断流失，我不由得惊恐失色。）

不管怎么说，他们让我去见萨姆·沃恩和亨利·里思（Henry Reath），他们俩都是编辑部的高级管理人士。

他们明确表示道布尔戴出版公司不希望我替其他人写科幻小说。我很不理解地说，那个代理人说过道布尔戴出版公司曾有机会参加竞拍，可开价很低,而道布尔戴出版公司则说没有接到过参加竞拍的邀请。

我非常困惑,就去找那个代理人,他说他曾经去找过德尔图书公司(Dell Books)参加竞拍。德尔图书公司是一家出版平装书的公司,是道布尔戴出版公司的一家子公司。

我对此提出异议,指出我说道布尔戴出版公司应有机会参加竞拍,是指道布尔戴出版公司本身而不是指德尔图书公司。那个代理却说从合作的角度来讲是一回事。萨姆·沃恩和亨利·里思坚持说他们不知道德尔图书公司的行动。

关于这件事没完没了的电话谈话使我越来越糊涂。我最终决定不管这件事的是非曲直,我不想细究谁怎么说,怎么做的,我将恪守基本原则。

道布尔戴出版公司是我科幻小说的出版公司。他们与我一起合作了34年,出版了大约90本书,包括2本最畅销的书,我不想背叛他们。1984年9月27日,我告诉那家代理商,我不写《奇妙的航程Ⅱ》了。

10月1日,那家代理商和那家电影公司的人威胁说要起诉我违反合同。我声明说我曾经书面明确表示,先决条件是道布尔戴出版公司必须有机会参加公平的竞拍,而这一条件没有得到满足。

尽管如此,我觉得我可能会被起诉,即使我赢了,也会损失大量的法律费用,损失时间,以及感情波动。因此,10月5日,我又到道布尔戴出版公司。(就是这一次,亨利·里思发现我从没好好看过电影公司的合同,他摇摇头说:"艾萨克,你需要一个管事。")我问他怎么办,亨利·里思说道布尔戴出版公司愿意做我的管事,他们的法律人员会处理好一切,承担全部费用。(忠诚是互相的,这就是我的观点。)

道布尔戴出版公司做了些什么,我不知道,但是法律起诉的事不再提起。《奇妙的航程Ⅱ》一事渐渐被淡忘了,我大大地松了一口气。

我继续写作《机器人与帝国》。我是在发生争执期间开始动笔写这本书的,它于1985年出版。接着又写了《基地与地球》。然后,完全出乎我的

意料,《奇妙的航程Ⅱ》竟然又冒出来了。情况大致如下:

我拒绝写这本书以后,那帮未来的电影制作人去找菲利普·法默(Philip Farmer)。他是一位优秀的科幻小说作家。事实上,真要问我的话,我认为他的写作技巧比我高超得多。

他写了一本小说,将草稿寄去,可他们不喜欢,新美国图书公司也不喜欢。制片人去找斯科特·梅雷迪思(Scott Meredith),他大概是世界上最出色的文学作品经纪人。我跟他很熟,我们认识的时候,我才20岁,他17岁。换了其他人来找我,我会一口回绝的,可老朋友情面难却,所以我妥协了,提出要先看菲尔(Phil)* 的草稿,看看究竟哪儿**不妥**。

斯科特把草稿复印件寄给我,我看了一遍。尽管它不是我想要写的(或者说我能写的)那种科幻小说,可我认为还是写得非常好。何况,它完全符合他们给我看过的那份提纲,故事描述了在人体血流内的第三次世界大战,充满了动作和激动人心的事件。

我打电话给斯科特·梅雷迪思方面的人,告诉他们那些人全都疯了。他们指明要求一本什么样的小说,菲尔·法默完全按他们的要求写了,写得很好,没有任何不妥之处。为什么他们不收下稿子,找人出版,把它改拍电影?

不,不,不。他们根本不愿意听,他们要我写这本小说。我仔细地提出了几条我认为他们会拒绝的条件:

1. 他们必须像一部被接受的小说那样付钱给菲尔·法默,无论在什么情况下,我决不会抢同行作家的饭碗。

2. 他们得明白我写的小说情节与菲尔写的完全不同(因此,他想把稿子送到哪儿,就可以送到那儿去出版)。我不会按照他们给我的提纲写的。

3. 小说精装本必须由道布尔戴出版公司出版。

那时候,道布尔戴出版公司已经发生彻底的变化。贝蒂·普拉希克、

---

* 菲利普的昵称。——译者

凯特·梅迪纳、萨姆·沃恩和亨利·里思全都走了。迪克·马利纳(Dick Malina,我以前从未见过)坐在亨利·里思的位置上。1986年1月27日,斯科特·梅雷迪思和迪克·马利纳作了必要的安排,新美国图书公司被劝说照此出书。

这以后,我就只好写了,于是1986年2月1日我开始动笔。它与《奇妙的航程》有点像,可篇幅更长,更具体细腻,更具科学性,人物塑造也更出色——在我看来,各方面都比《奇妙的航程》写得更好,我很满意。1987年道布尔戴出版公司出版了此书。[书出版时,迪克·马利纳已经离开道布尔戴出版公司。南希·艾文斯(Nancy Evans)接替他——这些人事变动对我的写作以及与道布尔戴出版公司的合作没有影响。]

我觉得《奇妙的航程Ⅱ》销量没有料想的那么好。我在书中描绘了未来的美国和苏联成了谨慎的朋友。故事讲述的不是两艘潜艇在血流中竞争,而是**一艘**潜艇上美国的主人公(不完全心甘情愿地)与4名苏联船员互相合作的故事。

我猜想直接描写与苏联的猛烈冲撞,或者共产主义者被打败并遭杀戮可能会比较受欢迎,但是我不擅长写战争故事。

在写作这本书之后3年,我笑看冷战结束,美苏两国似乎都在努力谋求改善关系,成为朋友。美国人人都在说:“谁会想到这样呢?”

好吧,**我**想到了。事实证明《奇妙的航程Ⅱ》在这方面有先见之明。不出所料,它从未被改拍成电影。电影制片人的作为在我意料之中,他们本该采用菲尔·法默写的那本小说。

150

高级轿车

年轻时住在纽约，我还很穷困，地铁或公共汽车是我喜爱的交通工具，公共汽车只要一角钱。出租车虽然更加方便，经济上却负担不起。

再回到纽约时，人到中年，钱也比较宽裕了，当时我最喜欢的交通工具是出租车。不仅因为它方便，而且还因为地铁或公共汽车除了收费从5美分（最终）增加到1.15美元，肮脏和危险的程度也按比例增加了许多。

再下一步就是轿车了。我一直犹豫不决是否要用小轿车。问题在于我不是个坐轿车的人。我坐在车里面觉得很不自在。这种交通工具犹如晚礼服，我穿晚礼服就浑身不自在。

然而环境促使我要坐轿车，至少有一点，我年纪大了，名声也渐大，我不爱旅行也广为人知，于是，提供轿车接送也越来越经常作为一个附加条件提出，很难拒绝。因此珍妮特和我也就习惯了坐高级豪华轿车，由司机开着——有时候跑很远的地方。有一次，从纽约市一直开到尼亚加拉大瀑布。（当然，我们总是指明要细心的、不抽烟的司机。）

我乘坐轿车只遇到过一次麻烦，那是1984年11月4日，我大约乘车50英里（约80千米）到邻州去作报告。报告很成功，会后有一个招待会，招待会结束以后，我准备乘车回家，但是却没有车了。负责报告的人只好打电话叫一辆豪华轿车送我回去。那人因为车子没有等我而讲了一些很难听的话。

轿车来了以后，我坐进去，而司机径直到大楼里（我后来发现）去找那个负责人说了一些更为严厉的话。我耐心地在轿车里等了大约10分钟他才出来。当他开车送我回家时，显然情绪极坏，因为（我后来发现）负责人拒绝预付车钱。

显然司机很担心他不付钱，开到一半，他在路边公共电话旁停下来，解释说他要给老板打电话。他回来以后，我发现车子开的方向不对，这引起了我的怀疑。

我问："你往哪儿开？"

"他们不肯付车钱，我想把你送回去。"

"你不能这么做，我要回家去。"

"抱歉，我们老板说我得先收到钱。"

"多少钱？"

"150美元。"

"我付给你。送我回家。"

"我送你到家，你不付我钱呢？"

"我**现在**就付给你。"我怒不可遏，拿出钱来，交给司机。于是，他把我送到家。

我最终从那个安排报告的人那儿要回了这笔钱，但是这次经历使人生气。客观地说，在我的乘车经历中，只有这一次，轿车司机没有把乘客的利益置于首位而失职。

151

人文主义者

我从不刻意标榜自己的信仰。我相信科学的方法和推理的法则是了解宇宙的途径。我不相信存在用这样的方式和规则无法了解的实体——它们是“超自然的”。我当然不相信我们社会流传的神话，什么天堂和地狱，上帝和天使，撒旦和魔鬼。我把自己看作“无神论者”，可它只能说明我**不**相信什么，而不能说明我相信什么。

渐渐地，我明白有一个运动叫做“人文主义”(humanism)，它之所以叫这个名字，用最简单的话来说，就是人文主义者相信人类创造了人类社会的进步以及它的弊病，他们相信如果要革除这些弊病，唯有靠全人类的共同努力。他们不相信超自然力对于社会的好坏有影响，对社会弊病及其革除有影响。

几十年前，我还很年轻的时候，收到过一份“人文主义宣言”。我看了宣言的原则，发现我赞同他们的观点，就签了字。在70年代，我又收到一份新的声明，即“人文主义宣言Ⅱ”，我赞同，也签了名。我公开表示自己是人文主义者。珍妮特也完全自觉地赞同我(实际情况是，在还没有遇到我之前，她就已经有这种想法了)。

事实上，我们结婚的时候，考虑请谁做我们的证婚人时，我们挑选了伦理文化学会的爱德华·埃里克森，因为他也在那两份“人文主义宣言”上签了名。他在百忙之中抽空主持了我们的婚礼。

我的人文主义不局限于在声明上签名，我还写了十几篇文章，支持科学推理，驳斥了各种伪科学的垃圾。特别是，我猛烈抨击那些支持《创世记》头几章中巴比伦世界观的原教旨主义者。这些文章在许多地方发表，甚至刊登在1981年6月14日的《纽约时报杂志》上。

我还写了一篇《纽约时报》的专栏版文章，文中有力地（我认为很公正地）驳斥了一位著名天文学家的观点。这位天文学家写了一本书，书中提到《圣经·创世记》的作者或多或少地参与了大爆炸理论，天文学家之所以迟迟不接受大爆炸理论是因为他们不想接受常见的宗教观点。

我把那篇专版文章扩展成一本书，即《起初》（*In the Beginning*），我逐条解释《创世记》的前11章的每一句，尽可能以一种平和的笔调，不动感情地把对它的语言所作的文字解释与现代科学理论相比较。1981年这本书由克朗出版社出版。

当然，我早先还有两卷《阿西莫夫〈圣经〉指南》——完全是用人文主义的观点写就的。

所有这些使我在1984年被美国人文主义者协会（American Humanist Association）推选为“本年度人文主义者”。1984年4月20日，我到华盛顿去接受这份荣誉，发表讲话。当然，只有一小群人，我们人文主义者人数很少。至少，愿意公开承认自己是人文主义者的人数量很少。我猜想就生活方式而言，接受西方传统的人中有数量众多的人是人文主义者，可他们从小受到的教育和社会压力迫使他们在口头上信仰宗教，甚至不容许他们想要承认自己只是口头上信仰而已。

前几届的“本年度人文主义者”中有玛格丽特·桑格（Margaret Sanger）、利奥·西拉德（Leo Szilard）、莱纳斯·鲍林、朱利安·赫胥黎（Julian Huxley）、赫尔曼·J·马勒（Hermann J. Muller）、赫德森·霍格兰（Hudson Hoagland）、埃里奇·弗罗姆（Erich Fromm）、本杰明·斯波克（Benjamin

Spock)、 R·巴克明斯特·富勒(R. Buckminster Fuller)、B·F·斯金纳(B. F. Skinner)、乔纳斯·E·索尔克(Jonas E. Salk)、安德烈·萨哈罗夫(Andrei Sakharov)、卡尔·萨根和其他许多同样有名的人物,我也经过挑选得以与他们为伍。

在那次会上我作了一次幽默的演讲。我谈到了我从宗教派人士那儿收到的一些信件,那些信极端到一方面为我的灵魂祈祷,另一方面又要把我送入地狱。演讲获得了巨大的成功,太成功了,以至于我最终被推举为美国人文主义者协会的主席。

我很踌躇,对他们说我不能够旅行,除了纽约市,在其他地方举行的会议我一概都不能出席。此外,我日程排得满满的,无法进行广泛的通信联系,也不能参与一切组织中都必定会发生的政治争论。

他们保证我不必旅行,不必做不想做的事,他们只想借我的名,要我写文章(我会写的),和在募集资金的信上签名。

即使这些问题解决了,我也要考虑如果我更加突出自己在人文主义运动中的形象将会有何结果。我的杂志*IASFM*仍然很年轻,有一两个人已经取消了他们的约稿,理由是“因为阿西莫夫是个人文主义者”。倘若我成了美国人文主义者协会(简称AHA)主席,会不会彻底扼杀了这份杂志?

然而,我想到我在杂志的编者评论中始终对此直言不讳——那么担任主席又能有多大影响呢?此外,我不想因为胆怯而影响我作出决定,因此我同意了,从此我就一直是美国人文主义者协会的主席。

协会也始终信守诺言,没有要求我去旅行或者参与组织工作。尽管如此,我签发了许多募集资金的信件,并且继续写人文主义的评论文章。协会对此很高兴。我担任主席以来,协会的会员增加了许多,他们坚持认为这应该归功于我。

152

老年公民

我安然无恙地度过了60岁生日，这是一个里程碑。1977年心脏病发作以后，我曾担心自己大概活不到这个年纪。然后，接近65岁生日了，这又是一个里程碑。在我做心脏三重搭桥手术之前那紧张的一个月里，我曾经害怕活不到这一天。

现在这一天来到了。1985年1月2日，我65岁了。这个年纪通常被认为是官方规定的年龄界线，超出此线者就是“已届退休年龄的公民”，这个词我打心底里反感。

65岁，我成为**老年人**了。

当然，65岁是传统的退休年龄，但那只是在有人有权解雇你并将其称为退休时才正确。作为自由撰稿人的作家，我可能遭遇退稿，但不会被解雇。出版社可以拒绝出版我的书，但是他们不能阻止我写书。

因此我举办了一个“不退休聚会”，邀请了将近100人参加。珍妮特和我明确表示“不接受礼物”、“不许吸烟”。一个无烟聚会是送给我的最好礼物。聚会场面很大，热闹非凡，我所有的出版商和朋友都在朝我微笑，我弟弟斯坦发表了很风趣的讲话，等等。

我的写作生涯顺利地通过了65岁生日，一切都很正常。

1985年2月7日，政府找到我，要我去见一些政府工作人员，他们想看看我的出生证明和我的税单。(税单我好像已经寄给他们了。可我的出生证明,一张从俄罗斯带来的碎纸片,我没有寄过去,我不敢贸然付邮,或交给政府官员,就这么回事。)

他们告诉我,我可以享受老年保健医疗,我怀着一种负罪感接受了。其实我购买了足够的医疗保险,即使没有它,我也有能力负担医疗费用。但是我刚进行过一场昂贵的重大医疗手术,可能还要用更多。我不愿意把一笔可观的财产耗费在挽救我的生命上,我想在死后留给妻子和孩子更多的安全保障。所以当他们告诉我,我**必须**接受老年保健医疗时,我默许了。

社会保障则不然,我很干脆地拒绝接受。我说:“我没有退休。我挣的钱很多,还会挣很多,我不需要社会保障的钱,其他人需要,把我在社保基金里的钱给其他人吧。”

坐在办公桌后面的人说:“如果你想要这样,也可以,但是只能到70岁。70岁以后你必须要接受社保的钱。”

我不予理睬,把这事给忘了。1990年1月,我收到一张政府的支票。我觉得莫名其妙,后来才想起这是社保的钱。我请教了我的会计师,他说:“艾萨克,你以前付过钱,这钱是你的。”

事情就是这样。这时,我想起了我每年付的几十万美元的税,想到其中有多少落进了贪婪的政治家和商人的口袋——我硬起心肠接受了这笔钱,请相信我,这笔钱数目不大。

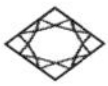 153

再谈道布尔戴出版公司

《奇妙的航程Ⅱ》纠纷之后，道布尔戴出版公司的情况（说得轻一点）始终没有解决。显然同时拥有这家公司和纽约梅茨（New York Mets）棒球队的纳尔逊·道布尔戴（Nelson Doubleday）只对球队感兴趣。由于出版公司赔钱，他正在寻找买家。

我前面已经说过，我的编辑一个个离去，全都去谋求更好的职位了。尽管如此，我没有动其他念头，对公司始终如一。我不是那种临危换船的人，尤其是我不相信道布尔戴出版公司会没落。我感到纳尔逊会把道布尔戴卖给其他公司，情况会好起来的。

附带说一句，纳尔逊每年都要邀请我到谢伊体育场（Shea Stadium）去观看梅茨队的首场比赛，1986年4月14日，我真的去看比赛了。那是自25年前带戴维去看红袜队（Red Sox）比赛以来，我第一次现场观看棒球比赛。

我觉得魔力不复存在。我不再欣赏周围的环境，互相灌啤酒，大声喧闹，我知道虽然我是乘出租车去谢伊体育场的，可我宁愿乘地铁回去。（当然，如果今天我必须再经历一次的话，那么我会乘一辆高级轿车去，不过这不值得。）

无奈那天梅茨队输了首场比赛。梅茨队的明星投手德怀特·古登（Dwight Gooden，我是特地来看他比赛的）被罚出局。梅茨后面赢了11场比赛,我都没去看。在那11场胜利之后,我碰巧在办公楼电梯里遇见纳尔逊·道布尔戴。

“道布尔戴先生,”我说,“我那天在谢伊体育场,梅茨队首场比赛输了。后来,我不在看台上,他们一口气赢了11场球。”

“好,”道布尔戴先生说,“这样的话,艾萨克,请你别再去看球了。”

“我没想要去,”我说,“你不认为要我不去你该**付钱**才行吗?”

在某种意义上说,他的确付账了,因为那年梅茨队参加世界职业棒球锦标赛。他设法给了我4张票面标价的门票(这门票价钱被炒得高到令人难以置信)。我当然不会去看,但我按票面价把票让给了我的律师鲍勃·齐克林(Bob Zicklin)。*

不管怎么样,道布尔戴出版公司的动荡给我留下了一个年轻的女编辑,名叫詹尼弗·布雷尔,当时她只有24岁,在道布尔戴出版公司工作了2年,一直是凯特·梅迪纳的助理,她现在接手负责与我打交道。

正如我前面已经解释过的那样,我一点不在乎编辑年轻,尤其是詹尼弗,我很清楚她是个热情、工作努力、完全可以信赖而又非常聪明的人。我们很快建立了非常密切的工作关系,我们俩对于这种关系都非常满意。可以这么说,对她来说我举足轻重,关系到她的编辑声誉。所以她处处为我着想,而这正是我想要的。

因为我脾气很好,很好说话,凡事通情达理,詹尼弗对我有一种女儿般的感情,她对我的健康和利益之关心程度几乎与罗宾相当。1987年10月,纽约股市暴跌500点,只有两个人打电话给我,关心我怎么样,输掉多少。[实际上,我没有输。我记得1929年那次股市暴跌,而且我的经纪人罗伯特·沃尼克(Robert Warnick)——一个很棒的家伙——牢记我只买债券,不做股票,我不想冒损失惨重的风险赚大钱。结果股市暴跌,我一分钱也没有损失。]

---

* 即罗伯特·齐克林。——译者

罗宾是打电话来的两个人之一，我让她放心我没什么。我觉得无论她多么关心我的利益，她多少还有些利害相关(关心她继承的财产)。第二个人是詹尼弗，她没继承财产方面的考虑。她打电话纯粹出于关心我，我非常感动。我当然也请她放心。

1989年3月5日，詹尼弗告诉我她将放弃在道布尔戴出版公司的工作，以便去帮助她父亲打理生意。于是，道布尔戴出版公司与我联系的这份日常工作，由一位更年轻的姑娘负责，她名叫吉尔·罗伯茨(Jill Roberts)，也像詹尼弗一样热情、勤奋、完全可以信赖，而且还非常聪明。

我举个例子说明。

1989年末，我的一本新小说《复仇女神》(*Nemesis*)的特别限量版准备上市发行。我要在准备发行的500本书上签名。每本书都单独包装好，然后每10本装在一个大盒子里，每本书都编号，放在相应的编好号的盒子里。等到书全都包装完毕，有人想起还没让我签名。

一天清晨，他们打电话找我去。大盒子被打开，再把每个小包也打开，我再在每一本上签名。再放进小包，最后放进大盒子。我在那儿坐了整整一个上午，不停地签名，一点不费事。吉尔把一切都安排得井井有条，他们把书一本本放到我面前。我只需要在书上签上我的名字就行。吉尔打开盒子，然后再重新包好，一切必需的工作做得干净利落，没有一本书弄错。简直是高效率的典范。

同时，我无意间也给自己树立了良好的形象。一般作者遇到因为出版社的过错而造成的麻烦时，总是会发脾气，使在场的人都十分难堪，尤其是年纪大、知名度高的作者，自以为可以肆意发作时更是如此。

我不这样。第一个理由是，我脾气不很大(至少不会无缘无故发脾气)。第二个理由是，我所做的只是签上我自己的名字。吉尔做了大量艰苦的工作，我没有理由不愉快地度过那段时间，一边签名，一边讲笑话，唱歌。因此，道布尔戴出版公司所有的人(我后来知道)都纷纷到那个房间来看这位难得遇见的快乐的作家。

等一切全都结束以后，吉尔和其他几个人坚持要招待我吃午饭，我再三对他们说没必要。令人惊奇的是，现在我老了，没有危险了，年轻的女人们簇拥在我周围。在我有能力想与她们亲热之时，她们在哪儿呢？

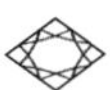 154

接受采访

没有一位作家能逃避采访。记者搜罗种种材料以充斥报章杂志的胃口永远无法满足。我比较出名以后,接受采访的次数逐渐增加。甚至当我还在医学院教书,我的写作事业刚起步的时候,波士顿《信使报》(*Herald*)就采访了我,并在一条占8栏的标题中,把我说成是“波大教授”(BU professor)。

那时我正在为保留我的职称而斗争,反对我的人立即拼命攻击我,把它作为一个例子说明我试图利用我的职称作自我推销。

这种说法不堪一击。标题并非出自我手,采访中并没有任何个人自我推销。况且,我是根据美国化学会主席的要求才同意采访的,他要求我为学会即将在波士顿召开的会议作一些宣传,扩大影响。那位记者可以为我作证。他们来找我的时候,我觉得自己有责任帮助我所在的专业协会。等弄清了怎么回事,校方的人慌忙撤退。

我见报的最佳采访发表在1969年8月3日的《纽约时报书评》,就在我父亲去世的前一天。

我接受过许多次电视采访。其中有两次采访最成功(我最欣赏的两次采访),一次是1987年接受埃德温·纽曼(Edwin Newman)的采访,另一次是1988年接受比尔·莫耶斯(Bill Moyers)的采访。

这两次采访都持续了一个小时,采访人很注意只提问,让我谈。你可能会认为采访就应该是这样的,真要是这样就好了,采访者很少有人意识到这一点,通常都是采访者与你拼命抢话筒,发疯一样要证明他自己学识渊博。在这种情况下,我因为没有必要证明自己博学,宁愿呆在家里,让采访人去独自发表长篇大论。

有一次,我遇到一个采访者,无论我说什么,他都要小声表示赞同,或发出点声音表示他在听我说话。在采访录像过程中,我几乎没有意识到这一点,可后来看电视访谈时,我极为愤怒。他不停地说"嗯"和"嗯哼",盖没了我的话。我看上去傻透了。

反过来,在埃德·纽曼*和比尔·莫耶斯的采访中,我事先并不知道他们会提什么问题。没有排练,毫无准备,我就这么坐下来,他们提问,我回答。我是一位公共演讲的老手了。观点明确(我在无数文章中都已阐明),不需要准备,我轻松、潇洒地侃侃而谈,口若悬河,直到把我的想法发挥得淋漓尽致,方才罢休。

我也接受电话采访。电视出现之后,无线电广播发现娱乐节目的听众大部分都转向这种新的媒体了。广播访谈节目反而激增。这些节目的主持人必定不断地在采访。我不旅行,所以我不反对接受电话采访。这是想让底特律、坦帕和圣安东尼奥的人听见我谈话的唯一途径。

自然,要求进行这种电话采访的次数极多。每逢我发表一本小说,或者出版一本非小说类图书,都会接到电话,要求安排时间接受采访。

有时候,由于发生了与科学或科幻小说有关的事件,记者就要求面谈。当"海盗号"探测器在火星表面着陆时,我临时匆忙接受采访。采访记者总的意思是既然在火星上没有发现生命,那么整个事情就是无用的,就是浪费金钱,阿西莫夫博士,难道不是吗?每次我都只好耐心地说明即使火星上没有生命,关于火星的科学知识的价值仍不可估量。

这类事于1986年1月28日达到顶峰。那一天,"挑战者号"(Challeng-

---

* 即埃德温·纽曼。埃德是埃德温的昵称。——译者

er)航天飞机升空后不久即爆炸,7名宇航员不幸遇难,我是到联合俱乐部(Union Club)去主持自费聚餐会的路上听到消息的。当时有人随身带了一只便携式收音机,因此我们可以听见最新发布的公告。可以说,那次聚会很悲伤。

我知道接下来会发生什么事。接连几天,我的电话不停地响,美国所有的电台节目都想知道我对这件事的看法。我的观点很清楚,这件事绝对是一个令人哀痛的悲剧。可我还要说,所有伟大的、充满冒险的事业都难免会有悲剧,可事业必须继续下去。

155

荣　誉

一个人不可能一辈子正常生活，完成过一些事业（而不是终日饮酒作乐）却没有获得任何荣誉。我曾经在许多会议上作演讲，有许多会议是向各种各样的人颁奖——我猜想有些是感谢他们同意退休。

即使在科幻小说方面，奖励也很多，有雨果奖（所设奖项的范围日益增多）和星云奖。此外，还有以已故科幻超级巨星的名字命名的大奖，例如，约翰·坎贝尔奖，菲利普·迪克（Philip Dick）奖，特德·斯特金奖等等。没准将来什么时候还会有个艾萨克·阿西莫夫奖。

不用说，我获得过许多奖（如果我乐意旅行的话，还可以得到更多的奖）。其中也有些很俗，最俗的是（我还是相当喜欢的）一枚别致的徽章，上面写着“艾萨克·阿西莫夫，可爱的纵欲者”，这奖有点特别的意思，不是吗？

我还收藏证书，我自己的理科博士文凭被装在镜框里挂在墙上，除此之外，我还有14个荣誉博士学位，放在橱柜里。

我从未有过自己的学士、硕士或者博士袍（我拒绝参加自己的毕业典礼）。所以我每次去作毕业典礼演讲，各个学校都得给我准备一件学位袍子，和一顶带流苏的四方学位帽。不过，当我获得哥伦比亚大学的荣誉博士学位时，他们允许我留下博士袍，不必在会议结束后送回，我真是太高兴了!现在我可以穿我自己的了。

谁知我第一次穿上它就遇到了下雨。那次我在毕业典礼上致辞时,天开始下雨了。这是第一次碰到这种情况,我只好在演讲时撑一把伞,以保护我珍贵的袍子。

我后来再也没有穿它。我已经太老了,已经无力仅仅为了作20分钟的演讲而在太阳底下坐2个小时,看着几百名年轻人领取毕业文凭。

我还获得一些与我取得的成就无关的荣誉,那仅仅是因为我在那儿出生,或者我的童年在那儿度过。

有人提出要整修埃利斯岛(Ellis Island),把它当作博物馆,以纪念那些在美国被认为是通往理想福地之金门(Golden Door)的年代移居美国的移民取得的成就。《生活》(*Life*)杂志决定寻找一些经由埃利斯岛进入美国的移民,也就是说要找上了年纪的人,因为埃利斯岛在几十年前就已经不对外开放了。

我是他们找到的老人之一。1982年7月28日,他们开车把我带到曼哈顿南端(不巧,那天下着倾盆大雨),乘渡船到埃利斯岛。这是我1923年以来第一次重新踏上埃利斯岛,当年我们刚抵达埃利斯岛,一家人正在庆幸时,我就患了麻疹。它的建筑物已经破旧不堪,我愁眉苦脸地坐在一幢楼前照了相。

照片登在《生活》杂志上,所有看见的人都问:"你干吗穿橡胶套鞋呢?"

我说:"雨下得很大,还有什么理由?"

几年以后,我被授予某种奖章,理由是(1)我是移民,(2)做出了一些使美国对我的到来不会感到遗憾的成就。在一个阳光灿烂的日子里,我与其他几十位著名的移民一起来到炮台公园(Battery Park)。埃德·科克(Ed Koch)市长(我作为自费聚餐俱乐部的演讲人,已经在3个不同的场合介绍过他)发了言,有人唱起了《星条旗》。会间也提到了我的名字。

我得到的最出乎意料的荣誉是把我的名字刻在石头上，竖立在布鲁克林植物园（Brooklyn Botanic Gardens）里的一条路上。当然不是我一个人。人们沿着那条小路缓缓前行，只见一块接着一块的石头上刻着布鲁克林出生的著名人士，例如梅·韦斯特（Mae West）。

听说我的名字也要刻在上面，我说我记得自己不在布鲁克林出生。他们说既然我从3岁起就在布鲁克林，在那儿长大，又在布鲁克林公立小学受教育，那就足够了。因此，1986年6月8日，我和珍妮特乘车前往植物园。当出租车开到大陆军广场（Grand Army Plaza）时，我们发现整个地区被封锁了。庆祝活动比我料想的要盛大得多，出租车一律不准开进去。幸好有个警察认出了我，才放我们通行。

我和珍妮特沿着那条路走过去，一边看着上面刻的名字，遇见许多获此殊荣的著名人士。我应邀讲了几句话。现场真正的明星是丹尼·凯（Danny Kaye），我一直崇拜他，现在见面了。这是我第一次遇见他，也是唯一的一次。他称我是“帕耶斯”（Payess，意第绪语“连鬓胡子”的意思），然后作了一次愉快的谈话。

他看上去满脸病容。事实上，9个月以后，1987年3月3日，他就去世了，享年74岁。

 156

俄罗斯亲戚

我当然知道我有俄罗斯的亲戚。我父亲有3个兄弟和2个姐妹,我母亲也有兄弟姐妹,可以猜想他们都有孩子和其他亲戚。然而就我而言,我与他们没有来往,也从来没有联系过。

我们刚到美国的时候,我的父母亲偶尔会收到俄罗斯的来信。可他们不念给我听,或告诉我任何关于他们的情况(坦率地说,我也不感兴趣)。结果我从小就只与我自己的家人——父亲,母亲,妹妹和弟弟——在一起,我对此很满足。在美国,我母亲还有一个同父异母的兄弟和他的妻儿,但是我们彼此间关系也比较疏远。

第二次世界大战以后,我总认为我的亲戚不可能侥幸存活下来。那些去参军的,很可能就在那几百万阵亡士兵之中。那些被纳粹侵略者抓走的人,则可能就在那几百万被纳粹残忍杀害的犹太人之列。

我前两本自传传到苏联以后,我才知道我还有亲戚活着,或者说是他们知道了我的情况。

诚然,多年来,我在苏联也是一个受欢迎的科幻作家(也许是与我名字中的“ov”结尾有关)。那些名字中有这两个字母的人,或与名字中有这两个字母的人结婚的人,可能怀疑过我是他们的亲戚。

但是阿西莫夫这个名字在中亚的乌兹别克共和国并不罕见,它的拼法中有一个“s”(用西里尔字母拼写)。在我出生的白俄罗斯,它的拼法中有一个“z”。我父亲到美国时犯了一个拼写错误,所以仅仅根据名字判断,其他白俄罗斯人很难判断我是不是他们的亲戚。事实上,有一次我听说在乌兹别克有人宣称是我的亲戚。

然而,我的自传一出版,里面一清二楚地写着我的出生地是彼得罗维奇,还有我祖父的名字艾伦(Aaron),这就足够了。我开始收到来信,主要是我的堂妹塞拉菲纳(Serafina),我父亲的弟弟塞缪尔(Samuel)的女儿。塞缪尔是苏联部队里的军官,在战争中幸免于难,现在死了。父亲的另一个弟弟伊弗雷姆(Ephraim),1942年在高加索战争中阵亡。

父亲最小的弟弟鲍里斯(Boris)在战争中活了下来,住在列宁格勒,他设法在70年代离开苏联移居以色列。我弟弟斯坦的家族观念比我强得多,去寻找过他。我们很快决定了要做的事情(我们也必须要有所准备,因为他肯定贫困缺钱,而他又是我们父亲的兄弟)。

我建议马西娅写信与鲍里斯叔叔联系,附上支票,我提供那些支票的钱,斯坦则是决策者。如果马西娅在与鲍里斯叔叔的联系中有什么问题,可以去咨询斯坦,他在家庭事务中实际上是说了算的。

事情进展并不顺利,马西娅遇到了困扰,联系不上。最终我们还是设法做成了。斯坦甚至在《新闻日报》找了一个正打算去以色列采访的人,她答应帮助寻找鲍里斯叔叔,看看他究竟怎么样了。她果真这么做了。鲍里斯叔叔其时已经很老了,非常虚弱,脑子好像不太正常,他于1986年8月30日去世。

这并没有完全了结俄罗斯亲戚的事。我有比较近的堂表兄弟姐妹,也有稍远的堂表兄弟姐妹,他们结了婚又有了他们的孩子,所有的人都给他们在美国的亲戚写信。一旦米哈伊尔·戈尔巴乔夫(Mikhail Golbachev)在苏联放松了控制,他们许多人就来到美国,然后再从美国写信给我。

有一封信表示很生气,因为我没有赶到佛罗里达去见我失散已久的陌生亲戚，我只好很客气地写信告诉他们，说我从不旅行。

另一群人事先不打招呼就到我们住的公寓来了。当一位门卫打电话告诉我，有几个陌生人自称是我的亲戚，我只好下去见他们。我下去以后，一位中年妇女扑到我身上来，她因为见到了她亲爱的什么人而高兴地伏在我肩头哭起来，我不十分清楚他们与我的关系。但是，其实他们是要我找个住的地方。我告诉他们有一大群俄罗斯犹太人住在布赖顿比奇，他们说知道，但他们想要住在好一点的社区。

他们想要我从口袋里变出一套公寓？最后他们终于走了。

与此同时，不断有信从苏联写来，家族的分支似乎多得令人难以置信。

这种事让我感到苦恼。我不禁想，大部分人都有亲戚，都有很强的家族感，必定会根据家庭的原则行事：任何人都可去找家族中的人帮忙，而且肯定会得到帮助。据我猜想珍妮特的亲戚就这样。

可我从未有过什么大家庭，除了珍妮特、罗宾和斯坦，我没有那种亲近感。我不想显得冷酷无情，我愿意出钱给他们，可也仅此而已。我不会仅仅因为他们是(或者说是)我的远亲，就在见到他们时高兴得流泪，邀请他们进来，盛情款待他们。

157

科幻大师奖

到我67岁时，就科幻小说界而言，我想得到的似乎全都得到了。我获得了雨果奖、星云奖，拥有最畅销书，我是科幻三杰之一。在科幻大会上我被当作典范，科幻小说写作的新手对我肃然起敬。由于我显眼的白连鬓胡子，我在街上经常被人认出来。如果我去旅行，相信全世界都有人认识我。我在日本、西班牙、苏联与在美国一样深受欢迎，我的书已经被翻译成40多种语言。

还有什么？

还有一件事!1975年，美国科幻作家协会设置了一项非常特殊的星云奖，称作大师奖(Grand Master award)。它将在星云奖颁奖会上授予某位科幻超级巨星，褒奖他的终身成就，而不是某一本书。

第一个，不用说颁给了罗伯特·海因莱因，众望所归，没有异议。他在科幻小说读者中广受欢迎，他把科幻前沿阵地拓展到通俗刊物和电影，他受到科幻小说圈内外人士的尊敬。1984年10月23日，斯普拉格·德·坎普正好与海因莱因一起来参加会议，我们逮着机会，摆出与30年前在NAES时同样的姿势，三个人拍了一张照片。

后来几年陆续颁发了另外几个科幻大师奖。杰克·威廉森是第二个接受大师奖的，克利福德·西马克是第三位。其他的给了斯普拉格·德·坎普、弗里茨·莱伯(Fritz Leiber)、阿瑟·克拉克和安德烈·诺顿(Andre Norton),他们全都受之无愧。除了诺顿,所有获奖的人都与约翰·坎贝尔关系密切,都经历过那段黄金年代。

此外,所有获奖者虽然多年来全都疾病缠身,却幸运地活着接受了这份荣誉。实际上,我认为在杂志科幻小说方面只有2个人本可以当之无愧地接受这份殊荣,却很可惜地在1975年前去世了。他们是E·E·史密斯和约翰·坎贝尔本人。

毫无疑问,我认为自己有朝一日获得大师奖的可能性很大,可究竟什么时候呢?

这项奖不是每年都颁发。从1975年到1986年的11年间,只颁发过7次奖。所有7次获奖者的年龄都比我大,都是在20世纪30年代或40年代就开始发表作品,所以我与他们没有什么好争的。剩下的作家里,有资格角逐大师奖的还有2个人年纪比我大:莱斯特·德尔·雷伊和弗雷德里克·波尔,这样,就还要往后推2—4年才能轮到我。

我对此很紧张。我的健康状况不是很好,我对能否再活三四年不是很有信心。我当然不想听到人们说:“我们得在他死前,给他一个大师奖。”这对我真是一种施舍。

我渴望得到这个荣誉听上去好像很贪心。可我毕竟也是人,我想要得到它。此外,我很诚实地认为我受之无愧。然而我只是心里渴望,我并没作任何努力去争取,没有说过任何话,做过任何公开表示我感兴趣的事。

最后这一时刻终于到来,我还健在。1987年5月2日在星云奖颁奖宴会上,我接受了我的大师奖。我是第8位大师,我们全都活着,我在讲话中高兴地提到了这一点。

(这是最后一次有机会这么说,唉,在下一年里有两位大师,即罗伯特·海因莱因和克利福德·西马克相继去世。另外,1988年,第9位大师是艾尔弗雷德·贝斯特尔,可他当时奄奄一息,奖只得在他死后颁发。幸好,他在1987年9月20日去世之前已经知道获奖了。他去世时74岁。本书撰写之际,第10个奖于1989年颁发给了最新的一位得主雷·布雷德伯里,我希望莱斯特·德尔·雷伊和弗雷德里克·波尔很快也都能获奖。现在,莱斯特75岁,弗雷德70岁,他们无论从哪方面衡量都该获此殊荣。)

在我接受大师奖的演讲中,我说我们全都追求特殊的荣耀。因此,虽然鲍勃·海因莱因是第一位大师,阿瑟·克拉克却是第一位英国人大师,安德烈·诺顿则是第一位女大师,我,虽然是第8位,却是第一位犹太人大师。

宴会后,罗伯特·西尔弗伯格(他是紧随我之后的最著名的犹太人科幻作家)对我说:“现在你是第一位犹太人大师,那留给我什么呢?”

除非鲍勃(Bob) * 过早去世,他肯定迟早会获得大师奖的,所以我对他说:“鲍勃,你将是第一位**英俊的**犹太人大师。”他很高兴地露出了微笑。

---

* 罗伯特的昵称。——译者

158

儿童读物

我写了许多给青少年看的书。在小说中，比方说有《幸运儿斯塔尔》系列，我当时用的名字是保罗·弗伦奇，还有我与珍妮特合写的《诺比》系列(珍妮特完成了大部分工作)。在非小说类图书方面，我为阿贝拉德-舒曼出版社撰写的科学图书系列，是专为青少年写的。

只要你不把青少年当作孩子，为他们写作其实并不困难。我**没有**故意为了他们而把词汇简化，对一些专业词汇，我经常会在上面注明发音，这只是为了避免他们见了害怕，我避免使用过于冗长过于复杂的句子，我不满足于含糊的暗示，青少年缺少的不是智慧和推理能力而是经验。

(事实上，这一点很重要。我为成年人写的科幻小说有时候被一些狂妄的批评家认为是“青少年读物”。我猜想这是因为我的成人小说避开了暴力和具体的性描述。对于恐怖的犯罪过程描写也很简单，当然，这就意味着聪明的青少年可以阅读我的成人小说，它们容易读也好理解。但这**并不**说明它们就是“青少年读物”。)

偶尔，我也为小学生——我指不满13岁的儿童——写作，那就比较难了。你得小心挑选用词，故事要写得简短，而关于科学的图书要特别简单明了。

1962年初，我第一次尝试为小学生们写了一本科幻小说，名为《最好的新事物》(*The Best New Thing*),旨在给很小的孩子看。当时罗宾快7岁了,我就把故事读给她听。她好像很入迷。然而,约我写这本书的出版社发生了人事变动,所以此书直到1971年才由世界出版社(World Publishing)出版。

我为《男孩生活》写的许多短篇小说的年龄层次稍高一些。我在这本杂志上发表的最成功的故事是《萨拉·托普斯》(Sarah Tops),这是我写的关于拉里(Larry)的第一篇故事。拉里的故事是我为初中学生写的探案。它不下十几次地被收入各种选编。

就非小说类图书而言,也有命运不济的《吉恩科学纲要》(Ginn Science Program),我为这套书写了给4—8年级的学生看的那些内容。我不想再谈它们了。

我比较成功的是一套4本的书,是为沃克出版公司写的:《太空基础词汇》(*ABC's of Space*, 1969),《海洋基础词汇》(*ABC's of the Ocean*, 1970),《地球基础词汇》(*ABC's of the Earth*, 1971)和《生态学基础词汇》(*ABC's of Ecology*, 1972)。

贝丝·沃克最初向我提出写这套书的时候,我觉得这主意不错,好像也很容易写,事实证明,既不好销也不好写。

要点是按照字母顺序,各选2个以此字母为首组成的单词,并给它们下定义。问题在于有些字母有许多选择。因此,在关于太空的那本书中,S可以用来代表太阳、恒星、土星、卫星、空间等等。其他一些字母,例如Y,实际上没有什么可选的。结果有些很重要的词只好被省略,有些很偏的词反而被录用。仅用3—5行字为每个词清楚准确地下定义,可不是一件轻松的事。

到写第4本ABC书的时候,我提出反对意见,不愿再写了。因为书销得并不好,沃克他们也不想与我争辩。我替沃克写的《我们怎样发现了——》系列是给年龄稍大一点的读者看的,效果比较令人满意,经济效益也比较好。

1987年，一位名叫加雷思·史蒂文斯(Gareth Stevens)的先生在密尔沃基成立了一家出版社。马蒂·格林伯格一向很关注出版方面的新变化，他设法认识了加雷思。结果我的一系列天文学方面的儿童读物出版了。马蒂作为我的代理，却又拒绝收取代理费，他在这方面真是个**非常**难缠的人。

加雷思要我写一套32本关于天文学的丛书。每一本含12篇短小的文章，谈论这方面的话题，另外加上3篇“惊奇的事实”，3篇“令人困惑的谜”。每本书他都会提供给我一份所涉及内容的提纲。提纲似乎由深谙教学要求的人士准备。

这套丛书的第一本《是彗星杀死了恐龙吗?》(*Did Comets Kill the Dinosaurs?*)写于1987年6月19日，同年年底前出版。我相信它之所以被选为这套丛书的第一本是因为它谈到了恐龙和灾变。这两点都很受青少年欢迎。它肯定发行得很好，因为加雷思根据那本书的发行情况，决定全速推出其余的品种。

本书写作之际，这套书中的29本已经出版，2本在印刷之中。我的健康状况不允许我写第32本，该系列的最后一本书，因此只好由他人代写，但是，为了整套书的一致性，我有可能被冠名为作者(如果是这样，我将不把它算在我写的书里)。

这些书看来很成功，书里面有非常精美的插图，很受学校和图书馆欢迎。加雷思在海外奔波，积极推销，卖出了许多外文版。(我见到的)所有的外文版都保留了图书的开本、插画和格式，只有我的文字翻译成了外文。

这套书中只有一个话题我不喜欢。有一本书规定为谈论UFO。因为UFO不是天文学，而是神秘学，所以我反对。但是加雷思说他是按照那份清单发行这套丛书的，人们对UFO特别感兴趣。

“好吧，”我说，“如果要我写这本书，我会明确表态，没有证据说明UFO是外星球的飞船，我要强调在这个方面有许多伪科学和幻觉。”

“写吧，”加雷思这么说，我真的这么做了。

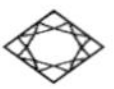 159

最近的小说

《基地与地球》的结局使我陷入了困境。这是我的习惯,在一本小说写完之后,尽量远离它,不去管它,否则我很可能还会把那个故事继续写下去。在前面那本《基地》系列小说《基地边缘》结束之后,我甚至在最后注明:"(暂告)结束"。珍妮特强烈反对,她认为我在许多年里不会写续集,这样岂不要让读者干等。

然而,这次我很快写了续集。但是在《基地与地球》的最后一段中明确表示还有复杂精彩的故事,留待下一本书描述了。我不知道那些复杂的情况如何处理。甚至自从我完成那本小说后5年过去了,我仍然不知如何下笔。

那也是我写《奇妙的航程Ⅱ》的理由之一,我把它当作推迟对基地宇宙作进一步探索的一种办法。可它完成之后,下一步我该怎么办?

事有凑巧。一天我在寓所电梯里遇到一个年轻人。他说他看了《基地》系列,他一直想知道哈里·塞尔登(Hari Seldon)年轻时的情况以及他怎样发明了心理历史学(支撑这套科幻小说的杜撰的科学)。

我抓住了这一点。签新的小说合同时,我提出倒回去写一本《基地前传》(*Prelude Foundation*),它将讲述第一本《基地》故事之前50年发生的事情,讲述哈里·塞尔登和心理历史学的形成。

詹尼弗·布雷尔立即同意,她发现我对《基地》小说已经厌倦,就提议这部小说既不要归于基地系列也不要归于机器人系列,而是作为完全独立的一本书,它有着全新的背景。

我同意了。1987年2月12日,我开始写《基地前传》。9个月以后完成,1988年出版。1989年又出了平装本。它是道布尔戴-矮脚鸡公司出版的一套新的平装书的第一本,为了表示对我的敬意,这个系列就称为"基地"。

接着我在1988年2月3日开始写《复仇女神》。它比较接近我们的时代而不是机器人或基地小说。故事讲述了一颗卫星的殖民化过程。这颗卫星绕着一颗木星型的行星转动,而该行星又绕着一颗遥远的红矮星转动。故事的主人公是一个十几岁的少女,还有2个健壮的成年妇女,我在这部小说中付出的感情比一般的要多。

我喜欢创作这本书。我用了13个月而不是平常的9个月,理由我马上就解释。书在1989年秋天出版,非常成功。

160

回到非小说类图书

20世纪80年代，我在创作小说的同时，并没有完全放弃非小说类图书的创作。我写了大量的随笔，将它们汇编成集出版。其中有《极目远眺》(*Far as the Human Eye Could See*，道布尔戴出版公司，1987年)，《错误的相对性》(*The Relativity of Wrong*，道布尔戴出版公司，1988年)，它们是我的两本*F&SF*文集。还有几本替沃克出版公司写的《我们怎样发现了——》系列的书。当然还有替加雷思·史蒂文斯写的介绍天文学的图书。

然而，我没有为成年人写非小说类图书，除了《起初》(*Beginnings*，沃克出版公司，1987年)，这是我对宇宙、地球和人的演化的回顾；还有我那本对吉尔伯特和沙利文轻歌剧的注释。

我迫切想要做一件事情，一件我最最渴望做的事情——写历史类图书。我曾为霍顿·米夫林写历史类图书，这些历史书的第16本也是最后一本(在霍顿·米夫林决定结束之前)是《金门》(*The Golden Door*)，它是介绍美国历史的第4本书，于1977年出版。

从那以后，我再也没有写过一本历史书，我有整整10年没有写历史方面的书，这10年间我饱尝历史饥渴之苦。

也许你会想，为什么不另找一家出版社继续写下去呢？我也曾想过，但是关于这项工作的范围却更大了。我想到应该从最开始起，写一本世界史，尽可能包括所有的国家。我将以我的方式来叙述，像讲故事一样，用古老的方式强调战争和政治。

我知道更重要的是讨论社会、经济和文化事件，我打算尽可能多地运用这类材料。现在被奉为历史精髓的内容很枯燥乏味，我要让我撰写的历史书读起来有趣，我不在乎批评家说什么。我打算写一本使我自己感到愉悦，饱含激情和戏剧性，情趣盎然的书。这就要谈到战争和政治，归根结底，既然我写相当老式的科幻小说和相当老式的探案故事，为什么不也写写老式的历史呢？

我说服沃克同意出版这本书。他们与我签了一个合同，给我1000美元预付金。（即使他们一分钱也不预付给我，我也不在乎。我只是想出版这本书。）1979年1月我开始动笔，断断续续花了一年多时间，写了将近50万个词，写到1850年。可是我的小说开始了，很显然，最后125年至少要再写50万个词，我只好放弃了。

我憎恨没有结果就这么算了。我一直喜欢自夸从不浪费任何东西，我写的东西全都以一种或另一种方式出版了。这本书击败了我。当然我不认为它是个永久的败仗。多年来，我总觉得我总有一天会回过来再写的，可我始终没写。

（严格地说，这不是我想写的大部头作品第一次失败。在第二次世界大战期间，我对发生的所有事件都做笔记，数量极其庞大，我原打算战争一结束，就写一部第二次世界大战史。结果却从未写过，我甚至没有动笔。）

在我写小说期间，许多出版社提出过各种选题。道布尔戴出版公司要求我写一本问答式的科学纵览。我动笔写了一点，但在创作小说的压力下，搁在一边了。我把那笔相当可观的预付金退还给出版社了。

哈珀-罗图书公司约我写一本科学史，要求按年份写。我勉强答应了。我觉得我手头的小说创作会影响大部头非小说类作品的写作。可接着他们又提到我可以在书里谈论每年发生的科学以外的事情。这很刺激,我可以写一本**历史**书,一本通史,而不局限于科学史。

由于小说正写到紧要关头,我暂时无法动笔,可我一直在思考,甚至做梦也在想。1987年11月8日,《基地前传》快写完了,我不必那么谨慎了,便开始写那本我称其为《科学年表》(*Science Timeline*)的书。最终哈珀-罗图书公司选了一个不甚雅致、却很明确的名称:《阿西莫夫科学与发现编年史》(*Asimov's Chronology of Science and Discovery*)。

我一生很少这么快乐。用我自己的《科学技术传记百科全书》来确定书里的人名和日期。我搜寻出我藏书中所有其他的科学史著作,利用我的各种百科全书。我到处搜集资料,开始写科学的故事,从400万年前最早出现的类人猿讲起。此外,我在书里也写了大量的历史,我利用自己写的历史书,甚至包括被我搁置一边的世界史手稿,并利用我收藏的全部历史书来确定历史事件的时间。

后来我在写小说《复仇女神》的时候,也尽量两头兼顾。我把《复仇女神》看成一种付出,而把《编年史》看作一种回报。如果我写了10页《复仇女神》,我就觉得可以心安理得地写20页《编年史》了。

《编年史》占了绝对优势。我知道《复仇女神》挣的钱会是《编年史》的10倍,可我心系非小说类图书。结果我在1987年底按时完成《编年史》,而截止日期与《编年史》相同的《复仇女神》到了交稿期仍未完成。詹尼弗再三催我,给我定下最后交稿日期,我才再去写《复仇女神》,并于1988年3月完成。

两本书都在1989年10月出版。《阿西莫夫科学与发现编年史》是一部巨著,大约有700页,词数是《复仇女神》的3倍。我真的很为它骄傲,不过,它有两点使我烦恼。

一是准备索引。虽然工作本身不比我的其他大部头作品更困难,但**看上去**却更困难,因为我年纪大了,健康状况在恶化(当时我没有充分意识到这一点),变得更加容易疲劳了。

另一个使我烦恼的是历史事件占的篇幅要比科学多,总的来说,非科学的部分占的比重甚大。哈珀-罗图书公司担心书的价格超过市场接受的价格,又不想分成2卷出版,所以砍掉了许多纯粹讲历史的篇幅,但是所有的科学史内容一段也没有砍掉。

我很爽快地同意了,因为我已经有了一个新设想。

逐年记叙世界上的历史事件使我想起为沃克写的那本失败了的世界史。十来年前我放弃了它,为什么不可以再以另一种形式——更接近《编年史》的形式来写呢?那样我也许可以让哈珀罗图书公司把它作为科学编年史的姐妹篇出版。

我开始工作,花了比我以前写这本历史书更多的时间来写作。我从150亿年前开始,从大爆炸创生宇宙开始落笔,打算一直写到现在。

我很顺利地写过了1850年,我第一次就是在这儿搁笔的,部分是因为我现在对全书的安排更加系统,部分是因为我写得更加简洁。然而,写到第二次世界大战时,我(又一次)意识到无法一直写到现在。那样写下去实在太长了。在我看来,写到1945年打住比较好。然后,在将来的什么时候,我可以再另写一本从1945年谈起的历史。

实际上,第二次世界大战也只写到一半,我就停下来了,理由我往后再解释,我**知道**这一次只是暂时的。只要我不死,这本书一定会完成。

当然,我一直在考虑一个道德问题:我与沃克签的那本世界史的合同怎么办?

我也许可以轻易地争辩说那不要紧,因为我曾经写过前面那本世界史,我在沃克出版公司出了将近40本书,所以他们不会抱怨说我忽视了他们。

可还有他们给我的1000美元预付稿酬。幸好,1989年,贝思·沃克意识到2000年即将来临,建议我写一本书描绘人类历史上的每个千禧年地球是什么模样的。然后，一旦我写到现代，我将再写一章谈公元3000年时情况可能会怎么样。

我立刻说我可以写，不过要用它来取代前面那本历史书，那笔预付金就当作这本书的预付金。他们同意了，但坚持要再加付我1000美元。（出版商在支付预付金上很少按我的方法处置。他们支付的总是比我要的多。）

那本书写起来很轻松。我只用几个月就交稿了，出版时的题目是《下一个千禧年》（*The Next Millennium*）。

 161

罗伯特·西尔弗伯格

罗伯特·西尔弗伯格生于1936年，早年的经历跟我差不多。至少，当他读到我第一本自传时，发现里面有许多与他的生活很相像。

我完全相信。他必定跟我一样聪明，也许跟我一样不适应社会。虽然结果不完全一样，我总是大声喧闹，好自我表现，好与人争论，所以那些不喜欢我的人觉得我粗俗。而鲍勃则不然，他很严肃，深沉。其实他具有给人印象深刻的敏锐的幽默感，可它只是偶尔出人意料地闪现一下。

我把鲍勃这种严肃归因于他的不幸遭遇（我在前两卷自传中说过）。他后来告诉我，他的第一次婚姻**是**不幸的。我也一样，如果不考虑这种不幸，那么他仍然很严肃，而我则很外露。

我想这使他多少有点困惑。我记得他有一次说他不会像阿西莫夫和哈伦·埃利森那样恣意自我推销。我抗议，这不是自我推销，我和哈伦生性如此。如果我们不是出于本性，难以想象我们仅仅为了推销自己而张扬。这未免太虚伪，也毫无意义。

鲍勃有许多成就。首先，他是最好的科幻作家之一。如果他早出生15年，他就是科幻三杰之一，而不是我。

其次，他非常多产。当然，他具有与我一样多产的能力，他的著作涉及的范围也很宽广。他曾写过一流的非小说类图书，我记得我曾饶有兴味地看过他的书，诸如谈论哥伦布到达美洲前的印第安人土墩和谈论祭司王约翰(Prester John)的书。后来，他也写过很好的历史题材小说——我很喜欢讲述苏美尔国王吉尔伽美什的那一本。

鲍勃和我之间的差异在于：鲍勃几乎是全面发展的人。他喜欢旅行，做许多别的事情。这就限制了他的写作。他还比我更加实际。他故意停止写作非小说类图书，因为它不赚钱。而我贪图写非小说类图书的乐趣胜过考虑经济上的收益。当他觉得他的出版商让他的大多数书脱销断档时，他“退出”写作长达5年。(我是不会采取这种方式的，我会更多地责怪自己而不是去惩罚出版商和读者。)幸好，鲍勃最终又回到写作上来了。

他的第一篇故事发表于1954年。1957年6月末在辛辛那提的科幻大会上我第一次遇见他。1970年我回到纽约后，德尔·雷伊夫妇、西尔弗伯格夫妇和阿西莫夫夫妇组成六重唱，永远热情奔放的朱迪-林恩充当火花塞。有好几次，我们在犹太人逾越节家宴时，莱斯特很庄重地坚持作祷告。莱斯特还烧得一手好菜。如果说我对这种场合没有什么宗教热情的话，那么至少我的胃口相当好。

但是鲍勃认定纽约不适合他，他搬到加利福尼亚州的奥克兰去了，此后一直住在那儿。不用说，我很舍不得送他走。我禁不住想从纽约搬到加利福尼亚去住，就像从前从欧洲移居到美国那样——追求更加美好的新生活。在加利福尼亚州，鲍勃离婚了，后来又结婚，生活很幸福(跟我一样)。

1988年，马蒂·格林伯格想了个主意。(他可以想出无数个新点子。)他忽然想到像我这样上了年纪的作家年轻时有大量发表在杂志上的故事。这些故事他们没有再写下去，也不打算进一步写下去。为什么不找一位年轻的作家挑一篇经典的故事，把它扩展成一部小说？

特别是，为什么不找人扩写我的《黄昏》，它问世已经有47年了。扩写的故事基本符合原作，但开头和结尾都更加具体。我很惊恐地听他这么说，毕竟，另一位作家也许会写出不是“阿西莫夫式”的东西来，毁了那个故事。

马蒂说他可以让小说的定稿获得我的认可，我如果不满意还可以修改。此外，他建议设法让鲍勃·西尔弗伯格来写。鲍勃很有实力。

“好吧，”我将信将疑地说，“鲍勃决不会同意把他的作品藏在阿西莫夫的故事里。”

马蒂说：“会的，他会的。”他没说错。

我仍然很不安。毕竟，一旦《复仇女神》写完以后，我还得再写一本小说。合同已经签了，它必须是另一本基地小说。我仍然不能写《基地与地球》的续集，因此我打算填补《基地前传》和《基地》之间的空隙。

新的小说，我称之为《通往基地》(*Forward the Foundation*)，始于1989年6月4日，其实我已经厌倦写小说了。我在80年代已经写了7本，总共将近一百万词，我想再过20年再写(如果我还年轻能写的话)。此外，我想完成我的那本世界史，它已经写了将近50万词。

于是我想到，如果鲍勃写一本《黄昏》小说，那就可以当作1990年的小说书。这样，在完成《通往基地》之前，我就有一年时间的喘息。

自然，还有件小事要商洽。首先，我如何处置我的道德观？如果小说大部分是鲍勃写的，我是否有权把我的名字放上去，是否有权平分版税？我把这一顾虑对马蒂说了。他立即指出鲍勃可以利用一个现成的社会背景，更不要说他可以利用书里现成的人物和事件，因此我有充分的权利享有一半利益。我被马蒂说服了。

还有一些小事要解决。我对鲍勃说我不想有无缘无故的性描述、没有理由的暴力或粗俗的语言。他全都同意，他说很高兴让我对一切有争议的地方都享有最终发言权，我说“删除”就删除，我说“修改”就修改。

就他而言，鲍勃想要明确我不会坚持把我的名字印得比他的更突出更醒目，把他完全淹没(以前曾经发生过这类事。不久前，阿瑟·克拉克的名字就彻底淹没了他的合作者)。我对鲍勃说，他认为我会这么做就是太不了解我了。我们俩将受到完全平等的对待(这一次,我牢记上次卡伦·弗伦克尔的遭遇,多么可怜,所以事先对道布尔戴出版公司说明必须这么做)。

事实上,要说服道布尔戴出版公司接受这本书绝非易事。他们想要我写一本新小说而不是扩展一个老故事。可是当我说我需要休息时,他们让步了。实际上,道布尔戴出版公司同意一共出3本书,鲍勃不仅准备扩展《黄昏》,还打算扩展《丑男孩》和《正电子人》(The Positronic Man)。

最终,我收到鲍勃扩写的《黄昏》手稿。不管怎么说,我一直很害怕收到的稿子实在无法忍受。那样我真不知该如何告诉鲍勃、马蒂和道布尔戴出版公司。

事实证明,我的担心是多余的。鲍勃简直写得妙极了,我几乎认为是我自己写的。他绝对忠于原创故事,我实在挑不出什么刺。鲍勃已经列好《丑男孩》扩写本的提纲。我看了提纲,真心实意地表示同意。

鲍勃只改动了《黄昏》中的一颗行星的名称和一个人物的名字。我当时故意用了苏美尔人和埃及人的名字以便给人有点陌生却又不太陌生的感觉。鲍勃认为这是一个错误,他不想让人过多地想起地球,他也许是对的。不管怎么说,在这方面我让他按自己的意思去处理。

162

日益凝重的阴影

1972年，我发表了《阿西莫夫科学技术传记百科全书》第一版。此后，我养成了注意《纽约时报》讣告栏的习惯。其理由是我必须知道我在书中最后一次与之打交道时仍然活着的科学家是什么时候去世的。然后，我专门在一本书上补充这些确切的死亡日期和地点，为以后再版作准备。此后我就一直保持这一跟踪系统。

开始看讣告只是一种任务，死亡自然是老人的事。我开始看讣告栏时，只有52岁，死亡似乎还很遥远。然后当我渐渐变老的时候，讣告栏对我立即变得更加重要，也更有威胁了。现在它简直在病态地缠住我。

我猜想许多老人都会有这种感觉。奥格登·纳什(Ogden Nash)有一句话，我记得很清楚："当一位老人去世时，老人们全都有感觉。"

随着时光流逝，这句话越来越让我受不了。毕竟，一个老人对于他认识已久的人来说并不是一个"老的人"，而更像是记忆中他年轻时的模样，精力充沛，生机勃勃。当一个曾是你生活的一部分的老人去世时，你的一部分青春也就死亡了，虽然你本人幸免于死，可你必须眼睁睁地看着死亡一点一点夺走你的青春世界。

或许有人会病态地满足于自己是最后的幸存者，但是难道做树上的最后一片叶子真的就比死去好吗？孤独地在一个陌生而充满敌意的世界里，没有人记得你曾经是个孩子，没有人与你分享对那个早已消逝的世界的记忆——那个你年轻时所处的光灿夺目的世界，难道这真会很幸福吗？

1989年1月2日，在我过了69岁生日以后，这样的想法不时地困扰着我。我清楚再过一年我就满《圣经》上说的70岁了。

需要说明的是，我并没有变得彻底悲观。在大部分时间里，我仍然情绪饱满，乐观地看待世界。我的日程表仍然排满了社交聚会、演讲预约、编辑会议，以及没完没了的写作，写啊，写。可有时在深夜的寂静中，睡不着觉的时候，我就会想到现在只剩为数不多的几个人，能和我一起回忆开始时一切是怎样的了。

科幻小说现在已经成为聪明的年轻人的领地，他们可能认为我像是个活化石，一个过时的小群体的残余分子，根本不适于生活在现代社会。他们会认为伟大的约翰·坎贝尔——如果他们还会想起他的话——是一个神话中的上古人物。

有时候我觉得如果不是我在作品中不断反复地提到坎贝尔，他早就从人们的脑海中消失得无影无踪了。同样，我常想，我死的时候或许会引起一阵遗憾，在此之后，我的名字也将永远消失。

我并不奢望长生，也不为此而发愁，可我也有弱点，希望自己能永远被人们记住。——但究竟有多少人，甚至那些成就远比我辉煌的人，死后能够在人们的记忆中活上一个世纪呢？

显然，这种想法已经濒于我最憎恨的罪过——自我怜悯的边缘，我竭力与它斗争。然而，随着时间的推移，在死亡到来前越来越迅猛的袭击下，我有时候觉得难以支撑。

在本书中，迄今我已经提到许多熟人的离去。

我自己家里的两代人当中，我妹妹马西娅的丈夫尼古拉斯已经去世，乔希·贝内茨的丈夫莱斯利和他的哥哥哈罗德也已经故世。

活板门蛛俱乐部的许多成员也已逝世，包括曾是黑鳏夫故事人物原型的三个人:吉尔伯特·坎特、林·卡特和约翰·D·克拉克。自费聚餐俱乐部的成员也有故世的,包括继任的主席洛厄尔·托马斯和埃里克·斯隆。

我这一代科幻作家中有许多都已去世,从50年代的西里尔·科恩布卢思到80年代的艾尔弗雷德·贝斯特尔。在探案小说作家中,我有两个朋友去世了,他们是斯坦利·埃林(Stanley Ellin)和弗雷德·丹奈[即埃勒里·奎因(Ellery Queen)]。

巴纳什·霍夫曼是一位物理学家,在贝克街小分队的宴会上总是坐在我的左边,他于1986年去世。罗伯特·L·菲什(Robert L. Fish),一位探案小说作家(他总是坐在我的右边)死得还要早。曾经给我灵感写第一个黑鳏夫故事的那位演员戴维·福特,在1982年去世。

劳埃德·罗思(Lloyd Roth),我早年当研究生时的一位亲密朋友,那位向查尔斯·道森推荐我的同学也在1986年去世。他死于阿尔茨海默病。

在一次公众可以直接打电话进来的广播谈话节目中,有人打电话问我:"你还记得艾尔·海金(Al Heikin)吗?"

"当然记得,"我说,"40年代初他和我一起在海军航空兵试验站,他现在怎么样?"

"他死了,"电话里传来的回答很冷漠,我在电话里忍不住发火了。艾尔·海金是1986年11月去世的。

阿瑟·W·托马斯是当初我为谋求获准进行博士研究时善待我的那位教授,他于1982年去世,享年92岁。路易斯·P·哈米特曾于1939年教过我物理化学——我一生中最后一次学习取得好成绩,死于1987年,当时也是92岁。

理查德·威尔逊(Richard Wilson),一位老的未来人,于1987年去世,享年66岁。1987年,比·马哈菲(Bea Mahaffey)去世,年仅60岁。1952年,我到芝加哥去过她办公室,曾经为她写过名为《安息》(Everest)的故事。伯纳德·福诺罗夫(Bernard Fonoroff),一位在波士顿时期的老朋友,于1987

年去世,终年67岁。

最早把我带到医学院的威廉·C·博伊德死于1983年,他第一任妻子利利(也是我的朋友)在此之前就故世了。马修·德罗也是我在医学院执教时的同事,于1987年死去,时年78岁。接替切斯特·基弗当医学院院长的刘易斯·罗尔博(Lewis Rohrbaugh)与我关系很好,于1989年去世,享年81岁。

噩耗接踵而来。我越来越珍视日渐稀少的老朋友:科幻界的斯普拉格·德·坎普、莱斯特·德尔·雷伊和弗雷德·波尔,在波士顿的弗雷德·惠普尔等等。

毫无疑问,暮色正在降临,阴影正在积聚——越来越凝重。

163

七十岁

我这些忧郁的沉思默想，这些关于死亡以及终点日益临近的想法，不完全是哲学思索的结果，也不完全是这些年来我经受的痛苦造成的。还有许多更具体的事情，即我的健康状况每况愈下。

如果我承认每况愈下我就不是“否定主义者”了。你可以想象我拒不承认。整个1989年的夏天和秋天，我固执地继续按我的习惯方式生活，假装对自己的年龄没有感觉。

我和珍妮特一起第4次南下弗吉尼亚州的威廉斯堡（Williamsburg）去演讲。1989年10月19日，我在两个不同的地方大快朵颐：在一个地方品尝了兔子，在另一个地方享受了鹿肉。我发现它们都非常鲜美，绝对是无可挑剔的美味佳肴。当我满心欢喜地告诉别人时，得到的却是不以为然的回答：“你是说你在同一天吃了小鹿班比和兔大汉吧？”

1989年3月15日在波士顿，我参加了波士顿大学150周年校庆。1989年6月28日，我在约翰斯·霍普金斯大学作了一次演讲，算是对上次因病失约的补偿。

当然，我还继续写作。我完成了《复仇女神》和《下一个千禧年》和好几本《我们怎样发现了——》。我还开始动笔写《通往基地》，帮助把《黄昏》扩写成小说出版，此外我还在拼命地写那本庞大的历史书。

整个夏天和秋天,我都感到无法诉说的越来越厉害的疲惫。我行走缓慢,很费力。大家时不时地说我不再那么精力充沛,我很尴尬,竭力想更加活跃些,却往往心有余而力不足。

确实,我不时地会冒出这样的想法,认为要是能就这么躺下,在睡眠中平静地离去,再也不醒来是多么愉快的事。这样的想法与我的秉性如此不相容,因此它只要一出现,我就惊恐地把它赶走。我这么做有双重恐惧:我会情不自禁地想到珍妮特和罗宾的反应,想到我会留下许多未完成的工作。

但是这种想法挥之不去。

我在日记中只字不提日渐加剧的疲惫感。我拒绝公开承认,可这无济于事,还有我无法否认的其他情况,它是实在症状,而不只是疲惫的感觉。

早在1984年3月15日,保罗·埃瑟曼就注意到我的踝关节有点肿。我有尿潴留的迹象,他建议我服一点利尿剂促进排尿,消除滞留液体。

随着年龄的增大,尿潴留很常见,保罗对此并不担心。我很烦恼,我憎恨关于我身体机器运作不善的任何猜测。何况我反对服用利尿药,我不想感受尿频尿急冲向洗手间的痛苦。

这事发生在搭桥手术后仅仅3个月,我不知道(也许保罗当时也不知道)我的肾脏由于搭桥手术用了人工心肺机而多少受到了损害,功能已经不太好了。

珍妮特督促我服用一些利尿药(她总是站在医生一边,从不明白要忠实地和我站在一起反对他们)。有一段时间,那似乎是为了防止水肿。

1987年在伦塞勒维尔,情况突然恶化。当我发现伊齐·艾德勒被诊断患有前列腺癌时,我情绪糟透了。为了抵御忧郁,我不明智地乱吃东西,而对我来说,这总是意味着吃得太好了。

何况,我从不考虑食物咸淡。事实上,我口味很重,喜欢咸味。我爱吃鳀,爱吃烟熏的马哈鱼,鲱鱼,腌肉,凡是好吃的咸的食物我都爱吃。如果好吃而不咸的话，我会加点盐进去，而且随意添加。

珍妮特会提出反对。她家里人血压高，她尽量避免吃盐，因为盐会引起血压升高。我正好相反，虽然医生每次都用血压计给我量血压，可我从未有过血压高的趋势。

因此，当珍妮特告诫我少吃盐的时候，我不以为然地回答说我没有血压高的问题。我不想放弃吃咸的食物。当时我不懂，后来1987年在伦塞勒维尔逗留时，我很快发现，食盐大大加剧了体内的尿潴留。

我回到家体重增加了8磅（约3.6千克），明显感觉脚肿。我再也无法否认情况很严重。因为在伦塞勒维尔，从餐厅到住所那点山坡，我走起来都非常困难。这种现象以前从未有过。

保罗·埃瑟曼加大了利尿药的剂量，并立了规矩：我在余生要无盐进食。

这是种难以排遣的痛苦，我心里注满了铅似地沉重。珍妮特热情地积极准备无盐食品——毕竟她自己也要吃，她现在对我的饮食控制比以前更加严密，我只有服从。不难想象，我没有丝毫喜悦之情。

现在，尿潴留和血液化学成分（例如，肌酸酐值高）表明我的肾功能有问题。因此1987年8月24日我又找了杰罗姆·洛温斯坦（Jerome Lowenstein）医生，一位泌尿科专家（或英语中所说的“肾医生”）。他为人和善，瘦削的脸庞，银色的头发，我和他很投缘（他下的“无盐”令除外）。

如果我在伦塞勒维尔大量服用利尿药，本可以纠正尿潴留的问题，但是我没这么做，结果，这种情况越来越严重，到1989年达到了顶点。

我开始时而经历在日记里“画一道杠”的那种日子。例如，1989年11月17日就是这样的一天；那天我大部分时间都在床上。我把它归咎于接连几天晚上失眠，当然这可能也有点影响。问题不仅仅是我那一天没有工作，而是我不觉得内疚。在划掉这一天的时候，我对于赖在床上无所谓，我喜欢躺着，实际上根本不想起来。

尽管如此,我还是强迫自己抗争下去。我到长岛去与斯坦和鲁思一起庆祝感恩节(当然,天下雪了,整个冬天就下了这么一场雪)。12月4日,珍妮特和我在皮科克街与弗雷德·波尔一起进餐,弗雷德正在写一本谈论环境的书,想要找我合作。我很高兴地说我愿意,但那却是我此后半年里最后一个正常的日子。

12月6日,我预定要做一个3小时的组合节目,演讲、回答问题和签名,我非常艰难地应付过去。这是多年来我第一次不喜欢自己的演讲。演讲一结束,我就冲回家去,精疲力竭,珍妮特埋怨我去参加什么3小时的活动。我也想我是自找苦吃,苦不堪言。

翌日,我又经历了画一道杠,此后,有好几天,我都只能如此。我疲惫不堪,我已经挣扎了好几个月。最后终于抵挡不住,在日记中提到了它。12月13日,我写道:"我一点力气也没有。这就是问题。"

实际上,这是症状。问题是即使我知道,我也不会承认的。

12月14日,日记上只有一个词:"病了。"

保罗上门来替我检查了两次,我很感动。现在医生已经不再上门出诊了,我把这看成保罗不仅把自己当作我的医生而且当作朋友的有力证据。(事实上,保罗恪尽职守,彼得·帕斯特纳克也一样。我很幸运有两个这么好的医生照顾我。我很小心,不让他们知道我的感受,故意经常朝他们吼叫。)

我在床上呆了3个星期,把工作撂在一边。当然也不是完全不顾。我设法拆阅邮件,回答那些必须回复的信。我照旧为洛杉矶的《时报》(*Times*)撰写每周一期的报业辛迪加专栏文章,但是我的历史书创作停下来了,我也不再给《下一个千禧年》或那两本《我们怎样发现了——》作最后润色了。我也没法写加雷思·史蒂文斯那32本天文丛书的最后一本了。事实上,12月17日、18日和19日在我日记本上留下的是一片空白。

我时不时地设法挣扎着起床应付一些特殊的场面。12月20日,珍妮特和我被人开车接到城里一家餐馆去与矮脚鸡图书公司的卢·阿罗尼卡(Lou Aronica)和其他几位道布尔戴出版公司的人一起吃饭。商谈道布尔戴出版公司和矮脚鸡图书公司联合出版一本我的故事全集——小说和短篇故事,科幻和探案小说**全部**在内。

这是个绝妙的想法,我高兴得飘飘然地——但我也有一种小心眼的想法(我没有流露出来):一般这都是为一位逝去的作家做的事,他们难道以精明的商人眼光已经预作准备了?

纵然真是这样,我也无法责怪他们,他们做得并不过分。整个那个不愉快的12月,我一直在想:"我快70了,就快到了,可我撑不到70岁了。"

那个月里这个想法一直萦绕在我心头,我想我要死了。我很生气地对珍妮特抱怨说,命运不公,竟然不让我活到70岁这个神奇的年纪。

70岁为什么这么神奇?《圣经》的《诗篇》第90章第10节中写道:"我们一生的寿数是70岁。"

根据《圣经》,人类寿命的正常年纪为70岁。其实并非如此。人类的平均寿命没有达到70岁,直到进入20世纪很多人仍没有达到这个年龄。这就需要现代科学和医药来保证人能活到70岁,但是《圣经》说70岁,这个数字就变得神奇了。

我比较年轻的时候,脑子里就有这种想法,即认为70岁之后去世没有什么丢脸的,但是70岁之前去世就是"早逝",说明一个人智力和性格有问题。

这当然是不合情理的、非常不明智的想法。

我心脏病发作以后,我本以为我活不到60岁,可我安然无恙地活到了60岁。然后在我做心脏手术之前,我也曾以为我活不久了,可我顺利地过了65岁。现在就快到70岁了,我又想:"我不行了。"(这使我想起1945年,我拼命想快点到26岁,那样就可以逃过征兵了——最后没成功。)

珍妮特在绝望之中,竭力安慰我。她说:"你总说1月2日其实不是你的生日，是他们在你离开俄罗斯的时候编的。你可能在此之前2—3个月出生，所以，实际上你已经过了70岁。"

我根本听不进她的话。我生气地说："我登记的出生日期是1月2日，如果在此之前死了，《纽约时报》的讣告就会这么刊登：'艾萨克·阿西莫夫，享年69岁'，那我可接受不了。我希望至少是：'艾萨克·阿西莫夫，享年70岁'。"

生活就这样一天天过。圣诞节那天，珍妮特、罗宾和我一起到莱斯利·贝内茨家去过圣诞节，顺便看看她那10个月的宝贝。第二天，我3周来第一次独自出门到道布尔戴出版公司去。

我疲惫地慢吞吞地走，两腿肿得很厉害。我得的病以前称作"浮肿病"，我的腿肿得像树干，我的脚穿不进鞋，只好穿着拖鞋到处走，那样很不舒服。

罗宾听说以后，非常焦虑，要我去看心脏病医生。她现在在一家医院工作，成了药剂师。这样，我有两个医药监护了——珍妮特和罗宾。她们不断地盯在我后面督促我。

12月27日，我按罗宾说的去大学医院办公室找了彼得·帕斯特纳克，他听了听我的心脏，说："你心脏有杂音。"

"我知道，"我说，"可能是先天性的。"我告诉他45年前，1945年我入伍检查时，医生就说我心脏有杂音，但还没有严重到把我赶出军队。

帕斯特纳克摇摇头。"不能掉以轻心。"他说，"根据你的浮肿情况来看，我们得查明你的心脏杂音究竟有多厉害，或许它就是你的病根。"

不必多说，那就意味着一系列检查和测试。

1990年1月2日，黎明终于降临，我终于满70岁了——正式满70岁。珍妮特、罗宾和我在我们常去的那家中餐馆举行一个庆祝宴会，我们吃了北京烤鸭。或者，至少是他们吃了。因为有盐，我只吃了一点点，所以生日不算太快乐。总算活到了70岁，我大大地松了口气。我收到了世界各地发来的贺卡，千篇一律地祝我“70岁生日健康快乐”。可这也没使我感觉好一点。

我既不健康也不快乐。尽管我每天服用利尿药，却仍然肿得很厉害，彼得很关注，他要我继续做检查。

164

医 院

几个月之前，我曾同意在1月份的第一个周末到莫洪克去给客人们作演讲。我不想去，可是必须信守诺言。我们问彼得，他说我可以试一下，所以我们就跟莫洪克联系让他们派车来接我们去。

1990年1月5日傍晚，我在莫洪克演讲。我非常高兴，一切顺利，演讲时我感到很快乐。这似乎表明我虽然生病了，却还不至于死。7日回到家，我马上就上床——我累坏了。

1月9日，我到出版社去转了一圈，并在一个月内第一次主持了自费聚餐俱乐部的会议。然而，我看上去病得很厉害，很憔悴，一副筋疲力尽的样子。道布尔戴出版公司的吉尔和杂志社的希拉都吓坏了。自费聚餐俱乐部的同伴们也明显地流露出关切。

我拒绝再作进一步的检查，我已经作出了重要的决定。

1990年1月11日，我主动去找了保罗·埃瑟曼。我在他那儿，几乎是含着泪，作了相当长的很雄辩的演讲，主题是我不想再检查了，我不想住医院，我什么也不想。我只想他们让我平静地死去，不要把我像足球一样从这个医生踢到那个医生那儿，让医生们拿我作实验品，采用越来越大胆的措施使我活下去。

我说，我已经70岁了，死了也没什么可丢人的。我已经购置了一份不小的房产，我个人没有用，但打算给妻子和孩子们在我死后享用。我不想为了自己苟延残喘，浪费我的财产。我最后结束时说，我决定听保罗的，看这事怎么解决。

保罗很仔细地听我讲，一句也不评论。等我讲完以后，他打电话给大学医院。在医院康复护理部(Co-op Care)给我找了一个单人房间，到吃午饭时，我就已经在那儿了。

后来我问他，当时我花了半小时一个劲地告诉他**不要**这么做，他怎么还会这么做的。他说："**你**也许已经准备好去死了，可我不想让你死。"

在医院的首要任务是消肿(珍妮特和罗宾轮流陪着我)。那就意味着静脉注射利尿剂。我先安装了一个称作"输液导管"(heplock)的东西，它打开了通到手臂静脉血管的入口，以便可以随意往我血液里输液。

我很悲观，心想这没有用，我注定要死了，他们只是在延长我的苦难。

结果我错了。静脉注射效果好极了。在住院期间，我减少了17磅(约7.7千克)液体，我的腿重又恢复正常。我看上去像树干一样的腿现在看上去竟然像根拐杖。我忍不住担心它们不够强壮，支撑不了我的体重。

在住院期间，我的左腿(我做心脏搭桥手术时从左腿取了一截静脉血管，所以它比较容易被感染)染上了蜂窝织炎，一种细菌性的皮肤炎，浮肿病人皮肤胀开来时最容易发生，我只好把左腿尽可能抬高，并服用抗生素抑制感染。不久炎症也退了。

1月16日，我住医院的第6天，遇到了一个大问题。几个月来，道布尔戴出版公司一直在筹划举办一次活动，庆祝我70岁生日暨我的第一本书《天空中的小石子》出版40周年。庆祝活动预定在绿地酒店举办。我很惊恐地发现，他们竟然要求出席者穿宴会小礼服并戴黑领结。我坚持通知所有的人，可以随意着装。**我**当然得穿晚礼服。

然而，到了那天，我仍然在住院。我不忍心让几百人失望，我与保罗商量，他同意不告诉别人，陪我去出席晚会，以便可以看着我。珍妮特

“借”了一辆轮椅，下午3点，她乘人不备把我推出医院。道布尔戴出版公司派了一辆豪华轿车先把我们带到公寓。我挣扎着穿上礼服，然后轿车再带着我们穿过街区到达绿地酒店。所有我的各个出版社的伙伴，自费聚餐俱乐部和活板门蛛俱乐部的好友，所有的朋友和邻居，不论远近，全都在那儿等着我。

这是一个隆重的招待会，我坐在轮椅上，左腿搁在前面一张小凳子上，高兴地跟大家打招呼。我不能享受大家都在吃的美食(太咸了)，只喝了一点鲜橙汁。道布尔戴出版公司的总裁南希·艾文斯的开场白亲切又充满了溢美之词。我发表了演讲。

我谈到我前不久与死亡擦肩而过，详细谈了我在心脏搭桥手术时关于贝克街小分队的幻觉，诉说了当我意识到我活下来了，却又为得不到幻觉中的掌声而闪过的失望之情。

我的话引起了一阵哄堂大笑，全体热烈鼓掌，我唯一得到的负面评论是罗宾，她直掉眼泪，拼命埋怨我的发言。

我说：“好了，罗宾，那很**好笑**，大家都笑了。”

她说：“我没笑，你可能觉得谈论死亡很好笑，因为你疯了，可**我**不这么想。”

行了，反正其他人都笑了。

晚上9点我回到病房，感觉一切都处理得很好，医院里没人会知道。

然而，《纽约时报》还是获悉了这次活动，第二天登出一篇文章。医院里所有的人肯定全都看到了，我因此被护士狠狠地训了一顿。莱斯特·德尔·雷伊(他身体情况不允许他出席活动)打电话给我，责怪我这么做，说我这是拿自己的性命冒险。我只能说：“莱斯特，我不知道你会在意。”这话似乎并不能平息他的恼怒。

最令我烦恼的是与那个辛迪加栏目有关的事。我该写文章了，而我只能够选择不需要参考资料的话题。只有采用平常的方式用纸和笔写作,然后打电话给洛杉矶《时报》,读出来让他们的录音机录下来。

我真的这么做了。可是当我打电话去时,报社接电话的是一位年轻姑娘。我刚报上我的名字,她就对我说:"噢,你这个坏孩子!你为什么从医院里溜出去?"

这简直使我伤心欲绝,我哪怕施一点无辜的小诡计,全世界的人都会知道。

这就是说我再不能第二次这么做了。几天以后,《模拟》举行60周年纪念活动。这份杂志原先叫《超科学惊人故事》(*Astounding Stories of Superscience*),最早在1930年初出版。我曾经答应去参加活动并发表重要演讲——但我不能去了。庆祝活动那天的午餐时间,我十分悲伤。我向命运屈服了。

与此同时,我的病最终诊断出来了。我被插导管,做CAT扫描和超声波检查,把我折腾个半死,最后查出心脏杂音可能系二尖瓣先天缺陷所致。1989年情况更加恶化了,瓣膜闭锁不全,泵血无力,其结果是,血液不能有效地从右心房流到右心室,因此出现心脏瓣口返流。这就降低了血液循环到肺部的效率,所以我很容易喘不过气来。此外,心脏无法有效地工作也影响了我的肾功能,使之不能有效地排除体内的液体。

另外一种可能是二尖瓣受到感染,因此导致功能不全。如果是这种情况,就得更换瓣膜。那就是说我必须再次打开胸腔,跟做心脏搭桥手术一样,再用人工心肺机。他们对我说这是个简单的手术。(我的律师和好朋友鲍勃·齐克林做过三次心瓣更换手术。第一次手术是在很原始的条件下做的,三次都安然无恙。)

1990年1月26日,在医院住了15天以后,我终于出院了。医生告诉我还得继续做检查,看看是否真是二尖瓣受感染。2月2日,我接到彼得打来的电话。虽然病菌感染检查呈阴性,还是不能排除感染的可能,我第二天还得到医院去做一系列静脉抗生素治疗。

于是2月3日，我又回到医院，这次住在医院的私人病房里。我在那儿呆了4个星期，换言之，1989—1990年的那个冬天，我不是在医院就是在家里的床上度过的，要不就是感觉很难受地爬格子。

这个冬天很凄惨，整整4个星期里，他们不间断地给我静脉打点滴。每天2次，每次1—2个小时，药从输液导管输到我的静脉血管中去。

然后，在2月15日，医生带来了新的消息。由于没有发现感染，所以他们认为没有必要手术。否则人工心肺机有可能会进一步损伤肾脏。这样，我就不用动手术置换闭合不全的二尖瓣了。他们说我可以活下去，虽然有二尖瓣口返流，但它还不至于突然失灵，置我于死地。至多，它会进一步变弱，各种症状更加严重，到那时再动手术也不迟。

3月3日，我回到家，准备开始新的生活——我有一个闭锁不全的二尖瓣和有毛病的肾脏。医生警告我从事的活动不得超出力所能及的范围。不过，他们同意写作（即使像我这么写作），耗费体力不多，我可以继续写下去。

165

新的自传

这年冬天的这场病，在我生活中造成许多复杂的情况。我的邮件泛滥成灾，住院期间珍妮特挑选重要的信件带给我，在医院里处理了一些。可大部分得等我回去再处理。公寓里我那两间房间堆满了信件和包裹，我只好一点点地处理。

我甚至还写一篇谈论未来汽车的文章。对方坦率提出要我作一小小的修改，但是我在医院里没法做此事。

幸好，我按惯例在截止日期前很早就提前完成了*F&SF*的文章和我那份杂志的编者的话。即使3个月不动笔也没问题。当那个倒霉的冬天过去时，我仍然赶在前面，不久就又回到了遥遥领先于交稿日期的位置。

为报业辛迪加写文章就是另外一回事了，它必须要与某件新的事件联在一起，因此我一般只在截止日期前一个星期完成。我被迫写信解释说在出院之前，我无法为专栏撰稿。我寄希望于前三年我稿件从未脱期，他们会允许我因病暂停。

他们说："当然可以。"报社把我空下来的4期专栏全部用来重新发表我以前写的文章。他们这么做真不错，这样专栏的固定读者就不会忘记我。我立即写了另一封信，说重新登的文章，我没有出什么力，所以我不能收钱。

他们必定请教了道布尔戴出版公司，立即回答："别发傻了，艾萨克。"他们悉数照付给我稿酬。

我不得不一共取消了3场演讲，而且令人难堪的是——我居然生平第一次没能及时申报所得税资料。我的会计师只好要求延期，不过，我觉得我有正当的理由。

顺便说一句，珍妮特自始至终可以说是照顾我的天使。她每天来，把邮件和其他我需要的东西带来。晚上大部分时间和我在一起。她总是情绪饱满、快乐。她容忍了我的坏脾气，从精神上给我安慰。

罗宾定期来看望我，替换珍妮特，让她回家去好好打个盹。詹尼弗也来看过我多次。我尽最大的努力让人们不要来探视，我不愿打乱别人的日程安排，我觉得让他们来探望一个睡懒觉的老头是件可耻的事。斯坦和鲁思来过，我的律师唐·拉文索尔也来过，我的经纪人罗伯特·沃尼克和其他朋友都来过。马蒂·格林伯格来探望过我两次，他每天晚上都打电话给我。

当然，医生一直不停地来看我：保罗·埃瑟曼，彼得·帕斯特纳克，杰里·洛温斯坦和一大批别的医生。护士来量血压，喂药片，点滴抗生素。服务人员进来擦洗地板，送饭，换水。这病房简直是活动频繁的疯人院，没有一件使我特别高兴的事(除了食物)。

在静脉输抗生素的时候，我什么事也不能干，只好看电视。我被迫去看那些在我头脑正常的时候，决不会允许出现在我们家，或者只要我能办到，就决不会允许出现在我们那个城市的节目。现在我劲头十足地观看这些节目，借以打发输液的时间，否则输液时间简直是煎熬，慢得难以忍受。

这倒也并不全是损失。1990年1月26日，那天在医院里，珍妮特劝我最好开始动笔写我的第三本自传。

我只好笑笑，她在我生病期间，一直有种不切实际的乐观态度，想要使我相信我只要想活就可以一直活下去。现在，她这种说法仿佛是认为我必须抓紧时间，耗尽最后一点生命去写那本书。我什么也没说，我知道那会使珍妮特不安的。我只是说：

“我前一本自传到现在还只有12年，这期间我的生活更加平淡。真要写的话，我只能说一件事，那就是我写了这个，然后又创作了那个，在这儿演讲，又在那儿作报告。其间的变化只有我的心脏三重搭桥手术和目前的病况，那样读起来会很压抑的。”

她说：“不要写流水账。写一些主观的东西，谈谈你的想法。”

我说：“那也只有12年的时间。”

她说：“你从头开始写，以回忆的方式写你的一生，但是不要写那没完没了的具体细节。谈那些重要的事件，以及你的反应。毕竟，许多人从未看过前两本自传；即使看过，你只要以一种不同的方式去讲述，他们也会感兴趣的。”

我其实并不当真相信这话，我不是一位哲人，我不会轻易相信人们渴望了解我的想法。然而，我知道我有一种使人愉快的写作风格，不论我写什么都可以看下去。我还有种感觉，自己**正在**与死亡赛跑。我一如既往，只想让珍妮特高兴。

所以我立即开始写这本书。只写了几页之后，它就抓住了我。（凡是读我书的人都知道，我最感兴趣的话题是我自己。）到我第二次被叫回医院关禁闭的时候，我已经写了105页，我很遗憾地放下这本书，不知道究竟是否还能完成。

我住医院时，理所当然地随身带上一大本拍纸簿和几支笔，以备万一有时间我可以写。当然有时间——立即就有。

于是我开始在拍纸簿上草草写起来。几天工夫，我写好了一篇新的黑鳏夫故事《闹鬼的小屋》(The Haunted Cabin)，然后又写了一篇阿撒泻勒的故事。（《闹鬼的小屋》讲的是一件我第一次住院期间发生的真事。我把它卖给了*EQMM*。）

2月9日，珍妮特进来的时候发现我在潦草地写东西，就问我在写什么。我告诉了她。

她说："你为什么写那个？为什么不写你的自传？"

我说："我要前两本自传和日记，按年代把事情理顺。"

她说："我早就对你说过了，不需要严格地按年份排列。只要写你想起来的事情，列出许多个标题就可以了。等你准备最后定稿时，可以再根据你的思路把它们重新排列。"

她说的当然很正确。我一个话题接着一个话题写，而不是一天挨着一天写，我可以把这些话题想放在哪儿就放在哪儿。我整天愉快地写作，除了输液或者有人（无论是医生，护士，服务员还是家人和朋友）来访的时候。珍妮特不在医院陪夜的时候，我早晨5点醒来（我平常就在这时候醒），打开灯，开始奋笔疾书。早饭前有3个小时，那是全天最好的时间。唯一打断我的只有量血压，抽血，发药（加上保罗的探视）。

到出医院时，我已经用很小的字写了250页以上。它不仅使我不至于发疯，而且使我感到很快活，心情舒畅。

只有一件事我很生气，那就是所有来的人看见我在写东西，就会问我在干什么，当我作解释时，他们总是一成不变地想要劝我买台可以放在膝上用的计算机。我告诉他们（到第10个人时我已经很不耐烦了），我**喜欢**用手写。我不知道有没有人会相信我的话。

我一出医院，就继续努力地写自传。如果这是一场与死亡的赛跑，那么看来我要赢了，因为按计划，今天，1990年5月28日，我将完成这本书。从开始到现在正好4个月。我要再看一遍，作些最后的润饰，但是我希望在1—2个星期内交到道布尔戴出版公司去。

它比道布尔戴出版公司要求的稍长了一些（长了50%），不过，它出一卷就行了。除了一些象征性的修改，我将尽可能不让他们删除什么内容。

 166

新生活

我回来以后过的其实不是真正的新生活,我尽了最大努力,让它尽可能像原来的生活一样。可它又确实是新的,生活中有许多变动,而且我想是更糟糕了:我是个年已70岁的老人,二尖瓣闭锁不全,肾功能不完善。

我仍然走不远,走不快,不得不经常停下来喘气。我比以前更容易感到疲倦乏力。尽管如此,这**就是**生活,我正在适应它。

除了这本书,我还在继续为我的各个专栏撰稿。我把生病期间搁下的稿子全都重新审阅一遍。我继续每周去拜访各个出版社,1990年3月6日,当我来到自费聚餐俱乐部,再次担任主持人的时候,全体会员用经久不息的掌声欢迎我。(我住院期间,每个星期二都是晴天,但3月6日下雪了。)

3月稍后,我编了一本新的*F&SF*随笔集,书名是《宇宙的秘密》(*The Secret of the Universe*)。

珍妮特和我到剧院去的次数比以前多了。我特别欣赏谢里丹(Sheridan)的《情敌》(*The Rivals*)和盖伊(Gay)的《乞丐的歌剧》(*The Beggar's Opera*)。

1990年4月6日,我自从生病以来第一次到外地去作报告。我在新泽西州韦恩(Wayne)的威廉·帕特森学院(William Patterson College)的演讲很成功。5月2日,我在宾夕法尼亚州伯利恒的莱哈大学(Lehigh University)的无座演讲厅里受到了更加热烈的欢迎。

4月20日，我出席了吉尔伯特和沙利文学会的会议。我写了一篇新的科幻故事，名为《小弟弟》(Kid Brother)。我把它给了*IASFM*。

5月7日，我主持了自费聚餐俱乐部的年度宴会，为维克托·博奇(Victor Borge)颁奖。这是我参加过的最好的一次聚会，所有的会员都非常高兴。第二天，我出席了第11次的休·唐斯的年度宴会。

加菲猫

GARFIELD

这些假日后的布鲁斯
真令我沮丧

找点什么东西来庆祝一下！[画外音]翻书声：啪啪啪——

生日快乐，艾萨克·阿西莫夫！
[画外音]喇叭声：嘟——

5月15日，我在玩伴俱乐部作了关于吉尔伯特和沙利文的报告，介绍5人入会；5月18日，我终于参加了活板门蛛俱乐部的会议，这是我半年里第一次去。

不错，我的新生活与老的几乎一样。我像以前一样忙碌，做的事也与以前一直做的（除了随心所欲地吃东西）一样，可我还不至于傻到认为情况会就这么一直下去。黑夜的阴影仍然就在附近的地平线上。

"红毛"登布纳曾经出版过我的智力小测验书，我介绍他成为自费聚餐俱乐部的会员。他因为出版工作缠身，无法参加俱乐部活动，只是偶尔去一次，他已经有一阵子没见到我了。1990年5月10日，他打电话询问我的健康状况。

我告诉他，我一切都好。他说："我太高兴了。我内心对你有一种特别亲切的感情，艾萨克，我们一起吃午饭吧。"

我说："没问题，不过我知道你很忙的。'红毛'，找一个你方便的日子，打电话给我，我们一起吃午饭。"

这一天再也不会有了。5月14日，"红毛"因心脏病发作猝死，事先一点也没有征兆，至少就我所知没有任何明显的症状。他死时69岁。

这个结局最终也会轮到我的。我这一生过得很好，完成了我想做的事，甚至比我预料的还要多。

我准备好了。

且**别太着急**准备。1990年5月26日，在一次冷餐会上，我介绍了伟大的人文主义者科利斯·拉蒙特（Corliss Lamont）。他已经88岁了，身体很虚弱，但他坚持站立了45分钟，发表了精彩绝伦的即兴讲话。显而易见，他精神上充满活力。

我希望自己也能这样。

后　记

珍妮特·阿西莫夫

人最大的愿望之一在于被他人知晓和理解。哈姆雷特嘱咐霍拉旭讲述他的故事。孩子们爱听故事,听到故事里的人与自己有点相像时会感到特别兴奋。

艾萨克在这本自传中说是我让他写自传,但实际上是他自己想写,他想以一种与前两卷自传迥异的方式与读者分享他的一生。前两本自传更加具体,更准确地按年代排列,而不是内省式的。

1990年5月,艾萨克虽然知道自己将不久于人世,但还是满怀着希望写完了这本自传。他希望能够再多活几年,但是由于心脏和肾脏衰竭情况恶化,而于1992年4月6日病逝。

艾萨克曾希望这本自传能立即出版,好让他能够在去世前看到这本书,结果未能如愿以偿。他还告诉我他想让这本书这么安排:根据他记忆中出现的"情景"排列。

艾萨克去世后,我承担了这部已经完成的手稿的编辑工作。出版社想要大大缩减篇幅,可我认为这本书应该尽量按照艾萨克希望的那样出版。

手稿于1990年5月完成,读起来好像艾萨克深信读者很快就会看到它。我写这篇后记向他的读者简单介绍一下后来发生的情况。

据艾萨克1990年的日记记载,5月30日那天他完成了自传的最后打印稿。他写道:"现在可以交稿了,从开始动笔到现在一共用了125天。并不是很多人都能在这段时间内写出235 000个词的,况且还要做其他事情。"

第二天,我们到华盛顿参加苏联大使馆的冷餐会。这次旅行使艾萨克(有一阵子)感到他已经痊愈,重又恢复生机。他特别高兴的是见到了戈尔巴乔夫,因为冷战的结束给世界带来了希望。艾萨克深信为了人类共同的利益,各国人民应该共同努力。

在1990年剩下的日子里,艾萨克在莫洪克音乐周作了一次关于吉尔伯特和沙利文的演讲。他在最后一次伦塞勒维尔学院"阿西莫夫报告会"(Asimov's Seminar)上作完主题演讲之后,演唱了《星条旗》,并逐行逐句解释了歌词。还有其他的会见、会议和演讲,他甚至在第5街的露天书市上为读者签名。

尽管身体日渐虚弱,他仍然每天写作。在1990年末,他高兴地发现那一年是他经济收入最好的一年。

他担心各种各样的医疗问题——他自己的,他女儿及弟弟的身体健康。他第一次在日记中非常痛苦地谈到他的忧虑和日益恶化的健康状况。他表面上装作若无其事,竭力不让其他人担心,照样说说笑笑,尽量像以前一样快乐。

1991年1月2日,他在日记里写道:"我成功了。今天我71岁了……我得到了'加菲猫'(the 'Garfield' cartoon)的生日祝贺……这也许会使我比以前更受公众关注!"接着他又写道:"罗宾来了,我们一起去李顺记吃北京烤鸭和鹿肉。棒极了。"

1991年1月,他开始写《阿西莫夫又笑了》(*Asimov Laughs Again*),这使他精神振作。4月5日,几乎正好就在他去世前一年,他完成了那本书的最后一页。他在那一页上说,他和我32年来一直深深相爱。

这最后一页是这样结束的:"我想,我的生命行将走完它的历程,我其实并不指望再活多久。只要我们的爱永存,我没有什么可以抱怨的。

"我这一生,拥有珍妮特,拥有女儿罗宾,拥有儿子戴维;我有一大批好朋友;我拥有著作以及它带给我的荣誉和幸运;不管我现在遇到什么情况,这都是一个美满的人生,我对此很满意。

“因此请不要为我担忧，或感到悲伤。相反，我只希望这本书给你们增添一些欢笑。”

在完成《阿西莫夫又笑了》，把它交给哈珀·柯林斯出版社（HarperCollins）以后，他的身体状况更差了。他日记里的字变得潦草起来，记得越来越少，越来越短了。但他尽可能继续工作。

当他打字有困难时，便口述由我记录，特别是为《奇幻和科幻杂志》写的最后那篇文章。它是一篇令人心酸的诀别词：“别了——永别了”，他向所有热爱他的“宽容的读者”告别。在文章里，他写道：“我一直希望能够脸朝下倒在键盘上，鼻子嵌在两个打字键中死去，但是却不可能这样了。”

后来还断断续续有些快乐的时光，他仍然喜欢担任自费聚餐俱乐部的主席，向大家介绍像梅厄·丁金斯（Mayor Dinkins）这样的演讲人。我们甚至又到莫洪克去过一次。1991年8月3日，几乎是他最后一次记日记了，他还说：“我开始为《阿西莫夫科幻杂志》写一篇编者的话。它的长度将是谈论《基地》的那篇的两倍。”

我不想谈艾萨克最后几个月的具体情况。这段时间大多数是住院治疗和病情急剧恶化。我也不想具体谈他去世的情况，只想说，他没有遭受太多的痛苦——他最后因肾衰竭引起昏迷，最终归于平静。

他去世时，罗宾和我守在他身旁，握着他的手告诉他我们爱他。他最后一句完整的句子是：“我也爱你们。”

我想再重复一遍我对哈伦·埃利森说过的艾萨克在家的最后一个星期中发生的一件事。艾萨克那时已经不能多说话了，大部分时间都在昏睡。但是有一次他突然醒来，十分焦虑地四处张望。

他对我说：“我要……我要……”

“怎么啦，艾萨克？”我问。

“我要……我要……”

“你要什么，亲爱的？”

他似乎笑了出来："我要——艾萨克·阿西莫夫！"

"好的，"我说，"那就是你呀。"

然后他很奇怪也很得意地说："我**就是**艾萨克·阿西莫夫！"

我说："艾萨克·阿西莫夫现在可以休息了。"

他快活地微笑着说："好吧。"说完又睡着了。

即使在生命的最后时刻，他仍然有幽默感。我在追悼会上说过，罗宾，斯坦和他的妻子鲁思，还有我，在他逝世前一天，全都守在艾萨克的病房里。我对他说："艾萨克，你是最棒的。"

艾萨克微微一笑，耸耸肩膀。然后，费力地抬了抬眼皮，点头表示是的，我们全都笑了。

艾萨克由衷地为自己取得的成就感到骄傲和高兴。他去世后，我找到一张纸，他在上面用钢笔写着（也许是他第一次病后写的）：

> 40年间，我平均每10天售出1件作品，
>
> 其中后20年里，我平均每6天售出1件作品。
>
> 40年间，我平均每天发表1000个词，
>
> 其中后20年里，我平均每天发表1700个词。

写他想要写的东西，在他是一种快乐，在此期间，他会放松下来，忘却烦恼。他抱怨在最后几年中小说写得太多，可即使是写小说，他也快乐。写《通往基地》对他来说是痛苦的，因为在杀死哈里·塞尔登的同时，他也是在杀害自己，但是他战胜了极度的痛苦。

他曾告诉我《通往基地》的结局将是——随着哈里·塞尔登的死去，有关未来的那些方程在他周围掀起旋涡，他知道自己正在察看由他本人发现并参与创造的那个未来。

艾萨克说："我不自怜，我不会去想将来可能会怎么样。就像哈里·塞尔登一样，我可以看见我周围堆满自己的作品，我觉得很欣慰。我知道自

己曾经研究过，想象过，也写下了许多种可能的未来——仿佛我到过那儿似的。”

有一次我和艾萨克谈到老年、疾病和死亡，他说如果你曾经很投入地生活过，那么疾病、年迈和死亡都不可怕。即使你不能活到老年，它仍然是有价值的。能够投入到生活中去就会有快乐，投入到富有创造性并且有人与你分享爱的生活中，就更加快乐了。

艾萨克·阿西莫夫书目

第一部分 小说类

科幻小说

Pebble in the Sky Doubleday, 1950

The Stars, Like Dust—Doubleday, 1951

Foundation Gnome(Doubleday), 1951

David Starr: Space Ranger Doubleday, 1952

Foundation and Empire Gnome(Doubleday), 1952

The Currents of Space Doubleday, 1952

Second Foundation Gnome(Doubleday), 1953

Lucky Starr and the Pirates of the Asteroids Doubleday, 1953

The Caves of Steel Doubleday, 1954

Lucky Starr and the Oceans of Venus Doubleday, 1954

The End of Eternity Doubleday, 1955

Lucky Starr and the Big Sun of Mercury Doubleday, 1956

The Naked Sun Doubleday, 1957

Lucky Starr and the Moons of Jupiter Doubleday, 1957

Lucky Starr and the Rings of Saturn Doubleday, 1958

Fantastic Voyage Houghton Mifflin, 1966

The Gods Themselves Doubleday, 1972

Foundation's Edge Doubleday, 1982

Norby, the Mixed-up Robot(with Janet Asimov) Walker, 1983

The Robots of Dawn Doubleday, 1983

Norby's Other Secret(with Janet Asimov) Walker, 1984

Norby and the Lost Princess(with Janet Asimov) Walker, 1985

Robots and Empire Doubleday, 1985

Norby and the Invaders(with Janet Asimov) Walker, 1985

Foundation and Earth Doubleday, 1986

Norby and the Queen's Necklace(with Janet Asimov) Walker, 1986

Norby Finds a Villain(with Janet Asimov) Walker, 1987

Fantastic Voyage II: Destination Brain Doubleday, 1987

Prelude to Foundation Doubleday, 1988

Norby Down to Earth(with Janet Asimov) Walker, 1988
Nemesis Doubleday, 1989
Norby and Yobo's Great Adventure(with Janet Asimov) Walker, 1989
Norby and the Oldest Dragon(with Janet Asimov) Walker, 1990
Nightfall Doubleday, 1990
The Ugly Little Boy Doubleday, 1992
Norby and the Court Jester(with Janet Asimov) Walker, 1993
Forward the Foundation Doubleday, 1993
The Positronic Man Doubleday, 1993

探案小说

The Death Dealers Avon, 1958
Murder at the ABA Doubleday, 1976

科幻短篇故事与短篇故事集

I, Robert Gnome(Doubleday), 1950
The Martian Way and Other Stories Doubleday, 1955
Earth Is Room Enough Doubleday, 1957
Nine Tomorrows Doubleday, 1959
The Rest of the Robots Doubleday, 1964
Through a Glass, Clearly New English Library, 1967
Asimov's Mysteries Doubleday, 1968
Nightfall and Other Stories Doubleday, 1969
The Best New Thing World Publishing, 1971
The Early Asimov Doubleday, 1972
The Best of Isaac Asimov Sphere, 1973
Have You Seen These? NESRAA, 1974
Buy Jupiter and Other Stories Doubleday, 1975
The Heavenly Host Walker, 1975
"The Dream," "Benjamin's Dream," and "Benjamin's Bicentennial Blast" Private print, 1976
Good Taste Apocalypse, 1976
The Bicentennial Man and Other Stories Doubleday, 1976
Three by Asimov Tart, 1981
The Complete Robot Doubleday, 1982
The Winds of Change and Other Stories Doubleday, 1983
The Edge of Tomorrow Tor, 1985
It's Such a Beautiful Day Creative Education, 1985

The Alternate Asimovs Doubleday, 1986
Science Fiction by Asimov Davis, 1986
The Best Science Fiction of Isaac Asimov Doubleday, 1986
Robot Dreams Byron Press, 1986
Other Worlds of Isaac Asimov Avenel, 1987
All the Troubles of the World Creative Education, 1989
Franchise Creative Education, 1989
Robbie Creative Education, 1989
Sally Creative Education, 1989
The Asimov Chronicles Dark Harvest, 1989
Robot Visions Byron Press, 1990

短篇奇幻故事集

Azazel Doubleday, 1988

短篇探案故事集

Tales of the Black Widowers Doubleday, 1974
More Tales of the Black Widowers Doubleday, 1976
The Key Word and Other Mysteries Walker, 1977
Casebook of the Black Widowers Doubleday, 1980
The Union Club Mysteries Doubleday, 1983
Banquets of the Black Widowers Doubleday, 1984
The Disappearing Man and Other Stories Walker, 1985
The Best Mysteries of Isaac Asimov Doubleday, 1986
Puzzles of the Black Widowers Doubleday, 1990

选编(艾萨克·阿西莫夫主编)

The Hugo Winners Doubleday, 1962
Fifty Short Science-fiction Tales(with Groff Conklin) Collier, 1963
Tomorrow's Children Doubleday, 1966
Where Do We Go from Here? Doubleday, 1971
The Hugo Winners, Volume Ⅱ Doubleday, 1971
Nebula Award Stories Eight Harper, 1973
Before the Golden Age Doubleday, 1974
The Hugo Winners, Volume Ⅲ Doubleday, 1977
One Hundred Great Science-fiction Short-short Stories(with Martin H. Greenberg and Joseph D. Olander) Doubleday, 1978
Isaac Asimov Presents the Great SF Stories, 1:1939(with Martin H. Greenberg) DAW

Books, 1979

Isaac Asimov Presents the Great SF Stories, 2:1940 (with Martin H. Greenberg) DAW Books, 1979

The Science Fictional Solar System (with Martin H. Greenberg and Charles G. Waugh) Harper & Row, 1979

The Thirteen Crimes of Science Fiction(with Marin H. Greenberg and Charles G. Waugh) Doubleday, 1979

The Future in Question(with Martin H. Greenberg and Joseph D. Olander) Fawcett, 1980

Microcosmic Tales(with Martin H. Greenberg and Joseph D. Olander) Taplinger, 1980

Isaac Asimov Presents the Great SF Stories, 3:1941 (with Martin H. Greenberg) DAW Books, 1980

Who Dun It?(with Alice Laurance) Houghton Mifflin, 1980

Space Mail(with Martin H. Greenberg and Joseph D. Olander) Fawcett, 1980

Microcosmic Tales(with Martin H. Greenberg and Joseph D. Olander) Taplinger, 1980

Isaac Asimov Presents the Great SF Stories, 4:1942 (with Martin H. Greenberg) DAW Books, 1980

The Seven Deadly Sins of Science Fiction (with Charles G. Waugh and Martin H. Greenberg)Fawcett, 1980

The Future I(with Martin H. Greenberg and Joseph D. Olander) Fawcett, 1980

Isaac Asimov Presents the Great SF Stories, 5:1943 (with Martin H. Greenberg) DAW Books, 1981

Catastrophes(with Martin H. Greenberg and Charles G. Waugh) Fawcett, 1981

Isaac Asimov Presents the Best SF of the 19th Century(with Charles G. Waugh and Martin H. Greenberg) Beaufort, 1981

The Seven Cardinal Virtues of Science Fiction (with Charles G. Waugh and Martin H. Greenberg) Fawcett, 1981

Fantastic Creatures (with Martin H. Greenberg and Charles G. Waugh) Franklin Watts, 1981

Raintree Reading Series I (with Martin H. Greenberg and Charles G. Waugh) Raintree, 1981

Miniature Mysteries(with Martin H. Greenberg and Joseph D. Olander) Taplinger, 1981

The Twelve Grimes of Christmas (with Carol-Lynn Rössel Waugh and Martin H. Greenberg) Avon, 1981

Isaac Asimov Presents the Great SF Stories, 6:1944 (with Martin H. Greenberg) DAW Books, 1981

Space Mail II(with Martin H. Greenberg and Charles G. Waugh) Fawcett, 1981

Tantalizing Locked Room Mysteries (with Charles G. Waugh and Martin H. Greenberg) Walker, 1982

TV:2000(with Charles G. Waugh and Martin H. Greenberg) Fawcett, 1982

Laughing Space(with J. O. Jeppson) Houghton Mifflin, 1982

Speculations(with Alice Laurance) Houghton Mifflin, 1982

Flying Saucers(with Martin H. Greenberg and Charles G. Waugh) Fawcett, 1982

Raintree Reading Series II(with Martin H. Greenberg and Charles G. Waugh) Raintree, 1982

Dragon Tales(with Martin H. Greenberg and Charles G. Waugh) Fawcett, 1982

Big Apple Mysteries(with Carol-Lynn Rössel Waugh and Martin H. Greenberg) Avon, 1982

Isaac Asimov Presents the Great SF Stories, 7:1945 (with Martin H. Greenberg) DAW Books, 1982

The Last Man on Earth(with Martin H. Greenberg and Charles G. Waugh) Fawcett, 1982

Science Fiction A to Z(with Martin H. Greenberg and Charles G. Waugh) Houghton Mifflin, 1982

Isaac Asimov Presents the Best Fantasy of the 19th Century(with Charles G. Waugh and Martin H. Greenberg) Beaufort, 1982

Isaac Asimov Presents the Great SF Stories, 8:1946 (with Martin H. Greenberg) DAW Books, 1982

Isaac Asimov Presents the Great SF Stories, 9:1947 (with Martin H. Greenberg) DAW Books, 1983

Show Business Is Murder (with Carol - Lynn Rössel Waugh and Martin H. Greenberg) Avon, 1983

Hallucination Orbit(with Charles G. Waugh and Martin H. Greenberg) Farrar, Straus & Giroux, 1983

Caught in the Organ Draft (with Martin H. Greenberg and Charles G. Waugh) Farrar, Straus & Giroux, 1983

The Science Fiction Weight-Loss Book(with George R.R.Martin and Martin H. Greenberg) Crown, 1983

Isaac Asimov Presents the Best Horror and Supernatural Stories of the 19th Century(with Charles G. Waugh and Martin H. Greenberg) Beaufort, 1983

Starships(with Martin H. Greenberg and Charles G.Waugh) Fawcett, 1983

Isaac Asimov Presents the Great SF Stories, 10:1948(with Martin H. Greenberg) DAW Books, 1983

The Thirteen Horrors of Halloween(with Carol-Lynn Rössel Waugh and Martin H. Greenberg) Avon, 1983

Creations(with George Zebrowski and Martin H.Greenberg) Crown, 1983

Wizards(with Martin H. Greenberg and Charles G. Waugh) NAL, 1983

Those Amazing Electronic Machines (with Martin H. Greenberg and Charles G. Waugh) Franklin Watts, 1983

Computer Crimes and Capers(with Martin H. Greenberg and Charles G. Waugh) Academy Chicago, 1983

Intergalactic Empires(with Martin H. Greenberg and Charles G. Waugh) NAL, 1983

Machines That Think(with Patricia S. Warrick and Martin H. Greenberg) Holt, Rinehart and Winston, 1983

100 Great Fantasy Short Stories(with Terry Carr and Martin H. Greenberg) Doubleday, 1984

Raintree Reading Series III(with Martin H. Greenberg and Charles G. Waugh) Raintree, 1984

Isaac Asimov Presents the Great SF Stories, 11:1949(with Martin H. Greenberg) DAW Books, 1984

Witches(with Martin H. Greenberg and Charles G. Waugh) NAL, 1984

Murder on the Menu(with Carol-Lynn Rössel Waugh and Martin H. Greenberg) Avon, 1984

Young Mutants(with Martin H. Greenberg and Charles G. Waugh) Harper & Row, 1984

Isaac Asimov Presents the Best Science Fiction Firsts(with Charles G. Waugh and Martin H. Greenberg) Beaufort, 1984

The Science Fictional Olympics(with Martin H. Greenberg and Charles G. Waugh) NAL, 1984

Fantastic Reading(with Martin H. Greenberg and David C. Yeager) Scott, Foresman, 1984

Election Day: 2084(with Martin H. Greenberg) Prometheus, 1984

Isaac Asimov Presents the Great SF Stories, 12:1950(with Martin H. Greenberg) DAW Books, 1984

Young Extraterrestrials(with Martin H. Greenberg and Charles G. Waugh) Harper & Row, 1984

Sherlock Holmes Through Time and Space(with Martin H. Greenberg and Charles G. Waugh) Blue Jay, 1984

Supermen(with Martin H. Greenberg and Charles G. Waugh) NAL, 1984

Thirteen Short Fantasy Novels(with Martin H. Greenberg and Charles G. Waugh) Crown, 1984

Cosmic Knights(with Martin H. Greenberg and Charles G. Waugh) NAL, 1984

The Hugo Winners, Volume Ⅳ Doubleday, 1985

Young Monsters(with Martin H. Greenberg and Charles G. Waugh) Harper & Row, 1985

Spells(with Martin H. Greenberg and Charles G. Waugh) NAL, 1985

Great Science Fiction Stories by the World's Great Scientists(with Martin H. Greenberg and Charles G. Waugh) Donald Fine, 1985

Isaac Asimov Presents the Great SF Stories, 13:1951(with Martin H. Greenberg) DAW Books, 1985

Amazing Stories Anthology(with Martin H. Greenberg) TSR, Inc., 1985
Young Ghosts(with Martin H. Greenberg and Charles G. Waugh) Harper & Row, 1985
Thirteen Short Science Fiction Novels(with Martin H. Greenberg and Charles G. Waugh) Crown, 1985
Giants(with Martin H. Greenberg and Charles G. Waugh) NAL, 1985
Isaac Asimov Presents the Great SF Stories, 14:1952(with Martin H. Greenberg) DAW Books, 1986
Comets(with Martin H. Greenberg and Charles G. Waugh) NAL, 1986
Young Star Travellers(with Martin H. Greenberg and Charles G. Waugh) Harper & Row, 1986
The Hugo Winners, Volume Ⅴ Doubleday, 1986
Mythical Beasties(with Martin H. Greenberg and Charles G. Waugh) NAL, 1986
Tin Stars(with Martin H. Greenberg and Charles G. Waugh) NAL, 1986
Magical Wishes(with Martin H. Greenberg and Charles G. Waugh) NAL, 1986
Isaac Asimov Presents the Great SF Stories, 15:1953(with Martin H. Greenberg) DAW Books, 1986
The Twelve Frights of Christmas(with Charles G. Waugh and Martin H. Greenberg) Avon, 1986
Isaac Asimov Presents the Great SF Stories, 16:1954(with Martin H. Greenberg) DAW Books, 1987
Young Witches and Warlocks(with Martin H. Greenberg and Charles G. Waugh) Harper & Row, 1987
Devils(with Martin H. Greenberg and Charles G. Waugh) NAL, 1987
Hound Dunnit(with Martin H. Greenberg and Carol-Lynn Rössel Waugh) Carroll & Graf, 1987
Space Shuttles(with Martin H. Greenberg and Charles G. Waugh) NAL, 1987
Atlantis(with Martin H. Greenberg and Charles G. Waugh) NAL, 1988
Isaac Asimov Presents the Great SF Stories, 17:1955(with Martin H. Greenberg) DAW Books, 1988
Encounters(with Martin H. Greenberg and Charles G. Waugh) Headline, 1988
Isaac Asimov Presents the Best Crime Stories of the 19th Century Dembner, 1988
The Mammoth Book of Classic Science Fiction(with Charles G. Waugh and Martin H. Greenberg) Carroll & Graf, 1988
Monsters(with Martin H.Greenberg and Charles G. Waugh) NAL, 1988
Isaac Asimov Presents the Great SF Stories, 18:1956(with Martin H. Greenberg) DAW Books, 1988
Ghosts(with Martin H. Greenberg and Charles G. Waugh) NAL, 1988
The Sport of Crime(with Carol-Lynn Rössel Waugh and Martin H. Greenberg) Lynx, 1988

Isaac Asimov Presents the Great SF Stories, 19:1957(with Martin H. Greenberg) DAW Books, 1989
Tales of the Occult(with Martin H. Greenberg and Charles G. Waugh) Prometheus, 1989
Purr-fect Crime(with Carol-Lynn Rössel Waugh and Martin H. Greenberg) Lynx, 1989
Robots(with Martin H. Greenberg and Charles G. Waugh) NAL, 1989
Visions of Fantasy(with Martin H. Greenberg) Doubleday, 1989
Curses(with Martin H. Greenberg and Charles G. Waugh) NAL, 1989
The New Hugo Winners, Volume Ⅵ(with Martin H. Greenberg) Wynwood, 1989
Senior Sleuths(with Martin H. Greenberg and Carol-Lynn Rössel Waugh) G.K.Hall, 1989
Cosmic Critiques(with Martin H. Greenberg) Writer Digest, 1990
Isaac Asimov Presents the Great SF Stories, 20:1958(with Martin H. Greenberg) DAW Books, 1990

第二部分　非小说类

科学总论

Words of Science Houghton Mifflin, 1959
Breakthroughs in Science Houghton Mifflin, 1960
The Intelligent Man's Guide to Science Basic Books, 1960
Asimov's Biographical Encyclopedia of Science and Technology Doubleday, 1964
The New Intelligent Man's Guide to Science Basic Books, 1965
Twentieth Century Discovery Doubleday, 1969
Great Ideas of Science Houghton Mifflin, 1969
Asimov's Biographical Encyclopedia of Science and Technology(Revised Edition) Doubleday, 1972
Asimov's Guide to Science Basic Books, 1972
More Words of Science Houghton Mifflin, 1972
Ginn Science Program—Intermediate Level A Ginn, 1972
Ginn Science Program—Intermediate Level C Ginn, 1972
Ginn Science Program—Intermediate Level B Ginn, 1972
Ginn Science Program—Advanced Level A Ginn, 1973
Ginn Science Program—Advanced Level B Ginn, 1973
Please Explain Houghton Mifflin, 1973
A Choice of Catastrophes Simon & Schuster, 1979
Exploring the Earth and the Cosmos Crown, 1982
Asimov's Biographical Encyclopedia of Science and Technology(2nd Revised Edition) Doubleday, 1982
The Measure of the Universe Harper & Row, 1983
Asimov's New Guide to Science Basic Books, 1984

Beginnings Walker, 1987
Asimov's Chronology of Science and Discovery Harper & Row, 1989
Our Angry Earth(with Frederick Pohl) TOR, 1991

数学

Realm of Numbers Houghton Mifflin, 1959
Realm of Measure Houghton Mifflin, 1960
Realm of Algebra Houghton Mifflin, 1961
Quick and Easy Math Houghton Mifflin, 1964
An Easy Introduction to the Slide Rule Houghton Mifflin, 1965
How Did We Find Out About Numbers? Walker, 1973
The History of Mathematics(a chart) Carolina Biological Supplies, 1989

天文学

The Clock We Live On Abelard-Schuman, 1959
The Kingdom of the Sun Abelard-Schuman, 1960
Satellites in Outer Space Random House, 1960
The Double Planet Abelard-Schuman, 1960
Planets for Man Random House, 1964
The Universe Walker, 1966
The Moon Follett, 1967
Environments Out There Scholastic/Abelard-Schuman, 1967
To the Ends of the Universe Walker, 1967
Mars Follett, 1967
Stars Follett, 1968
Galaxies Follett, 1968
ABC's of Space Walker, 1969
What Makes the Sun Shine? Little, Brown, 1971
Comets and Meteors Follett, 1973
The Sun Follett, 1973
Jupiter, the Largest Planet Lothrop, Lee & Shepard, 1973
Our World in Space New York Graphic, 1974
The Solar System Follett, 1975
How Did We Find Out About Comets? Walker, 1975
Eyes on the Universe Houghton Mifflin, 1975
Alpha Centauri, the Nearest Star Lothrop, Lee & Shepard, 1976
The Collapsing Universe Walker, 1977
How Did We Find Out About Outer Space? Walker, 1977

Mars, the Red Planet Lothrop, Lee & Shepard, 1977
How Did We Find Out About Black Holes? Walker, 1978
Saturn and Beyond Lothrop, Lee & Shepard, 1979
Extraterrestrial Civilizations Crown, 1979
Venus: Near Neighbor of the Sun Lothrop, Lee & Shepard, 1981
Visions of the Universe Cosmos Store, 1981
How Did We Find Out About the Universe? Walker, 1982
Asimov's Guide to Halley's Comet Walker, 1985
The Exploding Suns Dutton, 1985
How Did We Find Out About Sunshine? Walker, 1987
Did Comets Kill the Dinosaurs? Gareth Stevens, 1987
Asteroids Gareth Stevens, 1988
Earth's Moon Gareth Stevens, 1988
Mars: Our Mysterious Neighbor Gareth Stevens, 1988
Our Milky Way and Other Galaxies Gareth Stevens, 1988
Quasars, Pulsars, and Black Holes Gareth Stevens, 1988
Rockets, Probes, and Satellites Gareth Stevens, 1988
Our Solar System Gareth Stevens, 1988
The Sun Gareth Stevens, 1988
Uranus: The Sideways Planet Gareth Stevens, 1988
Saturn: The Ringed Beauty Gareth Stevens, 1988
How Was the Universe Born? Gareth Stevens, 1988
Earth: Our Home Base Gareth Stevens, 1988
Ancient Astronomy Gareth Stevens, 1988
Unidentified Flying Objects Gareth Stevens, 1988
The Space Spotter's Guide Gareth Stevens, 1988
Is There Life on Other Planets? Gareth Stevens, 1989
Science Fiction, Science Fact Gareth Stevens, 1989
Mercury: The Quick Planet Gareth Stevens, 1989
Space Garbage Gareth Stevens, 1989
Jupiter: The Spotted Giant Gareth Stevens, 1989
The Birth and Death of Stars Gareth Stevens, 1989
Think About Space(with Frank White) Walker, 1989
Mythology and the Universe Gareth Stevens, 1989
Colonizing the Planets and Stars Gareth Stevens, 1989
Astronomy Today Gareth Stevens, 1989
Pluto: A Double Planet Gareth Stevens, 1989
Piloted Space Flights Gareth Stevens, 1989

Comets and Meteors Gareth Stevens, 1989
Neptune: The Farthest Giant Gareth Stevens, 1990
Venus: A Shrouded Mystery Gareth Stevens, 1990
The World's Space Programs Gareth Stevens, 1990
How Did We Find Out About Neptune? Walker, 1990
How Did We Find Out About Pluto? Walker, 1991

地球科学

Words on the Map Houghton Mifflin, 1962
ABC's of the Ocean Walker, 1970
ABC's of the Earth Walker, 1971
How Did We Find Out the Earth Is Round? Walker, 1973
The Ends of the Earth Weybright & Talley, 1975
How Did We Find Out About Earthquakes? Walker, 1978
How Did We Find Out About Antarctica? Walker, 1979
How Did We Find Out About Oil? Walker, 1980
How Did We Find Out About Coal? Walker, 1980
How Did We Find Out About Volcanoes? Walker, 1981
How Did We Find Out About Atmosphere? Walker, 1985

化学和生物化学

Biochemistry and Human Metabolism Williams & Wilkins, 1952
The Chemicals of Life Abelard-Schuman, 1954
Chemistry and Human Health McGraw-Hill, 1956
Building Blocks of the Universe Abelard-Schuman, 1957
The World of Carbon Abelard-Schuman, 1958
The World of Nitrogen Abelard-Schuman, 1958
Life and Energy Doubleday, 1962
The Search for the Elements Basic Books, 1962
The Genetic Code Orion Press, 1963
A Short History of Chemistry Doubleday, 1965
The Noble Gases Basic Books, 1966
The Genetic Effects of Radiation(with Theodosius Dobzhansky) AEC, 1966
Photosynthesis Basic Books, 1969
How Did We Find Out About Vitamins? Walker, 1974
How Did We Find Out About DNA? Walker, 1985
How Did We Find Out About Photosynthesis? Walker, 1988

物理学

Inside the Atom Abelard-Schuman, 1956
Inside the Atom(Revised Edition) Abelard-Schuman, 1966
The Neutrino Doubleday, 1966
Understanding Physics, Volume Ⅰ Walker, 1966
Understanding Physics, Volume Ⅱ Walker, 1966
Understanding Physics, Volume Ⅲ Walker, 1966
Light Follett, 1970
Electricity and Man AEC, 1972
Worlds Within Worlds AEC, 1972
How Did We Find Out About Electricity? Walker, 1973
How Did We Find Out About Energy? Walker, 1975
How Did We Find Out About Atoms? Walker, 1976
How Did We Find Out About Nuclear Power? Walker, 1976
How Did We Find Out About Solar Power? Walker, 1981
How Did We Find Out About Computers? Walker, 1984
How Did We Find Out About Robots? Walker, 1984
Robots(with Karen Frenkel) Harmony House, 1985
How Did We Find Out About the Speed of Light? Walker, 1986
How Did We Find Out About Superconductivity? Walker, 1988
How Did We Find Out About Microwaves? Walker, 1989
How Did We Find Out About Lasers? Walker, 1990
Atom Dutton, 1991

生物学

Races and People(with William C. Boyd) Abelard-Schuman, 1955
The Living River Abelard-Schuman, 1960
The Wellsprings of Life Abelard-Schuman, 1960
The Human Body Houghton Mifflin, 1963
The Human Brain Houghton Mifflin, 1964
A Short History of Biology Doubleday, 1964
ABC's of Ecology Walker, 1972
How Did We Find Out About Dinosaurs? Walker, 1973
How Did We Find Out About Germs? Walker, 1974
How Did We Find Out About Our Human Roots? Walker, 1979
How Did We Find Out About Life in the Deep Sea? Walker, 1982
How Did We Find Out About the Beginning of Life? Walker, 1982
How Did We Find Out About Genes? Walker, 1983

How Did We Find Out About Blood? Walker, 1987
How Did We Find Out About the Brain? Walker, 1987
The History of Biology(a chart) Carolina Biological Supplies, 1988
Little Library of Dinosaurs Outlet, 1988

科学随笔集

Only a Trillion Abelard-Schuman, 1957
Fact and Fancy Doubleday, 1962
View from a Height Doubleday, 1963
Adding a Dimension Doubleday, 1964
Of Time and Space and Other Things Doubleday, 1965
From Earth to Heaven Doubleday, 1966
Is Anyone There? Doubleday, 1967
Science, Numbers, and I Doubleday, 1968
The Solar System and Back Doubleday, 1970
The Stars in Their Courses Doubleday, 1971
The Left Hand of the Electron Doubleday, 1972
Today and Tomorrow and— Doubleday, 1973
The Tragedy of the Moon Doubleday, 1973
Asimov on Astronomy Doubleday, 1974
Asimov on Chemistry Doubleday, 1974
Of Matters Great and Small Doubleday, 1975
Science Past—Science Future Doubleday, 1975
Asimov on Physics Doubleday, 1976
The Planet That Wasn't Doubleday, 1976
Asimov on Numbers Doubleday, 1977
The Beginning and the End Doubleday, 1977
Quasar, Quasar, Burning Bright Doubleday, 1978
Life and Time Doubleday, 1978
The Road to Infinity Doubleday, 1979
The Sun Shines Bright Doubleday, 1981
Change! Houghton Mifflin, 1981
Counting the Eons Doubleday, 1983
The Roving Mind Prometheus, 1983
X Stands for Unknown Doubleday, 1984
The Subatomic Monster Doubleday, 1985
The Dangers of Intelligence Houghton Mifflin, 1986
Far as the Human Eye Could See Doubleday, 1987

Past, Present and Future Prometheus, 1987
The Relativity of Wrong Doubleday, 1988
The Tyrannosaurus Prescription Prometheus, 1989
Asimov on Science Doubleday, 1989
Frontiers Dutton, 1990
Out of the Everywhere Doubleday, 1990
The Secret of the Universe Doubleday, 1990
Frontiers II Dutton, 1993

科幻随笔集

Asimov on Science Fiction Doubleday, 1981
Asimov's Galaxy Doubleday, 1989

历史

The Kite That Won the Revolution Houghton Mifflin, 1963
The Greeks Houghton Mifflin, 1965
The Roman Republic Houghton Mifflin, 1966
The Roman Empire Houghton Mifflin, 1967
The Egyptians Houghton Mifflin, 1967
The Near East Houghton Mifflin, 1968
The Dark Ages Houghton Mifflin, 1968
Words from History Houghton Mifflin, 1968
The Shaping of England Houghton Mifflin, 1969
Constantinople Houghton Mifflin, 1970
The Land of Canaan Houghton Mifflin, 1971
The Shaping of France Houghton Mifflin, 1972
The Shaping of North America Houghton Mifflin, 1973
The Birth of the United States Houghton Mifflin, 1974
Earth: Our Crowded Spaceship John Day, 1974
Our Federal Union Houghton Mifflin, 1975
The Golden Door Houghton Mifflin, 1977
The March of the Millennia(with Frank White) Walker, 1991
Asimov's Chronology of the World HarperCollins, 1991

《圣经》

Words in Genesis Houghton Mifflin, 1962
Words from the Exodus Houghton Mifflin, 1963
Asimov's Guide to the Bible, Volume Ⅰ Doubleday, 1968

Asimov's Guide to the Bible, Volume Ⅱ Doubleday, 1969
The Story of Ruth Doubleday, 1972
Animals in the Bible Doubleday, 1978
In the Beginning Crown, 1981

文学

Words from the Myths Houghton Mifflin, 1961
Asimov's Guide to Shakespeare, Volume Ⅰ Doubleday, 1970
Asimov's Guide to Shakespeare, Volume Ⅱ Doubleday, 1970
Asimov's Annotated Don Juan Doubleday, 1972
Asimov's Annotated Paradise Lost Doubleday, 1974
Familiar Poems, Annotated Doubleday, 1977
Asimov's Sherlockian Limericks Mysterious Press, 1977
The Annotated Gulliver's Travels Clarkson Potter, 1980
How to Enjoy Writing(with Janet Asimov) Walker, 1987
Asimov's Annotated Gilbert & Sullivan Doubleday, 1988

幽默和讽刺

Thee Sensuous Dirty Old Man Walker, 1971
Isaac Asimov's Treasury of Humor Houghton Mifflin, 1971
Lecherous Limericks Walker, 1975
More Lecherous Limericks Walker, 1976
Still More Lecherous Limericks Walker, 1977
Limericks: Too Gross(with John Ciardi) Norton, 1978
A Grossary of Limericks(with John Ciardi) Norton, 1981
Limericks for Children Caedmon, 1984
Asimov Laughs Again HarperCollins, 1992

自传

In Memory Yet Green Doubleday, 1979
In Joy Still Felt Doubleday, 1980
I. Asimov Doubleday, 1994

其他

Opus 100 Houghton Mifflin, 1969
Opus 200 Houghton Mifflin, 1979
Isaac Asimov's Book of Facts Grosset & Dunlap, 1979
Isaac Asimov Presents Superquiz(by Ken Fisher)Dembner, 1982

Isaac Asimov Presents Superquiz II (by Ken Fisher)Dembner, 1983

Opus 300 Houghton Mifflin, 1984

Living in the Future(edited) Harmony House, 1985

Future Days Henry Holt, 1986

Isaac Asimov Presents Superquiz III (by Ken Fisher) Dembner, 1987

Isaac Asimov Presents: From Harding to Hiroshima (by Barrington Boardman) Dembner, 1988

Isaac Asimov's Book of Science and Nature Quotations(with Jason A. Shulman) Blue Cliff, 1988

Isaac Asimov's Science Fiction and Fantasy Story-a-*Month 1989 Calendar*(with Martin H. Greenberg) Pomegranate, 1988

Isaac Asimov Presents Superquiz IV (by Ken Fisher) Dembner, 1989

The Complete Science Fair Handbooks(with Anthony D. Fredericks) Scott, Foresman, 1989

译后记

我读《人生舞台》

有缘翻译这本书真是我的幸运。

艾萨克·阿西莫夫是美国著名的科普作家，科幻小说大师，也是世界上最多产的作家之一。从一个犹太移民小男孩到举世瞩目的巨匠，一位被誉为对美国社会有杰出贡献的人物，这样的人生历程本身就是精彩的故事。阿西莫夫在去世前两年完成了这本自传*I. Asimov*，中译本定名为《人生舞台——阿西莫夫自传》，书中向世人讲述了他的一生。

这本书写得真实而坦诚，使人读后不仅能够了解这位伟人辉煌的一生，更可以感受到他那非凡的人格魅力。阅读这本《人生舞台》，就像是坐在一位朋友、一位智者对面，听他侃侃而谈。他那富含哲理的话语，会使人对人生有一种新的领悟。

读阿西莫夫的自传，印象最深刻的莫过于他"热爱写作胜于做任何别的事情"。他可以"连续在打字机旁工作12个小时而不觉得累"，他坦率地说，即使陪心爱的女儿去逛公园，"我的心仍然留在家里，留在打字机的键盘上"。

写作就是阿西莫夫的生命。他在自传中说："我不是在写作的时候才写作。我离开打字机的时候，在吃饭、睡觉、漱洗的时间里，我的脑子一直在工作。"在一次接受电视采访时，主持人问他："如果医生说你只能活6个月了，你会做什么？"他的回答是："我会加快打字速度。"阿西莫夫说："我一直希望我能够脸朝下倒在键盘上，鼻子嵌在两个打字键中死去。"他还说："我感到天堂就是写作，我在天堂里度过了半个多世纪。"确实，他死而无憾。

阿西莫夫记忆超凡，他博览群书，有很深厚的文学底蕴。他甚至能够随意背诵莎士比亚的作品。对他来说，要做到文字华美绝非难事。然而，在阿西莫夫的作品中却很难见到华丽辞藻的堆砌和语句的刻意雕琢。他的作品通达晓畅，“故意采用一种简单的、甚至口语化的风格”。他认为“写得明晰比写得华美更加困难”。正因为如此，翻译他的作品也就令人更费心思。

阿西莫夫的作品内涵深刻，笔触幽默。他认为，作品的理想状况是：“阅读这种作品甚至不觉得是在阅读，理念和事件只是从作者的心头流淌到读者的心田。”《人生舞台》的读者将会充分领略到这种超凡脱俗的写作风格。

阿西莫夫个性张扬，有人说他“狂妄自负”。因为他对自己的优点引以为豪，时不时地公开进行自我肯定，所以我认为他不是我们观念中的“谦谦君子”。但是，诚如他所说：“我说的全是真话，除非有人能证明我说的仿佛很自负的事情不属实，否则我就拒绝所谓的自负。”他认定对自己评价甚高的那些事“只限于我认为值得赞扬的品质。我也有许多缺点和错误，我也会坦然地承认它们”。

我很钦佩他的坦诚。他在自传中不止一次提到自己爱听奉承，好胜心强，但对自己的短处却没有文过饰非。他甚至说：“如果征兵征到我，我会去的。虽然我每走一步都会怕得要死，我无法想象我当兵会是什么样子。我每每想到在敌人的炮火下自己可能会胆怯，吓得尖叫、逃跑，或者做出什么同样可怕的事情来，简直就要瘫痪。”阿西莫夫公开谈论自己的恐高症，讲述他在一次登高时，吓得瘫倒在升降机里的狼狈相。显然，有些事，有些内心的想法，如果作者自己不说，别人是不会知道的。一个没有勇气的人，决不敢如此直面自己的缺点，尤其是那些被人公认可憎可鄙的缺点。阿西莫夫的勇气还表现在其他许多方面。例如，他是一个犹太人，“艾萨克”是一个典型的犹太人名字。曾经有人好心地建议他改个欧洲人的名字，以免在美国遭人歧视，但他拒绝了。他甚至冒着稿件被拒绝的风险，坚持要用犹太人色彩很浓的那个“艾萨克”。

"生与死"、"天堂与地狱",都是人们经常讨论的话题。阿西莫夫在自传中对这些问题的议论言简意赅。他认为人死了,就是永无止境的休眠,没有什么灵魂、天堂、地狱。正因为他有着十分理智的生死观,所以能够十分坦然地面对死亡。他不寄希望于渺茫的来世,而是牢牢把握住现实的生命,笔耕不辍,直到最后。人们可以不同意他的观点,却应该像他那样坦诚。

阿西莫夫的自传中有许多精辟的见解。他对于"朋友"的解说,令我顿感耳目一新。他认为"朋友"是一个人的世界的一部分。一个人在朋友的眼里,不仅有今日的模样,还有昔日的影子。尤其是当你渐渐衰老时,只有朋友会记得你昔日的勃发英姿,昔日的干练潇洒。当一个朋友离去时,就是你一部分世界的丢失。我想,世间关于友谊的论述多得不计其数,但从这个角度来谈的却颇为罕见。人们啊,请珍惜你的朋友——珍惜你自己的世界。

今天,刻意想把自己的孩子培养成"小神童"的家长可说比比皆是。阿西莫夫在自传中根据自己的切身经历,对此提出了善意的批评。他呼吁"多给孩子留一点空间",他说:"根据我的经验,真正聪明的孩子自会成功地使自己为人称颂,无须亲人盲目地夸耀。"

阿西莫夫写这本自传的时候,已经年届古稀,对人生的感悟非常深刻。读他的自传,使我觉得这颗巨星离自己很近。他静静地发出智慧的光辉,默默地温暖着人们的心。他说,能够投入到生活中就会有快乐,投入到富有创造性并且有人与你分享的生活中,就更加快乐了。我衷心地希望所有的读者都能通过阅读本书,加深对人生真谛的领悟,活得更加充实,更加精彩。

能够翻译这本书,把它奉献给读者,我真的觉得自己很幸运。在翻译出版的过程中,曾得到许多朋友的无私帮助,谨在此表示最衷心的感谢。

黄　群

2002年7月23日于上海

附 录 一

在阿西莫夫家做客

1992年4月6日,艾萨克·阿西莫夫病逝。7月5日,《科技日报》刊出我应邀撰写的悼念文章《不朽的阿西莫夫》。那时,我获悉他这部自传将于1993年春季面世。

实际上,直到1994年初,这部自传才正式出版。正在美国做访问学者的吴岩在当年4月很及时地帮我买到了这本书,并托人带到北京。5月份,我就津津有味地读了起来。

那时,我国的科普和科幻出版尚不景气,阿西莫夫也曾被冷落了好一阵子。我一面浏览这部自传,一面自忖:"如此好书,真不知哪家出版社能好好出个中译本。"

可事情就是这么凑巧:1998年4月,我辞别自己从事科研30余年的中国科学院北京天文台,南下加盟上海科技教育出版社,就任版权部主任;几经周折,我社终于在2000年9月取得阿西莫夫这部自传的中文简体字版版权,并于同年12月约请黄群先生执译;最后,我本人又成了本书的责任编辑。

今天,手握这卷依然散发着油墨香的《人生舞台——阿西莫夫自传》,不禁使我又一次回想起14年前在纽约拜访阿西莫夫夫妇的情景。关于这次会见,我曾充满激情地记以长文《在阿西莫夫家做客》(原载《科普创作》1990年第5期)。今稍事修订,谨录于此,以便更多的读者能分享其中的欢乐和友情。

往事十年

1980年前,我在《科学文艺和科学普及的明星——艾萨克·阿西莫夫》一文中写道:

> 1979年2月,两家出版商争着要为阿西莫夫镌刻一块里程碑——他们都要由自己来出版他的第200部作品。要同时满足双方的要求似乎并非易事,但是作家不愧为天才:他将自己的两部新著都算作第200部作品。这两部书均很出色,其中一本叫《作品第200号》,全书329页,由霍顿·米夫林出版社出版;另一本叫《记忆犹新——阿西莫夫自传》,732页,由道布尔戴出版社出版。两家出版社都心满意足。

十年过去了,回顾读书界的这段佳话,依然韵味悠然。

差不多就在这"孪生的"200号作品问世之际,我与友人黄群合作,首次译完了阿西莫夫的一本书:《洞察宇宙的眼睛——望远镜的历史》。在"译者前言"中,我道出了这样的感受:"阅读和翻译阿西莫夫的作品,可以说都是一种享受。然而,译事无止境,我们常因译作难与作者固有的风格形神兼似而为苦。"春秋十度,此种感受有增无已。

其后,我又主笔或参与了阿西莫夫其他6部著作的翻译工作。它们是《走向宇宙的尽头》、《地外文明》、《我们怎样发现了——黑洞》、《科技名词探源》、《二十世纪的发现》(并为之续写3万余字,兼作译后记)、《古今科技名人辞典》(全书列有1510位科技名人,我译了101条,外加"作者传略"一条)。

此外,在80年代初,出于绍介国外优秀科普作品,以利我国读者扩大视野,兼供我国科普工作者借鉴之目的,我还发表了《科普明星阿西莫夫》,《阿西莫夫的科普创作动机及其他》(与阮芳赋合作),《我为什么要研究阿西莫夫》,《阿西莫夫科普作品述评》(与阮芳赋合作),以及长文《阿西莫夫和他的科学幻想小说》。

同时，出于翻译和研究的需要，我在80年代中期先后与阿西莫夫书信往返多次。我很忙，他更忙。所以信都很短，不说套话、废话。他的信中颇多妙语，这也使我为这位年逾花甲的笔耕者敏捷的思维赞叹不已。这些信还使我产生了一个念头：若有朝一日与阿西莫夫本人晤上一面，不亦乐乎？

我知道阿西莫夫几乎从不旅行。他压根儿就不想坐飞机。所以，邀请他来访似非明智之举。看来只能是我去拜访他了——这需要有一个机会。

"这个名字相当耳熟"

1987年后我实在太忙，本职工作与翻译和研究阿西莫夫已难得兼。大概也就在这时，国内许多出版社似乎开始认为阿西莫夫这类作家的科普书虽属上乘，其"经济效益"却未必"上得去"。而另一类（现在正在被"扫"的）书则毫不客气地迅速占领了"热门"和"畅销"的阵地——且不谈这些吧。

1988年春，我因公赴英国爱丁堡皇家天文台做访问学者，同年8月初赴美国巴尔的摩市参加国际天文学联合会第20次大会，会后到纽约观光游览三四天。

8月11日，星期四，中午抵达纽约，在哥伦比亚大学附近我昔日的学生范晓明处下榻。安顿甫毕，随即拿起电话，拨往阿西莫夫寓所：

"请问，可以和阿西莫夫教授讲话吗？"

"当然。请说吧，"是一个男中音的声音。我方欲回话，他忽然又补充一句："你是波士顿的那位年轻人吗？"

他猜错了。"不，我是中国人，姓卞，全名是卞毓麟。您还记得吗？"

"哦，这个名字听来似乎相当耳熟，请问您现在何处？"他说得相当慢，显然是在努力回忆这个"相当耳熟"的名字。

“我从中国到英国爱丁堡皇家天文台工作，最近到巴尔的摩参加会议。会刚结束，现在纽约，3天后返英。很想见您一面，不知您有无时间？”

“噢，知道了。只是今明两天我必须完成一些工作，您可否在星期六上午再来个电话，看看我们能否安排一个时间，”阿西莫夫忽然想起了什么，便很快地接着说：“对不起，我想再确认一下，您是不是翻译了我的好些书的那位中国人？”

“不错，那正是我。那么，我星期六上午再打电话给您。”

“好的，谢谢。等您的电话。再见。”

“再见。”

纽约西66街10号33楼A单元

1988年8月13日，星期六，上午9点50分，我如约再次打电话给阿西莫夫。

“我是卞毓麟，可以拜访您吗？”

“可否请于今天下午1时左右来此一晤？”阿西莫夫提议。

“当然。不过我对纽约城很不熟悉。能不能和我的一位学生一起来访呢？他现在正在哥伦比亚大学天文系学习。”我作如是问，是因为范晓明亦颇欲一睹阿西莫夫的风采。

“很好。那就请在1点钟左右一起来吧。但是我也许不会有很多的时间，所以我们或许并不能谈得太久。我的地址是西66街10号33楼A单元。”

“十分感谢。这个地址我记得很清楚。下午见。”

“下午见。”

出租车抵达西66街10号大约是下午1点10分。这是一座33层的公寓，大门坐南朝北，门前有阍者启扉。进入门厅，有接待处。我们告知访问阿西莫夫，且有约在先。接待者电话通报后，请我们径自入内。于是登上电梯，直达顶层。

我和晓明正在寻找A单元，只见一门开处阿西莫夫已在迎候。在他后面的是其夫人珍妮特·阿西莫夫。

我早已得知、并在自己的文章中作过这样的描绘："阿西莫夫身材粗壮气度轩昂，一头灰发蓬松倔犟，蓝眼睛中闪烁着智慧的光芒。"大概是"著述等身"这一成语的影响吧，我想象写了好几百本书的阿西莫夫必定是一位大个子。

其实不然。他比我还矮一些，身高不过1.70米光景，但确实比较粗壮。"阿西莫夫的体重是74.8千克"，"我们发现，假如阿西莫夫被压缩成一个黑洞，他的直径就只有2.22×10^{-25}米"，这是他于1979年在《无穷之路》一书中对"黑洞"的精彩描绘。如今，他的体重似乎并未大变。他相当健康，然而岁月不留情，毕竟是68岁的人了，前几年的披霜灰发而今已是梨花一片了。

阿西莫夫夫妇邀我们进入客厅。那里的陈设相当简朴，不过是茶几、沙发、书柜之类而已。艾萨克看来相当随和，请我们在沙发上就座。珍妮特则以一碟美式甜点相待。过去阿西莫夫送过好些书给我，如今则报之以一次礼节性的拜访。我无意在人家无足够准备的场合进行什么"采访"或"专题讨论"。还是"谈谈家常"吧。

"我没有写过市场经济方面的书"

"您近来给我来过信吗？"谈话一开始，主人就发问了。

"最近一二年没有。但以前曾多次写信给您，而且每次都得到了您的回音。"

"那么，您还在翻译我的书吗？"

"不。很遗憾。这几年的情况有些变化。人们对于市场和经济，更率直地说是对于如何'赚钱'，似乎比对普及科学知识本身更感兴趣，所以科普书的出版颇受影响，或者说有些困难。但是无论如何，许多青年人、大学生、教师和科学家依旧很喜欢读您的书。”我略一停顿，希望这个否定的回答不致引起主人的不快。

阿西莫夫莞尔一笑，轻松地插话：“很可惜，我没有写过市场经济方面的书。”

我接着说：“至于我本人，目前还在爱丁堡工作。我很希望回到中国以后能继续翻译一些您的书。在中国，目前对于版权问题的处理还不是十分严密，所以翻译出版其他国家的书，一般并不事先征得原作者或原出版者的同意。这在今后或许会有所改变。”

“我们知道这种情况。”阿西莫夫夫妇同声说道。

“我没有到过中国。我一向不愿意旅行，不愿坐飞机。人们请我去加利福尼亚，我很高兴，但是路太远，没去。所以恐怕也不会去中国了。”阿西莫夫换了一个话题。

“那么，如果您夫人想去旅游呢？”我“将”了他一“军”。

“如果没有我在一起，她是不会一个人去旅游的，”他狡黠地看了夫人一眼，珍妮特会意地点头微笑，边说道：

“他从来不度假。”

其实我早就知道这一点，但还是问了一句：“为什么？”

“人们度假时干什么呢？”阿西莫夫反问。他随即颇为幽默地说下去：“搂着自己的妻子，去做他们喜欢做的事情。对吗？而我喜欢做的事情就是写作，所以如果说要度假的话，那么我做的事情也还是写书。这样也就无所谓度假了。”

“很有意思。中国的科普作家，我的朋友们，很乐于知道您的近况，并嘱我向您问好。”我告诉他。

“谢谢他们的好意，也请问候他们。”

此时，阿西莫夫离席片刻，看来他的思维要比他的步履敏捷得多。不一会，他从隔壁书房里拿来两本书：《宇宙的量度》和《爆发的恒星》，并于扉页签名赠我。上述第一本书我在国内早已见过。《爆发的恒星》则系首次谋面，这是阿西莫夫的第310本书。早在1985年就出版了。

我道谢后，回赠一块从国内带去的织锦桌巾，并告诉他们这是典型的中国传统工艺品，图案上的许多鸟是仙鹤，象征吉祥与长寿。他们非常高兴。另外，我还请阿西莫夫将另一件礼物——一块真丝头巾转交他的女儿罗宾，她也是一位科幻作家，生于1955年。

“这真是一个愚蠢的决定”

珍妮特收好我送的礼物，取出一次成像相机邀请我和晓明与艾萨克合影，此外还送了几张以前拍摄的照片给我。

我在一张照片上看到，一个书柜顶上有一只把杯，杯上塑有阿西莫夫的头像。艾萨克随即抬手一指，告诉我照片上的杯子仍在那个书柜上放着，是友人相赠的礼物。他说：

“他们(按：友人们)曾计议，用什么形体来构成杯子的把手：一个裸体女郎？还是一个机器人？结果他们决定用机器人。”阿西莫夫双手一摊，打趣地结束了他的介绍：“这真是一个愚蠢的决定。”

其实，阿西莫夫本人和我都很明白：这是一个相当聪明的决定。杯子的把手是一个腰弯成了90°的机器人，而“机器人”则是阿西莫夫创作的极为成功的科幻系列作品。早先关于机器人的小说多以这样的构思为主题：人创造了各种各样的机器人，但最后却为机器人所毁。然而，阿西莫夫扭转了这种局面。他借用“机器人”创造了一种全新的“人物”——一些执行各种程序指令的智能机器。“他们”有时还能思想能言语，但是都没有超越于人的自由意志。他的机器人故事都有一个共同的基础，那就是由他建立的“机器人学三定律”。1950年，《我，机器人》(这是阿西莫夫的第2本书)初版时，“三定律”已赫然冠于全书之首。后来，他又写了许多出色的机器人故事，它们都遵循这些定律。所有这些作品都为通俗科幻小说增添了高雅的情趣。因此,阿西莫夫说到那项“愚蠢的”决定时,语气中显然洋溢着赞许之情。

我欣赏着这只别具匠心的把杯,同时提议:“您不妨为它做一个底座,并把这底座命名为‘基地’,如何?”

“真是个好主意。”阿西莫夫非常高兴地答道。其夫人则轻叹了一声:“哦——。”

原来,除了《机器人》,阿西莫夫还有另外一系列极享盛名的科幻故事,其总题目就是“基地”。读者可以从中获得的一个重要启示是:深刻的思想可以比想到它们的人活得更加久长,而盛极一时的帝国——无论是罗马帝国还是阿西莫夫笔下的银河帝国,从博大深远的历史眼光来看却终归是转瞬即逝的。该系列的头三部依次是《基地》(1951年)、《基地与帝国》(1952年)和《第二基地》(1953年),它们使阿西莫夫荣获了1966年度的特别雨果奖;它们的续篇《基地边缘》(1982年)又使这位作家于1983年再次荣膺雨果奖。

“这是最新的一本,第394本”

“可否相告,目前您已出版的书总数达到了多少?”我问道。

“请到这边来,”阿西莫夫带领我们走进书房,边指着一排书柜边说道:“从这里开始,一直到这儿,是我已出版的书。它们都是英文版的,而且实质上没有重复。非英文版的译本均未在此留存。这是最新的一本,第394本。”

然后他又回到头一个书柜,一边去取第一排的第一本,一边说着:“这就是我的第一本书。”

“我知道,这是《天空中的小石子》,1950年出版的。”我随口报出了书名。

“完全正确。我希望今年能出到第400本书,但是也许不一定行。”

1988年只剩下4个半月了,再出6本书确非易事。回至客厅,我问珍妮特:“您还在写科幻故事吗?”

“是的,给孩子们写。”

“可以给我一本新作吗?”

“当然。”她取来一本《诺比发现一个坏家伙》。这是“诺比”系列故事中的第6本,由珍妮特和艾萨克合著,故他俩随即在扉页上各自签了名。据艾萨克相告,这一系列的第7本已交出版社付印,第8本则正在构思中。珍妮特又告知,该系列的头几本书初版时是纸面的,后来第一、第二集合为一册,第三、第四集合为一册,皆作硬面精装。

“那么,珍妮特迄今出了多少本书呢?”我问。

艾萨克回答:“14本。除了科幻,她还写其他的书和文章。一个作家出了14本书,应该说已经很成功了。但是她拿我出版了394本书相比,所以对自己很不满意。我建议她还是不要和我相比吧。”说罢,大家都笑了起来。

“另一个问题是您的《自传》进展如何?头两卷只写到1978年,外加关于1979年的几句话。”我说。

“还没有继续往下写。虽然我妻子让我不断地写下去,但我觉得这些年我就是在写书,没有太多趣味盎然的东西。要是到2000年再写,那或许就比较有趣了。”

每天工作几小时?

“那么,您现在每天工作几个小时呢?”我问道。这无疑是许多人都感兴趣的一个问题。

“这要看情况而定。比如前天就挺好,我从早上干到中午,又从下午干到晚上,一共9个多小时,完成了不少工作。昨天也很好,工作了一天,8个小时,因为是周末,所以晚上陪妻子看看电视。今天上午有人来访,现在又约你们前来。中午时间不多,只好读点书,没干多少事情。"这时,他又诙谐地添上一句,"所以您看得出来,我挺伤心的呢。"

我接着说:"如此说来,您大概平均每天工作9小时左右,对吗?"

"通常是8个小时,有时是10个小时,也有时是12小时。"阿西莫夫回答。

几十年如一日的勤奋,使他完成了超人的工作量。他在1971年8月为《阿西莫夫科学技术传记百科全书》第一次修订本所写的前言中说过:

许多人似乎"想当然地把这本书当作是集体努力的结果,即由我带领了一队数目可观的人马进行了研究和编写而成。

事实并非如此!我一个人做了所有必须进行的工作,而没有任何外来的帮助,就连打字工作都是我自己做的。"

"那么您平均每年出几本书呢?"晓明也发问了。

"在不到40年的时间里,一共出了将近400本书,所以平均每年不下10本。"

"看来,我要等到您的《作品第400号》出版之后才能看到从第301到第400本书的目录了。"我说。

"您回英国以后,过些时可以再寄一封信给我,我或许可以先预备一份书目寄给您。"阿西莫夫很友好地告诉我。

"非常感谢。"

原来,阿西莫夫在完成了头99本书之后,曾从其中的许多作品各选一个片断,分类编排,并辅以繁简不等的说明,由此辑成一集,这便是他的《作品第100号》,书末附以头100本书的序号、书名、出版者和出版年份。他曾说过:"作者自己写的作品最能说明其人。倘若有人坚持要我谈谈我的情况,那么他们可以读一下我的几本书:《作品第100号》、《早年的阿西莫夫》以及《黄金时代以前》,在那些书里,我告诉他们的东西比他们可能想要知道的还要多得多。"基于同样的考虑,后来又出版了性质类似的《作品第200号》和《作品第300号》，书末分别列出了他的第二个和第三个100本书的目录。

然而，关于《作品第400号》却出现了始料未及的结果。按阿西莫夫后来的说法：“恐怕事情业已明朗，永远也不会有《作品第400号》这么一本书了。对我来说，第400本书实在来得太快，以致还来不及干点什么就已经过去了。”

早在10年前，美国《时代》周刊就有过这样的评论：“西默农也许写了更多的恐怖读物，切斯特顿也许写了更多的诗和哲学著作，巴巴拉·卡特兰也许写了更多的小说，但是没有一个作者曾经比阿西莫夫在更广阔的领域写下更多的书。”何况乎今天！

“什么事情您都那么清楚”

聊了这一阵子，似乎该稍稍活动一下了。

这时，艾萨克问珍妮特：“是否请他们眺望一下纽约的景色？”

女主人领我们从不同房间的不同窗户往外观看了一阵。这个单元所处的位置果然极佳。从客厅和其他房间可以由不同方向远眺大半个纽约城——当然，也包括近在眼前的中央公园等。我在《阿西莫夫和他的科学幻想小说》诸文中曾介绍，阿西莫夫夫妇“生活在纽约城的一套公寓房子里。陪伴着他们的除了众多的书籍外，还有一具注视宇宙的眼睛——天文望远镜，它为阿西莫夫夫妇提供了一览无遗的太空胜景。”如今看来，似须添以“凭窗远眺纽约美景”云云。遗憾的是，那天纽约城浓霾，大气透明度不好。但愿不会经常如此。

转回客厅，我告诉主人：“范晓明希望给你们照一张相，可以吗？”

“当然可以。”艾萨克说。

“中国学生希望有我们的照片，很高兴。”珍妮特说。

晓明为作家夫妇合影甫毕，我随即提议：“我也加入你们的行列一起照一张,如何?"

"请吧,欢迎。"艾萨克边说边向我招手。

珍妮特邀我站在他们夫妇中间,晓明按动快门,永远地留下了这一友好的珍贵镜头。

至此,我说:"我想,不该过多地打扰你们了,待我回中国后,一定又有您的一些书出版了中译本,届时我将一如既往,把它们都寄给您。我猜想,您大概还是会把它们转赠予波士顿大学图书馆的,那就让它们永远留在那儿吧。"

"完全正确,谢谢。"艾萨克说。

"啊,什么事情您都那么清楚。"珍妮特说。

"这要感谢艾萨克多年来的好意,让我知道了那么多有关你们的事情。我曾经和一些美国朋友谈论艾萨克和他的作品,他们说:'你知道得比我们更多。'"听到我这么说,阿西莫夫夫妇愉快地笑了起来。最后,我说:"终于在纽约见到了您(艾萨克)和您(珍妮特),真高兴。"

"很希望能再次见到您。"他们边说边送我和晓明到单元门口。

"再见了!"这最后的话音结束了这次难得的访问。

下了电梯,步出仍由阍者开启的大门。看了一下手表,2点还差几分。做客的全过程不过半个多小时。

卞毓麟

2002年7月28日于上海

附 录 二

阿西莫夫：中文版图书品种最多的外国作家

中文版《人生舞台》起初作为“哲人石丛书·当代科技名家传记”的重头戏，于2002年9月面世，迅即获得广泛关注和好评。7年之后，《人生舞台》纳入上海世纪出版集团的“世纪人文系列丛书”，于2009年12月推出新版本。此时，阿西莫夫90诞辰在即，12月30日的《中华读书报·书评周刊》刊出拙文《阿西莫夫：中译本数量最多的外国作家？——纪念阿西莫夫诞辰90周年》。此文较为全面而又相当浓缩地介绍了几十年来阿西莫夫著作在中国的出版状况及其影响。光阴荏苒，倏忽间又是10年。今逢阿西莫夫百年诞辰，乃增订此文，并名之曰“阿西莫夫：中文版图书品种最多的外国作家”附录于斯，以与读者诸君共享其盛。

惊人的数字

艾萨克·阿西莫夫（1920—1992）是有史以来著述最丰的作家之一。据这位俄裔美国人最后一卷自传所附书目统计，其已出版的著作达470部之多。其中非虚构类作品共269种，包括科学总论24种、数学7种、天文学68种、地球科学11种、化学和生物化学16种、物理学22种、生物学17种、科学随笔集40种、科幻随笔集2种、历史19种、有关《圣经》的7种、文学10种、幽默与讽刺9种、自传3卷、其他14种；虚构类作品共201种，含科幻小说38部、探案小说2部、短篇科幻和短篇故事集33种、短篇奇幻故事集1种、短篇探案故事集9种、主编科幻故事集118种。

不仅如此，在所有的外国作家中，其著作在中国内地的译本达上百种之多的，似乎也就是阿西莫夫独一家。须知，我们不是在说上百篇文章，而是上百种书；而且也并非一书多译，而是上百本不同的书！诚然，莎士比亚的巨大影响力使其作品拥有众多的名家佳译，但莎翁终其一生创作的戏剧和诗集毕竟与“上百”还相去甚远；儒勒·凡尔纳、阿加莎·克里斯蒂等人的作品被大量译成中文，然品种亦皆未上百。

笔者研读、翻译阿西莫夫有年，今对其著作中文（简体字）版作了一番考证，结果是迄2019年12月止，有中文版行世的阿氏著作已达115种之多。其中有科学总论10种、数学2种、天文学39种、地球科学6种、化学和生物化学5种、物理学8种、生物学5种、科学随笔7种、科幻随笔1种、历史1种、自传1卷、科幻小说25部、短篇科幻和短篇故事集4种、主编科幻故事集1种。

早先，我国翻译外国作品尚无购买中文版权一说。那时，阿西莫夫作品在我国一书多译的现象时有发生。例如，其科幻名著*The Caves of Steel*就曾有晓岗等译《太空镇上的谋杀案》（1981年）、杜渐译《太空站来客》（1988年）、孙静等译《太空城疑案》（1997年）等不同版本；2005年，四川出版集团·天地出版社正式取得中文简体字版版权后，出版了汉声杂志的译本，书名定为《钢穴》。在统计已有多少种阿氏著作拥有中文版时，这只能算是1种。

类似地，阿西莫夫的科普名作*Extraterrestrial Civilizations*，曾有卞毓麟和黄群合译，分为上下册出版的《太空中有智慧生物吗？——地外文明（上篇）》（1983年）和《寻访人类的太空之友——地外文明（下篇）》（1984年），以及王静萍等的另一译本《地球以外的文明世界》（1983年）。

再者，鉴于阿西莫夫的知名度，又常有国人改写或选编种种阿氏作品。例如，黑龙江人民出版社的《C字滑行道》（1981年），科学普及出版社的《外国名科学家小传》（1982年），浙江科学技术出版社的《赤裸的太阳》、《黎明世界的机器人》和《机器人与银河帝国》（均为1992年），地质出版社的《无穷之路——阿西莫夫科普作品选》(1981年。此书并不对应于阿氏 *The Road to Infinity* 一书)、湖南少年儿童出版社的《阿西莫夫科幻小说》(1991年。系三部作品的汇编)等。鉴于它们都不是阿西莫夫任一原著的直接译本,故未纳入115种中文版阿氏著作之列。

顺便一提,Asimov曾译"阿西摩夫",例如寿纪琛等译的《阿西摩夫科学探案》。20世纪90年代以来,渐统一为"阿西莫夫"。

首功难忘

阿西莫夫作品的第一个中文版是《碳的世界——有机化学漫谈》,郁新(林自新、甘子玉两位前辈合用的笔名)译,1973年10月由科学出版社出版。虽然关于此书曾有不少介绍,但首功难忘,它依然有许多值得重提的地方。

首先,这是在"文革"十年动乱期间出版的,当时要顶着被批判——诸如"崇洋媚外"、"洋奴哲学"之类——的风险。

其次,这本仅仅8万多字的小书确实写得好。它以非常浅显的语言颇有深度地讲述有机化学的故事,秩序井然地介绍了五花八门的有机化合物(汽油、酒、醋、维生素、糖类、香料、肥皂、油漆、塑料……)与人类的关系。这本小册子使我国的读者开阔了眼界,感受到了自身的文化闭塞,了解到科普作品居然可以写得如此精彩。

再次,它提供了一些经典的段落,至今仍被视为科普写作的范本。例如,作者在书中写道:

> "我们设想有两个小孩,各有一箱积木,可以用来搭房子。甲孩子那一箱积木,有90种不同形状的木块,但是每一次只允许用10块或12块来搭房子。乙孩子那一箱积木,只有四五种不同形状的木块,但是,他每次可以用任意数量的木块来搭房子,如果他喜欢,可以用100万块。

“显然,乙孩子可以搭成更多式样的房子!

“正是因为同样的理由,有机化合物要比无机化合物多得多。”

在这里,每一种形状的木块代表一种化学元素的原子。有机化合物虽然仅由碳、氢、氧、氮等少数几种元素构成,但它们的分子中却可以包含成千上万、甚至上百万个原子;无机化合物虽然可由90来种元素构成,却因每个分子仅含少量原子而远不如有机化合物那样变化多端。这个比喻貌似平凡,却足以显示作者极不平凡的阐释能力。

最后,《碳的世界》使许许多多中国人记住了阿西莫夫这个名字。

1980年代的繁荣

在引进阿西莫夫作品的初期,科学出版社一马当先。继《碳的世界》之后,该社又推出了《阿西莫夫科学指南》的中文版。因篇幅庞大,中文版分成四个分册先后出版,即《宇宙、地球和大气》(1976年)、《从元素到基本粒子》(1977年)、《生命的起源》(1977年)以及《人体和思维》(1978年)。关于这部《科学指南》,后文还将再次谈及。另外,该社还于1977年推出《碳的世界》的姐妹篇《氮的世界》。

1980年代,随着改革开放的深入,阿西莫夫的名字也为越来越多的国人所熟悉。整个80年代出版的中文版阿氏作品多达48种,其中有科学出版社的《原子核能的故事》、《洞察宇宙的眼睛——望远镜的历史》、《太空中有智慧生物吗?——地外文明(上篇)》和《寻访人类的太空之友——地外文明(下篇)》、《宇宙——从天圆地方到类星体》、《变!未来七十一瞥》、《古今科技名人辞典》,科学普及出版社的《原子内幕》、《你知道吗?——现代科学中的一百个问题》、《奇妙的航程》、《生命和能》、《我,机器人》、《阿西莫夫论化学》、《塌缩中的宇宙》、《自然科学趣谈》(上、下),上海科学技术出版社的《数的趣谈》,广东科技出版社的《太空镇上的谋杀案》,江苏科学技术出版社的《走向宇宙的尽头》，地质出版社的《阿西摩夫科学探案》，福建人民出版社的《九个明天》、《美国科学幻想故事集》，原子能出版社的《辐射对遗传的影响》，广西人民出版社的《数的世界》，上海翻译出版公司的《科技名词探源》，中国友谊出版公司的《繁星似尘》，北京出版社的《二十世纪的发现》。

还有，地质出版社于1984年分两辑推出了阿氏迄1982年的21种"*How Did We Find Out*——"之中文版。这套专谈科学史的小丛书是为小学生写的，译成中文每一种尚不足3万字。它着重叙述科学发现的过程，很是引人入胜。中文版第一辑10种是《我们怎样发现了——数字》、《恐龙》（按：此处和以下书名均已省略"我们怎样发现了——"字样）、《细菌》、《维生素》、《原子》、《外层空间》、《地震》、《黑洞》、《南极洲》和《火山》，第二辑11种是《地球是圆的》、《电》、《彗星》、《能》、《核能》、《人的进化》、《石油》、《煤》、《太阳能》、《深海生物》和《生命的起源》。后来，阿氏又陆续为该系列写出16种新书，只可惜不再有中文版了。

科普巨著

阿氏的科学读物几乎遍及自然科学的每一个领域。论卷帙之浩瀚，当首推《阿西莫夫新科学指南》、《阿西莫夫科学技术传记百科全书》和《阿西莫夫科学和发现编年史》这三部巨著。

前文提到科学出版社曾以四个分册出版了《阿西莫夫科学指南》的中文版。该书英文版原是阿氏的第120本书，于1972年面世。后来，作者对它作了许多修订和补充，于1984年再出新版，书名改为《阿西莫夫新科学指南》。1991年，科学普及出版社推出新的中文版，即朱岚等译的《最新科学指南（上）》和程席法等译的《最新科学指南（下）》，共约90万字。1999年，江苏人民出版社再度出版此书，书名易为《阿西莫夫最新科学指南》（上、下两卷）。

《科学指南》一书精彩纷呈。试举一例如下：在20世纪六七十年代，西方国家对“人体冷冻学”的兴趣日见其增。阿氏在《科学指南》中对此扼要介绍后，坦率地表达了他本人的态度：

“实际上，把人体完整地冷冻起来，即使完全可能使他们复活，也没有什么意义”，“如果地球上很少或者没有死亡，就必须很少或者没有出生，这就意味着一个没有婴儿的社会”，“一个由同样的脑子组成的社会，人们以同样的方式思维，因习陈规循环不已。必须记住，婴儿拥有的不仅是年轻的脑子，而且是新的脑子……多亏了婴儿，才不断地有新的遗传组合注入人类，从而打开优化与发展的道路。”他认为，“或许长生不死的前景比死亡的前景更加糟糕。”

1982年，阿氏的第257本书《阿西莫夫科学技术传记百科全书（第二次修订版）》问世，内有1510位科学家的小传。1988年，该书的中译本由科学出版社出版，定名为《古今科技名人辞典》，计116万字，20余位译者分条署名。

阅读这部《名人辞典》，可以深深感受到阿西莫夫文体的魅力。它不仅包蕴了科学史，而且以极简练的笔墨兼顾了社会史。它对时代背景的勾画，每多科学社会学的神来之笔。例如，关于拉瓦锡之死，书中写道：

> “法国革命爆发了。1792年激进的反君主政体者控制了全国。法兰西宣告成为共和国，税农们开始受到追捕。拉瓦锡……被抓了起来。当他提出他是一个科学家而不是税农（不完全真实）时，据说逮捕人员作出了这一著名的回答：‘共和国不需要科学家。’”
>
> “审判是一场闹剧，马拉以各种可笑的罪名控告拉瓦锡：例如，‘在人民的烟草中掺水’。”“拉瓦锡于1794年5月8日被送上断头台”，“拉格朗日哀悼说：‘砍掉他的头只要眨眼的功夫，可是生出一个像他那样的脑袋大概一百年也不够。’”“拉瓦锡死后不

到两年,抱憾的法国人为他的半身像揭了幕。”

1989年,阿氏出版了他的最后一部科学类巨著,即《阿西莫夫科学和发现编年史》,全书厚达700页。该书无中文版,它确实不容易翻译,此处不再赘述。

新世纪的新气象

20世纪80年代后期到90年代中期,我国科普的总体状况有过一阵低落。从1989年到1997年将近10年间,新出的阿西莫夫作品中文版只有2种:前已提及的《最新科学指南》和福建少年儿童出版社的《颠覆帝国的阴谋》(1990年),后者的原著是阿氏于1950年出版的科幻小说*Pebble in the Sky*,也是他出版的第一本书。

1994年12月5日,《中共中央、国务院关于加强科学技术普及工作的若干意见》发布实施。此后,党和国家一再强调科普工作的重要性,并出台一系列相关措施。由是,科普气候逐渐回暖,科普出版日见繁荣。在20世纪的最后岁月,又有了几部新的中文版阿氏作品。其一是内蒙古人民出版社的《诠释人类万年》(1998年),英文原书名*The March of the Millennia*(1991年),这是一部历史读物,由阿西莫夫和弗兰克·怀特合著。接着是上海科技教育出版社于1999年出版的《新疆域》和《新疆域(续)》。这两本科学随笔集,收录了阿氏自1986年来为洛杉矶时报辛迪加撰写的每周一期科学专栏文章。其中每篇文章仅1600字光景,却一一道明了关于生命、地球、空间和宇宙的种种新发现。

1988年,我到阿西莫夫家做客,他向我提及正在创作一套少儿天文读物。阿氏去世后,原出版社于1996年对全套31种书稍作修订,并由他人增添2种新作。2000年,江苏科学技术出版社推出其中文版“阿西莫夫少年宇宙丛书”,并将其合订为11本,依次称为《地球和它的近邻》、《行星世界的巨人》、《水星和火星》、《千万万个太阳》、《彗星和小行星》、《寻找外星人》、《宇宙大爆炸》、《21世纪太空城》、《太空探险家》、《观星指南》和《遥远的行星世界》，计有精美彩色插图千余幅。

同在2000年，上海科技教育出版社推出中文版的《亚原子世界探秘——物质微观结构巡礼》和《终极抉择——威胁人类的灾难》。《终极抉择》全书33万字，很值得一提。作者基于当代天文学、物理学、地球科学、生态学、环境科学和社会学等领域的新进展，以丰富的想象力，由远及近依次分析了可能导致人类毁灭的5大类灾变——宇宙的灾变、太阳系的灾变、地球的灾变、人类的毁灭、文明的毁灭，以提醒人类要自珍自爱，作出明智的抉择。它使人们意识到威胁，又能以积极的心态采取理性的行动。2002年，该社又推出中文版《人生舞台——阿西莫夫自传》，此书后文还将谈及。在21世纪的头10年中，该社已成为阿西莫夫非虚构类作品的首要出版者。

科幻小说洋洋大观

另一方面，随着新世纪的到来，中文版阿西莫夫小说类作品也有了重大突破。

阿氏的写作生涯始于短篇科幻故事。从1950年开始，其长篇科幻小说接连问世。自20世纪50年代后期至80年代初，其大部分精力用于科普创作。后来，他又出版了多种长篇科幻新作。阿氏最主要的科幻小说，有"机器人"、"基地"和"帝国"三大系列。

我国的科幻爱好者们早就盼望全面引进阿氏的大宗科幻作品，但此事付诸实施却颇多困难。事实上，在中国内地开始出版阿氏著作中文版的头30年内，严格意义上的中文版阿氏科幻作品仅有前已列出的《奇妙的航程》、《我，机器人》等8种而已。

2005年，四川出版集团·天地出版社跨出了很大的一步。该社在一年之中，出齐了阿氏科幻的全部主要作品。那就是由《基地前奏》(上、下)、

《迈向基地》(上、下)、《基地》、《基地与帝国》、《第二基地》、《基地边缘》(上、下)、《基地与地球》(上、下)组成的"基地"系列;由《钢穴》、《裸阳》、《曙光中的机器人》(上、下)、《机器人与帝国》(上、下)、《机器人短篇全集》(上、下)组成的"机器人"系列;以及由《繁星若尘》、《苍穹微石》和《星空暗流》组成的"帝国"系列。

阿西莫夫创造的"机器人学"(robotics)一词,已在科技领域中广泛使用。阿氏的机器人故事都有着共同的基础,那就是他提出的"机器人学三定律"(亦译"机器人学三法则")。这些"定律"或"法则"构成了机器人行为的道德标准,但它们有时会使机器人陷入不知所措的矛盾境地。由此展开的故事情节非常引人入胜,它们为科幻小说增添了高雅的情趣。

值得一提的是,阿西莫夫在科学随笔集《变！未来七十一瞥》中有一篇题为《机器人法则》的文章。文中说到,"在我看来,机器人是机器,而机器总是由人制造的。既然一切机器都有危险,不是这种危险就是那种危险,人在它们身上装上安全装置不就安然无事了吗。"是的,阿氏以"机器人学三法则"的特殊形式提出了有关机器人的安全措施。这三条法则是:

1. 机器人不得伤害人,也不得在人遭受不幸时不采取行动。

2. 机器人必须服从人的命令,除非该命令与第一法则相抵触。

3. 机器人必须保护其自身存在,除非该保护与第一和第二法则相抵触。

阿西莫夫说:"在制订这些法则时,我并没有认识到,人类有史以来一直就在运用它们。我们不妨把它们理解为如下的'工具三法则':

1. 工具应可以安全使用……

2. 工具在安全的前提下,必须行使其功能。

3. 工具在使用过程中应保持完好,除非为了安全或行使其功能不得不破坏它。"

把"工具三法则"同"机器人学三法则"逐条对比一下,就可以发现它们是精确对应的。诚然,机器人或者计算机都是人类的工具,这些法则也就自然应该彼此对应了。

《人生舞台》和科学随笔

阿西莫夫一生写过三卷自传。头两卷《记忆犹新》和《欢乐依旧》分别于1979年和1980年问世,书中严格地按时间先后记述了作者从出生到1978年的经历。它们均无中文版。前述《人生舞台——阿西莫夫自传》(黄群、许关强译)则是阿氏晚年病重期间完成的最后一卷自传,再过不到两年,作者就去世了。此书约60万字,写法与前两卷自传大不相同。它不再拘泥于时间顺序,而是顺着作者的思绪,一个话题接着一个话题,率真坦诚地将其家庭、童年、学校、成长、恋爱、婚姻、疾病、挫折、成就、亲朋、对手,乃至他对写作、道德、友谊、信仰、生死等诸多重大问题的见解一一娓娓道来。全书在极平易的语言中充盈着睿智和灼见,很能引发人们在阅读中更深刻地思考人生的真谛。

阿西莫夫共有科学随笔集40种。早先已有中文版5种:《数的趣谈》、《阿西莫夫论化学》、《变! 未来七十一瞥》、《新疆域》和《新疆域(续)》。2009年,上海科技教育出版社又新出两种,即吴虹桥等译的《宇宙秘密——阿西莫夫谈科学》和江向东等译的《不羁的思绪——阿西莫夫谈世事》,是为第104种和第105种中文版的阿氏作品。

阿氏的科学随笔精彩纷呈,不惟阐释巧妙,更有独到的思考。例如,《宇宙秘密——阿西莫夫谈科学》一书共有31篇文章,最后一篇就叫"宇宙秘密"。文中提到,有一次阿氏和纽约科学院院长海因茨·帕格尔斯等人在一起谈天说地时,海因茨提出一个有趣的问题:"将来某一天,一切科学问题全都得到了解答,我们无事可做了,这有没有可能? 还是说,全部得到解答是不可能的事? 有没有什么方法,让我们现在就能断定上述两种情形哪种是正确的?"对此,阿西莫夫首先回应:

"我相信我们现在就能断定,而且很容易。""我的信念是,宇宙在本质上具有一种非常复杂的分形性质(按:阿氏已在文中对“分形”作了很生动的介绍),科学探索也具有同样的性质。因此,宇宙中任何未知的部分,科学研究中任何悬而未决的部分,不论它们与已知的解决了的部分相比是多么小,都含有起始物的全部复杂性。所以我们永远都不会完事。无论我们走了多远,前方的路还会远得就如同我们站在起点一样,这就是宇宙的秘密。”

阿西莫夫对自己的想法很满意。他认为这并不是对科学本身、而是对科学哲学的贡献。他把这事告诉了妻子珍妮特·阿西莫夫。她建议他“最好把那个想法总结成文”。

“为什么?”阿西莫夫说,“那不过是个想法而已。”

“海因茨可能会用它。”珍妮特答道。

“我倒是希望他能用上,”阿西莫夫说,“我所知道的那点儿物理学不足以成就任何事,而他却懂得很多。”

“但他也许会忘记,他是从你这儿听去的。”

“那又怎样呢? 想法不值钱。只有用想法做出事才有价值。”

诸如此类的种种想法,有可能引起争议,也有可能是错了。但是,我相信,人们会普遍赞同它们确实很有意思。

近10年的新品

2012年4月,中国科普研究所主办的《科普研究》第7卷第2期刊出我的长文“阿西莫夫著作在中国”。撰写此文的初衷是,“越来越多的各方热心人士不时询及阿氏众多著作中文版的详情。笔者遂藉助多年之积累,撰成此文,以飨读者。”此文不啻补充更新前述《中华读书报》所刊拙文,而且有着较强的专业性和文献性。囿于搜集资料的具体困难,此文仅限于探讨在中国大陆出版的中文简体字版阿西莫夫作品。文中悉数收入当时已有的106种中文版阿西莫夫著作的信息——最新的一种是涂明求等译的《阿西莫夫论科幻小说》(安徽文艺出版社,2011年11月)。为力避冗繁,利于查考,文中采用了如下的编排体例:以中文版(而非英文原版)的出版时间为序对诸书逐一编号,继而列出每种作品的英文原名和原著初版年份、阿西莫夫本人以原书出版先后为序赋予作品的编号(但阿氏在1984年出版其作品第300号之后,未再继续公布新作品的编号,故本文中相关信息亦只能阙如)、他亲自设置的作品分类,最后列出中文版的书名、译者、出版社和出版时间。倘遇一书多译,则诸译本一并列出。

"阿西莫夫著作在中国"有如一幅阿西莫夫氏"大观园"导游图,游人尽可按图索骥。我相信,无论是对阿西莫夫的爱好者还是研究者,它都是很有用的参考资料。此文发表后,迄今又有9种中文版新品首发,它们全都是科幻小说(方括号中以时间先后为序给出中文版编号):

[107]《永恒的终结》和[108]《神们自己》,2014年由江苏凤凰文艺出版社推出;[109]《诺比的微型反重力装置》、[110]《诺比的超空间逃亡》、[111]《诺比与外星动物园》、[112]《诺比与扭曲时空的项链》、[113]《诺比与平行宇宙的钥匙》、[114]《诺比、龙和意识星云》和[115]《诺比与错乱的时间线》,2018年由接力出版社推出。"诺比"系列是阿西莫夫与其夫人珍妮特合著的儿童科幻系列故事,署名珍妮特在前,自1983年开始陆续问世。1988年我到他们家做客时,"诺比"已经出版6种,承蒙主人签名惠赠。中文版的书名与英文原著名相去甚远,国情不一,只要对方认同,倒也未尝不可。

阅读阿西莫夫,使人博闻,助人明理,令人愉悦。他山之石,可以攻玉,我是多么希望中国涌现出一批像阿西莫夫那样的优秀科学作家,培养出一代超越阿西莫夫的科学与文化传播者啊。

后记

2012年4月6日,阿西莫夫逝世20周年忌辰。翌日,上海市科学技术协会主办、上海市科普作家协会承办了一场“回望阿西莫夫　繁荣原创科普”的研讨会，百余名科学家、科普作家、科学爱好者和各路记者踊跃参加。会上，我应邀作了演讲《阿西莫夫及其作品在中国的影响》，中国科学院院士、上海市科普作家协会理事长褚君浩作了“科学家们如何看待阿西莫夫及科技人员的职责”的主题发言。研讨会后，众多媒体纷纷报道，或展开讨论。例如，5月2日《文汇报》“科技文摘”专版以整版篇幅探讨这一主题，并冠以通栏标题“翘首以盼我们的阿西莫夫”；5月19日，上海电视台“纪实频道”在“科技2012”栏目播出“艾萨克·阿西莫夫”，如此等等。可以很形象地说，阿西莫夫创作时的全部需求，就是知识、书房和一台打字机。这几件东西，我们似乎都不缺乏，但中国的“阿西莫夫”仍难觅踪迹。有人认为，这或与时下工具性的教育观念以及趋利性的价值取向有关。此说无论是与否，都值得继续研究。

就在那次研讨会前夕，上海科技教育出版社推出了新组构的“阿西莫夫书系”首批4种图书：《宇宙秘密》、《终极抉择》、《新疆域》和《新疆域（续）》，后来《不羁的思绪——阿西莫夫谈世事》也加入了该“书系”的行列，预期这支队伍还会不断地壮大。

2014年是英文原版《人生舞台》正式出版20周年，中文版《人生舞台》也穿上新装，作为“科学大师传记精选”首批出场的一员，与《迷人的科学风采——费恩曼传》、《天才的拓荒者——冯·诺伊曼传》、《展演科学的艺术家——萨根转》、《美丽心灵——纳什传》4种图书一起亮相。

2018年，“哲人石丛书”20岁生日之际，上海科技教育出版社隆重推出“‘哲人石丛书’珍藏版”，对既有品种优中选优，精心打磨，一一编号，以全新面貌呈献于读者，两年来先后有14种书分两批应市。“珍藏版”第3批的6个品种现正陆续付梓，其中第19种和第20种正是《人生舞台——阿西莫夫自传》和《宇宙秘密——阿西莫夫谈科学》。

毫无疑问，阿西莫夫是中文版图书品种最多的外国作家，这一纪录难以打破。他的著作是一座宝库,倘若这篇“压缩饼干”式的文章能引发国人、特别是年轻一代更多地关注这座宝库,则笔者幸甚焉!

卞毓麟

2020年5月9日于上海

图书在版编目(CIP)数据

人生舞台:阿西莫夫自传/(美)艾萨克·阿西莫夫著;黄群,许关强译.—上海:上海科技教育出版社,2020.5(2024.12重印)

(哲人石丛书:珍藏版)

ISBN 978-7-5428-7277-7

Ⅰ.①人… Ⅱ.①艾… ②黄… ③许… Ⅲ.①阿西莫夫(Asimov,Isaac 1920-1992)—自传 Ⅳ.①K837.125.6

中国版本图书馆CIP数据核字(2020)第055561号

责任编辑 卞毓麟 殷晓岚 王怡昀

封面设计 肖祥德

版式设计 李梦雪

人生舞台——阿西莫夫自传

[美]艾萨克·阿西莫夫 著

黄 群 许关强 译

出版发行 上海科技教育出版社有限公司

(201101 上海市闵行区号景路159弄A座8楼)

网 址 www.sste.com www.ewen.co

印 刷 常熟文化印刷有限公司

开 本 720×1000 1/16

印 张 46.75

版 次 2020年5月第1版

印 次 2024年12月第5次印刷

书 号 ISBN 978-7-5428-7277-7/N·1091

图 字 09-2014-444号

定 价 118.00元

I. Asimov:
A Memoir
by
Isaac Asimov